经典教材辅导用书

信号与系统学习与考研指导

《Signals and Systems》(Alan V. Oppenheim)

《信号与系统》(奥本海姆)(第 2 版)

宋　琪　陆三兰　编

华中科技大学出版社

中国·武汉

内 容 提 要

本书是与奥本海姆教授主编的《信号与系统》(第2版)一书配套的部分习题解答和学习指导。

针对原教材中第1～5章和第7、9、10章的提高题和扩充题,以及没有答案的部分典型基础题,本书给出了详细的分析和解答过程,少数题目还给出了多种解法。为了方便学生对知识点的掌握,每章还对知识点进行了总结。

本书可作为高等学校学生的学习辅导教材,尤其可作为报考电子信息、通信类专业及其他相关专业硕士研究生的复习参考书。

图书在版编目(CIP)数据

信号与系统学习与考研指导/宋琪,陆三兰编.—武汉:华中科技大学出版社,2018.6(2023.7重印)
经典教材辅导用书.电子信息系列
ISBN 978-7-5680-3874-4

Ⅰ.①信… Ⅱ.①宋… ②陆… Ⅲ.①信号系统-高等学校-教学参考资料 Ⅳ.①TN911.6

中国版本图书馆 CIP 数据核字(2018)第 123503 号

信号与系统学习与考研指导   宋 琪 陆三兰 编
Xinhao Yu Xitong Xuexi Yu Kaoyan Zhidao

策划编辑:周芬娜
责任编辑:余 涛
封面设计:原色设计
责任校对:张会军
责任监印:周治超
出版发行:华中科技大学出版社(中国·武汉)   电话:(027)81321913
          武汉市东湖新技术开发区华工科技园   邮编:430223
录   排:华中科技大学惠友文印中心
印   刷:武汉科源印刷设计有限公司
开   本:710mm×1000mm 1/16
印   张:18
字   数:485 千字
版   次:2023 年 7 月第 1 版第 5 次印刷
定   价:46.00 元

前　言

　　2012 年我们编写出版了一本针对由奥本海姆教授主编的教材《信号与系统》(第2 版)的学习辅导书,很受学生欢迎,比较畅销。在那本学习辅导书里,我们结合华中科技大学电子信息与通信学院的"信号与系统"课程的教学内容与实践,同时也考虑到篇幅的问题,只是将《信号与系统》(第 2 版)中的第 1～5 章以及第 7、9、10 章的几乎所有基础题都详细地做了解答。这几年该辅导书几经印刷,华中科技大学出版社不断收到读者反馈,希望能给出教材中更多习题的解答,从而帮助使用奥本海姆主编的《信号与系统》(第 2 版)的学生进一步深入学习"信号与系统"这门课程,为此我们编写了此书。

　　本书沿袭了前一本书的风格,只讲解第 1～5 章以及第 7、9、10 章,在每一章中首先对该章主要知识点进行总结,然后对课后的习题进行详细的分析解答。不过本书所选择的习题重点放在了《信号与系统》(第 2 版)课后的深入题和扩充题,当然基础题中一些典型习题也被选中,因为我们希望此书不仅能够帮助学生正确地建立有关信号与系统的基本概念,掌握基本的分析方法和基本理论的应用,而且能够引导学生在信号与系统领域进行更加深入的学习。本书第 1～4 章由陆三兰老师编写,第 5～8 章由宋琪老师编写,全书由宋琪老师统稿。

　　由于编者的水平和学识有限,书中难免有错误和不妥之处,敬请同行专家和广大读者批评指正。

　　最后衷心感谢本书的周芬娜编辑以及华中科技大学出版社的有关工作人员的大力支持。

编　者

2017 年 2 月

目　　录

第1章　信号与系统

1.1　知识点归纳

1.1.1　信号

1. 信号的定义及其数学表示

信号是带有信息(如语言、音乐、图像、数据等)的随时间(和空间)变化的物理量或物理现象,其图像称为信号的波形。

在电子系统中,信号通常是随时间变化的电压或电流(有时可能是电荷或磁通)。

在数学上,信号表示为一个时间的函数 $x(t)$,故信号与函数常互相通用。

2. 信号的分类

信号的形式多种多样,可以从不同的角度进行分类:

(1) 按函数值的确定性可分为确定信号和随机信号;

(2) 确定信号按函数值的重复性可分为周期信号和非周期信号;

(3) 确定信号按时间是否连续可分为连续时间信号和离散时间信号;

(4) 根据能量特性,还可分为能量信号和功率信号。

3. 信号的基本特性

信号的基本特性是指时间特性和频率特性。

时间特性:信号随时间变化快慢的特性,体现为信号的周期 T 和信号中单个脉冲的持续时间 τ 及上升时间和下降时间的不同。

频率特性:信号的频率特性可由频谱来描述。

4. 信号的时移

$$x(t) \rightarrow x(t - t_0)$$

(1) $t_0 > 0$ 表示信号 $x(t - t_0)$ 滞后于 $x(t)$,其波形由 $x(t)$ 的波形沿时间轴右移 t_0;

(2) $t_0 < 0$ 表示信号 $x(t - t_0)$ 超前于 $x(t)$,其波形由 $x(t)$ 的波形沿时间轴左移 t_0。

5. 信号的尺度变换与反褶

$$x(t) \rightarrow x(at)$$

(1) 若 $a > 1$,则表示信号 $x(at)$ 是由 $x(t)$ 沿时间轴压缩而得到的;

(2) 若 $0 < a < 1$,则表示信号 $x(at)$ 是由 $x(t)$ 沿时间轴展宽而得到的;

(3) 若 $a = -1$,则 $x(at) = x(-t)$,其波形是由 $x(t)$ 的波形沿纵轴反褶而得到的;

(4) 若 $a < 0$ 且 $a \neq -1$,则信号 $x(at)$ 是由 $x(t)$ 同时进行尺度变换和反褶得到的。

6. 信号的能量与功率

1) 连续时间信号 $x(t)$

总能量:

$$E_\infty = \lim_{T \to \infty} \int_{-T}^{T} |x(t)|^2 \mathrm{d}t$$

平均功率：
$$P_\infty = \lim_{T \to \infty} \frac{1}{2T} \int_{-T}^{T} |x(t)|^2 \mathrm{d}t$$

2）离散时间信号 $x[n]$

总能量：
$$E_\infty = \sum_{n=-\infty}^{\infty} |x[n]|^2$$

平均功率：
$$P_\infty = \lim_{N \to \infty} \frac{1}{2N+1} \sum_{n=-N}^{N} |x[n]|^2$$

7. 信号的偶分量与奇分量

偶信号：
$$x(t) = x(-t), \quad x[n] = x[-n]$$

奇信号：
$$x(t) = -x(-t), \quad x[n] = -x[-n]$$

一个任意信号 $x(t)$ 或 $x[n]$ 都可分解为一个偶分量和一个奇分量之和：
$$x(t) = \mathrm{Ev}\{x(t)\} + \mathrm{Od}\{x(t)\}, \quad x[n] = \mathrm{Ev}\{x[n]\} + \mathrm{Od}\{x[n]\}$$

$$\mathrm{Ev}\{x(t)\} = x_{\mathrm{e}}(t) = \frac{1}{2}[x(t) + x(-t)]$$

$$\mathrm{Od}\{x(t)\} = x_{\mathrm{o}}(t) = \frac{1}{2}[x(t) - x(-t)]$$

$$\mathrm{Ev}\{x[n]\} = x_{\mathrm{e}}[n] = \frac{1}{2}\{x[n] + x[-n]\}$$

$$\mathrm{Od}\{x[n]\} = x_{\mathrm{o}}[n] = \frac{1}{2}\{x[n] - x[-n]\}$$

1.1.2　几种基本信号

1. 基本连续时间信号

1）指数信号
$$x(t) = C\mathrm{e}^{at}$$

当 C, a 都为实数时，$x(t)$ 为实指数信号；当 C, a 都为一般的复数时，$x(t)$ 为一般的复指数信号。当 $C = 1, a = \mathrm{j}\omega_0$ 时，$x(t) = \mathrm{e}^{\mathrm{j}\omega_0 t}$ 仍为复指数信号，但其具有两个性质：一是对于任意的 ω_0，$x(t) = \mathrm{e}^{\mathrm{j}\omega_0 t}$ 总是周期 $T = \frac{2\pi}{|\omega_0|}$ 的周期信号；二是 ω_0 越大，$x(t) = \mathrm{e}^{\mathrm{j}\omega_0 t}$ 的振荡速率就越高。

2）正弦信号
$$x(t) = A\cos(\omega_0 t + \phi)$$

由欧拉公式 $\mathrm{e}^{\mathrm{j}\omega_0 t} = \cos(\omega_0 t) + \mathrm{j}\sin(\omega_0 t)$ 可知，$x(t) = A\cos(\omega_0 t + \phi) = \mathrm{Re}\{A\mathrm{e}^{\mathrm{j}(\omega_0 t + \phi)}\}$，即正弦信号是其相应的复指数信号的实数部分，当然对于任意的 ω_0，它总是周期信号，且 ω_0 越大，其振荡速率就越高。

3）单位冲激信号

定义：
$$\begin{cases} \delta(t) = \begin{cases} \infty, & t = 0 \\ 0, & t \neq 0 \end{cases} \\ \int_{-\infty}^{\infty} \delta(t)\mathrm{d}t = 1 \end{cases}$$

抽样性质：
$$x(t)\delta(t) = x(0)\delta(t)$$
$$x(t)\delta(t - t_0) = x(t_0)\delta(t - t_0)$$
$$\int_{-\infty}^{\infty} x(t)\delta(t)\mathrm{d}t = x(0), \quad \int_{-\infty}^{\infty} x(t)\delta(t - t_0)\mathrm{d}t = x(t_0)$$

偶对称性：
$$\delta(t) = \delta(-t)$$

尺度性质：
$$\delta(at) = \frac{1}{|a|}\delta(t), \quad \delta(at - t_0) = \frac{1}{|a|}\delta\left(t - \frac{t_0}{a}\right)$$

4）单位阶跃信号

定义：
$$u(t) = \begin{cases} 0, & t < 0 \\ 1, & t > 0 \end{cases}$$

$\delta(t)$ 与 $u(t)$ 的关系：
$$\delta(t) = \frac{\mathrm{d}u(t)}{\mathrm{d}t}, \quad u(t) = \int_{-\infty}^{t} \delta(\tau)\mathrm{d}\tau$$

2. 基本离散时间信号

1）指数序列
$$x[n] = Ca^n$$

当 C, a 都为实数时，$x[n]$ 为实指数序列；当 C, a 都为复数时，$x[n]$ 为一般的复指数序列。当 $C = 1, a = \mathrm{e}^{\mathrm{j}\omega_0}$ 时，$x[n] = \mathrm{e}^{\mathrm{j}\omega_0 n} = \cos\omega_0 n + \mathrm{j}\sin\omega_0 n$ 仍为复指数序列，但与连续信号 $\mathrm{e}^{\mathrm{j}\omega_0 t}$ 不同的是：只有当 $\frac{2\pi}{|\omega_0|}$ 为有理数时，$\mathrm{e}^{\mathrm{j}\omega_0 n}$ 才具有周期性，且由于 $\mathrm{e}^{\mathrm{j}\omega_0 n} = \mathrm{e}^{\mathrm{j}(\omega_0 + 2\pi)n}$，所以 $\mathrm{e}^{\mathrm{j}\omega_0 n}$ 不具备随 ω_0 在数值上的增加而不断增加其振荡速率的特性。ω_0 从零开始增加，其振荡速率越来越快，直到 $\omega_0 = \pi$，达到最大，若继续增加 ω_0，其振荡速率就下降，直到 $\omega_0 = 2\pi$ 时，又得到与 $\omega_0 = 0$ 时同样的效果（常数序列）。

2）正弦序列
$$x[n] = A\cos(\omega_0 n + \phi)$$

同样的，由欧拉公式 $\mathrm{e}^{\mathrm{j}\omega_0 n} = \cos\omega_0 n + \mathrm{j}\sin\omega_0 n$ 可知，正弦序列是复指数序列 $A\mathrm{e}^{\mathrm{j}(\omega_0 n + \phi)}$ 的实数部分，因此，正弦序列同样只有当 $\frac{2\pi}{\omega_0}$ 为有理数时，才具有周期性，且不具备随 ω_0 在数值上的增加而不断增加其振荡速率的特性！

3）单位脉冲序列

定义：
$$\delta[n] = \begin{cases} 1, & n = 0 \\ 0, & n \neq 0 \end{cases}$$

抽样性质：
$$x[n]\delta[n] = x[0]\delta[n]$$
$$x[n]\delta[n-k] = x[k]\delta[n-k]$$

4）单位阶跃序列

定义：
$$u[n] = \begin{cases} 0, & n < 0 \\ 1, & n \geqslant 0 \end{cases}$$

$\delta[n]$ 与 $u[n]$ 的关系：
$$\delta[n] = u[n] - u[n-1]$$
$$u[n] = \sum_{m=-\infty}^{n} \delta[m] \quad 或 \quad u[n] = \sum_{k=0}^{\infty} \delta[n-k]$$

1.1.3　系统

1. 系统的定义

系统是由若干相互关联的单元组合而成的具有某种功能以用来达到某些特定目的的有机整体。

系统的功能是对输入信号进行"加工""处理"并发送输出信号。

2. 系统模型

系统模型是系统物理特性的数学抽象,以数学表达式或具有理想特性的符号组合图形来表征系统特征。

具体而言,电路、数学方程和方框图都是系统模型的表达形式。

3. 系统的分类

系统的分类错综复杂,主要考虑其数学模型的差异,可以划分为:

(1) 连续时间系统和离散时间系统;

(2) 即时(无记忆)系统与动态(记忆)系统;

(3) 集总参数系统与分布参数系统;

(4) 线性系统与非线性系统;

(5) 时变系统与时不变系统;

(6) 可逆系统与不可逆系统。

除此之外,还可按系统的性质划分为:

(1) 因果系统与非因果系统;

(2) 稳定系统与不稳定系统。

1.1.4　系统的性质

系统的主要性质有以下四种,它们之间是相互独立的。

1. 线性

线性是指系统同时具备齐次性和叠加性(可加性)。

1) 齐次性

若 $x(t) \to y(t)$ 　（或 $x[n] \to y[n]$），则

$$kx(t) \to ky(t) \quad （或 kx[n] \to ky[n]）$$

2) 叠加性(可加性)

若

$$x_1(t) \to y_1(t), x_2(t) \to y_2(t) \quad （或 x_1[n] \to y_1[n], x_2[n] \to y_2[n]）$$

则

$$x_1(t) + x_2(t) \to y_1(t) + y_2(t) \quad （或 x_1[n] + x_2[n] \to y_1[n] + y_2[n]）$$

线性系统:若

$$x_1(t) \to y_1(t), x_2(t) \to y_2(t) \quad （或 x_1[n] \to y_1[n], x_2[n] \to y_2[n]）$$

则　$k_1 x_1(t) + k_2 x_2(t) \to k_1 y_1(t) + k_2 y_2(t) \quad （或 k_1 x_1[n] + k_2 x_2[n] \to k_1 y_1[n] + k_2 y_2[n]）$

2. 时不变性

时不变性表现为系统响应的波形不随激励施加的时间不同而改变。

若　　　　　　　　　　$x(t) \to y(t) \quad （或 x[n] \to y[n]）$

则　　　　　　　$x(t - t_0) \to y(t - t_0) \quad （或 x[n - n_0] \to y[n - n_0]）$

1) 线性时不变连续系统

若　　　　　　　　$x_1(t) \to y_1(t), \quad x_2(t) \to y_2(t)$

则　　　$k_1 x_1(t - t_1) + k_2 x_2(t - t_2) \to k_1 y_1(t - t_1) + k_2 y_2(t - t_2)$

2) 线性时不变离散系统

若　　　　　　　　$x_1[n] \to y_1[n], \quad x_2[n] \to y_2[n]$

则　　　　　$k_1 x_1[n-n_1] + k_2 x_2[n-n_2] \rightarrow k_1 y_1[n-n_1] + k_2 y_2[n-n_2]$

3. 因果性

因果性是指系统的响应不应出现在激励之前,只对自变量是时间的系统有意义。

若　　　　　　　　　$x(t) = 0, \quad t < t_0 \quad (\text{或 } x[n] = 0, n < n_0)$

则　　　　　　　　　$y(t) = 0, \quad t < t_0 \quad (\text{或 } y[n] = 0, n < n_0)$

4. 稳定性

稳定性是指对有界的激励,系统的零状态响应也是有界的。

若　　　　　　　　　$|x(t)| < \infty \quad (\text{或 } |x[n]| < \infty)$

则　　　　　　　　　$|y(t)| < \infty \quad (\text{或 } |y[n]| < \infty)(\text{零状态响应})$

1.2　典型习题详解

1-1　对下列每一个信号求 P_∞ 和 E_∞。

(a) $x_1(t) = e^{-2t}u(t)$　　　　(b) $x_2(t) = e^{j\left(2t+\frac{\pi}{4}\right)}$　　　　(c) $x_3(t) = \cos t$

(d) $x_1[n] = \left(\dfrac{1}{2}\right)^n u[n]$　　　(e) $x_2[n] = e^{j\left(\frac{\pi}{2}n+\frac{\pi}{8}\right)}$　　　(f) $x_3[n] = \cos\left(\dfrac{\pi}{4}n\right)$

解　(a) 该信号是能量信号。

$$P_\infty = \lim_{T\to\infty} \frac{1}{2T}\int_{-T}^{T}\left[e^{-2t}u(t)\right]^2 dt = \lim_{T\to\infty}\frac{1}{2T}\int_{0}^{T}e^{-4t}dt = \lim_{T\to\infty}\frac{\frac{1}{4}(1-e^{-4T})}{2T} = 0$$

$$E_\infty = \lim_{T\to\infty}\int_{-T}^{T}\left[e^{-2t}u(t)\right]^2 dt = \lim_{T\to\infty}\int_{0}^{T}e^{-4t}dt = \lim_{T\to\infty}\frac{1}{4}(1-e^{-4T}) = \frac{1}{4}$$

(b) 该信号是周期、功率信号。

$$P_\infty = \lim_{T\to\infty}\frac{1}{2T}\int_{-T}^{T}\left|e^{j\left(2t+\frac{\pi}{4}\right)}\right|^2 dt = \lim_{T\to\infty}\frac{1}{2T}\int_{-T}^{T}1^2 dt = 1$$

$$E_\infty = \lim_{T\to\infty}\int_{-T}^{T}\left|e^{j\left(2t+\frac{\pi}{4}\right)}\right|^2 dt = \lim_{T\to\infty}\int_{-T}^{T}1^2 dt = \infty$$

(c) 该信号是周期、功率信号。

$$P_\infty = \lim_{T\to\infty}\frac{1}{2T}\int_{-T}^{T}(\cos t)^2 dt = \lim_{T\to\infty}\frac{1}{2T}\int_{-T}^{T}\frac{1+\cos(2t)}{2}dt$$

$$= \lim_{T\to\infty}\frac{1}{4T}\int_{-T}^{T}[1+\cos(2t)]dt = \lim_{T\to\infty}\frac{2T+\sin(2T)}{4T} = \frac{1}{2}$$

$$E_\infty = \lim_{T\to\infty}\int_{-T}^{T}(\cos t)^2 dt = \lim_{T\to\infty}\int_{-T}^{T}\frac{1+\cos(2t)}{2}dt = \lim_{T\to\infty}\left(T+\frac{1}{2}\sin 2T\right) = \infty$$

(d) 该信号是能量信号。

$$P_\infty = \lim_{N\to\infty}\frac{1}{2N+1}\sum_{n=-N}^{N}\left[\left(\frac{1}{2}\right)^n u[n]\right]^2$$

$$= \lim_{N\to\infty}\frac{1}{2N+1}\sum_{n=0}^{N}\left(\frac{1}{2}\right)^{2n} = \lim_{N\to\infty}\frac{1}{2N+1}\sum_{n=0}^{N}\left(\frac{1}{4}\right)^n = \lim_{N\to\infty}\frac{1}{2N+1}\cdot\frac{1-\left(\frac{1}{4}\right)^{N+1}}{1-\left(\frac{1}{4}\right)} = 0$$

$$E_\infty = \lim_{N\to\infty}\sum_{n=-N}^{N}\left[\left(\frac{1}{2}\right)^n u[n]\right]^2 = \lim_{N\to\infty}\sum_{n=0}^{N}\left(\frac{1}{4}\right)^n = \lim_{N\to\infty}\frac{1-\left(\frac{1}{4}\right)^{N+1}}{1-\frac{1}{4}} = \frac{4}{3}$$

（e）该信号是周期、功率信号。

$$P_\infty = \lim_{N\to\infty} \frac{1}{2N+1} \sum_{n=-N}^{N} \left| e^{j\left(\frac{\pi}{2}n+\frac{\pi}{8}\right)} \right|^2 = \lim_{N\to\infty} \frac{1}{2N+1} \sum_{n=-N}^{N} 1^2 = 1$$

$$E_\infty = \lim_{N\to\infty} \sum_{n=-N}^{N} \left| e^{j\left(\frac{\pi}{2}n+\frac{\pi}{8}\right)} \right|^2 = \lim_{N\to\infty} \sum_{n=-N}^{N} 1^2 = \lim_{N\to\infty}(2N+1) = \infty$$

（f）该信号是周期、功率信号。

$$P_\infty = \lim_{N\to\infty} \frac{1}{2N+1} \sum_{n=-N}^{N} \left[\cos\left(\frac{\pi}{4}n\right) \right]^2 = \lim_{N\to\infty} \frac{1}{2N+1} \sum_{n=-N}^{N} \frac{1+\cos\left(\frac{\pi}{2}n\right)}{2}$$

$$= \lim_{N\to\infty} \frac{1}{2N+1} \sum_{n=-N}^{N} \frac{1}{2}\cos\left(\frac{\pi}{2}n\right) + \frac{1}{2} = \frac{1}{2}$$

$$E_\infty = \lim_{N\to\infty} \sum_{n=-N}^{N} \left[\cos\left(\frac{\pi}{4}n\right) \right]^2 = \lim_{N\to\infty} \sum_{n=-N}^{N} \frac{1+\cos\left(\frac{\pi}{2}n\right)}{2} = \infty$$

1-2　判断下列信号的周期性。

（a）$x_1(t) = 2e^{j\left(t+\frac{\pi}{4}\right)} u(t)$　　　　　　（b）$x_2[n] = u[n] + u[-n]$

（c）$x_3[n] = \sum_{k=-\infty}^{\infty} \{\delta[n-4k] - \delta[n-1-4k]\}$

解　（a）由于

$$x_1(t) = \begin{cases} 2\cos\left(t+\frac{\pi}{4}\right) + 2j\sin\left(t+\frac{\pi}{4}\right), & t > 0 \\ 0, & t < 0 \end{cases}$$

对于 $-\infty < t < \infty$，$x_1(t)$ 的值不具备重复性，所以 $x_1(t)$ 不是周期信号。

（b）由于 $x_2[n] = \begin{cases} 1, n > 0 \\ 2, n = 0 \\ 1, n < 0 \end{cases}$，所以 $x_2[n]$ 也不是周期信号。

（c）由于

$$x_3[n+4] = \sum_{k=-\infty}^{\infty} \{\delta[n+4-4k] - \delta[n+4-1-4k]\}$$

$$= \sum_{k=-\infty}^{\infty} \{\delta[n-4(k-1)] - \delta[n-1-4(k-1)]\}$$

$$= \sum_{k'=-\infty}^{\infty} \{\delta[n-4k'] - \delta[n-1-4k']\} = x_3[n]$$

所以 $x_3[n]$ 是周期为 4 的周期序列。

1-3　对以下每个信号求信号的偶部保证为零的所有自变量值。

（a）$x_1[n] = u[n] - u[n-4]$　　　　　　（b）$x_2(t) = \sin\left(\frac{1}{2}t\right)$

（c）$x_3[n] = \left(\frac{1}{2}\right)^n u[n-3]$　　　　　　（d）$x_4(t) = e^{-5t}u(t+2)$

解　（a）$\text{Ev}\{x_1[n]\} = \frac{1}{2}\{x_1[n] + x_1[-n]\}$

$$= \frac{1}{2}\{u[n] - u[n-4] + u[-n] - u[-n-4]\}$$

$$= \frac{1}{2} \{ \delta[n] + \delta[n-1] + \delta[n-2] + \delta[n-3] + \delta[-n] + \delta[-n-1]$$

$$+ \delta[-n-2] + \delta[-n-3] \}$$

可见只有当 $|n| > 3$ 时，$\mathrm{Ev}\{x_1[n]\} = 0$。

(b) $\mathrm{Ev}\{x_2(t)\} = \frac{1}{2} \left[\sin\left(\frac{1}{2}t\right) + \sin\left(-\frac{1}{2}t\right) \right] = \frac{1}{2} \left[\sin\left(\frac{1}{2}t\right) - \sin\left(\frac{1}{2}t\right) \right] = 0$

即对于一切 t，$\mathrm{Ev}\{x_2(t)\} = 0$。

(c) $\mathrm{Ev}\{x_3[n]\} = \frac{1}{2} \left\{ \left(\frac{1}{2}\right)^n u[n-3] + \left(\frac{1}{2}\right)^{-n} u[-n-3] \right\}$

$$= \left(\frac{1}{2}\right)^{n+1} u[n-3] + 2^{n-1} u[-n-3]$$

由于
$$\left(\frac{1}{2}\right)^{n+1} u[n-3] = \begin{cases} \left(\frac{1}{2}\right)^{n+1}, & n \geqslant 3 \\ 0, & n < 3 \end{cases}$$

$$2^{n-1} u[-n-3] = \begin{cases} 2^{n-1}, & n \leqslant -3 \\ 0, & n > -3 \end{cases}$$

$$\lim_{n \to \infty} \left(\frac{1}{2}\right)^{n+1} u[n-3] = 0, \quad \lim_{n \to -\infty} 2^{n-1} u[-n-3] = 0$$

所以当 $|n| < 3$ 及 $|n| \to \infty$ 时，$\mathrm{Ev}\{x_3[n]\} = 0$。

(d) $\mathrm{Ev}\{x_4(t)\} = \frac{1}{2} \left[\mathrm{e}^{-5t} u(t+2) + \mathrm{e}^{5t} u(-t+2) \right]$

由于 $\mathrm{e}^{-5t} u(t+2) = \begin{cases} \mathrm{e}^{-5t}, t > -2 \\ 0, t < -2 \end{cases}$，$\mathrm{e}^{5t} u(-t+2) = \begin{cases} \mathrm{e}^{5t}, t < 2 \\ 0, t > 2 \end{cases}$

$\lim_{t \to \infty} \mathrm{e}^{-5t} u(t+2) = 0$，$\lim_{t \to -\infty} \mathrm{e}^{5t} u(-t+2) = 0$

所以只有当 $|t| \to \infty$ 时，$\mathrm{Ev}\{x_4(t)\} = 0$。

1-4　判断下列信号的周期性。若是周期的，给出它的基波周期。

(a) $x_1(t) = \mathrm{j} \mathrm{e}^{\mathrm{j}10t}$　　　　(b) $x_2(t) = \mathrm{e}^{(-1+\mathrm{j})t}$　　　　(c) $x_3[n] = \mathrm{e}^{\mathrm{j}7\pi n}$

(d) $x_4[n] = 3\mathrm{e}^{\mathrm{j}\frac{3\pi}{5}\left(n+\frac{1}{2}\right)}$　　(e) $x_5[n] = 3\mathrm{e}^{\mathrm{j}\frac{3}{5}\left(n+\frac{1}{2}\right)}$

解　(a) $x_1(t) = \mathrm{j} \mathrm{e}^{\mathrm{j}10t} = \mathrm{e}^{\mathrm{j}\left(10t+\frac{\pi}{2}\right)} = \cos\left(10t + \frac{\pi}{2}\right) + \mathrm{j}\sin\left(10t + \frac{\pi}{2}\right)$

故 $x_1(t)$ 为周期信号，基波周期 $T = \frac{2\pi}{10} = \frac{\pi}{5}$。

(b) $x_2(t) = \mathrm{e}^{(-1+\mathrm{j})t} = \mathrm{e}^{-t} \mathrm{e}^{\mathrm{j}t} = \mathrm{e}^{-t} \cos t + \mathrm{j} \mathrm{e}^{-t} \sin t$，故 $x_2(t)$ 不是周期信号。

(c) $x_3[n] = \mathrm{e}^{\mathrm{j}7\pi n} = \cos(7\pi n) + \mathrm{j}\sin(7\pi n)$

$\frac{\omega_0}{2\pi} = \frac{7\pi}{2\pi} = \frac{7}{2}$，即 $\frac{m}{N} = \frac{7}{2}$，故 $x_3[n]$ 是周期序列，基波周期 $N = 2$。

(d) $x_4[n] = 3\mathrm{e}^{\mathrm{j}\frac{3\pi}{5}\left(n+\frac{1}{2}\right)} = 3\mathrm{e}^{\mathrm{j}\left(\frac{3\pi}{5}n+\frac{3\pi}{10}\right)} = 3\cos\left(\frac{3\pi}{5}n + \frac{3\pi}{10}\right) + \mathrm{j}3\sin\left(\frac{3\pi}{5}n + \frac{3\pi}{10}\right)$

$\frac{\omega_0}{2\pi} = \frac{3\pi/5}{2\pi} = \frac{3}{10}$，即 $\frac{m}{N} = \frac{3}{10}$，故 $x_4[n]$ 是周期序列，基波周期 $N = 10$。

(e) $x_5[n] = 3\mathrm{e}^{\mathrm{j}\frac{3}{5}\left(n+\frac{1}{2}\right)} = 3\mathrm{e}^{\mathrm{j}\left(\frac{3}{5}n+\frac{3}{10}\right)} = 3\cos\left(\frac{3}{5}n + \frac{3}{10}\right) + \mathrm{j}3\sin\left(\frac{3}{5}n + \frac{3}{10}\right)$

因 $\frac{\omega_0}{2\pi} = \frac{3/5}{2\pi} = \frac{3}{10\pi}$ 为无理数，故 $x_5[n]$ 不是周期序列。

1-5 求信号 $x(t) = 2\cos(10t + 1) - \sin(4t - 1)$ 的基波周期。

解 由于 $\cos(10t + 1)$ 和 $\sin(4t - 1)$ 都为周期信号，且 $\omega_1 = 10$，$\omega_2 = 4$，$\omega_1 : \omega_2 = 5 : 2 = m_1 : m_2$，故 $x(t)$ 的基波周期为

$$T = m_i \frac{2\pi}{\omega_i} = 5 \times \frac{2\pi}{10} \left(\text{或} \ 2 \times \frac{2\pi}{4} \right) = \pi$$

1-6 求信号 $x[n] = 1 + e^{j4\pi n/7} - e^{j2\pi n/5}$ 的基波周期。

解 对于 $e^{j4\pi n/7}$，其 $\omega_1 = \frac{4\pi}{7}$，$\frac{\omega_1}{2\pi} = \frac{2}{7}$ 为有理数，所以 $e^{j4\pi n/7}$ 是周期信号。同样，$e^{j2\pi n/5}$ 中 $\omega_2 = \frac{2\pi}{5}$，$\frac{\omega_2}{2\pi} = \frac{1}{5}$ 为有理数，故 $e^{j2\pi n/5}$ 也是周期信号。又 $e^{j4\pi n/7}$ 的基波周期 $N_1 = 7$，$e^{j2\pi n/5}$ 的基波周期 $N_2 = 5$，N_1 与 N_2 的最小公倍数为 35，所以 $x[n]$ 的基波周期为 $N = 35$。

1-7 考虑离散时间信号 $x[n] = 1 - \sum\limits_{k=3}^{\infty} \delta[n - 1 - k]$，试确定整数 M 和 n_0 的值，以使得 $x[n]$ 可表示为 $x[n] = u[Mn - n_0]$。

解 $x[n] = 1 - \sum\limits_{k=3}^{\infty} \delta[n - 1 - k] = 1 - \sum\limits_{k'=4}^{\infty} \delta[n - k'] = \sum\limits_{k=-\infty}^{3} \delta[n - k] = u[-n + 3]$

即 $\qquad\qquad\qquad\qquad\qquad M = -1, \quad n_0 = -3$

1-8 考虑连续时间信号 $x(t) = \delta(t + 2) - \delta(t - 2)$，试对 $y(t) = \int_{-\infty}^{t} x(\tau) \mathrm{d}\tau$ 计算 E_∞ 值。

解 $y(t) = \int_{-\infty}^{t} x(\tau)\mathrm{d}\tau = \int_{-\infty}^{t} [\delta(\tau + 2) - \delta(\tau - 2)]\mathrm{d}\tau = \int_{-\infty}^{t} \delta(\tau + 2)\mathrm{d}\tau - \int_{-\infty}^{t} \delta(\tau - 2)\mathrm{d}\tau$

$\qquad = \int_{-\infty}^{t+2} \delta(\tau')\mathrm{d}\tau' - \int_{-\infty}^{t-2} \delta(\tau')\mathrm{d}\tau' = u(t + 2) - u(t - 2) = \begin{cases} 1, & -2 < t < 2 \\ 0, & \text{其他} \end{cases}$

$$E_\infty = \int_{-\infty}^{\infty} [y(t)]^2 \mathrm{d}t = \int_{-2}^{2} 1 \mathrm{d}t = 4$$

1-9 考虑一个周期为 $T = 2$ 的周期信号 $x(t)$，其中 $x_0(t) = \begin{cases} 1, 0 \leqslant t \leqslant 1 \\ -2, 1 < t < 2 \end{cases}$ 是其在 $0 \leqslant t < 2$ 期间的表达式。可以证明这个信号的导数也是一个周期信号，周期仍为 $T = 2$，且

$$\frac{\mathrm{d}x(t)}{\mathrm{d}t} = A_1 g(t - t_1) + A_2 g(t - t_2)$$

其中，$g(t) = \sum\limits_{k=-\infty}^{\infty} \delta(t - 2k)$ 是"冲激串"，求 A_1，t_1，A_2 和 t_2 的值。

解 $x(t) = \sum\limits_{k=-\infty}^{\infty} x_0(t - 2k)$，$x(t)$ 的波形如图 1-1 所示，$\frac{\mathrm{d}x(t)}{\mathrm{d}t}$ 的波形如图 1-2 所示。

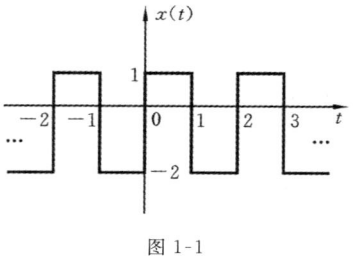

图 1-1

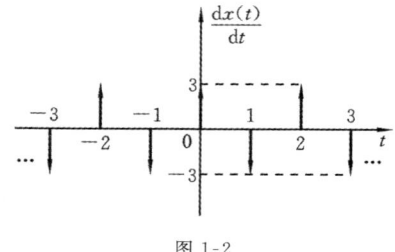

图 1-2

$$\frac{\mathrm{d}x(t)}{\mathrm{d}t} = \sum_{k=-\infty}^{\infty} \left[3\delta(t-2k) - 3\delta(t-1-2k) \right]$$

$$= 3\sum_{k=-\infty}^{\infty} \delta(t-2k) - 3\sum_{k=-\infty}^{\infty} \delta(t-1-2k)$$

$$= 3g(t) - 3g(t-1)$$

故　　　　　　　　　$A_1 = 3, \quad t_1 = 0, \quad A_2 = -3, \quad t_2 = 1$

1-10　考虑一系统 S,其输入为 $x[n]$,输出为 $y[n]$,这个系统是经由系统 S_1 和 S_2 级联后得到的,S_1 和 S_2 的输入 - 输出关系为

$$S_1 : y_1[n] = 2x_1[n] + 4x_1[n-1]$$

$$S_2 : y_2[n] = x_2[n-2] + \frac{1}{2}x_2[n-3]$$

这里 $x_1[n]$ 和 $x_2[n]$ 都为输入信号。

(a) 求系统 S 的输入 - 输出关系;

(b) 若 S_1 和 S_2 的级联次序颠倒的话(也即 S_1 在后),系统 S 的输入 - 输出关系改变吗?

解　(a) 系统 S 可用框图表示,如图 1-3 所示。

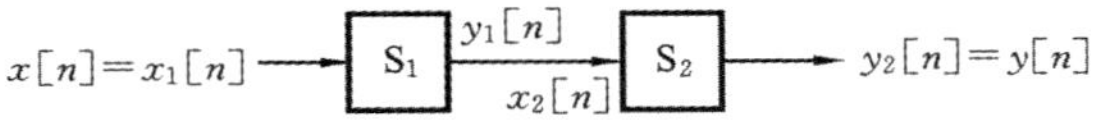

$$x[n] = x_1[n] \longrightarrow \boxed{S_1} \xrightarrow{\begin{array}{c} y_1[n] \\ x_2[n] \end{array}} \boxed{S_2} \longrightarrow y_2[n] = y[n]$$

图 1-3

由图 1-3 可知,　　　　　　　$y_1[n] = 2x[n] + 4x[n-1]$

$$y[n] = y_2[n] = x_2[n-2] + \frac{1}{2}x_2[n-3] = y_1[n-2] + \frac{1}{2}y_1[n-3]$$

$$= 2x[n-2] + 4x[n-3] + \frac{1}{2} \times 2x[n-3] + \frac{1}{2} \times 4x[n-4]$$

$$= 2x[n-2] + 5x[n-3] + 2x[n-4]$$

(b) 当 S_1 和 S_2 的级联次序颠倒时,系统 S 可用框图表示,如图 1-4 所示。

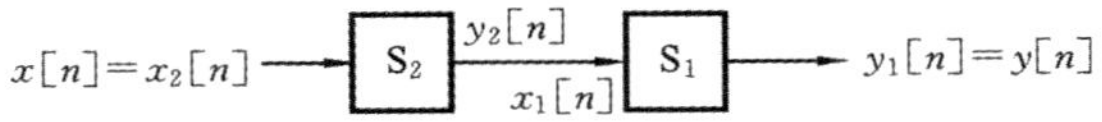

$$x[n] = x_2[n] \longrightarrow \boxed{S_2} \xrightarrow{\begin{array}{c} y_2[n] \\ x_1[n] \end{array}} \boxed{S_1} \longrightarrow y_1[n] = y[n]$$

图 1-4

由图 1-4 可知,　　　　　　　$y_2[n] = x[n-2] + \frac{1}{2}x[n-3]$

$$y[n] = y_1[n] = 2x_1[n] + 4x_1[n-1] = 2y_2[n] + 4y_2[n-1]$$

$$= 2x[n-2] + 2 \times \frac{1}{2}x[n-3] + 4x[n-3] + 4 \times \frac{1}{2}x[n-4]$$

$$= 2x[n-2] + 5x[n-3] + 2x[n-4]$$

由此可见,S_1 和 S_2 的级联次序颠倒不会改变系统 S 的输入 - 输出关系。

1-11　考虑一离散时间系统,其输入为 $x[n]$,输出为 $y[n]$,系统的输入 - 输出关系为

$$y[n] = x[n]x[n-2]$$

(a) 系统是无记忆的吗?(b) 当输入为 $A\delta[n]$ 时,其中 A 为任意实数或复数,求系统输出。
(c) 系统是可逆的吗?

解　(a) $y[0] = x[0]x[-2]$,即系统在某一时刻的输出不仅与当前的输入有关,还与过去的输入有关,所以系统是记忆系统。

(b) $x[n] = A\delta[n], x[n-2] = A\delta[n-2], y[n] = A^2\delta[n]\delta[n-2] = 0$。

(c) 设 $x[n] = 1$,对所有 n,则 $y[n] = 1 \times 1 = 1$。若 $x[n] = -1$,对所有 n,则 $y[n] = (-1) \times (-1) = 1$。由于有两个不同的输入对应同一个输出,所以系统不可逆。

1-12　考虑一连续时间系统,其输入 $x(t)$ 和输出 $y(t)$ 的关系为 $y(t) = x(\sin t)$。(a)该系统是因果的吗?(b)该系统是线性的吗?

解　(a)令 $t = -\pi$,可知 $y(-\pi) = x(0)$。这说明 $t = -\pi$ 时刻的输出要由 $t = 0$ 的输入决定,故该系统是非因果的。

(b) 设 $x_1(t) \to y_1(t) = x_1(\sin t), x_2(t) \to y_2(t) = x_2(\sin t)$,令 $ax_1(t) + bx_2(t) = x_3(t)$,则

$$x_3(t) \to y_3(t) = x_3(\sin t) = ax_1(\sin t) + bx_2(\sin t) = ay_1(t) + by_2(t)$$

故该系统是线性的。

1-13　考虑一个离散时间系统的输入 $x[n]$ 与输出 $y[n]$ 的关系为 $y[n] = \sum_{k=n-n_0}^{n+n_0} x[k]$,式中 n_0 为某一有限正整数。(a)系统是线性的吗?(b)系统是时不变的吗?(c)若 $x[n]$ 为有限且界定为一有限整数 B(即对全部 n,有 $x[n] < B$),可以证明 $y[n]$ 是被界定到某一有限数 C,因此可以得出该系统是稳定的。请用 B 和 n_0 来表示 C。

解　(a)设 $x_1[n] \to y_1[n] = \sum_{k=n-n_0}^{n+n_0} x_1[k], x_2[n] \to y_2[n] = \sum_{k=n-n_0}^{n+n_0} x_2[k]$

令 $ax_1[n] + bx_2[n] = x_3[n]$,则

$$x_3[n] \to y_3[n] = \sum_{k=n-n_0}^{n+n_0} x_3[k] = \sum_{k=n-n_0}^{n+n_0} \{ax_1[k] + bx_2[k]\}$$

$$= a\sum_{k=n-n_0}^{n+n_0} x_1[k] + b\sum_{k=n-n_0}^{n+n_0} x_2[k] = ay_1[n] + by_2[n]$$

故系统是线性的。

(b) 令 $x_4[n] = x[n-n_1]$,则

$$x_4[n] \to y_4[n] = \sum_{k=n-n_0}^{n+n_0} x_4[k] = \sum_{k=n-n_0}^{n+n_0} x[k-n_1] = \sum_{k'=n-n_0-n_1}^{n+n_0-n_1} x[k']$$

$$= \sum_{k=n-n_1-n_0}^{n-n_1+n_0} x[k] = y[n-n_1]$$

故系统是时不变的。

(c) 由题设知,当 $|x[n]| < B$ 时,$|y[n]| < C$。又

$$|y[n]| = \left| \sum_{k=n-n_0}^{n+n_0} x[k] \right| < \sum_{k=n-n_0}^{n+n_0} |x[k]| < (n+n_0 - n+n_0+1)B = (2n_0+1)B$$

故 $C \leqslant (2n_0+1)B$。

1-14　一连续时间线性系统 S,其输入为 $x(t)$,输出为 $y(t)$,有以下输入 - 输出关系:

$x(t) = e^{j2t} \xrightarrow{\ S\ } y(t) = e^{j3t}$,　$x(t) = e^{-j2t} \xrightarrow{\ S\ } y(t) = e^{-j3t}$。(a)若 $x_1(t) = \cos(2t)$,求系统 S 的输出 $y_1(t)$。(b)若 $x_2(t) = \cos\left(2\left(t - \frac{1}{2}\right)\right)$,求系统 S 的输出 $y_2(t)$。

解　(a) $x_1(t) = \cos(2t) = \frac{1}{2}(e^{j2t} + e^{-j2t})$,则

$$y_1(t) = \frac{1}{2}(e^{j3t} + e^{-j3t}) = \cos(3t)$$

（b）
$$x_2(t) = \cos\left(2\left(t - \frac{1}{2}\right)\right) = \cos(2t - 1) = \frac{1}{2}(e^{j(2t-1)} + e^{-j(2t-1)})$$

$$= \frac{1}{2}e^{-j} \cdot e^{j2t} + \frac{1}{2}e^{j} \cdot e^{-j2t}$$

则
$$y_2(t) = \frac{1}{2}e^{-j} \cdot e^{j3t} + \frac{1}{2}e^{j} \cdot e^{-j3t} = \frac{1}{2}(e^{j(3t-1)} + e^{-j(3t-1)}) = \cos(3t - 1)$$

1-15　一连续时间信号 $x(t)$ 如图 1-5 所示，请画出下列信号并给以标注。

（a）$x(t - 1)$

（b）$x(2 - t)$

（c）$x(2t + 1)$

（d）$x(4 - t/2)$

（e）$[x(t) + x(-t)]u(t)$

（f）$x(t)\left[\delta\left(t + \frac{3}{2}\right) - \delta\left(t - \frac{3}{2}\right)\right]$

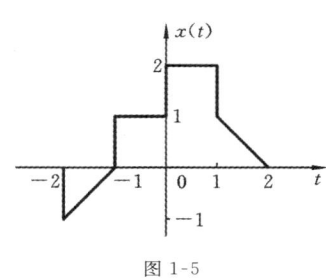

图 1-5

解　（a）$x(t - 1)$ 由 $x(t)$ 右移 1 而得。

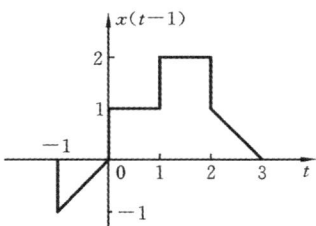

（b）$x(2 - t) = x[-(t - 2)]$ 由 $x(t)$ 反折后再右移 2 而得。

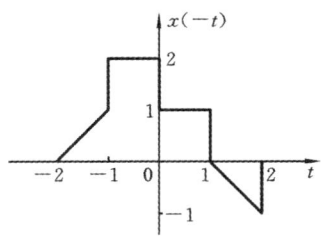

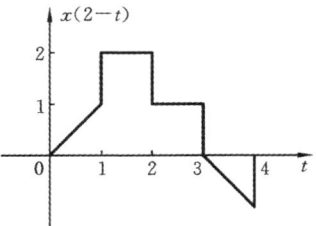

（c）$x(2t + 1) = x\left[2\left(t + \frac{1}{2}\right)\right]$ 由 $x(t)$ 压缩至原来的 1/2 后再左移 1/2 而得。

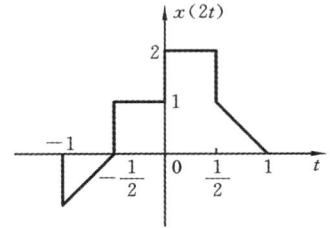

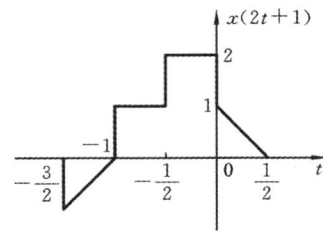

(d) $x(4-t/2) = x\left[-\dfrac{1}{2}(t-8)\right]$ 由 $x(t)$ 反折、展宽至原来的 2 倍后再右移 8 而得。

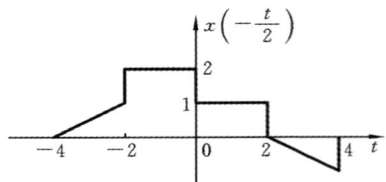 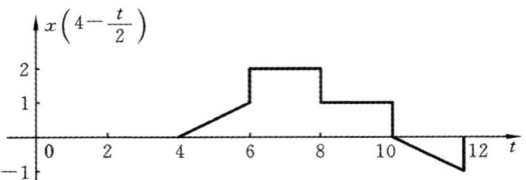

(e) $[x(t)+x(-t)]u(t)$ 由 $x(t)$ 反折后与 $x(t)$ 相加后再取 $t>0$ 的部分。

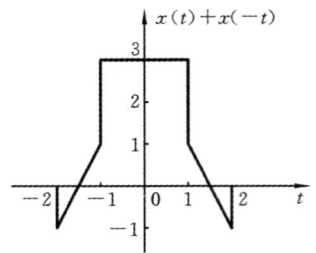 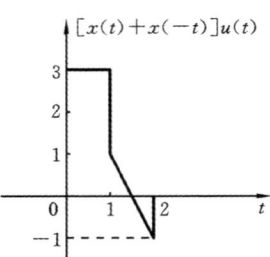

(f) $x(t)\left[\delta\left(t+\dfrac{3}{2}\right)-\delta\left(t-\dfrac{3}{2}\right)\right] = x\left(-\dfrac{3}{2}\right)\delta\left(t+\dfrac{3}{2}\right)-x\left(\dfrac{3}{2}\right)\delta\left(t-\dfrac{3}{2}\right)$

$$= -\dfrac{1}{2}\delta\left(t+\dfrac{3}{2}\right)-\dfrac{1}{2}\delta\left(t-\dfrac{3}{2}\right)$$

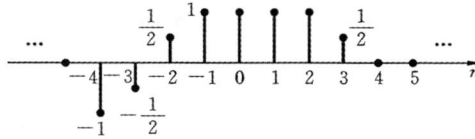

1-16 一离散时间信号 $x[n]$ 如图 1-6 所示，请画出下列信号并给以标注。

图 1-6

(a) $x[n-4]$　　　　　　　　(b) $x[3-n]$

(c) $x[3n]$　　　　　　　　　(d) $x[3n+1]$

(e) $x[n]u[3-n]$　　　　　　(f) $x[n-2]\delta[n-2]$

(g) $\dfrac{1}{2}x[n]+\dfrac{1}{2}(-1)^{n}x[n]$　　　　(h) $x[(n-1)^{2}]$

解　(a) $x[n-4]$ 由 $x[n]$ 右移 4 而得。

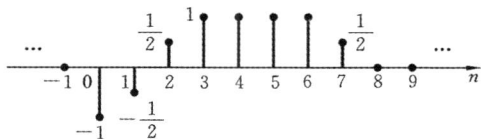

(b) $x[3-n]=x[-(n-3)]$ 由 $x[n]$ 反折后再右移 3 而得。

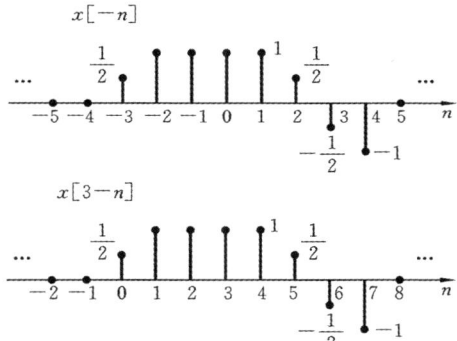

(c) $x[3n]$ 由 $x[n]$ 中 $\cdots,x[-6],x[-3],x[0],x[3],x[6],\cdots$ 的序列值依序构成。

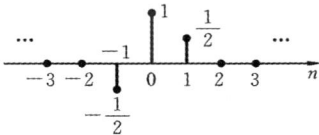

(d) $x[3n+1]$ 由 $x[n]$ 中 $\cdots,x[-5],x[-2],x[1],x[4],x[7],\cdots$ 的序列值依序构成。

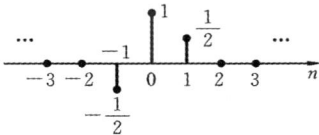

(e) $u[3-n]=u[-(n-3)]=\begin{cases}1,n\leqslant 3\\0,n>3\end{cases}$，由 $x[n]$ 的波形可知 $x[n]u[3-n]=x[n]$。

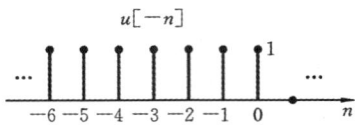

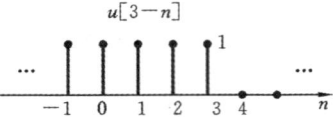

(f) $x[n-2]\delta[n-2] = x[0]\delta[n-2] = \begin{cases} x[0], n = 2 \\ 0, n \neq 2 \end{cases}$

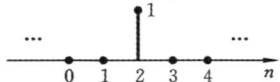

(g) $\dfrac{1}{2}x[n] + \dfrac{1}{2}(-1)^n x[n] = \begin{cases} x[n], n \text{ 为偶数} \\ 0, n \text{ 为奇数} \end{cases}$

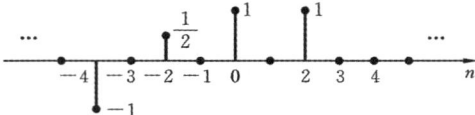

(h) $x[(n-1)^2] = \begin{cases} \vdots \\ x[1], n = 0,2 \\ x[0], n = 1 \\ x[4], n = -1,3 \\ \vdots \end{cases} = \begin{cases} 1, 0 \leqslant n \leqslant 2 \\ 0, n < 0 \text{ 或 } n > 2 \end{cases}$

1-17　确定并画出图 1-7 所示信号的奇部和偶部，并给以标注。

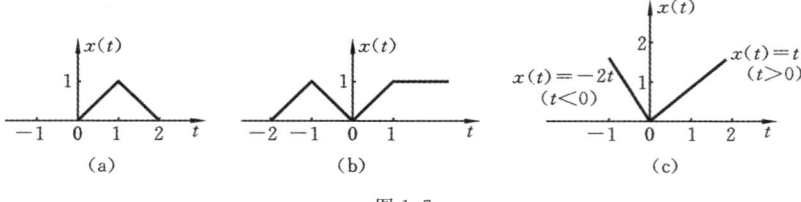

图 1-7

解　$Ev\{x(t)\} = \dfrac{1}{2}[x(t) + x(-t)]$,　$Od\{x(t)\} = \dfrac{1}{2}[x(t) - x(-t)]$

（a）

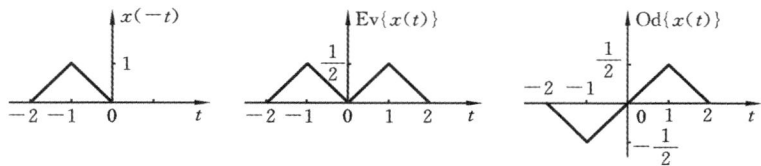

（b）

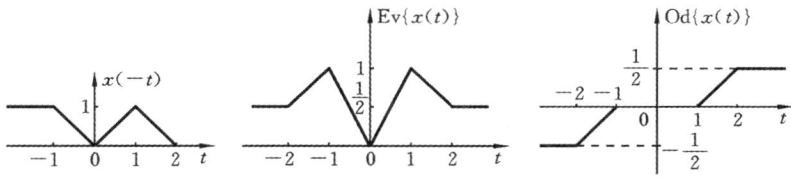

（c）

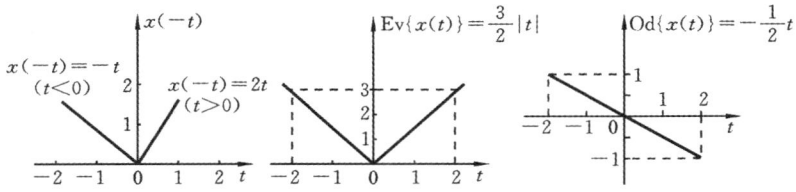

1-18　确定并画出图 1-8 所示信号的奇部和偶部，并给以标注。

解　$Ev\{x[n]\} = \dfrac{1}{2}\{x[n] + x[-n]\}$,　$Od\{x[n]\} = \dfrac{1}{2}\{x[n] - x[-n]\}$

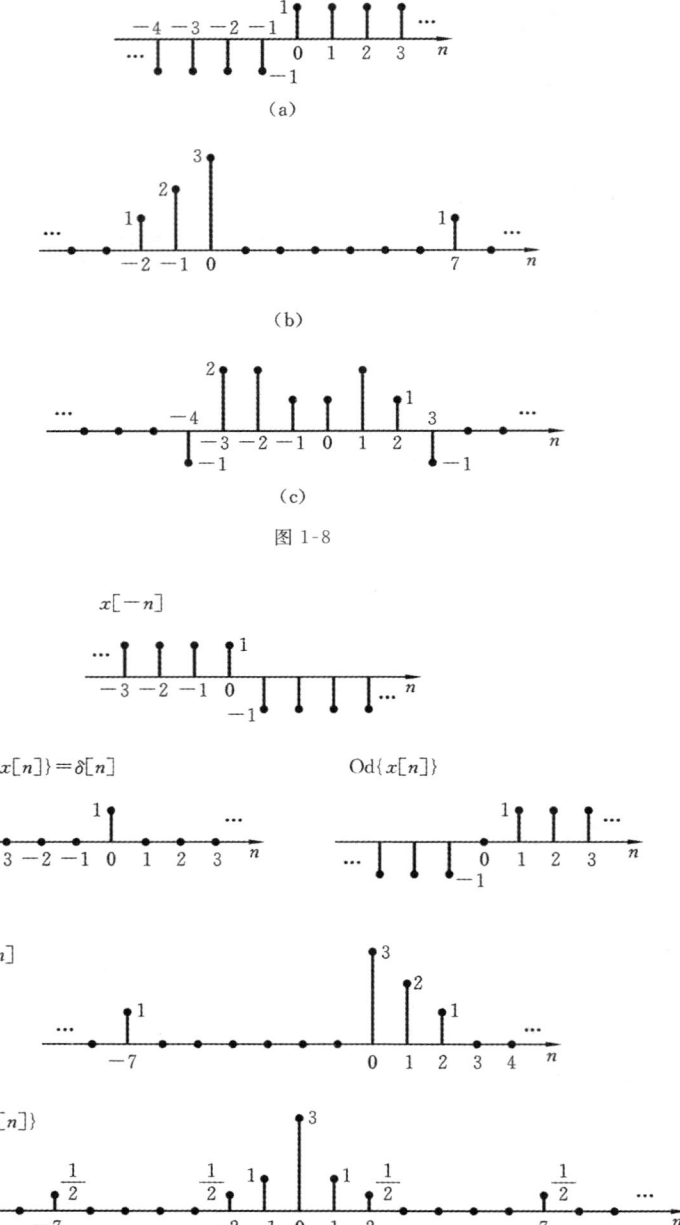

图 1-8

(c)

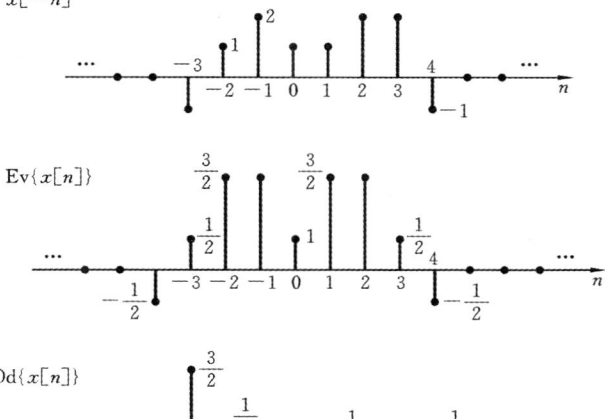

1-19　设 $x(t)$ 和 $y(t)$ 分别是连续时间系统的输入和输出,对于以下给定的连续时间系统,确定系统是否具备如下性质:① 无记忆;② 时不变;③ 线性;④ 因果;⑤ 稳定。

(a) $y(t) = x(t-2) + x(2-t)$　　　　　(b) $y(t) = \cos 3t x(t)$

(c) $y(t) = \int_{-\infty}^{2t} x(\tau)\mathrm{d}\tau$　　　　　(d) $y(t) = \begin{cases} 0, t < 0 \\ x(t) + x(t-2), t \geqslant 0 \end{cases}$

(e) $y(t) = \begin{cases} 0, x(t) < 0 \\ x(t) + x(t-2), x(t) \geqslant 0 \end{cases}$　　　　　(f) $y(t) = x(t/3)$

(g) $y(t) = \dfrac{\mathrm{d}x(t)}{\mathrm{d}t}$

解　(a) $y(t) = x(t-2) + x(2-t)$

(1) 由于 $y(0) = x(-2) + x(2)$,即 $y(t)$ 不但取决于 $x(t)$ 的将来值,还与 $x(t)$ 的过去值有关,故系统是记忆系统。

(2) 令 $x_1(t) = x(t-t_0)$,则

$$x_1(t) \rightarrow y_1(t) = x_1(t-2) + x_1(2-t) = x(t-2-t_0) + x(2-t-t_0)$$
$$\neq x(t-2-t_0) + x(2-t+t_0) = y(t-t_0)$$

故系统是时变的。

(3) 设 $x_1(t) \rightarrow y_1(t) = x_1(t-2) + x_1(2-t)$,$x_2(t) \rightarrow y_2(t) = x_2(t-2) + x_2(2-t)$

令 $x_3(t) = ax_1(t) + bx_2(t)$,则

$$x_3(t) \rightarrow y_3(t) = x_3(t-2) + x_3(2-t)$$
$$= ax_1(t-2) + bx_2(t-2) + ax_1(2-t) + bx_2(2-t) = ay_1(t) + by_2(t)$$

故系统是线性的。

(4) 系统是非因果的,因为 $y(t)$ 与 $x(t)$ 的将来值有关。

(5) 设 $|x(t)| < M$(M 为正数且有限),对所有的 t,则
$$|x(t-2)| < M, \quad |x(2-t)| < M, \quad |y(t)| < 2M$$
故系统是稳定的。

(b) $y(t) = \cos 3tx(t)$

(1) 由于 $y(t)$ 只与当前的 $x(t)$ 值有关,故系统是无记忆系统。

(2) 令 $x_1(t) = x(t-t_0)$,则
$$x_1(t) \rightarrow y_1(t) = (\cos 3t)x_1(t) = (\cos 3t)x(t-t_0) \neq [\cos 3(t-t_0)]x(t-t_0) = y(t-t_0)$$
故系统是时变的。

(3) 设 $x_1(t) \rightarrow y_1(t) = (\cos 3t)x_1(t)$,$x_2(t) \rightarrow y_2(t) = (\cos 3t)x_2(t)$

令 $x_3(t) = ax_1(t) + bx_2(t)$,则
$$x_3(t) \rightarrow y_3(t) = (\cos 3t)x_3(t) = (\cos 3t)[ax_1(t) + bx_2(t)]$$
$$= a(\cos 3t)x_1(t) + b(\cos 3t)x_2(t) = ay_1(t) + by_2(t)$$
故系统是线性的。

(4) 因为当 $x(t) = 0, t < t_0$ 时,有 $y(t) = 0, t < t_0$,故系统是因果的。

(5) 设 $|x(t)| < M$(M 为正数且有限),对所有的 t,则
$$|y(t)| = |(\cos 3t)x(t)| < |x(t)| < M$$
故系统是稳定的。

(c) $y(t) = \int_{-\infty}^{2t} x(\tau)\mathrm{d}\tau$

(1) 由于 $y(t)$ 由 $-\infty$ 到 $2t$ 时刻的 $x(t)$ 决定,即 $y(t)$ 取决于 $x(t)$ 由过去到未来 $2t$ 时刻的值,故系统是记忆的,也是非因果的。

(2) 令 $x_1(t) = x(t-t_0)$,则
$$x_1(t) \rightarrow y_1(t) = \int_{-\infty}^{2t} x_1(\tau)\mathrm{d}\tau = \int_{-\infty}^{2t} x(\tau-t_0)\mathrm{d}\tau = \int_{-\infty}^{2t-t_0} x(\tau')\mathrm{d}\tau'$$
$$\neq \int_{-\infty}^{2t-2t_0} x(\tau)\mathrm{d}\tau = y(t-t_0)$$
故系统是时变的。

(3) 设 $x_1(t) \rightarrow y_1(t) = \int_{-\infty}^{2t} x_1(\tau)\mathrm{d}\tau$,$x_2(t) \rightarrow y_2(t) = \int_{-\infty}^{2t} x_2(\tau)\mathrm{d}\tau$

令 $x_3(t) = ax_1(t) + bx_2(t)$,则
$$x_3(t) \rightarrow y_3(t) = \int_{-\infty}^{2t} x_3(\tau)\mathrm{d}\tau = \int_{-\infty}^{2t} [ax_1(\tau) + bx_2(\tau)]\mathrm{d}\tau$$
$$= a\int_{-\infty}^{2t} x_1(\tau)\mathrm{d}\tau + b\int_{-\infty}^{2t} x_2(\tau)\mathrm{d}\tau = ay_1(t) + by_2(t)$$
故系统是线性的。

(4) 系统是非因果的。

(5) 设 $|x(t)| < M$(M 为正数且有限),对所有的 t,如 $x(t) = u(t) = \begin{cases} 1, t > 0 \\ 0, t < 0 \end{cases}$ 是有界的。但

$y(t) = \int_{-\infty}^{2t} u(\tau)\mathrm{d}\tau = 2tu(t)$,$y(\infty) = \infty$ 不是有界的,故系统是不稳定的。

(d) $y(t) = \begin{cases} 0, t < 0 \\ x(t) + x(t-2), t \geqslant 0 \end{cases}$

(1) 由于 $y(0) = x(0) + x(-2)$，即 $y(t)$ 与 $x(t)$ 的当前值及过去值有关，故系统是记忆的。

(2) 令 $x_1(t) = x(t - t_0)$，则

$$x_1(t) \rightarrow y_1(t) = \begin{cases} 0, t < 0 \\ x_1(t) + x_1(t-2), t \geqslant 0 \end{cases} = \begin{cases} 0, t < 0 \\ x(t-t_0) + x(t-2-t_0), t \geqslant 0 \end{cases}$$

而　　　　　$y(t - t_0) = \begin{cases} 0, t - t_0 < 0 \\ x(t-t_0) + x(t-t_0-2), t - t_0 \geqslant 0 \end{cases} \neq y_1(t)$

故系统是时变的。

(3) 设

$$x_1(t) \rightarrow y_1(t) = \begin{cases} 0, t < 0 \\ x_1(t) + x_1(t-2), t \geqslant 0 \end{cases}, \quad x_2(t) \rightarrow y_2(t) = \begin{cases} 0, t < 0 \\ x_2(t) + x_2(t-2), t \geqslant 0 \end{cases}$$

令 $x_3(t) = ax_1(t) + bx_2(t)$，则

$$x_3(t) \rightarrow y_3(t) = \begin{cases} 0, t < 0 \\ x_3(t) + x_3(t-2), t \geqslant 0 \end{cases}$$

$$= \begin{cases} 0, t < 0 \\ ax_1(t) + bx_2(t) + ax_1(t-2) + bx_2(t-2), t \geqslant 0 \end{cases} = ay_1(t) + by_2(t)$$

故系统是线性的。

(4) $y(t)$ 只与 $x(t)$ 的过去值及当前值有关，与未来值无关，故系统是因果的。

(5) 当 $x(t)$ 有界时，$y(t)$ 也是有界的，故系统是稳定的。

(e) $y(t) = \begin{cases} 0, x(t) < 0 \\ x(t) + x(t-2), x(t) \geqslant 0 \end{cases}$

(1) 由于 $y(0) = \begin{cases} 0, x(0) < 0 \\ x(0) + x(-2), x(0) \geqslant 0 \end{cases}$，即 $y(t)$ 与 $x(t)$ 的过去值有关，故系统是记忆的。

(2) 令 $x_1(t) = x(t - t_0)$，则

$$x_1(t) \rightarrow y_1(t) = \begin{cases} 0, x_1(t) < 0 \\ x_1(t) + x_1(t-2), x_1(t) \geqslant 0 \end{cases}$$

$$= \begin{cases} 0, x(t-t_0) < 0 \\ x(t-t_0) + x(t-2-t_0), x(t-t_0) \geqslant 0 \end{cases} = y(t - t_0)$$

故系统是时不变的。

(3) 由系统方程可知，该系统的输出值为正，即 $y(t) \geqslant 0$。设

$$x_1(t) \rightarrow y_1(t) = \begin{cases} 0, x_1(t) < 0 \\ x_1(t) + x_1(t-2), x_1(t) \geqslant 0 \end{cases}$$

若 $x_2(t) = -x_1(t)$，则显然

$$x_2(t) \rightarrow y_2(t) = \begin{cases} 0, x_2(t) < 0 \\ x_2(t) + x_2(t-2), x_2(t) \geqslant 0 \end{cases} = \begin{cases} 0, x_1(t) > 0 \\ -x_1(t) - x_1(t-2), x_1(t) \leqslant 0 \end{cases}$$

$$\neq -y_1(t) = \begin{cases} 0, x_1(t) < 0 \\ -x_1(t) - x_1(t-2), x_1(t) \geqslant 0 \end{cases}$$

故系统是非线性的。

(4) $y(t)$ 只与 $x(t)$ 的过去值及当前值有关，与未来值无关，故系统是因果的。

(5) 当 $x(t)$ 有界时，$y(t)$ 也是有界的，故系统是稳定的。

(f) $y(t) = x(t/3)$

（1）由于 $y(3) = x(1)$，即 $y(t)$ 取决于 $x(t)$ 的过去值，故系统是记忆的。

（2）令 $x_1(t) = x(t - t_0)$，则

$$x_1(t) \rightarrow y_1(t) = x_1\left(\frac{t}{3}\right) = x\left(\frac{t}{3} - t_0\right) \neq x\left(\frac{t}{3} - \frac{t_0}{3}\right) = y(t - t_0)$$

故系统是时变的。

（3）设 $x_1(t) \rightarrow y_1(t) = x_1\left(\frac{t}{3}\right)$，$x_2(t) \rightarrow y_2(t) = x_2\left(\frac{t}{3}\right)$

令 $x_3(t) = ax_1(t) + bx_2(t)$，则

$$x_3(t) \rightarrow y_3(t) = x_3\left(\frac{t}{3}\right) = ax_1\left(\frac{t}{3}\right) + bx_2\left(\frac{t}{3}\right) = ay_1(t) + by_2(t)$$

故系统是线性的。

（4）由于 $y(-1) = x\left(-\frac{1}{3}\right)$，即 $t = -1$ 时刻的输出取决于未来 $t = -\frac{1}{3}$ 时刻的输入，故系统是非因果的。

（5）设 $|x(t)| < M$（M 为正数且有限），对所有的 t，则

$$|y(t)| = \left|x\left(\frac{t}{3}\right)\right| < M$$

故系统是稳定的。

（g）$y(t) = \dfrac{\mathrm{d}x(t)}{\mathrm{d}t}$

（1）由于 $y(t) = \lim\limits_{\Delta t \to 0} \dfrac{x(t) - x(t - \Delta t)}{\Delta t}$，即 $y(t)$ 与过去的输入 $x(t - \Delta t)$ 有关，故系统是记忆的。

（2）令 $x_1(t) = x(t - t_0)$，则

$$x_1(t) \rightarrow y_1(t) = \frac{\mathrm{d}x_1(t)}{\mathrm{d}t} = \frac{\mathrm{d}x(t - t_0)}{\mathrm{d}t} = \frac{\mathrm{d}x(t - t_0)}{\mathrm{d}(t - t_0)} = y(t - t_0)$$

故系统是时不变的。

（3）设 $x_1(t) \rightarrow y_1(t) = \dfrac{\mathrm{d}x_1(t)}{\mathrm{d}t}$，$x_2(t) \rightarrow y_2(t) = \dfrac{\mathrm{d}x_2(t)}{\mathrm{d}t}$

令 $x_3(t) = ax_1(t) + bx_2(t)$，则

$$x_3(t) \rightarrow y_3(t) = \frac{\mathrm{d}x_3(t)}{\mathrm{d}t} = a\frac{\mathrm{d}x_1(t)}{\mathrm{d}t} + b\frac{\mathrm{d}x_2(t)}{\mathrm{d}t} = ay_1(t) + by_2(t)$$

故系统是线性的。

（4）$y(t) = \dfrac{\mathrm{d}x(t)}{\mathrm{d}t} = \lim\limits_{\Delta t \to 0} \dfrac{x(t) - x(t - \Delta t)}{\Delta t}$

由于 Δt 可正可负，即 $t - \Delta t$ 既可表示 t 之前的时刻，也可表示 t 之后的时刻，所以系统是非因果的。

（5）当 $x(t) = u(t)$ 有界时，$y(t) = \delta(t)$ 无界，故系统不稳定。

1-20　设 $x[n]$ 和 $y[n]$ 分别是离散时间系统的输入和输出，对于以下给定的离散时间系统，确定系统是否具备如下性质：① 无记忆；② 时不变；③ 线性；④ 因果；⑤ 稳定。

（a）$y[n] = x[-n]$　　　　　　　　　（b）$y[n] = x[n-2] - 2x[n-8]$

（c）$y[n] = nx[n]$　　　　　　　　　　（d）$y[n] = \mathrm{Ev}\{x[n-1]\}$

（e）$y[n] = \begin{cases} x[n], & n \geqslant 1 \\ 0, & n = 0 \\ x[n+1], & n \leqslant -1 \end{cases}$　　　　（f）$y[n] = \begin{cases} x[n], & n \geqslant 1 \\ 0, & n = 0 \\ x[n], & n \leqslant -1 \end{cases}$

(g) $y[n] = x[4n + 1]$

解   (a) $y[n] = x[-n]$

(1) 由于 $y[1] = x[-1]$,即输出 $y[n]$ 与过去的输入 $x[n]$ 有关,故系统是记忆的。

(2) 令 $x_1[n] = x[n - n_0]$,则

$$x_1[n] \to y_1[n] = x_1[-n] = x[-n - n_0] \neq x[-n + n_0] = y[n - n_0]$$

故系统是时变的。

(3) 设 $x_1[n] \to y_1[n] = x_1[-n]$, $x_2[n] \to y_2[n] = x_2[-n]$

令 $x_3[n] = ax_1[n] + bx_2[n]$,则

$$x_3[n] \to y_3[n] = x_3[-n] = ax_1[-n] + bx_2[-n] = ay_1[n] + by_2[n]$$

故系统是线性的。

(4) 由于 $y[-1] = x[1]$,即输出 $y[n]$ 与输入 $x[n]$ 的将来值有关,故系统是非因果的。

(5) 当 $x[n]$ 有界时,$y[n]$ 也是有界的,故系统是稳定的。

(b) $y[n] = x[n-2] - 2x[n-8]$

(1) 由于输出 $y[n]$ 取决于过去的输入 $x[n]$,故系统是记忆的。

(2) 令 $x_1[n] = x[n - n_0]$,则

$$\begin{aligned} x_1[n] \to y_1[n] &= x_1[n-2] - 2x_1[n-8] = x[n-2-n_0] - 2x[n-8-n_0] \\ &= x[n-n_0-2] - 2x[n-n_0-8] = y[n-n_0] \end{aligned}$$

故系统是时不变的。

(3) 设 $x_1[n] \to y_1[n] = x_1[n-2] - 2x_1[n-8]$, $x_2[n] \to y_2[n] = x_2[n-2] - 2x_2[n-8]$

令 $x_3[n] = ax_1[n] + bx_2[n]$,则

$$\begin{aligned} x_3[n] \to y_3[n] &= x_3[n-2] - 2x_3[n-8] \\ &= ax_1[n-2] + bx_2[n-2] - 2ax_1[n-8] - 2bx_2[n-8] = ay_1[n] + by_2[n] \end{aligned}$$

故系统是线性的。

(4) 由于输出 $y[n]$ 与未来的输入 $x[n]$ 无关,故系统是因果的。

(5) 当 $x[n]$ 有界时,$y[n]$ 也是有界的,故系统是稳定的。

(c) $y[n] = nx[n]$

(1) 可见任何时刻的输出只与当时的输入有关,故系统是无记忆和因果的。

(2) 令 $x_1[n] = x[n - n_0]$,则

$$x_1[n] \to y_1[n] = nx_1[n] = nx[n - n_0] \neq [n - n_0]x[n - n_0] = y[n - n_0]$$

故系统是时变的。

(3) 设 $x_1[n] \to y_1[n] = nx_1[n]$, $x_2[n] \to y_2[n] = nx_2[n]$

令 $x_3[n] = ax_1[n] + bx_2[n]$,则

$$x_3[n] \to y_3[n] = nx_3[n] = anx_1[n] + bnx_2[n] = ay_1[n] + by_2[n]$$

故系统是线性的。

(4) 当 $x[n] = u[n]$ 为有界输入时,$\lim\limits_{n \to \infty} y[n] = \lim\limits_{n \to \infty} nu[n] = \infty$,即输出无界,故系统不稳定。

(d) $y[n] = \mathrm{Ev}\{x[n-1]\} = \dfrac{1}{2}\{x[n-1] + x[-n-1]\}$

(1) $y[0] = \dfrac{1}{2}x[-1] + \dfrac{1}{2}x[-1] = x[-1]$,即输出与过去的输入有关,故系统是记忆的。

(2) 令 $x_1[n] = x[n - n_0]$,则

$$x_1[n] \rightarrow y_1[n] = \frac{1}{2}x_1[n-1] + \frac{1}{2}x_1[-n-1] = \frac{1}{2}x[n-n_0-1] + \frac{1}{2}x_1[-n-n_0-1]$$

$$\neq \frac{1}{2}x[n-n_0-1] + \frac{1}{2}x_1[-n+n_0-1] = y[n-n_0]$$

故系统是时变的。

（3）设

$$x_1[n] \rightarrow y_1[n] = \frac{1}{2}x_1[n-1] + \frac{1}{2}x_1[-n-1]$$

$$x_2[n] \rightarrow y_2[n] = \frac{1}{2}x_2[n-1] + \frac{1}{2}x_2[-n-1]$$

令 $x_3[n] = ax_1[n] + bx_2[n]$，则

$$x_3[n] \rightarrow y_3[n] = \frac{1}{2}x_3[n-1] + \frac{1}{2}x_3[-n-1]$$

$$= \frac{1}{2}ax_1[n-1] + \frac{1}{2}bx_2[n-1] + \frac{1}{2}ax_1[-n-1] + \frac{1}{2}bx_2[-n-1]$$

$$= ay_1[n] + by_2[n]$$

故系统是线性的。

（4）由于 $y[-2] = \frac{1}{2}x[-3] + \frac{1}{2}x[1]$，即输出 $y[n]$ 与输入 $x[n]$ 的将来值有关，故系统是非因果的。

（5）当 $x[n]$ 有界时，$y[n]$ 也是有界的，故系统是稳定的。

（e）$y[n] = \begin{cases} x[n], & n \geqslant 1 \\ 0, & n = 0 \\ x[n+1], & n \leqslant -1 \end{cases}$

（1）由于 $y[n]$ 与当前及未来的输入有关，故系统是有记忆的，且是非因果的。

（2）令 $x_1[n] = x[n-n_0]$，则

$$x_1[n] \rightarrow y_1[n] = \begin{cases} x_1[n], & n \geqslant 1 \\ 0, & n = 0 \\ x_1[n+1], & n \leqslant -1 \end{cases} = \begin{cases} x[n-n_0], & n \geqslant 1 \\ 0, & n = 0 \\ x[n+1-n_0], & n \leqslant -1 \end{cases}$$

$$\neq \begin{cases} x[n-n_0], & n-n_0 \geqslant 1 \\ 0, & n-n_0 = 0 \\ x[n+1-n_0], & n-n_0 \leqslant -1 \end{cases} = y[n-n_0]$$

故系统是时变的。

（3）设

$$x_1[n] \rightarrow y_1[n] = \begin{cases} x_1[n], & n \geqslant 1 \\ 0, & n = 0 \\ x_1[n+1], & n \leqslant -1 \end{cases}, \quad x_2[n] \rightarrow y_2[n] = \begin{cases} x_2[n], & n \geqslant 1 \\ 0, & n = 0 \\ x_2[n+1], & n \leqslant -1 \end{cases}$$

令 $x_3[n] = ax_1[n] + bx_2[n]$，则

$$x_3[n] \rightarrow y_3[n] = \begin{cases} x_3[n], & n \geqslant 1 \\ 0, & n = 0 \\ x_3[n+1], & n \leqslant -1 \end{cases} = \begin{cases} ax_1[n] + bx_2[n], & n \geqslant 1 \\ 0, & n = 0 \\ ax_1[n+1] + bx_2[n+1], & n \leqslant -1 \end{cases} = ay_1[n] + by_2[n]$$

故系统是线性的。

（4）当 $x[n]$ 有界时，$y[n]$ 也是有界的，故系统是稳定的。

（f）$y[n] = \begin{cases} x[n], n \geqslant 1 \\ 0, n = 0 \\ x[n], n \leqslant -1 \end{cases}$　　与（e）中不同的是 $y[n]$ 仅与当时的 $x[n]$ 有关，类似的分析可知，

该系统是无记忆的、时变的、线性的、因果的、稳定的。

（g）$y[n] = x[4n+1]$

（1）由于 $y[0] = x[1]$ 及 $y[-1] = x[-3]$，即输出与过去和未来的输入都有关，故系统是记忆的、非因果的。

（2）令 $x_1[n] = x[n - n_0]$，则

$$x_1[n] \rightarrow y_1[n] = x_1[4n+1] = x[4n+1-n_0] \neq x[4n - 4n_0 + 1] = y[n - n_0]$$

故系统是时变的。

（3）设 $x_1[n] \rightarrow y_1[n] = x_1[4n+1]$，$x_2[n] \rightarrow y_2[n] = x_2[4n+1]$

令 $x_3[n] = ax_1[n] + bx_2[n]$，则

$$x_3[n] \rightarrow y_3[n] = x_3[4n+1] = ax_1[4n+1] + bx_2[4n+1] = ay_1[n] + by_2[n]$$

故系统是线性的。

（4）当 $x[n]$ 有界时，$y[n]$ 也是有界的，故系统是稳定的。

1-21　判定下列系统的可逆性。若是，求其逆系统；若不是，请找到两个输入信号，其输出是相同的。

（a）$y(t) = x(t-4)$　　　　　　　　　　（b）$y(t) = \cos[x(t)]$

（c）$y[n] = nx[n]$　　　　　　　　　　（d）$y(t) = \int_{-\infty}^{t} x(\tau) \mathrm{d}\tau$

（e）$y[n] = \begin{cases} x[n-1], n \geqslant 1 \\ 0, n = 0 \\ x[n], n \leqslant -1 \end{cases}$　　　（f）$y[n] = x[n]x[n-1]$

（g）$y[n] = x[1-n]$　　　　　　　　　（h）$y(t) = \int_{-\infty}^{t} \mathrm{e}^{-(t-\tau)} x(\tau) \mathrm{d}\tau$

（i）$y[n] = \sum_{k=-\infty}^{n} \left(\frac{1}{2}\right)^{n-k} x[k]$　　　（j）$y(t) = \dfrac{\mathrm{d}x(t)}{\mathrm{d}t}$

（k）$y[n] = \begin{cases} x[n+1], n \geqslant 0 \\ x[n], n \leqslant -1 \end{cases}$　　　（l）$y(t) = x(2t)$

（m）$y[n] = x[2n]$　　　　　　　　　（n）$y[n] = \begin{cases} x[n/2], n \text{ 为偶数} \\ 0, n \text{ 为奇数} \end{cases}$

解　（a）$y(t) = x(t-4)$ 是可逆的，其逆系统为 $z(t) = y(t+4)$。

（b）$y(t) = \cos[x(t)]$ 不可逆。$x(t)$ 和 $[x(t) + 2\pi k]$ 两个信号都给出相同的输出。

（c）$y[n] = nx[n]$ 不可逆。$\delta[n]$ 和 $2\delta[n]$ 两个信号都给出相同的输出 $y[n] = 0$。

（d）$y(t) = \int_{-\infty}^{t} x(\tau) \mathrm{d}\tau$ 是可逆的，其逆系统为 $z(t) = \dfrac{\mathrm{d}y(t)}{\mathrm{d}t}$。

（e）$y[n] = \begin{cases} x[n-1], n \geqslant 1 \\ 0, n = 0 \\ x[n], n \leqslant -1 \end{cases}$　　是可逆的，其逆系统为 $z[n] = \begin{cases} y[n+1], n \geqslant 1 \\ 0, n = 0 \\ y[n], n \leqslant -1 \end{cases}$

（f）$y[n] = x[n]x[n-1]$ 不可逆。当 $x[n] = 1$ 和 -1 时，都有 $y[n] = 1$。

(g) $y[n] = x[1-n]$ 是可逆的,其逆系统为 $z[n] = y[1-n]$。

(h) $y(t) = \int_{-\infty}^{t} e^{-(t-\tau)} x(\tau) d\tau$ 是可逆的,其逆系统为 $z(t) = y(t) + \dfrac{dy(t)}{dt}$。

(i) $y[n] = \sum_{k=-\infty}^{n} \left(\dfrac{1}{2}\right)^{n-k} x[k]$ 是可逆的,其逆系统为 $z[n] = y[n] - \dfrac{1}{2} y[n-1]$。

(j) $y(t) = \dfrac{dx(t)}{dt}$ 不可逆。当 $x(t)$ 为任意常数时,都有 $y(t) = 0$。

(k) $y[n] = \begin{cases} x[n+1], n \geqslant 0 \\ x[n], n \leqslant -1 \end{cases}$ 不可逆。当 $x[n] = u[n]$ 和 $u[n] + \delta[n]$ 时,都有 $y[n] = u[n]$。

(l) $y(t) = x(2t)$ 是可逆的,其逆系统为 $z(t) = y(t/2)$。

(m) $y[n] = x[2n]$ 不可逆。只要两个不同序列 $x_1[n]$ 和 $x_2[n]$ 的偶数位相同,就会产生相同的输出。

(n) $y[n] = \begin{cases} x[n/2], n \text{ 为偶数} \\ 0, n \text{ 为奇数} \end{cases}$ 是可逆的,其逆系统为 $z[n] = y[2n]$。

1-22 (a) 考虑一个 LTI 系统,它对于图 1-9(a) 所示信号 $x_1(t)$ 的响应 $y_1(t)$ 示于图 1-9(b)

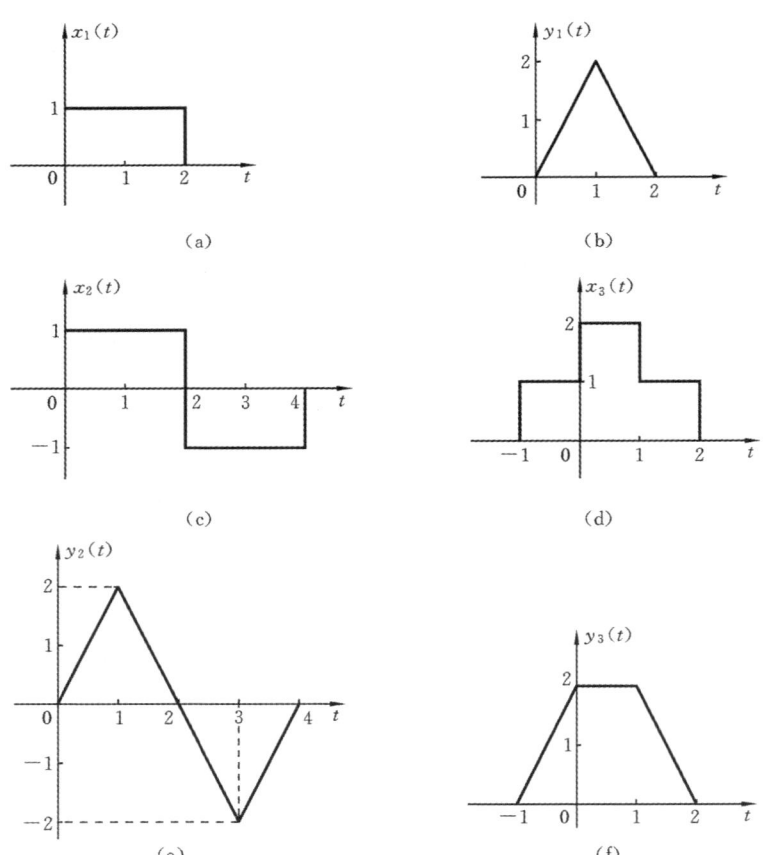

图 1-9

中,确定并画出该系统对于示于图 1-9(c) 的信号 $x_2(t)$ 的响应。

(b)确定并画出上述系统对于示于图 1-9(d) 的信号 $x_3(t)$ 的响应。

解　此题利用 LTI 系统的线性特性和时不变特性求解。

(a)由于 $x_2(t) = x_1(t) - x_1(t-2)$,所以 $y_2(t) = y_1(t) - y_1(t-2)$。$y_2(t)$ 的波形示于图 1-9(e)。

(b)因为 $x_3(t) = x_1(t) + x_1(t+1)$,所以 $y_3(t) = y_1(t) + y_1(t+1)$。$y_3(t)$ 的波形示于图 1-9(f)。

1-23　设 $x(t)$ 是一连续时间信号,并令

$$y_1(t) = x(2t) \quad 和 \quad y_2(t) = x(t/2)$$

信号 $y_1(t)$ 代表 $x(t)$ 的一种加速的形式,即信号的持续期减了一半;而 $y_2(t)$ 代表 $x(t)$ 的一种减慢的形式,即信号的持续期加倍。考虑以下说法:

(1)若 $x(t)$ 是周期的,$y_1(t)$ 也是周期的。

(2)若 $y_1(t)$ 是周期的,$x(t)$ 也是周期的。

(3)若 $x(t)$ 是周期的,$y_2(t)$ 也是周期的。

(4)若 $y_2(t)$ 是周期的,$x(t)$ 也是周期的。

对于以上每一种说法判断是否对。若对,确定这两个信号基波周期之间的关系;若不对,给出一个反例。

解　以上说法都对,因为对信号进行尺度变换不会改变信号的周期特性,只会改变周期的大小。

(1)因为 $y_1(t)$ 代表将 $x(t)$ 的持续期减了一半,所以,若 $x(t)$ 的周期是 T,则 $y_1(t)$ 的周期是 $T/2$。

(2)因为 $y_1(t)$ 代表将 $x(t)$ 的持续期减了一半,则 $x(t)$ 代表将 $y_1(t)$ 的持续期加倍,所以,若 $y_1(t)$ 的周期是 T,则 $x(t)$ 的周期是 $2T$。

(3)因为 $y_2(t)$ 代表将 $x(t)$ 的持续期加倍,所以,若 $x(t)$ 的周期是 T,则 $y_2(t)$ 的周期是 $2T$。

(4)因为 $y_2(t)$ 代表将 $x(t)$ 的持续期加倍,则 $x(t)$ 代表将 $y_2(t)$ 的持续期减了一半,所以,若 $y_2(t)$ 的周期是 T,则 $x(t)$ 的周期是 $T/2$。

1-24　设 $x[n]$ 是一离散时间信号,并令

$$y_1[n] = x[2n] \quad 和 \quad y_2[n] = \begin{cases} x[n/2], n\ 为偶数 \\ 0, n\ 为奇数 \end{cases}$$

信号 $y_1[n]$ 和 $y_2[n]$ 分别代表 $x[n]$ 的一种加速和减慢的形式。然而,应该注意在离散时间下的加速和减慢与连续时间下相比有一些细微的差别。考虑以下说法:

(1)若 $x[n]$ 是周期的,$y_1[n]$ 也是周期的。

(2)若 $y_1[n]$ 是周期的,$x[n]$ 也是周期的。

(3)若 $x[n]$ 是周期的,$y_2[n]$ 也是周期的。

(4)若 $y_2[n]$ 是周期的,$x[n]$ 也是周期的。

对以上每一种说法判断是否对。若对,确定这两个信号基波周期之间的关系;若不对,给出一个反例。

解　(1)对。假若 $x[n]$ 的基波周期为 N,则有 $x[n] = x[n+N] = x[n+2N]$,

那么　　　　　$y_1[n] = x[2n] = \begin{cases} x[2n+N] = x[2(n+N/2)] = y_1[n+N/2] \\ x[2n+2N] = x[2(n+N)] = y_1[n+N] \end{cases}$

所以，若 $x[n]$ 的周期是 N，则 $y_1[n]$ 的基波周期为 $N_0 = \begin{cases} N/2, N \text{ 为偶数} \\ N, N \text{ 为奇数} \end{cases}$。

（2）错。因为 $y_1[n]$ 表示由 $x[n]$ 中 n 为偶数时对应的序列值构成的一个序列，$x[n]$ 中 n 为奇数时对应的序列值与 $y_1[n]$ 无关，所以，若 $y_1[n]$ 是周期的，则 $x[n]$ 不一定是周期的。例如，若 $x[n] = g[n] + h[n]$，且

$$g[n] = \begin{cases} 1, n \text{ 为偶数} \\ 0, n \text{ 为奇数} \end{cases} \quad \text{和} \quad h[n] = \begin{cases} 0, n \text{ 为偶数} \\ \left(\dfrac{1}{2}\right)^n, n \text{ 为奇数} \end{cases}$$

则 $y_1[n] = x[2n]$ 是周期的，而 $x[n]$ 不是周期的。

（3）对。因为 $y_2[n]$ 表示在 $x[n]$ 的每两个序列值之间插入一个零，相当于将 $x[n]$ 的持续期加倍，所以，若 $x[n]$ 的周期是 N，则 $y_2[n]$ 的周期为 $2N$。

（4）对。$x[n]$ 表示将 $y_2[n]$ 中每两个序列值之间的零去掉之后得到的序列，相当于将 $y_2[n]$ 的持续期减半，所以，若 $y_2[n]$ 的周期是 N，则 N 只能为偶数，此时，$x[n]$ 的周期为 $N/2$。

1-25　在本题中要研究奇、偶信号的几个性质。

（a）证明：若 $x[n]$ 是奇信号，则 $\displaystyle\sum_{n=-\infty}^{\infty} x[n] = 0$。

（b）若 $x_1[n]$ 是一个奇信号，$x_2[n]$ 是一个偶信号，证明：$x_1[n]x_2[n]$ 是一个奇信号。

（c）$x[n]$ 为一任意信号，其偶部和奇部分别记作 $x_e[n] = \mathrm{Ev}\{x[n]\}$ 和 $x_o[n] = \mathrm{Od}\{x[n]\}$。

证明：$\displaystyle\sum_{n=-\infty}^{\infty} x^2[n] = \sum_{n=-\infty}^{\infty} x_e^2[n] + \sum_{n=-\infty}^{\infty} x_o^2[n]$。

（d）虽然以上（a）～（c）都针对离散时间信号说的，相类似的性质对连续时间信号也成立，为此证明：$\displaystyle\int_{-\infty}^{\infty} x^2(t)\mathrm{d}t = \int_{-\infty}^{\infty} x_e^2(t)\mathrm{d}t + \int_{-\infty}^{\infty} x_o^2(t)\mathrm{d}t$，式中 $x_e(t)$ 和 $x_o(t)$ 分别为 $x(t)$ 的偶部和奇部。

证　（a）若 $x[n]$ 是奇信号，则 $x[n] = -x[-n]$，$x[0] = 0$，于是

$$\sum_{n=-\infty}^{\infty} x[n] = \sum_{n=-\infty}^{-1} x[n] + x[0] + \sum_{n=+1}^{\infty} x[n]$$

$$= \sum_{n=+1}^{\infty} x[-n] + x[0] + \sum_{n=+1}^{\infty} x[n] = \sum_{n=+1}^{\infty} \{x[-n] + x[n]\} + x[0] = 0$$

（b）依题意，$x_1[-n] = -x_1[n]$，$x_2[-n] = x_2[n]$，设 $x[n] = x_1[n]x_2[n]$，则

$$x[-n] = x_1[-n]x_2[-n] = -x_1[n]x_2[n] = -x[n]$$

即 $x_1[n]x_2[n]$ 是一个奇信号。

（c）因为 $x[n] = x_e[n] + x_o[n]$，且 $x_e[-n] = x_e[n]$，$x_o[-n] = -x_o[n]$，则

$$x_e[-n]x_o[-n] = -x_e[n]x_o[n]$$

即 $x_e[n]x_o[n]$ 为一奇信号，于是由（a）可知

$$\sum_{n=-\infty}^{\infty} x_e[n]x_o[n] = 0$$

则有

$$\sum_{n=-\infty}^{\infty} x^2[n] = \sum_{n=-\infty}^{\infty} \{x_e[n] + x_o[n]\}^2 = \sum_{n=-\infty}^{\infty} \{x_e^2[n] + x_o^2[n] + 2x_e[n]x_o[n]\}$$

$$= \sum_{n=-\infty}^{\infty} x_e^2[n] + \sum_{n=-\infty}^{\infty} x_o^2[n] + \sum_{n=-\infty}^{\infty} 2x_e[n]x_o[n] = \sum_{n=-\infty}^{\infty} x_e^2[n] + \sum_{n=-\infty}^{\infty} x_o^2[n]$$

(d) 依题意，$x(t) = x_e(t) + x_o(t)$，且

$$x_e(-t) = x_e(t), \quad x_o(-t) = -x_o(t)$$

所以

$$x_e(-t)x_o(-t) = -x_e(t)x_o(t)$$

则

$$\int_{-\infty}^{\infty} x_e(t)x_o(t)\mathrm{d}t = \int_{-\infty}^{0} x_e(t)x_o(t)\mathrm{d}t + \int_{0}^{\infty} x_e(t)x_o(t)\mathrm{d}t$$

$$= -\int_{-\infty}^{0} x_e(-t)x_o(-t)\mathrm{d}t + \int_{0}^{\infty} x_e(t)x_o(t)\mathrm{d}t$$

$$= \int_{0}^{\infty} x_e(-t)x_o(-t)\mathrm{d}t + \int_{0}^{\infty} x_e(t)x_o(t)\mathrm{d}t = 0$$

于是

$$\int_{-\infty}^{\infty} x^2(t)\mathrm{d}t = \int_{-\infty}^{\infty} [x_e(t) + x_o(t)]^2 \mathrm{d}t$$

$$= \int_{-\infty}^{\infty} x_e^2(t)\mathrm{d}t + \int_{-\infty}^{\infty} x_o^2(t)\mathrm{d}t + \int_{-\infty}^{\infty} 2x_e(t)x_o(t)\mathrm{d}t$$

$$= \int_{-\infty}^{\infty} x_e^2(t)\mathrm{d}t + \int_{-\infty}^{\infty} x_o^2(t)\mathrm{d}t$$

1-26　考虑周期离散时间指数时间信号 $x[n] = \mathrm{e}^{jm(2\pi/N)n}$，证明：该信号的基波周期是 $N_0 = N/\gcd(m,N)$，式中 $\gcd(m,N)$ 是 m 和 N 的最大公约数，也就是将 m 和 N 都能约成整数的最大整数。例如，$\gcd(2,3) = 1$，$\gcd(2,4) = 2$，$\gcd(8,12) = 4$。

注意：若 m 和 N 无公共因子，则 $N_0 = N$。

证　设 $x[n] = x[n+N_0]$，由 $x[n] = \mathrm{e}^{j\frac{2\pi m}{N}n}$ 和 $x[n+N_0] = \mathrm{e}^{j\frac{2\pi m}{N}(n+N_0)} = \mathrm{e}^{j\frac{2\pi m}{N}n} \cdot \mathrm{e}^{j2\pi\frac{mN_0}{N}}$，知 $\mathrm{e}^{j2\pi\frac{mN_0}{N}} = 1$。

设 $\dfrac{m}{N} = \dfrac{p \cdot \gcd(m,N)}{q \cdot \gcd(m,N)} = \dfrac{p}{q}$，其中 p,q 为互质的正整数，显然只要 $N_0 = q$，$\dfrac{mN_0}{N} = p$ 是使 $\mathrm{e}^{j2\pi\frac{mN_0}{N}} = 1$ 的最小整数，故 $x[n] = \mathrm{e}^{j\frac{2\pi m}{N}n}$ 的基波周期为 $N_0 = N/\gcd(m,N)$。

1-27　设 $x(t)$ 是连续时间指数信号 $x(t) = \mathrm{e}^{j\omega_0 t}$，基波频率为 ω_0，基波周期 $T_0 = 2\pi/\omega_0$。将 $x(t)$ 取等间隔样本得到一个离散时间信号 $x[n] = x(nT) = \mathrm{e}^{j\omega_0 nT}$。

(a) 证明：仅当 T/T_0 为一有理数，$x[n]$ 才是周期的。也就是说，仅当采样间隔的某一倍数是 $x(t)$ 周期的倍数时，$x[n]$ 才是周期的。

(b) 假设 $x[n]$ 是周期的，也即有

$$\frac{T}{T_0} = \frac{p}{q} \qquad\qquad ①$$

式中：p 和 q 都是整数。

$x[n]$ 的基波周期和基波频率是什么？将基波频率表示成 $\omega_0 T$ 的分式。

(c) 仍然假设 T/T_0 满足式 ①，确定需要多少个 $x(t)$ 的周期才能得到 $x[n]$ 的一个周期的样本？

证　(a) $x[n+N] = \mathrm{e}^{j\omega_0(n+N)T} = \mathrm{e}^{j\omega_0 nT} \cdot \mathrm{e}^{j\omega_0 NT}$，若 $x[n]$ 是周期的，即 $x[n+N] = x[n]$，则

$$\mathrm{e}^{j\omega_0 NT} = \mathrm{e}^{j2\pi k} \Rightarrow \omega_0 NT = 2\pi k, \quad k = 0, \pm 1, \pm 2, \cdots$$

即 $\dfrac{2\pi}{T_0}NT = 2\pi k \Rightarrow \dfrac{T}{T_0} = \dfrac{k}{N} = $ 有理数

(b) 若 $\dfrac{T}{T_0} = \dfrac{p}{q}$,则

$$x[n] = \mathrm{e}^{\mathrm{j}\omega_0 nT} = \mathrm{e}^{\mathrm{j}\frac{2\pi}{T_0}nT} = \mathrm{e}^{\mathrm{j}p\left(\frac{2\pi}{q}\right)n}$$

由题 1-26 可知 $x[n]$ 的基波周期为 $N_0 = q/\gcd(p,q)$,基波频率为

$$\frac{2\pi}{N_0} = \frac{2\pi}{q/\gcd(p,q)} = \frac{2\pi}{p}\cdot\frac{p}{q}\gcd(p,q) = \frac{2\pi}{p}\cdot\frac{T}{T_0}\gcd(p,q) = \frac{\omega_0 T}{p}\gcd(p,q)$$

(c) 设需要 K 个 $x(t)$ 的周期才能得到 $x[n]$ 的一个周期的样本,则有

$$\frac{KT_0}{T} = N_0 = q/\gcd(p,q) \Rightarrow \frac{Kq}{p} = q/\gcd(p,q)$$

即 $K = p/\gcd(p,q)$。

1-28 (a) 证明:如果一个系统无论是可加的,或是齐次的,它都有这个性质,即若输入恒为零,那么输出也恒为零。

(b) 确定一个系统(无论是连续时间或离散时间),它既不可加,又不齐次;但当输入恒为零时,它有零的输出。

(c) 根据(a),你能得出:若一个线性系统的输入在连续时间下,在 t_1 到 t_2 之间为零;或者在离散时间下,在 n_1 到 n_2 之间为零,那么在同样的时间间隔内输出也必须为零的结论吗?为什么?

证 (a) 若系统是可加的,设 $x(t) \to y(t)$,则

$$x_1(t) = x(t) \to y_1(t) = y(t)$$
$$x_2(t) = -x(t) \to y_2(t) = -y(t)$$
$$x_1(t) + x_2(t) = x(t) - x(t) = 0 \to y_1(t) + y_2(t) = y(t) - y(t) = 0$$

同样,若系统是齐次的,则

$$0 \cdot x(t) = 0 \to 0 \cdot y(t) = 0$$

(b) 系统 $y(t) = [x(t)]^2$ 既不可加,又不齐次,但有 $x(t) = 0 \to y(t) = 0$。

(c) 不能。对于有记忆的系统或延时系统就不满足上述结论。

如系统 $y(t) = \displaystyle\int_{-\infty}^{t} x(\tau)\mathrm{d}\tau$,输入 $x(t) = u(t) - u(t-1)$ 在 $t > 1$ 时,$x(t) = 0$,而在 $t > 1$ 时,$y(t) = 1 \neq 0$。

1-29 考虑一系统 S,其输入 $x[n]$ 与输出 $y[n]$ 的关系为

$$y[n] = x[n]\{g[n] + g[n-1]\}$$

(a) 若对所有的 n,$g[n] = 1$,证明:S 是时不变的。

(b) 若 $g[n] = n$,证明:S 不是时不变的。

(c) 若 $g[n] = 1 + (-1)^n$,证明:S 是时不变的。

证 (a) 因为对所有的 n,$g[n] = 1$,所以有

$$y[n] = x[n]\{g[n] + g[n-1]\} = 2x[n]$$

显然,当输入为 $x[n-n_0]$ 时,输出为 $y[n-n_0]$,因而系统 S 是时不变的。

(b) 若 $g[n] = n$,则

$$g[n-1] = n-1, \quad y[n] = (2n-1)x[n]$$

当 $x_1[n] = x[n-n_0]$ 时,$y_1[n] = (2n-1)x_1[n] = (2n-1)x[n-n_0]$,而

$$y[n-n_0] = [2(n-n_0)-1]x[n-n_0] \neq y_1[n]$$

故系统 S 不是时不变的。

(c) 若 $g[n] = 1 + (-1)^n$,则 $g[n-1] = 1 + (-1)^{n-1} = 1 - (-1)^n$,于是

$$y[n] = x[n]\{g[n] + g[n-1]\} = 2x[n]$$

显然,此时系统 S 是时不变的。

1-30　(a) 下列说法是对还是错?说明理由。

两个线性时不变系统的级联还是一个线性时不变系统。

(b) 下列说法是对还是错?说明理由。

两个非线性系统的级联还是非线性系统。

(c) 考虑具有下列输入-输出关系的三个系统:

系统 1:$y[n] = \begin{cases} x[n/2], & n\ \text{为偶数} \\ 0, & n\ \text{为奇数} \end{cases}$

系统 2:$y[n] = x[n] + \dfrac{1}{2}x[n-1] + \dfrac{1}{4}x[n-2]$

系统 3:$y[n] = x[2n]$

假设这三个系统按图 1-10 级联,求整个系统的输入-输出关系。它是线性的吗?是时不变的吗?

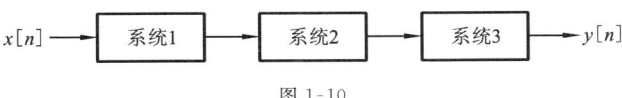

图 1-10

解　(a) 对。

假定系统 S_1 和 S_2 是两个线性系统,且

$$x_1(t) \xrightarrow{S_1} y_1(t), \quad x_2(t) \xrightarrow{S_1} y_2(t), \quad y_1(t) \xrightarrow{S_2} z_1(t), \quad y_2(t) \xrightarrow{S_2} z_2(t)$$

则有　$ax_1(t) + bx_2(t) \xrightarrow{S_1} ay_1(t) + by_2(t), \quad ay_1(t) + by_2(t) \xrightarrow{S_2} az_1(t) + bz_2(t)$

由此可得　　　　　　　$ax_1(t) + bx_2(t) \xrightarrow{S_1,S_2} az_1(t) + bz_2(t)$

即 S_1 和 S_2 级联后仍然是一个线性系统。

再假定系统 S_1 和 S_2 都是时不变的,即

$$x_1(t-t_0) \xrightarrow{S_1} y_1(t-t_0), \quad y_1(t-t_0) \xrightarrow{S_2} z_1(t-t_0)$$

由此可得

$$x_1(t-t_0) \xrightarrow{S_1,S_2} z_1(t-t_0)$$

可见 S_1 和 S_2 级联后仍然是一个时不变系统。

(b) 错。

如有两个非线性系统 S_1 和 S_2 如下:

$$S_1: y(t) = x(t) + 1 \qquad S_2: z(t) = y(t) - 1$$

当 S_1 和 S_2 级联后得到的系统方程为 $z(t) = x(t)$,这是一个线性系统。

(c) 设系统 1 的输入为 $x[n]$,输出为 $w[n]$,系统 2 的输出为 $z[n]$,系统 3 的输出为 $y[n]$,即

系统 1:$w[n] = \begin{cases} x[n/2], & n\ \text{为偶数} \\ 0, & n\ \text{为奇数} \end{cases}$

系统 2:$z[n] = w[n] + \dfrac{1}{2}w[n-1] + \dfrac{1}{4}w[n-2]$

系统 3:$y[n] = z[2n]$

则有 $$y[n] = z[2n] = w[2n] + \frac{1}{2}w[2n-1] + \frac{1}{4}w[2n-2]$$

即得 $$y[n] = x[n] + \frac{1}{2}x[n-1] + \frac{1}{4}x[n-2]$$

可见系统是线性时不变的。

1-31 (a) 有一时不变系统,其输入为 $x(t)$,输出为 $y(t)$,证明:若 $x(t)$ 是周期的,周期为 T,则 $y(t)$ 也是周期的,周期为 T。同时证明在离散时间下也有同样结论。

(b) 给出一个时不变系统的例子,在输入 $x(t)$ 为非周期时,输出是周期的。

证 (a) 因为系统是时不变的,所以当输入为 $x(t-T)$ 时,输出为 $y(t-T)$,显然,若 $x(t) = x(t-T)$,即 $x(t)$ 是周期的,则有 $y(t) = y(t-T)$,这就说明:若 $x(t)$ 是周期的,周期为 T,则 $y(t)$ 也是周期的,周期为 T。

同样,如有一离散系统是时不变的,设 $x[n] \xrightarrow{S} y[n]$,则有 $x[n-N] \xrightarrow{S} y[n-N]$。若 $x[n] = x[n-N]$,即 $x[n]$ 是周期的,则有 $y[n] = y[n-N]$,这也说明:若 $x[n]$ 是周期的,周期为 N,则 $y[n]$ 也是周期的,周期为 N。

(b) 系统 $y(t) = x(t) - x(t-2)$ 是一个时不变系统,若输入为 $x(t) = \frac{1}{2\pi} + \frac{1}{2\pi}e^{j\pi t} + \frac{1}{2\pi}e^{j5t}$,它是一个常数和两个复指数信号的和,这两个复指数信号的周期分别为 2 和 $\frac{2\pi}{5}$。由于 2 和 $\frac{2\pi}{5}$ 的公倍数不是有理数,故 $x(t)$ 不是周期信号。而系统的输出为 $y(t) = \frac{1}{2\pi}(1 - e^{-j10})e^{j5t}$。可见,$y(t)$ 是周期的,它的周期是 $\frac{2\pi}{5}$。

1-32 (a) 证明:对连续时间线性系统而言,其因果性就等效于下面说法:

对任何 t_0 和任意输入 $x(t)$,若 $t < t_0$,$x(t) = 0$,则对应的输出 $y(t)$ 在 $t < t_0$ 时也必定为零。

(b) 找出一个非线性系统,它满足上面的条件,但不是因果的。

(c) 找出一个非线性系统,它是因果的但不满足上面的条件。

(d) 证明:一个离散时间线性系统的可逆性就等效于下面说法:

对所有 n 都产生 $y[n] = 0$ 的唯一输入是在全部 n 下的 $x[n] = 0$。

对连续时间线性系统类似的说法也成立。

(e) 找出一个非线性系统,它满足 (d) 中的条件,但不是可逆的。

证 (a) 假设有两个信号 $x_1(t)$ 和 $x_2(t)$ 满足:$x_1(t) = x_2(t)$,$t < t_0$,$x_1(t) \neq x_2(t)$,$t \geq t_0$。

先证明"输入 $x(t) = 0$,$t < t_0$ 时,输出 $y(t) = 0$,$t < t_0$"的线性系统是因果的。

设线性系统在输入为 $x_1(t)$ 和 $x_2(t)$ 时的输出分别为 $y_1(t)$ 和 $y_2(t)$,则输入为 $x(t) = x_1(t) - x_2(t)$ 时的输出为 $y(t) = y_1(t) - y_2(t)$。

可见 $x(t) = 0$,$t < t_0$ 时,$y(t) = 0$,$t < t_0$,而 $x(t) \neq 0$,$t \geq t_0$ 时,$y(t) \neq 0$,$t \geq t_0$,这意味着 $y_1(t) = y_2(t)$,$t < t_0$,也就是说,系统在 $t < t_0$ 时的输出只取决于 $t < t_0$ 时的输入,而与 $t \geq t_0$ 的输入无关,所以,系统是因果的。

再证明"如果系统是因果的,那么输入 $x(t) = 0$,$t < t_0$ 时,输出 $y(t) = 0$,$t < t_0$"。

假定 $x(t) = 0$,$t < t_0$,设 $x(t) = x_1(t) - x_2(t)$,则有 $x_1(t) = x_2(t)$,$t < t_0$。

因为系统是线性的,所以当输入为 $x(t)$ 时,系统的输出为 $y(t) = y_1(t) - y_2(t)$。

如果系统是因果的,由 $x_1(t) = x_2(t)$,$t < t_0$ 可得 $y_1(t) = y_2(t)$,$t < t_0$,即 $y(t) = 0$,$t < t_0$。

（b）系统 $y(t) = x(t)x(t+1)$ 是非线性的，同时也是非因果的。但是对于 $x(t) = 0,t < t_0$，有 $y(t) = 0,t < t_0$。

（c）系统 $y(t) = x(t)+1$ 是非线性的。由于系统在任何时刻的输出只与当时的输入有关，所以系统是因果的，但是对于 $x(t) = 0,t < t_0$，有 $y(t) = 1 \neq 0,t < t_0$。

（d）先证明"如果系统是可逆的，那么对所有 n 都产生 $y[n] = 0$ 的唯一输入是在全部 n 下的 $x[n] = 0$"。

假设系统在 $x[n] = 0$ 时的输出为 $y[n]$，因为系统是线性的，所以当输入为 $2x[n] = 0$ 时，系统的输出为 $2y[n]$，因为上述两种输入实际并没有改变，所以有 $y[n] = 2y[n]$，亦即 $y[n] = 0$。

假定系统是可逆的，那么导致上述输出的输入应该是唯一的，那就是 $x[n] = 0$。

再证明"对所有 n 都产生 $y[n] = 0$ 的唯一输入是在全部 n 下的 $x[n] = 0$ 的系统是可逆的"。

假定对系统有　　　　　　　　　　　$x_1[n] \rightarrow y_1[n]$

及　　　　　　　　　　　　　　　　 $x_2[n] \rightarrow y_2[n]$

因为系统是线性的，所以有 $x[n] = x_1[n] - x_2[n] \rightarrow y[n] = y_1[n] - y_2[n]$。

若 $y[n] = 0$，则 $x[n] = 0$，亦即 $x_1[n] = x_2[n]$，这表明：某一个输出 $y_1[n]$ 只能由一个输入 $x_1[n]$ 决定，所以系统是可逆的。

（e）系统 $y[n] = x^2[n]$ 对所有 n 都产生 $y[n] = 0$ 的唯一输入是在全部 n 下的 $x[n] = 0$，但该系统不可逆。

1-33　（a）设 S 为一增量线性系统，$x_1[n]$ 为任一输入信号，当 $x_1[n]$ 输入到 S 时其相应输出为 $y_1[n]$。现在考虑图 1-11（a）所示的系统，证明：该系统是线性的。并且事实上 $x[n]$ 和 $y[n]$ 之间的总输入 - 输出关系与 $x_1[n]$ 的选取无关。

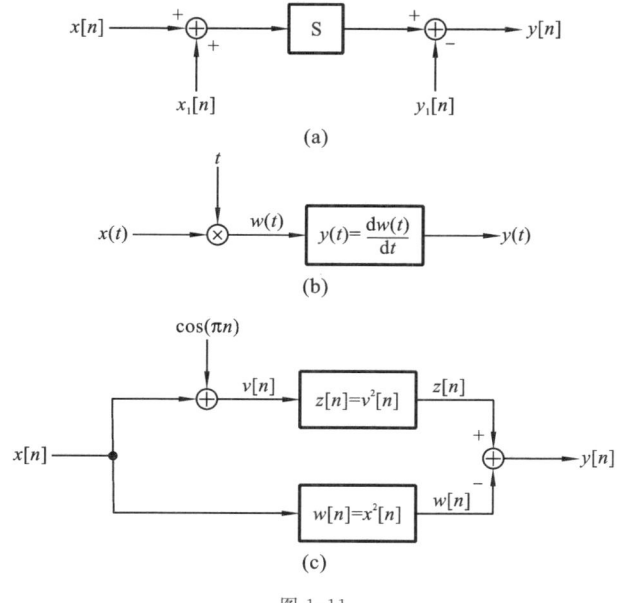

图 1-11

（b）利用（a）所得的结果，证明：S 可以用图 1-12 来表示。

（c）下面哪个系统是增量线性的？为什么？如果某一系统是增量线性的，请将线性系统 L 和零

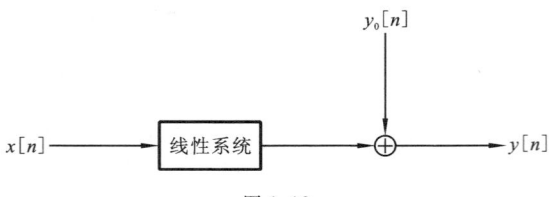

图 1-12

输入响应 $y_0[n]$ 或 $y_0(t)$ 鉴别出来,表示成图 1-12 所示的形式。

(i) $y[n] = n + x[n] + 2x[n+4]$

(ii) $y[n] = \begin{cases} n/2, & n \text{ 为偶数} \\ (n-1)/2 + \displaystyle\sum_{k=-\infty}^{(n-1)/2} x[k], & n \text{ 为奇数} \end{cases}$

(iii) $y[n] = \begin{cases} x[n] - x[n-1] + 3, & \text{若 } x[0] \geqslant 0 \\ x[n] - x[n-1] - 3, & \text{若 } x[0] < 0 \end{cases}$

(iv) 示于图 1-11(b) 的系统。

(v) 示于图 1-11(c) 的系统。

(d) 假设一特定的增量线性系统如图 1-12 所示,L 记为线性系统,$y_0[n]$ 记为零输入响应。证明:当且仅当 L 是时不变系统和 $y_0[n]$ 是常数时,S 才是时不变的。

证　(a) 若以 L 表示图 1-11(a) 中增量线性系统 S 的变换,则

$$y[n] = L\{x[n] + x_1[n]\} - y_1[n]$$
$$= L\{x[n]\} + L\{x_1[n]\} - L\{x_1[n]\}$$
$$= L\{x[n]\}$$

因此图 1-11(a) 所示系统是线性的,且与 $x_1[n]$ 无关。

(b) 由图 1-11(a) 可知,对于一个增量线性系统而言(即图 1-11(a) 中系统 S),其输入与输出的关系可表示为 $y[n] - y_0[n] = L\{x[n]\}$,其中 $x[n]$、$y[n]$ 分别是增量线性系统 S 的输入和输出,L 表示 S 对输入的变换,$y_0[n]$ 是一个与 $x[n]$ 无关的量,从而有 $y[n] = L\{x[n]\} + y_0[n]$。当 $x[n] = 0$ 时,$y[n] = y_0[n]$,故称 $y_0[n]$ 为零输入响应。不难理解增量线性系统 S 可用图 1-12 所示系统来表示了。

(c) (i) $y[n] = n + x[n] + 2x[n+4]$ 是增量线性系统,其线性部分(用 L 表示)为 $L\{x[n]\}$,对应于 $x[n] + 2x[n+4]$。而零输入响应为 $y_0[n] = n$。

(ii) $y[n] = \begin{cases} n/2, & n \text{ 为偶数} \\ (n-1)/2 + \displaystyle\sum_{k=-\infty}^{(n-1)/2} x[k], & n \text{ 为奇数} \end{cases}$

该系统是增量线性系统,其线性部分为

$$L\{x[n]\} = \begin{cases} 0, & n \text{ 为偶数} \\ \displaystyle\sum_{k=-\infty}^{(n-1)/2} x[k], & n \text{ 为奇数} \end{cases}$$

而零输入响应为 $y_0[n] = \begin{cases} n/2, & n \text{ 为偶数} \\ (n-1)/2, & n \text{ 为奇数} \end{cases}$。

(iii) $y[n] = \begin{cases} x[n] - x[n-1] + 3, 若 \ x[0] \geqslant 0 \\ x[n] - x[n-1] - 3, 若 \ x[0] < 0 \end{cases}$

该系统不是增量线性系统,因为其零输入响应 $y_0[n]$ 依赖于 $x[0]$。例如,选 $y_0[n] = 3$,则

$$y[n] - y_0[n] = \begin{cases} x[n] - x[n-1], x[0] \geqslant 0 \\ x[n] - x[n-1] - 6, x[0] < 0 \end{cases}$$

若选 $y_0[n] = -3$,则

$$y[n] - y_0[n] = \begin{cases} x[n] - x[n-1] + 6, x[0] \geqslant 0 \\ x[n] - x[n-1], x[0] < 0 \end{cases}$$

(iv) $y(t) = \dfrac{\mathrm{d}w(t)}{\mathrm{d}t} = \dfrac{\mathrm{d}[tx(t)]}{\mathrm{d}t} = x(t) + t\dfrac{\mathrm{d}x(t)}{\mathrm{d}t}$

在零输入 $x(t) = 0$ 时,响应为 $y_0(t) = 0$,所以系统是线性的,不是增量线性的。

(v) $y[n] = z[n] - w[n]$

$\qquad = \{x[n] + \cos(\pi n)\}^2 - x^2[n]$

$\qquad = 2x[n]\cos(\pi n) + [\cos(\pi n)]^2$

在零输入 $x[n] = 0$ 时,响应为 $y_0[n] = [\cos(\pi n)]^2$,所以系统是增量线性的,其线性部分为

$$L\{x[n]\} = 2x[n]\cos(\pi n) = 2(-1)^n x[n]$$

而零输入响应为 $y_0[n] = [\cos(\pi n)]^2 = 1$。

显然,此系统还是时变的。

(d) 由图 1-12 可知,增量线性系统 S 对 $x[n]$ 的响应为

$$y[n] = z[n] + y_0[n]$$

其中 $z[n]$ 是线性系统 L 对 $x[n]$ 的响应,$y_0[n]$ 与输入 $x[n]$ 无关。对于时不变系统,要求输入为 $x[n - n_0]$ 时,输出为

$$y[n - n_0] = z[n - n_0] + y_0[n]$$

可见,只有当 L 是时不变系统,且 $y_0[n]$ 是常数(即与 n 无关)时,增量线性系统才是时不变系统。

第2章 线性时不变系统

2.1 知识点归纳

2.1.1 离散时间 LTI 系统

1. 用脉冲表示离散时间信号

一个任意序列 $x[n]$ 可以表示成一串移位的单位脉冲序列 $\delta[n-k]$ 的线性组合,这个线性组合中的权因子就是 $x[k]$,即

$$x[n] = \sum_{k=-\infty}^{\infty} x[k]\delta[n-k]$$

上式称为离散时间单位脉冲的筛选性质。

2. 离散时间 LTI 系统的单位脉冲响应

离散时间 LTI 系统对单位脉冲 $\delta[n]$ 的响应 $h[n]$ 称为离散时间 LTI 系统的单位脉冲响应。

3. 离散时间 LTI 系统对任意序列 $x[n]$ 的响应

根据线性和时不变特性,一个离散时间 LTI 系统对任意序列 $x[n]$ 的响应为

$$y[n] = \sum_{k=-\infty}^{\infty} x[k]h[n-k]$$

上式表明:一个离散时间 LTI 系统完全由它的单位脉冲响应 $h[n]$ 来表征。上式定义了两个序列 $x[n]$ 和 $h[n]$ 的卷积为

$$x[n] * h[n] = \sum_{k=-\infty}^{\infty} x[k]h[n-k]$$

因此,可得出结论:任意一个离散时间 LTI 系统的输出 $y[n]$ 等于系统的输入 $x[n]$ 与单位脉冲响应 $h[n]$ 的卷积。

4. 卷积的性质

交换律:$x[n] * h[n] = h[n] * x[n]$

分配律:$x[n] * (h_1[n] + h_2[n]) = x[n] * h_1[n] + x[n] * h_2[n]$

结合律:$x[n] * (h_1[n] * h_2[n]) = (x[n] * h_1[n]) * h_2[n]$

5. 卷积的运算

用定义式求卷积时,要注意卷积的上下限的确定。

用图解法求卷积时可分为"褶叠、平移、同序列号相乘、求和"四个步骤。

对两个有限序列求卷积,还可用竖式乘法求解。竖式乘法中,做乘法和加法都不要进位,否则,就不能得到正确结果。

2.1.2 连续时间 LTI 系统

1. 用冲激函数表示连续时间信号

一个任意信号 $x(t)$ 可以表示成一个加权的移位冲激函数的积分,即

$$x(t) = \int_{-\infty}^{\infty} x(\tau)\delta(t-\tau)\mathrm{d}\tau$$

上式称为连续时间冲激函数的筛选性质。

2. 连续时间 LTI 系统的单位冲激响应

连续时间 LTI 系统对单位冲激函数 $\delta(t)$ 的响应 $h(t)$ 称为连续时间 LTI 系统的单位冲激响应。

3. 连续时间 LTI 系统对任意信号 $x(t)$ 的响应

根据线性和时不变特性,一个连续时间 LTI 系统对任意信号 $x(t)$ 的响应为

$$y(t) = \int_{-\infty}^{\infty} x(\tau)h(t-\tau)\mathrm{d}\tau$$

上式表明:一个连续时间 LTI 系统完全由它的冲激响应 $h(t)$ 来表征。上式定义了两个连续时间信号 $x(t)$ 和 $h(t)$ 的卷积为

$$x(t) * h(t) = \int_{-\infty}^{\infty} x(\tau)h(t-\tau)\mathrm{d}\tau$$

上式表明:任意一个连续时间 LTI 系统的输出等于系统的输入 $x(t)$ 与单位冲激响应 $h(t)$ 的卷积。

4. 卷积的性质

交换律:$x(t) * h(t) = h(t) * x(t)$

分配律:$x(t) * [h_1(t) + h_2(t)] = x(t) * h_1(t) + x(t) * h_2(t)$

结合律:$x(t) * [h_1(t) * h_2(t)] = [x(t) * h_1(t)] * h_2(t)$

函数卷积后的微分:

$$\frac{\mathrm{d}}{\mathrm{d}t}[x(t) * h(t)] = x(t) * \frac{\mathrm{d}}{\mathrm{d}t}h(t) = \frac{\mathrm{d}}{\mathrm{d}t}x(t) * h(t)$$

函数卷积后的积分:

$$\int_{-\infty}^{t} [x(\tau) * h(\tau)]\mathrm{d}\tau = x(t) * \int_{-\infty}^{t} h(\tau)\mathrm{d}\tau = \left[\int_{-\infty}^{t} x(\tau)\mathrm{d}\tau\right] * h(t)$$

函数延时后的卷积:若 $x(t) * h(t) = y(t)$,则

$$x(t-t_1) * h(t-t_2) = y(t-t_1-t_2)$$

5. 卷积的积分运算

用定义式求卷积的积分时,关键在于积分上、下限的确定。

用图解法求卷积积分,其步骤为:褶叠、移位、相乘、求面积。

卷积的积分还可利用性质求解,有时会更简便。

2.1.3　线性时不变系统的性质

1. 有记忆和无记忆的 LTI 系统

若一个系统在任何时刻的输出仅与同一时刻的输入值有关,它就是无记忆的。

一个无记忆的离散时间 LTI 系统的单位脉冲响应为

$$h[n] = k\delta[n], \quad k \text{ 为常数}$$

一个无记忆的连续时间 LTI 系统的单位冲激响应为

$$h(t) = k\delta(t), \quad k \text{ 为常数}$$

如果一个离散 / 连续时间 LTI 系统,它的单位脉冲 / 冲激响应 $h[n]/h(t)$ 对于 $n \neq 0/t \neq 0$ 不是全为零的话,这个系统就是有记忆的。

2. LTI 系统的可逆性

对于一个 LTI 系统,仅当存在一个逆系统,其与原系统级联后所产生的输出等于第一个系统

的输入时,这个系统才是可逆的。如果一个 LTI 系统是可逆的,那么它就有一个 LTI 的逆系统。

给定一个连续时间 LTI 系统,其冲激响应为 $h(t)$,逆系统的冲激响应为 $h_1(t)$,则有 $h(t) * h_1(t) = \delta(t)$。

同样,给定一个离散时间 LTI 系统,其脉冲响应为 $h[n]$,逆系统的脉冲响应为 $h_1[n]$,则有 $h[n] * h_1[n] = \delta[n]$。

3. LTI 系统的因果性

根据因果性,在输入事件没有发生之前,因果系统不会产生响应。因此,对于一个因果的连续时间 LTI 系统,则有 $h(t) = 0, t < 0$;对于一个因果的离散时间 LTI 系统,则有 $h[n] = 0, n < 0$。

一个线性系统的因果性就等效于初始松弛条件,即如果一个因果系统的输入在某个时刻点以前是零,那么其输出在那个时刻以前也必须是零。

因果性和初始松弛条件的等效仅适合于线性系统。

4. LTI 系统的稳定性

如果一个系统对于每一个有界的输入,其输出都是有界的,就说明该系统是稳定的。一个离散时间 LTI 系统稳定的充分必要条件是单位脉冲响应绝对可和,即

$$\sum_{k=-\infty}^{\infty} |h[k]| < \infty$$

一个连续时间 LTI 系统稳定的充分必要条件是单位冲激响应绝对可积,即

$$\int_{-\infty}^{\infty} |h(\tau)| \, \mathrm{d}\tau < \infty$$

5. LTI 系统的单位阶跃响应

系统在输入为单位阶跃信号 $u[n]$(或 $u(t)$)时的输出 $s[n]$(或 $s(t)$)称为系统的单位阶跃响应。一个离散时间 LTI 系统的单位阶跃响应是其单位脉冲响应的求和函数,即

$$s[n] = \sum_{k=-\infty}^{n} h[k]$$

相反,一个离散时间 LTI 系统的单位脉冲响应就是它的单位阶跃响应的一阶差分,即

$$h[n] = s[n] - s[n-1]$$

同理,一个连续时间 LTI 系统的单位阶跃响应是它的单位冲激响应的积分函数,即

$$s(t) = \int_{-\infty}^{t} h(\tau) \mathrm{d}\tau$$

反之,一个连续时间 LTI 系统的单位冲激响应是其单位阶跃响应的一阶导数,即

$$h(t) = \frac{\mathrm{d}s(t)}{\mathrm{d}t} = s'(t)$$

因此,除了单位冲激响应外,单位阶跃响应也能用来描述一个 LTI 系统的特性。

2.1.4　用微分方程描述的连续 LTI 系统

1. 线性常系数微分方程

一个 N 阶常系数微分方程可表示为

$$\sum_{k=0}^{N} a_k \frac{\mathrm{d}^k y(t)}{\mathrm{d}t^k} = \sum_{k=0}^{M} b_k \frac{\mathrm{d}^k x(t)}{\mathrm{d}t^k}, \quad a_k, b_k \text{ 是实常数}$$

对于一个给定的 $x(t)$,方程的完全解为

$$y(t) = y_{\mathrm{p}}(t) + y_{\mathrm{h}}(t)$$

其中，$y_p(t)$ 是满足方程的特解，是系统的强迫响应分量；$y_h(t)$ 是方程对应的齐次方程的通解，是系统的自然响应分量。$y_h(t)$ 的准确形式由 N 个辅助条件：$y(t_0)$，$y'(t_0)$，$\cdots$，$y^{(N-1)}(t_0)$ 确定。

2. 线性

上述微分方程所定义的系统只有在所有的辅助条件为零的情况下才是线性的。如果辅助条件不为零，则系统的响应可表示为

$$y(t) = y_{zi}(t) + y_{zs}(t)$$

其中，$y_{zi}(t)$ 称为零输入响应，是对辅助条件的响应；$y_{zs}(t)$ 称为零状态响应，是对具有零辅助条件的线性系统的响应。

注意：$y_{zi}(t) \neq y_h(t)$，$y_{zs}(t) \neq y_p(t)$。一般地，$y_{zs}(t)$ 的一部分和 $y_{zi}(t)$ 组成 $y_h(t)$，而 $y_p(t)$ 是 $y_{zs}(t)$ 的另一部分。

3. 因果性

上述微分方程所描述的系统为因果系统的条件就是系统具备初始松弛条件，即

$$y(t_0) = y'(t_0) = \cdots = y^{(N-1)}(t_0) = 0$$

显然，此时 $y_{zi}(t) = 0$。

4. 时不变

对于一个线性因果系统，初始松弛也意味着时不变。

5. 冲激响应

上述微分方程所描述的连续时间 LTI 系统的冲激响应 $h(t)$ 满足微分方程

$$\sum_{k=0}^{N} a_k \frac{\mathrm{d}^k h(t)}{\mathrm{d}t^k} = \sum_{k=0}^{M} b_k \frac{\mathrm{d}^k \delta(t)}{\mathrm{d}t^k}$$

及初始松弛条件。

6. 框图表示

上述微分方程只涉及三种基本运算：相加、乘以系数和微分，故一个连续时间 LTI 系统可用三种基本运算单元：相加器、标量乘法器和微分器的互联来表示。

由于微分器不仅实现上困难，并且对误差和噪声又极为灵敏，而积分器可以很方便地用运算放大器来实现，故常用积分器取代微分器来实现系统的模拟。

2.1.5　用差分方程描述的离散 LTI 系统

1. 线性常系数差分方程

一个 N 阶常系数的差分方程可表示为

$$\sum_{k=0}^{N} a_k y[n-k] = \sum_{k=0}^{M} b_k x[n-k], \quad a_k, b_k \text{ 为实常数}$$

与连续时间的情况类似，上述差分方程的解以及系统的所有性质（如线性、因果性和时不变性）的研究可以对照微分方程进行讨论。必须强调的是：如果上述差分方程描述的系统是初始松弛的，则该系统是因果的。

2. 迭代公式

求解差分方程还有一个简单的方法，即将上述差分方程重新写成如下形式：

$$y[n] = \frac{1}{a_0} \left\{ \sum_{k=0}^{M} b_k x[n-k] - \sum_{k=1}^{N} a_k y[n-k] \right\}$$

这样就得到了一个根据当前的输入以及过去的输入、输出值计算 n 时刻输出的公式，这个公式

称为迭代公式。利用迭代公式求解差分方程需要辅助条件。如果要从 $n = n_0$ 开始计算 $y[n]$，则必须给出 $y[n_0-1], y[n_0-2], \cdots, y[n_0-N]$ 及 $n \geqslant n_0 - M$ 的 $x[n]$。

3. 脉冲响应

上述差分方程所描述的离散时间 LTI 系统的脉冲响应 $h[n]$ 可表示为

$$h[n] = \frac{1}{a_0}\Big\{\sum_{k=0}^{M}b_k\delta[n-k] - \sum_{k=1}^{N}a_kh[n-k]\Big\}$$

4. 框图表示

上述差分方程也只涉及三种基本运算：相加、乘以系数和延迟，故一个离散时间 LTI 系统可用三种基本运算单元：相加器、标量乘法器和单位延迟器的互联来表示，从而实现系统的模拟。

2.1.6　奇异函数

1. 单位冲激信号 $\delta(t)$ 的基本特性

$$\int_{-\infty}^{\infty} x(t)\delta(t-t_0)\mathrm{d}t = \int_{-\infty}^{\infty} x(t+t_0)\delta(t)\mathrm{d}t = x(t_0)$$

$$\int_a^b \varphi(t)\delta(t)\mathrm{d}t = \begin{cases} \varphi(0), & ab < 0 \\ 0, & ab > 0 \\ \text{无定义}, & ab = 0 \end{cases}$$

$$\delta(at) = \frac{1}{|a|}\delta(t), \quad \delta(-t) = \delta(t), \quad x(t)\delta(t-t_0) = x(t_0)\delta(t-t_0)$$

$$x(t) * \delta(t-t_0) = x(t-t_0)$$

$$\delta(t-t_1) * \delta(t-t_2) = \delta(t-t_1-t_2)$$

$$\frac{\mathrm{d}u(t)}{\mathrm{d}t} = \delta(t) = u_0(t), \quad \int_{-\infty}^{t}\delta(\tau)\mathrm{d}\tau = u(t) = u_{-1}(t)$$

2. 单位冲击偶 $\delta'(t)$ 及其特性

$$\frac{\mathrm{d}\delta(t)}{\mathrm{d}t} = \delta'(t) = u_1(t)$$

$$\delta'(-t) = -\delta'(t), \delta''(-t) = \delta''(t), \delta'''(-t) = -\delta'''(t), \cdots, u_k(t) = \underbrace{u_1(t) * \cdots * u_1(t)}_{k\text{个}}$$

$$u_{-k}(t) = u_{-1}(t) * \cdots * u_{-1}(t) = \int_{-\infty}^{t} u_{-(k-1)}(\tau)\mathrm{d}\tau, k > 0$$

$$\int_{-\infty}^{\infty} \delta'(t)\mathrm{d}t = 0, \quad \int_{-\infty}^{t}\delta'(\tau)\mathrm{d}\tau = \delta(t)$$

$$\int_{-\infty}^{\infty} x(t)\delta^{(n)}(t)\mathrm{d}t = (-1)^n x^{(n)}(0), \quad x(t) * \delta^{(k)}(t) = x^{(k)}(t)$$

2.2　典型习题详解

2-1　设 $x[n] = \delta[n] + 2\delta[n-1] - \delta[n-3]$ 和 $h[n] = 2\delta[n+1] + 2\delta[n-1]$，计算下列各卷积：

(a) $y_1[n] = x[n] * h[n]$　(b) $y_2[n] = x[n+2] * h[n]$　(c) $y_3[n] = x[n] * h[n+2]$

解　(a) $y_1[n] = x[n] * h[n] = \sum_{k=-\infty}^{\infty} x[k]h[n-k]$

$$= \sum_{k=-\infty}^{\infty} x[n-k]h[k] = h[-1]x[n+1] + h[1]x[n-1]$$
$$= 2x[n+1] + 2x[n-1]$$
$$= 2\delta[n+1] + 4\delta[n] - 2\delta[n-2] + 2\delta[n-1] + 4\delta[n-2] - 2\delta[n-4]$$
$$= 2\delta[n+1] + 4\delta[n] + 2\delta[n-1] + 2\delta[n-2] - 2\delta[n-4]$$

(b) $y_2[n] = x[n+2] * h[n] = \sum_{k=-\infty}^{\infty} x[n-k+2]h[k] = y_1[n+2]$
$$= 2\delta[n+3] + 4\delta[n+2] + 2\delta[n+1] + 2\delta[n] - 2\delta[n-2]$$

(c) $y_3[n] = x[n] * h[n+2] = \sum_{k=-\infty}^{\infty} x[k]h[n-k+2] = y_1[n+2] = y_2[n]$

2-2　考虑信号 $h[n] = \left(\frac{1}{2}\right)^{n-1}\{u[n+3] - u[n-10]\}$，将 A 和 B 用 n 来表示，以使下式成立：

$$h[n-k] = \begin{cases} \left(\frac{1}{2}\right)^{n-k-1}, & A \leqslant k \leqslant B \\ 0, & \text{其他} \end{cases}$$

解　$h[n] = \left(\frac{1}{2}\right)^{n-1}\{u[n+3] - u[n-10]\} = \begin{cases} \left(\frac{1}{2}\right)^{n-1}, & -3 \leqslant n \leqslant 9 \\ 0, & \text{其他} \end{cases}$

$$h[n-k] = \begin{cases} \left(\frac{1}{2}\right)^{n-k-1}, -3 \leqslant n-k \leqslant 9 \\ 0, \qquad\qquad \text{其他} \end{cases} = \begin{cases} \left(\frac{1}{2}\right)^{n-k-1}, n-9 \leqslant k \leqslant n+3 \\ 0, \qquad\qquad \text{其他} \end{cases}$$

故 $A = n-9, B = n+3$。

2-3　已知输入 $x[n]$ 和单位脉冲响应为

$$x[n] = \left(\frac{1}{2}\right)^{n-2} u[n-2], \quad h[n] = u[n+2]$$

求输出 $y[n] = x[n] * h[n]$，并画出 $y[n]$。

解　设 $x_1[n] = \left(\frac{1}{2}\right)^{n} u[n], h_1[n] = u[n]$，则

$$x[n] = x_1[n-2], \quad h[n] = h_1[n+2]$$

$$y[n] = x[n] * h[n] = x_1[n-2] * h_1[n+2] = \sum_{k=-\infty}^{\infty} x_1[k-2]h_1[n-k+2]$$

$$\xrightarrow{\text{令 } k-2=m} \sum_{m=-\infty}^{\infty} x_1[m]h_1[n-m]$$

即 $y[n] = x_1[n] * h_1[n] = \sum_{k=-\infty}^{\infty} \left(\frac{1}{2}\right)^{k} u[k]u[n-k] = \sum_{k=0}^{n} \left(\frac{1}{2}\right)^{k} = 2[1-\left(\frac{1}{2}\right)^{n+1}]u[n]$

$y[n]$ 的波形如图 2-1 所示。

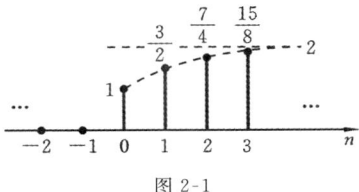

图 2-1

2-4　设 $x[n] = \begin{cases} 1, 0 \leqslant n \leqslant 9 \\ 0, 其他 \end{cases}$ 和 $h[n] = \begin{cases} 1, 0 \leqslant n \leqslant N \\ 0, 其他 \end{cases}$，式中 $N \leqslant 9$ 是一个整数。已知 $y[n]$ = $x[n] * h[n]$ 和 $y[4] = 5, y[14] = 0$，试求 N。

解
$$y[n] = \sum_{k=-\infty}^{\infty} x[k]h[n-k] = \sum_{k=0}^{9} h[n-k]$$

当 $n < 0$ 及 $n > N+9$ 时，$y[n] = 0$。

由于 $y[14] = 0$，故 $N+9 < 14$，即 $N < 5$。而

$$h[n-k] = \begin{cases} 1, & n-N \leqslant k \leqslant n \\ 0, & 其他 \end{cases}$$

当 $\begin{cases} n-N \geqslant 0 \\ n \leqslant 9 \end{cases}$，即 $N \leqslant n \leqslant 9$ 时，有 $y[n] = \sum_{k=n-N}^{n} 1 = N+1$。

又 $y[4] = 5$，由此可得 $N = 4$。

2-5　一个线性系统 S 有如下输入 - 输出关系 $y[n] = \sum_{k=-\infty}^{\infty} x[k]g[n-2k]$，式中 $g[n] = u[n] - u[n-4]$。

(a) 当 $x[n] = \delta[n-1]$ 时，求 $y[n]$；

(b) 当 $x[n] = \delta[n-2]$ 时，求 $y[n]$；

(c) S 是 LTI 的吗？

(d) 当 $x[n] = u[n]$ 时，求 $y[n]$。

解　(a) $y[n] = \sum_{k=-\infty}^{\infty} x[k]g[n-2k] = \sum_{k=-\infty}^{\infty} \delta[k-1]g[n-2k]$
$$= g[n-2] = u[n-2] - u[n-6]$$

(b) $y[n] = \sum_{k=-\infty}^{\infty} x[k]g[n-2k] = \sum_{k=-\infty}^{\infty} \delta[k-2]g[n-2k]$
$$= g[n-4] = u[n-4] - u[n-8]$$

(c) S 是线性的但非时不变的，因为当 $x[n]$ 向右平移了 1 个单位时，$y[n]$ 向右平移了 2 个单位，故 S 不是 LTI 的。

(d) $y[n] = \sum_{k=-\infty}^{\infty} x[k]g[n-2k] = \sum_{k=-\infty}^{\infty} u[k]g[n-2k] = \sum_{k=0}^{\infty} g[n-2k]$
$$= g[n] + g[n-2] + g[n-4] + g[n-6] + g[n-8] + \cdots$$
$$= u[n] - u[n-4] + u[n-2] - u[n-6] + u[n-4]$$
$$\quad - u[n-8] + u[n-6] - u[n-10] + \cdots$$
$$= u[n] + u[n-2] = 2u[n] - \delta[n] - \delta[n-1]$$

2-6　求出并粗略画出下列两个信号的卷积：

$$x(t) = \begin{cases} t+1, 0 \leqslant t \leqslant 1 \\ 2-t, 1 < t \leqslant 2, \\ 0, \quad 其他 \end{cases} \qquad h(t) = \delta(t+2) + 2\delta(t+1)$$

解　$y(t) = x(t) * h(t) = x(t) * \delta(t+2) + x(t) * 2\delta(t+1) = x(t+2) + 2x(t+1)$

$$x(t+2) = \begin{cases} t+3, & -2 \leqslant t \leqslant -1 \\ -t, & -1 < t \leqslant 0 \\ 0, & 其他 \end{cases}$$

$$x(t+1) = \begin{cases} t+2, & -1 \leqslant t \leqslant 0 \\ 1-t, & 0 < t \leqslant 1 \\ 0, & 其他 \end{cases}$$

则

$$y(t) = \begin{cases} t+3, & -2 \leqslant t \leqslant -1 \\ t+4, & -1 < t \leqslant 0 \\ 2-2t, & 0 < t \leqslant 1 \\ 0, & 其他 \end{cases}$$

其波形如图 2-2 所示。

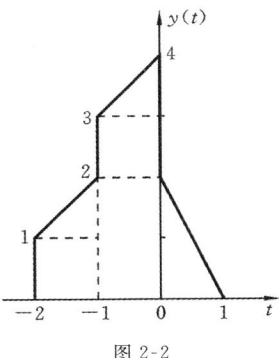

图 2-2

2-7　令 $h(t) = e^{2t}u(-t+4) + e^{-2t}u(t-5)$，确定 A 和 B
使之有

$$h(t-\tau) = \begin{cases} e^{-2(t-\tau)}, & \tau < A \\ 0, & A < \tau < B \\ e^{2(t-\tau)}, & B < \tau \end{cases}$$

解　$h(t-\tau) = e^{2(t-\tau)}u(-t+\tau+4) + e^{-2(t-\tau)}u(t-\tau-5)$

$$= \begin{cases} e^{2(t-\tau)}, & \tau > t-4 \\ e^{-2(t-\tau)}, & \tau < t-5 \\ 0, & t-5 < \tau < t-4 \end{cases}$$

与

$$h(t-\tau) = \begin{cases} e^{-2(t-\tau)}, & \tau < A \\ 0, & A < \tau < B \\ e^{2(t-\tau)}, & B < \tau \end{cases}$$

比较可得

$$A = t-5, \quad B = t-4$$

2-8　假设 $x(t) = \begin{cases} 1, 0 \leqslant t \leqslant 1 \\ 0, 其他 \end{cases}$ 和 $h(t) = x\left(\dfrac{t}{a}\right), 0 \leqslant a \leqslant 1$。

（a）求出并画出 $y(t) = x(t) * h(t)$；

（b）若 $\mathrm{d}y(t)/\mathrm{d}t$ 仅含有三个不连续点，a 值为多少？

解　（a）　　　　　　$x(t) = u(t) - u(t-1)$

$$h(t) = \begin{cases} 1, 0 \leqslant t \leqslant a \\ 0, 其他 \end{cases} = u(t) - u(t-a)$$

$$y(t) = x(t) * h(t) = \int_{-\infty}^{\infty} x(\tau)h(t-\tau)\mathrm{d}\tau$$

$$= \int_{-\infty}^{\infty} [u(\tau) - u(\tau-1)][u(t-\tau) - u(t-\tau-a)]\mathrm{d}\tau$$

$$= \int_{0}^{t}\mathrm{d}\tau - \int_{0}^{t-a}\mathrm{d}\tau - \int_{1}^{t}\mathrm{d}\tau + \int_{1}^{t-a}\mathrm{d}\tau$$

$$= tu(t) - (t-a)u(t-a) - (t-1)u(t-1) + (t-a-1)u(t-a-1)$$

$$= t[u(t) - u(t-a)] + a[u(t-a) - u(t-1)]$$
$$\quad - (t-a-1)[u(t-1) - u(t-a-1)]$$

$y(t)$ 的波形如图 2-3 所示。

（b）$\dfrac{\mathrm{d}y(t)}{\mathrm{d}t} = [u(t) - u(t-a)] - [u(t-1) - u(t-a-1)]$

$\dfrac{\mathrm{d}y(t)}{\mathrm{d}t}$ 的不连续点为 $t_1 = 0, t_2 = a, t_3 = 1, t_4 = a+1$。

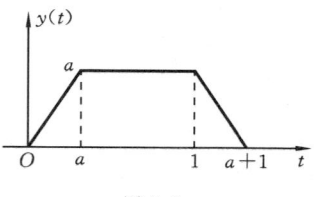

图 2-3

若 $\dfrac{\mathrm{d}y(t)}{\mathrm{d}t}$ 只有三个不连续点，则 $a=1$。

2-9 令 $x(t) = u(t-3) - u(t-5)$ 和 $h(t) = \mathrm{e}^{-3t}u(t)$。

(a) 求 $y(t) = x(t) * h(t)$；

(b) 求 $g(t) = (\mathrm{d}x(t)/\mathrm{d}t) * h(t)$；

(c) $g(t)$ 与 $y(t)$ 是何关系？

解 (a) $y(t) = x(t) * h(t) = \displaystyle\int_{-\infty}^{\infty} x(\tau)h(t-\tau)\mathrm{d}\tau$

$$= \int_{-\infty}^{\infty} u(\tau-3)\mathrm{e}^{-3(t-\tau)}u(t-\tau)\mathrm{d}\tau - \int_{-\infty}^{\infty} u(\tau-5)\mathrm{e}^{-3(t-\tau)}u(t-\tau)\mathrm{d}\tau$$

$$= \int_{3}^{t} \mathrm{e}^{-3(t-\tau)}\mathrm{d}\tau - \int_{5}^{t} \mathrm{e}^{-3(t-\tau)}\mathrm{d}\tau$$

$$= \mathrm{e}^{-3t}\left[\frac{1}{3}(\mathrm{e}^{3t}-\mathrm{e}^{9})u(t-3) - \frac{1}{3}(\mathrm{e}^{3t}-\mathrm{e}^{15})u(t-5)\right]$$

$$= \frac{1}{3}\left[1-\mathrm{e}^{-3(t-3)}\right]u(t-3) - \frac{1}{3}\left[1-\mathrm{e}^{-3(t-5)}\right]u(t-5)$$

$$= \begin{cases} 0, & t \leqslant 3 \\[2mm] \dfrac{1}{3}\left[1-\mathrm{e}^{-3(t-3)}\right], & 3 < t \leqslant 5 \\[2mm] \dfrac{1}{3}(1-\mathrm{e}^{-6})\mathrm{e}^{-3(t-5)}, & t > 5 \end{cases}$$

(b) $\dfrac{\mathrm{d}x(t)}{\mathrm{d}t} = \delta(t-3) - \delta(t-5)$

$g(t) = \dfrac{\mathrm{d}x(t)}{\mathrm{d}t} * h(t) = \left[\delta(t-3) - \delta(t-5)\right] * \mathrm{e}^{-3t}u(t) = \mathrm{e}^{-3(t-3)}u(t-3) - \mathrm{e}^{-3(t-5)}u(t-5)$

(c) $y(t) = \dfrac{1}{3}\left[1-\mathrm{e}^{-3(t-3)}\right]u(t-3) - \dfrac{1}{3}\left[1-\mathrm{e}^{-3(t-5)}\right]u(t-5)$

$\dfrac{\mathrm{d}y(t)}{\mathrm{d}t} = \dfrac{1}{3}\left[1-\mathrm{e}^{-3(t-3)}\right]\delta(t-3) + \mathrm{e}^{-3(t-3)}u(t-3) - \dfrac{1}{3}\left[1-\mathrm{e}^{-3(t-5)}\right]\delta(t-5) - \mathrm{e}^{-3(t-5)}u(t-5)$

$\qquad = \mathrm{e}^{-3(t-3)}u(t-3) - \mathrm{e}^{-3(t-5)}u(t-5)$

即 $\qquad\qquad\qquad\qquad\qquad g(t) = \dfrac{\mathrm{d}y(t)}{\mathrm{d}t}$

2-10 令 $y(t) = \mathrm{e}^{-t}u(t) * \displaystyle\sum_{k=-\infty}^{\infty} \delta(t-3k)$，证明：$y(t) = A\mathrm{e}^{-t}, 0 \leqslant t \leqslant 3$，并求出 A 的值。

证 $y(t) = \mathrm{e}^{-t}u(t) * \displaystyle\sum_{k=-\infty}^{\infty} \delta(t-3k)$

$$= \sum_{k=-\infty}^{\infty}\left[\mathrm{e}^{-t}u(t) * \delta(t-3k)\right] = \sum_{k=-\infty}^{\infty} \mathrm{e}^{-(t-3k)}u(t-3k)$$

$$= \cdots + e^{-(t+3)} u(t+3) + e^{-t} u(t) + e^{-(t-3)} u(t-3) + \cdots$$

$$= e^{-t} [\cdots + e^{-3} u(t+3) + u(t) + e^{3} u(t-3) + \cdots]$$

这是个等比数列求和问题。当 $0 \leqslant t \leqslant 3$ 时,级数收敛。

$$y(t) = e^{-t} [\cdots + e^{-3} u(t+3) + u(t) + e^{3} u(t-3) + \cdots]$$

$$= e^{-t} [1 + e^{-3} + e^{-6} + \cdots] = \frac{e^{-t}}{1 - e^{-3}}$$

即 $y(t) = A e^{-t}$,其中 $A = \dfrac{1}{1 - e^{-3}}$。

2-11　考虑一离散时间系统 S_1,其单位脉冲响应为 $h[n] = \left(\dfrac{1}{5}\right)^n u[n]$。

(a) 求整数 A 以满足 $h[n] - A h[n-1] = \delta[n]$;

(b) 利用(a)的结果,求系统 S_1 的逆系统 S_2(LTI)的单位脉冲响应。

解　(a) $\left(\dfrac{1}{5}\right)^n u[n] - A \left(\dfrac{1}{5}\right)^{n-1} u[n-1] = \delta[n]$

令 $n = 1$,有 $\dfrac{1}{5} - A = 0$,即 $A = \dfrac{1}{5}$。

(b) 设 S_2 的单位脉冲响应为 $g[n]$,则有 $h[n] * g[n] = \delta[n]$。

根据(a): $h[n] - \dfrac{1}{5} h[n-1] = \delta[n]$

$$h[n] * \left(\delta[n] - \frac{1}{5} \delta[n-1]\right) = \delta[n]$$

可得

$$g[n] = \delta[n] - \frac{1}{5} \delta[n-1]$$

2-12　对下列各说法判断是对还是错:

(a) 若 $n < N_1$,$x[n] = 0$ 和 $n < N_2$,$h[n] = 0$,则 $n < N_1 + N_2$,$x[n] * h[n] = 0$;

(b) 若 $y[n] = x[n] * h[n]$,则 $y[n-1] = x[n-1] * h[n-1]$;

(c) 若 $y(t) = x(t) * h(t)$,则 $y(-t) = x(-t) * h(-t)$;

(d) 若 $t > T_1$,$x(t) = 0$ 和 $t > T_2$,$h(t) = 0$,则 $t > T_1 + T_2$,$x(t) * h(t) = 0$。

解　(a) 对。

$$x[n] * h[n] = \sum_{k=-\infty}^{\infty} x[k] h[n-k], \quad x[k] = \begin{cases} x[k], & k \geqslant N_1 \\ 0, & k < N_1 \end{cases}$$

$$h[n-k] = \begin{cases} h[n-k], & n-k \geqslant N_2 \\ 0, & n-k < N_2 \end{cases} = \begin{cases} h[n-k], & k \leqslant n - N_2 \\ 0, & k > n - N_2 \end{cases}$$

$$x[n] * h[n] = \sum_{k=N_1}^{n-N_2} x[k] h[n-k]$$

求和区间为 $[N_1, n - N_2]$,要求 $n - N_2 \geqslant N_1$,即 $n \geqslant N_1 + N_2$,故当 $n < N_1 + N_2$ 时,$x[n] * h[n] = 0$。

(b) 错。

$$y[n] = x[n] * h[n] = \sum_{k=-\infty}^{\infty} x[k] h[n-k]$$

$$y[n-1] = \sum_{k=-\infty}^{\infty} x[k] h[n-1-k] = x[n] * h[n-1] \neq x[n-1] * h[n-1]$$

(c) 对。

$$y(t) = x(t) * h(t) = \int_{-\infty}^{\infty} x(\tau) h(t-\tau) \mathrm{d}\tau$$

$$y(-t) = \int_{-\infty}^{\infty} x(\tau) h(-t-\tau) \mathrm{d}\tau \xrightarrow{\tau' = -\tau} \int_{-\infty}^{\infty} x(-\tau') h(\tau'-t) \mathrm{d}\tau' = x(-t) * h(-t)$$

(d) 对。

$$y(t) = x(t) * h(t) = \int_{-\infty}^{\infty} x(\tau) h(t-\tau) \mathrm{d}\tau$$

$$x(\tau) = \begin{cases} x(\tau), & \tau \leqslant T_1 \\ 0, & \tau > T_1 \end{cases}$$

$$h(t-\tau) = \begin{cases} h(t-\tau), & t-\tau \leqslant T_2 \\ 0, & t-\tau > T_2 \end{cases} = \begin{cases} h(t-\tau), & \tau \geqslant t-T_2 \\ 0, & \tau < t-T_2 \end{cases}$$

$$y(t) = \int_{t-T_2}^{T_1} x(\tau) h(t-\tau) \mathrm{d}\tau$$

积分区间为 $[t-T_2, T_1]$，要求 $t-T_2 \leqslant T_1$，即 $t \leqslant T_1 + T_2$，故当 $t > T_1 + T_2$ 时，$x(t) * h(t) = 0$。

2-13　求下列积分：

(a) $\int_{-\infty}^{\infty} u_0(t) \cos t \, \mathrm{d}t$；(b) $\int_0^5 \sin(2\pi t) \delta(t+3) \mathrm{d}t$；(c) $\int_{-5}^5 u_1(1-t) \cos(2\pi t) \mathrm{d}t$。

解　(a) $\int_{-\infty}^{\infty} u_0(t) \cos t \, \mathrm{d}t = \int_{-\infty}^{\infty} \delta(t) \cos t \, \mathrm{d}t = \int_{-\infty}^{\infty} \delta(t) \mathrm{d}t = 1$

(b) $\int_0^5 \sin(2\pi t) \delta(t+3) \mathrm{d}t = 0$

(c) $\int_{-5}^5 u_1(1-t) \cos(2\pi t) \mathrm{d}t = \int_{-5}^5 \delta'(1-t) \cos(2\pi t) \mathrm{d}t \xrightarrow{1-t=\tau} \int_{-4}^6 \delta'(\tau) \cos(2\pi\tau) \mathrm{d}\tau$

$$= -\frac{\mathrm{d}\cos(2\pi\tau)}{\mathrm{d}\tau} \Big|_{\tau=0} = 2\pi\sin(2\pi\tau) \big|_{\tau=0} = 0$$

2-14　对以下各对波形求单位冲激响应为 $h(t)$ 的 LTI 系统对输入 $x(t)$ 的响应 $y(t)$。

(a) $x(t) = \mathrm{e}^{-\alpha t} u(t)$，$h(t) = \mathrm{e}^{-\beta t} u(t)$（分别在 $\alpha \neq \beta$，$\alpha = \beta$ 下完成）；

(b) $x(t) = u(t) - 2u(t-2) + u(t-5)$，$h(t) = \mathrm{e}^{2t} u(1-t)$；

(c) $x(t)$ 和 $h(t)$ 如图 2-4(a) 所示；

(d) $x(t)$ 和 $h(t)$ 如图 2-4(b) 所示；

(e) $x(t)$ 和 $h(t)$ 如图 2-4(c) 所示。

解　(a) $y(t) = x(t) * h(t) = \int_{-\infty}^{\infty} x(\tau) h(t-\tau) \mathrm{d}\tau$

$$= \int_{-\infty}^{\infty} \mathrm{e}^{-\alpha\tau} u(\tau) \mathrm{e}^{-\beta(t-\tau)} u(t-\tau) \mathrm{d}\tau$$

$$= \int_0^t \mathrm{e}^{-(\alpha-\beta)\tau} \mathrm{e}^{-\beta t} \mathrm{d}\tau = \mathrm{e}^{-\beta t} \int_0^t \mathrm{e}^{-(\alpha-\beta)\tau} \mathrm{d}\tau, t \geqslant 0$$

当 $\alpha \neq \beta$ 时，有 $y(t) = \mathrm{e}^{-\beta t} \int_0^t \mathrm{e}^{-(\alpha-\beta)\tau} \mathrm{d}\tau = \dfrac{\mathrm{e}^{-\beta t} [\mathrm{e}^{-(\alpha-\beta)t} - 1]}{\beta - \alpha} u(t) = \dfrac{\mathrm{e}^{-\alpha t} - \mathrm{e}^{-\beta t}}{\beta - \alpha} u(t)$

当 $\alpha = \beta$ 时，有 $y(t) = \mathrm{e}^{-\beta t} \int_0^t \mathrm{d}\tau = t \mathrm{e}^{-\beta t} u(t)$

(b) $x(t) = u(t) - 2u(t-2) + u(t-5) = u(t) - u(t-2) - [u(t-2) - u(t-5)]$

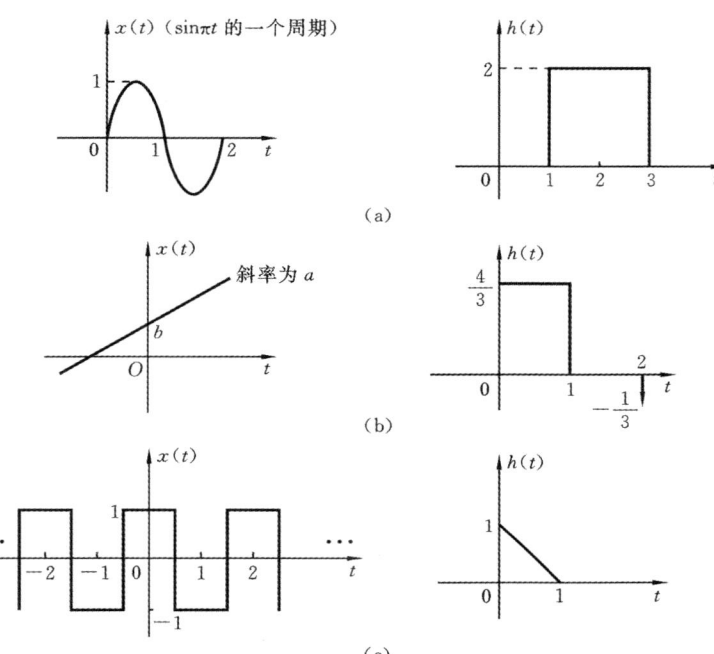

图 2-4

$$y(t) = x(t) * h(t) = \int_{-\infty}^{\infty} x(\tau)h(t-\tau)\mathrm{d}\tau = \int_{0}^{2} h(t-\tau)\mathrm{d}\tau - \int_{2}^{5} h(t-\tau)\mathrm{d}\tau$$

$$\int_{0}^{2} h(t-\tau)\mathrm{d}\tau = \int_{0}^{2} \mathrm{e}^{2(t-\tau)} u(1-t+\tau)\mathrm{d}\tau = \begin{cases} \displaystyle\int_{0}^{2} \mathrm{e}^{2(t-\tau)}\mathrm{d}\tau \\ \displaystyle\int_{t-1}^{2} \mathrm{e}^{2(t-\tau)}\mathrm{d}\tau \end{cases} = \begin{cases} \dfrac{1}{2}\big[\mathrm{e}^{2t} - \mathrm{e}^{2(t-2)}\big], & t \leqslant 1 \\ \dfrac{1}{2}\big[\mathrm{e}^{2} - \mathrm{e}^{2(t-2)}\big], & 1 < t \leqslant 3 \end{cases}$$

$$\int_{2}^{5} h(t-\tau)\mathrm{d}\tau = \int_{2}^{5} \mathrm{e}^{2(t-\tau)} u(1-t+\tau)\mathrm{d}\tau = \begin{cases} \displaystyle\int_{2}^{5} \mathrm{e}^{2(t-\tau)}\mathrm{d}\tau \\ \displaystyle\int_{t-1}^{5} \mathrm{e}^{2(t-\tau)}\mathrm{d}\tau \end{cases} = \begin{cases} \dfrac{1}{2}\big[\mathrm{e}^{2(t-2)} - \mathrm{e}^{2(t-5)}\big], & t \leqslant 3 \\ \dfrac{1}{2}\big[\mathrm{e}^{2} - \mathrm{e}^{2(t-5)}\big], & 3 < t \leqslant 6 \end{cases}$$

当 $t \leqslant 1$ 时，
$$y(t) = \frac{1}{2}\big[\mathrm{e}^{2t} - \mathrm{e}^{2(t-2)}\big] - \frac{1}{2}\big[\mathrm{e}^{2(t-2)} - \mathrm{e}^{2(t-5)}\big] = \frac{1}{2}\big[\mathrm{e}^{2t} - 2\mathrm{e}^{2(t-2)} + \mathrm{e}^{2(t-5)}\big]$$

当 $1 < t \leqslant 3$ 时，
$$y(t) = \frac{1}{2}\big[\mathrm{e}^{2} - \mathrm{e}^{2(t-2)}\big] - \frac{1}{2}\big[\mathrm{e}^{2(t-2)} - \mathrm{e}^{2(t-5)}\big] = \frac{1}{2}\big[\mathrm{e}^{2} - 2\mathrm{e}^{2(t-2)} + \mathrm{e}^{2(t-5)}\big]$$

当 $3 < t \leqslant 6$ 时，
$$y(t) = -\frac{1}{2}\big[\mathrm{e}^{2} - \mathrm{e}^{2(t-5)}\big] = \frac{1}{2}\big[\mathrm{e}^{2(t-5)} - \mathrm{e}^{2}\big]$$

当 $t > 6$ 时，$y(t) = 0$，即

$$y(t) = \begin{cases} \dfrac{1}{2}\big[e^{2t} - 2e^{2(t-2)} + e^{2(t-5)}\big], & t \leqslant 1 \\[2mm] \dfrac{1}{2}\big[e^2 - 2e^{2(t-2)} + e^{2(t-5)}\big], & 1 < t \leqslant 3 \\[2mm] \dfrac{1}{2}\big[e^{2(t-5)} - e^2\big], & 3 < t \leqslant 6 \\[2mm] 0, & t > 6 \end{cases}$$

(c) $x(t) = \sin(\pi t)\big[u(t) - u(t-2)\big], h(t) = 2u(t-1) - 2u(t-3)$

$$y(t) = x(t) * h(t) = \int_{-\infty}^{\infty} x(\tau)h(t-\tau)\mathrm{d}\tau$$

$$= \int_{-\infty}^{\infty} \{\sin(\pi\tau)\big[u(\tau) - u(\tau-2)\big] \cdot 2\big[u(t-\tau-1) - u(t-\tau-3)\big]\}\mathrm{d}\tau$$

$$= \int_{-\infty}^{\infty} 2\sin(\pi\tau)u(\tau)u(t-\tau-1)\mathrm{d}\tau - \int_{-\infty}^{\infty} 2\sin(\pi\tau)u(\tau)u(t-\tau-3)\mathrm{d}\tau$$

$$- \int_{-\infty}^{\infty} 2\sin(\pi\tau)u(\tau-2)u(t-\tau-1)\mathrm{d}\tau + \int_{-\infty}^{\infty} 2\sin(\pi\tau)u(\tau-2)u(t-\tau-3)\mathrm{d}\tau$$

$$= 2\Big[\int_0^{t-1} \sin(\pi\tau)\mathrm{d}\tau\Big]u(t-1) - 2\Big[\int_0^{t-3} \sin(\pi\tau)\mathrm{d}\tau\Big]u(t-3)$$

$$- 2\Big[\int_2^{t-1} \sin(\pi\tau)\mathrm{d}\tau\Big]u(t-3) + 2\Big[\int_2^{t-3} \sin(\pi\tau)\mathrm{d}\tau\Big]u(t-5)$$

$$= \frac{2}{\pi}\big[1 - \cos\pi(t-1)\big]u(t-1) - \frac{2}{\pi}\big[1 - \cos\pi(t-3)\big]u(t-3)$$

$$- \frac{2}{\pi}\big[1 - \cos\pi(t-1)\big]u(t-3) + \frac{2}{\pi}\big[1 - \cos\pi(t-3)\big]u(t-5)$$

$$= \frac{2}{\pi}\big[1 - \cos\pi(t-1)\big]\big[u(t-1) - u(t-3)\big] - \frac{2}{\pi}\big[1 - \cos\pi(t-3)\big]\big[u(t-3) - u(t-5)\big]$$

(d) $x(t) = at + b$，设 $h(t) = h_1(t) - \dfrac{1}{3}\delta(t-2), h_1(t) = \dfrac{4}{3}\big[u(t) - u(t-1)\big]$，则

$$y(t) = x(t) * h(t) = x(t) * h_1(t) - \frac{1}{3}x(t-2)$$

又　　　　$$x(t) * h_1(t) = \int_{-\infty}^{\infty} x(\tau)h_1(t-\tau)\mathrm{d}\tau$$

$$= \int_{-\infty}^{\infty} (a\tau + b)\frac{4}{3}\big[u(t-\tau) - u(t-\tau-1)\big]\mathrm{d}\tau$$

$$= \frac{4}{3}\int_{-\infty}^{t} (a\tau + b)\mathrm{d}\tau - \frac{4}{3}\int_{-\infty}^{t-1} (a\tau + b)\mathrm{d}\tau$$

$$= \frac{4}{3}\int_{t-1}^{t} (a\tau + b)\mathrm{d}\tau = \frac{4}{3}at - \frac{2}{3}a + \frac{4}{3}b$$

故 $y(t) = \dfrac{4}{3}at - \dfrac{2}{3}a + \dfrac{4}{3}b - \dfrac{1}{3}a(t-2) - \dfrac{1}{3}b = at + b$，即 $y(t) = x(t)$。

(e) 设 $x_0(t) = u\Big(t + \dfrac{1}{2}\Big) - u\Big(t - \dfrac{1}{2}\Big) - \Big[u\Big(t - \dfrac{1}{2}\Big) - u\Big(t - \dfrac{3}{2}\Big)\Big]$

则　　　　　　　　$$x(t) = \sum_{n=-\infty}^{\infty} x_0(t - 2n)$$

即 $x(t)$ 是以 $x_0(t)$ 重复的周期信号，且 $T = 2$。

$$y(t) = x(t) * h(t) = \Big[\sum_{n=-\infty}^{\infty} x_0(t-2n) \Big] * h(t)$$

$$= \sum_{n=-\infty}^{\infty} \big[x_0(t-2n) * h(t) \big] = \sum_{n=-\infty}^{\infty} y_0(t-2n)$$

即 $y(t)$ 也是周期为 2 的周期信号,其中

$$y_0(t) = x_0(t) * h(t) = \int_{-\infty}^{\infty} x_0(\tau)h(t-\tau)\mathrm{d}\tau = \int_{-1/2}^{1/2} h(t-\tau)\mathrm{d}\tau - \int_{1/2}^{3/2} h(t-\tau)\mathrm{d}\tau$$

$$= \int_{-1/2}^{1/2} \big[-(t-\tau-1) \big] \big[u(t-\tau) - u(t-\tau-1) \big] \mathrm{d}\tau$$

$$- \int_{1/2}^{3/2} \big[-(t-\tau-1) \big] \big[u(t-\tau) - u(t-\tau-1) \big] \mathrm{d}\tau$$

$$= \int_{-1/2}^{1/2} (\tau-t+1)u(t-\tau)\mathrm{d}\tau - \int_{-1/2}^{1/2} (\tau-t+1)u(t-\tau-1)\mathrm{d}\tau$$

$$- \int_{1/2}^{3/2} (\tau-t+1)u(t-\tau)\mathrm{d}\tau + \int_{1/2}^{3/2} (\tau-t+1)u(t-\tau-1)\mathrm{d}\tau$$

$$\int_{-1/2}^{1/2} (\tau-t+1)u(t-\tau)\mathrm{d}\tau = \begin{cases} \int_{-1/2}^{t} (\tau-t+1)\mathrm{d}\tau \\ \int_{-1/2}^{1/2} (\tau-t+1)\mathrm{d}\tau \end{cases} = \begin{cases} -\dfrac{1}{2}t^2 + \dfrac{1}{2}t + \dfrac{3}{8}, & -\dfrac{1}{2} \leqslant t < \dfrac{1}{2} \\ 1-t, & t \geqslant \dfrac{1}{2} \end{cases}$$

$$- \int_{-1/2}^{1/2} (\tau-t+1)u(t-\tau-1)\mathrm{d}\tau = \begin{cases} -\int_{-1/2}^{t-1} (\tau-t+1)\mathrm{d}\tau \\ -\int_{-1/2}^{1/2} (\tau-t+1)\mathrm{d}\tau \end{cases} = \begin{cases} \dfrac{1}{2}t^2 - \dfrac{1}{2}t + \dfrac{1}{8}, & \dfrac{1}{2} \leqslant t < \dfrac{3}{2} \\ t-1, & t \geqslant \dfrac{3}{2} \end{cases}$$

$$- \int_{1/2}^{3/2} (\tau-t+1)u(t-\tau)\mathrm{d}\tau = \begin{cases} -\int_{1/2}^{t} (\tau-t+1)\mathrm{d}\tau \\ -\int_{1/2}^{3/2} (\tau-t+1)\mathrm{d}\tau \end{cases} = \begin{cases} \dfrac{1}{2}t^2 - \dfrac{3}{2}t + \dfrac{5}{8}, & \dfrac{1}{2} \leqslant t < \dfrac{3}{2} \\ t-2, & t \geqslant \dfrac{3}{2} \end{cases}$$

$$\int_{1/2}^{3/2} (\tau-t+1)u(t-\tau-1)\mathrm{d}\tau = \begin{cases} \int_{1/2}^{t-1} (\tau-t+1)\mathrm{d}\tau \\ \int_{1/2}^{3/2} (\tau-t+1)\mathrm{d}\tau \end{cases} = \begin{cases} -\dfrac{1}{2}t^2 + \dfrac{3}{2}t - \dfrac{9}{8}, & \dfrac{3}{2} \leqslant t < \dfrac{5}{2} \\ 2-t, & t \geqslant \dfrac{5}{2} \end{cases}$$

故当 $-\dfrac{1}{2} \leqslant t < \dfrac{1}{2}$ 时,$y_0(t) = -\dfrac{1}{2}t^2 + \dfrac{1}{2}t + \dfrac{3}{8}$

当 $\dfrac{1}{2} \leqslant t < \dfrac{3}{2}$ 时,$y_0(t) = 1-t + \dfrac{1}{2}t^2 - \dfrac{1}{2}t + \dfrac{1}{8} + \dfrac{1}{2}t^2 - \dfrac{3}{2}t + \dfrac{5}{8} = t^2 - 3t + \dfrac{7}{4}$

当 $\dfrac{3}{2} \leqslant t < \dfrac{5}{2}$ 时,$y_0(t) = 1-t + t-1 + t-2 - \dfrac{1}{2}t^2 + \dfrac{3}{2}t - \dfrac{9}{8} = -\dfrac{1}{2}t^2 + \dfrac{5}{2}t - \dfrac{25}{8}$

当 $t \geqslant \dfrac{5}{2}$ 时,$y_0(t) = 1-t + t-1 + t-2 + 2-t = 0$

当 $t < -\dfrac{1}{2}$ 时,$y_0(t) = 0$

即 $y_0(t)$ 仅在区间 $\Big[-\dfrac{1}{2}, \dfrac{5}{2} \Big]$ 上不为零,且

$$y_0(t) = \begin{cases} -\dfrac{1}{2}t^2 + \dfrac{1}{2}t + \dfrac{3}{8}, & -\dfrac{1}{2} \leqslant t < \dfrac{1}{2} \\[2mm] t^2 - 3t + \dfrac{7}{4}, & \dfrac{1}{2} \leqslant t < \dfrac{3}{2} \\[2mm] -\dfrac{1}{2}t^2 + \dfrac{5}{2}t - \dfrac{25}{8}, & \dfrac{3}{2} \leqslant t \leqslant \dfrac{5}{2} \end{cases}$$

$y(t)$ 则是以 $y_0(t)$ 重复的周期信号，其周期也为 2。

2-15　设 $h(t)$ 是图 2-5(a) 所示的三角脉冲，$x(t)$ 为图 2-5(b) 所示的单位冲激串，即 $x(t) = \displaystyle\sum_{k=-\infty}^{\infty} \delta(t - kT)$，对下列 T 值，求出并画出 $y(t) = x(t) * h(t)$。

（a）$T = 4$　　（b）$T = 2$　　（c）$T = \dfrac{3}{2}$　　（d）$T = 1$

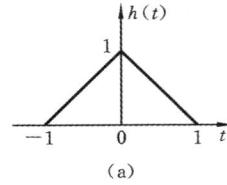 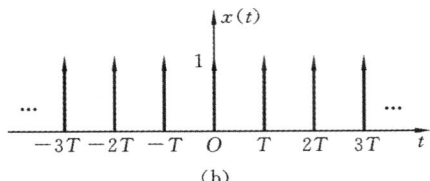

图 2-5

解　$y(t) = x(t) * h(t) = \left[\displaystyle\sum_{k=-\infty}^{\infty} \delta(t - kT)\right] * h(t) = \displaystyle\sum_{k=-\infty}^{\infty} h(t - kT)$

（a）$y(t) = \displaystyle\sum_{k=-\infty}^{\infty} h(t - 4k)$，其波形如图 2-6(a) 所示；

（b）$y(t) = \displaystyle\sum_{k=-\infty}^{\infty} h(t - 2k)$，其波形如图 2-6(b) 所示；

（c）$y(t) = \displaystyle\sum_{k=-\infty}^{\infty} h\left(t - \dfrac{3}{2}k\right)$，其波形如图 2-6(c) 所示；

（d）$y(t) = \displaystyle\sum_{k=-\infty}^{\infty} h(t - k)$，其波形如图 2-6(d) 所示。

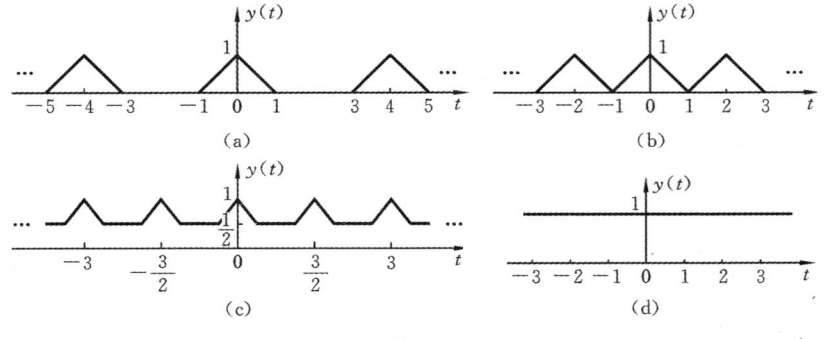

图 2-6

2-16　考虑图 2-7(a) 中三个因果 LTI 系统的级联，单位脉冲响应 $h_2[n] = u[n] - u[n-2]$，整个系统的单位脉冲响应如图 2-7(b) 所示。

(a) 求 $h_1[n]$；

(b) 求整个系统对输入 $x[n] = \delta[n] - \delta[n-1]$ 的响应。

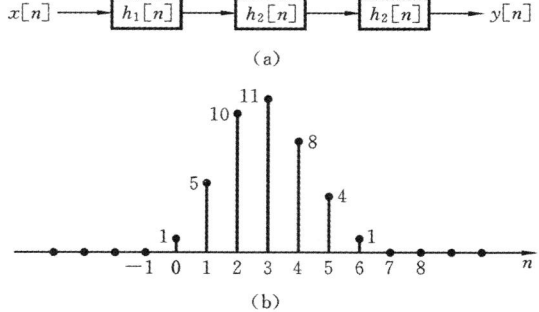

（a）

（b）

图 2-7

解　（a）$h_2[n] = u[n] - u[n-2] = \delta[n] + \delta[n-1]$

$$h_2[n] * h_2[n] = \delta[n] + 2\delta[n-1] + \delta[n-2]$$

因为

$$h[n] = h_1[n] * h_2[n] * h_2[n] = h_1[n] + 2h_1[n-1] + h_1[n-2]$$

所以

$$h[0] = h_1[0] \rightarrow h_1[0] = 1$$
$$h[1] = h_1[1] + 2h_1[0] \rightarrow h_1[1] = 5 - 2 = 3$$
$$h[2] = h_1[2] + 2h_1[1] + h_1[0] \rightarrow h_1[2] = 10 - 2 \times 3 - 1 = 3$$
$$h[3] = h_1[3] + 2h_1[2] + h_1[1] \rightarrow h_1[3] = 11 - 2 \times 3 - 3 = 2$$
$$h[4] = h_1[4] + 2h_1[3] + h_1[2] \rightarrow h_1[4] = 8 - 2 \times 2 - 3 = 1$$
$$h[5] = h_1[5] + 2h_1[4] + h_1[3] \rightarrow h_1[5] = 4 - 2 \times 1 - 2 = 0$$
$$h[6] = h_1[6] + 2h_1[5] + h_1[4] \rightarrow h_1[6] = 1 - 2 \times 0 - 1 = 0$$

即

$$h_1[n] = \begin{cases} 1, & n = 0 \\ 3, & n = 1 \\ 3, & n = 2 \\ 2, & n = 3 \\ 1, & n = 4 \\ 0, & n \geqslant 5 \text{ 和 } n < 0 \end{cases}$$

(b) $y[n] = x[n] * h[n] = h[n] - h[n-1]$

$$y[n] = \begin{cases} 1, & n = 0 \\ 4, & n = 1 \\ 5, & n = 2 \\ 1, & n = 3 \\ -3, & n = 4 \\ -4, & n = 5 \\ -3, & n = 6 \\ -1, & n = 7 \\ 0, & n \geqslant 8 \text{ 和 } n < 0 \end{cases}$$

2-17　求卷积 $y[n] = x[n] * h[n]$，其中 $x[n] = 3^n u[-n-1] + \left(\frac{1}{3}\right)^n u[n]$ 和 $h[n] = \left(\frac{1}{4}\right)^n u[n+3]$。

解　$y[n] = x[n] * h[n] = \sum_{k=-\infty}^{\infty} x[k] h[n-k]$

$$= \sum_{k=-\infty}^{-1} 3^k \left(\frac{1}{4}\right)^{n-k} u[n-k+3] + \sum_{k=0}^{\infty} \left(\frac{1}{3}\right)^k \left(\frac{1}{4}\right)^{n-k} u[n-k+3]$$

$$= \frac{1}{12} \sum_{k=0}^{\infty} \left(\frac{1}{3}\right)^k \left(\frac{1}{4}\right)^{n+k} u[n+k+4] + \sum_{k=0}^{\infty} \left(\frac{1}{3}\right)^k \left(\frac{1}{4}\right)^{n-k} u[n-k+3]$$

$$\frac{1}{12} \sum_{k=0}^{\infty} \left(\frac{1}{3}\right)^k \left(\frac{1}{4}\right)^{n+k} u[n+k+4] = \begin{cases} \dfrac{1}{12} \sum_{k=-(n+4)}^{\infty} \left(\frac{1}{3}\right)^k \left(\frac{1}{4}\right)^{n+k}, & n \leqslant -4 \\ \dfrac{1}{12} \sum_{k=0}^{\infty} \left(\frac{1}{3}\right)^k \left(\frac{1}{4}\right)^{n+k}, & n > -4 \end{cases}$$

$$= \begin{cases} \dfrac{1}{12} \sum_{k=0}^{\infty} \left(\frac{1}{12}\right)^k \left(\frac{1}{4}\right)^n - \dfrac{1}{12} \sum_{k=0}^{-(n+5)} \left(\frac{1}{12}\right)^k \left(\frac{1}{4}\right)^n, & n \leqslant -4 \\ \dfrac{1}{11} \left(\frac{1}{4}\right)^n, & n > -4 \end{cases}$$

$$= \begin{cases} \dfrac{12^4}{11} (3)^n, & n \leqslant -4 \\ \dfrac{1}{11} \left(\frac{1}{4}\right)^n, & n > -4 \end{cases}$$

$$\sum_{k=0}^{\infty} \left(\frac{1}{3}\right)^k \left(\frac{1}{4}\right)^{n-k} u[n-k+3] = \sum_{k=0}^{n+3} \left(\frac{1}{3}\right)^k \left(\frac{1}{4}\right)^{n-k} = \left(\frac{1}{4}\right)^n \sum_{k=0}^{n+3} \left(\frac{4}{3}\right)^k$$

$$= -3 \left(\frac{1}{4}\right)^n + \frac{256}{27} \left(\frac{1}{3}\right)^n, \quad n \geqslant -3$$

$$y[n] = \begin{cases} \dfrac{12^4}{11} (3)^n, & n \leqslant -4 \\ \dfrac{1}{11} \left(\frac{1}{4}\right)^n - 3 \left(\frac{1}{4}\right)^n + \dfrac{256}{27} \left(\frac{1}{3}\right)^n, & n > -4 \end{cases}$$

2-18　求 $y[n] = x_1[n] * x_2[n] * x_3[n]$，其中 $x_1[n] = (0.5)^n u[n]$，$x_2[n] = u[n+3]$ 和 $x_3[n] = \delta[n] - \delta[n-1]$。

（a）求卷积 $x_1[n] * x_2[n]$　　　　（b）利用（a）的结果求 $y[n]$

（c）求卷积 $x_2[n] * x_3[n]$　　　　（d）利用（c）的结果求 $y[n]$

解　（a）$x_1[n] * x_2[n] = \sum_{k=-\infty}^{\infty} x_1[k] x_2[n-k]$

$$= \sum_{k=-\infty}^{\infty} (0.5)^k u[k] u[n-k+3] = \sum_{k=0}^{n+3} (0.5)^k, \quad n \geqslant -3$$

$$= 2[1 - (0.5)^{n+4}] u[n+3] = y_1[n]$$

（b）$y[n] = x_1[n] * x_2[n] * x_3[n] = y_1[n] * x_3[n] = y_1[n] - y_1[n-1]$

$$= 2[1 - (0.5)^{n+4}] u[n+3] - 2[1 - (0.5)^{n+3}] u[n+2]$$

（c）$x_2[n] * x_3[n] = \sum_{k=-\infty}^{\infty} x_2[k] x_3[n-k] = u[n+3] * \{\delta[n] - \delta[n-1]\}$

$$= u[n+3] - u[n+2] = \delta[n+3] = y_2[n]$$

(d) $y[n] = x_1[n] * x_2[n] * x_3[n] = x_1[n] * y_2[n]$

$$= x_1[n+3] = (0.5)^{n+3} u[n+3]$$

2-19 定义一个连续时间信号 $v(t)$ 下的面积为 $A_v = \int_{-\infty}^{\infty} v(t)\mathrm{d}t$。证明：若 $y(t) = x(t) * h(t)$，则 $A_y = A_x A_h$。

证　$A_y = \int_{-\infty}^{\infty} y(t)\mathrm{d}t = \int_{-\infty}^{\infty} \left[\int_{-\infty}^{\infty} x(\tau)h(t-\tau)\mathrm{d}\tau \right] \mathrm{d}t = \int_{-\infty}^{\infty} x(\tau) \left[\int_{-\infty}^{\infty} h(t-\tau)\mathrm{d}t \right] \mathrm{d}\tau$

$$= \int_{-\infty}^{\infty} x(\tau) A_h \mathrm{d}\tau = A_h \int_{-\infty}^{\infty} x(\tau)\mathrm{d}\tau = A_h A_x$$

2-20 下面均为离散时间 LTI 系统的单位脉冲响应，试判定每一系统是否是因果和 / 或稳定的，并陈述理由。

(a) $h[n] = \left(\dfrac{1}{5} \right)^n u[n]$;　　　　　　(b) $h[n] = (0.8)^n u[n+2]$;

(c) $h[n] = \left(\dfrac{1}{2} \right)^n u[-n]$;　　　　　　(d) $h[n] = (5)^n u[3-n]$;

(e) $h[n] = \left(-\dfrac{1}{2} \right)^n u[n] + (1.01)^n u[n-1]$;

(f) $h[n] = \left(-\dfrac{1}{2} \right)^n u[n] + (1.01)^n u[1-n]$;

(g) $h[n] = n \left(\dfrac{1}{3} \right)^n u[n-1]$。

解　(a) 因果系统。因为 $h[n] = 0, n < 0$。

稳定系统。因为 $\displaystyle\sum_{n=-\infty}^{\infty} |h[n]| = \sum_{n=0}^{\infty} \left(\frac{1}{5} \right)^n = \frac{5}{4} < \infty$。

(b) 非因果系统。因为 $h[n] \neq 0, n < 0$。

稳定系统。因为 $\displaystyle\sum_{n=-\infty}^{\infty} |h[n]| = \sum_{n=-2}^{\infty} (0.8)^n = 7\frac{13}{16} < \infty$。

(c) 非因果系统。因为 $h[n] \neq 0, n < 0$。

非稳定系统。因为 $\displaystyle\sum_{n=-\infty}^{\infty} |h[n]| = \sum_{n=-\infty}^{0} \left(\frac{1}{2} \right)^n = \infty$。

(d) 非因果系统。因为 $h[n] \neq 0, n < 0$。

稳定系统。因为 $\displaystyle\sum_{n=-\infty}^{\infty} |h[n]| = \sum_{n=-\infty}^{3} (5)^n = \frac{625}{4} < \infty$。

(e) 因果系统。因为 $h[n] = 0, n < 0$。

非稳定系统。因为 $\displaystyle\sum_{n=-\infty}^{\infty} |h[n]| = \sum_{n=0}^{\infty} \left(-\frac{1}{2} \right)^n + \sum_{n=1}^{\infty} (1.01)^n = \infty$。

(f) 非因果系统。因为 $h[n] \neq 0, n < 0$。

稳定系统。因为 $\displaystyle\sum_{n=-\infty}^{\infty} |h[n]| = \sum_{n=0}^{\infty} \left(-\frac{1}{2} \right)^n + \sum_{n=-\infty}^{1} (1.01)^n < \infty$。

(g) 因果系统。因为 $h[n] = 0, n < 0$。

稳定系统。因为 $\displaystyle\sum_{n=-\infty}^{\infty} |h[n]| = \sum_{n=1}^{\infty} n \left(\frac{1}{3} \right)^n = \frac{3}{4} < \infty$。

2-21 下面均为连续时间 LTI 系统的单位冲激响应，试判定每一系统是否是因果和 / 或稳定的,并陈述理由。

(a) $h(t) = e^{-4t}u(t-2)$;　　　　(b) $h(t) = e^{-6t}u(3-t)$;

(c) $h(t) = e^{-2t}u(t+50)$;　　　(d) $h(t) = e^{2t}u(-1-t)$;

(e) $h(t) = e^{-6|t|}$;　　　　　　　(f) $h(t) = te^{-t}u(t)$;

(g) $h(t) = (2e^{-t} - e^{(t-100)/100})u(t)$。

解　(a) 因果系统。因为 $h(t) = 0, t < 0$。

稳定系统。因为 $\displaystyle\int_{-\infty}^{\infty} |h(t)| \, dt = \int_{2}^{\infty} e^{-4t} \, dt = e^{-8}/4 < \infty$。

(b) 非因果系统。因为 $h(t) \neq 0, t < 0$。

非稳定系统。因为 $\displaystyle\int_{-\infty}^{\infty} |h(t)| \, dt = \int_{-\infty}^{3} e^{-6t} \, dt = \infty$。

(c) 非因果系统。因为 $h(t) \neq 0, t < 0$。

稳定系统。因为 $\displaystyle\int_{-\infty}^{\infty} |h(t)| \, dt = \int_{-50}^{\infty} e^{-2t} \, dt = e^{100}/2 < \infty$。

(d) 非因果系统。因为 $h(t) \neq 0, t < 0$。

稳定系统。因为 $\displaystyle\int_{-\infty}^{\infty} |h(t)| \, dt = \int_{-\infty}^{-1} e^{2t} \, dt = e^{-2}/2 < \infty$。

(e) 非因果系统。因为 $h(t) \neq 0, t < 0$。

稳定系统。因为 $\displaystyle\int_{-\infty}^{\infty} |h(t)| \, dt = \int_{-\infty}^{0} e^{6t} \, dt + \int_{0}^{\infty} e^{-6t} \, dt = \frac{1}{3} < \infty$。

(f) 因果系统。因为 $h(t) = 0, t < 0$。

稳定系统。因为 $\displaystyle\int_{-\infty}^{\infty} |h(t)| \, dt = \int_{0}^{\infty} te^{-t} \, dt = 1 < \infty$。

(g) 因果系统。因为 $h(t) = 0, t < 0$。

非稳定系统。因为 $\displaystyle\int_{-\infty}^{\infty} |h(t)| \, dt = \int_{0}^{\infty} (2e^{-t} - e^{(t-100)/100}) \, dt = \infty$。

2-22　考虑一系统,其输入 $x(t)$ 和输出 $y(t)$ 满足如下一阶微分方程:

$$\frac{dy(t)}{dt} + 2y(t) = x(t)$$

同时系统也满足初始松弛条件。

(a) (i) 当输入 $x_1(t) = e^{3t}u(t)$ 时,求系统输出 $y_1(t)$。

(ii) 当输入 $x_2(t) = e^{2t}u(t)$ 时,求系统输出 $y_2(t)$。

(iii) 当输入 $x_3(t) = \alpha e^{3t}u(t) + \beta e^{2t}u(t)$ 时,α、β 是实数,求系统输出 $y_3(t)$,并证明:$y_3(t) = \alpha y_1(t) + \beta y_2(t)$。

(iv) 现在令 $x_1(t)$ 和 $x_2(t)$ 为任意信号,且 $x_1(t) = 0, t < t_1$;$x_2(t) = 0, t < t_2$。设 $y_1(t)$ 是系统对输入 $x_1(t)$ 的响应,$y_2(t)$ 是系统对输入 $x_2(t)$ 的响应,以及 $y_3(t)$ 是系统对输入 $x_3(t) = \alpha x_1(t) + \beta x_2(t)$ 的响应,证明:$y_3(t) = \alpha y_1(t) + \beta y_2(t)$,因此,该系统是线性的。

(b) (i) 当输入 $x_1(t) = Ke^{2t}u(t)$ 时,求系统输出 $y_1(t)$。

(ii) 当 $x_2(t) = Ke^{2(t-T)}u(t-T)$ 时,求系统输出 $y_2(t)$,并证明:$y_2(t) = y_1(t-T)$。

(iii) 现在设 $x_1(t)$ 是任意信号,且有 $t < t_0, x_1(t) = 0$,令 $y_1(t)$ 是系统对输入为 $x_1(t)$ 时的输出,$y_2(t)$ 是系统对 $x_2(t) = x_1(t-T)$ 的输出,证明:$y_2(t) = y_1(t-T)$,因此,该系统是时不变的。再与(a)所得结论联系起来,所给系统是 LTI 的。因为系统满足初始松弛条件,所以它也是因果的。

解　(a) (i) $y_1(t) = y_{1p}(t) + y_{1h}(t)$，其中 $y_{1p}(t) = Ae^{3t}$，$t > 0$，将其代入微分方程 $\dfrac{\mathrm{d}y(t)}{\mathrm{d}t} + 2y(t) = x(t)$ 得 $3Ae^{3t} + 2Ae^{3t} = e^{3t} \Rightarrow A = \dfrac{1}{5}$，即 $y_{1p}(t) = \dfrac{1}{5}e^{3t}$，$t > 0$。

设 $y_{1h}(t) = Be^{st}$，则有 $\dfrac{\mathrm{d}y_{1h}(t)}{\mathrm{d}t} + 2y_{1h}(t) = 0$，即 $Bse^{st} + 2Be^{st} = 0 \Rightarrow s = -2$，$y_{1h}(t) = Be^{-2t}$，则

$$y_1(t) = \frac{1}{5}e^{3t} + Be^{-2t}, \quad t > 0$$

由于系统满足初始松弛条件，即 $x(t) = 0$，$t < 0$ 时，有 $y(t) = 0$，$t < 0 \Rightarrow y(0) = 0$，于是 $y_1(0) = \dfrac{1}{5} + B = 0 \Rightarrow B = -\dfrac{1}{5}$，故

$$y_1(t) = \frac{1}{5}(e^{3t} - e^{-2t}), \quad t > 0$$

(ii) $y_2(t) = y_{2p}(t) + y_{2h}(t)$，其中 $y_{2p}(t) = Ce^{2t}$，$t > 0$，将其代入微分方程 $\dfrac{\mathrm{d}y(t)}{\mathrm{d}t} + 2y(t) = x(t)$，得 $2Ce^{2t} + 2Ce^{2t} = e^{2t} \Rightarrow C = \dfrac{1}{4}$，即 $y_{2p}(t) = \dfrac{1}{4}e^{2t}$，$t > 0$。

设 $y_{2h}(t) = De^{st}$，则有 $\dfrac{\mathrm{d}y_{2h}(t)}{\mathrm{d}t} + 2y_{2h}(t) = 0$，即 $Dse^{st} + 2De^{st} = 0 \Rightarrow s = -2$，$y_{2h}(t) = De^{-2t}$，则

$$y_2(t) = \frac{1}{4}e^{2t} + De^{-2t}, \quad t > 0$$

将辅助条件 $y(0) = 0$ 代入上式，得 $y_2(0) = \dfrac{1}{4} + D = 0 \Rightarrow D = -\dfrac{1}{4}$，故

$$y_2(t) = \frac{1}{4}(e^{2t} - e^{-2t}), \quad t > 0$$

(iii) 设 $x_3(t) = \alpha e^{3t}u(t) + \beta e^{2t}u(t)$，微分方程的特解为 $y_{3p}(t) = k_1 \alpha e^{3t} + k_2 \beta e^{2t}$，$t > 0$。将上式代入方程 $\dfrac{\mathrm{d}y(t)}{\mathrm{d}t} + 2y(t) = x(t)$，得

$$3k_1 \alpha e^{3t} + 2k_2 \beta e^{2t} + 2k_1 \alpha e^{3t} + 2k_2 \beta e^{2t} = \alpha e^{3t} + \beta e^{2t}$$
$$5k_1 \alpha e^{3t} + 4k_2 \beta e^{2t} = \alpha e^{3t} + \beta e^{2t}$$

比较两边 e^{3t} 和 e^{2t} 的系数，得 $k_1 = \dfrac{1}{5}$，$k_2 = \dfrac{1}{4}$，又设微分方程的齐次解 $y_{3h}(t) = Ee^{-2t}$，于是 $y_3(t) = \dfrac{1}{5}\alpha e^{3t} + \dfrac{1}{4}\beta e^{2t} + Ee^{-2t}$，$t > 0$。

将辅助条件 $y(0) = 0$ 代入上式，得

$$y_3(0) = \frac{1}{5}\alpha + \frac{1}{4}\beta + E = 0 \Rightarrow E = -\left(\frac{1}{5}\alpha + \frac{1}{4}\beta\right)$$

于是　　　　　　$y_3(t) = \left[\dfrac{1}{5}\alpha e^{3t} + \dfrac{1}{4}\beta e^{2t} - \left(\dfrac{1}{5}\alpha + \dfrac{1}{4}\beta\right)e^{-2t}\right]u(t)$

显然　　　　　　$y_3(t) = \alpha y_1(t) + \beta y_2(t)$

(iv) $x_1(t)$ 和 $y_1(t)$ 满足

$$\frac{\mathrm{d}y_1(t)}{\mathrm{d}t} + 2y_1(t) = x_1(t), \quad y_1(t) = 0, \quad t < t_1 \qquad \textcircled{1}$$

$x_2(t)$ 和 $y_2(t)$ 满足

$$\frac{\mathrm{d}y_2(t)}{\mathrm{d}t} + 2y_2(t) = x_2(t), \quad y_2(t) = 0, \quad t < t_2 \qquad ②$$

由 ① × α + ② × β 得

$$\frac{\mathrm{d}}{\mathrm{d}t}[\alpha y_1(t) + \beta y_2(t)] + 2[\alpha y_1(t) + \beta y_2(t)] = \alpha x_1(t) + \beta x_2(t)$$

$$y_1(t) + y_2(t) = 0, \quad t < \min(t_1, t_2)$$

显然,当输入 $x_3(t) = \alpha x_1(t) + \beta x_2(t)$ 时,输出 $y_3(t) = \alpha y_1(t) + \beta y_2(t)$,且当 $x_3(t) = 0, t < t_3$ 时,$y_3(t) = 0, t < t_3$。

(b) (i) 利用(a)中(ii)的结论,可得 $y_1(t) = \frac{1}{4}K(\mathrm{e}^{2t} - \mathrm{e}^{-2t})u(t)$。

(ii) $y_2(t) = y_{2p}(t) + y_{2h}(t)$,设 $y_{2p}(t) = AK\mathrm{e}^{2(t-T)}, t > T$。代入方程 $\frac{\mathrm{d}y(t)}{\mathrm{d}t} + 2y(t) = x(t)$,得 $2AK\mathrm{e}^{2(t-T)} + 2AK\mathrm{e}^{2(t-T)} = K\mathrm{e}^{2(t-T)}, t > T \Rightarrow A = \frac{1}{4}$,即 $y_{2p}(t) = \frac{1}{4}K\mathrm{e}^{2(t-T)}, t > T$。又设 $y_{2h}(t) = B\mathrm{e}^{-2t}$,则

$$y_2(t) = \frac{1}{4}K\mathrm{e}^{2(t-T)} + B\mathrm{e}^{-2t}, \quad t > T$$

由于系统初始松弛,即 $x(t) = 0, t < T$ 时,有 $y(t) = 0, t < T \Rightarrow y_2(T) = 0$。于是

$$\frac{1}{4}K + B\mathrm{e}^{-2T} = 0 \Rightarrow B = -\frac{1}{4}K\mathrm{e}^{2T}$$

$$y_2(t) = \left[\frac{1}{4}K\mathrm{e}^{2(t-T)} - \frac{1}{4}K\mathrm{e}^{-2(t-T)}\right]u(t-T)$$

显然 $y_2(t) = y_1(t-T)$

(iii) $x_1(t)$ 和 $y_1(t)$ 满足

$$\frac{\mathrm{d}y_1(t)}{\mathrm{d}t} + 2y_1(t) = x_1(t), \quad y_1(t) = 0, \quad t < t_0 \qquad ③$$

$x_2(t)$ 和 $y_2(t)$ 满足

$$\frac{\mathrm{d}y_2(t)}{\mathrm{d}t} + 2y_2(t) = x_2(t) = x_1(t-T), \quad y_2(t) = 0, \quad t - T < t_0$$

令 $t - T = t'$,即 $t = t' + T$,有

$$\frac{\mathrm{d}y_2(t'+T)}{\mathrm{d}t} + 2y_2(t'+T) = x_1(t'), y_2(t'+T) = 0, t' < t_0 \qquad ④$$

比较式 ③ 和式 ④,得 $y_2(t'+T) = y_1(t'), y_2(t'+T) = 0, t' < t_0$

即 $y_2(t) = y_1(t-T), \quad y_2(t) = 0, \quad t < T + t_0$

2-23 考虑一个系统其输入 $x(t)$ 和输出 $y(t)$ 满足微分方程

$$\frac{\mathrm{d}y(t)}{\mathrm{d}t} + 2y(t) = x(t)$$

假设与该微分方程有关的辅助条件是 $y(0) = 0$。求系统对下列两个输入的输出。

(a) 对于任意 t,存在 $x_1(t) = 0$;   (b) $x_2(t) = \begin{cases} 0, t < -1 \\ 1, t > -1 \end{cases}$

解 (a) 因为上述微分方程给出的系统是线性的,所以 $x_1(t) = 0$(对所有的 t)作为系统输入时,其输出

$$y_1(t) = 0 \text{(对于任意 } t)$$

（b）对于 $t>-1$，$y_2(t)=y_{2p}(t)+y_{2h}(t)$。可设 $y_{2p}(t)=A$，代入微分方程得

$$2A=1\Rightarrow A=\frac{1}{2}$$

又设 $y_{2h}(t)=Be^{-2t}$，于是 $y_2(t)=\frac{1}{2}+Be^{-2t}$，$t>-1$。

又 $y(0)=0$，即 $\frac{1}{2}+B=0\Rightarrow B=-\frac{1}{2}$。

故　　　　　　　　　$y_2(t)=\frac{1}{2}-\frac{1}{2}e^{-2t}$，　$t>-1$ 　　　　　①

对于 $t<-1$，有 $y_{2p}(t)=0$。

$$y_2(t)=Ce^{-2t}，\quad t<-1 \qquad ②$$

由式 ① 得 $y_2(-1)=\frac{1}{2}-\frac{1}{2}e^2$，代入式 ② 得

$$\frac{1}{2}-\frac{1}{2}e^2=Ce^2\Rightarrow C=\frac{1}{2}e^{-2}-\frac{1}{2}$$

于是　　$y_2(t)=\left(\frac{1}{2}e^{-2}-\frac{1}{2}\right)e^{-2t}=\left(\frac{1}{2}-\frac{1}{2}e^2\right)e^{-2(t+1)}$，$t<-1$

即　　　　　　$y_2(t)=\begin{cases}\frac{1}{2}(1-e^2)e^{-2(t+1)}，t<-1\\[2mm]\frac{1}{2}(1-e^{-2t})，t>-1\end{cases}$

由（a）和（b）可以看出，当 $t<-1$ 时，$x_1(t)=x_2(t)=0$，但 $t<-1$ 时，$y_1(t)\neq y_2(t)$，可见该系统是非因果系统。

2-24　考虑一离散时间系统，其输入 $x[n]$ 和输出 $y[n]$ 的关系由下列差分方程给出

$$y[n]=\frac{1}{2}y[n-1]+x[n]$$

（a）证明：若该系统满足初始松弛条件（即若 $n<n_0$，$x[n]=0$，则 $n<n_0$，$y[n]=0$），则它是线性和时不变的。

（b）证明：若系统不满足初始松弛条件，但利用附加条件 $y[0]=0$，那么它不是因果的。

证　（a）考虑一个输入 $x_1[n]$。假设 $x_1[n]=0$，$n<n_1$，则系统对其产生的响应 $y_1[n]$ 满足：

$$y_1[n]=\frac{1}{2}y_1[n-1]+x_1[n]，\quad y_1[n]=0，\quad n<n_1 \qquad ①$$

同样，假定另一个输入 $x_2[n]=0$，$n<n_2$，则系统对它的响应 $y_2[n]$ 满足：

$$y_2[n]=\frac{1}{2}y_2[n-1]+x_2[n]，\quad y_2[n]=0，\quad n<n_2 \qquad ②$$

①$\times A+$②$\times B$，得

$$Ay_1[n]+By_2[n]=\frac{A}{2}y_1[n-1]+\frac{B}{2}y_2[n-1]+Ax_1[n]+Bx_2[n]$$

由上式可知，若系统的输入为 $x_3[n]=Ax_1[n]+Bx_2[n]$ 时，系统的输出为

$$y_3[n]=Ay_1[n]+By_2[n]$$

而且，假定 $x_1[n]=x_2[n]=0$，$n<n_3$，则一定有 $y_3[n]=0$，$n<n_3$，因而，系统是线性的。

又假设系统对 $x_4[n]=x[n-n_0]$ 的输出为 $y_4[n]$，则有

$$y_4[n]=\frac{1}{2}y_4[n-1]+x[n-n_0]$$

而由系统方程可得

$$y[n-n_0] = \frac{1}{2}y[n-n_0-1] + x[n-n_0]$$

显然 $y_4[n] = y[n-n_0]$,故系统是时不变的。

(b) 考虑两个输入信号

$$x_1[n] = 0,对一切 n 和 x_2[n] = \begin{cases} 0, n < 0 \\ 1, n \geq 0 \end{cases}$$

因为系统是线性的,所以系统对 $x_1[n]$ 的输出 $y_1[n] = 0$,对一切 n。假定系统对 $x_2[n]$ 的输出为 $y_2[n]$。因为 $y_2[0] = 0$,则 $n \geq 0$ 时,有

$$y_2[1] = \frac{1}{2}y_2[0] + x_2[1] = 1, \quad y_2[2] = \frac{1}{2}y_2[1] + x_2[2] = \frac{3}{2}, \cdots$$

当 $n < 0$ 时,有

$$y_2[0] = \frac{1}{2}y_2[-1] + x_2[0] = 0 \Rightarrow y_2[-1] = -2$$

$$y_2[-1] = \frac{1}{2}y_2[-2] + x_2[-1] = -2 \Rightarrow y_2[-2] = -4$$

$$y_2[-2] = \frac{1}{2}y_2[-3] + x_2[-2] = -6 \Rightarrow y_2[-3] = -8$$

$$\vdots$$

即有

$$y_2[n] = -(1/2)^n u[-n-1]$$

由此可以看出,当 $n < 0$ 时,$x_1[n] = x_2[n] = 0$,但 $n < 0$ 时,$y_1[n] \neq y_2[n]$,可见该系统是非因果系统。

2-25 (a) 考虑一个 LTI 系统,其输入和输出关系通过如下方程联系

$$y(t) = \int_{-\infty}^{t} e^{-(t-\tau)} x(\tau-2) d\tau$$

求该系统的单位冲激响应?

(b) 当输入如图 2-8 所示时,求系统的响应。

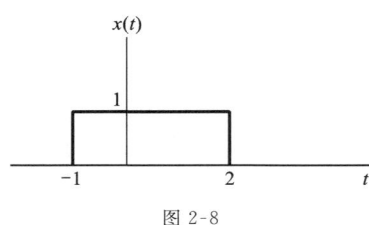

图 2-8

解 (a) 因为

$$y(t) = \int_{-\infty}^{t} e^{-(t-\tau)} x(\tau-2) d\tau = \int_{-\infty}^{t-2} e^{-(t-2-\tau)} x(\tau) d\tau = \int_{-\infty}^{\infty} e^{-(t-2-\tau)} u(t-2-\tau) x(\tau) d\tau$$

即

$$h(t-\tau) = e^{-(t-2-\tau)} u(t-2-\tau)$$

所以

$$h(t) = e^{-(t-2)} u(t-2)$$

(b) 由图 2-8 知 $x(t) = u(t+1) - u(t-2)$,则

$$y(t) = \int_{-\infty}^{\infty} h(\tau)x(t-\tau)\mathrm{d}\tau = \int_{-\infty}^{\infty} \mathrm{e}^{-(\tau-2)}u(\tau-2)[u(t-\tau+1) - u(t-\tau-2)]\mathrm{d}\tau$$

$$= \int_{2}^{t+1} \mathrm{e}^{-(\tau-2)}\mathrm{d}\tau - \int_{2}^{t-2} \mathrm{e}^{-(\tau-2)}\mathrm{d}\tau = [1 - \mathrm{e}^{-(t-1)}]u(t-1) - [1 - \mathrm{e}^{-(t-4)}]u(t-4)$$

2-26　有一信号

$$x[n] = \alpha^n u[n]$$

(a) 求 $g[n] = x[n] - \alpha x[n-1]$。

(b) 利用(a) 的结果,再与卷积性质结合起来,求一个序列 $h[n]$,使之满足

$$x[n] * h[n] = \left(\frac{1}{2}\right)^n \{u[n+2] - u[n-2]\}$$

解　(a) $g[n] = x[n] - \alpha x[n-1] = \alpha^n u[n] - \alpha \cdot \alpha^{n-1} u[n-1]$

$$= \alpha^n \{u[n] - u[n-1]\} = \alpha^n \delta[n] = \delta[n]$$

(b) 设 $y[n] = x[n] * h[n] = \left(\frac{1}{2}\right)^n \{u[n+2] - u[n-2]\}$,则

$$y[n-1] = \left(\frac{1}{2}\right)^{n-1} \{u[n+1] - u[n-3]\}$$

由于 $y[n-1] = x[n-1] * h[n]$,所以

$$y[n] - \alpha y[n-1] = \{x[n] - \alpha x[n-1]\} * h[n]$$

于是利用(a) 的结果可得

$$h[n] = y[n] - \alpha y[n-1] = \left(\frac{1}{2}\right)^n \{u[n+2] - u[n-2]\} - \alpha \left(\frac{1}{2}\right)^{n-1} \{u[n+1] - u[n-3]\}$$

$$= \left(\frac{1}{2}\right)^n \{\delta[n+2] + \delta[n+1] + \delta[n] + \delta[n-1]\}$$

$$- 2\alpha \left(\frac{1}{2}\right)^n \{\delta[n+1] + \delta[n] + \delta[n-1] + \delta[n-2]\}$$

$$= 4\delta[n+2] + (2-4\alpha)\delta[n+1] + (1-2\alpha)\delta[n] + \left(\frac{1}{2} - \alpha\right)\delta[n-1] - \frac{1}{2}\alpha\delta[n-2]$$

2-27　假定信号 $x(t) = u(t+0.5) - u(t-0.5)$ 和信号 $h(t) = \mathrm{e}^{j\omega_0 t}$。

(a) 确定一个 ω_0 值,保证 $y(0) = 0$,这里 $y(t) = x(t) * h(t)$。

(b) 你认为上述答案是唯一的吗?

解　(a) 因为 $y(t) = x(t) * h(t) = \int_{-\infty}^{\infty} x(\tau)h(t-\tau)\mathrm{d}\tau$,所以

$$y(0) = \int_{-\infty}^{\infty} x(\tau)h(-\tau)\mathrm{d}\tau = \int_{-\infty}^{\infty} [u(\tau+0.5) - u(\tau-0.5)]\mathrm{e}^{-j\omega_0 \tau}\mathrm{d}\tau$$

$$= \int_{-0.5}^{0.5} \mathrm{e}^{-j\omega_0 \tau}\mathrm{d}\tau = \frac{2\sin\left(\frac{\omega_0}{2}\right)}{\omega_0}$$

当 $\frac{\omega_0}{2} = m\pi \Rightarrow \omega_0 = m \cdot 2\pi, m \in \mathbf{I}, m \neq 0$ 时,$y(0) = 0$。

(b) 显然,上述答案不是唯一的。

2-28　(a) 若 $x(t) = 0, |t| > T_1$ 和 $h(t) = 0, |t| > T_2$,则 $x(t) * h(t) = 0, |t| > T_3$,$T_3$ 是某个正数。试用 T_1 和 T_2 来表示 T_3。

(b) 一离散时间 LTI 系统输入为 $x[n]$,单位脉冲响应为 $h[n]$,输出为 $y[n]$。若已知 $h[n]$ 在 $N_0 \leqslant n \leqslant N_1$ 区间以外都是零,而已知 $x[n]$ 在 $N_2 \leqslant n \leqslant N_3$ 区间以外都是零,那么输出 $y[n]$ 除了在

某一区间 $N_4 \leqslant n \leqslant N_5$ 内,其余地方也都是零。

(i) 利用 N_0、N_1、N_2 和 N_3 来求出 N_4 和 N_5。

(ii) 若间隔 $N_0 \leqslant n \leqslant N_1$ 长度为 M_h,$N_2 \leqslant n \leqslant N_3$ 长度为 M_x,而 $N_4 \leqslant n \leqslant N_5$ 长度为 M_y,试用 M_h 和 M_x 来表示 M_y。

(c) 考虑一离散时间 LTI 系统,它具有这么一个特点,即若对全部 $n \geqslant 10$,$x[n] = 0$,则对所有的 $n \geqslant 15$ 都有 $y[n] = 0$。系统单位脉冲响应 $h[n]$ 必须满足什么条件才有此特性?

(d) 有一个 LTI 系统其单位冲激响应如图 2-9 所示。为了确定 $y(0)$,必须要知道在一个什么区间上的 $x(t)$?

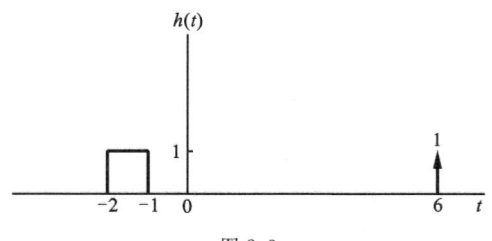

图 2-9

解 (a) 因为 $x(t) = 0$,$|t| > T_1$,所以

$$x(t) * h(t) = \int_{-\infty}^{\infty} x(\tau) h(t - \tau) \mathrm{d}\tau = \int_{-T_1}^{T_1} x(\tau) h(t - \tau) \mathrm{d}\tau$$

又因为 $h(t) = 0$,$|t| > T_2$,即 $h(t - \tau) = 0$,$|t - \tau| > T_2$,亦即

当 $\tau > T_2 + t$ 及 $\tau < -T_2 + t$ 时,$h(t - \tau) = 0$。

因此,当 $t + T_2 < -T_1$ 及 $t - T_2 > T_1$ 时,$x(\tau) h(t - \tau) = 0$。

即 $|t| > T_1 + T_2$ 时,$x(t) * h(t) = 0$。

因此,$T_3 = T_1 + T_2$。

(b) (i) $x[n] * h[n] = \sum_{k=-\infty}^{\infty} x[k] h[n - k] = \sum_{k=N_2}^{N_3} x[k] h[n - k]$

因为 $h[n] \neq 0$,$N_0 \leqslant n \leqslant N_1$,即 $h[n - k] \neq 0$,$N_0 \leqslant n - k \leqslant N_1$,亦即

$$h[n - k] \neq 0, \quad n - N_1 \leqslant k \leqslant n - N_0$$

因此,当 $n - N_1 \leqslant N_3$ 及 $n - N_0 \geqslant N_2$ 时,$x[n] h[n - k] \neq 0$,即 $N_0 + N_2 \leqslant n \leqslant N_1 + N_3$ 时,

$$x[n] * h[n] \neq 0$$

因此,$N_4 = N_0 + N_2$,$N_5 = N_1 + N_3$。

(ii) 由于 $M_h = N_1 - N_0 + 1$,$M_x = N_3 - N_2 + 1$,$M_y = N_5 - N_4 + 1$,所以

$$M_y = (N_1 + N_3) - (N_0 + N_2) + 1 = (N_1 - N_0 + 1) + (N_3 - N_2 + 1) - 1$$
$$= M_h + M_x - 1$$

(c) 利用 (b) 中结果,由题意有 $N_3 = 9$,$N_5 = 14$,则 $N_1 = 14 - 9 = 6$,即单位脉冲响应 $h[n]$ 必须满足的条件是:当 $n \geqslant 6$ 时 $h[n] = 0$

(d) 因为 $y(t) = x(t) * h(t) = \int_{-\infty}^{\infty} x(\tau) h(t - \tau) \mathrm{d}\tau$,$h(t) = u(t + 2) - u(t + 1) + \delta(t - 6)$,所以

$$y(0) = \int_{-\infty}^{\infty} x(\tau) h(-\tau) \mathrm{d}\tau = \int_{-\infty}^{\infty} x(\tau) \delta(\tau + 6) \mathrm{d}\tau + \int_{1}^{2} x(\tau) \mathrm{d}\tau = x(-6) + \int_{1}^{2} x(\tau) \mathrm{d}\tau$$

可见,要确定 $y(0)$,必须要知道在 $t = -6$ 及区间 $1 \leqslant t \leqslant 2$ 上的 $x(t)$。

2-29　考虑一个 LTI 系统 S 和信号 $x(t) = 2e^{-3t}u(t-1)$,若

$$x(t) \rightarrow y(t)$$

和

$$\frac{\mathrm{d}x(t)}{\mathrm{d}t} \rightarrow -3y(t) + e^{-2t}u(t)$$

求系统的单位冲激响应 $h(t)$。

解　　　　$\dfrac{\mathrm{d}x(t)}{\mathrm{d}t} = -6e^{-3t}u(t-1) + 2e^{-3}\delta(t-1) = -3x(t) + 2e^{-3}\delta(t-1)$　　　①

式 ① 两同时与 $h(t)$ 卷积,有

$$\frac{\mathrm{d}x(t)}{\mathrm{d}t} * h(t) = -3x(t) * h(t) + 2e^{-3}\delta(t-1) * h(t)$$

即　　　　　　　　　　$\dfrac{\mathrm{d}x(t)}{\mathrm{d}t} * h(t) = -3y(t) + 2e^{-3}h(t-1)$

又因　　　　　　　$\dfrac{\mathrm{d}x(t)}{\mathrm{d}t} \rightarrow -3y(t) + e^{-2t}u(t)$,故有

$$-3y(t) + e^{-2t}u(t) = -3y(t) + 2e^{-3}h(t-1)$$

从而得 $h(t-1) = \dfrac{e^3}{2}e^{-2t}u(t)$,即

$$h(t) = \frac{e^3}{2}e^{-2(t+1)}u(t+1) = \frac{1}{2}e^{-2t+1}u(t+1)$$

2-30　已知单位冲激响应为 $h_0(t)$ 的某一线性时不变系统,当输入为 $x_0(t)$ 时,输出为 $y_0(t)$,$y_0(t)$ 的波形如图 2-10 所示。现在给出下列一组输入和线性时不变系统的单位冲激响应:

　　　　　输入 $x(t)$　　　　　　　　单位冲激响应 $h(t)$

(a) $x(t) = 2x_0(t)$　　　　　　$h(t) = h_0(t)$

(b) $x(t) = x_0(t) - x_0(t-2)$　$h(t) = h_0(t)$

(c) $x(t) = x_0(t-2)$　　　　　$h(t) = h_0(t+1)$

(d) $x(t) = x_0(-t)$　　　　　　$h(t) = h_0(t)$

(e) $x(t) = x_0(-t)$　　　　　　$h(t) = h_0(-t)$

(f) $x(t) = x'_0(t)$　　　　　　$h(t) = h'_0(t)$

【这里 $x'_0(t)$ 和 $h'_0(t)$ 分别为 $x_0(t)$ 和 $h_0(t)$ 的一阶导数】

在每一种情况下,判断当输入为 $x(t)$,系统的单位冲激响应为 $h(t)$ 时,有无足够的信息来确定输出 $y(t)$。如果有可能确定 $y(t)$,请准确地画出 $y(t)$,并在图上标明数值。

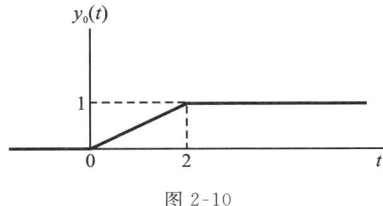

图 2-10

解　(a) $y(t) = x(t) * h(t) = 2x_0(t) * h_0(t) = 2y_0(t)$

其波形如图 2-11(a) 所示。

(b) $y(t) = x(t) * h(t) = \left[x_0(t) - x_0(t-2) \right] * h_0(t) = y_0(t) - y_0(t-2)$

其波形如图 2-11(b) 所示。

(c) $y(t) = x(t) * h(t) = x_0(t-2) * h_0(t+1)$

$\qquad = x_0(t-2) * h_0(t) * \delta(t+1) = y_0(t-2) * \delta(t+1) = y_0(t-1)$

其波形如图 2-11(c) 所示。

(d) $y(t) = x(t) * h(t) = x_0(-t) * h_0(t)$，而 $x(-t) * h(-t) = y(-t)$，所以说没有给出足够的信息用以确定 $y(t)$。

(e) $y(t) = x(t) * h(t) = x_0(-t) * h_0(-t) = \int_{-\infty}^{\infty} x_0(-\tau) * h_0(-t+\tau) \mathrm{d}\tau$

$\qquad = \int_{-\infty}^{\infty} x_0(\tau) * h_0(-t-\tau) \mathrm{d}\tau = y_0(-t)$

其波形如图 2-11(d) 所示。

(f) $y(t) = x(t) * h(t) = x'_0(t) * h'_0(t) = \left[x'_0(t) * h_0(t) \right]' = y''_0(t)$

其波形如图 2-11(e) 所示。

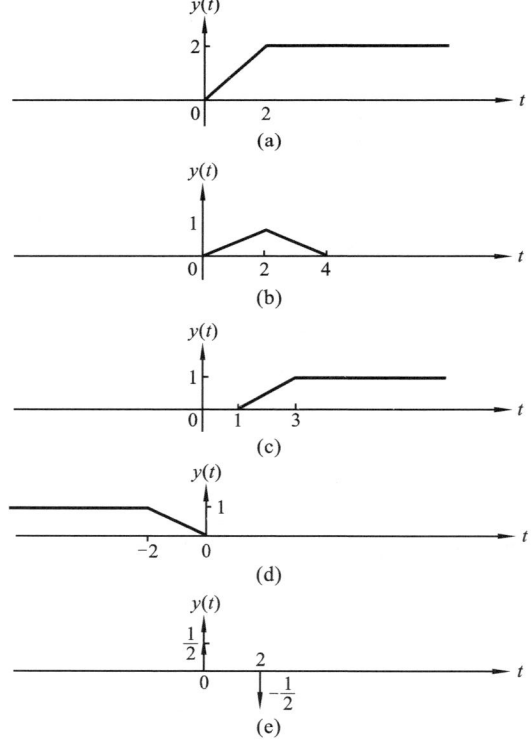

图 2-11

2-31 判断下面有关 LTI 系统的说法是对或是错，并陈述理由。

(a) 若 $h(t)$ 是一个 LTI 系统的单位冲激响应，并且 $h(t)$ 是周期的且非零，则系统是不稳定的。

(b) 一个因果的 LTI 系统的逆系统总是因果的。

(c) 若 $|h[n]| \leqslant K$（对每一个 n），K 为某已知数，则以 $h[n]$ 作为单位脉冲响应的 LTI 系统是

稳定的。

(d) 若一个离散时间 LTI 系统其单位脉冲响应 $h[n]$ 为有限长,则系统是稳定的。

(e) 若一个 LTI 系统是因果的,它就是稳定的。

(f) 一个非因果的 LTI 系统与一个因果的 LTI 系统级联,必定是非因果的。

(g) 当且仅当一个连续时间 LTI 系统的单位阶跃响应 $s(t)$ 是绝对可积的,即

$$\int_{-\infty}^{\infty} |s(t)| \, dt < \infty$$

则该系统就是稳定的。

(h) 当且仅当一个离散时间 LTI 系统的单位阶跃响应 $s[n]$ 在 $n < 0$ 时为零,该系统就是因果的。

解　(a) 对。如果 $h(t)$ 是周期的且非零,则

$$\int_{-\infty}^{\infty} |h(t)| \, dt = \infty$$

因此,系统是不稳定的。

(b) 错。如系统 $h[n] = \delta[n-1]$ 是因果的 LTI 系统,而其逆系统 $h[n] = \delta[n+1]$ 不是因果的。

(c) 错。如系统 $h[n] = u[n]$ 满足 $|h[n]| \leqslant K, K \geqslant 1$(对每一个 n),但它是不稳定的。因为

$$\sum_{n=-\infty}^{\infty} |h[n]| = \sum_{n=0}^{\infty} |u[n]| = \infty$$

(d) 对。假定 $h[n] \neq 0, n_1 \leqslant n \leqslant n_2$,则

$$\sum_{n=-\infty}^{\infty} |h[n]| = \sum_{n=n_1}^{n_2} |h[n]| < \infty$$

因此,系统是稳定的。

(e) 错。如系统 $h[n] = u[n]$ 是因果的 LTI 系统,但它是不稳定的。因为

$$\sum_{n=-\infty}^{\infty} |h[n]| = \sum_{n=0}^{\infty} |u[n]| = \infty$$

(f) 错。如非因果的 LTI 系统 $h_1[n] = \delta[n+1]$ 与因果的 LTI 系统 $h_2[n] = \delta[n-1]$ 级联得到的系统 $h[n] = \delta[n]$ 是一个因果系统。

(g) 错。如系统 $h(t) = e^{-t}u(t)$ 是稳定的,而它的单位阶跃响应为 $s(t) = (1-e^{-t})u(t)$,且 $\int_{-\infty}^{\infty} |s(t)| \, dt = \int_{0}^{\infty} |1-e^{-t}| \, dt = \infty$。

(h) 对。因为 $h[n] = s[n] - s[n-1]$,显然,若 $s[n]$ 在 $n < 0$ 时为零,则 $h[n]$ 在 $n < 0$ 时也为零,此时系统是因果的。又如果系统是因果的,则意味着 $h[n]$ 在 $n < 0$ 时为零,而由 $s[n] = \sum_{k=0}^{\infty} h[n-k]$ 可知,此时,$s[n]$ 在 $n < 0$ 时也为零。

2-32　在教材中已证明,若 $h[n]$ 是绝对可和的,即

$$\sum_{k=-\infty}^{\infty} |h[k]| < \infty$$

那么具有单位脉冲响应为 $h[n]$ 的 LTI 系统是稳定的。这意味着绝对可和是稳定性的充分条件。本题将证明它也是一个必要条件。现考虑一 LTI 系统,它的单位脉冲响应 $h[n]$ 不是绝对可和的,即

$$\sum_{k=-\infty}^{\infty} |h[k]| = \infty$$

(a) 假定这个系统的输入是

$$x[n] = \begin{cases} 0, & h[-n] = 0 \\ \dfrac{h[-n]}{|h[-n]|}, & h[-n] \neq 0 \end{cases}$$

这个输入信号代表了一个有界的输入吗?若是,什么是最小的 B,使得

$$|x[n]| \leqslant B \quad 对全部 n$$

（b）对这一特选的输入求 $n = 0$ 时的输出。这个结果能证明绝对可和是稳定性的必要条件这一结论吗?

（c）用相同的方法证明:当且仅当单位冲激响应是绝对可积时,一个连续时间 LTI 系统就是稳定的。

解　（a）是有界输入的,因为

$$|x[n]| = \begin{cases} \left| \dfrac{h[-n]}{|h[-n]|} \right| = 1, & h[-n] \neq 0 \\ 0, & h[-n] = 0 \end{cases}$$

所以,对全部 n,使 $|x[n]| \leqslant B$ 为最小值的 B 是 $B = 1$。

（b）考虑

$$y[0] = \sum_{k=-\infty}^{\infty} x[-k]h[k] = \sum_{k=-\infty}^{\infty} \frac{h[k]h[k]}{|h[k]|} = \sum_{k=-\infty}^{\infty} |h[k]| = \infty$$

可见,一个有界的输入 $|x[n]| \leqslant B$,产生的输出 $y[0]$ 不是有界的,说明这个系统不稳定。这个结果证明了单位脉冲响应绝对可和是一个离散时间 LTI 系统稳定性的必要条件。

（c）同样,假定一个连续时间 LTI 系统的输入为

$$x(t) = \begin{cases} 0, & h(-t) = 0 \\ \dfrac{h(-t)}{|h(-t)|}, & h(-t) \neq 0 \end{cases}$$

则对于所有 t 值,$|x(t)| \leqslant 1$,这是个有界的输入,此时

$$y(0) = \int_{-\infty}^{\infty} x(-\tau)h(\tau)\mathrm{d}\tau = \int_{-\infty}^{\infty} \frac{h(\tau)h(\tau)}{|h(\tau)|}\mathrm{d}\tau = \int_{-\infty}^{\infty} |h(\tau)|\mathrm{d}\tau$$

可见,如果 $\int_{-\infty}^{\infty} |h(\tau)|\mathrm{d}\tau \to \infty$,则系统不稳定,因为一个有界的输入 $|x(t)| \leqslant 1$,产生的输出 $y(0)$ 不是有界的。因此,这个结果证明了单位冲激响应绝对可积是一个连续时间 LTI 系统稳定性的必要条件。

2-33　图 2-12 示出两个系统的级联,其中第一个系统 A 是 LTI 的,而第二个系统 B 是系统 A 的逆系统。设 $y_1(t)$ 是系统 A 对 $x_1(t)$ 的响应,$y_2(t)$ 是系统 A 对 $x_2(t)$ 的响应。

（a）若输入为 $ay_1(t) + by_2(t)$,a 和 b 都是常数,求系统 B 的响应。

（b）若输入为 $y_1(t-\tau)$,求系统 B 的响应。

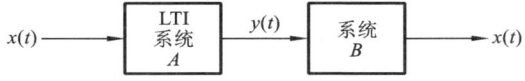

$$x(t) \longrightarrow \boxed{\begin{array}{c} \text{LTI} \\ \text{系统} \\ A \end{array}} \xrightarrow{y(t)} \boxed{\begin{array}{c} \text{系统} \\ B \end{array}} \longrightarrow x(t)$$

图 2-12

解　（a）因为系统 B 是系统 A 的逆系统,所以它们的单位冲激响应满足:

$$h_a(t) * h_b(t) = \delta(t)$$

又依题意,$y_1(t) = x_1(t) * h_a(t)$,$y_2(t) = x_2(t) * h_a(t)$,因此,系统 B 对 $ay_1(t) + by_2(t)$ 的响应为

$$[ay_1(t) + by_2(t)] * h_b(t) = ay_1(t) * h_b(t) + by_2(t) * h_b(t)$$
$$= ax_1(t) * h_a(t) * h_b(t) + bx_2(t) * h_a(t) * h_b(t)$$
$$= ax_1(t) * \delta(t) + bx_2(t) * \delta(t) = ax_1(t) + bx_2(t)$$

(b) 同理,因为 $y_1(t) = x_1(t) * h_a(t) \Rightarrow y_1(t-\tau) = x_1(t-\tau) * h_a(t)$,因此,系统 B 对 $y_1(t-\tau)$ 的响应为

$$y_1(t-\tau) * h_b(t) = x_1(t-\tau) * h_a(t) * h_b(t) = x_1(t-\tau) * \delta(t) = x_1(t-\tau)$$

2-34　在教材中已经看到,两个 LTI 系统的级联其总的输入-输出关系与它们在级联中的次序没有关系。这一交换律性质都依赖于这两个系统的线性和时不变性。在本题中要说明这一点。

(a) 考虑两个离散时间系统 A 和 B,其中系统 A 是一个 LTI 系统,其单位脉冲响应 $h[n] = (1/2)^n u[n]$,系统 B 是线性的,但是时变的。具体一点,若 $w[n]$ 是系统 B 的输入,其输出是
$$z[n] = mw[n]$$

用分别计算图 2-13(a) 和图 2-13(b) 两个级联系统的单位脉冲响应证明这两个系统不具备交换律性质。

(b) 将图 2-13 所示的两个级联系统中的 B 系统代之以输入 $w[n]$ 和输出 $z[n]$ 满足下列关系的系统:
$$z[n] = w[n] + 2$$

重新按(a) 要求计算。

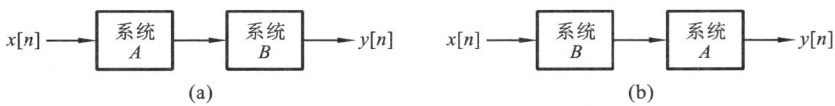

图 2-13

解　(a) 对于图 2-13(a) 所示的级联顺序,有
$$y_1[n] = nh_A[n] = n\left(\frac{1}{2}\right)^n u[n]$$

对于图 2-13(b) 所示的级联顺序,有
$$y_2[n] = n\delta[n] * h_A[n] = 0 \neq y_1[n]$$

可见,这两个系统不具备交换律性质。

(b) 对于图 2-13(a) 所示的级联顺序,有
$$y_1[n] = h_A[n] + 2 = \left(\frac{1}{2}\right)^n u[n] + 2$$

对于图 2-13(b) 所示的级联顺序,有
$$y_2[n] = \{\delta[n] + 2\} * h_A[n] = h_A[n] + 2 * h_A[n]$$
$$= \left(\frac{1}{2}\right)^n u[n] + \sum_{k=0}^{\infty} 2\left(\frac{1}{2}\right)^k = \left(\frac{1}{2}\right)^n u[n] + 4 \neq y_1[n]$$

同样,这两个系统也不具备交换律性质。

2-35　逆系统的一个重要应用是用来希望消除某种类型的失真。其中一个很好的例子就是从声音信号中消除回音的问题。例如,如果某一礼堂有明显的回音,那么一个初始的声音冲激之后将会跟着一些衰减了的原声音冲激,它们在空间间隔上都是有规律分布开的。因此,对这一现象常常使用的模型是一个 LTI 系统,该系统的冲激响应由一个冲激串组成,即
$$h(t) = \sum_{k=0}^{\infty} h_k \delta(t-kT) \qquad ①$$

式中:T 表示回波发生的间隔;h_k 表示由初始声音冲激产生的第 k 次回波的增益因子。

　　(a) 假定 $x(t)$ 代表原声音信号(比如由某一乐队发出的音乐),而 $y(t) = x(t) * h(t)$ 是实际听到的,未经回音消除处理的信号。为了消除由回音引入的失真,假定用拾音器检测 $y(t)$,并把获得的信号转换成电信号,仍然用 $y(t)$ 表示这个信号,因为它代表了与该声音信号等价的电信号,并且经由声-电转换系统可从一处传送至其他地方。重要的是由式 ① 所给定冲激响应的系统是可逆的。因此,可以找到一个 LTI 系统,使它的冲激响应 $g(t)$ 满足

$$y(t) * g(t) = x(t)$$

于是按此方法处理电信号 $y(t)$,然后再变换成声音信号,就能消除令人烦恼的回音。

　　所要求的冲激响应 $g(t)$ 也是一个冲激串:

$$g(t) = \sum_{k=0}^{\infty} g_k \delta(t - kT)$$

求各个 g_k 所必须满足的代数方程组,用 h_k 解出 g_0, g_1, g_2。

　　(b) 假设 $h_0 = 1, h_1 = 1/2$,而当 $i \geqslant 2$ 时,全部 $h_i = 0$,这时,$g(t)$ 是什么?

　　(c) 回波产生器的一个很好的模型如图 2-14 所示。所以,每一个回波都代表了被延迟 T 秒并乘以比例因子 α 后的被反馈回来的 $y(t)$。由于回波总是衰减了的,所以 $0 < \alpha < 1$。

　　(i) 该系统的单位冲激响应是什么?(假定系统初始松弛,即若 $t < 0, x(t) = 0$,则 $t < 0, y(t) = 0$)。

　　(ii) 证明:若 $0 < \alpha < 1$,则系统是稳定的;若 $\alpha > 1$,则系统是不稳定的。

　　(iii) 这时 $g(t)$ 是什么?用相加器、系数相乘器和 T 秒延迟单元构成这个逆系统。

　　(d) 由于一直在考虑连续时间情况下的应用,所以讨论就以连续时间系统来进行的。但是同样的一般概念在离散时间情况下也是成立的,单位脉冲响应为

$$h[n] = \sum_{k=0}^{\infty} h_k \delta[n - kN]$$

的 LTI 系统是可逆的,而且有一个 LTI 系统作为它的逆系统,其单位脉冲响应是

$$g[n] = \sum_{k=0}^{\infty} g_k \delta[n - kN]$$

不难验证,g_k 满足与(a)中同样的代数方程组。

　　现在考虑单位脉冲响应为

$$h[n] = \sum_{k=0}^{\infty} \delta[n - kN]$$

的离散时间 LTI 系统。该系统是不可逆的。试找出能够产生同样输出的两个输入。

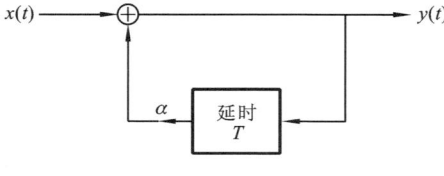

图 2-14

　　解　(a) 由于 $y(t) = x(t) * h(t)$ 及 $y(t) * g(t) = x(t)$,因此 $g(t) * h(t) = \delta(t)$,即

$$\sum_{k=0}^{\infty} g_k \delta(t - kT) * \sum_{k=0}^{\infty} h_k \delta(t - kT) = \delta(t)$$

亦即

$$[g_0\delta(t) + g_1\delta(t-T) + g_2\delta(t-2T) + \cdots + g_k\delta(t-kT) + \cdots] *$$

$$[h_0\delta(t) + h_1\delta(t-T) + h_2\delta(t-2T) + \cdots + h_k\delta(t-kT) + \cdots] = \delta(t)$$

$$g_0 h_0\delta(t) + (g_0 h_1 + g_1 h_0)\delta(t-T) + \cdots + \sum_{k=0}^{n} g_k h_{n-k}\delta(t-nT) + \cdots = \delta(t)$$

因此，各个 g_k 所必须满足的代数方程为

$$\sum_{k=0}^{n} g_k h_{n-k} = \begin{cases} 1, & n = 0 \\ 0, & n = 1,2,3,\cdots \end{cases}$$

即

$$g_0 = \frac{1}{h_0}, g_1 = -g_0\frac{h_1}{h_0} = -\frac{h_1}{h_0{}^2}, g_2 = \frac{h_1{}^2}{h_0{}^3} - \frac{h_2}{h_0{}^2}$$

（b）假设 $h_0 = 1, h_1 = 1/2$，而当 $i \geqslant 2$ 时，全部 $h_i = 0$ 时，有

$$\sum_{k=0}^{1} h_k g_{n-k} = h_0 g_n + h_1 g_{n-1} = 0, \quad n \geqslant 1$$

将 $h_0 = 1, h_1 = 1/2$ 带入上式可得

$$g_n = \left(-\frac{1}{2}\right) g_{n-1}$$

即

$$g_0 = 1, g_1 = -\frac{1}{2}, g_2 = \left(-\frac{1}{2}\right)^2, g_3 = \left(-\frac{1}{2}\right)^3, \cdots, g_k = \left(-\frac{1}{2}\right)^k$$

于是

$$g(t) = \sum_{k=0}^{\infty} \left(-\frac{1}{2}\right)^k \delta(t-kT)$$

（c）（i）由图 2-14 可得

$$y(t) = x(t) + \alpha y(t-T)$$

则系统的单位冲激响应满足方程：$h(t) = \delta(t) + \alpha h(t-T)$，解得

$$h(t) = \sum_{k=0}^{\infty} \alpha^k \delta(t-kT)$$

（ii）如果 $0 < \alpha < 1, \alpha^k < 1$，此时 $h(t)$ 有界且绝对可积，因此系统稳定；如果 $\alpha > 1$，则 $\alpha^k > 1$，此时 $h(t)$ 不绝对可积，因此系统不稳定。

（iii）由 $g(t) * h(t) = g(t) * \sum_{k=0}^{\infty} \alpha^k \delta(t-kT) = \delta(t)$，可得

$$g(t) = \delta(t) - \alpha\delta(t-T)$$

（d）对于系统 $h[n] = \sum_{k=0}^{\infty} \delta[n-kN]$，当 $x_1[n] = \delta[n]$ 时，$y[n] = h[n] * \delta[n] = h[n]$，当 $x_2[n] = \frac{1}{2}\delta[n] + \frac{1}{2}\delta[n-N]$ 时，$y[n] = h[n] * x[n] = \frac{1}{2}\{h[n] + h[n-N]\} = h[n]$。

2-36　在教材 2.5 节，曾将单位冲激偶用如下方程来表征：

$$x(t) * u_1(t) = \int_{-\infty}^{\infty} x(t-\tau)u_1(\tau)d\tau = x'(t) \qquad ①$$

式中：$x(t)$ 为任意信号。

据此导出了如下关系：

$$\int_{-\infty}^{\infty} g(\tau)u_1(\tau)d\tau = -g'(0) \qquad ②$$

（a）通过证明式 ② 就包含有式 ① 来证明式 ② 是 $u_1(t)$ 的一种等效表示。

因此看到，单位冲激或单位冲激偶用在卷积意义下的表现如何来表征，以及当它与任意信号 $g(t)$ 相乘之后在积分意义下的表现来表征是等价的。事实上，正如 2.5 节所指出的，这些运算定义

的等效性对所有信号,特别是对所有奇异函数都是成立的。

(b) 设 $f(t)$ 是一已知信号,证明:

$$f(t)u_1(t) = f(0)u_1(t) - f'(0)\delta(t)$$

(c) $\displaystyle\int_{-\infty}^{\infty} x(\tau)u_2(\tau)\mathrm{d}\tau$ 的值是什么?

对 $f(t)u_2(t)$ 找一个类似于(b)中对 $f(t)u_1(t)$ 的表示式。

解　(a) 设 $g(\tau) = x(t-\tau)$,代入式 ② 并考虑到 $g'(\tau) = -x'(t-\tau)$,得

$$\int_{-\infty}^{\infty} x(t-\tau)u_1(\tau)\mathrm{d}\tau = -g'(0) = x'(t)$$

由此说明式 ② 就包含有式 ①,从而说明式 ② 是 $u_1(t)$ 的一种等效表示。

(b) 设 $r(t) = g(t)f(t)$,代入式 ② 并考虑到 $r'(t) = g'(t)f(t) + g(t)f'(t)$,得

$$\int_{-\infty}^{\infty} r(\tau)u_1(\tau)\mathrm{d}\tau = \int_{-\infty}^{\infty} g(\tau)f(\tau)u_1(\tau)\mathrm{d}\tau = -r'(0) = -g'(0)f(0) - g(0)f'(0)$$

又因为

$$\int_{-\infty}^{\infty} g(t)f(0)u_1(t)\mathrm{d}t - \int_{-\infty}^{\infty} g(t)f'(0)u_0(t)\mathrm{d}t$$
$$= f(0)\int_{-\infty}^{\infty} g(t)u_1(t)\mathrm{d}t - f'(0)\int_{-\infty}^{\infty} g(t)u_0(t)\mathrm{d}t$$
$$= -g'(0)f(0) - g(0)f'(0)$$

可见,在运算定义下有

$$f(t)u_1(t) = f(0)u_1(t) - f'(0)\delta(t)$$

(c) $\displaystyle\int_{-\infty}^{\infty} x(\tau)u_2(\tau)\mathrm{d}\tau = \int_{-\infty}^{\infty} x(\tau)\delta''(\tau)\mathrm{d}\tau = -\int_{-\infty}^{\infty} x'(\tau)\delta'(\tau)\mathrm{d}\tau = x''(0)$

根据上式,可得

$$\int_{-\infty}^{\infty} g(\tau)f(\tau)u_2(\tau)\mathrm{d}\tau = \frac{\mathrm{d}^2}{\mathrm{d}t^2}\big[g(-t)f(-t)\big]\Big|_{t=0}$$
$$= -\frac{\mathrm{d}}{\mathrm{d}t}\big[g'(-t)f(-t) + g(-t)f'(-t)\big]\Big|_{t=0}$$
$$= g''(0)f(0) - 2g'(0)f'(0) + g(0)f''(0)$$

即　　　　$$f(t)u_2(t) = g''(0)f(0) - 2g'(0)f'(0) + g(0)f''(0)$$

2-37　这一章已经利用了使LTI系统分析大为简化的几个性质和概念。其中有两个性质在本题中要作比较深入的讨论。将要看到,在某些很特殊的情况下,应用这些性质时必须加倍细心,因为这些性质不是无条件成立的。

(a) 卷积(无论对连续时间还是离散时间)的一个基本而重要的性质是结合律性质,即如果 $x(t)$,$h(t)$ 和 $g(t)$ 是三个信号,那么

$$x(t) * [g(t) * h(t)] = [x(t) * g(t)] * h(t) = [x(t) * h(t)] * g(t) \qquad ①$$

只要这三个表示式都有确切的定义并且是有限的,这个关系一般都成立。因为现实中一般都属于这种情况,所以在应用时都勿需评注或做什么假定。然而,在某些情况下却不是这样。例如,考查一下图 2-15 所示的系统,取 $h(t) = u_1(t)$,$g(t) = u(t)$,比较一下这个系统对输入

$$x(t) = 1, \quad 对全部 t$$

的响应。

根据式 ① 所建议的三种不同方法,并根据图 2-15 来做。

(i) 先将两个冲激响应卷积,再把所得结果与 $x(t)$ 卷积。

(ii) 先将 $x(t)$ 和 $u_1(t)$ 卷积, 再把结果与 $u(t)$ 卷积。

(iii) 先将 $x(t)$ 和 $u(t)$ 卷积, 再把结果与 $u_1(t)$ 卷积。

(b) 当

$$x(t) = e^{-t}$$
$$h(t) = e^{-t}u(t)$$
$$g(t) = u_1(t) + \delta(t)$$

时, 重做(a)。

(c) 对

$$x[n] = \left(\frac{1}{2}\right)^n, \quad h[n] = \left(\frac{1}{2}\right)^n u[n], \quad g[n] = \delta[n] - \frac{1}{2}\delta[n-1]$$

重做(a)。

因此, 一般来说, 当且仅当式 ① 中三个表达式都有意义 (即它们用 LTI 系统来解释有意义) 时, 卷积的结合律性质才成立。例如, 在(a)中先对一个常数微分, 然后再积分是有意义的; 而先对常数从 $t = -\infty$ 积分, 然后再微分却没有什么意义了, 因而只是在这种情况下结合律性质就破坏了。

与上述讨论密切相关的是逆系统的问题。现考虑单位冲激响应 $h(t) = u(t)$ 的 LTI 系统。如同在(a)中看到的, 有一些输入(比如 $x(t)$ 为非零常数)使该系统对它们的输出为无穷大。因此, 研究把这种输出取逆来恢复输入的问题就是毫无意义的了。然而, 如果只限于讨论产生有限输出的输入, 也即满足

$$\left| \int_{-\infty}^{t} x(\tau)d\tau \right| < \infty \qquad ②$$

的那些输入的话, 该系统仍是可逆的, 并且单位冲激响应为 $u_1(t)$ 的 LTI 系统就是它的逆系统。

(d) **证** 冲激响应为 $u_1(t)$ 的 LTI 系统是不可逆的。

然而, 若将输入限于满足式 ① 的输入, 即证明该系统是可逆的。

在本题中我们业已说明的可归纳如下:

(1) 如果 $x(t), h(t)$ 和 $g(t)$ 是三个信号, 且 $x(t) * g(t), x(t) * h(t)$ 和 $h(t) * g(t)$ 全都有确切的定义, 而且是有限值, 则结合律, 即式 ① 成立。

(2) 设 $h(t)$ 是一个 LTI 系统的单位冲激响应, 并假设第二个系统的单位冲激响应 $g(t)$ 有如下性质:

$$h(t) * g(t) = \delta(t) \qquad ③$$

那么由(1), 对所有输入 $x(t)$, 当 $x(t) * h(t)$ 和 $x(t) * g(t)$ 都有确切定义且为有限值时, 图 2-15 所示系统的两种级联所起的作用都相当于恒等系统, 因此这两个系统都可互相认为是另一个系统的逆系统。例如, 若 $h(t) = u(t), g(t) = u_1(t)$, 只要限定输入满足式 ②, 就可认为这两个系统互为逆系统。

因此可以看出, 只要涉及的所有卷积都是有限的, 那么式 ① 的结合律性质和由式 ③ 给出的 LTI 逆系统的定义都是正确的。由于在任何实际问题中确实都是这种情况, 一般在应用这些性质时都勿需加以评注或者限制。应该指出: 尽管大多数讨论都是以连续时间信号和系统为例的, 但是相同的结论在离散时间情况下也能得到((c)中就是一个例证)。

解 (a) (i) $x(t) * [g(t) * h(t)] = x(t) * [u_1(t) * u(t)] = x(t) = 1$, 对全部 t

(ii) $[x(t) * g(t)] * h(t) = [x(t) * u_1(t)] * u(t) = 0 * u(t) = 0$, 对全部 t

(iii) $[x(t) * h(t)] * g(t) = [x(t) * u(t)] * u_1(t) = \infty * u_1(t) = $ 无定义

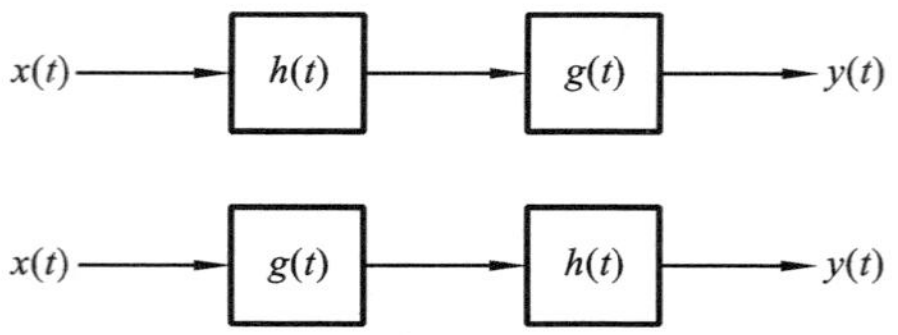

图 2-15

(b) $x(t) = \mathrm{e}^{-t}, h(t) = \mathrm{e}^{-t}u(t), g(t) = u_1(t) + \delta(t)$

$x(t) * [h(t) * g(t)] = x(t) * \{\mathrm{e}^{-t}u(t) * [u_1(t) + \delta(t)]\} = x(t) * \delta(t) = x(t) = \mathrm{e}^{-t}$

$[x(t) * g(t)] * h(t) = \{x(t) * [u_1(t) + \delta(t)]\} * \mathrm{e}^{-t}u(t)$

$\qquad = \{x'(t) + x(t)\} * \mathrm{e}^{-t}u(t) = (-\mathrm{e}^{-t} + \mathrm{e}^{-t}) * \mathrm{e}^{-t}u(t) = 0$

$[x(t) * h(t)] * g(t) = g(t) * [x(t) * h(t)] = g(t) * \mathrm{e}^{-t}\displaystyle\int_0^\infty \mathrm{d}\tau = 无定义$

(c) $x[n] = \left(\dfrac{1}{2}\right)^n, h[n] = \left(\dfrac{1}{2}\right)^n u[n], g[n] = \delta[n] - \dfrac{1}{2}\delta[n-1]$

$x[n] * \{g[n] * h[n]\} = x[n] * \left(\dfrac{1}{2}\right)^n \delta[n] = x[n] = \left(\dfrac{1}{2}\right)^n$

$\{x[n] * g[n]\} * h[n] = \{x[n] - \dfrac{1}{2}x[n-1]\} * h[n] = 0 * h[n] = 0$

$\{x[n] * h[n]\} * g[n] = \left\{\left(\dfrac{1}{2}\right)^n \displaystyle\sum_{k=0}^{\infty} 1\right\} * g[n] = 无定义$

(d) 设 $h(t) = u_1(t)$，如果系统输入 $x_1(t) = 0$，那么，系统输出 $y_1(t) = 0$。现在假定 $x_2(t) = $ 常数，那么，$y_2(t) = 0$，因此，这个系统不可逆。

注意到

$$\left| \int_{-\infty}^t x_2(\tau)\mathrm{d}\tau \right| = \begin{cases} 0, & x_2(t) = 0 \\ \infty, & x_2(t) \neq 0 \end{cases}$$

因此，如果 $\left| \int_{-\infty}^t c\,\mathrm{d}\tau \right| \neq \infty$，那么，只有 $x_2(t) = 0$ 将导致 $y_2(t) = 0$。因此，这个系统不可逆。

2-38　设 $\delta_\Delta(t)$ 为 $0 < t \leqslant \Delta$ 上，高为 $\dfrac{1}{\Delta}$ 的矩形脉冲，证明：

$$\frac{\mathrm{d}}{\mathrm{d}t}\delta_\Delta(t) = \frac{1}{\Delta}[\delta(t) - \delta(t-\Delta)]$$

证　因为 $\delta_\Delta(t) = \dfrac{1}{\Delta}[u(t) - u(t-\Delta)] = \dfrac{1}{\Delta}u(t) * [\delta(t) - \delta(t-\Delta)]$，所以

$\dfrac{\mathrm{d}}{\mathrm{d}t}\delta_\Delta(t) = \dfrac{1}{\Delta}u'(t) * [\delta(t) - \delta(t-\Delta)] = \dfrac{1}{\Delta}\delta(t) * [\delta(t) - \delta(t-\Delta)] = \dfrac{1}{\Delta}[\delta(t) - \delta(t-\Delta)]$

第3章　周期信号的傅里叶级数表示

3.1　知识点归纳

3.1.1　LTI系统对复指数信号的响应

1. 连续时间LTI系统对复指数信号 e^{st} 的响应

对于连续时间LTI系统,当输入 $x(t) = e^{st}$ 时,输出为

$$y(t) = H(s)e^{st}$$

其中,$H(s)$ 是一个复振幅因子,它是复变量 s 的函数,它与系统单位冲激响应 $h(t)$ 的关系为

$$H(s) = \int_{-\infty}^{\infty} h(\tau)e^{-s\tau} d\tau$$

2. 离散时间LTI系统对复指数序列 z^n 的响应

对于离散时间LTI系统,当输入 $x[n] = z^n$ 时,输出

$$y[n] = H(z)z^n$$

其中,$H(z)$ 是一个复振幅因子,它是复变量 z 的函数,它与系统单位脉冲响应 $h[n]$ 的关系为

$$H(z) = \sum_{k=-\infty}^{\infty} h[k]z^{-k}$$

3. 系统的特征函数及特征值

一个信号,若系统对该信号的输出响应仅是一个常数(可能是复数)乘以输入,则称该信号为系统的特征函数,而振幅因子称为系统的特征值。

复指数信号 e^{st} 是连续时间LTI系统的特征函数;对某一给定的 s 值,常数 $H(s)$ 就是与特征函数 e^{st} 有关的特征值。

复指数序列 z^n 是离散时间LTI系统的特征函数;对于某一给定的 z 值,常数 $H(z)$ 就是与特征函数 z^n 有关的特征值。

3.1.2　连续时间周期信号的傅里叶级数表示

1. 周期信号

如果存在某个正值 T 使得 $x(t)$ 满足

$$x(t) = x(t+T), \quad 对全部 t$$

则 $x(t)$ 为周期信号。$x(t)$ 的基波周期就是满足上式的最小非零正值 T,而 $\omega_0 = 2\pi/T$ 称为基波频率。

正弦信号和复指数信号是两个基本的周期信号:

$$x(t) = \cos(\omega_0 t + \varphi), \quad x(t) = e^{j\omega_0 t}$$

2. 复指数型傅里叶级数

基波周期为 T 的周期信号 $x(t)$ 的复指数型傅里叶级数表示为

$$x(t) = \sum_{k=-\infty}^{\infty} a_k e^{jk\omega_0 t} = \sum_{k=-\infty}^{\infty} a_k e^{jk(2\pi/T)t}$$

其中,$\{a_k\}$ 称为 $x(t)$ 的复傅里叶系数,或称为 $x(t)$ 的频谱系数,可由下式求出:

$$a_k = \frac{1}{T}\int_T x(t) e^{-jk\omega_0 t} dt = \frac{1}{T}\int_T x(t) e^{-jk(2\pi/T)t} dt$$

令 $k=0$,可得到 $a_0 = \frac{1}{T}\int_T x(t)dt$,即 a_0 等于 $x(t)$ 一个周期的平均值,是 $x(t)$ 的直流分量。

3. 三角形傅里叶级数

基波周期为 T 的实周期信号 $x(t)$ 的三角形傅里叶级数表示为

$$x(t) = a_0 + 2\sum_{k=1}^{\infty}(B_k \cos k\omega_0 t - C_k \sin k\omega_0 t)$$

其中,B_k、C_k 与复傅里叶系数 a_k 的关系为 $a_k = B_k + jC_k$。

4. 谐波型傅里叶级数

基波周期为 T 的实周期信号 $x(t)$ 的傅里叶级数还可表示为

$$x(t) = a_0 + 2\sum_{k=1}^{\infty}A_k \cos(k\omega_0 t + \theta_k)$$

其中,A_k、θ_k 与 a_k 的关系为 $a_k = A_k e^{j\theta_k}$。

5. 傅里叶级数的收敛

如果周期信号 $x(t)$ 满足狄利克雷(Dirichlet)条件,就可以保证该信号能够用傅里叶级数表示。狄利克雷条件是:

(1) 在任何周期内,$x(t)$ 绝对可积,即 $\int_T |x(t)| dt < \infty$;

(2) 在任何有限区间内,$x(t)$ 具有有限个最大值和最小值;

(3) 在任何有限区间内,$x(t)$ 具有有限个不连续点,并且每个不连续点都必须是有限值。

注意:狄利克雷条件只是充分条件而非必要条件。

3.1.3 连续时间傅里叶级数的性质

1. 线性

若 $x(t) \overset{FS}{\longleftrightarrow} a_k, y(t) \overset{FS}{\longleftrightarrow} b_k$,则

$$z(t) = Ax(t) + By(t) \overset{FS}{\longleftrightarrow} c_k = Aa_k + Bb_k$$

2. 时移性质

若 $x(t) \overset{FS}{\longleftrightarrow} a_k$,则

$$x(t-t_0) \overset{FS}{\longleftrightarrow} b_k = e^{-jk\omega_0 t_0} a_k = e^{-jk(2\pi/T)t_0} a_k$$

即有 $|b_k| = |a_k|$。

3. 时间反转

若 $x(t) \overset{FS}{\longleftrightarrow} a_k$,则 $x(-t) \overset{FS}{\longleftrightarrow} a_{-k}$。

若 $x(t) = x(-t)$,则 $a_k = a_{-k}$。

若 $x(t) = -x(-t)$,则 $a_k = -a_{-k}$。

4. 时域尺度变换

若 $x(t) = \sum_{k=-\infty}^{\infty} a_k \mathrm{e}^{jk\omega_0 t} = \sum_{k=-\infty}^{\infty} a_k \mathrm{e}^{jk(2\pi/T)t}$，则

$$x(at) = \sum_{k=-\infty}^{\infty} a_k \mathrm{e}^{jk(a\omega_0)t} = \sum_{k=-\infty}^{\infty} a_k \mathrm{e}^{jk\left(\frac{2\pi}{T/a}\right)t}$$

5. 相乘

若 $x(t) \overset{\mathrm{FS}}{\longleftrightarrow} a_k, y(t) \overset{\mathrm{FS}}{\longleftrightarrow} b_k$，则

$$x(t)y(t) \overset{\mathrm{FS}}{\longleftrightarrow} h_k = \sum_{l=-\infty}^{\infty} a_l b_{k-l}$$

6. 共轭及共轭对称性

若 $x(t) \overset{\mathrm{FS}}{\longleftrightarrow} a_k$，则 $x^*(t) \overset{\mathrm{FS}}{\longleftrightarrow} a_{-k}^*$。

若 $x(t) = x^*(t)$，则

$$a_k = a_{-k}^*, \mid a_k \mid = \mid a_{-k} \mid, \quad \mathrm{Ev}\{x(t)\} \overset{\mathrm{FS}}{\longleftrightarrow} \mathrm{Re}\{a_k\}, \quad \mathrm{Od}\{x(t)\} \overset{\mathrm{FS}}{\longleftrightarrow} \mathrm{jIm}\{a_k\}$$

若 $x(t) = x^*(t)$ 且 $x(t) = x(-t)$，则 $a_k = a_{-k}, a_k = a_k^*$。

若 $x(t) = x^*(t)$ 且 $x(t) = -x(-t)$，则

$$a_0 = 0, \quad a_{-k} = -a_k, \quad a_{-k} = a_k^*$$

7. 帕斯瓦尔定理

一个周期信号的总平均功率等于它的全部谐波分量的平均功率之和，即

$$\frac{1}{T}\int_T \mid x(t) \mid^2 \mathrm{d}t = \sum_{k=-\infty}^{\infty} \mid a_k \mid^2$$

3.1.4　离散时间周期信号的傅里叶级数表示

1. 周期序列

如果存在某个正整数 N，使得 $x[n]$ 满足

$$x[n] = x[n+N], \quad 对任意 n$$

则 $x[n]$ 为周期序列。$x[n]$ 的基波周期就是满足上式的最小正整数 N，而 $\omega_0 = 2\pi/N$ 就是基波频率。由下式

$$\phi_k[n] = \mathrm{e}^{jk\omega_0 n} = \mathrm{e}^{jk(2\pi/N)n}, \quad k = 0, \pm 1, \pm 2, \cdots$$

给出的所有离散时间复指数信号的集合都是周期的，且周期为 N 的约数。离散时间与连续时间的复指数一个非常重要的区别是 $\mathrm{e}^{j\omega_0 t}$ 中不同的 ω_0 值表示不同的信号，而 $\mathrm{e}^{j\omega_0 n}$ 中 ω_0 相差 2π 的整数倍时信号是相同的，即

$$\phi_k[n] = \phi_{k+rN}[n], \quad r 为整数$$

由此可知，序列 $\phi_k[n]$ 仅在 k 取 N 个连续整数时是不同的。

2. 离散傅里叶级数表示

基本周期为 N 的周期序列 $x[n]$ 的离散傅里叶级数表示为

$$x[n] = \sum_{k=\langle N \rangle} a_k \mathrm{e}^{jk\omega_0 n} = \sum_{k=\langle N \rangle} a_k \mathrm{e}^{jk(2\pi/N)n}$$

其中，a_k 是傅里叶级数系数，往往也称为 $x[n]$ 的频谱系数，可由下式得出

$$a_k = \frac{1}{N}\sum_{n=\langle N \rangle} x[n]\mathrm{e}^{-jk\omega_0 n} = \frac{1}{N}\sum_{n=\langle N \rangle} x[n]\mathrm{e}^{-jk(2\pi/N)n}$$

令 $k = 0$,可得 $a_0 = \dfrac{1}{N}\sum_{n=\langle N\rangle} x[n]$,这表示 a_0 为 $x[n]$ 在一周期中的平均值。

3. 离散傅里叶级数的收敛

由于离散傅里叶级数与连续时间的情况相反,是一个有限项的级数,故离散傅里叶级数没有收敛问题。

3.1.5　离散时间傅里叶级数的性质

1. 周期性

离散时间傅里叶级数系数 a_k 是周期的,它的周期是 N,即

$$a_k = a_{k+N}$$

2. 线性

若 $x[n] \overset{\text{FS}}{\longleftrightarrow} a_k$,$y[n] \overset{\text{FS}}{\longleftrightarrow} b_k$,则

$$z[n] = Ax[n] + By[n] \overset{\text{FS}}{\longleftrightarrow} c_k = Aa_k + Bb_k$$

3. 时移性质

若 $x[n] \overset{\text{FS}}{\longleftrightarrow} a_k$,则

$$x[n - n_0] \overset{\text{FS}}{\longleftrightarrow} b_k = a_k \mathrm{e}^{-jk\omega_0 n_0} = a_k \mathrm{e}^{-jk(2\pi/N)n_0}$$

即 $|b_k| = |a_k|$。

4. 频移性质

若 $x[n] \overset{\text{FS}}{\longleftrightarrow} a_k$,则

$$\mathrm{e}^{jM(2\pi/N)n}x[n] \overset{\text{FS}}{\longleftrightarrow} a_{k-M}$$

5. 时间反转

若 $x[n] \overset{\text{FS}}{\longleftrightarrow} a_k$,则

$$x[-n] \overset{\text{FS}}{\longleftrightarrow} a_{-k}$$

6. 时域尺度变换

若 $x[n] \overset{\text{FS}}{\longleftrightarrow} a_k$,则

$$x_{(m)}[n] = \begin{cases} x[n/m], & n \text{ 是 } m \text{ 的倍数} \\ 0, & n \text{ 不是 } m \text{ 的倍数} \end{cases} \overset{\text{FS}}{\longleftrightarrow} \frac{1}{m}a_k$$

其中,$x_{(m)}[n]$ 和 $\dfrac{1}{m}a_k$ 的周期均为 mN。

7. 共轭及共轭对称性

若 $x[n] \overset{\text{FS}}{\longleftrightarrow} a_k$,则

$$x^*[n] \overset{\text{FS}}{\longleftrightarrow} a_{-k}^*$$

若 $x[n] = x^*[n]$,则

$$a_k = a_{-k}^*, \quad |a_k| = |a_{-k}|, \quad \text{Ev}\{x[n]\} \overset{\text{FS}}{\longleftrightarrow} \text{Re}\{a_k\}, \quad \text{Od}\{x[n]\} \overset{\text{FS}}{\longleftrightarrow} j\text{Im}\{a_k\}$$

若 $x[n] = x^*[n]$ 且 $x[n] = x[-n]$,则

$$a_k = a_{-k}, \quad a_k = a_k^*$$

若 $x[n] = x^*[n]$ 且 $x[n] = -x[-n]$,则

$$a_k = -a_{-k}, \quad a_{-k} = a_k^*$$

8. 相乘

若 $x[n] \xleftrightarrow{\text{FS}} a_k, y[n] \xleftrightarrow{\text{FS}} b_k$,则

$$x[n]y[n] \xleftrightarrow{\text{FS}} h_k = \sum_{l=\langle N \rangle} a_l b_{k-l}$$

9. 周期卷积

若 $x[n] \xleftrightarrow{\text{FS}} a_k, y[n] \xleftrightarrow{\text{FS}} b_k$,则

$$\sum_{r=\langle N \rangle} x[r]y[n-r] \xleftrightarrow{\text{FS}} N a_k b_k$$

10. 一阶差分

若 $x[n] \xleftrightarrow{\text{FS}} a_k$,则

$$x[n] - x[n-1] \xleftrightarrow{\text{FS}} (1 - e^{-jk(2\pi/N)}) a_k$$

11. 求和

若 $x[n] \xleftrightarrow{\text{FS}} a_k$,则

$$\sum_{k=-\infty}^{n} x[k] \begin{pmatrix} \text{仅当 } a_0 = 0 \text{ 时才为} \\ \text{有限值且为周期的} \end{pmatrix} \xleftrightarrow{\text{FS}} \frac{a_k}{1 - e^{-jk(2\pi/N)}}$$

12. 帕斯瓦尔定理

一个周期信号的平均功率等于它的所有谐波分量的平均功率之和,即

$$\frac{1}{N} \sum_{n=\langle N \rangle} |x[n]|^2 = \sum_{k=\langle N \rangle} |a_k|^2$$

3.1.6　傅里叶级数与 LTI 系统

1. 连续时间 LTI 系统的频率响应

当 s 为一般复数时,$H(s)$ 称为该系统的系统函数;当 $s = j\omega$ 时,$H(s) = H(j\omega)$,此时的系统函数称为该系统的频率响应,即

$$H(j\omega) = \int_{-\infty}^{\infty} h(t) e^{-j\omega t} \, dt$$

2. 离散时间 LTI 系统的频率响应

当 z 为一般复数时,$H(z)$ 称为该系统的系统函数;当 $z = e^{j\omega}$ 时,$H(z) = H(e^{j\omega})$,此时的系统函数称为该系统的频率响应,即

$$H(e^{j\omega}) = \sum_{n=-\infty}^{\infty} h[n] e^{-j\omega n}$$

3. 连续时间 LTI 系统对周期信号的响应

$x(t)$ 为一周期信号,其傅里叶级数表示为

$$x(t) = \sum_{k=-\infty}^{\infty} a_k e^{jk\omega_0 t}$$

假定将该信号加入单位冲激响应为 $h(t)$ 的 LTI 系统作为输入,则系统的输出为

$$y(t) = \sum_{k=-\infty}^{\infty} a_k H(e^{jk\omega_0}) e^{jk\omega_0 t}$$

于是 $y(t)$ 也是周期的,且与 $x(t)$ 有相同的基波频率。这表明:LTI 系统的作用就是通过乘以相应频率点上的频率响应值来逐个地改变输入信号的每一个傅里叶系数。

4. 离散时间 LTI 系统对周期序列的响应

$x[n]$ 为一周期序列,其傅里叶级数表示为

$$x[n] = \sum_{k=\langle N \rangle} a_k e^{jk(2\pi/N)n}$$

若将该信号加入单位脉冲响应为 $h[n]$ 的 LTI 系统作为输入,那么系统的输出为

$$y[n] = \sum_{k=\langle N \rangle} a_k H(e^{jk(2\pi/N)}) e^{jk(2\pi/N)n}$$

于是 $y[n]$ 也是周期的,且与 $x[n]$ 有相同的周期,$y[n]$ 的第 k 个傅里叶系数就是输入的第 k 个傅里叶系数与该系统在对应频率点上的频率响应值 $H(e^{jk(2\pi/N)})$ 的乘积。

3.2　典型习题详解

3-1　设 $x_1(t)$ 是一连续时间周期信号,其基波频率为 ω_1,傅里叶系数为 a_k,已知 $x_2(t) = x_1(1-t) + x_1(t-1)$,问 $x_2(t)$ 的基波频率 ω_2 与 ω_1 是什么关系?求 $x_2(t)$ 的傅里叶级数系数 b_k 与系数 a_k 之间的关系。

解　$x_1(1-t)$ 和 $x_1(t-1)$ 的基波频率都是 ω_1,则它们的基波周期都是 $T_1 = 2\pi/\omega_1$。因为 $x_2(t)$ 是 $x_1(1-t)$ 和 $x_1(t-1)$ 的线性组合,所以 $x_2(t)$ 的基波周期 $T_2 = 2\pi/\omega_1$,即 $\omega_1 = \omega_2$。又

$$x_1(t) \overset{FS}{\longleftrightarrow} a_k, \quad x_1(t+1) \overset{FS}{\longleftrightarrow} a_k e^{jk\omega_1} = a_k e^{jk(2\pi/T_1)}$$

$$x_1(-t+1) \overset{FS}{\longleftrightarrow} a_{-k} e^{-jk\omega_1} = a_{-k} e^{-jk(2\pi/T_1)}$$

$$x_1(t-1) \overset{FS}{\longleftrightarrow} a_k e^{-jk\omega_1} = a_k e^{-jk(2\pi/T_1)}$$

故　　$x_2(t) = x_1(1-t) + x_1(t-1) \overset{FS}{\longleftrightarrow} a_{-k} e^{-jk\omega_1} + a_k e^{-jk\omega_1} = (a_{-k} + a_k) e^{-jk\omega_1}$

即　　$$b_k = (a_{-k} + a_k) e^{-jk\omega_1}$$

3-2　有三个连续时间周期信号,其傅里叶级数表示如下:

$$x_1(t) = \sum_{k=0}^{100} \left(\frac{1}{2}\right)^k e^{jk\frac{2\pi}{50}t}, \quad x_2(t) = \sum_{k=-100}^{100} \cos(k\pi) e^{jk\frac{2\pi}{50}t},$$

$$x_3(t) = \sum_{k=-100}^{100} j\sin\left(\frac{k\pi}{2}\right) e^{jk\frac{2\pi}{50}t}$$

利用傅里叶级数性质回答下列问题:(a) 三个信号中哪些是实值的?(b) 哪些又是偶函数?

解　(a) 与式 $x(t) = \sum_{k=-\infty}^{\infty} a_k e^{jk\omega_0 t}$ 对照可知,对于 $x_1(t)$,有

$$a_k = \begin{cases} \left(\frac{1}{2}\right)^k, & 0 \leqslant k \leqslant 100 \\ 0, & \text{其他} \end{cases}$$

由共轭对称性可知,若 $x_1(t)$ 为实信号,则有 $a_k = a_{-k}^*$。

显然 $\left(\frac{1}{2}\right)^k \neq \left[\left(\frac{1}{2}\right)^{-k}\right]^*$,故 $x_1(t)$ 不是实信号。

同理,对于 $x_2(t)$,$a_k = \begin{cases} \cos(k\pi), & -100 \leqslant k \leqslant 100 \\ 0, & \text{其他} \end{cases}$

对于 $x_3(t)$，$a_k = \begin{cases} \mathrm{j}\sin\dfrac{k\pi}{2}, & -100 \leqslant k \leqslant 100 \\ 0, & \text{其他} \end{cases}$

由于 $\cos(k\pi) = [\cos(-k\pi)]^*$，$\mathrm{j}\sin\left(\dfrac{k\pi}{2}\right) = \left[\mathrm{j}\sin\left(-\dfrac{k\pi}{2}\right)\right]^*$，故可知 $x_2(t)$ 和 $x_3(t)$ 都是实信号。

（b）由于偶函数的傅里叶级数是偶函数，由上可知，只有 $x_2(t)$ 的 a_k 是偶函数，故只有 $x_2(t)$ 是偶信号。

3-3　假定周期信号 $x(t)$ 有基波周期为 T 和傅里叶系数为 a_k，$g(t) = \mathrm{d}x(t)/\mathrm{d}t$ 的傅里叶级数系数为 b_k。已知 $\int_T^{2T} x(t)\mathrm{d}t = 2$，试利用傅里叶级数的性质求 a_k 用 b_k 和 T 表达的表达式。

解　$x(t) \overset{\text{FS}}{\longleftrightarrow} a_k$，$g(t) = \mathrm{d}x(t)/\mathrm{d}t \overset{\text{FS}}{\longleftrightarrow} \mathrm{j}k\dfrac{2\pi}{T}a_k = b_k$

$$a_k = \frac{b_k}{\mathrm{j}(2\pi/T)k}, \quad k \neq 0$$

当 $k = 0$ 时，$a_k = a_0 = \dfrac{1}{T}\int_T x(t)\mathrm{d}t = \dfrac{1}{T}\int_T^{2T} x(t)\mathrm{d}t = \dfrac{2}{T}$

故　　　　　　　　　　$a_k = \begin{cases} \dfrac{2}{T}, & k = 0 \\[2mm] \dfrac{b_k}{\mathrm{j}(2\pi/T)k}, & k \neq 0 \end{cases}$

3-4　现对一信号给出如下信息：

（1）$x(t)$ 是实的且为奇函数；

（2）$x(t)$ 是周期的，周期 $T = 2$，傅里叶级数为 a_k；

（3）对 $|k| > 1$，$a_k = 0$；

（4）$\dfrac{1}{2}\int_0^2 |x(t)|^2\mathrm{d}t = 1$。

试确定两个不同的信号都满足这些条件。

解　由于 $x(t)$ 是实的奇函数，故 a_k 是纯虚数，且 $a_k = -a_{-k}$，$a_0 = 0$。

又对 $|k| > 1$，$a_k = 0$，故 a_k 中非零的只有 a_1 和 a_{-1}。

又由帕斯瓦尔定理知 $\dfrac{1}{T}\int_T |x(t)|^2\mathrm{d}t = \sum_{k=-\infty}^{\infty} |a_k|^2$，可得

$$\frac{1}{2}\int_0^2 |x(t)|^2\mathrm{d}t = \sum_{k=-1}^{1} |a_k|^2$$

即　　　　　　$|a_1|^2 + |a_{-1}|^2 = 1 \Rightarrow 2|a_1|^2 = 1$

$$a_1 = -a_{-1} = \mathrm{j}\frac{\sqrt{2}}{2} \quad \text{或} \quad a_1 = -a_{-1} = -\mathrm{j}\frac{\sqrt{2}}{2}$$

因此　　　　$x(t) = a_1\mathrm{e}^{\mathrm{j}\omega_0 t} + a_{-1}\mathrm{e}^{-\mathrm{j}\omega_0 t} = \mathrm{j}\dfrac{\sqrt{2}}{2}\mathrm{e}^{\mathrm{j}(2\pi/2)t} - \mathrm{j}\dfrac{\sqrt{2}}{2}\mathrm{e}^{-\mathrm{j}(2\pi/2)t}$

$$= -\sqrt{2} \cdot \frac{1}{2\mathrm{j}}(\mathrm{e}^{\mathrm{j}\pi t} - \mathrm{e}^{-\mathrm{j}\pi t}) = -\sqrt{2}\sin(\pi t)$$

或　　　　$x(t) = -\mathrm{j}\dfrac{\sqrt{2}}{2}\mathrm{e}^{\mathrm{j}(2\pi/2)t} + \mathrm{j}\dfrac{\sqrt{2}}{2}\mathrm{e}^{-\mathrm{j}(2\pi/2)t} = \sqrt{2}\sin(\pi t)$

3-5　利用分析公式 $a_k = \dfrac{1}{N}\sum\limits_{n=\langle N\rangle} x[n]\mathrm{e}^{-jk\omega_0 n}$，求下面周期信号在一个周期内的傅里叶级数系数：

$$x[n] = \sum_{m=-\infty}^{\infty}\{4\delta[n-4m]+8\delta[n-1-4m]\}$$

解　由 $x[n]$ 表达式可知周期 $N=4$，$\omega_0=\dfrac{2\pi}{4}$。

在 $0\leqslant n\leqslant 3$ 内，$x[0]=4$，$x[1]=8$，$x[2]=x[3]=0$。

$$a_k = \frac{1}{4}\sum_{n=0}^{3} x[n]\mathrm{e}^{-jk(\pi/2)n} = \frac{1}{4}\left[4+8\mathrm{e}^{-jk(\pi/2)}\right] = 1+2\mathrm{e}^{-jk\pi/2}$$

即　　　　　　　$a_0=3$，$a_1=1-2j$，$a_2=-1$，$a_3=1+2j$，$a_{k+N}=a_k$

3-6　令 $x[n]$ 是一个实的且为奇的周期信号，周期 $N=7$，傅里叶系数为 a_k，已知 $a_{15}=j$，$a_{16}=2j$，$a_{17}=3j$，试确定 a_1，a_{-1}，a_{-2} 和 a_{-3} 的值。

解　根据 $a_{k+N}=a_k$，$N=7$，可知 $a_1=a_{15}$，$a_2=a_{16}$，$a_3=a_{17}$。

又已知 $x[n]$ 是一个实奇信号，则有 $a_k=-a_{-k}$，即

$$a_{-1}=-a_1，\quad a_{-2}=-a_2，\quad a_{-3}=-a_3$$

故　　　　　$a_1=j$ ，$a_{-1}=-j$，$\quad a_{-2}=-2j$，$\quad a_{-3}=-3j$

3-7　现对一信号 $x[n]$ 给出如下信息：

(1) $x[n]$ 是实、偶信号；

(2) $x[n]$ 有周期 $N=10$ 和傅里叶系数 a_k；

(3) $a_{11}=5$；

(4) $\dfrac{1}{10}\sum\limits_{n=0}^{9} |x[n]|^2 = 50$。

证明：$x[n]=A\cos(Bn+C)$，并给出常数 A，B 和 C 的值。

解　由于 $x[n]$ 的周期 $N=10$，$a_{k+N}=a_k$，所以 $a_1=a_{11}$。

又 $x[n]$ 是实、偶信号，则 $a_k=a_{-k}$，$a_1=a_{-1}=5$。

根据 $\dfrac{1}{10}\sum\limits_{n=0}^{9} |x[n]|^2 = 50$ 及帕斯瓦尔定理得

$$\sum_{k=\langle N\rangle} |a_k|^2 = 50，\quad \sum_{k=-1}^{8} |a_k|^2 = 50$$

$$|a_{-1}|^2 + |a_1|^2 + |a_0|^2 + \sum_{k=2}^{8} |a_k|^2 = 50$$

$$a_0{}^2 + \sum_{k=2}^{8} |a_k|^2 = 0$$

即　　　　　　　$a_0=0$，$\quad a_k=0$，$\quad k=2,3,\cdots,8$

故　　$x[n]=\sum\limits_{k=\langle N\rangle} a_k \mathrm{e}^{jk\omega_0 n} = \sum\limits_{k=-1}^{8} a_k \mathrm{e}^{jk(2\pi/10)n} = a_1\mathrm{e}^{j(\pi/5)n} + a_{-1}\mathrm{e}^{-j(\pi/5)n}$

$$= 10\cos\left(\frac{\pi}{5}n\right) = A\cos(Bn+C)$$

即　　　　　　　　　$A=10$，$\quad B=\dfrac{\pi}{5}$，$\quad C=0$

3-8　序列 $x_1[n]$ 和 $x_2[n]$ 都有一个周期 $N=4$，对应的傅里叶系数是

$$x_1[n] \leftrightarrow a_k, \quad x_2[n] \leftrightarrow b_k$$

其中,$a_0 = a_3 = \frac{1}{2}a_1 = \frac{1}{2}a_2 = 1$ 和 $b_0 = b_1 = b_2 = b_3 = 1$。

利用傅里叶级数的相乘性质,确定信号 $g[n] = x_1[n]x_2[n]$ 的傅里叶级数系数 c_k。

解　设 $g[n] = x_1[n]x_2[n] \leftrightarrow c_k$

$$c_k = \sum_{l=\langle N \rangle} a_l b_{k-l} = \sum_{l=0}^{3} a_l b_{k-l} = a_0 b_k + a_1 b_{k-1} + a_2 b_{k-2} + a_3 b_{k-3}$$
$$= b_k + 2b_{k-1} + 2b_{k-2} + b_{k-3}$$

因为对任意 k,b_k 都为 1,所以 $c_k = 1 + 2 + 2 + 1 = 6$。

3-9　考虑一连续时间 LTI 系统,其频率响应是

$$H(j\omega) = \int_{-\infty}^{\infty} h(t)e^{-j\omega t}dt = \frac{\sin(4\omega)}{\omega}$$

若输入至该系统的信号是一周期信号 $x(t)$,周期 $T = 8$,即

$$x(t) = \begin{cases} 1, & 0 \leqslant t < 4 \\ -1, & 4 \leqslant t < 8 \end{cases}$$

求系统的输出 $y(t)$。

解　$x(t)$ 的基波频率 $\omega_0 = 2\pi/T = \pi/4$,其傅里叶级数系数为

$$a_k = \frac{1}{T}\int_T x(t)e^{-jk\omega_0 t}dt = \frac{1}{8}\int_0^8 x(t)e^{-jk(\pi/4)t}dt$$
$$= \frac{1}{8}\int_0^4 e^{-jk(\pi/4)t}dt - \frac{1}{8}\int_4^8 e^{-jk(\pi/4)t}dt$$
$$= \frac{1}{j2k\pi}(1 - e^{-jk\pi}) + \frac{1}{j2k\pi}(e^{-j2k\pi} - e^{-jk\pi})$$
$$= \frac{1}{jk\pi}(1 - e^{-jk\pi}) = \begin{cases} 0, k = 0, \quad \pm 2, \pm 4, \cdots \\ \dfrac{2}{jk\pi}, \qquad\quad k = \pm 1, \pm 3, \cdots \end{cases}$$

$$y(t) = \sum_{k=-\infty}^{\infty} a_k H(jk\omega_0)e^{jk\omega_0 t}$$

又因为　　　　　　$H(jk\omega_0) = \dfrac{\sin(4k\omega_0)}{k\omega_0} = \dfrac{\sin(k\pi)}{k(\pi/4)} = \begin{cases} 4, & k = 0 \\ 0, & k \neq 0 \end{cases}$

故 $y(t) = 0$。

3-10　当一个频率响应为 $H(e^{j\omega})$ 的 LTI 系统,其输入为如下冲激串时,

$$x[n] = \sum_{k=-\infty}^{\infty} \delta[n - 4k]$$

其输出为 $y[n] = \cos\left(\dfrac{5\pi}{2}n + \dfrac{\pi}{4}\right)$。求 $H(e^{jk\pi/2})$ 在 $k = 0,1,2,3$ 时的值。

解　$x[n]$ 的基本周期 $N = 4$,其基波频率 $\omega_0 = 2\pi/N = \pi/2$。

在 $0 \leqslant n \leqslant 3$ 内,$x[0] = 1$,$x[1] = x[2] = x[3] = 0$,故其傅里叶级数系数为

$$a_k = \frac{1}{4}\sum_{n=0}^{3} x[n]e^{-jk(\pi/2)n} = \frac{1}{4}, \quad \text{对所有 } k$$

$$y[n] = \sum_{k=0}^{3} a_k H(e^{jk(\pi/2)})e^{jk(\pi/2)n}$$
$$= \frac{1}{4}H(e^{j0})e^{j0} + \frac{1}{4}H(e^{j(\pi/2)})e^{j(\pi/2)n} + \frac{1}{4}H(e^{j2(\pi/2)})e^{j2(\pi/2)n} + \frac{1}{4}H(e^{j3(\pi/2)})e^{j3(\pi/2)n}$$

$$y[n] = \cos\left(\frac{5\pi}{2}n + \frac{\pi}{4}\right) = \cos\left(\frac{\pi}{2}n + \frac{\pi}{4}\right)$$

$$= \frac{1}{2}e^{j\frac{\pi}{4}}e^{j\frac{\pi}{2}n} + \frac{1}{2}e^{-j\frac{\pi}{4}}e^{-j\frac{\pi}{2}n} = \frac{1}{2}e^{j\frac{\pi}{4}}e^{j\frac{\pi}{2}n} + \frac{1}{2}e^{-j\frac{\pi}{4}}e^{j\frac{3\pi}{2}n}$$

比较以上两式，可得

$$H(e^{j0}) = 0, \quad H(e^{j\pi/2}) = 2e^{j\pi/4} = \sqrt{2} + j\sqrt{2}$$

$$H(e^{j\pi}) = 0, \quad H(e^{j3(\pi/2)}) = 2e^{-j\pi/4} = \sqrt{2} - j\sqrt{2}$$

3-11　考虑一连续时间理想低通滤波器 S，其频率响应是

$$H(j\omega) = \begin{cases} 1, & |\omega| \leqslant 100 \\ 0, & |\omega| > 100 \end{cases}$$

当该滤波器的输入是基波周期 $T = \pi/6$ 和傅里叶级数系数为 a_k 的信号 $x(t)$ 时，有

$$x(t) \xrightarrow{\text{S}} y(t) = x(t)$$

试问对于什么样的 k 值，才能保证 $a_k = 0$。

解　$x(t)$ 的基波频率　$\omega_0 = 2\pi/T = 12$

$$y(t) = \sum_{k=-\infty}^{\infty} a_k H(jk\omega_0)e^{jk\omega_0 t}$$

因为 $H(j\omega)$ 对于 $|\omega| > 100$ 的 ω，其值为零，所以要保证 $y(t) = x(t)$，应有

$$|k|\omega_0 \leqslant 100 \Rightarrow 12|k| \leqslant 100, \quad 即$$
$$|k| \leqslant 8$$

因此，对于 $|k| > 8$，保证 $a_k = 0$。

3-12　对于下列周期输入，求图 3-1 所示的滤波器的输出：

(a) $x_1[n] = (-1)^n$;　　　(b) $x_2[n] = 1 + \sin\left(\frac{3\pi}{8}n + \frac{\pi}{4}\right)$;

(c) $x_3[n] = \sum_{k=-\infty}^{\infty} \left(\frac{1}{2}\right)^{n-4k} u[n-4k]$。

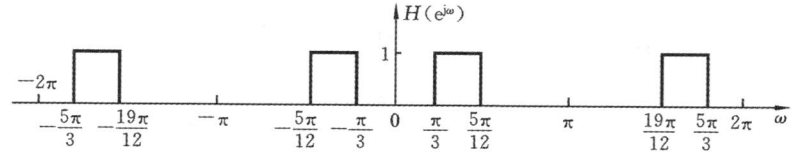

图 3-1

解　(a) $x_1[n] = (-1)^n = e^{j\pi n} = e^{j(2\pi/2)n}$

$x_1[n]$ 的周期 $N = 2$，它的傅里叶级数展开式为

$$x_1[n] = \sum_{k=0}^{1} a_k e^{jk(2\pi/2)n} = a_0 + a_1 e^{j(2\pi/2)n}$$

即在 $0 \leqslant k \leqslant 1$ 内，$a_0 = 0, a_1 = 1$。

$$y_1[n] = \sum_{k=0}^{1} a_k H(e^{jk(2\pi/2)})e^{jk(2\pi/2)n} = a_0 H(e^{j0}) + a_1 H(e^{j\pi})e^{j\pi n} = 0$$

(b) $x_2[n]$ 的周期 $N = 16$，基波频率 $\omega_0 = 2\pi/16 = \pi/8$。

$$x_2[n] = 1 + \frac{1}{2j}e^{j(3\pi/8)n} \cdot e^{j\pi/4} - \frac{1}{2j}e^{-j(3\pi/8)n} \cdot e^{-j\pi/4}$$

$$= e^{j(2\pi/16)\times 0 \cdot n} - (j/2)e^{j\pi/4} \cdot e^{j(2\pi/16)3n} + (j/2)e^{-j\pi/4} \cdot e^{-j(2\pi/16)3n}$$

$x_2[n]$ 的傅里叶级数展开式为

$$x_2[n] = \sum_{k=0}^{15} a_k e^{jk\omega_0 n} = \sum_{k=0}^{15} a_k e^{jk(2\pi/16)n}$$

比较以上两式可知,在 $0 \leqslant k \leqslant 15$ 内,有

$$a_0 = 1, a_3 = -(j/2)e^{j\pi/4}, a_{13} = a_{-3} = (j/2)e^{-j\pi/4}, 其余 a_k = 0$$

故 $y_2[n] = \sum_{k=0}^{15} a_k H(e^{jk(2\pi/16)})e^{jk(2\pi/16)n}$

$$= a_0 H(e^{j0}) + a_3 H(e^{j(3\pi/8)})e^{j(3\pi/8)n} + a_{13} H(e^{j(13\pi/8)})e^{j(13\pi/8)n}$$

$$= 0 - \frac{j}{2}e^{j\frac{\pi}{4}}e^{j(3\pi/8)n} + \frac{j}{2}e^{-j\frac{\pi}{4}}e^{j(13\pi/8)n}$$

$$= \frac{1}{2j}(e^{j[(3\pi/8)n+\pi/4]} - e^{-j[(3\pi/8)n+\pi/4]}) = \sin\left(\frac{3\pi}{8}n + \frac{\pi}{4}\right)$$

(c) $x_3[n] = \left[\left(\frac{1}{2}\right)^n u[n]\right] * \sum_{k=-\infty}^{\infty} \delta[n-4k] = g[n] * r[n]$

其中,$g[n] = \left(\frac{1}{2}\right)^n u[n]$,$r[n] = \sum_{k=-\infty}^{\infty} \delta[n-4k]$。

$r[n]$ 是周期为 $N=4$ 的周期序列,其傅里叶级数系数为 $a_k = \frac{1}{4}$(对所有的 k)。设 $r[n]$ 经过系统的输出为 $q[n]$,则 $x_3[n]$ 经过系统的输出为 $y_3[n] = q[n] * g[n]$。

又 $q[n] = \sum_{k=0}^{3} a_k H(e^{jk(2\pi/4)})e^{jk(2\pi/4)n}$

$$= \frac{1}{4}H(e^{j0}) + \frac{1}{4}H(e^{j(\pi/2)})e^{j(\pi/2)n} + \frac{1}{4}H(e^{j\pi})e^{j\pi n} + \frac{1}{4}H(e^{j(3\pi/2)})e^{j(3\pi/2)n} = 0$$

故 $y_3[n] = 0$。

3-13　有三个连续时间系统 S_1,S_2 和 S_3,它们对复指数输入 e^{j5t} 的响应分别给出如下:

$$S_1: e^{j5t} \rightarrow te^{j5t}; \quad S_2: e^{j5t} \rightarrow e^{j5(t-1)}; \quad S_3: e^{j5t} \rightarrow \cos(5t)$$

对每一系统决定所给出的信息是否充分而能得出该系统肯定不是 LTI 的结论?

解　因为复指数函数是 LTI 系统的特征函数,所以当系统输入为 e^{j5t} 时,响应应具有 Ae^{j5t} 的形式,其中 A 为复常数。

S_1:响应为 te^{j5t},t 不是常数,故 S_1 不是 LTI 系统。

S_2:响应为 $e^{j5(t-1)} = e^{-j5} \cdot e^{j5t}$,故 S_2 可能是 LTI 系统。

S_3:响应为 $\cos(5t) = \frac{1}{2}e^{j5t} + \frac{1}{2}e^{-j5t}$,故 S_3 也不是 LTI 系统。

3-14　有三个离散时间系统 S_1,S_2 和 S_3,它们对复指数输入 $e^{j\pi n/2}$ 的响应分别给出如下:

$$S_1: e^{j\pi n/2} \rightarrow e^{j\pi n/2}u[n]; \quad S_2: e^{j\pi n/2} \rightarrow e^{j3\pi n/2}; \quad S_3: e^{j\pi n/2} \rightarrow 2e^{j5\pi n/2}$$

对每一系统决定所给出的信息是否充分而得出该系统肯定不是 LTI 的结论?

解　因为复指数序列 $e^{j\omega n}$ 是 LTI 系统的特征函数,所以当系统输入为 $e^{j\pi n/2}$ 时,响应应具有 $Ae^{j\pi n/2}$ 的形式,其中 A 为复常数。

S_1:响应为 $e^{j\pi n/2}u[n]$,$u[n]$ 不是复常数,故 S_1 肯定不是 LTI 的。

S_2：响应为 $e^{j3\pi n/2} = e^{-j\pi n/2}$，与输入形式不同，故 S_2 肯定不是 LTI 的。

S_3：响应为 $e^{j5\pi n/2} = e^{j\pi n/2}$，与输入形式完全相同，故 S_3 可能是 LTI 的。

3-15　由图 3-2 所示的 RL 电路实现的因果 LTI 系统，电流源输出的电流为系统输入 $x(t)$，系统的输出是流经电感线圈的电流 $y(t)$。

（1）求关联 $x(t)$ 和 $y(t)$ 的微分方程；

（2）求系统对输入为 $x(t) = e^{j\omega t}$ 的系统频率响应；

（3）若 $x(t) = \cos t$，求输出 $y(t)$。

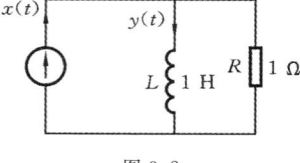

图 3-2

解　（a）电感 L 上的电压为 $L\dfrac{dy(t)}{dt}$，则电阻 R 上的电流为 $\dfrac{L}{R}\dfrac{dy(t)}{dt}$，故 $\dfrac{L}{R}\dfrac{dy(t)}{dt} + y(t) = x(t)$。

当 $R = 1\ \Omega, L = 1\ \text{H}$ 时，代入得 $\dfrac{dy(t)}{dt} + y(t) = x(t)$。

（b）对于 LTI 系统，当输入 $x(t) = e^{j\omega t}$ 时，输出为 $y(t) = H(j\omega)e^{j\omega t}$，于是

$$\frac{d}{dt}\big[H(j\omega)e^{j\omega t}\big] + H(j\omega)e^{j\omega t} = e^{j\omega t}$$

即

$$H(j\omega)e^{j\omega t} \cdot j\omega + H(j\omega)e^{j\omega t} = e^{j\omega t}$$

因此

$$H(j\omega) = \frac{1}{1 + j\omega}$$

（c）$x(t) = \cos t$ 为周期信号，其基波频率 $\omega_0 = 1$，周期为 $T = 2\pi$。

$$x(t) = \frac{1}{2}(e^{jt} + e^{-jt}) = \frac{1}{2}e^{j(2\pi/2\pi)t} + \frac{1}{2}e^{-j(2\pi/2\pi)t} = \sum_{k=-\infty}^{\infty} a_k e^{j(2\pi/2\pi)t}$$

即 $a_1 = a_{-1} = \dfrac{1}{2}$，其余 $a_k = 0$。

$$y(t) = \sum_{k=-\infty}^{\infty} a_k H(jk\omega_0)e^{jk\omega_0 t} = a_1 H(j\omega_0)e^{j\omega_0 t} + a_{-1} H(-j\omega_0)e^{-j\omega_0 t}$$

$$= a_1 H(j)e^{jt} + a_{-1} H(-j)e^{-jt} = \frac{1}{2}\frac{e^{jt}}{1 + j} + \frac{1}{2}\frac{e^{-jt}}{1 - j}$$

$$= \frac{1}{2\sqrt{2}}e^{jt} \cdot e^{-j\frac{\pi}{4}} + \frac{1}{2\sqrt{2}}e^{-jt} \cdot e^{j\frac{\pi}{4}} = \frac{1}{\sqrt{2}}\cos\left(t - \frac{\pi}{4}\right)$$

3-16　由图 3-3 所示的 RLC 电路实现的因果 LTI 系统，$x(t)$ 为输入电压，跨于电容器上的电压取为该系统的输出 $y(t)$。

（a）求关联 $x(t)$ 和 $y(t)$ 的微分方程；

（b）求系统对输入 $x(t) = e^{j\omega t}$ 的系统频率响应；

（c）若 $x(t) = \sin t$，求输出 $y(t)$。

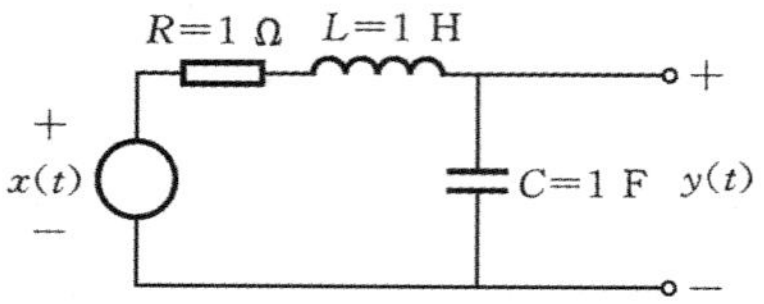

解　（a）电容 C 上流过的电流为 $C\dfrac{dy(t)}{dt}$，则电阻 R 两端的电压为 $RC\dfrac{dy(t)}{dt}$，电感 L 两端的电压为 $LC\dfrac{d^2 y(t)}{dt^2}$，于是有

图 3-3

$$LC\frac{d^2 y(t)}{dt^2} + RC\frac{dy(t)}{dt} + y(t) = x(t)$$

当 $L = 1$ H, $C = 1$ F, $R = 1$ Ω 时,代入得

$$\frac{\mathrm{d}^2 y(t)}{\mathrm{d}t^2} + \frac{\mathrm{d}y(t)}{\mathrm{d}t} + y(t) = x(t)$$

(b) 对于 LTI 系统,当输入 $x(t) = \mathrm{e}^{\mathrm{j}\omega t}$ 时,输出为 $y(t) = H(\mathrm{j}\omega)\mathrm{e}^{\mathrm{j}\omega t}$,于是

$$H(\mathrm{j}\omega)(\mathrm{j}\omega)^2 \mathrm{e}^{\mathrm{j}\omega t} + H(\mathrm{j}\omega)(\mathrm{j}\omega)\mathrm{e}^{\mathrm{j}\omega t} + H(\mathrm{j}\omega)\mathrm{e}^{\mathrm{j}\omega t} = \mathrm{e}^{\mathrm{j}\omega t}$$

即　　　　　　$[(\mathrm{j}\omega)^2 + (\mathrm{j}\omega) + 1]H(\mathrm{j}\omega) = 1$,　$H(\mathrm{j}\omega) = \dfrac{1}{-\omega^2 + \mathrm{j}\omega + 1}$

(c) $x(t)$ 是周期信号,其基波频率 $\omega_0 = 1$,基本周期 $T = 2\pi$,故

$$x(t) = \frac{1}{2\mathrm{j}}(\mathrm{e}^{\mathrm{j}(2\pi/2\pi)t} - \mathrm{e}^{-\mathrm{j}(2\pi/2\pi)t}) = \sum_{k=-\infty}^{\infty} a_k \mathrm{e}^{\mathrm{j}k(2\pi/2\pi)t}$$

即 $a_1 = \dfrac{1}{2\mathrm{j}}$, $a_{-1} = -\dfrac{1}{2\mathrm{j}}$,其余 $a_k = 0$。

$$y(t) = \sum_{k=-\infty}^{\infty} a_k H(\mathrm{j}k\omega_0)\mathrm{e}^{\mathrm{j}k\omega_0 t} = a_1 H(\mathrm{j})\mathrm{e}^{\mathrm{j}t} + a_{-1} H(-\mathrm{j})\mathrm{e}^{-\mathrm{j}t}$$

$$= \frac{1}{2\mathrm{j}} \cdot \frac{\mathrm{e}^{\mathrm{j}t}}{-1 + \mathrm{j} + 1} - \frac{1}{2\mathrm{j}} \cdot \frac{\mathrm{e}^{-\mathrm{j}t}}{-1 - \mathrm{j} + 1}$$

$$= -\frac{1}{2}(\mathrm{e}^{\mathrm{j}t} + \mathrm{e}^{-\mathrm{j}t}) = -\cos t$$

3-17　求下列信号的傅里叶级数表示。

(a) $x(t)$ 为示于图 3-4 中(a) ~ (f) 的每一个函数;

(b) $x(t)$ 的周期为 2,且为 $x(t) = \mathrm{e}^{-t}$, $-1 < t < 1$;

(c) $x(t)$ 的周期为 4,且为 $x(t) = \begin{cases} \sin\pi t, & 0 \leqslant t \leqslant 2 \\ 0, & 2 < t \leqslant 4 \end{cases}$。

解　(a) 对于图 3-4(a), $T = 2$, $\omega_0 = 2\pi/T = \pi$, $x(t) = t$, $-1 \leqslant t < 1$。由于 $x(-t) = -x(t)$,所以 $a_0 = 0$。

$$a_k = \frac{1}{T}\int_T x(t)\mathrm{e}^{\mathrm{j}k\omega_0 t}\mathrm{d}t = \frac{1}{2}\int_{-1}^{1} t\mathrm{e}^{-\mathrm{j}k\pi t}\mathrm{d}t = -\frac{1}{\mathrm{j}2k\pi}\int_{-1}^{1} t\,\mathrm{d}\mathrm{e}^{-\mathrm{j}k\pi t}$$

$$= -\frac{1}{\mathrm{j}2k\pi}\left[t\mathrm{e}^{-\mathrm{j}k\pi t} \Big|_{-1}^{1} - \int_{-1}^{1} \mathrm{e}^{-\mathrm{j}k\pi t}\mathrm{d}t \right]$$

$$= -\frac{1}{\mathrm{j}2k\pi}\left[\mathrm{e}^{-\mathrm{j}k\pi} + \mathrm{e}^{\mathrm{j}k\pi} + \frac{1}{\mathrm{j}k\pi}\mathrm{e}^{-\mathrm{j}k\pi} \Big|_{-1}^{1} \right]$$

$$= -\frac{1}{\mathrm{j}k\pi}\cos k\pi + \frac{1}{2k^2\pi^2}(\mathrm{e}^{-\mathrm{j}k\pi} - \mathrm{e}^{\mathrm{j}k\pi})$$

$$= \frac{\mathrm{j}}{k\pi}\cos k\pi = \frac{\mathrm{j}(-1)^k}{k\pi}, \quad k \neq 0$$

所以　　　　　　$x(t) = \displaystyle\sum_{k=-\infty}^{\infty} a_k \mathrm{e}^{\mathrm{j}k\pi t} = \sum_{k=1}^{\infty} \frac{2(-1)^{k-1}}{k\pi}\sin k\pi t$

对于图 3-4(b), $T = 6$, $\omega_0 = 2\pi/6 = \pi/3$

$$x(t) = \begin{cases} t + 2, & -2 \leqslant t < -1 \\ 1, & -1 \leqslant t < 1 \\ 2 - t, & 1 \leqslant t < 2 \end{cases}$$

$$a_0 = \frac{1}{T}\int_T x(t)\mathrm{d}t = \frac{1}{6}\left[\int_{-2}^{-1}(t + 2)\mathrm{d}t + \int_{-1}^{1}\mathrm{d}t + \int_{1}^{2}(2 - t)\mathrm{d}t \right] = \frac{1}{2}$$

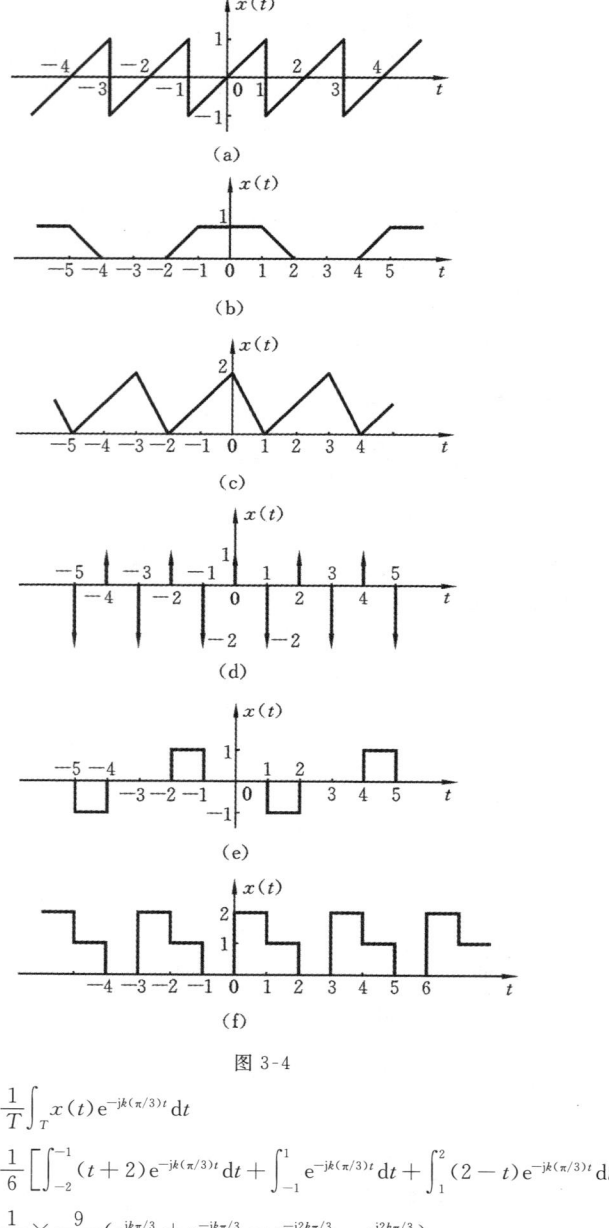

图 3-4

$$a_k = \frac{1}{T}\int_T x(t)\mathrm{e}^{-jk(\pi/3)t}\,\mathrm{d}t$$

$$= \frac{1}{6}\left[\int_{-2}^{-1}(t+2)\mathrm{e}^{-jk(\pi/3)t}\,\mathrm{d}t + \int_{-1}^{1}\mathrm{e}^{-jk(\pi/3)t}\,\mathrm{d}t + \int_{1}^{2}(2-t)\mathrm{e}^{-jk(\pi/3)t}\,\mathrm{d}t\right]$$

$$= \frac{1}{6}\times\frac{9}{k^2\pi^2}(\mathrm{e}^{jk\pi/3}+\mathrm{e}^{-jk\pi/3}-\mathrm{e}^{-j2k\pi/3}-\mathrm{e}^{j2k\pi/3})$$

$$= \frac{3}{k^2\pi^2}\left(\cos\frac{k\pi}{3}-\cos\frac{2k\pi}{3}\right) = \frac{6}{k^2\pi^2}\sin\frac{k\pi}{2}\sin\frac{k\pi}{6},\ k\neq 0$$

所以

$$x(t) = \sum_{k=-\infty}^{\infty} a_k e^{jk(\pi/3)t} = \sum_{k=-\infty}^{\infty} \frac{6}{k^2 \pi^2} \sin \frac{k\pi}{2} \sin \frac{k\pi}{6} e^{jk(\pi/3)t}$$

$$= \frac{1}{2} + \sum_{k=1}^{\infty} \frac{12}{k^2 \pi^2} \sin \frac{k\pi}{2} \sin \frac{k\pi}{6} \cos \frac{k\pi}{3} t$$

对于图 3-4(c)，$T = 3, \omega_0 = 2\pi/3$

$$x(t) = \begin{cases} t+2, & -2 \leqslant t < 0 \\ 2-2t, & 0 \leqslant t < 1 \end{cases}$$

$$a_0 = \frac{1}{3} \int_{-2}^{0} (t+2) \, dt + \frac{1}{3} \int_{0}^{1} (2-2t) \, dt$$

$$= \frac{1}{3} \int_{0}^{2} t' \, dt' + \frac{2}{3} \int_{0}^{1} t' \, dt' = \frac{4}{6} + \frac{1}{3} = 1$$

$$a_k = \frac{1}{T} \int_{T} x(t) e^{-jk(2\pi/3)t} \, dt$$

$$= \frac{1}{3} \int_{-2}^{0} (t+2) e^{-jk(2\pi/3)t} \, dt + \frac{1}{3} \int_{0}^{1} (2-2t) e^{-jk(2\pi/3)t} \, dt$$

$$= -\frac{1}{j2k\pi} \left[2 e^{jk(4\pi/3)} + \frac{3}{jk2\pi} (1 - e^{jk(4\pi/3)}) \right] - \frac{1}{jk\pi} (1 - e^{jk(4\pi/3)})$$

$$\quad - \frac{1}{jk\pi} (e^{-jk(2\pi/3)} - 1) + \frac{1}{jk\pi} \left[e^{-jk(2\pi/3)} + \frac{3}{jk2\pi} (e^{-jk(2\pi/3)} - 1) \right]$$

$$= \frac{3}{(2k\pi)^2} (1 - e^{jk(4\pi/3)}) + \frac{6}{(2k\pi)^2} (1 - e^{-jk(2\pi/3)})$$

$$= \frac{3}{(2k\pi)^2} (-2j) e^{jk(2\pi/3)} \sin \frac{2k\pi}{3} + \frac{6}{(2k\pi)^2} (2j) e^{-jk\pi/3} \sin \frac{k\pi}{3}$$

$$= \frac{3j}{2k^2 \pi^2} \left[2 e^{-jk\pi/3} \sin \frac{k\pi}{3} - e^{jk(2\pi/3)} \sin \frac{2k\pi}{3} \right], k \neq 0$$

$$x(t) = \sum_{k=-\infty}^{\infty} a_k e^{jk(2\pi/3)t}$$

对于图 3-4(d)，$T = 2, \omega_0 = 2\pi/2 = \pi$

在 $0 \leqslant t < 2$ 内，$x(t) = \delta(t) - 2\delta(t-1)$

$$a_0 = \frac{1}{T} \int_{T} x(t) \, dt = \frac{1}{2} \int_{0}^{2} [\delta(t) - 2\delta(t-1)] \, dt = -\frac{1}{2}$$

$$a_k = \frac{1}{T} \int_{T} x(t) e^{-jk\omega_0 t} \, dt = \frac{1}{2} \int_{0}^{2} [\delta(t) - 2\delta(t-1)] e^{-jk\pi t} \, dt$$

$$= \frac{1}{2} \int_{0}^{2} \delta(t) \, dt - \int_{0}^{2} e^{-jk\pi} \delta(t-1) \, dt$$

$$= \frac{1}{2} - e^{-jk\pi} = \frac{1}{2} - (-1)^k, \quad k \neq 0$$

$$x(t) = \sum_{k=-\infty}^{\infty} a_k e^{jk\omega_0 t} = \sum_{k=-\infty}^{\infty} \left[\frac{1}{2} - (-1)^k \right] e^{jk\pi t}$$

对于图 3-4(e)，$T = 6, \omega_0 = 2\pi/6 = \pi/3$

在 $-3 \leqslant t < 3$ 内，

$$x(t) = \begin{cases} 1, & -2 \leqslant t \leqslant -1 \\ -1, & 1 \leqslant t \leqslant 2 \\ 0, & 其他 \end{cases}$$

$$a_0 = \frac{1}{T}\int_T x(t)\mathrm{d}t = \frac{1}{6}\int_{-2}^{-1}\mathrm{d}t + \frac{1}{6}\int_1^2(-1)\mathrm{d}t = 0$$

$$a_k = \frac{1}{T}\int_T x(t)\mathrm{e}^{-jk\omega_0 t}\mathrm{d}t = \frac{1}{6}\int_{-2}^{-1}\mathrm{e}^{-jk(\pi/3)t}\mathrm{d}t + \frac{1}{6}\int_1^2(-\mathrm{e}^{-j2k(\pi/3)t})\mathrm{d}t$$

$$= -\frac{1/2}{jk\pi}(\mathrm{e}^{jk(\pi/3)} - \mathrm{e}^{j2k(\pi/3)}) + \frac{1/2}{jk\pi}(\mathrm{e}^{j2k(\pi/3)} - \mathrm{e}^{-jk(\pi/3)})$$

$$= \frac{1}{k\pi}\left[\frac{1}{2j}(\mathrm{e}^{j2k(\pi/3)} + \mathrm{e}^{-j2k(\pi/3)}) - \frac{1}{2j}(\mathrm{e}^{jk(\pi/3)} + \mathrm{e}^{-jk(\pi/3)})\right]$$

$$= \frac{1}{jk\pi}\left[\cos\frac{2k\pi}{3} - \cos\frac{k\pi}{3}\right] = \frac{2j}{k\pi}\sin\frac{k\pi}{2}\sin\frac{k\pi}{6}, k \neq 0$$

$$x(t) = \sum_{k=-\infty}^{\infty} a_k \mathrm{e}^{jk(\pi/3)t} = \sum_{k=-\infty}^{\infty}\frac{2j}{k\pi}\sin\frac{k\pi}{2}\sin\frac{k\pi}{6}\mathrm{e}^{jk(\pi/3)t}$$

$$= \sum_{k=1}^{\infty} -\frac{4\sin\dfrac{k\pi}{2}\sin\dfrac{k\pi}{6}}{k\pi}\sin\frac{k\pi}{3}t$$

对于图 3-4(f)，$T = 3$，$\omega_0 = 2\pi/3$

在 $0 \leqslant t < 3$ 内，

$$x(t) = \begin{cases} 2, & 0 \leqslant t < 1 \\ 1, & 1 \leqslant t < 2 \\ 0, & 2 \leqslant t < 3 \end{cases}$$

$$a_0 = \frac{1}{T}\int_T x(t)\mathrm{d}t = \frac{1}{3}\int_0^1 2\mathrm{d}t + \frac{1}{3}\int_1^2\mathrm{d}t = 1$$

$$a_k = \frac{1}{T}\int_T x(t)\mathrm{e}^{-jk(2\pi/3)t}\mathrm{d}t = \frac{1}{3}\int_0^1 2\mathrm{e}^{-jk(2\pi/3)t}\mathrm{d}t + \frac{1}{3}\int_1^2 \mathrm{e}^{-jk(2\pi/3)t}\mathrm{d}t$$

$$= \frac{1}{jk\pi}(1 - \mathrm{e}^{-j2k\pi/3}) + \frac{2}{jk\pi}(\mathrm{e}^{-j2k\pi/3} - \mathrm{e}^{-j4k\pi/3})$$

$$= \frac{2}{k\pi}\mathrm{e}^{-jk(\pi/3)}\sin\frac{k\pi}{3} + \frac{1}{k\pi}\mathrm{e}^{-jk\pi}\sin\frac{k\pi}{3}$$

$$= \frac{\sin(k\pi/3)}{(k\pi/3)}\left(\frac{2}{3}\mathrm{e}^{-jk(\pi/3)} + \frac{1}{3}\mathrm{e}^{-jk\pi}\right), \quad k \neq 0$$

$$\lim_{k\to 0} a_k = 1 = a_0$$

$$x(t) = \sum_{k=-\infty}^{\infty} a_k \mathrm{e}^{jk\omega_0 t} = \sum_{k=-\infty}^{\infty}\frac{\sin(k\pi/3)}{(k\pi/3)}\left(\frac{2}{3}\mathrm{e}^{-jk(\pi/3)} + \frac{1}{3}\mathrm{e}^{-jk\pi}\right)\mathrm{e}^{jk(2\pi/3)t}$$

（b）$T = 2$，$\omega_0 = 2\pi/2 = \pi$

$$a_0 = \frac{1}{T}\int_T x(t)\mathrm{d}t = \frac{1}{2}\int_{-1}^1 \mathrm{e}^{-t}\mathrm{d}t = \frac{1}{2}(\mathrm{e} - \mathrm{e}^{-1})$$

$$a_k = \frac{1}{T}\int_T x(t)\mathrm{e}^{-jk\omega_0 t}\mathrm{d}t = \frac{1}{2}\int_{-1}^1 \mathrm{e}^{-t}\mathrm{e}^{-jk\pi t}\mathrm{d}t = \frac{1}{2(1+jk\pi)}\left[\mathrm{e}^{(1+jk\pi)} - \mathrm{e}^{-(1+jk\pi)}\right]$$

$$= \frac{(-1)^k}{2(1+jk\pi)}(\mathrm{e} - \mathrm{e}^{-1}), \quad k \neq 0$$

$$\lim_{k\to 0} a_k = \frac{1}{2}(\mathrm{e} - \mathrm{e}^{-1}) = a_0$$

$$x(t) = \sum_{k=-\infty}^{\infty} a_k \mathrm{e}^{jk\pi t} = \sum_{k=-\infty}^{\infty}\frac{(-1)^k}{2(1+jk\pi)}(\mathrm{e} - \mathrm{e}^{-1})\mathrm{e}^{jk\pi t}$$

(c) $T = 4, \omega_0 = 2\pi/4 = \pi/2$

$$a_0 = \frac{1}{T}\int_T x(t)\mathrm{d}t = \frac{1}{4}\int_0^2 \sin\pi t \mathrm{d}t = 0$$

$$a_k = \frac{1}{T}\int_T x(t)\mathrm{e}^{-jk\omega_0 t}\mathrm{d}t = \frac{1}{4}\int_0^2 \sin\pi t \mathrm{e}^{-jk(\pi/2)t}\mathrm{d}t$$

$$= \frac{1}{4}\int_0^2 \frac{1}{2j}(\mathrm{e}^{j\pi t} - \mathrm{e}^{-j\pi t})\mathrm{e}^{-jk(\pi/2)t}\mathrm{d}t$$

$$= \frac{1}{8j}\int_0^2 \mathrm{e}^{j(\pi - k\pi/2)t}\mathrm{d}t - \frac{1}{8j}\int_0^2 \mathrm{e}^{-j(\pi + k\pi/2)t}\mathrm{d}t$$

$$= \frac{1}{8(\pi - k\pi/2)}\big[1 - \mathrm{e}^{j(2\pi - k\pi)}\big] + \frac{1}{8(\pi + k\pi/2)}\big[1 - \mathrm{e}^{-j(2\pi + k\pi)}\big]$$

$$= \left[\frac{1}{8(\pi - k\pi/2)} + \frac{1}{8(\pi + k\pi/2)}\right]\big[1 - (-1)^k\big], \quad k \neq 0$$

$$\lim_{k \to 0} a_k = 0 = a_0$$

$$x(t) = \sum_{k=-\infty}^{\infty} a_k \mathrm{e}^{jk(\pi/2)t} = \sum_{k=-\infty}^{\infty} \left[\frac{1}{8(\pi - k\pi/2)} + \frac{1}{8(\pi + k\pi/2)}\right]\big[1 - (-1)^k\big]\mathrm{e}^{jk(\pi/2)t}$$

3-18　对于下面给出的周期为 4 的各连续时间信号的傅里叶级数系数,求每一个 $x(t)$
信号。

(a) $a_k = \begin{cases} 0, k = 0 \\ j^k \dfrac{\sin(k\pi/8)}{k\pi}, \text{其他} \end{cases}$　　　　(b) $a_k = (-1)^k \dfrac{\sin(k\pi/8)}{2k\pi}, k = 0, \pm 1, \cdots$

(c) $a_k = \begin{cases} jk, \mid k \mid < 3 \\ 0, \text{其他} \end{cases}$　　　　(d) $a_k = \begin{cases} 1, k \text{ 为偶数} \\ 2, k \text{ 为奇数} \end{cases}$

解　(a) 首先设信号 $y(t)$ 的傅里叶级数系数为 $b_k = \dfrac{\sin(k\pi/8)}{k\pi}$，$y(t)$ 是周期 $T = 4$ 的周期信号,且在 $-2 < t < 2$ 内,有

$$y(t) = \begin{cases} 1, & \mid t \mid < \dfrac{1}{4}, \\ 0, & \dfrac{1}{4} < \mid t \mid < 2, \end{cases} \qquad b_0 = \lim_{k \to 0} b_k = \frac{1}{8}$$

现在定义另一个信号 $z(t) = -\dfrac{1}{8}$,其傅里叶级数系数为 $c_0 = -\dfrac{1}{8}$,其余 $c_k = 0$,则信号 $p(t) = y(t) + z(t)$ 的傅里叶级数系数为

$$d_k = b_k + c_k = \begin{cases} 0, k = 0 \\ \dfrac{\sin(k\pi/8)}{k\pi}, & k \neq 0 \end{cases}$$

又　　　　　　　　　　$a_k = j^k d_k = \mathrm{e}^{j\frac{\pi}{2}k} d_k = \mathrm{e}^{jk\omega_0} d_k$

因此,$x(t) = p(t+1)$,在 $-2 < t+1 < 2$ 内,有

$$x(t) = \begin{cases} 1 - 1/8, & \mid t+1 \mid < 1/4 \\ -1/8, & 1/4 < \mid t+1 \mid < 2 \end{cases}$$

$$= \begin{cases} 7/8, & -5/4 < t < -3/4 \\ -1/8, & -3 < t < -5/4, \quad -3/4 < t < 1 \end{cases}$$

(b) 设信号 $y(t)$ 的傅里叶级数系数为 $b_k = \dfrac{\sin(k\pi/8)}{2k\pi}$。$y(t)$ 的周期 $T = 4$,基波频率 $\omega_0 = \pi/2$,

且在 $-2 < t < 2$ 内,有

$$y(t) = \begin{cases} \dfrac{1}{2}, & |t| < \dfrac{1}{4} \\[2mm] 0, & \dfrac{1}{4} < |t| < 2 \end{cases}$$

而 $a_k = b_k \cdot \mathrm{e}^{jk\pi} = b_k \mathrm{e}^{jk\omega_0 2}$,因此,$x(t) = y(t+2)$。

在 $-2 < t+2 < 2$,即 $-4 < t < 0$ 内,有

$$x(t) = \begin{cases} 1/2, |t+2| < 1/4 \\ 0, \ \ 1/4 < |t+2| < 2 \end{cases} = \begin{cases} 1/2, -9/4 < t < -7/4 \\ 0, \ \ -4 < t < -9/4, -7/4 < t < 0 \end{cases}$$

(c) a_k 为非零的值只有几项:$a_1 = j, a_{-1} = -j, a_2 = 2j, a_{-2} = -2j$。

$$x(t) = a_1 \mathrm{e}^{j\omega_0 t} + a_{-1} \mathrm{e}^{-j\omega_0 t} + a_2 \mathrm{e}^{2j\omega_0 t} + a_{-2} \mathrm{e}^{-2j\omega_0 t}$$

$$= j\mathrm{e}^{j(2\pi/T)t} - j\mathrm{e}^{-j(2\pi/T)t} + 2j\mathrm{e}^{j(4\pi/T)t} - 2j\mathrm{e}^{-j(4\pi/T)t}$$

$$= j \cdot 2j\sin(2\pi/T)t + 2j \cdot 2j\sin(4\pi/T)t = -2\sin\left(\dfrac{\pi}{2}t\right) - 4\sin\pi t$$

(d) 令 $y(t) = \displaystyle\sum_{k=-\infty}^{\infty} 4\delta(t-4k)$,则 $y(t) \overset{\text{FS}}{\longleftrightarrow} b_k = 1$(对所有 k)。

考虑 $z(t) = \displaystyle\sum_{k=-\infty}^{\infty} 2\mathrm{e}^{j\frac{\pi}{2}t}\delta(t-2k)$,其周期为 $T = 4$。

设 $z(t) \overset{\text{FS}}{\longleftrightarrow} c_k$,则

$$c_k = \frac{1}{4}\int_0^4 2\mathrm{e}^{j\frac{\pi}{2}t}\left[\delta(t) + \delta(t-2)\right]\mathrm{e}^{-jk\left(\frac{\pi}{2}\right)t}\mathrm{d}t$$

$$= \frac{1}{2}\int_0^4 \mathrm{e}^{j\frac{\pi}{2}t(1-k)}\delta(t)\mathrm{d}t + \frac{1}{2}\int_0^4 \mathrm{e}^{j\frac{\pi}{2}t(1-k)}\delta(t-2)\mathrm{d}t$$

$$= \frac{1}{2} + \frac{1}{2}\mathrm{e}^{j\pi(1-k)} = \frac{1}{2}\left[1-(-1)^k\right] = \begin{cases} 1, k \text{ 为奇数} \\ 0, k \text{ 为偶数} \end{cases}$$

可见　　　　　　　　　　　　　　$a_k = b_k + c_k$

故　　　　　　$x(t) = y(t) + z(t) = \displaystyle\sum_{k=-\infty}^{\infty} 4\delta(t-4k) + \sum_{k=-\infty}^{\infty} 2\mathrm{e}^{j\frac{\pi}{2}t}\delta(t-2k)$

3-19　令 $x(t) = \begin{cases} t, 0 \leqslant t \leqslant 1 \\ 2-t, 1 < t < 2 \end{cases}$

是一个基波周期 $T = 2$ 的周期信号,傅里叶系数为 a_k。

(a) 求 a_0;(b) 求 $\mathrm{d}x(t)/\mathrm{d}t$ 的傅里叶级数表示;(c) 利用(b)的结果和连续时间傅里叶级数的微分性质,求 $x(t)$ 的傅里叶级数系数。

解　(a) $a_0 = \dfrac{1}{T}\displaystyle\int_T x(t)\mathrm{d}t = \frac{1}{2}\int_0^1 t\mathrm{d}t + \frac{1}{2}\int_1^2 (2-t)\mathrm{d}t = \frac{1}{4} + 1 + \frac{1}{4} - 1 = \frac{1}{2}$

(b) $g(t) = \dfrac{\mathrm{d}x(t)}{\mathrm{d}t} = \begin{cases} 1, 0 \leqslant t \leqslant 1 \\ -1, 1 < t \leqslant 2 \end{cases}$

设 $g(t) \overset{\text{FS}}{\longleftrightarrow} b_k$,则

$$b_0 = \frac{1}{2}\int_0^1 \mathrm{d}t - \frac{1}{2}\int_1^2 \mathrm{d}t = 0$$

$$b_k = \frac{1}{2}\int_0^1 \mathrm{e}^{-jk(2\pi/2)t}\mathrm{d}t - \frac{1}{2}\int_1^2 \mathrm{e}^{-jk(2\pi/2)t}\mathrm{d}t$$

$$= \frac{2\sin(k\pi/2)}{k\pi} \cdot \mathrm{e}^{-\mathrm{j}k\pi/2} = \frac{1 - \mathrm{e}^{-\mathrm{j}k\pi}}{\mathrm{j}k\pi}, \quad k \neq 0$$

则 $\mathrm{d}x(t)/\mathrm{d}t$ 的傅里叶级数表示为 $\dfrac{\mathrm{d}x(t)}{\mathrm{d}t} = \displaystyle\sum_{k=-\infty}^{\infty} \dfrac{1 - \mathrm{e}^{-\mathrm{j}k\pi}}{\mathrm{j}k\pi} \mathrm{e}^{\mathrm{j}k\omega_0 t}, \omega_0 = \pi$

(c) 因为 $g(t) = \dfrac{\mathrm{d}x(t)}{\mathrm{d}t} \overset{\mathrm{FS}}{\longleftrightarrow} b_k = \mathrm{j}k\omega_0 a_k = \mathrm{j}k\pi a_k$

所以
$$a_k = \frac{b_k}{\mathrm{j}k\pi} = \frac{\mathrm{e}^{-\mathrm{j}k\pi} - 1}{k^2 \pi^2}$$

3-20　下面三个连续时间周期信号的基波周期 $T = 1/2$：
$$x(t) = \cos(4\pi t), \quad y(t) = \sin(4\pi t), \quad z(t) = x(t)y(t)$$

（a）求 $x(t)$ 的傅里叶级数系数；

（b）求 $y(t)$ 的傅里叶级数系数；

（c）利用（a）和（b）的结果，按照连续时间傅里叶级数的相乘性质，求 $z(t) = x(t)y(t)$ 的傅里叶级数系数。

（d）通过直接将 $z(t)$ 展开成三角函数的形式来求 $z(t)$ 的傅里叶级数系数，并与（c）的结果作比较。

解　（a）因 $T = 1/2, \omega_0 = 2\pi/\dfrac{1}{2} = 4\pi$，故

$$x(t) = \frac{1}{2}(\mathrm{e}^{\mathrm{j}4\pi t} + \mathrm{e}^{-\mathrm{j}4\pi t}) = \sum_{k=-\infty}^{\infty} a_k \mathrm{e}^{\mathrm{j}k(4\pi)t}$$

其中，$a_1 = a_{-1} = 1/2$，其余 $a_k = 0$。

（b）$y(t) = \dfrac{1}{2\mathrm{j}}(\mathrm{e}^{\mathrm{j}4\pi t} - \mathrm{e}^{-\mathrm{j}4\pi t}) = \displaystyle\sum_{k=-\infty}^{\infty} b_k \mathrm{e}^{\mathrm{j}k(4\pi)t}$

其中，$b_1 = -\dfrac{1}{2}\mathrm{j}, b_{-1} = \dfrac{1}{2}\mathrm{j}$，其余 $b_k = 0$。

（c）$z(t) = x(t)y(t) \overset{\mathrm{FS}}{\longleftrightarrow} c_k = \displaystyle\sum_{l=-\infty}^{\infty} a_l b_{k-1}$

$$c_k = a_k * b_k = \left\{ \frac{1}{2}\delta[k+1] + \frac{1}{2}\delta[k-1] \right\} * \left\{ \frac{1}{2}\mathrm{j}\delta[k+1] - \frac{1}{2}\mathrm{j}\delta[k-1] \right\}$$

$$= \frac{1}{4}\mathrm{j}\delta[k+2] - \frac{1}{4}\mathrm{j}\delta[k-2]$$

即 $c_{-2} = \dfrac{1}{4}\mathrm{j}, c_2 = -\dfrac{1}{4}\mathrm{j}$ 其余 $c_k = 0$。

（d）$z(t) = \cos(4\pi t)\sin(4\pi t) = \dfrac{1}{2}\sin(8\pi t)$

$$= \frac{1}{4\mathrm{j}}(\mathrm{e}^{\mathrm{j}8\pi t} - \mathrm{e}^{-\mathrm{j}8\pi t}) = -\frac{1}{4}\mathrm{j}\left[\mathrm{e}^{\mathrm{j}2(4\pi)t} - \mathrm{e}^{-\mathrm{j}2(4\pi)t}\right]$$

即 $c_2 = -\dfrac{1}{4}\mathrm{j}, c_{-2} = \dfrac{1}{4}\mathrm{j}$，其余 $c_k = 0$。

3-21　设 $x(t)$ 是一周期信号，其傅里叶级数系数是

$$a_k = \begin{cases} 2, & k = 0 \\ \mathrm{j}\left(\dfrac{1}{2}\right)^{|k|}, & \text{其他} \end{cases}$$

利用傅里叶级数性质回答下列问题：（a）$x(t)$ 是实的吗？（b）$x(t)$ 是偶的吗？（c）$\mathrm{d}x(t)/\mathrm{d}t$ 是偶

的吗?

解 (a)如果 $x(t)$ 是实的,应有 $x(t) = x^*(t)$,则 $a_k = a_{-k}^*$。由于给定的 a_k 不满足此关系,故 $x(t)$ 不是实信号。

(b)如果 $x(t)$ 是偶函数,应有 $x(t) = x(-t)$,则 $a_k = a_{-k}$。由于给定的 a_k 满足 $a_k = a_{-k}$,故 $x(t)$ 是偶函数。

(c)令 $g(t) = \dfrac{\mathrm{d}x(t)}{\mathrm{d}t} \overset{\text{FS}}{\longleftrightarrow} b_k$,则 $b_k = \mathrm{j}k\omega_0 a_k = \mathrm{j}k\dfrac{2\pi}{T}a_k$,即

$$b_k = \begin{cases} 0, & k = 0 \\ -k\dfrac{2\pi}{T}\left(\dfrac{1}{2}\right)^{|k|}, & \text{其他} \end{cases}$$

因 $b_k \neq b_{-k}$,故 $g(t)$ 不是偶函数。

3-22 对下面每一离散时间周期信号求其傅里叶级数系数。

(a)图 3-5(a) ～ (c) 的每一个 $x[n]$;

(b) $x[n] = \sin(2n\pi/3)\cos(\pi n/2)$;

(c) $x[n]$ 的周期为 4,且有 $x[n] = 1 - \sin\dfrac{\pi n}{4}, 0 \leqslant n \leqslant 3$。

(d) $x[n]$ 的周期为 12,且有 $x[n] = 1 - \sin\dfrac{\pi n}{4}, 0 \leqslant n \leqslant 11$。

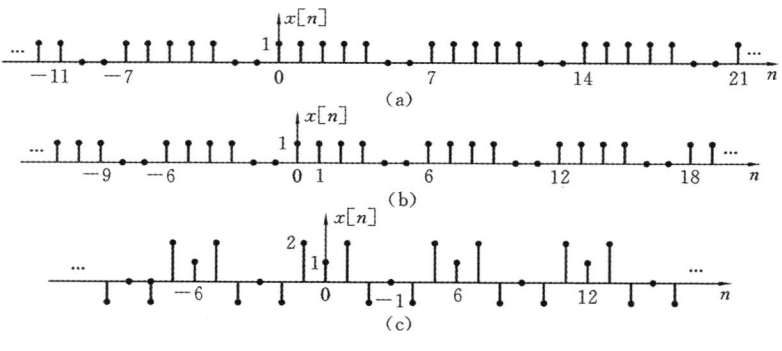

图 3-5

解 (a)对于图 3-5(a),$N = 7$,$x[n] = \begin{cases} 1, & 0 \leqslant n \leqslant 4 \\ 0, & 4 < n \leqslant 6 \end{cases}$

$$a_k = \frac{1}{N}\sum_{n=\langle N \rangle} x[n]\,\mathrm{e}^{-\mathrm{j}k(2\pi/N)n} = \frac{1}{7}\sum_{n=0}^{4}\mathrm{e}^{-\mathrm{j}k(2\pi/7)n} = \frac{1}{7}\cdot\frac{1 - \mathrm{e}^{-\mathrm{j}k(10\pi/7)}}{1 - \mathrm{e}^{-\mathrm{j}k(2\pi/7)}}$$

$$= \frac{1}{7}\cdot\frac{\mathrm{e}^{-\mathrm{j}k(4\pi/7)}\sin(5\pi k/7)}{\sin(\pi k/7)}$$

对于图 3-5(b),$N = 6$,$x[n] = \begin{cases} 1, & 0 \leqslant n \leqslant 3 \\ 0, & 3 < n \leqslant 5 \end{cases}$

$$a_k = \frac{1}{6}\sum_{n=0}^{3}\mathrm{e}^{-\mathrm{j}k(2\pi/6)n} = \frac{1}{6}\cdot\frac{1 - \mathrm{e}^{-\mathrm{j}k(4\pi/3)}}{1 - \mathrm{e}^{-\mathrm{j}k(\pi/3)}} = \frac{1}{6}\cdot\frac{\mathrm{e}^{-\mathrm{j}k(\pi/2)}\sin(2\pi k/3)}{\sin(\pi k/6)}$$

对于图 3-5(c),$N = 6$,$a_k = \dfrac{1}{N}\displaystyle\sum_{n=0}^{5} x[n]\,\mathrm{e}^{-\mathrm{j}k(2\pi/6)n}$

$$a_k = \frac{1}{6}\left[1 + 2\,\mathrm{e}^{-jk(\pi/3)} - \mathrm{e}^{-jk(2\pi/3)} - \mathrm{e}^{-jk(4\pi/3)} + 2\,\mathrm{e}^{-jk(5\pi/3)}\right]$$

$$= \frac{1}{6}\left[1 + 2(\mathrm{e}^{-jk(\pi/3)} + \mathrm{e}^{jk(\pi/3)}) - (\mathrm{e}^{-jk(2\pi/3)} + \mathrm{e}^{jk(2\pi/3)})\right]$$

$$= \frac{1}{6}\left[1 + 4\cos(k\pi/3) - 2\cos(2k\pi/3)\right]$$

（b）$x[n] = \sin(2n\pi/3)\cos(n\pi/2)$

$$= \frac{1}{2j}(\mathrm{e}^{j2\pi n/3} - \mathrm{e}^{-j2\pi n/3}) \cdot \frac{1}{2}(\mathrm{e}^{j\pi n/2} + \mathrm{e}^{-j\pi n/2})$$

$$= \frac{1}{4j}(\mathrm{e}^{j7\pi n/6} + \mathrm{e}^{j\pi n/6} - \mathrm{e}^{-j\pi n/6} - \mathrm{e}^{-j7\pi n/6})$$

$$= \frac{1}{4j}\,\mathrm{e}^{j7(2\pi/12)n} - \frac{1}{4j}\,\mathrm{e}^{-7(2\pi/12)n} + \frac{1}{4j}\,\mathrm{e}^{j(2\pi/12)n} - \frac{1}{4j}\,\mathrm{e}^{-j(2\pi/12)n}$$

即 $x[n]$ 的基本周期 $N = 12$，非零的傅里叶级数系数为

$$a_1 = a_{-1}^* = \frac{1}{4j} = -\frac{1}{4}j, \quad a_7 = a_{-7}^* = \frac{1}{4j} = -\frac{1}{4}j$$

且
$$a_{k+12} = a_k$$

（c）$N = 4$，$\omega_0 = 2\pi/4 = \pi/2$

$$x[0] = 1, \quad x[1] = 1 - \frac{\sqrt{2}}{2}, \quad x[2] = 0, \quad x[3] = 1 - \frac{\sqrt{2}}{2}$$

$$a_k = \frac{1}{4}\sum_{n=0}^{3} x[n]\,\mathrm{e}^{-jk(\pi/2)n} = \frac{1}{4}\left[1 + \left(1 - \frac{\sqrt{2}}{2}\right)\mathrm{e}^{-j(\pi/2)k} + \left(1 - \frac{\sqrt{2}}{2}\right)\mathrm{e}^{-j(3\pi/2)k}\right]$$

$$= \frac{1}{4}\left[1 + \left(1 - \frac{\sqrt{2}}{2}\right)\mathrm{e}^{-j(\pi/2)k} + \mathrm{e}^{j(\pi/2)k}\right] = \frac{1}{4}\left[1 + \left(1 - \frac{\sqrt{2}}{2}\right)2\cos\frac{\pi k}{2}\right]$$

$$= \frac{1}{4}\left[1 + (2 - \sqrt{2})\cos\frac{\pi}{2}k\right]$$

（d）$N = 12$，$\omega_0 = 2\pi/12 = \pi/6$

$$x[0] = 1, \quad x[1] = 1 - \frac{\sqrt{2}}{2}, \quad x[2] = 0, \quad x[3] = 1 - \frac{\sqrt{2}}{2}$$

$$x[4] = 1, \quad x[5] = 1 + \frac{\sqrt{2}}{2}, \quad x[6] = 2, \quad x[7] = 1 + \frac{\sqrt{2}}{2}$$

$$x[8] = 1, \quad x[9] = 1 - \frac{\sqrt{2}}{2}, \quad x[10] = 0, \quad x[11] = 1 - \frac{\sqrt{2}}{2}$$

$$a_k = \frac{1}{12}\sum_{n=0}^{11} x[n]\,\mathrm{e}^{-jk(\pi/6)n} = \frac{1}{12}\left[1 + \left(1 - \frac{\sqrt{2}}{2}\right)\mathrm{e}^{-jk\pi/6} + \left(1 - \frac{\sqrt{2}}{2}\right)\mathrm{e}^{-j3k\pi/6} + \mathrm{e}^{-j4k\pi/6}\right.$$

$$+ \left(1 + \frac{\sqrt{2}}{2}\right)\mathrm{e}^{-j5k\pi/6} + 2\,\mathrm{e}^{-j6k\pi/6} + \left(1 + \frac{\sqrt{2}}{2}\right)\mathrm{e}^{-j7k\pi/6} + \mathrm{e}^{-j8k\pi/6}$$

$$\left. + \left(1 - \frac{\sqrt{2}}{2}\right)\mathrm{e}^{-j9k\pi/6} + \left(1 - \frac{\sqrt{2}}{2}\right)\mathrm{e}^{-j11k\pi/6}\right]$$

$$= \frac{1}{12}\left[1 + \left(1 - \frac{\sqrt{2}}{2}\right)(\mathrm{e}^{-jk\pi/6} + \mathrm{e}^{jk\pi/6}) + \left(1 - \frac{\sqrt{2}}{2}\right)(\mathrm{e}^{-jk\pi/2} + \mathrm{e}^{jk\pi/2})\right.$$

$$\left. + (\mathrm{e}^{-j2k\pi/3} + \mathrm{e}^{j2k\pi/3}) + \left(1 + \frac{\sqrt{2}}{2}\right)(\mathrm{e}^{-j5k\pi/6} + \mathrm{e}^{j5k\pi/6}) + 2\,\mathrm{e}^{-jk\pi}\right]$$

$$= \frac{1}{12}\Big[1 + 2\Big(1-\frac{\sqrt{2}}{2}\Big)\cos\frac{k\pi}{6} + 2\Big(1-\frac{\sqrt{2}}{2}\Big)\cos\frac{k\pi}{2} + 2\cos\frac{2k\pi}{3}$$

$$+ 2\Big(1+\frac{\sqrt{2}}{2}\Big)\cos\frac{5k\pi}{6} + 2(-1)^k\Big]$$

$$= \frac{1}{12}\Big[1 + (2-\sqrt{2})\cos\frac{k\pi}{6} + (2-\sqrt{2})\cos\frac{k\pi}{2} + (2+\sqrt{2})\cos\frac{5k\pi}{6} + 2\cos\frac{2k\pi}{3} + 2(-1)^k\Big]$$

3-23　下面每一种情况都给出了周期为 8 的某种信号的傅里叶级数系数,求各 $x[n]$。

(a) $a_k = \cos\frac{k\pi}{4} + \sin\frac{3k\pi}{4}$；　　　　(b) $a_k = \begin{cases} \sin\dfrac{k\pi}{3}, & 0 \leqslant k \leqslant 6, \\ 0, & k = 7 \end{cases}$；

(c) a_k 如图 3-6(a) 所示；　　　　(d) a_k 如图 3-6(b) 所示。

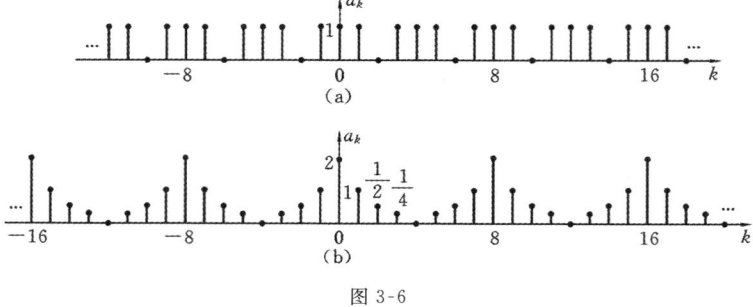

图 3-6

解　(a) $N = 8, \omega_0 = 2\pi/8$

$$a_0 = 1, \quad a_1 = \sqrt{2}, \quad a_2 = -1, \quad a_3 = 0, \quad a_4 = -1, \quad a_5 = -\sqrt{2}, \quad a_6 = 1, \quad a_7 = 0$$

$$x[n] = \sum_{k=0}^{7} a_k\,\mathrm{e}^{jk(2\pi/8)n} = 1 + \sqrt{2}\,\mathrm{e}^{j\frac{\pi}{4}n} - \mathrm{e}^{j\frac{\pi}{2}n} - \mathrm{e}^{j\pi n} + \mathrm{e}^{j\frac{3}{2}\pi n} - \sqrt{2}\,\mathrm{e}^{j\frac{5}{4}\pi n}$$

$$= 1 - (-1)^n + \sqrt{2}\Big[\cos\Big(\frac{\pi}{4}n\Big) - \cos\Big(\frac{5\pi}{4}n\Big)\Big] - j\Big\{2\sin\Big(\frac{\pi}{2}n\Big) + \sqrt{2}\Big[\sin\Big(\frac{5\pi}{4}n\Big) - \sin\Big(\frac{\pi}{4}n\Big)\Big]\Big\}$$

(b) $N = 8, \omega_0 = 2\pi/8$

$$a_0 = 0, \quad a_1 = \sqrt{3}/2, \quad a_2 = \sqrt{3}/2, \quad a_3 = 0, \quad a_4 = -\sqrt{3}/2, \quad a_5 = -\sqrt{3}/2, \quad a_6 = 0, a_7 = 0$$

$$x[n] = \sum_{k=0}^{7} a_k\,\mathrm{e}^{jk(2\pi/8)n} = \frac{\sqrt{3}}{2}\,\mathrm{e}^{j\frac{\pi}{4}n} + \frac{\sqrt{3}}{2}\,\mathrm{e}^{j\frac{\pi}{2}n} - \frac{\sqrt{3}}{2}\,\mathrm{e}^{j\pi n} - \frac{\sqrt{3}}{2}\,\mathrm{e}^{j\frac{5}{2}\pi n}$$

$$= \frac{\sqrt{3}}{2}\,\mathrm{e}^{j\frac{\pi}{4}n}(1 - \mathrm{e}^{j\pi n}) + \frac{\sqrt{3}}{2}\,\mathrm{e}^{j\frac{\pi}{2}n}(1 - \mathrm{e}^{j\frac{\pi}{2}n})$$

$$= \frac{\sqrt{3}}{2}\,\mathrm{e}^{j\frac{\pi}{4}n} \cdot \mathrm{e}^{j\frac{\pi}{2}n}(\mathrm{e}^{-j\frac{\pi}{2}n} - \mathrm{e}^{j\frac{\pi}{2}n}) + \frac{\sqrt{3}}{2}\,\mathrm{e}^{j\frac{\pi}{2}n} \cdot \mathrm{e}^{j\frac{\pi}{4}n}(\mathrm{e}^{-j\frac{\pi}{4}n} - \mathrm{e}^{j\frac{\pi}{4}n})$$

$$= \frac{\sqrt{3}}{2}\,\mathrm{e}^{j\frac{3}{4}\pi n}(-2j)\sin\Big(\frac{\pi}{2}n\Big) + \frac{\sqrt{3}}{2}\,\mathrm{e}^{j\frac{3}{4}\pi n}(-2j)\sin\Big(\frac{\pi}{4}n\Big)$$

$$= -j\sqrt{3}\,\mathrm{e}^{j\frac{3}{4}\pi n}\Big[\sin\Big(\frac{\pi}{2}n\Big) + \sin\Big(\frac{\pi}{4}n\Big)\Big] = \sqrt{3}\,\mathrm{e}^{j\left(\frac{3}{4}\pi n - \frac{\pi}{2}\right)}\Big[\sin\Big(\frac{\pi}{2}n\Big) + \sin\Big(\frac{\pi}{4}n\Big)\Big]$$

(c) $N = 8, \omega_0 = 2\pi/8 = \pi/4$

$$a_0 = 1, \quad a_1 = 1, \quad a_2 = 0, \quad a_3 = a_4 = a_5 = 1, \quad a_6 = 0, \quad a_7 = 1$$

$$x[n] = \sum_{k=0}^{7} a_k \, \mathrm{e}^{\mathrm{j}k(2\pi/8)n} = 1 + \mathrm{e}^{\mathrm{j}\frac{\pi}{4}n} + \mathrm{e}^{\mathrm{j}\frac{3\pi}{4}n} + \mathrm{e}^{\mathrm{j}\pi n} + \mathrm{e}^{\mathrm{j}\frac{5}{4}\pi n} + \mathrm{e}^{\mathrm{j}\frac{7}{4}\pi n}$$

$$= 1 + \mathrm{e}^{\mathrm{j}\frac{\pi}{4}n} + \mathrm{e}^{-\mathrm{j}\frac{\pi}{4}n} + \mathrm{e}^{\mathrm{j}\frac{3\pi}{4}n} + \mathrm{e}^{-\mathrm{j}\frac{3\pi}{4}n} + \mathrm{e}^{\mathrm{j}\pi n}$$

$$= 1 + 2\cos\left(\frac{\pi}{4}n\right) + 2\cos\left(\frac{3\pi}{4}n\right) + (-1)^n$$

(d) $N = 8, \omega_0 = 2\pi/8 = \pi/4$

$$a_0 = 2, \quad a_1 = 1, \quad a_2 = \frac{1}{2}, \quad a_3 = \frac{1}{4}, \quad a_4 = 0, a_5 = \frac{1}{4}, \quad a_6 = \frac{1}{2}, \quad a_7 = 1$$

$$x[n] = \sum_{k=0}^{7} a_k \, \mathrm{e}^{\mathrm{j}k(2\pi/8)n}$$

$$= 2 + \mathrm{e}^{\mathrm{j}\frac{\pi}{4}n} + \frac{1}{2}\,\mathrm{e}^{\mathrm{j}\frac{\pi}{2}n} + \frac{1}{4}\,\mathrm{e}^{\mathrm{j}\frac{3\pi}{4}n} + \frac{1}{4}\,\mathrm{e}^{\mathrm{j}\frac{5\pi}{4}n} + \frac{1}{2}\,\mathrm{e}^{\mathrm{j}\frac{3\pi}{2}n} + \mathrm{e}^{\mathrm{j}\frac{7\pi}{4}n}$$

$$= 2 + \mathrm{e}^{\mathrm{j}\frac{\pi}{4}n} + \mathrm{e}^{-\mathrm{j}\frac{\pi}{4}n} + \frac{1}{2}(\mathrm{e}^{\mathrm{j}\frac{\pi}{2}n} + \mathrm{e}^{-\mathrm{j}\frac{\pi}{2}n}) + \frac{1}{4}(\mathrm{e}^{\mathrm{j}\frac{3\pi}{4}n} + \mathrm{e}^{-\mathrm{j}\frac{3\pi}{4}n})$$

$$= 2 + 2\cos\left(\frac{\pi}{4}n\right) + \cos\left(\frac{\pi}{2}n\right) + \frac{1}{2}\cos\left(\frac{3\pi}{4}n\right)$$

3-24　设 $x[n] = \begin{cases} 1, 0 \leqslant n \leqslant 7 \\ 0, 8 \leqslant n \leqslant 9 \end{cases}$ 是一个基波周期 $N = 10$ 的周期信号,傅里叶级数系数为 a_k,同时令 $g[n] = x[n] - x[n-1]$。

(a) 证明:$g[n]$ 的基波周期也为 10;

(b) 求 $g[n]$ 的傅里叶级数系数;

(c) 利用 $g[n]$ 的傅里叶级数系数和傅里叶级数一次差分性质求 $a_k(k \neq 0)$。

解　(a) 因为 $x[n+10] = x[n], x[(n-1)+10] = x[n-1]$,故

$$g[n] = x[n] - x[n-1] = x[n+10] - x[(n-1)+10]$$

即　　　　　　　　　　　　　$g[n] = g[n+10]$

(b) $N = 10$,在 $0 \leqslant n \leqslant 9$ 内,有

$$g[n] = \begin{cases} 1, & n = 0 \\ 0, & 0 < n \leqslant 7, \quad n = 9 \\ -1, & n = 8 \end{cases}$$

设 $g[n] \overset{\mathrm{FS}}{\longleftrightarrow} b_k$,则 $b_k = \dfrac{1}{10} \sum_{n=0}^{9} g[n] \, \mathrm{e}^{-\mathrm{j}k(2\pi/10)n} = \dfrac{1}{10}\left[1 - \mathrm{e}^{-\mathrm{j}k(8\pi/5)}\right]$

(c) 因为 $g[n] = x[n] - x[n-1], x[n] \overset{\mathrm{FS}}{\longleftrightarrow} a_k$,所以 $b_k = a_k - \mathrm{e}^{-\mathrm{j}k(2\pi/10)} a_k$,故

$$a_k = \frac{b_k}{1 - \mathrm{e}^{-\mathrm{j}k(2\pi/10)}} = \frac{1 - \mathrm{e}^{-\mathrm{j}k(8\pi/5)}}{10[1 - \mathrm{e}^{-\mathrm{j}k(\pi/5)}]}, \quad k \neq 0$$

3-25　考虑一个因果的连续时间 LTI 系统,其输入 $x(t)$ 和输出 $y(t)$ 由下面的微分方程所关联:

$$\frac{\mathrm{d}}{\mathrm{d}x}y(t) + 4y(t) = x(t)$$

在下面两种输入下,求输出 $y(t)$ 的傅里叶级数表示:

(a) $x(t) = \cos 2\pi t$;(b) $x(t) = \sin 4\pi t + \cos(6\pi t + \pi/4)$。

解　(a) 对于 LTI 系统,当输入 $x(t) = \mathrm{e}^{\mathrm{j}\omega t}$ 时,输出 $y(t) = H(\mathrm{j}\omega) \, \mathrm{e}^{\mathrm{j}\omega t}$。将 $x(t), y(t)$ 代入微分方程得

$$\mathrm{j}\omega H(\mathrm{j}\omega)\,\mathrm{e}^{\mathrm{j}\omega t} + 4H(\mathrm{j}\omega)\,\mathrm{e}^{\mathrm{j}\omega t} = \mathrm{e}^{\mathrm{j}\omega t}$$

即
$$(\mathrm{j}\omega + 4)H(\mathrm{j}\omega) = 1, \quad H(\mathrm{j}\omega) = \frac{1}{\mathrm{j}\omega + 4}$$

LTI 系统对周期信号 $x(t) = \sum_{k=-\infty}^{\infty} a_k\,\mathrm{e}^{\mathrm{j}k\omega_0 t}$ 的响应为

$$y(t) = \sum_{k=-\infty}^{\infty} a_k H(\mathrm{j}k\omega_0)\,\mathrm{e}^{\mathrm{j}k\omega_0 t} = \sum_{k=-\infty}^{\infty} b_k\,\mathrm{e}^{\mathrm{j}k\omega_0 t}$$

即
$$b_k = a_k H(\mathrm{j}k\omega_0)$$

当 $x(t) = \cos 2\pi t = \frac{1}{2}\,\mathrm{e}^{\mathrm{j}2\pi t} + \frac{1}{2}\,\mathrm{e}^{-\mathrm{j}2\pi t} = \sum_{k=-\infty}^{\infty} a_k\,\mathrm{e}^{\mathrm{j}k\omega_0 t}$ 的非零的傅里叶级数系数只有 $a_1 = \frac{1}{2}$，
$a_{-1} = \frac{1}{2}$ 时，$y(t)$ 中非零的傅里叶级数系数为

$$b_1 = a_1 H(\mathrm{j}\omega_0) = \frac{1}{2} \cdot \frac{1}{\mathrm{j}2\pi + 4} = \frac{1}{2(4 + \mathrm{j}2\pi)}$$

$$b_{-1} = a_{-1} H(-\mathrm{j}\omega_0) = \frac{1}{2} \cdot \frac{1}{-\mathrm{j}2\pi + 4} = \frac{1}{2(4 - \mathrm{j}2\pi)}$$

（b）易知 $x(t)$ 的基本周期为 $T = 1$。

$$x(t) = \frac{1}{2\mathrm{j}}(\mathrm{e}^{\mathrm{j}4\pi t} - \mathrm{e}^{-\mathrm{j}4\pi t}) + \frac{1}{2}\left[\mathrm{e}^{\mathrm{j}\left(6\pi t + \frac{\pi}{4}\right)} + \mathrm{e}^{-\mathrm{j}\left(6\pi t + \frac{\pi}{4}\right)}\right]$$

$$= \frac{1}{2\mathrm{j}}\,\mathrm{e}^{\mathrm{j}2(2\pi/1)t} - \frac{1}{2\mathrm{j}}\,\mathrm{e}^{-\mathrm{j}2(2\pi/1)t} + \frac{1}{2}\,\mathrm{e}^{\mathrm{j}\frac{\pi}{4}}\,\mathrm{e}^{\mathrm{j}3(2\pi/1)t} + \frac{1}{2}\,\mathrm{e}^{-\mathrm{j}\frac{\pi}{4}}\,\mathrm{e}^{-\mathrm{j}3(2\pi/1)t} = \sum_{k=-\infty}^{\infty} a_k\,\mathrm{e}^{\mathrm{j}k\omega_0 t}$$

其非零的傅里叶级数系数为

$$a_2 = \frac{1}{2\mathrm{j}} = -\frac{1}{2}\mathrm{j} = a_{-2}^*, \quad a_3 = \frac{1}{2}\,\mathrm{e}^{\mathrm{j}\frac{\pi}{4}} = \frac{\sqrt{2}}{4}(1 + \mathrm{j}) = a_{-3}^*$$

故 $y(t)$ 中非零的傅里叶级数系数为

$$b_2 = a_2 H(\mathrm{j}2\omega_0) = -\frac{1}{2}\mathrm{j} \cdot \frac{1}{\mathrm{j}4\pi + 4} = \frac{1}{8(-\pi + \mathrm{j})}$$

$$b_{-2} = a_{-2} H(-\mathrm{j}2\omega_0) = -\frac{1}{2}\mathrm{j} \cdot \frac{1}{-\mathrm{j}4\pi + 4} = -\frac{1}{8(\pi + \mathrm{j})}$$

$$b_3 = a_3 H(\mathrm{j}3\omega_0) = \frac{1}{2}\,\mathrm{e}^{\mathrm{j}\frac{\pi}{4}} \cdot \frac{1}{\mathrm{j}6\pi + 4} = \frac{\mathrm{e}^{\mathrm{j}\frac{\pi}{4}}}{4(2 + \mathrm{j}3\pi)}$$

$$b_{-3} = a_{-3} H(-\mathrm{j}3\omega_0) = \frac{1}{2}\,\mathrm{e}^{-\mathrm{j}\frac{\pi}{4}} \cdot \frac{1}{-\mathrm{j}6\pi + 4} = \frac{\mathrm{e}^{-\mathrm{j}\frac{\pi}{4}}}{4(2 - \mathrm{j}3\pi)}$$

3-26 考虑一连续时间 LTI 系统，其单位冲激响应为 $h(t) = \mathrm{e}^{-4|t|}$，在下列各输入情况下，求输出 $y(t)$ 的傅里叶级数表示。

（a）$x(t) = \sum_{k=-\infty}^{\infty} \delta(t - n)$；（b）$x(t) = \sum_{n=-\infty}^{\infty} (-1)^n \delta(t - n)$；

（c）$x(t)$ 如图 3-7 所示的周期性方波。

解 （a）$x(t)$ 的周期 $T = 1$，基波频率 $\omega_0 = 2\pi$，设 $x(t) \xleftrightarrow{\mathrm{FS}} a_k$，则

$$a_k = \frac{1}{T}\int_T x(t)\,\mathrm{e}^{-\mathrm{j}k\omega_0 t}\,\mathrm{d}t = \int_{-\frac{1}{2}}^{\frac{1}{2}} \delta(t)\,\mathrm{e}^{-\mathrm{j}k2\pi t}\,\mathrm{d}t = 1$$

而
$$H(\mathrm{j}\omega) = \int_{-\infty}^{+\infty} h(t)\,\mathrm{e}^{-\mathrm{j}\omega t}\,\mathrm{d}t = \int_{-\infty}^{0} \mathrm{e}^{4t}\,\mathrm{e}^{-\mathrm{j}\omega t}\,\mathrm{d}t + \int_0^{+\infty} \mathrm{e}^{-4t}\,\mathrm{e}^{-\mathrm{j}\omega t}\,\mathrm{d}t$$

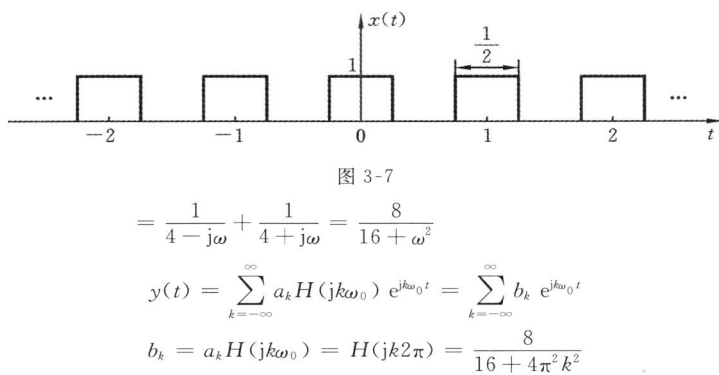

图 3-7

$$= \frac{1}{4 - \mathrm{j}\omega} + \frac{1}{4 + \mathrm{j}\omega} = \frac{8}{16 + \omega^2}$$

$$y(t) = \sum_{k=-\infty}^{\infty} a_k H(\mathrm{j}k\omega_0)\, \mathrm{e}^{\mathrm{j}k\omega_0 t} = \sum_{k=-\infty}^{\infty} b_k\, \mathrm{e}^{\mathrm{j}k\omega_0 t}$$

$$b_k = a_k H(\mathrm{j}k\omega_0) = H(\mathrm{j}k2\pi) = \frac{8}{16 + 4\pi^2 k^2}$$

(b) $T = 2, \omega_0 = 2\pi/T = \pi$

$$a_k = \frac{1}{2} \int_0^2 \big[\delta(t) - \delta(t-1)\big] \mathrm{e}^{-\mathrm{j}k\pi t}\, \mathrm{d}t = \frac{1}{2} \int_0^2 \delta(t) \mathrm{e}^{-\mathrm{j}k\pi t}\, \mathrm{d}t - \frac{1}{2} \int_0^2 \delta(t-1) \mathrm{e}^{-\mathrm{j}k\pi t}\, \mathrm{d}t$$

$$= \frac{1}{2}(1 - \mathrm{e}^{-\mathrm{j}\pi t}) = \frac{1}{2}\big[1 - (-1)^k\big] = \begin{cases} 0, & k \text{ 为偶数} \\ 1, & k \text{ 为奇数} \end{cases}$$

$$b_k = a_k H(\mathrm{j}k\pi) = \begin{cases} 0, & k \text{ 为偶数} \\ \dfrac{8}{16 + \pi^2 k^2}, & k \text{ 为奇数} \end{cases}$$

(c) $T = 1, \omega_0 = 2\pi$，在 $-\dfrac{1}{2} \leqslant t \leqslant \dfrac{1}{2}$ 内，有

$$x(t) = \begin{cases} 1, & -\dfrac{1}{4} \leqslant t \leqslant \dfrac{1}{4} \\ 0, & \text{其他} \end{cases}$$

$$a_k = \frac{1}{2} \int_{-\frac{1}{4}}^{\frac{1}{4}} \mathrm{e}^{-\mathrm{j}k2\pi t}\, \mathrm{d}t = \frac{\sin(k\pi/2)}{k\pi}$$

$$b_k = a_k H(\mathrm{j}k\omega_0) = a_k H(\mathrm{j}k2\pi) = \frac{8}{16 + 4\pi^2 k^2} \cdot \frac{\sin(k\pi/2)}{k\pi}$$

3-27　考虑一连续时间系统 S，其频率响应是

$$H(\mathrm{j}\omega) = \begin{cases} 1, & |\omega| \geqslant 250 \\ 0, & \text{其他} \end{cases}$$

若输入到该系统的信号 $x(t)$ 是一个基波周期 $T = \pi/7$，傅里叶级数系数为 a_k 的信号时，发现输出 $y(t) = x(t)$，问对于什么样的 k 值，才有 $a_k = 0$？

　　解　因为 $T = \pi/7$，所以 $\omega_0 = 2\pi/T = 14$。

$y(t)$ 的傅里叶级数系数为 $b_k = a_k H(\mathrm{j}k\omega_0) = a_k H(\mathrm{j}14k)$，要使 $y(t) = x(t)$，即 $b_k = a_k$，必须满足当 $|14k| \leqslant 250$ 时，即 $|k| \leqslant 17$ 时，$a_k = 0$。

3-28　考虑一因果离散时间系统，其输入 $x[n]$ 和输出 $y[n]$ 由下面差分方程所关联：

$$y[n] - \frac{1}{4} y[n-1] = x[n]$$

在下面两种输入下，求输出 $y[n]$ 的傅里叶级数表示：

(a) $x[n] = \sin\left(\dfrac{3\pi}{4} n\right)$；(b) $x[n] = \cos\left(\dfrac{\pi}{4} n\right) + 2\cos\left(\dfrac{\pi}{2} n\right)$。

解　（a）先求系统频率响应 $H(\mathrm{e}^{\mathrm{j}\omega})$。

对于 LTI 系统，当输入 $x[n]=\mathrm{e}^{\mathrm{j}\omega n}$ 时，输出为 $y[n]=H(\mathrm{e}^{\mathrm{j}\omega})\mathrm{e}^{\mathrm{j}\omega n}$。

将 $x[n]$ 与 $y[n]$ 代入差分方程，得

$$H(\mathrm{e}^{\mathrm{j}\omega})\mathrm{e}^{\mathrm{j}\omega n}-\frac{1}{4}H(\mathrm{e}^{\mathrm{j}\omega})\mathrm{e}^{\mathrm{j}\omega(n-1)}=\mathrm{e}^{\mathrm{j}\omega n}$$

$$H(\mathrm{e}^{\mathrm{j}\omega})\left(1-\frac{1}{4}\mathrm{e}^{-\mathrm{j}\omega}\right)=1$$

即
$$H(\mathrm{e}^{\mathrm{j}\omega})=\frac{1}{1-\frac{1}{4}\mathrm{e}^{-\mathrm{j}\omega}}$$

$$y[n]=\sum_{k=\langle N\rangle}a_k H(\mathrm{e}^{\mathrm{j}k\omega_0})\mathrm{e}^{\mathrm{j}k\omega_0 n}=\sum_{k=\langle N\rangle}b_k \mathrm{e}^{\mathrm{j}k(2\pi/N)n}$$

$$x[n]=\sin\left(\frac{3\pi}{4}n\right)=\frac{1}{2\mathrm{j}}(\mathrm{e}^{\mathrm{j}\frac{3\pi}{4}n}-\mathrm{e}^{-\mathrm{j}\frac{3\pi}{4}n})=\frac{1}{2\mathrm{j}}\mathrm{e}^{\mathrm{j}3(2\pi/8)n}-\frac{1}{2\mathrm{j}}\mathrm{e}^{-\mathrm{j}3(2\pi/8)n}$$

对于 $x[n]$，其 $\omega_0=2\pi/8$，非零的傅里叶级数系数为

$$a_3=\frac{1}{2\mathrm{j}}=a_{-3}^*$$

故 $y[n]$ 中非零的傅里叶级数系数为

$$b_3=a_3 H(\mathrm{e}^{\mathrm{j}3(2\pi/8)})=\frac{1}{2\mathrm{j}}\cdot\frac{1}{1-\frac{1}{4}\mathrm{e}^{-\mathrm{j}3\pi/4}},\quad b_{-3}=a_{-3}H(\mathrm{e}^{-\mathrm{j}3(2\pi/8)})=-\frac{1}{2\mathrm{j}}\cdot\frac{1}{1-\frac{1}{4}\mathrm{e}^{\mathrm{j}3\pi/4}}$$

（b）$x[n]=\dfrac{1}{2}(\mathrm{e}^{\mathrm{j}\frac{\pi}{4}n}+\mathrm{e}^{-\mathrm{j}\frac{\pi}{4}n})+2\times\dfrac{1}{2}(\mathrm{e}^{\mathrm{j}\frac{\pi}{2}n}+\mathrm{e}^{-\mathrm{j}\frac{\pi}{2}n})$

$$=\frac{1}{2}\mathrm{e}^{\mathrm{j}(2\pi/8)n}+\frac{1}{2}\mathrm{e}^{-\mathrm{j}(2\pi/8)n}+\mathrm{e}^{\mathrm{j}2(2\pi/8)n}+\mathrm{e}^{-\mathrm{j}2(2\pi/8)n}$$

对于 $x[n]$，其周期 $N=8$，$\omega_0=2\pi/8$，非零的傅里叶级数系数为

$$a_1=a_{-1}=\frac{1}{2},\quad a_2=a_{-2}=1$$

故 $y[n]$ 中非零的傅里叶级数系数为

$$b_1=a_1 H(\mathrm{e}^{\mathrm{j}\omega_0})=\frac{1}{2}\cdot\frac{1}{1-\frac{1}{4}\mathrm{e}^{-\mathrm{j}\pi/4}},\quad b_{-1}=a_{-1}H(\mathrm{e}^{-\mathrm{j}\omega_0})=\frac{1}{2}\cdot\frac{1}{1-\frac{1}{4}\mathrm{e}^{\mathrm{j}\pi/4}}$$

$$b_2=a_2 H(\mathrm{e}^{\mathrm{j}2\omega_0})=\frac{1}{1-\frac{1}{4}\mathrm{e}^{-\mathrm{j}\pi/2}},\quad b_{-2}=a_{-2}H(\mathrm{e}^{-\mathrm{j}2\omega_0})=\frac{1}{1-\frac{1}{4}\mathrm{e}^{\mathrm{j}\pi/2}}$$

3-29　考虑一离散时间 LTI 系统，其单位脉冲响应为

$$h[n]=\begin{cases}1,&0\leqslant n\leqslant 2\\-1,&-2\leqslant n\leqslant-1\\0,&\text{其他}\end{cases}$$

已知系统的输入为 $x[n]=\displaystyle\sum_{n=-\infty}^{\infty}\delta[n-4k]$，求输出 $y[n]$ 的傅里叶级数系数。

解　系统的频率响应为

$$H(\mathrm{e}^{\mathrm{j}\omega})=\sum_{n=-\infty}^{\infty}h[n]\mathrm{e}^{-\mathrm{j}\omega n}=-\mathrm{e}^{\mathrm{j}2\omega}-\mathrm{e}^{\mathrm{j}\omega}+1+\mathrm{e}^{-\mathrm{j}\omega}+\mathrm{e}^{-2\mathrm{j}\omega}$$

$$=1-2\mathrm{j}\sin\omega-2\mathrm{j}\sin2\omega$$

对于 $x[n]$，其周期 $N = 4, \omega_0 = 2\pi/4 = \pi/2, a_k = \dfrac{1}{4}$，故输出 $y[n]$ 的傅里叶级数系数为

$$b_k = a_k H(\mathrm{e}^{\mathrm{j}k\pi/2}) = \frac{1}{4}\big[1 - 2\mathrm{j}\sin(k\pi/2) - 2\mathrm{j}\sin k\pi\big]$$

$$= \frac{1}{4}\big[1 - 2\mathrm{j}\sin(k\pi/2)\big]$$

3-30　考虑一离散时间系统 S，其频率响应是

$$H(\mathrm{e}^{\mathrm{j}\omega}) = \begin{cases} 1, & |\omega| \leqslant \dfrac{\pi}{8} \\[2mm] 0, & \dfrac{\pi}{8} < |\omega| < \pi \end{cases}$$

试证明：若该系统的输入具有周期 $N = 3$，则输出 $y[n]$ 在每个周期内仅有一个非零的傅里叶级数系数。

证　设输入 $x[n] \overset{\mathrm{FS}}{\longleftrightarrow} a_k$，则输出 $y[n] \overset{\mathrm{FS}}{\longleftrightarrow} b_k = a_k H(\mathrm{e}^{\mathrm{j}k\omega_0})$。

当输入的周期 $N = 3$ 时，$\omega_0 = 2\pi/3$。

对于 $0 \leqslant k \leqslant 2, H(\mathrm{e}^{\mathrm{j}k\omega_0})$ 只在 $k = 0$ 时不为 0。

而 $k = 1, 2$ 时，$H(\mathrm{e}^{\mathrm{j}k\omega_0}) = 0$。因此在 $0 \leqslant k \leqslant 2$ 内，b_k 只有 b_0 非零，即 $b_0 \neq 0$。

3-31　令 $x(t)$ 是一周期信号，基波周期为 T，傅里叶级数系数是 a_k，利用 a_k 导出下列各信号的傅里叶级数系数。

(a) $x(t-t_0) + x(t+t_0)$　(b) $\mathrm{Ev}\{x(t)\}$　(c) $\mathrm{Re}\{x(t)\}$　(d) $\dfrac{\mathrm{d}^2 x(t)}{\mathrm{d}t^2}$　(e) $x(3t-1)$

解　(a) 设 $x(t) \leftrightarrow a_k$，则

$$x(t-t_0) + x(t+t_0) \leftrightarrow a_k \mathrm{e}^{-\mathrm{j}k\left(\frac{2\pi}{T}\right)t_0} + a_k \mathrm{e}^{\mathrm{j}k\left(\frac{2\pi}{T}\right)t_0} = 2a_k \cos\left[k\left(\frac{2\pi}{T}\right)t_0\right]$$

(b) 因为 $\mathrm{Ev}\{x(t)\} = \dfrac{1}{2}[x(t) + x(-t)], x(-t) \leftrightarrow a_{-k}$，所以

$$\mathrm{Ev}\{x(t)\} \leftrightarrow \frac{1}{2}(a_k + a_{-k})$$

(c) 因为 $\mathrm{Re}\{x(t)\} = \dfrac{1}{2}[x(t) + x^*(t)], x^*(t) \leftrightarrow a_{-k}^*$，所以

$$\mathrm{Re}\{x(t)\} \leftrightarrow \frac{1}{2}(a_k + a_{-k}^*)$$

(d) $\dfrac{\mathrm{d}^2 x(t)}{\mathrm{d}t^2} \leftrightarrow \left[\mathrm{j}k\left(\dfrac{2\pi}{T}\right)\right]^2 a_k = -\dfrac{4\pi^2 k^2}{T^2} a_k$

(e) 若 $x(t) = \displaystyle\sum_{k=-\infty}^{\infty} a_k \mathrm{e}^{\mathrm{j}k\left(\frac{2\pi}{T}\right)t}$，则 $x(3t) = \displaystyle\sum_{k=-\infty}^{\infty} a_k \mathrm{e}^{\mathrm{j}k\left(\frac{2\pi}{T/3}\right)t}$，即 $x(3t) \leftrightarrow a_k$，则

$$x(3t-1) = x\left[3\left(t - \frac{1}{3}\right)\right] \leftrightarrow \mathrm{e}^{-\mathrm{j}k\left(\frac{2\pi}{T/3}\right)\frac{1}{3}} a_k = \mathrm{e}^{-\mathrm{j}k\left(\frac{2\pi}{T}\right)} a_k$$

3-32　关于一个周期为 3 和傅里叶级数系数为 a_k 的连续时间周期信号给出下面信息：

(1) $a_k = a_{k+2}$；(2) $a_k = a_{-k}$；(3) $\displaystyle\int_{-0.5}^{0.5} x(t)\mathrm{d}t = 1$；(4) $\displaystyle\int_{0.5}^{1.5} x(t)\mathrm{d}t = 2$。

试确定 $x(t)$。

解　由 $a_k = a_{-k}$，可知 $x(t) = x(-t)$。

又由 $a_k = a_{k+2}$，可知 $x(t) = x(t)\mathrm{e}^{\mathrm{j}2\left(\frac{2\pi}{3}\right)t}$。

因为 $\int_{-0.5}^{0.5} x(t)\mathrm{d}t = 1$，即 $\int_{-0.5}^{0.5} x(t)\mathrm{e}^{\mathrm{j}2\left(\frac{2\pi}{3}\right)t}\mathrm{d}t = 1$，由此可断定

$$x(t) = \delta(t), \quad -0.5 \leqslant t \leqslant 0.5$$

又因为 $\int_{0.5}^{1.5} x(t)\mathrm{d}t = 2$，即 $\int_{0.5}^{1.5} x(t)\mathrm{e}^{\mathrm{j}2\left(\frac{2\pi}{3}\right)t}\mathrm{d}t = 2$，由此可断定

$$x(t) = 2\delta\left(t - \frac{3}{2}\right), \quad 0.5 \leqslant t \leqslant 1.5$$

综上可得
$$x(t) = \sum_{k=-\infty}^{\infty}\left[\delta(t-3k) + 2\delta\left(t - 3k - \frac{3}{2}\right)\right]$$

3-33　假设关于信号 $x(t)$ 给出如下信息：

(1) $x(t)$ 是实信号；(2) $x(t)$ 是周期的，周期为 6，傅里叶级数系数为 a_k；(3) 对于 $k=0$ 和 $k > 2$，有 $a_k = 0$；(4) $x(t) = -x(t-3)$；(5) $\frac{1}{6}\int_{-3}^{3}|x(t)|^2\mathrm{d}t = \frac{1}{2}$；(6) a_1 是正实数。

证明：$x(t) = A\cos(Bt+C)$，并求常数 A, B 和 C。

证　由（2）和（3）可知

$$x(t) = a_1\mathrm{e}^{\mathrm{j}(2\pi/6)t} + a_{-1}\mathrm{e}^{-\mathrm{j}(2\pi/6)t} + a_2\mathrm{e}^{\mathrm{j}2(2\pi/6)t} + a_{-2}\mathrm{e}^{-\mathrm{j}2(2\pi/6)t}$$

又由（1）可知 $a_1 = a_{-1}^*$，$a_2 = a_{-2}^*$，于是

$$\begin{aligned}x(t) &= a_1\mathrm{e}^{\mathrm{j}(2\pi/6)t} + a_{-1}\mathrm{e}^{-\mathrm{j}(2\pi/6)t} + a_2\mathrm{e}^{\mathrm{j}2(2\pi/6)t} + a_{-2}\mathrm{e}^{-\mathrm{j}2(2\pi/6)t}\\ &= a_1\mathrm{e}^{\mathrm{j}(2\pi/6)t} + \left[a_1\mathrm{e}^{\mathrm{j}(2\pi/6)t}\right]^* + a_2\mathrm{e}^{\mathrm{j}2(2\pi/6)t} + \left[a_2\mathrm{e}^{\mathrm{j}2(2\pi/6)t}\right]^*\end{aligned}$$

由（6）可知 a_1 是正实数，即 $a_1 = a_1^*$，可得

$$x(t) = A_1\cos(2\pi t/6) + A_2\cos(4\pi t/6 + \theta)$$

其中，$a_1 = \frac{1}{2}A_1$，$a_2 = \frac{1}{2}A_2\mathrm{e}^{\mathrm{j}\theta}$。

由（4）中 $x(t) = -x(t-3) = -x\left(t - \frac{T}{2}\right)$，$T = 6$ 知，$x(t)$ 是奇谐函数，$a_2 = 0$，于是

$$x(t) = A_1\cos(2\pi t/6) = 2a_1\cos(2\pi t/6)$$

根据帕色瓦尔定律及（5）可知

$$\sum_{k=-\infty}^{\infty}|a_k|^2 = |a_1|^2 + |a_{-1}|^2 = \frac{1}{2}, \quad \text{即 } a_1 = \frac{1}{2}, \text{于是}$$

$$x(t) = \cos(2\pi t/6) = A\cos(Bt + C)$$

其中，$A = 1$，$B = \frac{\pi}{3}$，$C = 0$。

3-34　设 $x(t)$ 是一实周期信号，其正弦-余弦形式的傅里叶级数表示为

$$x(t) = a_0 + 2\sum_{k=1}^{\infty}\left[B_k\cos k\omega_0 t - C_k\sin k\omega_0 t\right] \qquad ①$$

(a) 求 $x(t)$ 的偶部和奇部的指数形式的傅里叶级数表示；也就是利用式 ① 的系数求下面两式中的 α_k 和 β_k。

$$\mathrm{Ev}\{x(t)\} = \sum_{k=-\infty}^{\infty}\alpha_k\mathrm{e}^{\mathrm{j}k\omega_0 t}, \quad \mathrm{Od}\{x(t)\} = \sum_{k=-\infty}^{\infty}\beta_k\mathrm{e}^{\mathrm{j}k\omega_0 t}$$

(b) 在 (a) 中 α_k 和 α_{-k} 之间是什么关系？β_k 和 β_{-k} 之间是什么关系？

(c) 假设信号 $x(t)$ 和 $z(t)$ 如图 3-8 所示，它的正弦-余弦形式的级数表示为

$$x(t) = a_0 + 2\sum_{k=1}^{\infty}\left(B_k\cos\frac{2\pi kt}{3} - C_k\sin\frac{2\pi kt}{3}\right)$$

$$z(t) = d_0 + 2\sum_{k=1}^{\infty}\left(E_k\cos\frac{2\pi kt}{3} - F_k\sin\frac{2\pi kt}{3}\right)$$

试画出信号

$$y(t) = 4(a_0 + d_0) + 2\sum_{k=1}^{\infty}\left[\left(B_k + \frac{1}{2}E_k\right)\cos\frac{2\pi kt}{3} + F_k\sin\frac{2\pi kt}{3}\right]$$

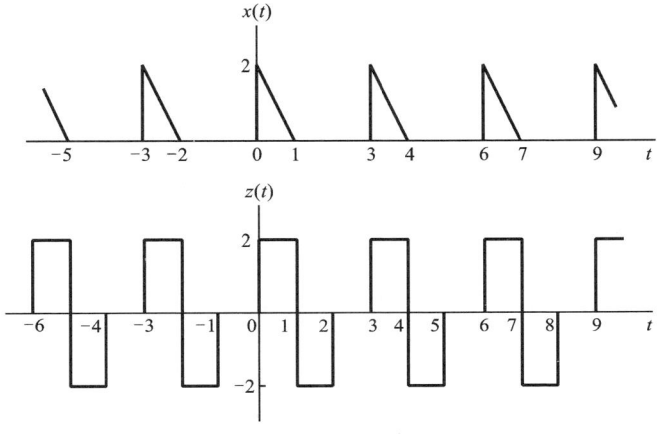

图 3-8

解　（a）由于

$$\mathrm{Ev}\{x(t)\} = \frac{x(t) + x(-t)}{2} = a_0 + 2\sum_{k=1}^{\infty}B_k\cos k\omega_0 t$$

$$= a_0 + \sum_{k=1}^{\infty}B_k\mathrm{e}^{jk\omega_0 t} + \sum_{k=1}^{\infty}B_k\mathrm{e}^{-jk\omega_0 t} = a_0 + \sum_{k=1}^{\infty}B_k\mathrm{e}^{jk\omega_0 t} + \sum_{k=-\infty}^{-1}B_{-k}\mathrm{e}^{jk\omega_0 t}$$

显然，$\alpha_0 = a_0$，$\alpha_k = B_{|k|}$，$k = \pm 1, \pm 2, \cdots$

同样地

$$\mathrm{Od}\{x(t)\} = \frac{x(t) - x(-t)}{2} = -2\sum_{k=1}^{\infty}C_k\sin k\omega_0 t$$

$$= \sum_{k=1}^{\infty}jC_k\mathrm{e}^{jk\omega_0 t} - \sum_{k=1}^{\infty}jC_k\mathrm{e}^{-jk\omega_0 t} = \sum_{k=1}^{\infty}jC_k\mathrm{e}^{jk\omega_0 t} - \sum_{k=-\infty}^{-1}jC_{-k}\mathrm{e}^{jk\omega_0 t}$$

显然，$\beta_0 = 0$，$\beta_k = \begin{cases} jC_k, & k > 0 \\ -jC_{-k}, & k < 0 \end{cases}$

（b）$\alpha_k = \alpha_{-k}$，$\beta_k = -\beta_{-k}$。

（c）因为

$$\mathrm{Ev}\{x(t)\} = a_0 + 2\sum_{k=1}^{\infty}B_k\cos\frac{2k\pi t}{3}, \quad \mathrm{Od}\{x(t)\} = -2\sum_{k=1}^{\infty}C_k\sin\frac{2k\pi t}{3}$$

$$\mathrm{Ev}\{z(t)\} = d_0 + 2\sum_{k=1}^{\infty}E_k\cos\frac{2k\pi t}{3}, \quad \mathrm{Od}\{Z(t)\} = -2\sum_{k=1}^{\infty}F_k\sin\frac{2k\pi t}{3}$$

又由图 3-8 可知：

$$a_0 = \frac{1}{3}\int_0^1(-2t + 2)\mathrm{d}t = \frac{1}{3}, \quad d_0 = 0$$

所以

$$y(t) = \frac{4}{3} + 2\sum_{k=1}^{\infty}\left[\left(B_k + \frac{1}{2}E_k\right)\cos\frac{2\pi kt}{3} + F_k\sin\frac{2\pi kt}{3}\right]$$

$$= 1 + \mathrm{Ev}\{x(t)\} + \frac{1}{2}\mathrm{Ev}\{z(t)\} - \mathrm{Od}\{z(t)\}$$

各波形如图 3-9 所示。

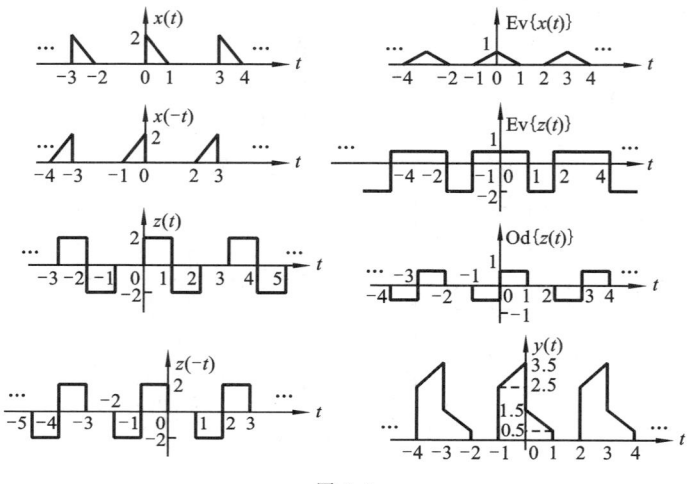

图 3-9

3-35 考虑信号 $x(t)$

$$x(t) = \cos 2\pi t$$

因为 $x(t)$ 是周期的,基波周期为 1,因此对任意正整数 N,该信号也是周期的。若将 $x(t)$ 看作是周期为 3 的周期信号,求 $x(t)$ 的傅里叶级数系数。

解 若 $T_0 = 3$,则 $\omega_0 = \dfrac{2\pi}{T_0} = \dfrac{2\pi}{3}$。

$$x(t) = \cos 2\pi t = \frac{1}{2}\mathrm{e}^{\mathrm{j}2\pi t} + \frac{1}{2}\mathrm{e}^{-\mathrm{j}2\pi t} = \frac{1}{2}\mathrm{e}^{\mathrm{j}3\omega_0 t} + \frac{1}{2}\mathrm{e}^{-\mathrm{j}3\omega_0 t} = \sum_{k=-\infty}^{\infty}a_k\mathrm{e}^{\mathrm{j}k\omega_0 t}$$

于是

$$a_k = \frac{1}{2}\delta[k+3] + \frac{1}{2}\delta[k-3] = \begin{cases}\dfrac{1}{2}, & k = \pm 3 \\[2mm] 0, & k \neq \pm 3\end{cases}$$

3-36 令 $x[n]$ 是一个周期为 N 的周期序列,其傅里叶级数表示为

$$x[n] = \sum_{k=\langle N\rangle}a_k\mathrm{e}^{\mathrm{j}k(2\pi/N)n} \qquad\qquad ①$$

下列每个信号的傅里叶级数系数都能用式 ① 中的 a_k 来表示,试导出如下信号的表示式。

(a) $x[n-n_0]$;

(b) $x[n] - x[n-1]$;

(c) $x[n] - x\left[n - \dfrac{N}{2}\right]$,$N$ 为偶数;

(d) $x[n] + x\left[n + \dfrac{N}{2}\right]$,$N$ 为偶数,注意该信号是周期的,周期为 $N/2$;

(e) $x^*[-n]$;(f) $(-1)^n x[n]$,设 N 为偶数;

(g) $(-1)^n x[n]$,设 N 为奇数,注意该信号是周期的,周期为 $2N$;

(h) $y[n] = \begin{cases} x[n], & n \text{ 为偶数} \\ 0, & n \text{ 为奇数} \end{cases}$。

解　$x[n] \leftrightarrow a_k = \dfrac{1}{N} \displaystyle\sum_{n=\langle N \rangle} x[n] \mathrm{e}^{-jk(2\pi/N)n}$

(a) $x[n-n_0] \leftrightarrow a_{ak} = \dfrac{1}{N} \displaystyle\sum_{n=0}^{N-1} x[n-n_0] \mathrm{e}^{-jk(2\pi/N)n} = \mathrm{e}^{-jk(2\pi/N)n_0} \dfrac{1}{N} \displaystyle\sum_{n=0}^{N-1} x[n] \mathrm{e}^{-jk(2\pi/N)n}$

$\qquad\qquad = \mathrm{e}^{-jk(2\pi/N)n_0} a_k$

(b) $x[n-1] \leftrightarrow \mathrm{e}^{-jk(2\pi/N)} a_k$

$$x[n] - x[n-1] \leftrightarrow a_{bk} = [1 - \mathrm{e}^{-jk(2\pi/N)}] a_k$$

(c) $x[n] - x\left[n - \dfrac{N}{2}\right] \leftrightarrow a_{ck} = [1 - \mathrm{e}^{-jk(2\pi/N)\frac{N}{2}}] a_k = [1 - \mathrm{e}^{-jk\pi}] a_k = \begin{cases} 0, & k \text{ 为偶数} \\ 2a_k, & k \text{ 为奇数} \end{cases}$

(d) 因为 $x[n] + x\left[n + \dfrac{N}{2}\right]$ 的周期为 $N/2$,所以

$$x[n] + x\left[n + \frac{N}{2}\right] \leftrightarrow a_{dk} = \frac{2}{N} \sum_{n=0}^{\frac{N}{2}-1} \left\{ x[n] + x\left[n + \frac{N}{2}\right] \right\} \mathrm{e}^{-jk(4\pi/N)n}$$

$$= \frac{1}{N} \sum_{n=0}^{N-1} \left\{ x[n] + x\left[n + \frac{N}{2}\right] \right\} \mathrm{e}^{-j2k(2\pi/N)n} = a_{2k} + \mathrm{e}^{jk(4\pi/N)(N/2)} a_{2k} = 2a_{2k}$$

(e) $x^*[-n] \leftrightarrow a_{ek} = \dfrac{1}{N} \displaystyle\sum_{n=0}^{N-1} x^*[-n] \mathrm{e}^{-jk(2\pi/N)n} = \dfrac{1}{N} \displaystyle\sum_{n=0}^{N-1} x^*[n] \mathrm{e}^{jk(2\pi/N)n}$

$$= \frac{1}{N} \sum_{n=0}^{N-1} \left\{ x[n] \mathrm{e}^{-jk(2\pi/N)n} \right\}^* = a_k^*$$

(f) N 为偶数时

$$(-1)^n x[n] \leftrightarrow a_{fk} = \frac{1}{N} \sum_{n=0}^{N-1} (-1)^n x[n] \mathrm{e}^{-jk(2\pi/N)n} = \frac{1}{N} \sum_{n=0}^{N-1} x[n] \mathrm{e}^{jn\pi} \mathrm{e}^{-jk(2\pi/N)n}$$

$$= \frac{1}{N} \sum_{n=0}^{N-1} x[n] \mathrm{e}^{-j(k-N/2)(2\pi/N)n} = a_{k-N/2}$$

(g) N 为奇数时,信号的周期为 $2N$

$$(-1)^n x[n] \leftrightarrow a_{gk} = \frac{1}{2N} \sum_{n=0}^{2N-1} (-1)^n x[n] \mathrm{e}^{-jk(2\pi/2N)n}$$

$$= \frac{1}{2N} \left\{ \sum_{n=0}^{N-1} x[n] \mathrm{e}^{-j\left(\frac{k-N}{2}\right)\left(\frac{2\pi n}{N}\right)} + \sum_{n=N}^{2N-1} x[n] \mathrm{e}^{-j\left(\frac{k-N}{2}\right)\left(\frac{2\pi}{N}\right)} \right\}$$

$$= \frac{1}{2N} \left\{ \sum_{n=0}^{N-1} x[n] \mathrm{e}^{-j\left(\frac{k-N}{2}\right)\left(\frac{2\pi}{N}\right)n} + \sum_{n=0}^{N-1} x[n] \mathrm{e}^{-j\left(\frac{k-N}{2}\right)\left(\frac{2\pi}{N}\right)n} \mathrm{e}^{-j\pi(k-N)} \right\}$$

$$= \frac{1}{2} a_{(k-N)/2} [1 + \mathrm{e}^{-j\pi(k-N)}] = \frac{1}{2} (1 - \mathrm{e}^{-j\pi k}) a_{(k-N)/2}$$

(h) 由于 $y[n] = \begin{cases} x[n], & n \text{ 为偶数} \\ 0, & n \text{ 为奇数} \end{cases}$,即有

$$y[n] = \frac{1}{2} \{ x[n] + (-1)^n x[n] \}$$

故当 N 为偶数时，$y[n] \leftrightarrow a_{hk} = \dfrac{1}{2}(a_k + a_{k-N/2})$。

当 N 为奇数时，$y[n] \leftrightarrow a_{hk} = \dfrac{1}{2}\left[a_k + \dfrac{1}{2}(1 - \mathrm{e}^{-\mathrm{j}\pi k})a_{(k-N)/2}\right]$。

3-37 假设对一个周期为 8、傅里叶级数系数为 a_k 的周期信号给出如下信息：

(1) $a_k = -a_{k-4}$；(2) $x[2n+1] = (-1)^n$。

试画出 $x[n]$ 的一个周期内的波形。

解 设 $x[n] \leftrightarrow a_k$，由于 $N = 8$ 为偶数，$(-1)^n x[n] \leftrightarrow a_{k-N/2} = a_{k-4}$。

故据(1)：由 $a_k = -a_{k-4}$ 可得，$x[n] = -(-1)^n x[n]$，即 $[1 + (-1)^n]x[n] = 0$。

这意味着 $x[0] = x[\pm 2] = x[\pm 4] = \cdots = 0$。

再由(2)：$x[2n+1] = (-1)^n$ 可知 $x[1] = x[5] = \cdots = 1$，$x[3] = x[7] = \cdots = -1$。

$x[n]$ 的一个周期内的波形如图 3-10 所示。

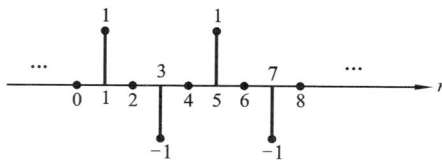

图 3-10

3-38 令 $x[n]$ 是一个周期 $N = 8$、傅里叶级数系数 $a_k = -a_{k-4}$ 的周期信号，现产生一个周期 $N = 8$ 的信号 $y[n]$ 为

$$y[n] = \left(\frac{1 + (-1)^n}{2}\right)x[n-1]$$

将 $y[n]$ 的傅里叶级数系数记作 b_k，试找一个函数 $f[k]$，有 $b_k = f[k]a_k$。

解 由于 $N = 8$ 为偶数，$(-1)^n x[n] \leftrightarrow a_{k-N/2} = a_{k-4}$。

故据 $a_k = -a_{k-4}$ 可得，$x[n] = -(-1)^n x[n]$，即 $[1 + (-1)^n]x[n] = 0$。

这意味着 $x[0] = x[\pm 2] = x[\pm 4] = \cdots = 0$。

令 $p[n] = x[n-1]$，则

$$p[\pm 1] = p[\pm 3] = \cdots = 0$$

由 $y[n] = \left(\dfrac{1 + (-1)^n}{2}\right)x[n-1] = \left(\dfrac{1 + (-1)^n}{2}\right)p[n]$，知

$$y[0] = p[0], y[\pm 1] = p[\pm 1] = 0, y[\pm 2] = p[\pm 2], y[\pm 3] = 0, \cdots$$

即 $y[n] = p[n] = x[n-1]$，于是

$$b_k = \mathrm{e}^{-\mathrm{j}k(2\pi/8)}a_k = \mathrm{e}^{-\mathrm{j}k(\pi/4)}a_k = f[k]a_k$$

$$f[k] = \mathrm{e}^{-\mathrm{j}k(\pi/4)}$$

3-39 $x[n]$ 是一个周期为 N 的实周期信号，其复数傅里叶级数系数为 a_k，设 a_k 用直角坐标表示为 $a_k = b_k + \mathrm{j}c_k$，其中 b_k 和 c_k 都是实数。

(a) 证明：$a_{-k} = a_k^*$，b_k 和 b_{-k} 之间是何关系？c_k 和 c_{-k} 之间又是何关系？

(b) 设 N 是偶数，证明：$a_{N/2}$ 是实数。

(c) 证明：$x[n]$ 也能表示成如下三角函数形式的傅里叶级数，若 N 为奇数，则有

$$x[n] = a_0 + 2\sum_{k=1}^{(N-1)/2}\left(b_k\cos\frac{2\pi kn}{N} - c_k\sin\frac{2\pi kn}{N}\right)$$

若 N 为偶数,则有

$$x[n] = (a_0 + a_{N/2}(-1)^n) + 2\sum_{k=1}^{(N-2)/2}\left(b_k\cos\frac{2\pi kn}{N} - c_k\sin\frac{2\pi kn}{N}\right)$$

(d) 证明:若 a_k 的极坐标为 $A_k\mathrm{e}^{\mathrm{j}\theta_k}$,那么 $x[n]$ 的傅里叶级数表示也能写出如下形式,若 N 为奇数,则有

$$x[n] = a_0 + 2\sum_{k=1}^{(N-1)/2} A_k\cos\left(\frac{2\pi kn}{N} + \theta_k\right)$$

若 N 为偶数,则有

$$x[n] = (a_0 + a_{N/2}(-1)^n) + 2\sum_{k=1}^{(N-2)/2} A_k\cos\left(\frac{2\pi kn}{N} + \theta_k\right)$$

(e) 假设 $x[n]$ 和 $z[n]$ 如图 3-11 所示,它们都有一个正弦 - 余弦的级数表示式

$$x[n] = a_0 + 2\sum_{k=1}^{3}\left(b_k\cos\frac{2\pi kn}{7} - c_k\sin\frac{2\pi kn}{7}\right)$$

$$z[n] = d_0 + 2\sum_{k=1}^{3}\left(d_k\cos\frac{2\pi kn}{7} - f_k\sin\frac{2\pi kn}{7}\right)$$

试画下面信号 $y[n]$:

$$y[n] = a_0 - d_0 + 2\sum_{k=1}^{3}\left[d_k\cos\frac{2\pi kn}{7} + (f_k - c_k)\sin\frac{2\pi kn}{7}\right]$$

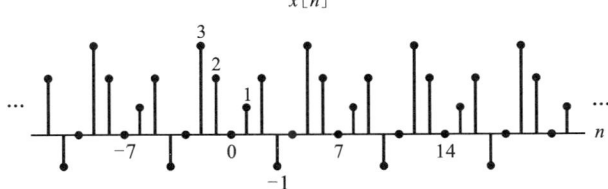

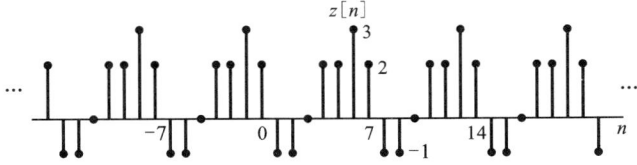

图 3-11

解　(a) 因为 $a_k = \dfrac{1}{N}\displaystyle\sum_{n=0}^{N-1} x[n]\mathrm{e}^{-\mathrm{j}k(2\pi/N)n}$,$x^*[n] = x[n]$,所以

$$a_k^* = \frac{1}{N}\sum_{n=0}^{N-1}\{x[n]\mathrm{e}^{-\mathrm{j}k(2\pi/N)n}\}^* = \frac{1}{N}\sum_{n=0}^{N-1} x^*[n]\mathrm{e}^{\mathrm{j}k(2\pi/N)n}$$

$$= \frac{1}{N}\sum_{n=0}^{N-1} x[n]\mathrm{e}^{\mathrm{j}k(2\pi/N)n} = a_{-k}$$

若 $a_k = b_k + \mathrm{j}c_k$,则 $a_k^* = b_k - \mathrm{j}c_k = a_{-k}$。

而 $a_{-k} = b_{-k} + \mathrm{j}c_{-k}$,于是有 $b_{-k} = b_k$,$c_{-k} = -c_k$。

(b) 设 N 是偶数,则

$$a_{N/2} = \frac{1}{N}\sum_{n=0}^{N-1} x[n]\mathrm{e}^{-\mathrm{j}(N/2)(2\pi/N)n} = \frac{1}{N}\sum_{n=0}^{N-1} x[n]\mathrm{e}^{-\mathrm{j}n\pi} = \frac{1}{N}\sum_{n=0}^{N-1}(-1)^n x[n]$$

显然，$a_{N/2}$ 是实数。

(c) 若 N 为奇数，则

$$x[n] = \sum_{k=\langle N \rangle} a_k \mathrm{e}^{jk(2\pi/N)n} = \sum_{k=-(N-1)/2}^{(N-1)/2} a_k \mathrm{e}^{jk(2\pi/N)n} = \sum_{k=-(N-1)/2}^{-1} a_k \mathrm{e}^{jk(2\pi/N)n} + \sum_{k=0}^{(N-1)/2} a_k \mathrm{e}^{jk(2\pi/N)n}$$

$$= \sum_{k=1}^{(N-1)/2} a_{-k} \mathrm{e}^{-jk(2\pi/N)n} + \sum_{k=0}^{(N-1)/2} a_k \mathrm{e}^{jk(2\pi/N)n} = a_0 + \sum_{k=1}^{(N-1)/2} a_k^* \mathrm{e}^{-jk(2\pi/N)n} + \sum_{k=1}^{(N-1)/2} a_k \mathrm{e}^{jk(2\pi/N)n}$$

$$= a_0 + \sum_{k=1}^{(N-1)/2} \left[(b_k - jc_k) \mathrm{e}^{-jk(2\pi/N)n} + (b_k + jc_k) \mathrm{e}^{jk(2\pi/N)n} \right]$$

$$= a_0 + 2 \sum_{k=1}^{(N-1)/2} \left(b_k \cos \frac{2\pi kn}{N} - c_k \sin \frac{2\pi kn}{N} \right)$$

若 N 为偶数，则有

$$x[n] = \sum_{k=\langle N \rangle} a_k \mathrm{e}^{jk(2\pi/N)n} = \sum_{k=-N/2}^{-1} a_k \mathrm{e}^{jk(2\pi/N)n} + a_0 + \sum_{k=1}^{N/2-1} a_k \mathrm{e}^{jk(2\pi/N)n}$$

$$= \sum_{k=1}^{N/2} a_{-k} \mathrm{e}^{-jk(2\pi/N)n} + a_0 + \sum_{k=1}^{N/2-1} a_k \mathrm{e}^{jk(2\pi/N)n}$$

$$= a_0 + (-1)^n a_{-N/2} + \sum_{k=1}^{N/2-1} a_k^* \mathrm{e}^{-jk(2\pi/N)n} + \sum_{k=1}^{N/2-1} a_k \mathrm{e}^{jk(2\pi/N)n}$$

由 $a_k = \dfrac{1}{N} \sum_{n=\langle N \rangle} x[n] \mathrm{e}^{-jk(2\pi/N)n}$ 可得

$$a_{-N/2} = \frac{1}{N} \sum_{n=\langle N \rangle} x[n] \mathrm{e}^{-j(-N/2)(2\pi/N)n} = \frac{1}{N} \sum_{n=\langle N \rangle} x[n] \mathrm{e}^{-j(N/2)(2\pi/N)n} = a_{N/2}$$

于是

$$x[n] = a_0 + (-1)^n a_{-N/2} + \sum_{k=1}^{N/2-1} a_k^* \mathrm{e}^{-jk(2\pi/N)n} + \sum_{k=1}^{N/2-1} a_k \mathrm{e}^{jk(2\pi/N)n}$$

$$= (a_0 + a_{N/2}(-1)^n) + 2 \sum_{k=1}^{(N-2)/2} \left(b_k \cos \frac{2\pi kn}{N} - c_k \sin \frac{2\pi kn}{N} \right)$$

(d) 若 $a_k = A_k \mathrm{e}^{j\theta_k}$，则 $a_k^* = A_k \mathrm{e}^{-j\theta_k}$。

若 N 为奇数，则有

$$x[n] = a_0 + \sum_{k=1}^{(N-1)/2} a_k^* \mathrm{e}^{-jk(2\pi/N)n} + \sum_{k=1}^{(N-1)/2} a_k \mathrm{e}^{jk(2\pi/N)n}$$

$$= a_0 + \sum_{k=1}^{(N-1)/2} \left[A_k \mathrm{e}^{-j\theta_k} \mathrm{e}^{-jk(2\pi/N)n} + A_k \mathrm{e}^{j\theta_k} \mathrm{e}^{jk(2\pi/N)n} \right]$$

$$= a_0 + 2 \sum_{k=1}^{(N-1)/2} A_k \cos \left(\frac{2\pi kn}{N} + \theta_k \right)$$

若 N 为偶数，则有

$$x[n] = a_0 + (-1)^n a_{-N/2} + \sum_{k=1}^{N/2-1} a_k^* \mathrm{e}^{-jk(2\pi/N)n} + \sum_{k=1}^{N/2-1} a_k \mathrm{e}^{jk(2\pi/N)n}$$

$$= a_0 + (-1)^n a_{N/2} + \sum_{k=1}^{(N-2)/2} \left[A_k \mathrm{e}^{-j\theta_k} \mathrm{e}^{-jk(2\pi/N)n} + A_k \mathrm{e}^{j\theta_k} \mathrm{e}^{jk(2\pi/N)n} \right]$$

$$= a_0 + (-1)^n a_{N/2} + 2 \sum_{k=1}^{(N-2)/2} A_k \cos \left(\frac{2\pi kn}{N} + \theta_k \right)$$

(e) $y[n] = a_0 - d_0 + \mathrm{Ev}\{z[n]\} + \mathrm{Od}\{x[n]\} - \mathrm{Od}\{z[n]\}$

$y[n]$ 波形如图 3-12 所示。

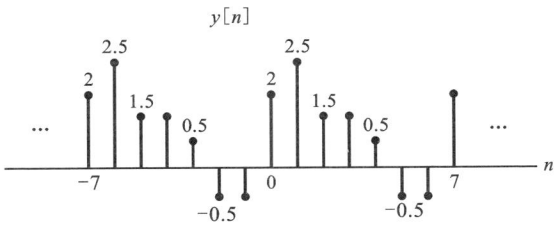

图 3-12

3-40　产生直流电源的一种办法是将交流信号进行全部整流。这就是说，将交流信号 $x(t)$ 通过一个具有 $y(t) = |x(t)|$ 的系统。

(a) 若 $x(t) = \cos t$，画出输入、输出波形。输入和输出的基本周期是什么？

(b) 若 $x(t) = \cos t$，求输出 $y(t)$ 的傅里叶级数系数。

(c) 输入信号中的直流分量是多少？输出信号中的直流分量是多少？

解　(a) $x(t)$ 的基本周期是 $T = 2\pi$，$y(t)$ 的基本周期是 $T = \pi$。输入、输出波形如图 3-13 所示。

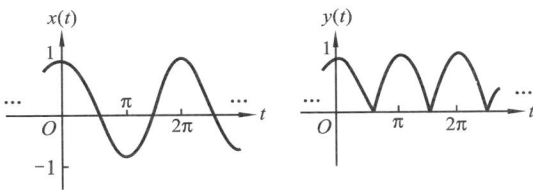

图 3-13

(b) $y(t) = |x(t)| = |\cos t| \leftrightarrow b_k$

$$b_k = \frac{1}{\pi} \int_0^\pi |\cos t| \, \mathrm{e}^{-\mathrm{j}2kt} \, \mathrm{d}t = \frac{1}{\pi} \int_{-\frac{\pi}{2}}^{\frac{\pi}{2}} \cos t \mathrm{e}^{-\mathrm{j}2kt} \, \mathrm{d}t = \frac{2\,(-1)^k}{\pi(1 - 4k^2)}$$

(c) $x(t) = \cos t \leftrightarrow a_k$

$$a_0 = \frac{1}{2\pi} \int_0^{2\pi} \cos t \mathrm{d}t = 0, \quad b_0 = \lim_{k \to 0} b_k = \lim_{k \to 0} \frac{2\,(-1)^k}{\pi(1 - 4k^2)} = \frac{2}{\pi}$$

3-41　假定有一连续时间周期信号加到一个 LTI 系统上，该信号的傅里叶级数表示为

$$x(t) = \sum_{k=-\infty}^{\infty} \alpha^{|k|} \mathrm{e}^{\mathrm{j}k(\pi/4)t}$$

式中：α 是位于 0 和 1 之间的实数，系统的频率响应为

$$H(\mathrm{j}\omega) = \begin{cases} 1, & |\omega| \leqslant W \\ 0, & |\omega| > W \end{cases}$$

为了使系统的输出至少有 $x(t)$ 在每个周期内 90% 的平均能量，问 W 必须有多宽？

解　信号 $x(t)$ 的总平均能量为

$$\frac{1}{T} \int_T |x(t)|^2 \mathrm{d}t = \sum_{k=-\infty}^{\infty} |a_k|^2 = \sum_{k=-\infty}^{\infty} |\alpha^{|k|}|^2 = \sum_{k=-\infty}^{\infty} \alpha^{2|k|} = \frac{1 + \alpha^2}{1 - \alpha^2}$$

假定 $x(t)$ 截取 N 项的平均能量达到了总平均能量的 90%，即

$$\sum_{k=-N+1}^{N-1} |a_k|^2 = \sum_{k=-N+1}^{N-1} \alpha^{2|k|} = 0.9 \frac{1+\alpha^2}{1-\alpha^2}$$

$$\frac{1+\alpha^2-2\alpha^{2N}}{1-\alpha^2} = 0.9 \frac{1+\alpha^2}{1-\alpha^2}$$

$$N = \frac{\log[0.05(1+\alpha^2)]}{2\log\alpha}$$

则

$$W > (N-1)\omega_0 = \frac{\pi(N-1)}{4}$$

3-42　在这一章已经看到,在研究 LTI 系统时,特征函数概念是一个极为重要而有用的方法。这对于线性时不变系统来说同样是正确的。具体说来,考虑一个输入为 $x(t)$,输出为 $y(t)$ 的系统,如果有

$$\phi(t) \rightarrow \lambda\phi(t)$$

也即若 $x(t) = \phi(t)$,则 $y(t) = \lambda\phi(t)$,那么就说信号 $\phi(t)$ 是该系统的一个特征函数,这里复常数 λ 称为与 $\phi(t)$ 有关的特征值。

（a）假设能够把系统的输入 $x(t)$ 表示成特征函数 $\phi_k(t)$ 的线性组合,即

$$x(t) = \sum_{k=-\infty}^{\infty} c_k\phi_k(t)$$

而且每一个特征函数都有相应的特征值 λ_k。

试用 $\{c_k\}$、$\{\phi_k(t)\}$ 和 $\{\lambda_k\}$ 表示该系统的输出 $y(t)$。

（b）考虑下列微分方程表征的系统

$$y(t) = t^2 \frac{d^2 x(t)}{dt^2} + t \frac{dx(t)}{dt}$$

这个系统是线性的吗?是时不变的吗?

（c）证明：

$$\phi_k(t) = t^k$$

这一组函数是（b）中所述系统的特征函数。对每一个 $\phi_k(t)$ 确定其相应的特征值 λ_k。

（d）如果

$$x(t) = 10t^{-10} + 3t + \frac{1}{2}t^4 + \pi$$

求该系统的输出。

解　（a）依题意,有 $\phi_k(t) \rightarrow \lambda_k\phi_k(t)$,则 $c_k\phi_k(t) \rightarrow c_k\lambda_k\phi_k(t)$,于是

$$x(t) = \sum_{k=-\infty}^{\infty} c_k\phi_k(t) \rightarrow y(t) = \sum_{k=-\infty}^{\infty} c_k\lambda_k\phi_k(t)$$

（b）设 $x_1(t) \rightarrow y_1(t)$,$x_2(t) \rightarrow y_2(t)$,$x_3(t) = ax_1(t) + bx_2(t) \rightarrow y_3(t)$,则

$$y_3(t) = t^2 \frac{d^2 x_3(t)}{dt^2} + t \frac{dx_3(t)}{dt} = t^2 \frac{d^2[ax_1(t)+bx_2(t)]}{dt^2} + t \frac{d[ax_1(t)+bx_2(t)]}{dt}$$

$$= at^2 \frac{d^2 x_1(t)}{dt^2} + bt^2 \frac{d^2 x_2(t)}{dt^2} + at \frac{dx_1(t)}{dt} + bt \frac{dx_1(t)}{dt}$$

$$= ay_1(t) + by_2(t)$$

该系统是线性的。

又设 $x_4(t) = x(t-t_0) \rightarrow y_4(t)$,则

$$y_4(t) = t^2 \frac{d^2 x_4(t)}{dt^2} + t \frac{dx_4(t)}{dt} = t^2 \frac{d^2 x(t-t_0)}{dt^2} + t \frac{dx(t-t_0)}{dt} \neq y(t-t_0)$$

所以该系统是时变的。

（c）令 $x(t) = \phi_k(t) = t^k$，则

$$\frac{\mathrm{d}x(t)}{\mathrm{d}t} = kt^{k-1}, \qquad \frac{\mathrm{d}^2 x(t)}{\mathrm{d}t^2} = k(k-1)t^{k-2}$$

$$y(t) = t^2 k(k-1)t^{k-2} + tkt^{k-1} = k^2 t^k = k^2 x(t)$$

显见，$\phi_k(t)$ 是上述系统的特征函数，其相应的特征值 $\lambda_k = k^2$。

（d）由特征函数的概念可知，当 $x(t) = 10t^{-10} + 3t + \dfrac{1}{2}t^4 + \pi = 10\phi_{-10}(t) + 3\phi_1(t) + \dfrac{1}{2}\phi_4(t) + \pi\phi_0(t)$ 时

$$y(t) = 10(-10)^2 \phi_{-10}(t) + 3(1)^2 \phi_1(t) + \frac{1}{2}(4)^2 \phi_4(t) + \pi(0)^2 \phi_0(t)$$

$$= 1000\phi_{-10}(t) + 3\phi_1(t) + 8\phi_4(t)$$

$$= 1000t^{-10} + 3t + 8t^4$$

第4章 连续时间傅里叶变换

4.1 知识点归纳

4.1.1 非周期信号的表示:连续时间傅里叶变换

1. 傅里叶变换对

分析式:
$$X(j\omega) = \mathscr{F}\{x(t)\} = \int_{-\infty}^{\infty} x(t)e^{-j\omega t}\,dt$$

综合式:
$$x(t) = \mathscr{F}^{-1}\{X(j\omega)\} = \frac{1}{2\pi}\int_{-\infty}^{\infty} X(j\omega)e^{j\omega t}\,d\omega$$

2. 非周期信号的频谱

一个非周期信号 $x(t)$ 的傅里叶变换 $X(j\omega)$ 通常称为 $x(t)$ 的频谱。一般情况下,$X(j\omega)$ 是复数,可表示为

$$X(j\omega) = |X(j\omega)|\,e^{j\varphi(\omega)}$$

$|X(j\omega)|$ 称为 $x(t)$ 的幅度谱,$\varphi(\omega)$ 称为 $x(t)$ 的相位谱。

3. 傅里叶变换的收敛

傅里叶变换收敛的条件和傅里叶级数收敛的条件一样(也称为狄利克雷条件):

(1) $x(t)$ 绝对可积,即 $\int_{-\infty}^{\infty} |x(t)|\,dt < \infty$;

(2) 在任何有限区间内,$x(t)$ 只有有限个最大值和最小值;

(3) 在任何有限区间内,$x(t)$ 具有有限个不连续点,并且每个不连续点都必须是有限值。

注意　上述狄利克雷条件只是傅里叶变换存在的充分条件,而不是必要条件。

4. 傅里叶变换与傅里叶级数的关系

设 $\tilde{x}(t)$ 是一个周期为 T 的周期信号,其傅里叶级数系数为 a_k;令 $x(t)$ 是一个有限持续期信号,它等于在一个周期内的 $\tilde{x}(t)$,其傅里叶变换为 $X(j\omega)$,则有

$$a_k = \frac{1}{T}X(j\omega)\,|_{\omega = k\omega_0}$$

式中:$\omega_0 = \dfrac{2\pi}{T}$。

4.1.2 周期信号的傅里叶变换

周期信号 $x(t)$ 可用傅里叶级数来表示,即

$$x(t) = \sum_{k=-\infty}^{\infty} a_k e^{jk\omega_0 t}$$

其傅里叶变换为
$$X(j\omega) = \sum_{k=-\infty}^{\infty} 2\pi a_k \delta(\omega - k\omega_0)$$

即一个傅里叶级数系数为 $\{a_k\}$ 的周期信号的傅里叶变换,可以看成是出现在呈谐波关系的频

率上的一串冲激函数,发生在第 k 次谐波频率 $k\omega_0$ 上的冲激函数的面积是第 k 个傅里叶级数系数 a_k 的 2π 倍。

4.1.3　连续时间傅里叶变换的性质

1. 线性

若 $x(t) \overset{FT}{\longleftrightarrow} X(j\omega), y(t) \overset{FT}{\longleftrightarrow} Y(j\omega)$,则

$$ax(t) + by(t) \overset{FT}{\longleftrightarrow} aX(j\omega) + bY(j\omega)$$

2. 时移性质

若 $x(t) \overset{FT}{\longleftrightarrow} X(j\omega)$,则

$$x(t - t_0) \overset{FT}{\longleftrightarrow} e^{-j\omega t_0} X(j\omega)$$

3. 频移性质

若 $x(t) \overset{FT}{\longleftrightarrow} X(j\omega)$,则

$$e^{j\omega_0 t} x(t) \overset{FT}{\longleftrightarrow} X(j\omega - j\omega_0)$$

4. 共轭及共轭对称性

若 $x(t) \overset{FT}{\longleftrightarrow} X(j\omega)$,则

$$x^*(t) \overset{FT}{\longleftrightarrow} X^*(-j\omega)$$

若 $x(t)$ 为实函数,那么 $X(j\omega)$ 就具有共轭对称性,即

$$X(-j\omega) = X^*(j\omega)$$

且　　　　　　　$\mathrm{Re}\{X(j\omega)\} = \mathrm{Re}\{X(-j\omega)\}, \quad \mathrm{Im}\{X(j\omega)\} = -\mathrm{Im}\{X(-j\omega)\}$

$$|X(j\omega)| = |X(-j\omega)|, \quad \varphi(\omega) = -\varphi(-\omega)$$

进一步可以证明:若 $x(t)$ 为实偶函数,那么 $X(j\omega)$ 也一定为实偶函数;若 $x(t)$ 为实奇函数,那么 $X(j\omega)$ 就是纯虚函数。则有

$$\mathrm{Ev}\{x(t)\} \overset{FT}{\longleftrightarrow} \mathrm{Re}\{X(j\omega)\}, \quad \mathrm{Od}\{x(t)\} \overset{FT}{\longleftrightarrow} j\mathrm{Im}\{X(j\omega)\}$$

5. 时域微分性质

若 $x(t) \overset{FT}{\longleftrightarrow} X(j\omega)$,则

$$\frac{\mathrm{d}x(t)}{\mathrm{d}t} \overset{FT}{\longleftrightarrow} j\omega X(j\omega)$$

6. 时域积分性质

若 $x(t) \overset{FT}{\longleftrightarrow} X(j\omega)$,则

$$\int_{-\infty}^{t} x(\tau)\mathrm{d}\tau \overset{FT}{\longleftrightarrow} \frac{1}{j\omega}X(j\omega) + \pi X(0)\delta(\omega)$$

7. 频域微分性质

若 $x(t) \overset{FT}{\longleftrightarrow} X(j\omega)$,则

$$(-jt)x(t) \overset{FT}{\longleftrightarrow} \frac{\mathrm{d}X(j\omega)}{\mathrm{d}\omega}$$

8. 频域积分性质

若 $x(t) \overset{FT}{\longleftrightarrow} X(j\omega)$,则

$$-\frac{1}{\mathrm{j}t}x(t)+\pi x(0)\delta(t)\overset{\mathrm{FT}}{\longleftrightarrow}\int_{-\infty}^{\omega}X(\mathrm{j}\Omega)\mathrm{d}\Omega$$

9. 时间与频率的尺度变换性质

若 $x(t)\overset{\mathrm{FT}}{\longleftrightarrow}X(\mathrm{j}\omega)$,则

$$x(at)\overset{\mathrm{FT}}{\longleftrightarrow}\frac{1}{\mid a\mid}X\left(\frac{\mathrm{j}\omega}{a}\right)$$

令 $a=-1$,则有 $x(-t)\overset{\mathrm{FT}}{\longleftrightarrow}X(-\mathrm{j}\omega)$。

10. 对偶性

若 $x(t)\overset{\mathrm{FT}}{\longleftrightarrow}X(\mathrm{j}\omega)$,则

$$X(\mathrm{j}t)\overset{\mathrm{FT}}{\longleftrightarrow}2\pi x(-\omega)$$

11. 卷积性质

若 $x_1(t)\overset{\mathrm{FT}}{\longleftrightarrow}X_1(\mathrm{j}\omega)$,$x_2(t)\overset{\mathrm{FT}}{\longleftrightarrow}X_2(\mathrm{j}\omega)$,则

$$x_1(t)*x_2(t)\overset{\mathrm{FT}}{\longleftrightarrow}X_1(\mathrm{j}\omega)X_2(\mathrm{j}\omega)$$

12. 相乘性质

若 $x_1(t)\overset{\mathrm{FT}}{\longleftrightarrow}X_1(\mathrm{j}\omega)$,$x_2(t)\overset{\mathrm{FT}}{\longleftrightarrow}X_2(\mathrm{j}\omega)$,则

$$x_1(t)x_2(t)\overset{\mathrm{FT}}{\longleftrightarrow}\frac{1}{2\pi}\big[X_1(\mathrm{j}\omega)*X_2(\mathrm{j}\omega)\big]$$

13. 非周期信号的帕斯瓦尔定律

若 $x(t)\overset{\mathrm{FT}}{\longleftrightarrow}X(\mathrm{j}\omega)$,则

$$\int_{-\infty}^{\infty}\mid x(t)\mid^2\mathrm{d}t=\frac{1}{2\pi}\int_{-\infty}^{\infty}\mid X(\mathrm{j}\omega)\mid^2\mathrm{d}\omega$$

帕斯瓦尔定律指出:非周期信号的总能量既可以按每单位时间内的能量($\mid x(t)\mid^2$)在整个时间内积分计算出来,也可以按每单位频率内的能量($\mid X(\mathrm{j}\omega)\mid^2/2\pi$)在整个频率范围内积分而得到。

$\mid X(\mathrm{j}\omega)\mid^2$ 常称为信号 $x(t)$ 的能谱密度。

4.1.4 连续时间 LTI 系统的频率响应

1. 频率响应函数

一个连续时间 LTI 系统的输出 $y(t)$ 等于输入 $x(t)$ 和系统单位冲激响应 $h(t)$ 的卷积,即

$$y(t)=x(t)*h(t)$$

由傅里叶变换的卷积性质,可得

$$Y(\mathrm{j}\omega)=X(\mathrm{j}\omega)H(\mathrm{j}\omega)$$

这里 $Y(\mathrm{j}\omega)$,$X(\mathrm{j}\omega)$,$H(\mathrm{j}\omega)$ 分别为 $y(t)$,$x(t)$,$h(t)$ 的傅里叶变换。由上式可推得

$$H(\mathrm{j}\omega)=\frac{Y(\mathrm{j}\omega)}{X(\mathrm{j}\omega)}$$

其中,$H(\mathrm{j}\omega)$ 称为系统的频率响应函数。

若令 $H(\mathrm{j}\omega)=\mid H(\mathrm{j}\omega)\mid\mathrm{e}^{\mathrm{j}\varphi_H(\omega)}$,则 $\mid H(\mathrm{j}\omega)\mid$ 称为系统的幅频响应,$\varphi_H(\omega)$ 称为系统的相频响应。

2. 由线性常系数微分方程表征的系统的频率响应

若连续时间 LTI 系统的输入、输出满足如下形式的线性常系数微分方程：

$$\sum_{k=0}^{N} a_k \frac{\mathrm{d}^k y(t)}{\mathrm{d}t^k} = \sum_{k=0}^{M} b_k \frac{\mathrm{d}^k x(t)}{\mathrm{d}t^k}$$

则该系统的频率响应为

$$H(\mathrm{j}\omega) = \frac{Y(\mathrm{j}\omega)}{X(\mathrm{j}\omega)} = \frac{\sum\limits_{k=0}^{M} b_k \ (\mathrm{j}\omega)^k}{\sum\limits_{k=0}^{N} a_k \ (\mathrm{j}\omega)^k}$$

注意　只有稳定系统才存在频率响应。

3. 无失真传输

无失真传输是指一个确定信号通过系统后，其时域波形未改变，仅幅度产生变化，在时间上有所延迟。若设 $x(t)$ 为输入，则无失真传输的输出应为

$$y(t) = Kx(t - t_d)$$

式中：t_d 是时间延迟；$K(>0)$ 是增益常数。

上式两边进行傅里叶变换，得

$$Y(\mathrm{j}\omega) = K\mathrm{e}^{-\mathrm{j}\omega t_d} X(\mathrm{j}\omega)$$

由此可见，无失真传输系统必须满足

$$H(\mathrm{j}\omega) = \mid H(\mathrm{j}\omega) \mid \mathrm{e}^{\mathrm{j}\varphi_H(\omega)} = K\mathrm{e}^{-\mathrm{j}\omega t_d}$$

即　　　　　　　　　$$H(\mathrm{j}\omega) = K, \quad \varphi_H(\omega) = -\omega t_d$$

也就是说，$H(\mathrm{j}\omega)$ 的幅频响应必须是一个与频率无关的常数，相频响应必须是频率的线性函数。无失真传输系统的频率响应如图 4-1(a)、(b) 所示。

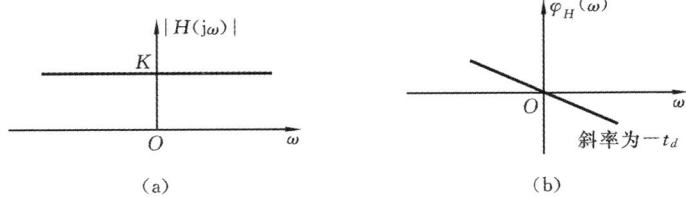

(a)　　　　　　　　　　　　　　　　　　(b)

图 4-1　无失真传输系统的频率响应

4. 幅度失真和相位失真

当系统的幅度谱 $\mid H(\mathrm{j}\omega) \mid$ 在我们所研究的频带内不是一个常数时，输入信号的频率分量在传输中就会进行不同的加权，这种影响称为幅度失真。当相位谱 $\varphi_H(\omega)$ 不是频率的线性函数时，由于系统对输入信号各频率分量的延时不同，致使输出信号和输入信号的波形不同，这种失真称为相位失真。

4.1.5　滤　波

滤波是所有的信号处理系统中最基本的一种处理手段。滤波就是改变信号某些频率分量的幅度或滤除某些频率分量。正如前面所说的，对于连续 LTI 系统，输出频谱是输入频谱与系统频率响应相乘得来的。因此，一个 LTI 系统对于输入信号来说就相当于一个滤波器。

1. 频率成形滤波器

用于改变频谱形状的 LTI 系统往往称为频率成形滤波器。常见的频率成形滤波器是微分滤波器，其输出是输入的导数，即 $y(t) = \mathrm{d}x(t)/\mathrm{d}t$，其频率响应为 $H(\mathrm{j}\omega) = \mathrm{j}\omega$。图 4-2(a)、(b) 分别表示其幅频特性和相频特性。

微分滤波器在增强信号中的快速变化部分或快速转变中是有用的，经常用于图像处理中边缘的增晰。

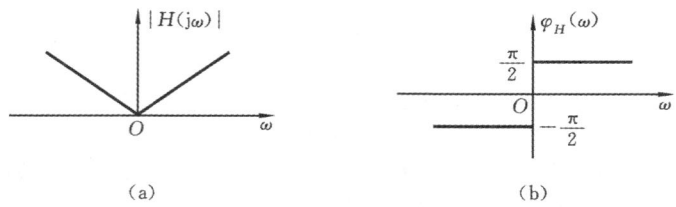

(a)　　　　　　　　　　　　　　　　(b)

图 4-2　微分滤波器的频率响应

2. 频率选择性滤波器

专门设计成基本上无失真地通过某些频率，而显著地衰减掉或消除掉另一些频率的系统称为频率选择性滤波器。

一个理想的频率选择性滤波器可以让信号的指定频带全部通过，而其他频带全部截止。允许通过的频带称为通带；截止的频带称为阻带。

1) 理想低通滤波器

低通滤波器就是通过低频(即在 $\omega = 0$ 附近的频率)，而衰减或阻止较高频率的滤波器。理想低通滤波器(LPF)的频率响应为

$$H(\mathrm{j}\omega) = \begin{cases} 1, & |\omega| < \omega_c \\ 0, & |\omega| > \omega_c \end{cases}$$

式中：ω_c 是截止频率。理想低通滤波器的频率响应如图 4-3(a) 所示。

2) 理想高通滤波器

高通滤波器就是通过高频而衰减或阻止低频的滤波器。理想高通滤波器(HPF)的频率响应为

$$H(\mathrm{j}\omega) = \begin{cases} 0, & |\omega| < \omega_c \\ 1, & |\omega| > \omega_c \end{cases}$$

式中：ω_c 是截止频率。理想高通滤波器的频率响应如图 4-3(b) 所示。

3) 理想带通滤波器

带通滤波器就是通过某一频带范围，而衰减掉既高于又低于所要通过的这段频带的滤波器。理想带通滤波器(BPF)的频率响应为

$$H(\mathrm{j}\omega) = \begin{cases} 1, & \omega_{c_1} < |\omega| < \omega_{c_2} \\ 0, & 其他 \end{cases}$$

式中：ω_{c_1} 是下截止频率；ω_{c_2} 是上截止频率。理想带通滤波器的频率响应如图 4-3(c) 所示。

4) 理想带阻滤波器

理想带阻滤波器(BSF)的频率响应为

$$H(\mathrm{j}\omega) = \begin{cases} 0, & \omega_{c_1} < |\omega| < \omega_{c_2} \\ 1, & 其他 \end{cases}$$

式中：ω_{c_1} 是下截止频率；ω_{c_2} 是上截止频率。理想带阻滤波器的频率响应如图 4-3(d) 所示。

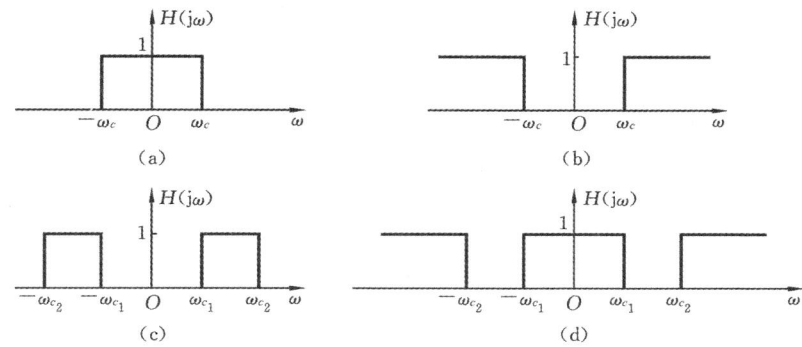

图 4-3　理想频率选择滤波器的频率响应

理想滤波器在很多应用中用于描述理想化系统的构成是很有用的。然而，在实际中它们又是不可实现的，只能是近似地实现。实际能实现的滤波器都是非理想的，如简单的 RC 电路既可构成一个非理想低通滤波器，也能构成一个非理想高通滤波器。

4.1.6　带　宽

1. 滤波器(或系统)带宽

系统分析中一个重要的概念便是 LTI 系统的带宽。系统的带宽有许多不同的定义。

1）绝对带宽

理想低通滤波器的带宽 ω_B 等于它的截止频率，即 $\omega_B = \omega_c$，在这里 ω_B 称为绝对带宽。理想带通滤波器的绝对带宽是 $\omega_B = \omega_{c_2} - \omega_{c_1}$。

如果 $\omega_B \ll \omega_0$，则带通滤波器称为窄带滤波器。这里 $\omega_0 = \dfrac{1}{2}(\omega_{c_1} + \omega_{c_2})$ 是滤波器的中心频率。高通滤波器和带阻滤波器则没有带宽的定义。

2）3 dB(或半功率) 带宽

对于因果或实际滤波器，带宽的常见定义是 3 dB 带宽 ω_{3dB}。就低通滤波器而言，3 dB 带宽定义为：幅度谱 $|H(j\omega)|$ 值下降为 $|H(0)|/\sqrt{2}$ 时的正频率，如图 4-4(a) 所示。式中 $H(0)$ 是低通滤波器 $H(j\omega)$ 的峰值。3 dB 带宽也称为半功率带宽，这是因为电压或电流衰减为 3 dB 等于有效功率除以 2。对于带通滤波器而言，3 dB 带宽定义为 $|H(j\omega)|$ 下降为峰值 $|H(j\omega)|/\sqrt{2}$ 时所对应频率的差值，如图 4-4(b) 所示。3 dB 带宽对幅频特性为单峰(在正频率范围内)的系统非常有用，它是测量系统带宽普遍采用的标准。但当系统幅频特性有多个峰值时，3 dB 带宽就不明确且不唯一了。

注意　上面介绍的带宽定义域为正频率轴且要求频率为正数。

2. 信号带宽

信号的带宽定义：能量或功率最集中的频率范围。由此可得出多种不同的带宽定义方式。

3 dB 带宽：信号 $x(t)$ 的带宽可采用滤波器带宽的定义方式，如以信号幅度谱 $|X(j\omega)|$ 表示的 3 dB 带宽。

有限带宽信号：如果 $|X(j\omega)| = 0$，$|\omega| > \omega_m$，则信号 $x(t)$ 称为有限带宽信号。有限带宽信号的带宽就是 ω_m。

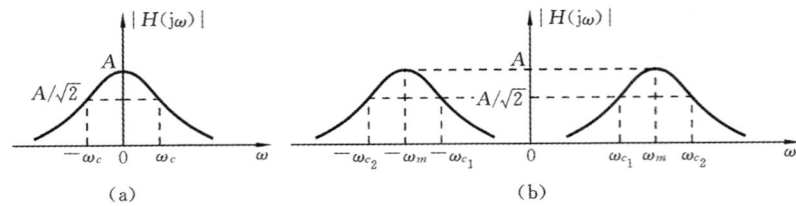

图 4-4　滤波器带宽

4.2　典型习题详解

4-1　求下列各周期信号的傅里叶变换。

(a) $\sin\left(2\pi t+\dfrac{\pi}{4}\right)$；　　　　(b) $1+\cos\left(6\pi t+\dfrac{\pi}{8}\right)$。

解　(a) $x_a(t)=\sin\left(2\pi t+\dfrac{\pi}{4}\right)=\dfrac{\sqrt{2}}{2}(\sin 2\pi t+\cos 2\pi t)$

$X_a(j\omega)=\dfrac{\sqrt{2}}{2}\dfrac{\pi}{j}[\delta(\omega-2\pi)-\delta(\omega+2\pi)]+\dfrac{\sqrt{2}}{2}\pi[\delta(\omega-2\pi)+\delta(\omega+2\pi)]$

$\qquad=\pi\delta(\omega-2\pi)\left(\dfrac{\sqrt{2}}{2}-j\dfrac{\sqrt{2}}{2}\right)+\pi\delta(\omega+2\pi)\left(\dfrac{\sqrt{2}}{2}+j\dfrac{\sqrt{2}}{2}\right)$

$\qquad=\pi e^{-j\frac{\pi}{4}}\delta(\omega-2\pi)+\pi e^{j\frac{\pi}{4}}\delta(\omega+2\pi)$

(b) $x_b(t)=1+\cos\left(6\pi t+\dfrac{\pi}{8}\right)=1+\dfrac{1}{2}e^{j6\pi t}e^{j\frac{\pi}{8}}+\dfrac{1}{2}e^{-j6\pi t}e^{-j\frac{\pi}{8}}$

$X_b(j\omega)=2\pi\delta(\omega)+\pi e^{j\frac{\pi}{8}}\delta(\omega-6\pi)+\pi e^{-j\frac{\pi}{8}}\delta(\omega+6\pi)$

4-2　利用傅里叶变换综合式,求下列反变换。

(a) $X_1(j\omega)=2\pi\delta(\omega)+\pi\delta(\omega-4\pi)+\pi\delta(\omega+4\pi)$；

(b) $X_2(j\omega)=\begin{cases}2, & 0\leqslant\omega\leqslant 2\\ -2, & -2\leqslant\omega<0\\ 0, & |\omega|>2\end{cases}$。

解　(a) $x_1(t)=\dfrac{1}{2\pi}\displaystyle\int_{-\infty}^{\infty}X_1(j\omega)e^{j\omega t}\,d\omega$

$\qquad=\dfrac{1}{2\pi}\displaystyle\int_{-\infty}^{\infty}2\pi\delta(\omega)e^{j\omega t}\,d\omega+\dfrac{1}{2\pi}\displaystyle\int_{-\infty}^{\infty}\pi\delta(\omega-4\pi)e^{j\omega t}\,d\omega+\dfrac{1}{2\pi}\displaystyle\int_{-\infty}^{\infty}\pi\delta(\omega+4\pi)e^{j\omega t}\,d\omega$

$\qquad=1+\dfrac{1}{2}e^{j4\pi t}+\dfrac{1}{2}e^{-j4\pi t}=1+\cos 4\pi t$

(b) $X_2(t)=\dfrac{1}{2\pi}\displaystyle\int_{-\infty}^{\infty}X_2(j\omega)e^{j\omega t}\,d\omega=\dfrac{1}{2\pi}\displaystyle\int_{-2}^{0}(-2)e^{j\omega t}\,d\omega+\dfrac{1}{2\pi}\displaystyle\int_{0}^{2}2e^{j\omega t}\,d\omega$

$\qquad=-\dfrac{1}{j\pi t}(1-e^{-j2t})+\dfrac{1}{j\pi t}(e^{j2t}-1)=\dfrac{1}{j\pi t}(e^{j2t}+e^{-j2t}-2)$

$\qquad=\dfrac{1}{j\pi t}[2\cos 2t-2]=\dfrac{j4\sin^2 t}{\pi t}$

4-3　利用傅里叶变换综合式求 $X(j\omega)=|X(j\omega)|e^{j\arg X(j\omega)}$ 的反变换,其中:$|X(j\omega)|=2\{u(\omega$

$+3)-u(\omega-3)\}$, $\arg X(\mathrm{j}\omega)=-\dfrac{3}{2}\omega+\pi$。用所得答案确定 $x(t)=0$ 时的 t 值。

解　$x(t)=\dfrac{1}{2\pi}\displaystyle\int_{-\infty}^{\infty}X(\mathrm{j}\omega)\mathrm{e}^{\mathrm{j}\omega t}\mathrm{d}\omega=\dfrac{1}{2\pi}\int_{-\infty}^{\infty}\mid X(\mathrm{j}\omega)\mid\mathrm{e}^{\mathrm{j}\arg X(\mathrm{j}\omega)}\mathrm{e}^{\mathrm{j}\omega t}\mathrm{d}\omega=\dfrac{1}{2\pi}\int_{-3}^{3}2\mathrm{e}^{-\mathrm{j}\frac{3}{2}\omega}\mathrm{e}^{\mathrm{j}\pi}\mathrm{e}^{\mathrm{j}\omega t}\mathrm{d}\omega$

$=-\dfrac{1}{\pi}\displaystyle\int_{-3}^{3}\mathrm{e}^{\mathrm{j}\left(t-\frac{3}{2}\right)\omega}\mathrm{d}\omega=-\dfrac{1}{\mathrm{j}\pi(t-3/2)}\left[\mathrm{e}^{\mathrm{j}3\left(t-\frac{3}{2}\right)}-\mathrm{e}^{-\mathrm{j}3\left(t-\frac{3}{2}\right)}\right]=\dfrac{-2\sin\left[3(t-3/2)\right]}{\pi(t-3/2)}$

当 $3(t-3/2)=k\pi,k=\pm1,\pm2,\cdots$ 时，$x(t)=0$，即 $t=k\dfrac{\pi}{3}+\dfrac{3}{2}$。

4-4　已知 $x(t)$ 的傅里叶变换为 $X(\mathrm{j}\omega)$，试将下列各信号的傅里叶变换用 $X(\mathrm{j}\omega)$ 来表示。

(a) $x_1(t)=x(1-t)+x(-1-t)$；　(b) $x_2(t)=x(3t-6)$；　(c) $x_3(t)=\dfrac{\mathrm{d}^2}{\mathrm{d}t^2}x(t-1)$。

解　(a) 设 $x(t)\overset{\text{FT}}{\longleftrightarrow}X(\mathrm{j}\omega)$，则

$$x(-t)\overset{\text{FT}}{\longleftrightarrow}X(-\mathrm{j}\omega)$$

$$x(-t+1)\overset{\text{FT}}{\longleftrightarrow}X(-\mathrm{j}\omega)\mathrm{e}^{-\mathrm{j}\omega}$$

$$x(-t-1)\overset{\text{FT}}{\longleftrightarrow}X(-\mathrm{j}\omega)\mathrm{e}^{\mathrm{j}\omega}$$

故　　　　　$X_1(\mathrm{j}\omega)=\mathscr{F}\{x_1(t)\}=X(-\mathrm{j}\omega)(\mathrm{e}^{-\mathrm{j}\omega}+\mathrm{e}^{\mathrm{j}\omega})=2\cos\omega X(-\mathrm{j}\omega)$

(b) $x(3t)\overset{\text{FT}}{\longleftrightarrow}\dfrac{1}{3}X\left(\mathrm{j}\dfrac{\omega}{3}\right)$

$$x_2(t)=x(3t-6)=x\left[3(t-2)\right]$$

$$X_2(\mathrm{j}\omega)=\mathscr{F}\{x_2(t)\}=\dfrac{1}{3}X\left(\mathrm{j}\dfrac{\omega}{3}\right)\mathrm{e}^{-\mathrm{j}2\omega}$$

(c) $x(t-1)\overset{\text{FT}}{\longleftrightarrow}X(\mathrm{j}\omega)\mathrm{e}^{-\mathrm{j}\omega}$

$$\dfrac{\mathrm{d}}{\mathrm{d}t}\left[x(t-1)\right]\overset{\text{FT}}{\longleftrightarrow}\mathrm{j}\omega X(\mathrm{j}\omega)\mathrm{e}^{-\mathrm{j}\omega}$$

$$x_3(t)=\dfrac{\mathrm{d}^2}{\mathrm{d}t^2}\left[x(t-1)\right]\overset{\text{FT}}{\longleftrightarrow}X_3(\mathrm{j}\omega)=(\mathrm{j}\omega)^2X(\mathrm{j}\omega)\mathrm{e}^{-\mathrm{j}\omega}=-\omega^2X(\mathrm{j}\omega)\mathrm{e}^{-\mathrm{j}\omega}$$

4-5　对于下列各傅里叶变换，根据傅里叶变换性质确定对应于时域信号是否是(i) 实、虚，或都不是；(ii) 偶、奇，或都不是。应不通过求出反变换来解此题。

(a) $X_1(\mathrm{j}\omega)=u(\omega)-u(\omega-2)$；　(b) $X_2(\mathrm{j}\omega)=\cos2\omega\sin\dfrac{\omega}{2}$；

(c) $X_3(\mathrm{j}\omega)=A(\omega)\mathrm{e}^{\mathrm{j}B(\omega)}$，式中 $A(\omega)=(\sin2\omega)/\omega$ 和 $B(\omega)=2\omega+\pi/2$；

(d) $X(\mathrm{j}\omega)=\displaystyle\sum_{k=-\infty}^{\infty}\left(\dfrac{1}{2}\right)^{|k|}\delta\left(\omega-\dfrac{k\pi}{4}\right)$。

解　(a) 根据共轭对称性可知，若 $x_1(t)$ 为实函数，则应有 $X_1(\mathrm{j}\omega)=X_1^{*}(-\mathrm{j}\omega)$，由于 $X_1(\mathrm{j}\omega)$ 不满足共轭对称性，所以 $x_1(t)$ 不是实信号。同样，由于 $X_1(\mathrm{j}\omega)$ 不是偶函数，所以 $x_1(t)$ 也不是偶信号。

(b) 由于实奇信号的傅里叶变换是一个纯虚的奇函数，由此可断定：一个纯虚的奇信号的傅里叶变换是一个实奇函数。由于 $X_2(\mathrm{j}\omega)$ 是一个实奇函数，因此，$x_2(t)$ 是一个纯虚且为奇函数的信号。

(c) 设 $y_3(t)\overset{\text{FT}}{\longleftrightarrow}Y_3(\mathrm{j}\omega)=(\sin2\omega)/\omega\cdot\mathrm{e}^{\mathrm{j}2\omega}$

则　　　　　　　　　　$Y_3(-\mathrm{j}\omega)=(\sin2\omega)/\omega\cdot\mathrm{e}^{-\mathrm{j}2\omega}$

即　　　　　　$\mid Y_3(\mathrm{j}\omega)\mid=\mid Y_3(-\mathrm{j}\omega)\mid$，　$\arg Y_3(\mathrm{j}\omega)=-\arg Y_3(-\mathrm{j}\omega)$

由此可知，$y_3(t)$ 是实信号。

而 $X_3(\mathrm{j}\omega) = Y_3(\mathrm{j}\omega)\mathrm{e}^{\mathrm{j}\pi/2} = \mathrm{j}Y_3(\mathrm{j}\omega)$，故 $x_3(t) = \mathrm{j}y_3(t)$ 是纯虚信号。

由于 $X_3(\mathrm{j}\omega)$ 既不是实函数，也不是纯虚函数，所以 $x_3(t)$ 既不是偶信号，也不是奇信号。

(d) 由于 $X_4(\mathrm{j}\omega)$ 是实偶函数，故 $x_4(t)$ 也是实偶信号。

4-6 考虑信号

$$x(t) = \begin{cases} 0, & t < -1/2 \\ t + 1/2, & -1/2 \leqslant t \leqslant 1/2 \\ 1, & t > 1/2 \end{cases}$$

(a) 利用傅里叶变换的微分和积分性质及矩形脉冲的傅里叶变换对，求 $X(\mathrm{j}\omega)$ 的闭式表示式。

(b) $g(t) = x(t) - 1/2$ 的傅里叶变换是什么？

解 (a) $\dfrac{\mathrm{d}x(t)}{\mathrm{d}t} = \begin{cases} 0, t < -1/2 \\ 1, -1/2 \leqslant t \leqslant 1/2 \\ 0, t > 1/2 \end{cases}$，令 $\dfrac{\mathrm{d}x(t)}{\mathrm{d}t} = y(t)$，则

$$x(t) = \int_{-\infty}^{t} y(\tau)\mathrm{d}\tau$$

根据积分性质，有

$$x(t) \overset{\text{FT}}{\longleftrightarrow} X(\mathrm{j}\omega) = \frac{1}{\mathrm{j}\omega}Y(\mathrm{j}\omega) + \pi Y(\mathrm{j}0)\delta(\omega)$$

而 $y(t)$ 是矩形脉冲波，其傅里叶变换为 $Y(\mathrm{j}\omega) = \dfrac{\sin(\omega/2)}{\omega/2}$，故

$$X(\mathrm{j}\omega) = \frac{2\sin(\omega/2)}{\mathrm{j}\omega^2} + \pi\delta(\omega)$$

(b) $g(t) = x(t) - \dfrac{1}{2}$ 的傅里叶变换为

$$G(\mathrm{j}\omega) = \mathscr{F}\{g(t)\} = X(\mathrm{j}\omega) - \frac{1}{2} \times 2\pi\delta(\omega) = \frac{2\sin(\omega/2)}{\mathrm{j}\omega^2}$$

4-7 考虑信号 $x(t) = \begin{cases} 0, & |t| > 1 \\ (t+1)/2, & -1 \leqslant t \leqslant 1 \end{cases}$

(a) 求 $X(\mathrm{j}\omega)$ 的闭式表达式(借助于傅里叶变换的性质和基本傅里叶变换对)；

(b) 取(a)中答案的实部，证明：它就是 $x(t)$ 的偶部的傅里叶变换；

(c) $x(t)$ 奇部的傅里叶变换是什么？

解 (a) $x(t) = \dfrac{t+1}{2}[u(t+1) - u(t-1)]$

$$\frac{\mathrm{d}x(t)}{\mathrm{d}t} = \frac{1}{2}[u(t+1) - u(t-1)] + \frac{t+1}{2}[\delta(t+1) - \delta(t-1)]$$

$$= \frac{1}{2}[u(t+1) - u(t-1)] - \delta(t-1)$$

设 $y(t) = \dfrac{1}{2}[u(t+1) - u(t-1)]$，则

$$Y(\mathrm{j}\omega) = \frac{1}{2} \times 2 \times \frac{\sin(\omega \times 2/2)}{\omega \times 2/2} = \frac{\sin\omega}{\omega}$$

(b) 由于 $x(t)$ 无直流分量，故可用微分性质求解：

$$\mathrm{j}\omega X(\mathrm{j}\omega) = Y(\mathrm{j}\omega) - \mathrm{e}^{-\mathrm{j}\omega} = \frac{\sin\omega}{\omega} - \mathrm{e}^{-\mathrm{j}\omega}$$

即　　　　　$X(\mathrm{j}\omega) = \dfrac{\sin\omega}{\mathrm{j}\omega^2} - \dfrac{\cos\omega - \mathrm{j}\sin\omega}{\mathrm{j}\omega} = \dfrac{\sin\omega}{\omega} + \mathrm{j}\left(\dfrac{\cos\omega}{\omega} - \dfrac{\sin\omega}{\omega^2}\right)$

$$\mathrm{Ev}\{x(t)\} = \dfrac{x(t) + x(-t)}{2} = \dfrac{1}{2}\left[u(t+1) - u(t-1)\right]$$

$$\mathscr{F}\{\mathrm{Ev}\{x(t)\}\} = \mathscr{F}\{u(t+1) - u(t-1)\} = \dfrac{\sin\omega}{\omega} = \mathrm{Re}\{X(\mathrm{j}\omega)\}$$

（c）因为 $x(t) = \mathrm{Ev}\{x(t)\} + \mathrm{Od}\{x(t)\}$

$$X(\mathrm{j}\omega) = \mathscr{F}\{\mathrm{Ev}\{x(t)\}\} + \mathscr{F}\{\mathrm{Od}\{x(t)\}\} = \mathrm{Re}\{X(\mathrm{j}\omega)\} + \mathrm{jIm}\{X(\mathrm{j}\omega)\}$$

故　　　　　$\mathscr{F}\{\mathrm{Od}\{x(t)\}\} = \mathrm{jIm}\{X(\mathrm{j}\omega)\} = \mathrm{j}\left(\dfrac{\cos\omega}{\omega} - \dfrac{\sin\omega}{\omega^2}\right)$

4-8　（a）借助于傅里叶变换的性质和基本傅里叶变换对，求下列信号的傅里叶变换：$x(t) = t\left(\dfrac{\sin t}{\pi t}\right)^2$。

（b）利用帕斯瓦尔定理和上面结果，试求：$A = \displaystyle\int_{-\infty}^{\infty} t^2 \left(\dfrac{\sin t}{\pi t}\right)^4 \mathrm{d}t$。

解　（a）设 $g(t) = \dfrac{\sin t}{\pi t}$，则 $G(\mathrm{j}\omega) = \mathscr{F}\{g(t)\} = u(\omega+1) - u(\omega-1)$，

$$g_1(t) = [g(t)]^2 = \left(\dfrac{\sin t}{\pi t}\right)^2 \overset{\text{FT}}{\longleftrightarrow} \dfrac{1}{2\pi}\left[u(\omega+1) - u(\omega-1)\right] * \left[u(\omega+1) - u(\omega-1)\right]$$

$$= G_1(\mathrm{j}\omega) = \begin{cases} \dfrac{1}{2\pi}(\omega+2), & -2 \leqslant \omega < 0 \\ \dfrac{1}{2\pi}(-\omega+2), & 0 \leqslant \omega \leqslant 2 \\ 0, & \text{其他} \end{cases}$$

$$x(t) = tg_1(t) \Rightarrow X(\mathrm{j}\omega) = \mathrm{j}\dfrac{\mathrm{d}G_1(\omega)}{\mathrm{d}\omega} = \begin{cases} \mathrm{j}\dfrac{1}{2\pi}, & -2 \leqslant \omega < 0 \\ -\mathrm{j}\dfrac{1}{2\pi}, & 0 \leqslant \omega \leqslant 2 \\ 0, & \text{其他} \end{cases}$$

（b）利用帕斯瓦尔定理求解。

$$A = \int_{-\infty}^{\infty} x^2(t)\mathrm{d}t = \dfrac{1}{2\pi}\int_{-\infty}^{\infty} |X(\mathrm{j}\omega)|^2 \mathrm{d}\omega = \dfrac{1}{2\pi}\int_{-2}^{0} \dfrac{1}{4\pi^2}\mathrm{d}\omega + \dfrac{1}{2\pi}\int_{0}^{2} \dfrac{1}{4\pi^2}\mathrm{d}\omega = \dfrac{1}{2\pi^3}$$

4-9　已知下列关系：

$$y(t) = x(t) * h(t), \quad g(t) = x(3t) * h(3t)$$

并已知 $x(t)$ 的傅里叶变换是 $X(\mathrm{j}\omega)$，$h(t)$ 的傅里叶变换是 $H(\mathrm{j}\omega)$，利用傅里叶变换性质证明：$g(t) = Ay(Bt)$，求 A 和 B 的值。

解　$x(3t) \overset{\text{FT}}{\longleftrightarrow} \dfrac{1}{3}X\left(\mathrm{j}\dfrac{\omega}{3}\right), \quad h(3t) \overset{\text{FT}}{\longleftrightarrow} \dfrac{1}{3}H\left(\mathrm{j}\dfrac{\omega}{3}\right)$

$$y(t) \overset{\text{FT}}{\longleftrightarrow} Y(\mathrm{j}\omega) = X(\mathrm{j}\omega)H(\mathrm{j}\omega)$$

$$g(t) \overset{\text{FT}}{\longleftrightarrow} G(\mathrm{j}\omega) = \dfrac{1}{9}X\left(\mathrm{j}\dfrac{\omega}{3}\right)H\left(\mathrm{j}\dfrac{\omega}{3}\right) = \dfrac{1}{9}Y\left(\mathrm{j}\dfrac{\omega}{3}\right)$$

因为 $y(3t) \overset{\text{FT}}{\longleftrightarrow} \dfrac{1}{3}Y\left(\mathrm{j}\dfrac{\omega}{3}\right)$，所以 $g(t) = \dfrac{1}{3}y(3t) = Ay(Bt)$。

故 $A = \dfrac{1}{3}, B = 3$。

4-10　考虑下面傅里叶变换对 $\mathrm{e}^{-|t|} \overset{\mathrm{FT}}{\longleftrightarrow} \dfrac{2}{1+\omega^2}$。

（a）利用恰当的傅里叶变换性质求 $t\mathrm{e}^{-|t|}$ 的傅里叶变换；

（b）根据（a）的结果，再结合对偶性质，求 $\dfrac{4t}{(1+t^2)^2}$ 的傅里叶变换。

解　（a）由于 $\mathrm{e}^{-|t|} \overset{\mathrm{FT}}{\longleftrightarrow} \dfrac{2}{1+\omega^2}$，根据傅里叶变换的频域微分性质，可得

$$t\mathrm{e}^{-|t|} \overset{\mathrm{FT}}{\longleftrightarrow} \mathrm{j}\frac{\mathrm{d}}{\mathrm{d}\omega}\left\{\frac{2}{1+\omega^2}\right\} = \mathrm{j}\frac{-4\omega}{(1+\omega^2)^2} = \frac{-4\mathrm{j}\omega}{(1+\omega^2)^2}$$

（b）利用对偶性：若 $x(t) \overset{\mathrm{FT}}{\longleftrightarrow} X(\mathrm{j}\omega)$，则 $X(\mathrm{j}t) \overset{\mathrm{FT}}{\longleftrightarrow} 2\pi x(-\omega)$。设 $x(t) = t\mathrm{e}^{-|t|}$，则 $X(\mathrm{j}\omega) = \dfrac{-4\mathrm{j}\omega}{(1+\omega^2)^2}$。由对偶性，有

$$-\frac{4\mathrm{j}t}{(1+t^2)^2} \overset{\mathrm{FT}}{\longleftrightarrow} 2\pi(-\omega)\mathrm{e}^{-|\omega|}, \qquad \frac{4t}{(1+t^2)^2} \overset{\mathrm{FT}}{\longleftrightarrow} -2\pi\mathrm{j}\omega\mathrm{e}^{-|\omega|}$$

4-11　设 $x(t)$ 的傅里叶变换为 $X(\mathrm{j}\omega) = \delta(\omega) + \delta(\omega-\pi) + \delta(\omega-5)$，并令 $h(t) = u(t) - u(t-2)$。(a)$x(t)$ 是周期的吗？(b)$x(t) * h(t)$ 是周期的吗？(c) 两个非周期信号的卷积有可能是周期的吗？

解　（a）$x(t) = \dfrac{1}{2\pi} + \dfrac{1}{2\pi}\mathrm{e}^{\mathrm{j}\pi t} + \dfrac{1}{2\pi}\mathrm{e}^{\mathrm{j}5t}$，它是一个常数和两个复指数信号的和，这两个复指数信号的周期分别为 2 和 $\dfrac{2\pi}{5}$。由于 2 和 $\dfrac{2\pi}{5}$ 的公倍数不是有理数，故 $x(t)$ 不是周期信号。

（b）设 $y(t) = x(t) * h(t)$，$\mathscr{F}\{h(t)\} = H(\mathrm{j}\omega) = 2\dfrac{\sin\omega}{\omega}\mathrm{e}^{-\mathrm{j}\omega}$，

$$Y(\mathrm{j}\omega) = X(\mathrm{j}\omega)H(\mathrm{j}\omega) = \frac{2\sin\omega}{\omega}\mathrm{e}^{-\mathrm{j}\omega}\big[\delta(\omega) + \delta(\omega-\pi) + \delta(\omega-5)\big] = 2\delta(\omega) + \frac{2}{5}\sin5 \cdot \mathrm{e}^{-\mathrm{j}5}\delta(\omega-5)$$

$$y(t) = \frac{1}{\pi} + \frac{1}{5\pi}\sin5 \cdot \mathrm{e}^{-\mathrm{j}5} \cdot \mathrm{e}^{\mathrm{j}5t} = \frac{1}{\pi} + \frac{\sin5}{5\pi}\mathrm{e}^{\mathrm{j}5(t-1)}$$

可见，$y(t)$ 是周期的，它的周期是 $\dfrac{2\pi}{5}$。

（c）根据（a）和（b）的结果可知，两个非周期信号的卷积有可能是周期的。

4-12　考虑一信号 $x(t)$，其傅里叶变换为 $X(\mathrm{j}\omega)$，假设给出下列条件：

(1) $x(t)$ 是实值且非负的；(2) $\mathscr{F}^{-1}\{(1+\mathrm{j}\omega)X(\mathrm{j}\omega)\} = A\mathrm{e}^{-2t}u(t)$，$A$ 与 t 无关；

(3) $\displaystyle\int_{-\infty}^{\infty} |X(\mathrm{j}\omega)|^2 \mathrm{d}\omega = 2\pi$。

求 $x(t)$ 的闭式表达式。

解　$\mathscr{F}\{A\mathrm{e}^{-2t}u(t)\} = \dfrac{A}{\mathrm{j}\omega+2}$，由 $\mathscr{F}^{-1}\{(1+\mathrm{j}\omega)X(\mathrm{j}\omega)\} = A\mathrm{e}^{-2t}u(t)$ 可得

$$(1+\mathrm{j}\omega)X(\mathrm{j}\omega) = \frac{A}{\mathrm{j}\omega+2}$$

$$X(\mathrm{j}\omega) = \frac{A}{(\mathrm{j}\omega+1)(\mathrm{j}\omega+2)} = \frac{A}{\mathrm{j}\omega+1} - \frac{A}{\mathrm{j}\omega+2}$$

$$x(t) = \mathscr{F}^{-1}\{X(\mathrm{j}\omega)\} = A\mathrm{e}^{-t}u(t) - A\mathrm{e}^{-2t}u(t)$$

根据帕斯瓦尔定理，有

$$\int_{-\infty}^{\infty} |X(\mathrm{j}\omega)|^2 \mathrm{d}\omega = 2\pi\int_{-\infty}^{\infty} |x(t)|^2 \mathrm{d}t$$

又已知 $\int_{-\infty}^{\infty} \mid X(j\omega) \mid^2 d\omega = 2\pi$，所以 $\int_{-\infty}^{\infty} \mid x(t) \mid^2 dt = 1$，即

$$\int_{-\infty}^{\infty} \mid A^2 e^{-2t} u(t) - 2A^2 e^{-3t} u(t) + A^2 e^{-4t} u(t) \mid dt = 1$$

$$\int_{0}^{\infty} (A^2 e^{-2t} - 2A^2 e^{-3t} + A^2 e^{-4t}) dt = 1$$

得
$$\frac{1}{12} A^2 = 1 \Rightarrow A = \pm \sqrt{12}$$

又由于 $x(t)$ 是非负的，所以取 $A = \sqrt{12}$，故 $x(t) = \sqrt{12} e^{-t} u(t) - \sqrt{12} e^{-2t} u(t)$。

4-13 设 $x(t)$ 有傅里叶变换 $X(j\omega)$，假设给出以下条件：

(1) $x(t)$ 为实值信号；(2) $x(t) = 0, t \leqslant 0$；(3) $\dfrac{1}{2\pi} \int_{-\infty}^{\infty} \text{Re}\{X(j\omega)\} e^{j\omega t} d\omega = \mid t \mid e^{-\mid t \mid}$。

求 $x(t)$ 的闭式表达式。

解　　因为 $x(t)$ 是实值信号，所以 $\text{Ev}\{x(t)\} = \dfrac{x(t) + x(-t)}{2} \overset{\text{FT}}{\longleftrightarrow} \text{Re}\{X(j\omega)\}$ 又 $\mathscr{F}^{-1}\{\text{Re}\{X(j\omega)\}\} = \mid t \mid e^{-\mid t \mid}$，即

$$\text{Ev}\{x(t)\} = \frac{x(t) + x(-t)}{2} = \mid t \mid e^{-\mid t \mid} = te^{-t} u(t) - te^{t} u(-t)$$

又已知 $x(t) = 0, t \leqslant 0$，即 $x(-t) = 0, t \geqslant 0$，因此 $x(t) = 2 \mid t \mid e^{-\mid t \mid}, t \geqslant 0$，即 $x(t) = 2te^{-t} u(t)$。

4-14 考虑信号 $x(t) = \sum_{k=-\infty}^{\infty} \dfrac{\sin(k\pi/4)}{k\pi/4} \delta \left(t - k \dfrac{\pi}{4} \right)$。

(a) 求满足 $x(t) = \dfrac{\sin t}{\pi t} g(t)$ 的 $g(t)$；

(b) 利用傅里叶变换的相乘性质，证明：$X(j\omega)$ 是周期的，给出一个周期内的 $X(j\omega)$。

解　　(a) 因 $x(t) = \sum_{k=-\infty}^{\infty} \dfrac{\sin(k\pi/4)}{k\pi/4} \delta(t - k\pi/4) = \dfrac{\sin t}{\pi t} \sum_{k=-\infty}^{\infty} \pi\delta(t - k\pi/4)$

故
$$g(t) = \sum_{k=-\infty}^{\infty} \pi\delta(t - k\pi/4)$$

(b) $g(t)$ 是周期冲激串，其傅里叶变换也是周期冲激串：

$$G(j\omega) = 2\pi \sum_{k=-\infty}^{\infty} a_k \delta(\omega - k\omega_0)$$

式中：$\omega_0 = 2\pi/T = 2\pi / \left(\dfrac{\pi}{4} \right) = 8$；$a_k = \dfrac{1}{T} \int_{-\frac{T}{2}}^{\frac{T}{2}} \pi\delta(t) e^{-jk\omega_0 t} dt = 4$。

所以
$$G(j\omega) = 8\pi \sum_{k=-\infty}^{\infty} \delta(\omega - 8k)$$

$$\frac{\sin t}{\pi t} \overset{\text{FT}}{\longleftrightarrow} u(\omega + 1) - u(\omega - 1) = \begin{cases} 1, & \mid \omega \mid \leqslant 1 \\ 0, & \omega > 1 \end{cases} = A(j\omega)$$

由相乘性质，得

$$X(j\omega) = \frac{1}{2\pi} A(j\omega) * G(j\omega) = \frac{1}{2\pi} A(j\omega) * 8\pi \sum_{k=-\infty}^{\infty} \delta(\omega - 8k) = 4 \sum_{k=-\infty}^{\infty} A(j\omega - 8k)$$

由此可知，$X(j\omega)$ 是周期为 8 rad/s 的周期信号，在一个周期 $-4 \leqslant \omega \leqslant 4$ 内，

$$X(j\omega) = \begin{cases} 4, & \mid \omega \mid \leqslant 1 \\ 0, & 1 < \mid \omega \mid \leqslant 4 \end{cases}$$

4-15   试判断下面每一种说法是对,或是错,并给出理由。

(a) 一个奇的且为纯虚数的信号总是有一个奇的且为纯虚数的傅里叶变换;

(b) 一个奇的傅里叶变换与一个偶的傅里叶变换的卷积总是奇的。

解   (a) 错。因为一个实的奇信号 $x(t)$ 的傅里叶变换是一个奇的且为纯虚数的函数 $X(j\omega)$,那么,根据傅里叶变换的线性性质,当 $x(t)$ 乘以虚单位 j 后,其傅里叶变换相应地变为 $jX(j\omega)$,即 $jx(t)$ 是一个奇的且为纯虚数的信号,但是其傅里叶变换 $jX(j\omega)$ 是一个实的奇函数。

(b) 对。因为一个奇信号的傅里叶变换总是一个奇函数,而一个偶信号的傅里叶变换总是一个偶函数,当一个奇的傅里叶变换与一个偶的傅里叶变换卷积时,相当于时域内一个奇信号乘以一个偶信号,因此,它们的结果总是奇的。

4-16   有一系统其频率响应为 $H(j\omega) = \dfrac{(\sin^2 3\omega)\cos\omega}{\omega^2}$,求它的单位冲激响应。

解   设

$$x_1(t) = \begin{cases} \dfrac{1}{2}, & |t| < 3 \\ 0, & |t| > 3 \end{cases}$$

则

$$x_1(t) \xleftrightarrow{\text{FT}} X_1(j\omega) = \frac{1}{2} \times 6 \times \frac{\sin 3\omega}{3\omega} = \frac{\sin 3\omega}{\omega}$$

$$x_2(t) = x_1(t) * x_1(t) \xleftrightarrow{\text{FT}} X_2(j\omega) = X_1(j\omega)X_1(j\omega) = \frac{\sin^2 3\omega}{\omega^2}$$

$$H(j\omega) = X_2(j\omega)\cos\omega = \frac{1}{2}e^{j\omega}X_2(j\omega) + \frac{1}{2}e^{-j\omega}X_2(j\omega)$$

$$h(t) = \mathscr{F}^{-1}\{H(j\omega)\} = \frac{1}{2}x_2(t+1) + \frac{1}{2}x_2(t-1)$$

$$x_2(t) = \begin{cases} \dfrac{1}{4}(t+6), & -6 \leqslant t < 0 \\ -\dfrac{1}{4}(t-6), & 0 \leqslant t \leqslant 6 \\ 0, & \text{其他} \end{cases}$$

$$x_2(t+1) = \begin{cases} \dfrac{1}{4}(t+7), & -7 \leqslant t < -1 \\ -\dfrac{1}{4}(t-5), & -1 \leqslant t \leqslant 5 \\ 0, & \text{其他} \end{cases}$$

$$x_2(t-1) = \begin{cases} \dfrac{1}{4}(t+5), & -5 \leqslant t < 1 \\ -\dfrac{1}{4}(t-7), & 1 \leqslant t \leqslant 7 \\ 0, & \text{其他} \end{cases}$$

$$故 \quad h(t) = \begin{cases} \dfrac{1}{8}(t+7), & -7 \leqslant t \leqslant -5 \\ \dfrac{1}{4}(t+6), & -5 < t \leqslant -1 \\ \dfrac{5}{4}, & -1 \leqslant t < 1 \\ -\dfrac{1}{4}(t-6), & 1 \leqslant t < 5 \\ -\dfrac{1}{8}(t-7), & 5 \leqslant t \leqslant 7 \\ 0, & 其他 \end{cases} = \begin{cases} \dfrac{5}{4}, & |t| \leqslant 1 \\ -\dfrac{|t|}{4}+\dfrac{3}{2}, & 1 < |t| \leqslant 5 \\ -\dfrac{|t|}{8}+\dfrac{7}{8}, & 5 < |t| \leqslant 7 \\ 0, & 其他 \end{cases}$$

4-17 求下列每一信号的傅里叶变换。

(a) $(e^{-at}\cos\omega_0 t)u(t), a>0$；

(b) $e^{-3|t|}\sin 2t$；

(c) $x(t) = \begin{cases} 1+\cos\pi t, & |t| \leqslant 1 \\ 0, & |t| > 1 \end{cases}$；

(d) $\displaystyle\sum_{k=0}^{\infty} a^k \delta(t-kT), |a|<1$；

(e) $[te^{-2t}\sin 4t]u(t)$；

(f) $\dfrac{\sin\pi t}{\pi t}\left[\dfrac{\sin 2\pi(t-1)}{\pi(t-1)}\right]$；

(g) $x(t)$ 如图 4-5(a) 所示；

(h) $x(t)$ 如图 4-5(b) 所示；

(i) $x(t) = \begin{cases} 1-t^2, & 0<t<1 \\ 0, & 其他 \end{cases}$；

(j) $x(t) = \displaystyle\sum_{n=-\infty}^{\infty} e^{-|t-2n|}$。

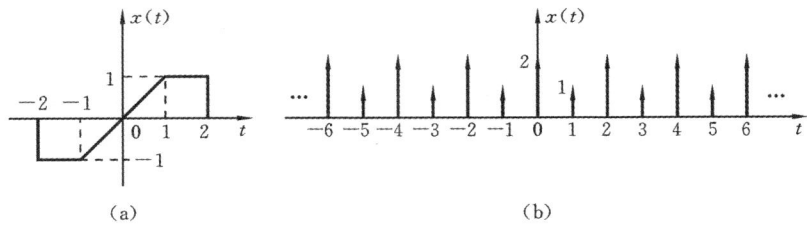

图 4-5

解　(a) $x(t) = (e^{-at}\cos\omega_0 t)u(t) = \dfrac{1}{2}e^{-at}e^{j\omega_0 t}u(t) + \dfrac{1}{2}e^{-at}e^{-j\omega_0 t}u(t)$

$$= \dfrac{1}{2}e^{-(a-j\omega_0)t}u(t) + \dfrac{1}{2}e^{-(a+j\omega_0)t}u(t)$$

$$X(j\omega) = \dfrac{1}{2}\dfrac{1}{j\omega+a-j\omega_0} + \dfrac{1}{2}\dfrac{1}{j\omega+a+j\omega_0} = \dfrac{j\omega+a}{(j\omega+a)^2+\omega_0^2}$$

(b) $x(t) = e^{-3|t|}\sin 2t = e^{-3t}\sin 2t u(t) + e^{3t}\sin 2t u(-t) = x_1(t) + x_2(t)$

$x_1(t) = e^{-3t}\sin 2t u(t) = \dfrac{1}{2j}e^{-3t}e^{j2t}u(t) - \dfrac{1}{2j}e^{-3t}e^{-j2t}u(t) = \dfrac{1}{2j}e^{-(3-j2)t}u(t) - \dfrac{1}{2j}e^{-(3+j2)t}u(t)$

$X_1(j\omega) = \dfrac{1}{2j}\cdot\dfrac{1}{j\omega+3-j2} - \dfrac{1}{2j}\cdot\dfrac{1}{j\omega+3+j2} = \dfrac{2}{(j\omega+3)^2+4}$

$x_2(t) = e^{3t}\sin 2t u(-t) = -e^{3t}\sin(-2t)u(-t) = -x_1(-t)$

$X_2(j\omega) = -X_1(-j\omega) = -\dfrac{2}{(-j\omega+3)^2+4} = -\dfrac{2}{(j\omega-3)^2+4}$

$X(j\omega) = X_1(j\omega) + X_2(j\omega) = \dfrac{2}{(j\omega+3)^2+4} - \dfrac{2}{(j\omega-3)^2+4} = \dfrac{-24j\omega}{(\omega^2+5)^2+12^2}$

(c) $X(\mathrm{j}\omega) = \displaystyle\int_{-\infty}^{\infty} x(t)\mathrm{e}^{-\mathrm{j}\omega t}\,\mathrm{d}t = \int_{-1}^{1}(1+\cos\pi t)\mathrm{e}^{-\mathrm{j}\omega t}\,\mathrm{d}t$

$\qquad\qquad = \displaystyle\int_{-1}^{1}\mathrm{e}^{-\mathrm{j}\omega t}\,\mathrm{d}t + \int_{-1}^{1}\frac{1}{2}\mathrm{e}^{\mathrm{j}\pi t}\mathrm{e}^{-\mathrm{j}\omega t}\,\mathrm{d}t + \int_{-1}^{1}\frac{1}{2}\mathrm{e}^{-\mathrm{j}\pi t}\mathrm{e}^{-\mathrm{j}\omega t}\,\mathrm{d}t$

$\qquad\qquad = \displaystyle\int_{-1}^{1}\mathrm{e}^{-\mathrm{j}\omega t}\,\mathrm{d}t + \frac{1}{2}\int_{-1}^{1}\mathrm{e}^{\mathrm{j}(\pi-\omega)t}\,\mathrm{d}t + \frac{1}{2}\int_{-1}^{1}\mathrm{e}^{-\mathrm{j}(\pi+\omega)t}\,\mathrm{d}t$

$\qquad\qquad = \dfrac{1}{\mathrm{j}\omega}(\mathrm{e}^{\mathrm{j}\omega}-\mathrm{e}^{-\mathrm{j}\omega}) + \dfrac{1}{2\mathrm{j}(\pi-\omega)}\big[\mathrm{e}^{\mathrm{j}(\pi-\omega)}-\mathrm{e}^{-\mathrm{j}(\pi-\omega)}\big] + \dfrac{1}{2\mathrm{j}(\pi+\omega)}\big[\mathrm{e}^{\mathrm{j}(\pi+\omega)}-\mathrm{e}^{-\mathrm{j}(\pi+\omega)}\big]$

$\qquad\qquad = \dfrac{2\sin\omega}{\omega} + \dfrac{\sin(\pi-\omega)}{\pi-\omega} + \dfrac{\sin(\pi+\omega)}{\pi+\omega} = \dfrac{2\sin\omega}{\omega} + \dfrac{\sin\omega}{\pi-\omega} - \dfrac{\sin\omega}{\pi+\omega} = \dfrac{2\pi^2\sin\omega}{\omega(\pi^2-\omega^2)}$

(d) $x(t) = \displaystyle\sum_{k=0}^{\infty} a^k\delta(t-kT)$

$X(\mathrm{j}\omega) = \displaystyle\int_{-\infty}^{\infty} x(t)\mathrm{e}^{-\mathrm{j}\omega t}\,\mathrm{d}t = \int_{-\infty}^{\infty}\Big[\sum_{k=0}^{\infty} a^k\delta(t-kT)\Big]\mathrm{e}^{-\mathrm{j}\omega t}\,\mathrm{d}t$

$\qquad\quad = \displaystyle\sum_{k=0}^{\infty} a^k\Big[\int_{-\infty}^{\infty}\delta(t-kT)\mathrm{e}^{-\mathrm{j}\omega t}\,\mathrm{d}t\Big] = \sum_{k=0}^{\infty} a^k\mathrm{e}^{-\mathrm{j}k\omega T} = \dfrac{1}{1-a\mathrm{e}^{-\mathrm{j}\omega T}}$

(e) $x(t) = \big[t\mathrm{e}^{-2t}\sin 4t\big]u(t) = \dfrac{1}{2\mathrm{j}}t\mathrm{e}^{-2t}\mathrm{e}^{\mathrm{j}4t}u(t) - \dfrac{1}{2\mathrm{j}}t\mathrm{e}^{-2t}\mathrm{e}^{-\mathrm{j}4t}u(t)$

$\qquad\quad = \dfrac{1}{2\mathrm{j}}t\mathrm{e}^{-(2-\mathrm{j}4)t}u(t) - \dfrac{1}{2\mathrm{j}}t\mathrm{e}^{-(2+\mathrm{j}4)t}u(t) = \dfrac{1}{2\mathrm{j}}t\big[\mathrm{e}^{-(2-\mathrm{j}4)t}-\mathrm{e}^{-(2+\mathrm{j}4)t}\big]u(t) = \dfrac{1}{2\mathrm{j}}tx_1(t)$

$x_1(t) = (\mathrm{e}^{-(2-\mathrm{j}4)t}-\mathrm{e}^{-(2+\mathrm{j}4)t})u(t) \overset{\mathrm{FT}}{\longleftrightarrow} X_1(\mathrm{j}\omega) = \dfrac{1}{\mathrm{j}\omega+2-\mathrm{j}4} - \dfrac{1}{\mathrm{j}\omega+2+\mathrm{j}4}$

$X(\mathrm{j}\omega) = \dfrac{1}{2\mathrm{j}}\mathrm{j}\dfrac{\mathrm{d}}{\mathrm{d}\omega}X_1(\mathrm{j}\omega) = \dfrac{-\dfrac{1}{2}\mathrm{j}}{(\mathrm{j}\omega+2-\mathrm{j}4)^2} - \dfrac{-\dfrac{1}{2}\mathrm{j}}{(\mathrm{j}\omega+2+\mathrm{j}4)^2} = \dfrac{16+8\mathrm{j}\omega}{(20-\omega^2+\mathrm{j}4\omega)^2}$

(f) $x(t) = \dfrac{\sin\pi t}{\pi t}\cdot\dfrac{\sin 2\pi(t-1)}{\pi(t-1)} = x_1(t)x_2(t)$

$x_1(t) = \dfrac{\sin\pi t}{\pi t} \overset{\mathrm{FT}}{\longleftrightarrow} X_1(\mathrm{j}\omega) = \begin{cases}1, & |\omega|<\pi \\ 0, & \text{其他}\end{cases}, \quad x_2(t) = \dfrac{\sin 2\pi(t-1)}{\pi(t-1)} = 2x_1\big[2(t-1)\big]$

$X_2(\mathrm{j}\omega) = \mathscr{F}\{x_2(t)\} = 2\times\dfrac{1}{2}X_1\Big(\mathrm{j}\dfrac{\omega}{2}\Big)\mathrm{e}^{-\mathrm{j}\omega} = \begin{cases}\mathrm{e}^{-\mathrm{j}\omega}, & |\omega|<2\pi \\ 0, & \text{其他}\end{cases}$

$X(\mathrm{j}\omega) = \dfrac{1}{2\pi}\{X_1(\mathrm{j}\omega) * X_2(\mathrm{j}\omega)\} = \dfrac{1}{2\pi}\displaystyle\int_{-\infty}^{\infty} X_1(\mathrm{j}\omega-\mathrm{j}\Omega)X_2(\mathrm{j}\Omega)\,\mathrm{d}\Omega$

$\qquad\quad = \dfrac{1}{2\pi}\displaystyle\int_{-\infty}^{\infty}\big[u(\omega-\Omega+\pi)-u(\omega-\Omega-\pi)\big]\mathrm{e}^{-\mathrm{j}\Omega}\big[u(\Omega+2\pi)-u(\Omega-2\pi)\big]\,\mathrm{d}\Omega$

$\qquad\quad = \dfrac{1}{2\pi}\Big(\displaystyle\int_{-\infty}^{\infty}\mathrm{e}^{-\mathrm{j}\Omega}u(\omega-\Omega+\pi)u(\Omega+2\pi)\,\mathrm{d}\Omega - \int_{-\infty}^{\infty}\mathrm{e}^{-\mathrm{j}\Omega}u(\omega-\Omega+\pi)u(\Omega-2\pi)\,\mathrm{d}\Omega$

$\qquad\qquad - \displaystyle\int_{-\infty}^{\infty}\mathrm{e}^{-\mathrm{j}\Omega}u(\omega-\Omega-\pi)u(\Omega+2\pi)\,\mathrm{d}\Omega + \int_{-\infty}^{\infty}\mathrm{e}^{-\mathrm{j}\Omega}u(\omega-\Omega-\pi)u(\Omega-2\pi)\,\mathrm{d}\Omega\Big)$

$\qquad\quad = \dfrac{1}{2\pi}\Big(\displaystyle\int_{-2\pi}^{\omega+\pi}\mathrm{e}^{-\mathrm{j}\Omega}\,\mathrm{d}\Omega - \int_{2\pi}^{\omega+\pi}\mathrm{e}^{-\mathrm{j}\Omega}\,\mathrm{d}\Omega - \int_{-2\pi}^{\omega-\pi}\mathrm{e}^{-\mathrm{j}\Omega}\,\mathrm{d}\Omega + \int_{2\pi}^{\omega-\pi}\mathrm{e}^{-\mathrm{j}\Omega}\,\mathrm{d}\Omega\Big)$

$\qquad\quad = \dfrac{1}{2\pi}\big[-\mathrm{j}(1+\mathrm{e}^{-\mathrm{j}\omega})u(\omega+3\pi) + \mathrm{j}(1+\mathrm{e}^{-\mathrm{j}\omega})u(\omega-\pi)$

$\qquad\qquad + \mathrm{j}(1+\mathrm{e}^{-\mathrm{j}\omega})u(\omega+\pi) - \mathrm{j}(1+\mathrm{e}^{-\mathrm{j}\omega})u(\omega-3\pi)\big]$

(g) $x(t) = \begin{cases} -1, & -2 < t < -1 \\ t, & -1 < t < 1 \\ 1, & 1 < t < 2 \\ 0, & \text{其他} \end{cases}$

$X(\mathrm{j}\omega) = \int_{-\infty}^{\infty} x(t)\mathrm{e}^{-\mathrm{j}\omega t}\,\mathrm{d}t = \int_{-2}^{-1} -\mathrm{e}^{-\mathrm{j}\omega t}\,\mathrm{d}t + \int_{-1}^{1} t\mathrm{e}^{-\mathrm{j}\omega t}\,\mathrm{d}t + \int_{1}^{2} \mathrm{e}^{-\mathrm{j}\omega t}\,\mathrm{d}t$

$\qquad = \dfrac{1}{\mathrm{j}\omega}(\mathrm{e}^{\mathrm{j}\omega} - \mathrm{e}^{\mathrm{j}2\omega}) - \dfrac{1}{\mathrm{j}\omega}(\mathrm{e}^{\mathrm{j}\omega} + \mathrm{e}^{-\mathrm{j}\omega}) - \dfrac{1}{\omega^2}(\mathrm{e}^{\mathrm{j}\omega} - \mathrm{e}^{-\mathrm{j}\omega}) + \dfrac{1}{\mathrm{j}\omega}(\mathrm{e}^{-\mathrm{j}\omega} - \mathrm{e}^{-\mathrm{j}2\omega})$

$\qquad = \dfrac{1}{\mathrm{j}\omega}(-\mathrm{e}^{\mathrm{j}2\omega} - \mathrm{e}^{-\mathrm{j}2\omega}) - \dfrac{1}{\omega^2}(\mathrm{e}^{\mathrm{j}\omega} - \mathrm{e}^{-\mathrm{j}\omega}) = \dfrac{2\mathrm{j}\cos2\omega}{\omega} - \dfrac{2\mathrm{j}\sin\omega}{\omega^2} = \dfrac{2\mathrm{j}}{\omega}\left(\cos2\omega - \dfrac{\sin\omega}{\omega}\right)$

(h) $x(t) = \displaystyle\sum_{k=-\infty}^{\infty}\left[2\delta(t-2k) + \delta(t-1-2k)\right] = 2x_1(t) + x_1(t-1)$

$x_1(t) = \displaystyle\sum_{k=-\infty}^{\infty}\delta(t-2k) \overset{\mathrm{FT}}{\longleftrightarrow} X_1(\mathrm{j}\omega) = \pi\sum_{k=-\infty}^{\infty}\delta(\omega - k\pi)$

$X(\mathrm{j}\omega) = 2X_1(\mathrm{j}\omega) + X_1(\mathrm{j}\omega)\mathrm{e}^{-\mathrm{j}\omega} = X_1(\mathrm{j}\omega)(2 + \mathrm{e}^{-\mathrm{j}\omega}) = \pi\displaystyle\sum_{k=-\infty}^{\infty}\delta(\omega - k\pi)\left[2 + (-1)^k\right]$

(i) $X(\mathrm{j}\omega) = \displaystyle\int_{-\infty}^{\infty} x(t)\mathrm{e}^{-\mathrm{j}\omega t}\,\mathrm{d}t = \int_{0}^{1}(1 - t^2)\mathrm{e}^{-\mathrm{j}\omega t}\,\mathrm{d}t = \int_{0}^{1}\mathrm{e}^{-\mathrm{j}\omega t}\,\mathrm{d}t - \int_{0}^{1}t^2\mathrm{e}^{-\mathrm{j}\omega t}\,\mathrm{d}t$

$\qquad = \dfrac{1}{\mathrm{j}\omega}(1 - \mathrm{e}^{-\mathrm{j}\omega}) - \left[-\dfrac{1}{\mathrm{j}\omega}\mathrm{e}^{-\mathrm{j}\omega} + \dfrac{2}{\omega^2}\mathrm{e}^{-\mathrm{j}\omega} - \dfrac{2}{\mathrm{j}\omega^3}(1 - \mathrm{e}^{-\mathrm{j}\omega})\right]$

$\qquad = \dfrac{1}{\mathrm{j}\omega} - \dfrac{2\mathrm{e}^{-\mathrm{j}\omega}}{\omega^2} + \dfrac{2}{\mathrm{j}\omega^3}(1 - \mathrm{e}^{-\mathrm{j}\omega})$

(j) $x(t) = \displaystyle\sum_{n=-\infty}^{\infty}\mathrm{e}^{-|t-2n|}$ 是周期为 $T = 2$ 的周期信号,可用傅里叶级数表示为

$$x(t) = \sum_{k=-\infty}^{\infty} a_k\,\mathrm{e}^{\mathrm{j}k\omega_0 t}$$

式中: $\omega_0 = \dfrac{2\pi}{T} = \pi$。

$$a_k = \frac{1}{T}\int_{-\frac{T}{2}}^{\frac{T}{2}} x(t)\mathrm{e}^{-\mathrm{j}k\omega_0 t}\,\mathrm{d}t = \frac{1}{2}\int_{-1}^{1}\sum_{n=-\infty}^{\infty}\mathrm{e}^{-|t-2n|}\,\mathrm{e}^{-\mathrm{j}k\pi t}\,\mathrm{d}t$$

$$= \frac{1}{2}\int_{-\infty}^{0}\mathrm{e}^{t}\mathrm{e}^{-\mathrm{j}k\pi t}\,\mathrm{d}t + \frac{1}{2}\int_{0}^{\infty}\mathrm{e}^{-t}\mathrm{e}^{-\mathrm{j}k\pi t}\,\mathrm{d}t$$

$$= \frac{1}{2}\cdot\frac{1}{1 - \mathrm{j}k\pi} + \frac{1}{2}\cdot\frac{1}{1 + \mathrm{j}k\pi} = \frac{1}{1 + (k\pi)^2}$$

$$X(\mathrm{j}\omega) = \mathscr{F}\{x(t)\} = 2\pi\sum_{k=-\infty}^{\infty} a_k\delta(\omega - k\pi)$$

4-18　对下列每一个变换求对应的连续时间信号。

(a) $X(\mathrm{j}\omega) = \dfrac{2\sin[3(\omega - 2\pi)]}{\omega - 2\pi}$；(b) $X(\mathrm{j}\omega) = \cos\left(4\omega + \dfrac{\pi}{3}\right)$；

(c) $X(\mathrm{j}\omega)$ 的模和相位如图 4-6(a) 所示；

(d) $X(\mathrm{j}\omega) = 2[\delta(\omega - 1) - \delta(\omega + 1)] + 3[\delta(\omega - 2\pi) + (\omega + 2\pi)]$；

(e) $X(\mathrm{j}\omega)$ 如图 4-6(b) 所示。

解　(a) 令 $x_1(t) = \begin{cases} \dfrac{1}{6}, & |t| < 3 \\ 0, & |t| > 3 \end{cases}$,则

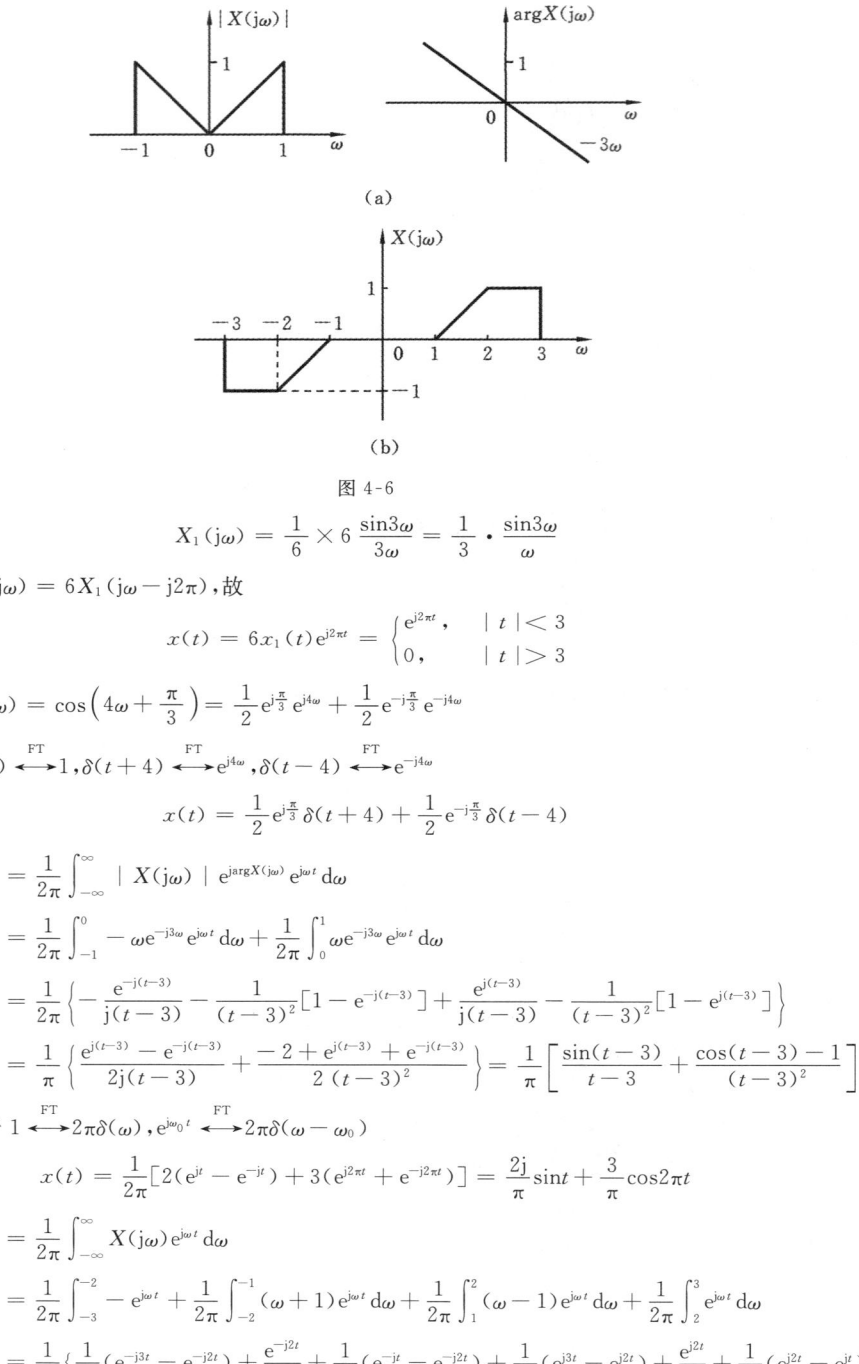

图 4-6

$$X_1(j\omega) = \frac{1}{6} \times 6 \frac{\sin 3\omega}{3\omega} = \frac{1}{3} \cdot \frac{\sin 3\omega}{\omega}$$

由于 $X(j\omega) = 6X_1(j\omega - j2\pi)$，故

$$x(t) = 6x_1(t)e^{j2\pi t} = \begin{cases} e^{j2\pi t}, & |t| < 3 \\ 0, & |t| > 3 \end{cases}$$

(b) $X(j\omega) = \cos\left(4\omega + \frac{\pi}{3}\right) = \frac{1}{2}e^{j\frac{\pi}{3}}e^{j4\omega} + \frac{1}{2}e^{-j\frac{\pi}{3}}e^{-j4\omega}$

由于 $\delta(t) \overset{FT}{\longleftrightarrow} 1, \delta(t+4) \overset{FT}{\longleftrightarrow} e^{j4\omega}, \delta(t-4) \overset{FT}{\longleftrightarrow} e^{-j4\omega}$

故 $\qquad x(t) = \frac{1}{2}e^{j\frac{\pi}{3}}\delta(t+4) + \frac{1}{2}e^{-j\frac{\pi}{3}}\delta(t-4)$

(c) $x(t) = \frac{1}{2\pi} \int_{-\infty}^{\infty} |X(j\omega)| e^{j\arg X(j\omega)} e^{j\omega t} d\omega$

$= \frac{1}{2\pi} \int_{-1}^{0} -\omega e^{-j3\omega} e^{j\omega t} d\omega + \frac{1}{2\pi} \int_{0}^{1} \omega e^{-j3\omega} e^{j\omega t} d\omega$

$= \frac{1}{2\pi} \left\{ -\frac{e^{-j(t-3)}}{j(t-3)} - \frac{1}{(t-3)^2}[1 - e^{-j(t-3)}] + \frac{e^{j(t-3)}}{j(t-3)} - \frac{1}{(t-3)^2}[1 - e^{j(t-3)}] \right\}$

$= \frac{1}{\pi} \left\{ \frac{e^{j(t-3)} - e^{-j(t-3)}}{2j(t-3)} + \frac{-2 + e^{j(t-3)} + e^{-j(t-3)}}{2(t-3)^2} \right\} = \frac{1}{\pi} \left[\frac{\sin(t-3)}{t-3} + \frac{\cos(t-3) - 1}{(t-3)^2} \right]$

(d) 由于 $1 \overset{FT}{\longleftrightarrow} 2\pi\delta(\omega), e^{j\omega_0 t} \overset{FT}{\longleftrightarrow} 2\pi\delta(\omega - \omega_0)$

故 $\qquad x(t) = \frac{1}{2\pi}[2(e^{jt} - e^{-jt}) + 3(e^{j2\pi t} + e^{-j2\pi t})] = \frac{2j}{\pi}\sin t + \frac{3}{\pi}\cos 2\pi t$

(e) $x(t) = \frac{1}{2\pi} \int_{-\infty}^{\infty} X(j\omega)e^{j\omega t} d\omega$

$= \frac{1}{2\pi} \int_{-3}^{-2} -e^{j\omega t} + \frac{1}{2\pi} \int_{-2}^{-1} (\omega+1)e^{j\omega t} d\omega + \frac{1}{2\pi} \int_{1}^{2} (\omega-1)e^{j\omega t} d\omega + \frac{1}{2\pi} \int_{2}^{3} e^{j\omega t} d\omega$

$= \frac{1}{2\pi} \left\{ \frac{1}{jt}(e^{-j3t} - e^{-j2t}) + \frac{e^{-j2t}}{jt} + \frac{1}{t^2}(e^{-jt} - e^{-j2t}) + \frac{1}{jt}(e^{j3t} - e^{j2t}) + \frac{e^{j2t}}{jt} + \frac{1}{t^2}(e^{j2t} - e^{jt}) \right.$

$$= \frac{\cos 3t}{\mathrm{j}\pi t} + \frac{\sin t - \sin 2t}{\mathrm{j}\pi t^2}$$

4-19　考虑信号 $x_0(t) = \begin{cases} \mathrm{e}^{-t}, & 0 \leqslant t \leqslant 1 \\ 0, & \text{其他} \end{cases}$，求图 4-7 所示的每一个信号的傅里叶变换。

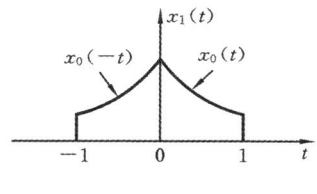

（a）

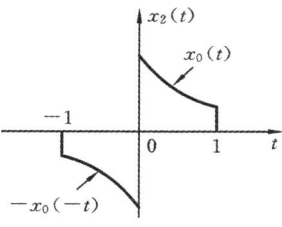

（b）

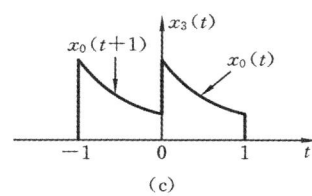

（c）

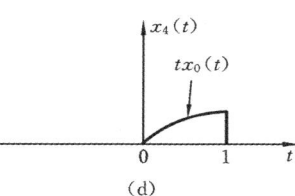

（d）

图 4-7

解

$$X_0(\mathrm{j}\omega) = \int_{-\infty}^{\infty} x_0(t)\mathrm{e}^{-\mathrm{j}\omega t}\,\mathrm{d}t = \int_0^1 \mathrm{e}^{-t}\mathrm{e}^{-\mathrm{j}\omega t}\,\mathrm{d}t = \frac{1 - \mathrm{e}^{-(1+\mathrm{j}\omega)}}{1 + \mathrm{j}\omega}$$

（a）
$$x_1(t) = x_0(t) + x_0(-t)$$

$$X_1(\mathrm{j}\omega) = X_0(\mathrm{j}\omega) + X_0(-\mathrm{j}\omega) = \frac{1 - \mathrm{e}^{-(1+\mathrm{j}\omega)}}{1 + \mathrm{j}\omega} + \frac{1 - \mathrm{e}^{-(1-\mathrm{j}\omega)}}{1 - \mathrm{j}\omega}$$

$$= \frac{2 - 2\mathrm{e}^{-1}\cos\omega + 2\omega\mathrm{e}^{-1}\sin\omega}{1 + \omega^2}$$

（b）
$$x_2(t) = x_0(t) - x_0(-t)$$

$$X_2(\mathrm{j}\omega) = X_0(\mathrm{j}\omega) - X_0(-\mathrm{j}\omega) = \frac{1 - \mathrm{e}^{-(1+\mathrm{j}\omega)}}{1 + \mathrm{j}\omega} - \frac{1 - \mathrm{e}^{-(1-\mathrm{j}\omega)}}{1 - \mathrm{j}\omega} = \frac{\mathrm{j}[-2\omega + 2\mathrm{e}^{-1}\sin\omega + 2\omega\mathrm{e}^{-1}\cos\omega]}{1 + \omega^2}$$

（c）
$$x_3(t) = x_0(t) + x_0(t+1)$$

$$X_3(\mathrm{j}\omega) = X_0(\mathrm{j}\omega) + X_0(\mathrm{j}\omega)\mathrm{e}^{\mathrm{j}\omega} = \frac{1 - \mathrm{e}^{-(1+\mathrm{j}\omega)}}{1 + \mathrm{j}\omega}(1 + \mathrm{e}^{\mathrm{j}\omega}) = \frac{1 + \mathrm{e}^{\mathrm{j}\omega} - \mathrm{e}^{-1}(1 + \mathrm{e}^{-\mathrm{j}\omega})}{1 + \mathrm{j}\omega}$$

（d）
$$x_4(t) = tx_0(t)$$

$$X_4(\mathrm{j}\omega) = \mathrm{j}\frac{\mathrm{d}X_0(\mathrm{j}\omega)}{\mathrm{d}\omega} = \mathrm{j} \times \frac{\mathrm{j}\mathrm{e}^{-(1+\mathrm{j}\omega)}(1+\mathrm{j}\omega) - \mathrm{j}[1 - \mathrm{e}^{-(1+\mathrm{j}\omega)}]}{(1 + \mathrm{j}\omega)^2} = \frac{1 - 2\mathrm{e}^{-(1+\mathrm{j}\omega)} - \mathrm{j}\omega\mathrm{e}^{-(1+\mathrm{j}\omega)}}{(1 + \mathrm{j}\omega)^2}$$

4-20　（a）图 4-8 所示的实信号有哪些（如果有）的傅里叶变换满足下列所有条件：

（1）$\mathrm{Re}\{X(\mathrm{j}\omega)\} = 0$；　　　　　　　　　　　（2）$\mathrm{Im}\{X(\mathrm{j}\omega)\} = 0$；

（3）存在一个实数 a，使 $\mathrm{e}^{\mathrm{j}a\omega}X(\mathrm{j}\omega)$ 为实函数；　　（4）$\int_{-\infty}^{\infty} X(\mathrm{j}\omega)\,\mathrm{d}\omega = 0$；

（5）$\int_{-\infty}^{\infty} \omega X(\mathrm{j}\omega)\,\mathrm{d}\omega = 0$；　　　　　　　　　（6）$X(\mathrm{j}\omega)$ 是周期的。

（b）构造一个信号，它具有上述性质（1）、（4）和（5），但没有其余的性质。

解　（a）（1）要 $\mathrm{Re}\{X(\mathrm{j}\omega)\} = 0$，则 $x(t)$ 必须是实的奇信号，因此只有图 4-8（a）和（d）满足这

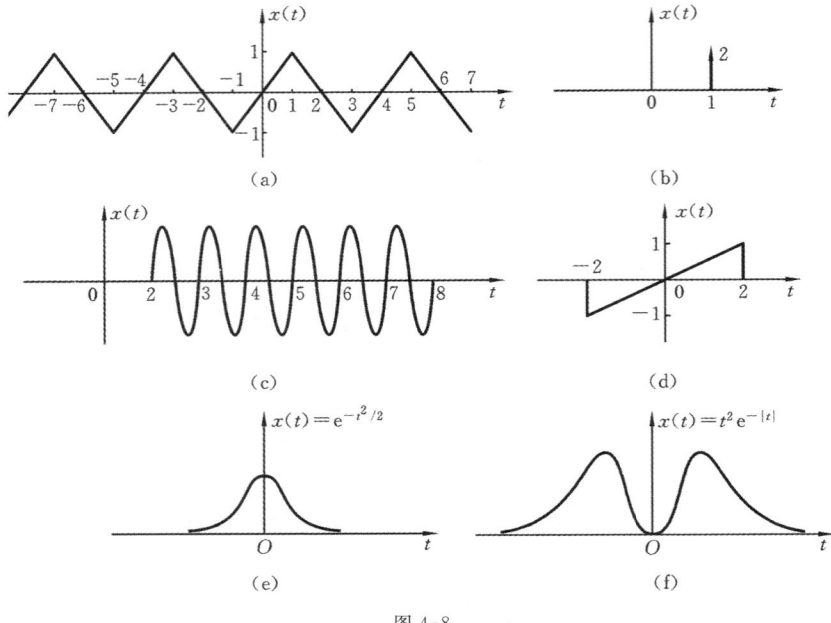

图 4-8

个性质。

(2) 要 $\mathrm{Im}\{X(\mathrm{j}\omega)\} = 0$,则 $x(t)$ 必须是实的偶信号,因此图 4-8(e) 和(f) 满足这个性质。

(3) 如果存在一个实数 a,使 $\mathrm{e}^{\mathrm{j}\omega a}X(\mathrm{j}\omega)$ 为实函数,即要求 $x(t+a)$ 的傅里叶变换为实函数,若 $x(t)$ 平移 a 为一个实的偶信号,则 $\mathrm{e}^{\mathrm{j}\omega a}X(\mathrm{j}\omega)$ 也为实偶函数,因此图 4-8(a)、(b)、(e) 和(f) 可满足这个性质。

(4) $\int_{-\infty}^{\infty} X(\mathrm{j}\omega)\mathrm{d}\omega = 0$,意味着 $\int_{-\infty}^{\infty} X(\mathrm{j}\omega)\mathrm{e}^{\mathrm{j}\omega t}\mathrm{d}\omega\mid_{t=0} = 0$,即

$$x(t) = \frac{1}{2\pi}\int_{-\infty}^{\infty} X(\mathrm{j}\omega)\mathrm{e}^{\mathrm{j}\omega t}\mathrm{d}\omega \xrightarrow{\;t=0\;} x(0) = 0$$

因此,图 4-8(a)、(b)、(c)、(d) 和(f) 满足这个性质。

(5) 由于 $\dfrac{\mathrm{d}x(t)}{\mathrm{d}t} \xleftrightarrow{\text{FT}} \mathrm{j}\omega X(\mathrm{j}\omega)$,所以 $\dfrac{\mathrm{d}x(t)}{\mathrm{d}t} = \dfrac{1}{2\pi}\int_{-\infty}^{\infty} \mathrm{j}\omega X(\mathrm{j}\omega)\mathrm{e}^{\mathrm{j}\omega t}\mathrm{d}\omega$。要使 $\int_{-\infty}^{\infty}\omega X(\mathrm{j}\omega)\mathrm{d}\omega = 0$,意味着 $\dfrac{\mathrm{d}x(t)}{\mathrm{d}t}\bigg|_{t=0} = 0$,因此图 4-8(b)、(c)、(e) 和(f) 满足这个性质。

(6) 只有图 4-8(b) 的傅里叶变换是周期的。

(b) 满足条件:$\mathrm{Re}\{X(\mathrm{j}\omega)\} = 0, \int_{-\infty}^{\infty} X(\mathrm{j}\omega)\mathrm{d}\omega = 0, \int_{-\infty}^{\infty}\omega X(\mathrm{j}\omega)\mathrm{d}\omega = 0$。必须是实的奇信号,且 $x(0) = 0, x'(0) = 0$,例如,$x(t) = u(t+2) - u(t+1) - [u(t-1) - u(t-2)]$。

4-21 设 $X(\mathrm{j}\omega)$ 为图 4-9 所示信号的傅里叶变换。

(a) 求 $\arg X(\mathrm{j}\omega)$;　　　　　　　(b) 求 $X(\mathrm{j}0)$;

(c) 求 $\int_{-\infty}^{\infty} X(\mathrm{j}\omega)\mathrm{d}\omega$;　　　　　　(d) 计算 $\int_{-\infty}^{\infty} X(\mathrm{j}\omega)\dfrac{2\sin\omega}{\omega}\mathrm{e}^{\mathrm{j}2\omega}\mathrm{d}\omega$;

(e) 计算 $\int_{-\infty}^{\infty} \left| X(\mathrm{j}\omega) \right|^{2}\mathrm{d}\omega$;　　　　(f) 画出 $\mathrm{Re}\{X(\mathrm{j}\omega)\}$ 的反变换。

解　(a) 令 $y(t) = x(t+1)$，则 $y(t)$ 为一实的偶信号，其傅里叶变换 $Y(\mathrm{j}\omega)$ 也为一实偶函数，即 $Y(\mathrm{j}\omega) = |Y(\mathrm{j}\omega)|$ $\mathrm{e}^{\mathrm{j}\arg Y(\mathrm{j}\omega)} = |Y(\mathrm{j}\omega)|$，$\arg Y(\mathrm{j}\omega) = 0$，而 $Y(\mathrm{j}\omega) = X(\mathrm{j}\omega)\mathrm{e}^{\mathrm{j}\omega} = |X(\mathrm{j}\omega)|\mathrm{e}^{\mathrm{j}\arg X(\mathrm{j}\omega)} \cdot \mathrm{e}^{\mathrm{j}\omega}$，故 $\arg X(\mathrm{j}\omega) + \omega = 0$，因此 $\arg X(\mathrm{j}\omega) = -\omega$。

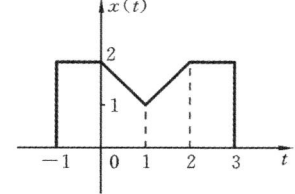

图 4-9

(b) $X(\mathrm{j}0) = \int_{-\infty}^{\infty} x(t)\mathrm{e}^{-\mathrm{j}\omega t}\,\mathrm{d}t \,|_{\omega=0} = \int_{-\infty}^{\infty} x(t)\,\mathrm{d}t = 7$

(c) $\int_{-\infty}^{\infty} X(\mathrm{j}\omega)\,\mathrm{d}\omega = \left[\int_{-\infty}^{\infty} X(\mathrm{j}\omega)\mathrm{e}^{\mathrm{j}\omega t}\,\mathrm{d}\omega\right]_{t=0} = 2\pi x(0) = 4\pi$

(d) 设 $Y(\mathrm{j}\omega) = \dfrac{2\sin\omega}{\omega}\mathrm{e}^{\mathrm{j}2\omega}$，则 $y(t) = \begin{cases} 1, & -3 < t < -1 \\ 0, & \text{其他} \end{cases}$

$\int_{-\infty}^{\infty} X(\mathrm{j}\omega)\dfrac{2\sin\omega}{\omega}\mathrm{e}^{\mathrm{j}2\omega}\,\mathrm{d}\omega = \int_{-\infty}^{\infty} X(\mathrm{j}\omega)Y(\mathrm{j}\omega)\,\mathrm{d}\omega = 2\pi\{x(t) * y(t)\}_{t=0} = 7\pi$

(e) $\int_{-\infty}^{\infty} |X(\mathrm{j}\omega)|^2\,\mathrm{d}\omega = 2\pi\int_{-\infty}^{\infty} |x(t)|^2\,\mathrm{d}t = 2\pi\int_{-\infty}^{\infty} |x(t+1)|^2\,\mathrm{d}t$

$= 2\pi \times 2\left[\int_0^1 (t+1)^2\,\mathrm{d}t + \int_1^2 2^2\,\mathrm{d}t\right] = \dfrac{76\pi}{3}$

(f) $\mathscr{F}^{-1}\{\mathrm{Re}\{X(\mathrm{j}\omega)\}\} = \mathrm{Ev}\{x(t)\} = \dfrac{1}{2}[x(t) + x(-t)]$

$\mathrm{Ev}\{x(t)\}$ 的波形如图 4-10 所示。

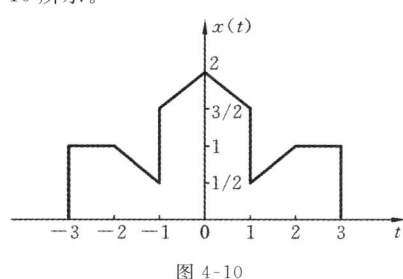

图 4-10

4-22　考虑信号 $x(t) = u(t-1) - 2u(t-2) + u(t-3)$ 和 $\widetilde{x}(t) = \sum_{k=-\infty}^{\infty} x(t-kT)$，其中 $T > 0$。令 a_k 为 $\widetilde{x}(t)$ 的傅里叶级数系数，$X(\mathrm{j}\omega)$ 为 $x(t)$ 的傅里叶变换。

(a) 求 $X(\mathrm{j}\omega)$ 的闭式表达式；

(b) 求傅里叶系数 a_k 的表达式，并验证 $a_k = \dfrac{1}{T}X\left(\mathrm{j}\dfrac{2\pi k}{T}\right)$。

解　(a) $x(t) = u(t-1) - u(t-2) - [u(t-2) - u(t-3)]$

$X(\mathrm{j}\omega) = \int_{-\infty}^{\infty} x(t)\mathrm{e}^{-\mathrm{j}\omega t}\,\mathrm{d}t = \int_1^2 \mathrm{e}^{-\mathrm{j}\omega t}\,\mathrm{d}t - \int_2^3 \mathrm{e}^{-\mathrm{j}\omega t}\,\mathrm{d}t = \dfrac{\mathrm{e}^{-\mathrm{j}\omega} - \mathrm{e}^{-\mathrm{j}2\omega}}{\mathrm{j}\omega} - \dfrac{\mathrm{e}^{-\mathrm{j}2\omega} - \mathrm{e}^{-\mathrm{j}3\omega}}{\mathrm{j}\omega}$

$= \dfrac{\mathrm{e}^{-\mathrm{j}\omega} - \mathrm{e}^{-\mathrm{j}2\omega}}{\mathrm{j}\omega}(1 - \mathrm{e}^{-\mathrm{j}\omega}) = \dfrac{2\sin(\omega/2)}{\omega}\mathrm{e}^{-\mathrm{j}3\omega/2}(1 - \mathrm{e}^{-\mathrm{j}\omega})$

(b) 设 $T = 2$，则 $\omega_0 = \pi$。故

$a_k = \dfrac{1}{T}\int_T \widetilde{x}(t)\mathrm{e}^{-\mathrm{j}\frac{2\pi}{T}kt}\,\mathrm{d}t = \dfrac{1}{2}(\int_1^2 \mathrm{e}^{-\mathrm{j}\frac{2\pi}{T}kt}\,\mathrm{d}t - \int_2^3 \mathrm{e}^{-\mathrm{j}\frac{2\pi}{T}kt}\,\mathrm{d}t) = \dfrac{\sin(k\pi/2)}{k\pi}\mathrm{e}^{-\mathrm{j}3k\pi/2}(1 - \mathrm{e}^{-\mathrm{j}k\pi})$

与 (a) 相比，显然可得 $a_k = \dfrac{1}{T}X\left(\mathrm{j}\dfrac{2\pi k}{T}\right)$。

4-23　(a) 设 $x(t)$ 有傅里叶变换 $X(j\omega)$，令 $p(t)$ 为基波频率是 ω_0 的周期信号，其傅里叶级数表示为 $p(t) = \sum\limits_{n=-\infty}^{\infty} a_n e^{jn\omega_0 t}$。求 $y(t) = x(t)p(t)$ 的傅里叶变换表达式。

(b) 设 $X(j\omega)$ 如图 4-11(a) 所示，对下列每一个 $p(t)$ 画出上式中 $y(t)$ 的频谱：

(1) $p(t) = \cos(t/2)$；　　　　(2) $p(t) = \cos t$；　　　　(3) $p(t) = \cos 2t$；

(4) $p(t) = \sin t \sin 2t$；　　　　(5) $p(t) = \cos 2t - \cos t$；　(6) $p(t) = \sum\limits_{n=-\infty}^{\infty} \delta(t - \pi n)$；

(7) $p(t) = \sum\limits_{n=-\infty}^{\infty} \delta(t - 2\pi n)$；　　(8) $p(t) = \sum\limits_{n=-\infty}^{\infty} \delta(t - 4\pi n)$；

(9) $p(t) = \sum\limits_{n=-\infty}^{\infty} \delta(t - 2\pi n) - \frac{1}{2} \sum\limits_{n=-\infty}^{\infty} \delta(t - \pi n)$；

(10) $p(t)$ 如图 4-11(b) 所示的周期方波。

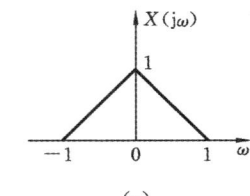

(a)

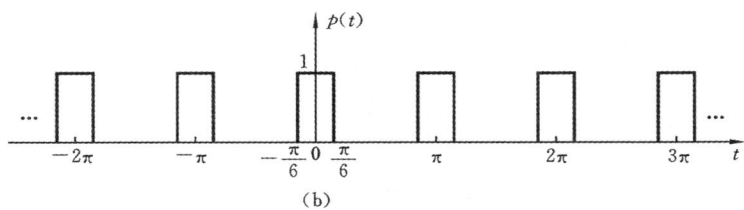

(b)

图 4-11

解　(a) $P(j\omega) = \mathscr{F}\{p(t)\} = 2\pi \sum\limits_{n=-\infty}^{\infty} a_n \delta(\omega - n\omega_0)$

$$Y(j\omega) = \frac{1}{2\pi}[X(j\omega) * P(j\omega)] = \sum\limits_{n=-\infty}^{\infty} a_n[X(j\omega) * \delta(\omega - n\omega_0)] = \sum\limits_{n=-\infty}^{\infty} a_n X(j\omega - jn\omega_0)$$

(b) (1)　　　　　　　$P_1(j\omega) = \pi\left[\delta\left(\omega + \frac{1}{2}\right) + \delta\left(\omega - \frac{1}{2}\right)\right]$

$$Y_1(j\omega) = \frac{1}{2\pi} \times \pi\left[\delta\left(\omega + \frac{1}{2}\right) + \delta\left(\omega - \frac{1}{2}\right)\right] * X(j\omega)$$

$$= \frac{1}{2}X\left[j\left(\omega + \frac{1}{2}\right)\right] + \frac{1}{2}X\left[j\left(\omega - \frac{1}{2}\right)\right]$$

(2)　　　　　　　$P_2(j\omega) = \pi[\delta(\omega + 1) + \delta(\omega - 1)]$

$$Y_2(j\omega) = \frac{1}{2}X[j(\omega + 1)] + \frac{1}{2}X[j(\omega - 1)]$$

(3)　　　　　　　$P_3(j\omega) = \pi[\delta(\omega + 2) + \delta(\omega - 2)]$

$$Y_3(j\omega) = \frac{1}{2}X[j(\omega + 2)] + \frac{1}{2}X[j(\omega - 2)]$$

(4)
$$p_4(t) = \frac{1}{2}\cos t - \frac{1}{2}\cos 3t$$

$$P_4(j\omega) = \frac{1}{2}\pi[\delta(\omega+1) + \delta(\omega-1) - \delta(\omega+3) - \delta(\omega-3)]$$

$$Y_4(j\omega) = \frac{1}{4}X[j(\omega+1)] + \frac{1}{4}X[j(\omega-1)] - \frac{1}{4}X[j(\omega+3)] - \frac{1}{4}X[j(\omega-3)]$$

(5)
$$P_5(j\omega) = \pi[\delta(\omega+2) + \delta(\omega-2) - \delta(\omega+1) - \delta(\omega-1)]$$

$$Y_5(j\omega) = \frac{1}{2}X[j(\omega+2)] + \frac{1}{2}X[j(\omega-2)] - \frac{1}{2}X[j(\omega+1)] - \frac{1}{2}X[j(\omega-1)]$$

(6)
$$P_6(j\omega) = 2\sum_{n=-\infty}^{\infty}\delta(\omega-2n)$$

$$Y_6(j\omega) = \frac{1}{2\pi}X(j\omega) * \left[2\sum_{n=-\infty}^{\infty}\delta(\omega-2n)\right] = \frac{1}{\pi}\sum_{n=-\infty}^{\infty}X[j(\omega-2n)]$$

(7)
$$P_7(j\omega) = \sum_{n=-\infty}^{\infty}\delta(\omega-n), \quad Y_7(j\omega) = \frac{1}{2\pi}\sum_{n=-\infty}^{\infty}X[j(\omega-n)]$$

(8)
$$P_8(j\omega) = \frac{1}{2}\sum_{n=-\infty}^{\infty}\delta\left(\omega-\frac{1}{2}n\right), Y_8(j\omega) = \frac{1}{4\pi}\sum_{n=-\infty}^{\infty}X\left[j\left(\omega-\frac{1}{2}n\right)\right]$$

(9)
$$P_9(j\omega) = \sum_{n=-\infty}^{\infty}\delta(\omega-n) - \sum_{n=-\infty}^{\infty}\delta(\omega-2n)$$

$$Y_9(j\omega) = \frac{1}{2\pi}\left\{\sum_{n=-\infty}^{\infty}X[j(\omega-n)] - \sum_{n=-\infty}^{\infty}X[j(\omega-2n)]\right\}$$

(10)
$$p_{10}(t) = \sum_{n=-\infty}^{\infty}a_n e^{jn\omega_0 t} = \sum_{n=-\infty}^{\infty}a_n e^{j2nt}, a_n = \frac{1}{\pi}\int_{-\frac{\pi}{6}}^{\frac{\pi}{6}}e^{-j2nt}dt = \frac{\sin(n\pi/3)}{n\pi}$$

$$P_{10}(j\omega) = 2\pi\sum_{n=-\infty}^{\infty}a_n\delta(\omega-2n) = 2\sum_{n=-\infty}^{\infty}\frac{\sin(n\pi/3)}{n\pi}\delta(\omega-2n)$$

$$Y_{10}(j\omega) = \frac{1}{2\pi}X(j\omega) * P_{10}(j\omega) = \sum_{n=-\infty}^{\infty}\frac{\sin(n\pi/3)}{n\pi}X[j(\omega-2n)]$$

$Y_1(j\omega) \sim Y_{10}(j\omega)$ 的图形分别如图 4-12(a) ~ (j)所示。

4-24　一个实值连续时间函数 $x(t)$ 有傅里叶变换 $X(j\omega)$，其模与相位如图 4-13(a)所示。函数 $x_a(t), x_b(t), x_c(t)$ 和 $x_d(t)$ 都有傅里叶变换，它们的模都与 $X(j\omega)$ 的模完全相同，但相位不同，分别如图 4-13(b) ~ (e)所示。相位函数 $\arg X_a(j\omega)$ 和 $\arg X_b(j\omega)$ 是通过给 $\arg X(j\omega)$ 附加一个线性相位而形成的；相位函数 $\arg X_c(j\omega)$ 是把 $\arg X(j\omega)$ 关于 $\omega = 0$ 反转得来的；而 $\arg X_d(j\omega)$ 则是把反转和附加线性相位结合在一起得到的。利用傅里叶变换性质，确定用 $x(t)$ 表示 $x_a(t), x_b(t), x_c(t)$ 和 $x_d(t)$ 的表示式。

解　(1) 因为 $X(j\omega) = |X(j\omega)| e^{j\arg X(j\omega)}$

$X_a(j\omega) = |X(j\omega)| e^{j\arg X(j\omega)-j a\omega} = X(j\omega)e^{-j a\omega}$，故 $x_a(t) = x(t-a)$。

(2) 因为 $X_b(j\omega) = |X(j\omega)| e^{j\arg X(j\omega)+j b\omega} = X(j\omega)e^{j b\omega}$，故 $x_b(t) = x(t+b)$。

(3) 因为 $X_c(j\omega) = |X(j\omega)| e^{-j\arg X(j\omega)} = X^*(j\omega)$，故 $x_c(t) = x^*(-t)$；因为 $x(t) = x^*(t)$，故 $x_c(t) = x(-t)$。

(4) 因为 $X_d(j\omega) = |X(j\omega)| e^{-j\arg X(j\omega)+j d\omega} = X^*(j\omega)e^{j d\omega}$，故 $x_d(t) = x^*(-t-d)$；

又因为 $x(t) = x^*(t)$，故 $x_d(t) = x(-t-d)$。

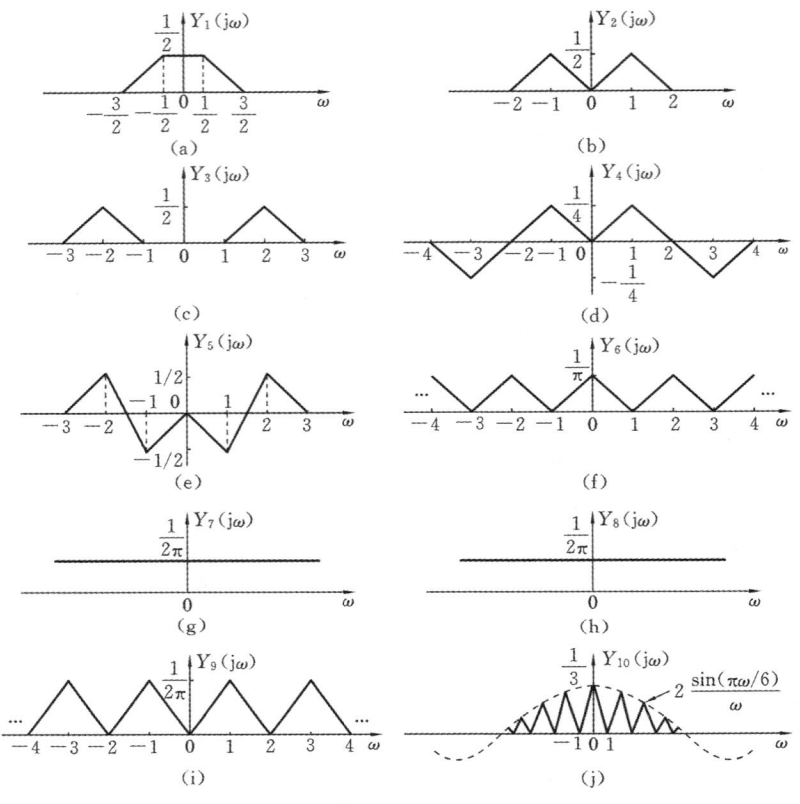

图 4-12

4-25　假设 $g(t) = x(t)\cos t$，而 $g(t)$ 的傅里叶变换是 $G(j\omega) = \begin{cases} 1, & |\omega| \leqslant 2 \\ 0, & \text{其他} \end{cases}$，求 $x(t)$。

解　因为 $G(j\omega) = \dfrac{1}{2}X(j\omega - j1) + \dfrac{1}{2}X(j\omega + j1) = \begin{cases} 1, & |\omega| \leqslant 2 \\ 0, & \text{其他} \end{cases}$，则 $X(j\omega) =$
$\begin{cases} 2, & |\omega| \leqslant 1 \\ 0, & \text{其他} \end{cases}$，因此 $x(t) = \mathscr{F}^{-1}\{X(j\omega)\} = \dfrac{2\sin t}{\pi t}$。

4-26　(a) 证明下面三个不同单位冲激响应的 LTI 系统
$$h_1(t) = u(t), \quad h_2(t) = -2\delta(t) + 5e^{-2t}u(t), \quad h_3(t) = 2te^{-t}u(t)$$
对输入为 $x(t) = \cos t$ 的响应全都一样；

(b) 求另一个 LTI 系统的单位冲激响应，它对 $x(t) = \cos t$ 的响应也与上面响应相同。

解　(a) $h_1(t) \overset{\text{FT}}{\longleftrightarrow} H_1(j\omega) = \pi\delta(\omega) + \dfrac{1}{j\omega}$

$$X(j\omega) = \pi[\delta(\omega+1) + \delta(\omega-1)]$$

$$Y_1(j\omega) = H_1(j\omega)X(j\omega) = \left[\pi\delta(\omega) + \dfrac{1}{j\omega}\right] \cdot \pi[\delta(\omega+1) + \delta(\omega-1)]$$

$$= \dfrac{\pi}{j}[-\delta(\omega+1) + \delta(\omega-1)]$$

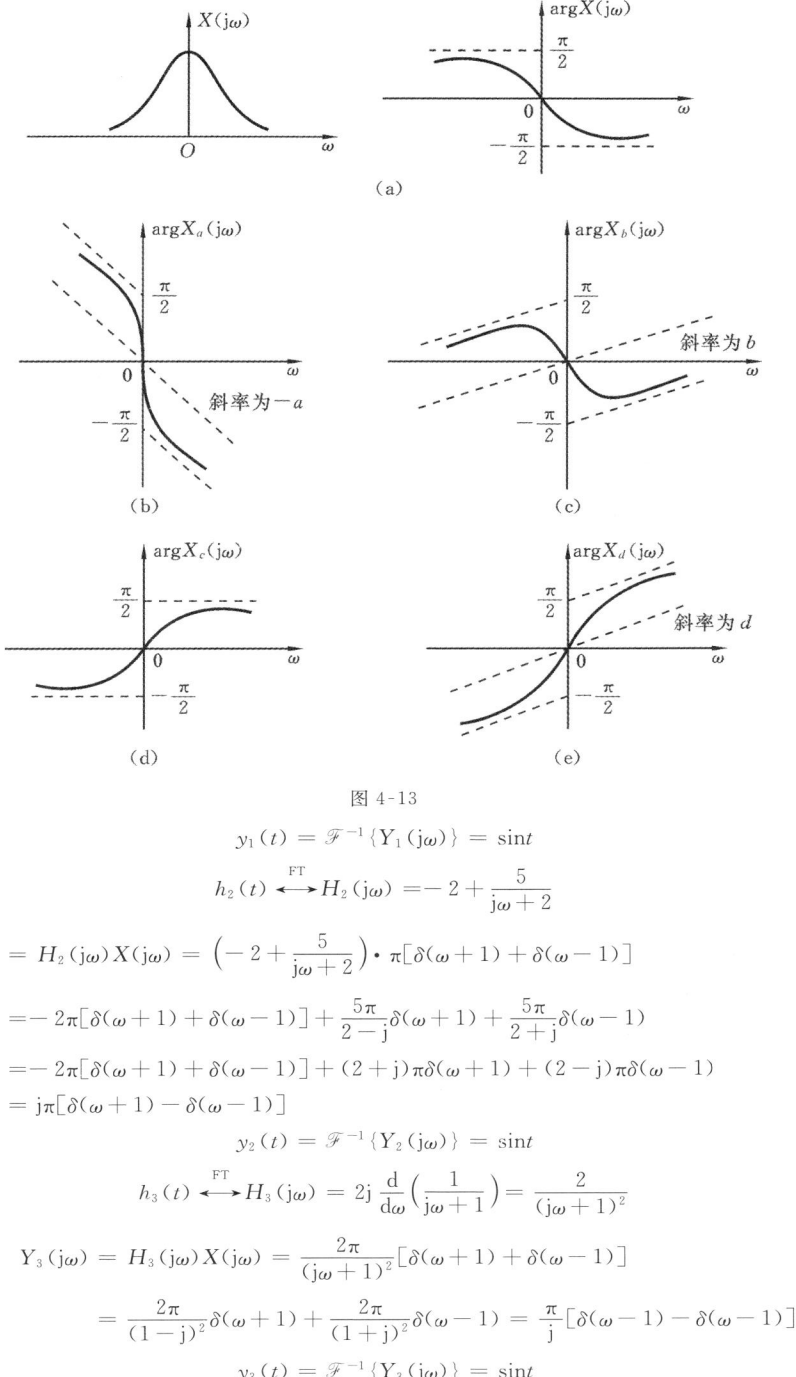

图 4-13

$$y_1(t) = \mathscr{F}^{-1}\{Y_1(j\omega)\} = \sin t$$

$$h_2(t) \xleftrightarrow{\text{FT}} H_2(j\omega) = -2 + \frac{5}{j\omega + 2}$$

$$Y_2(j\omega) = H_2(j\omega)X(j\omega) = \left(-2 + \frac{5}{j\omega + 2}\right) \cdot \pi[\delta(\omega + 1) + \delta(\omega - 1)]$$

$$= -2\pi[\delta(\omega + 1) + \delta(\omega - 1)] + \frac{5\pi}{2 - j}\delta(\omega + 1) + \frac{5\pi}{2 + j}\delta(\omega - 1)$$

$$= -2\pi[\delta(\omega + 1) + \delta(\omega - 1)] + (2 + j)\pi\delta(\omega + 1) + (2 - j)\pi\delta(\omega - 1)$$

$$= j\pi[\delta(\omega + 1) - \delta(\omega - 1)]$$

$$y_2(t) = \mathscr{F}^{-1}\{Y_2(j\omega)\} = \sin t$$

$$h_3(t) \xleftrightarrow{\text{FT}} H_3(j\omega) = 2j\frac{d}{d\omega}\left(\frac{1}{j\omega + 1}\right) = \frac{2}{(j\omega + 1)^2}$$

$$Y_3(j\omega) = H_3(j\omega)X(j\omega) = \frac{2\pi}{(j\omega + 1)^2}[\delta(\omega + 1) + \delta(\omega - 1)]$$

$$= \frac{2\pi}{(1 - j)^2}\delta(\omega + 1) + \frac{2\pi}{(1 + j)^2}\delta(\omega - 1) = \frac{\pi}{j}[\delta(\omega - 1) - \delta(\omega - 1)]$$

$$y_3(t) = \mathscr{F}^{-1}\{Y_3(j\omega)\} = \sin t$$

(b) 假设 $h_4(t) = \dfrac{1}{2}\big[h_1(t) + h_2(t)\big]$，则

$$H_4(j\omega) = \mathscr{F}\{h_4(t)\} = \frac{1}{2}\big[H_1(j\omega) + H_2(j\omega)\big]$$

$$Y_4(j\omega) = H_4(j\omega)X(j\omega) = \frac{1}{2}H_1(j\omega)X(j\omega) + \frac{1}{2}H_2(j\omega)X(j\omega) = \frac{1}{2}Y_1(j\omega) + \frac{1}{2}Y_2(j\omega)$$

$$y_4(t) = \mathscr{F}^{-1}\{Y_4(j\omega)\} = \frac{1}{2}y_1(t) + \frac{1}{2}y_2(t) = \sin t$$

可见，由此 $h_1(t)$，$h_2(t)$ 和 $h_3(t)$ 任意两个相加再除以 2 的单位冲激响应的 LTI 系统对 $x(t) = \cos t$ 的响应都相同。此题说明：对 $\cos t$ 的响应不能唯一用来标定一个 LTI 系统。

4-27 考虑一个 LTI 系统 S，其单位冲激响应为 $h(t) = \dfrac{\sin 4(t-1)}{\pi(t-1)}$，求系统 S 对下面每个输入信号的输出。

(a) $x_1(t) = \cos\left(6t + \dfrac{\pi}{12}\right)$;　　　　　　(b) $x_2(t) = \displaystyle\sum_{k=0}^{\infty}\left(\frac{1}{2}\right)^k \sin 3kt$;

(c) $x_3(t) = \dfrac{\sin 4(t+1)}{\pi(t+1)}$;　　　　　　(d) $x_4(t) = \left(\dfrac{\sin 2t}{\pi t}\right)^2$。

解　令 $h_1(t) = \dfrac{\sin 4t}{\pi t}$，则 $h(t) = h_1(t-1)$。因

$$H_1(j\omega) = \mathscr{F}\{h_1(t)\} = \begin{cases} 1, & |\omega| < 4 \\ 0, & |\omega| > 4 \end{cases}$$

于是　　　　　　$$H(j\omega) = H_1(j\omega)e^{-j\omega} = \begin{cases} e^{-j\omega}, & |\omega| < 4 \\ 0, & |\omega| > 4 \end{cases}$$

(a) $x_1(t) = \cos\left(6t + \dfrac{\pi}{12}\right) = \dfrac{1}{2}e^{j6t}e^{j\frac{\pi}{12}} + \dfrac{1}{2}e^{-j6t}e^{-j\frac{\pi}{12}}$

$$X_1(j\omega) = \frac{1}{2}e^{j\frac{\pi}{12}} \cdot 2\pi\delta(\omega-6) + \frac{1}{2}e^{-j\frac{\pi}{12}} \cdot 2\pi\delta(\omega+6) = \pi e^{j\frac{\pi}{12}}\delta(\omega-6) + \pi e^{-j\frac{\pi}{12}}\delta(\omega+6)$$

$$Y_1(j\omega) = H(j\omega)X_1(j\omega) = 0$$

故　　　　　　$$y_1(t) = \mathscr{F}^{-1}\{Y_1(j\omega)\} = 0$$

(b) $X_2(j\omega) = \displaystyle\sum_{k=0}^{\infty}\left(\frac{1}{2}\right)^k \cdot \frac{\pi}{j}\big[\delta(\omega-3k) - \delta(\omega+3k)\big]$

$$Y_2(j\omega) = H(j\omega)X_2(j\omega) = \frac{\pi}{j}\frac{1}{2}\big[\delta(\omega-3) - \delta(\omega+3)\big]e^{-j\omega}$$

$$y_2(t) = \mathscr{F}^{-1}\{Y_2(j\omega)\} = \frac{1}{2}\sin 3(t-1)$$

(c) $x_3(t) = h_1(t+1)$，　$X_3(j\omega) = H_1(j\omega)e^{j\omega}$

$$Y_3(j\omega) = H(j\omega)X_3(j\omega) = [H_1(j\omega)]^2 = \begin{cases} 1, & |\omega| < 4 \\ 0, & |\omega| < 4 \end{cases} = H_1(j\omega)$$

$$y_3(t) = \mathscr{F}^{-1}\{Y_3(j\omega)\} = h_1(t) = \frac{\sin 4t}{\pi t}$$

(d) $x_4(t) = \left(\dfrac{\sin 2t}{\pi t}\right)^2 \xlongequal{\;令\;} [x_{40}(t)]^2$

式中：$x_{40}(t) = \dfrac{\sin 2t}{\pi t} \overset{\text{FT}}{\longleftrightarrow} X_{40}(j\omega) = \begin{cases} 1, & |\omega| < 2 \\ 0, & |\omega| > 2 \end{cases}$

$$X_4(\mathrm{j}\omega) = \frac{1}{2\pi} X_{40}(\mathrm{j}\omega) * X_{40}(\mathrm{j}\omega) = \begin{cases} \dfrac{1}{2\pi}(\omega+4), & -4 < \omega < 0 \\ -\dfrac{1}{2\pi}(\omega-4), & 0 < \omega < 4 \\ 0, & \text{其他} \end{cases}$$

$$Y_4(\mathrm{j}\omega) = H(\mathrm{j}\omega) X_4(\mathrm{j}\omega) = X_4(\mathrm{j}\omega)\mathrm{e}^{-\mathrm{j}\omega}$$

故　　　　$$y_4(t) = \mathscr{F}^{-1}\{Y_4(\mathrm{j}\omega)\} = x_4(t-1) = \left[\frac{\sin 2(t-1)}{\pi(t-1)}\right]^2$$

4-28 一因果 LTI 系统的输入和输出，由下列微分方程表征

$$\frac{\mathrm{d}^2 y(t)}{\mathrm{d}t^2} + 6\frac{\mathrm{d}y(t)}{\mathrm{d}t} + 8y(t) = 2x(t)$$

（a）求该系统的单位冲激响应；

（b）若 $x(t) = t\mathrm{e}^{-2t}u(t)$，该系统的响应是什么？

（c）对于由下列方程描述的因果 LTI 系统，求其单位冲激响应。

$$\frac{\mathrm{d}^2 y(t)}{\mathrm{d}t^2} + \sqrt{2}\frac{\mathrm{d}y(t)}{\mathrm{d}t} + y(t) = 2\frac{\mathrm{d}^2 x(t)}{\mathrm{d}t^2} - 2x(t)$$

解　（a）系统频率响应函数为

$$H(\mathrm{j}\omega) = \frac{Y(\mathrm{j}\omega)}{X(\mathrm{j}\omega)} = \frac{2}{-\omega^2 + 6\mathrm{j}\omega + 8} = \frac{1}{\mathrm{j}\omega+2} - \frac{1}{\mathrm{j}\omega+4}$$

系统的单位冲激响应为

$$h(t) = \mathscr{F}^{-1}\{H(\mathrm{j}\omega)\} = \mathrm{e}^{-2t}u(t) - \mathrm{e}^{-4t}u(t)$$

（b）$X(\mathrm{j}\omega) = \mathscr{F}\{x(t)\} = \dfrac{1}{(\mathrm{j}\omega+2)^2}$

$$Y(\mathrm{j}\omega) = H(\mathrm{j}\omega)X(\mathrm{j}\omega) = \frac{2}{-\omega^2+6\mathrm{j}\omega+8} \cdot \frac{1}{(\mathrm{j}\omega+2)^2} = \frac{1}{(\mathrm{j}\omega+2)^3} - \frac{1}{(\mathrm{j}\omega+4)(\mathrm{j}\omega+2)^2}$$

$$= \frac{1/4}{\mathrm{j}\omega+2} - \frac{1/4}{\mathrm{j}\omega+4} + \frac{-1/2}{(\mathrm{j}\omega+2)^2} + \frac{1}{(\mathrm{j}\omega+2)^3}$$

$$y(t) = \mathscr{F}^{-1}\{Y(\mathrm{j}\omega)\} = \frac{1}{4}\mathrm{e}^{-2t}u(t) - \frac{1}{4}\mathrm{e}^{-4t}u(t) - \frac{1}{2}t\mathrm{e}^{-2t}u(t) + \frac{1}{2}t^2\mathrm{e}^{-2t}u(t)$$

（c）该因果 LTI 系统的频率响应函数为

$$H(\mathrm{j}\omega) = \frac{Y(\mathrm{j}\omega)}{X(\mathrm{j}\omega)} = \frac{-2\omega^2-2}{-\omega^2+\sqrt{2}\mathrm{j}\omega+1} = 2 - \frac{\sqrt{2}-\mathrm{j}\sqrt{2}}{\mathrm{j}\omega+\dfrac{\sqrt{2}-\mathrm{j}\sqrt{2}}{2}} - \frac{\sqrt{2}+\mathrm{j}\sqrt{2}}{\mathrm{j}\omega+\dfrac{\sqrt{2}+\mathrm{j}\sqrt{2}}{2}}$$

$$h(t) = \mathscr{F}^{-1}\{H(\mathrm{j}\omega)\}$$

$$= 2\delta(t) - (\sqrt{2}-\mathrm{j}\sqrt{2})\mathrm{e}^{[(-1+\mathrm{j})/\sqrt{2}]t}u(t) - (\sqrt{2}+\mathrm{j}\sqrt{2})\mathrm{e}^{[-(1+\mathrm{j})/\sqrt{2}]t}u(t)$$

$$= 2\delta(t) - \sqrt{2}(1-\mathrm{j})\mathrm{e}^{-\frac{\sqrt{2}}{2}t} \cdot \mathrm{e}^{\mathrm{j}\frac{\sqrt{2}}{2}t}u(t) - \sqrt{2}(1+\mathrm{j})\mathrm{e}^{-\frac{\sqrt{2}}{2}t} \cdot \mathrm{e}^{-\mathrm{j}\frac{\sqrt{2}}{2}t}u(t)$$

$$= 2\delta(t) - \sqrt{2}\mathrm{e}^{-\frac{\sqrt{2}}{2}t}[\mathrm{e}^{\mathrm{j}\frac{\sqrt{2}}{2}t} + \mathrm{e}^{-\mathrm{j}\frac{\sqrt{2}}{2}t}]u(t) + \mathrm{j}\sqrt{2}\mathrm{e}^{-\frac{\sqrt{2}}{2}t}[\mathrm{e}^{\mathrm{j}\frac{\sqrt{2}}{2}t} - \mathrm{e}^{-\mathrm{j}\frac{\sqrt{2}}{2}t}]u(t)$$

$$= 2\delta(t) - 2\sqrt{2}\mathrm{e}^{-\frac{\sqrt{2}}{2}t}\cos\frac{\sqrt{2}}{2}t\,u(t) - 2\sqrt{2}\mathrm{e}^{-\frac{\sqrt{2}}{2}t}\sin\frac{\sqrt{2}}{2}t\,u(t)$$

4-29 一个因果稳定的 LTI 系统 S，有频率响应为 $H(\mathrm{j}\omega) = \dfrac{\mathrm{j}\omega+4}{6-\omega^2+5\mathrm{j}\omega}$。

（a）写出关联系统 S 输入和输出的微分方程；

（b）求该系统 S 的单位冲激响应 $h(t)$；

(c) 若输入为 $x(t) = \mathrm{e}^{-4t}u(t) - t\mathrm{e}^{-4t}u(t)$, 求该系统的输出。

解　(a) 由 $H(\mathrm{j}\omega) = \dfrac{Y(\mathrm{j}\omega)}{X(\mathrm{j}\omega)} = \dfrac{\mathrm{j}\omega + 4}{(\mathrm{j}\omega)^2 + 5\mathrm{j}\omega + 6}$

可知系统方程为

$$\frac{\mathrm{d}^2 y(t)}{\mathrm{d}t^2} + 5\frac{\mathrm{d}y(t)}{\mathrm{d}t} + 6y(t) = \frac{\mathrm{d}x(t)}{\mathrm{d}t} + 4x(t)$$

(b) 因 $H(\mathrm{j}\omega) = \dfrac{2}{\mathrm{j}\omega + 2} - \dfrac{1}{\mathrm{j}\omega + 3}$, 故

$$h(t) = \mathscr{F}^{-1}\{H(\mathrm{j}\omega)\} = 2\mathrm{e}^{-2t}u(t) - \mathrm{e}^{-3t}u(t)$$

(c) $X(\mathrm{j}\omega) = \dfrac{1}{\mathrm{j}\omega + 4} - \dfrac{1}{(\mathrm{j}\omega + 4)^2}$

$$Y(\mathrm{j}\omega) = H(\mathrm{j}\omega)X(\mathrm{j}\omega) = \left(\frac{2}{\mathrm{j}\omega + 2} - \frac{1}{\mathrm{j}\omega + 3}\right)\left[\frac{1}{\mathrm{j}\omega + 4} - \frac{1}{(\mathrm{j}\omega + 4)^2}\right] = \frac{1/2}{\mathrm{j}\omega + 2} - \frac{1/2}{\mathrm{j}\omega + 4}$$

$$y(t) = \mathscr{F}^{-1}\{Y(\mathrm{j}\omega)\} = \frac{1}{2}\mathrm{e}^{-2t}u(t) - \frac{1}{2}\mathrm{e}^{-4t}u(t)$$

4-30　(a) 有一连续时间 LTI 系统, 其频率响应为 $H(\mathrm{j}\omega) = \dfrac{a - \mathrm{j}\omega}{a + \mathrm{j}\omega}$, 其中 $a > 0$。问 $H(\mathrm{j}\omega)$ 的模是什么? $\arg H(\mathrm{j}\omega)$ 是什么? 该系统的单位冲激响应是什么?

(b) 若在 (a) 中, $a = 1$, 当输入为 $x(t) = \cos t/\sqrt{3} + \cos t + \cos\sqrt{3}t$, 求该系统输出。

解　(a) $|H(\mathrm{j}\omega)| = \left|\dfrac{a - \mathrm{j}\omega}{a + \mathrm{j}\omega}\right| = \dfrac{\sqrt{a^2 + \omega^2}}{\sqrt{a^2 + \omega^2}} = 1$

$$\arg H(\mathrm{j}\omega) = -\arctan\frac{\omega}{a} - \arctan\frac{\omega}{a} = -2\arctan\frac{\omega}{a}$$

又因 $H(\mathrm{j}\omega) = -1 + \dfrac{2a}{\mathrm{j}\omega + a}$, 则

$$h(t) = \mathscr{F}^{-1}\{H(\mathrm{j}\omega)\} = -\delta(t) + 2a\mathrm{e}^{-at}u(t)$$

(b) 因 $a = 1$, 则

$$H(\mathrm{j}\omega) = \frac{1 - \mathrm{j}\omega}{1 + \mathrm{j}\omega}, \quad |H(\mathrm{j}\omega)| = 1, \quad \arg H(\mathrm{j}\omega) = -2\arctan\omega$$

即

$$|Y(\mathrm{j}\omega)| = |X(\mathrm{j}\omega)|, \quad \arg Y(\mathrm{j}\omega) = \arg X(\mathrm{j}\omega) - 2\arctan\omega$$

由于　　$x(t) = \cos\omega_1 t + \cos\omega_2 t + \cos\omega_3 t, \quad \omega_1 = \dfrac{1}{\sqrt{3}}, \quad \omega_2 = 1, \quad \omega_3 = \sqrt{3}$

$$-2\arctan\omega_1 = -\frac{\pi}{3}, \quad -2\arctan\omega_2 = -\frac{\pi}{2}, \quad -2\arctan\omega_3 = -\frac{2\pi}{3}$$

故　　$$y(t) = \cos\left(\frac{t}{\sqrt{3}} - \frac{\pi}{3}\right) + \cos\left(t - \frac{\pi}{2}\right) + \cos\left(\sqrt{3}t - \frac{2\pi}{3}\right)$$

4-31　考虑示于图 4-14 的信号 $x(t)$。

(a) 求 $x(t)$ 的傅里叶变换 $X(\mathrm{j}\omega)$。

(b) 概略画出信号

$$\widetilde{x}(t) = x(t) * \sum_{k=-\infty}^{\infty}\delta(t - 4k)$$

(c) 找另一个 $g(t)$, $g(t)$ 不同于 $x(t)$, 而有

$$\widetilde{x}(t) = g(t) * \sum_{k=-\infty}^{\infty}\delta(t - 4k)$$

(d) 证明:虽然 $G(\mathrm{j}\omega)$ 不同于 $X(\mathrm{j}\omega)$,但是对全部整数 k 有 $G\left(\mathrm{j}\dfrac{\pi k}{2}\right)=X\left(\mathrm{j}\dfrac{\pi k}{2}\right)$。不必经由算出 $G(\mathrm{j}\omega)$ 来回答此题。

解　(a) 由于 $x(t)=x_1(t)*x_1(t)$

而
$$x_1(t)=G_1(t)=\begin{cases}1,&|t|<0.5\\0,&|t|>0.5\end{cases}$$

$$x_1(t)\leftrightarrow X_1(\mathrm{j}\omega)=Sa\left(\frac{\omega}{2}\right)=\frac{2\sin(\omega/2)}{\omega}$$

则由卷积性质,有 $X(\mathrm{j}\omega)=X_1(\mathrm{j}\omega)X_1(\mathrm{j}\omega)=\dfrac{4\sin^2(\omega/2)}{\omega^2}=Sa^2\left(\dfrac{\omega}{2}\right)$

(b) $\widetilde{x}(t)=x(t)*\displaystyle\sum_{k=-\infty}^{\infty}\delta(t-4k)=\sum_{k=-\infty}^{\infty}\left[x(t)*\delta(t-4k)\right]=\sum_{k=-\infty}^{\infty}x(t-4k)$

$\widetilde{x}(t)$ 是周期为 4 的周期信号,其波形如图 4-15 所示。

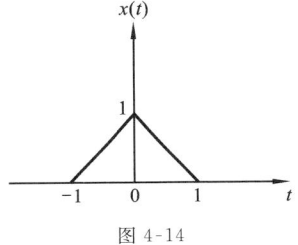

图 4-14

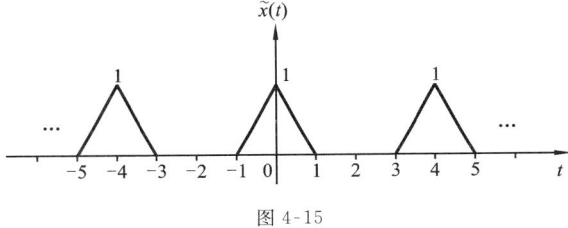

图 4-15

(c) 令 $g(t)=\dfrac{1}{2}x(t-4)+\dfrac{1}{2}x(t+4)$

则
$$g(t)*\sum_{k=-\infty}^{\infty}\delta(t-4k)=\sum_{k=-\infty}^{\infty}g(t-4k)$$
$$=\sum_{k=-\infty}^{\infty}\frac{1}{2}\left[x(t-4k)+x(t+4k)\right]=\sum_{k=-\infty}^{\infty}x(t-4k)=\widetilde{x}(t)$$

$g(t)$ 的波形如图 4-16 所示。

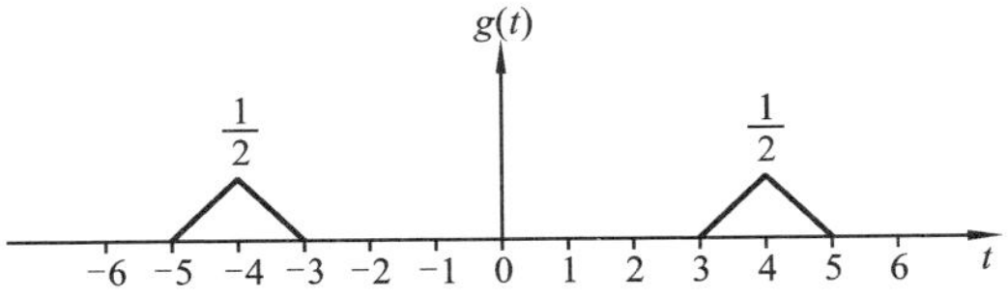

图 4-16

(d) 由于 $\displaystyle\sum_{k=-\infty}^{\infty}\delta(t-4k)\leftrightarrow\frac{\pi}{2}\sum_{k=-\infty}^{\infty}\delta\left(\omega-k\frac{\pi}{2}\right)$,由卷积性质,有

$$\widetilde{x}(t)\leftrightarrow\widetilde{X}(\mathrm{j}\omega)=X(\mathrm{j}\omega)\frac{\pi}{2}\sum_{k=-\infty}^{\infty}\delta\left(\omega-k\frac{\pi}{2}\right)=\frac{\pi}{2}\sum_{k=-\infty}^{\infty}X\left(\mathrm{j}k\frac{\pi}{2}\right)\delta\left(\omega-k\frac{\pi}{2}\right)$$

及
$$\widetilde{x}(t)\leftrightarrow\widetilde{X}(\mathrm{j}\omega)=G(\mathrm{j}\omega)\frac{\pi}{2}\sum_{k=-\infty}^{\infty}\delta\left(\omega-k\frac{\pi}{2}\right)=\frac{\pi}{2}\sum_{k=-\infty}^{\infty}G\left(\mathrm{j}k\frac{\pi}{2}\right)\delta\left(\omega-k\frac{\pi}{2}\right)$$

故有
$$G\left(\mathrm{j}\,\frac{\pi k}{2}\right) = X\left(\mathrm{j}\,\frac{\pi k}{2}\right)$$

4-32 令

$$g_1(t) = \big[\cos\omega_0 t x(t)\big] * h(t) \quad 和 \quad g_2(t) = \big[\sin\omega_0 t x(t)\big] * h(t)$$

式中：$x(t) = \displaystyle\sum_{k=-\infty}^{\infty} a_k \mathrm{e}^{jk100t}$ 是一个实值周期信号；$h(t)$ 是一个稳定的 LTI 系统的单位冲激响应。

（a）给出某一 ω_0 值，并在 $H(\mathrm{j}\omega)$ 上给予任何必要的限制以保证

$$g_1(t) = \mathrm{Re}\{a_5\} \quad 和 \quad g_2(t) = \mathrm{Im}\{a_5\}$$

（b）给出 $h(t)$ 的一个例子以使得 $H(\mathrm{j}\omega)$ 满足在（a）中所给定的限制。

解　（a）由 $x(t) = \displaystyle\sum_{k=-\infty}^{\infty} a_k \mathrm{e}^{jk100t}$ 可知，$x(t)$ 是一基波频率为 $\omega = 100\ \mathrm{rad/s}$ 的周期信号，因而其傅里叶变换为

$$X(\mathrm{j}\omega) = 2\pi \sum_{k=-\infty}^{\infty} a_k \delta(\omega - 100k)$$

令 $y_1(t) = \cos\omega_0 t x(t)$，则 $y_1(t) \leftrightarrow Y_1(\mathrm{j}\omega) = \dfrac{1}{2}\big[X(\mathrm{j}(\omega-\omega_0)) + X(\mathrm{j}(\omega+\omega_0))\big]$，即

$$Y_1(\mathrm{j}\omega) = \pi \sum_{k=-\infty}^{\infty} a_k \delta(\omega - 100k - \omega_0) + \pi \sum_{k=-\infty}^{\infty} a_k \delta(\omega - 100k + \omega_0)$$

$$= \pi \sum_{k=-\infty}^{\infty} a_{-k} \delta(\omega + 100k - \omega_0) + \pi \sum_{k=-\infty}^{\infty} a_k \delta(\omega - 100k + \omega_0)$$

如果 $\omega_0 = 500$，那么在上式中 $k = 5$ 对应的项为

$$\pi a_{-5}\delta(\omega) + \pi a_5 \delta(\omega)$$

因为 $x(t)$ 是实信号，$a_k = a_{-k}^*$，所以，$\pi a_{-5}\delta(\omega) + \pi a_5\delta(\omega) = 2\pi\mathrm{Re}\{a_5\}\delta(\omega)$，从而，$2\pi\mathrm{Re}\{a_5\}\delta(\omega)$ 的反变换为 $\mathrm{Re}\{a_5\} = g_1(t)$，即有

$$Y_1(\mathrm{j}\omega)H(\mathrm{j}\omega) = G_1(\mathrm{j}\omega) = 2\pi\mathrm{Re}\{a_5\}\delta(\omega) \qquad\qquad ①$$

同样的，令

$$y_2(t) = \sin\omega_0 t x(t)，则 y_2(t) \leftrightarrow Y_2(\mathrm{j}\omega) = \frac{1}{2\mathrm{j}}\big[X(\mathrm{j}(\omega-\omega_0)) - X(\mathrm{j}(\omega+\omega_0))\big]$$

即

$$Y_2(\mathrm{j}\omega) = \frac{\pi}{\mathrm{j}} \sum_{k=-\infty}^{\infty} a_k \delta(\omega - 100k - \omega_0) - \frac{\pi}{\mathrm{j}} \sum_{k=-\infty}^{\infty} a_k \delta(\omega - 100k + \omega_0)$$

$$= \frac{\pi}{\mathrm{j}} \sum_{k=-\infty}^{\infty} a_{-k} \delta(\omega + 100k - \omega_0) - \frac{\pi}{\mathrm{j}} \sum_{k=-\infty}^{\infty} a_k \delta(\omega - 100k + \omega_0)$$

如果 $\omega_0 = 500$，那么在上式中 $k = 5$ 对应的项为

$$\frac{\pi}{\mathrm{j}} a_{-5}\delta(\omega) - \frac{\pi}{\mathrm{j}} a_5 \delta(\omega)$$

因为 $x(t)$ 是实信号，$a_k = a_{-k}^*$，所以，$\dfrac{\pi}{\mathrm{j}} a_{-5}\delta(\omega) - \dfrac{\pi}{\mathrm{j}} a_5\delta(\omega) = 2\pi\mathrm{Im}\{a_5\}\delta(\omega)$，从而，$2\pi\mathrm{Im}\{a_5\}\delta(\omega)$ 的反变换为 $\mathrm{Im}\{a_5\} = g_2(t)$，即有

$$Y_2(\mathrm{j}\omega)H(\mathrm{j}\omega) = G_2(\mathrm{j}\omega) = 2\pi\mathrm{Im}\{a_5\}\delta(\omega) \qquad\qquad ②$$

由于 $Y_1(\mathrm{j}\omega)$ 和 $Y_2(\mathrm{j}\omega)$ 都是在 $\omega = 100m, m = 0, \pm1, \pm2, \cdots$ 处的一些冲激信号，所以，只要 $H(\mathrm{j}0) = 1$，而 $H(\mathrm{j}\omega)|_{\omega=100m} = 0, m = \pm1, \pm2, \cdots$，就可满足式 ① 和式 ②。

（b）截止频率小于 100 rad/s 的理想低通滤波器就可满足上述 $H(j\omega)$，如

$$h(t) = \frac{\sin 50t}{\pi t}$$

4-33 令

$$g(t) = x(t)\cos^2 t * \frac{\sin t}{\pi t}$$

假定 $x(t)$ 是实信号，并且 $X(j\omega) = 0$，$|\omega| \geqslant 1$。证明：存在一个 LTI 系统 S，使之有

$$x(t) \xrightarrow{\ S\ } g(t)$$

证　令

$$y_1(t) = \cos^2 t = \frac{1 + \cos 2t}{2}$$

于是

$$Y_1(j\omega) = \pi\delta(\omega) + \frac{\pi}{2}\delta(\omega - 2) + \frac{\pi}{2}\delta(\omega + 2)$$

$$y_2(t) = x(t)\cos^2 t = x(t)y_1(t) \leftrightarrow Y_2(j\omega) = \frac{1}{2\pi}X(j\omega) * Y_1(j\omega)$$

$$Y_2(j\omega) = \frac{1}{2}X(j\omega) + \frac{1}{4}X(j(\omega - 2)) + \frac{1}{4}X(j(\omega + 2))$$

又令

$$y_3(t) = \frac{\sin t}{\pi t} \leftrightarrow Y_3(j\omega) = \begin{cases} 1, & |\omega| < 1 \\ 0, & |\omega| > 1 \end{cases}$$

而 $x(t)$ 是实信号，并且 $X(j\omega) = 0$，$|\omega| \geqslant 1$，则

$$G(j\omega) = Y_2(j\omega)Y_3(j\omega) = \frac{1}{2}X(j\omega)$$

因此，让 $x(t)$ 经过 $h(t) = \frac{1}{2}\delta(t)$ 的 LTI 系统 S，会有

$$x(t) \xrightarrow{\ S\ } g(t)$$

4-34 一因果 LTI 系统的输入、输出关系由下列方程给出

$$\frac{\mathrm{d}y(t)}{\mathrm{d}t} + 10y(t) = \int_{-\infty}^{\infty} x(\tau)z(t - \tau)\mathrm{d}\tau - x(t)$$

式中：$z(t) = \mathrm{e}^{-t}u(t) + 3\delta(t)$。

（a）求该系统的频率响应 $H(j\omega) = Y(j\omega)/X(j\omega)$。

（b）求该系统的单位冲激响应。

解　（a）对上述方程取傅里叶变换，得

$$j\omega Y(j\omega) + 10Y(j\omega) = X(j\omega)Z(j\omega) - X(j\omega)$$

于是

$$H(j\omega) = \frac{Y(j\omega)}{X(j\omega)} = \frac{Z(j\omega) - 1}{j\omega + 10}$$

对 $z(t) = \mathrm{e}^{-t}u(t) + 3\delta(t)$ 取傅里叶变换，得

$$Z(j\omega) = \frac{1}{j\omega + 1} + 3 = \frac{3j\omega + 4}{j\omega + 1}$$

代入上式，得

$$H(j\omega) = \frac{2j\omega + 3}{(j\omega + 1)(j\omega + 10)}$$

（b）由于 $H(j\omega) = \dfrac{2j\omega + 3}{(j\omega + 1)(j\omega + 10)} = \dfrac{\dfrac{1}{9}}{j\omega + 1} + \dfrac{\dfrac{17}{9}}{j\omega + 10}$

所以
$$h(t) = \frac{1}{9}e^{-t}u(t) + \frac{17}{9}e^{-10t}u(t)$$

4-35 在教材 4.3.7 节讨论连续时间信号的帕斯瓦尔定理时看到

$$\int_{-\infty}^{\infty} |x(t)|^2 dt = \frac{1}{2\pi}\int_{-\infty}^{\infty} |X(j\omega)|^2 d\omega$$

说的是在信号中的总能量可以在全部频率积分 $|X(j\omega)|^2$ 来求得。现在考虑一个实值信号 $x(t)$ 经由图 4-17 所示的理想带通滤波器处理后得输出信号 $y(t)$，试将 $y(t)$ 的能量用 $|X(j\omega)|^2$ 在频率上的积分来表示。对于足够小的 Δ，以使得 $|X(j\omega)|$ 在宽度为 Δ 的频率区间内近似为一常数，证明：该带通滤波器输出 $y(t)$ 的能量近似地正比于 $\Delta|X(j\omega)|^2$。

基于上述结论，$\Delta|X(j\omega)|^2$ 正比于该信号在以 ω_0 为中心，带宽为 Δ 内的能量。为此，$|X(j\omega)|^2$ 往往称为信号 $x(t)$ 的能量密度谱。

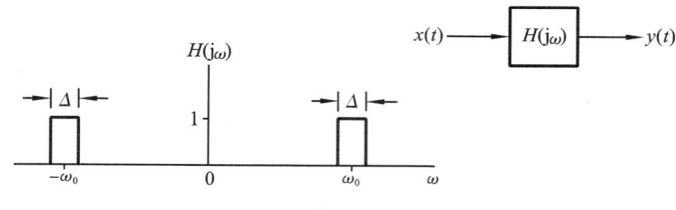

图 4-17

证 由于 $y(t) = x(t) * h(t)$，所以 $Y(j\omega) = X(j\omega)H(j\omega)$。

根据帕斯瓦尔定理，带通滤波器输出 $y(t)$ 的能量为

$$E = \int_{-\infty}^{\infty} |y(t)|^2 dt = \frac{1}{2\pi}\int_{-\infty}^{\infty} |Y(j\omega)|^2 d\omega = \frac{1}{2\pi}\int_{-\infty}^{\infty} |H(j\omega)|^2 |X(j\omega)|^2 d\omega$$

$$= \frac{1}{2\pi}\int_{-\omega_0-\Delta/2}^{-\omega_0+\Delta/2} |X(j\omega)|^2 d\omega + \frac{1}{2\pi}\int_{\omega_0-\Delta/2}^{\omega_0+\Delta/2} |X(j\omega)|^2 d\omega$$

$$\approx \frac{1}{2\pi}|X(-j\omega_0)|^2\Delta + \frac{1}{2\pi}|X(j\omega_0)|^2\Delta$$

对于实值信号 $x(t)$，有 $|X(-j\omega_0)| = |X(j\omega_0)|$，因此

$$E = \frac{1}{\pi}|X(j\omega_0)|^2\Delta$$

4-36 具有实的因果单位冲激响应 $h(t)$ 的连续时间 LTI 系统频率响应 $H(j\omega)$ 的一个重要性质是，$H(j\omega)$ 可完全由它的实部 $\text{Re}\{H(j\omega)\}$ 来表征。这一特性通常称为实部自满特性。本题所关心的是导出并研究这一特性的某些内涵。

（a）通过研究信号 $h(t)$ 的偶部 $h_e(t)$ 来证明实部自满特性。$h_e(t)$ 的傅里叶变换是什么？指出如何能从 $h_e(t)$ 来得到 $h(t)$。

（b）若一个因果系统频率响应的实部是

$$\text{Re}\{H(j\omega)\} = \cos\omega$$

那么，$h(t)$ 是什么？

（c）证明：除了 $t = 0$ 外，对一切 t 值，能够从 $h(t)$ 的奇部 $h_o(t)$ 得到 $h(t)$。注意，如果 $h(t)$ 在 $t = 0$ 不包含任何奇异函数（$\delta(t)$，$u_1(t)$，$u_2(t)$ 等）的话，那么频率响应

$$H(j\omega) = \int_{-\infty}^{\infty} h(t)e^{-j\omega t} dt$$

将不因 $h(t)$ 在 $t = 0$ 这一点置于任意有限值而改变。从而，在这种情况下，证明 $H(j\omega)$ 也完全由它

的虚部来确定。

解　(a) 由于 $h_e(t) = \dfrac{h(t) + h(-t)}{2}$，又因为 $h(t)$ 是实的因果信号，因此

$$h(t) = \begin{cases} 0, & t < 0 \\ h_e(t), & t = 0 \\ 2h_e(t), & t > 0 \end{cases} \qquad ①$$

根据共轭对称性可知，$h_e(t) \leftrightarrow \mathrm{Re}\{H(\mathrm{j}\omega)\}$。

可见，只要给定 $\mathrm{Re}\{H(\mathrm{j}\omega)\}$，就可确定 $h_e(t)$，从而就可利用式 ① 来得到 $h(t)$。

(b) 如果 $\mathrm{Re}\{H(\mathrm{j}\omega)\} = \cos\omega = \dfrac{1}{2}\mathrm{e}^{\mathrm{j}\omega} + \dfrac{1}{2}\mathrm{e}^{-\mathrm{j}\omega}$，那么 $h_e(t) = \dfrac{1}{2}\delta(t+1) + \dfrac{1}{2}\delta(t-1)$。

从而，有
$$h(t) = \delta(t-1)$$

(c) 由于 $h_o(t) = \dfrac{h(t) - h(-t)}{2}$，又因为 $h(t)$ 是实的因果信号，因此

$$h(t) = \begin{cases} 0, & t < 0 \\ 不确定, & t = 0 \\ 2h_o(t), & t > 0 \end{cases} \qquad ②$$

根据共轭对称性可知，$h_o(t) \leftrightarrow \mathrm{jIm}\{H(\mathrm{j}\omega)\}$。

可见，只要给定 $\mathrm{Im}\{H(\mathrm{j}\omega)\}$，就可确定 $h_o(t)$，从而就可利用式 ② 来得到除 $t = 0$ 点以外的 $h(t)$。如果 $h(t)$ 在 $t = 0$ 不包含任何奇异函数，那么频率响应

$$H(\mathrm{j}\omega) = \int_{-\infty}^{\infty} h(t)\mathrm{e}^{-\mathrm{j}\omega t}\,\mathrm{d}t = \int_{0^+}^{\infty} h(t)\mathrm{e}^{-\mathrm{j}\omega t}\,\mathrm{d}t$$

将不因 $h(t)$ 在 $t = 0$ 这一点置于任意有限值而改变。此时，$H(\mathrm{j}\omega)$ 也完全由它的虚部来确定。

4-37　现在考虑一个实且为因果单位冲激响应 $h(t)$ 的系统，并假定 $h(t)$ 在 $t = 0$ 没有任何奇异性。在题 4-36 中已看到，无论 $H(\mathrm{j}\omega)$ 的实部或虚部都能完全确定 $H(\mathrm{j}\omega)$。在本题将导出 $H(\mathrm{j}\omega)$ 的实部 $H_R(\mathrm{j}\omega)$ 和虚部 $H_I(\mathrm{j}\omega)$ 之间的明确关系。

(a) 首先由于 $h(t)$ 是因果的，因而可能除去 $t = 0$ 以外，有
$$h(t) = h(t)u(t) \qquad ①$$

现在，因为 $h(t)$ 在 $t = 0$ 不包含任何奇异函数，所以式 ① 两边的傅里叶变换必是恒等。根据这一点再结合相乘性质，证明：

$$H(\mathrm{j}\omega) = \dfrac{1}{\mathrm{j}\pi} \int_{-\infty}^{\infty} \dfrac{H(\mathrm{j}\eta)}{\omega - \eta}\,\mathrm{d}\eta \qquad ②$$

利用式 ② 确定用 $H_I(\mathrm{j}\omega)$ 来表示 $H_R(\mathrm{j}\omega)$ 的表示式，以及用 $H_R(\mathrm{j}\omega)$ 来表示 $H_I(\mathrm{j}\omega)$ 的表示式。

(b)
$$y(t) = \dfrac{1}{\pi} \int_{-\infty}^{\infty} \dfrac{x(\tau)}{t - \tau}\,\mathrm{d}\tau \qquad ③$$

这种运算称为希尔伯特变换（Hilbert transform）。刚才已经看到，对一个实、因果单位冲激响应 $h(t)$，其傅里叶变换的实部和虚部可以互相利用希尔伯特变换来确定。

现在考虑式 ③，并认为 $y(t)$ 是一个 LTI 系统对输入 $x(t)$ 的输出。证明：该系统的频率响应是

$$H(\mathrm{j}\omega) = \begin{cases} -\mathrm{j}, & \omega > 0 \\ \mathrm{j}, & \omega < 0 \end{cases}$$

(c) 信号 $x(t) = \cos 3t$ 的希尔伯特变换是什么？

解　(a) 使用相乘性质，有

$$h(t) = h(t)u(t) \leftrightarrow H(\mathrm{j}\omega) = \dfrac{1}{2\pi} H(\mathrm{j}\omega) * \left[\pi\delta(\omega) + \dfrac{1}{\mathrm{j}\omega} \right]$$

即有
$$H(j\omega) = \frac{1}{2}H(j\omega) + \frac{1}{2\pi j}H(j\omega) * \frac{1}{\omega}$$

即
$$H(j\omega) = \frac{1}{\pi j}H(j\omega) * \frac{1}{\omega} = \frac{1}{\pi j}\int_{-\infty}^{\infty}\frac{H(j\eta)}{\omega - \eta}d\eta$$

设 $H(j\omega) = H_R(j\omega) + jH_I(j\omega)$，则有
$$H_R(j\omega) + jH_I(j\omega) = \frac{1}{\pi j}\int_{-\infty}^{\infty}\frac{H_R(j\eta) + jH_I(j\eta)}{\omega - \eta}d\eta$$
$$= \frac{1}{\pi}\int_{-\infty}^{\infty}\frac{H_I(j\eta)}{\omega - \eta}d\eta - j\frac{1}{\pi}\int_{-\infty}^{\infty}\frac{H_R(j\eta)}{\omega - \eta}d\eta$$

即有
$$H_R(j\omega) = \frac{1}{\pi}\int_{-\infty}^{\infty}\frac{H_I(j\eta)}{\omega - \eta}d\eta, \quad H_I(j\omega) = -\frac{1}{\pi}\int_{-\infty}^{\infty}\frac{H_R(j\eta)}{\omega - \eta}d\eta$$

(b)
$$y(t) = \frac{1}{\pi}\int_{-\infty}^{\infty}\frac{x(\tau)}{t - \tau}d\tau = x(t) * \frac{1}{\pi t} \leftrightarrow Y(j\omega) = X(j\omega)F\left\{\frac{1}{\pi t}\right\} \qquad ④$$

由 $u(t) \leftrightarrow \pi\delta(\omega) + \frac{1}{j\omega}$，得
$$2u(t) - 1 \leftrightarrow \frac{2}{j\omega}$$

根据对偶性，有
$$\frac{2}{jt} \leftrightarrow 2\pi[2u(-\omega) - 1]$$

即有 $\frac{1}{\pi t} \leftrightarrow j[2u(-\omega) - 1]$，代入式 ④，得
$$Y(j\omega) = X(j\omega)j[2u(-\omega) - 1] \xrightarrow{\;令\;} X(j\omega)H(j\omega)$$

则
$$H(j\omega) = j[2u(-\omega) - 1] = \begin{cases} -j, & \omega > 0 \\ j, & \omega < 0 \end{cases}$$

(c) 令 $y(t)$ 是 $x(t)$ 的希尔伯特变换，即 $y(t) = \frac{1}{\pi}\int_{-\infty}^{\infty}\frac{x(\tau)}{t - \tau}d\tau$，则
$$Y(j\omega) = X(j\omega)H(j\omega)$$

其中
$$H(j\omega) = j[2u(-\omega) - 1] = \begin{cases} -j, & \omega > 0 \\ j, & \omega < 0 \end{cases}$$
$$x(t) = \cos3t \leftrightarrow X(j\omega) = \pi\delta(\omega - 3) + \pi\delta(\omega + 3)$$

于是
$$Y(j\omega) = -j\pi\delta(\omega - 3) + j\pi\delta(\omega + 3)$$
$$x(t) = \sin3t$$

4-38 (a) 考虑两个 LTI 系统，其单位冲激响应分别为 $h(t)$ 和 $g(t)$，假设这两个是彼此互逆的，而且它们的频率响应分别记作 $H(j\omega)$ 和 $G(j\omega)$。试问 $H(j\omega)$ 和 $G(j\omega)$ 之间的关系是什么？

(b) 一个连续时间 LTI 系统，其频率响应为
$$H(j\omega) = \begin{cases} 1, & 2 < |\omega| < 3 \\ 0, & 其他\ \omega \end{cases}$$

(i) 对该系统能够找到一个输入 $x(t)$，使得输出 $y(t) = t[u(t) - u(t - 1)]$ 吗？如果能，请找出这样的 $x(t)$；若不能，请说明理由。

（ii）该系统是可逆的吗?请说明理由。

（c）考虑一个有回声的会场。正如在题 2-35 中所讨论的,可以把会场的声学机理作为一个LTI系统来建立其模型,该系统的单位冲激响应由一冲激串所组成,其中第 k 个冲激就对应于第 k 次回声。假定在此特定情况下,单位冲激响应为

$$h(t) = \sum_{k=0}^{\infty} \mathrm{e}^{-kT} \delta(t - kT)$$

式中:因子 e^{-kT} 表示第 K 次回声的衰减。

为了获得高质量的舞台录音效果,必须对录制设备所检测到的声音进行某些处理,以消除回声的影响。在题 2-35 中,曾用卷积的方法设计这样一个处理器的例子(对某一个不同的声学模型)。在本题中,将用频域的方法来考虑这一问题。设 $G(\mathrm{j}\omega)$ 代表要被用作处理检测到的声音信号的LTI系统的频率响应。试选取 $G(\mathrm{j}\omega)$,使得回声完全被消除,而得到的信号是原来舞台声音的准确再现。

（d）求单位冲激响应为

$$h(t) = 2\delta(t) + u_1(t)$$

系统的逆系统的微分方程。

（e）一个初始松弛且由下列微分方程描述的LTI系统

$$\frac{\mathrm{d}^2 y(t)}{\mathrm{d}t^2} + 6\frac{\mathrm{d}y(t)}{\mathrm{d}t} + 9y(t) = \frac{\mathrm{d}^2 x(t)}{\mathrm{d}t^2} + 3\frac{\mathrm{d}x(t)}{\mathrm{d}t} + 2x(t)$$

该系统的逆系统也是初始松弛的,而且也可以用一个微分方程来描述。求出描述这个逆系统的微分方程,并求出原来系统的单位冲激响应 $h(t)$ 和它的逆系统的单位冲激响应 $g(t)$。

解　（a）如果 $h(t)$ 和 $g(t)$ 彼此互逆,那么,有 $h(t) * g(t) = g(t) * h(t) = \delta(t)$,则

$$H(\mathrm{j}\omega)G(\mathrm{j}\omega) = 1 \quad \text{或} \quad H(\mathrm{j}\omega) = \frac{1}{G(\mathrm{j}\omega)}$$

（b）（i）若输出 $y(t) = t[u(t) - u(t-1)]$,$Y(\mathrm{j}\omega) = F\{y(t)\}$,则 $Y(\mathrm{j}0) = \frac{1}{2}$,由于 $H(\mathrm{j}0) = 0$,而 $Y(\mathrm{j}0) = X(\mathrm{j}0)H(\mathrm{j}0) = 0$,所以,对该系统不能找到一个输入 $x(t)$,使得输出 $y(t) = t[u(t) - u(t-1)]$。

（ii）该系统不可逆。因为 $\dfrac{1}{H(\mathrm{j}\omega)}$ 不是对所有的 ω 都有定义。

（c）$h(t) = \sum_{k=0}^{\infty} \mathrm{e}^{-kT} \delta(t - kT) \leftrightarrow H(\mathrm{j}\omega) = \sum_{k=0}^{\infty} \mathrm{e}^{-kT} \mathrm{e}^{-\mathrm{j}\omega kT} = \dfrac{1}{1 - \mathrm{e}^{-(1+\mathrm{j}\omega)T}}$

$$H(\mathrm{j}\omega)G(\mathrm{j}\omega) = 1$$

于是

$$G(\mathrm{j}\omega) = 1 - \mathrm{e}^{-(1+\mathrm{j}\omega)T}$$

（d）$h(t) = 2\delta(t) + u_1(t) \leftrightarrow H(\mathrm{j}\omega) = 2 + \mathrm{j}\omega$

其逆系统的频率响应为

$$G(\mathrm{j}\omega) = \frac{1}{H(\mathrm{j}\omega)} = \frac{1}{2 + \mathrm{j}\omega} = \frac{Y(\mathrm{j}\omega)}{X(\mathrm{j}\omega)}$$

于是其方程为

$$\frac{\mathrm{d}y(t)}{\mathrm{d}t} + 2y(t) = x(t)$$

（e）$H(\mathrm{j}\omega) = \dfrac{(\mathrm{j}\omega)^2 + 3\mathrm{j}\omega + 2}{(\mathrm{j}\omega)^2 + 6\mathrm{j}\omega + 9}$

其逆系统的频率响应为

$$G(\mathrm{j}\omega) = \frac{1}{H(\mathrm{j}\omega)} = \frac{(\mathrm{j}\omega)^2 + 6\mathrm{j}\omega + 9}{(\mathrm{j}\omega)^2 + 3\mathrm{j}\omega + 2}$$

于是其方程为

$$\frac{\mathrm{d}^2 y(t)}{\mathrm{d}t^2} + 3\frac{\mathrm{d}y(t)}{\mathrm{d}t} + 2y(t) = \frac{\mathrm{d}^2 x(t)}{\mathrm{d}t^2} + 6\frac{\mathrm{d}x(t)}{\mathrm{d}t} + 9x(t)$$

由于
$$H(\mathrm{j}\omega) = 1 - \frac{3}{\mathrm{j}\omega + 3} + \frac{2}{(\mathrm{j}\omega + 3)^2}, \quad G(\mathrm{j}\omega) = 1 - \frac{1}{\mathrm{j}\omega + 2} + \frac{4}{\mathrm{j}\omega + 1}$$

于是
$$h(t) = \delta(t) - 3\mathrm{e}^{-3t}u(t) + 2t\mathrm{e}^{-3t}u(t)$$
$$g(t) = \delta(t) - \mathrm{e}^{-2t}u(t) + 4\mathrm{e}^{-t}u(t)$$

第5章　离散时间傅里叶变换

5.1　知识点归纳

5.1.1　离散时间傅里叶变换

对于满足绝对可和条件的离散非周期信号 $x[n]$，定义其傅里叶变换为

$$X(\mathrm{e}^{\mathrm{j}\omega}) = \sum_{n=-\infty}^{\infty} x[n]\mathrm{e}^{-\mathrm{j}\omega n}$$

其中，$X(\mathrm{e}^{\mathrm{j}\omega})$ 也称为 $x[n]$ 的频谱函数，这是一个周期函数，周期为 2π。$|X(\mathrm{e}^{\mathrm{j}\omega})|$ 称为 $x[n]$ 的幅度频谱，$\arg X(\mathrm{e}^{\mathrm{j}\omega})$ 称为信号的相位频谱。

离散时间傅里叶逆变换定义为

$$x[n] = \frac{1}{2\pi}\int_{2\pi} X(\mathrm{e}^{\mathrm{j}\omega})\mathrm{e}^{\mathrm{j}\omega n}\,\mathrm{d}\omega$$

其中，符号 $\int_{2\pi}$ 表示在任一长度为 2π 的区间内的积分。

5.1.2　离散时间傅里叶变换与连续时间傅里叶变换的区别

（1）连续时间傅里叶变换的正、逆变换均为积分，积分区间均为 $(-\infty,\infty)$；而离散时间傅里叶变换的正变换是求和（因为 $x[n]$ 是离散的），逆变换是积分（因为 $X(\mathrm{e}^{\mathrm{j}\omega})$ 是连续的），且积分区间不是 $(-\infty,\infty)$，而是任意一个长度为 2π 的区间（因为被积函数 $X(\mathrm{e}^{\mathrm{j}\omega})\mathrm{e}^{\mathrm{j}\omega n}$ 是以 2π 为周期的周期函数）。

（2）连续时间傅里叶变换 $X(\mathrm{j}\omega)$ 一般都不是周期函数，而离散时间傅里叶变换 $X(\mathrm{e}^{\mathrm{j}\omega})$ 一定是周期函数。

（3）在连续情况下，ω 值越大，意味着频率越高，而在离散情况下，"低频率"意味着在 $\omega = \pi$ 的偶数倍附近的频率，"高频率"意味着在 $\omega = \pi$ 的奇数倍附近的频率。

5.1.3　周期信号的傅里叶变换

若离散信号 $x[n]$ 的周期为 N，且其傅里叶级数的系数为 a_k，则其傅里叶变换为

$$X(\mathrm{e}^{\mathrm{j}\omega}) = \sum_{k=-\infty}^{\infty} 2\pi a_k \delta\left(\omega - \frac{2\pi k}{N}\right)$$

其中，傅里叶级数系数 a_k 是以 N 为周期的周期函数。

5.1.4　离散时间傅里叶变换的性质

设 $x[n] \overset{\mathrm{FT}}{\longleftrightarrow} X(\mathrm{e}^{\mathrm{j}\omega})$，$x_1[n] \overset{\mathrm{FT}}{\longleftrightarrow} X_1(\mathrm{e}^{\mathrm{j}\omega})$，$x_2[n] \overset{\mathrm{FT}}{\longleftrightarrow} X_2(\mathrm{e}^{\mathrm{j}\omega})$，则有以下的性质。

1. 周期性

$$X(\mathrm{e}^{\mathrm{j}(\omega+2\pi)}) = X(\mathrm{e}^{\mathrm{j}\omega})$$

2. 线性

$$ax_1[n] + bx_2[n] \overset{\text{FT}}{\longleftrightarrow} aX_1(e^{j\omega}) + bX_2(e^{j\omega})$$

3. 时移性

$$x[n - n_0] \overset{\text{FT}}{\longleftrightarrow} e^{-j\omega n_0} X(e^{j\omega})$$

4. 频移性

$$e^{j\omega_0 n} x[n] \overset{\text{FT}}{\longleftrightarrow} X(e^{j(\omega - \omega_0)})$$

5. 共轭及共轭对称性

$$x^*[n] \overset{\text{FT}}{\longleftrightarrow} X^*(e^{-j\omega})$$

注意,若 $x[n]$ 是实函数,则 $X(e^{j\omega})$ 共轭对称,即 $\text{Re}\{X(e^{j\omega})\}$ 及 $|X(e^{j\omega})|$ 为 ω 的偶函数, $\text{Im}\{X(e^{j\omega})\}$ 及 $\arg X(e^{j\omega})$ 为 ω 的奇函数。

6. 一阶差分

$$x[n] - x[n-1] \overset{\text{FT}}{\longleftrightarrow} (1 - e^{-j\omega}) X(e^{j\omega})$$

7. 累加和

$$\sum_{m=-\infty}^{n} x[m] \overset{\text{FT}}{\longleftrightarrow} \frac{1}{1 - e^{-j\omega}} X(e^{j\omega}) + \pi X(e^{j0}) \sum_{k=-\infty}^{\infty} \delta(\omega - 2\pi k)$$

8. 时域反褶

$$x[-n] \overset{\text{FT}}{\longleftrightarrow} X(e^{-j\omega})$$

9. 时域扩展

$$x_{(k)}[n] \overset{\text{FT}}{\longleftrightarrow} X(e^{jk\omega})$$

其中,
$$x_{(k)}[n] = \begin{cases} x[n/k], & n \text{ 为 } k \text{ 的倍数} \\ 0, & n \text{ 不为 } k \text{ 的倍数} \end{cases}$$

10. 频域微分

$$nx[n] \overset{\text{FT}}{\longleftrightarrow} j \frac{X(e^{j\omega})}{d\omega}$$

11. 帕斯瓦尔定理

$$\sum_{n=-\infty}^{\infty} |x[n]|^2 = \frac{1}{2\pi} \int_{2\pi} |X(e^{j\omega})|^2 d\omega$$

注意,上式左、右两边分别是在时域和频域计算信号总能量的算式。

12. 卷积定理

$$y[n] = x[n] * h[n] \overset{\text{FT}}{\longleftrightarrow} Y(e^{j\omega}) = X(e^{j\omega}) H(e^{j\omega})$$

其中,$H(e^{j\omega}) = \mathscr{F}\{h[n]\}$ 为系统的频率响应函数。

13. 乘积性质

$$y[n] = x_1[n] x_2[n] \overset{\text{FT}}{\longleftrightarrow} Y(e^{j\omega}) = \frac{1}{2\pi} \int_{2\pi} X_1(e^{j\theta}) X_2(e^{j(\omega-\theta)}) d\theta$$

注意,上式右边是一个周期卷积积分。

5.1.5　由线性常系数差分方程描述的离散 LTI 系统

1. 频率响应函数

若描述系统的差分方程为 $\sum_{k=0}^{N} a_k y[n-k] = \sum_{k=0}^{M} b_k x[n-k]$，则系统的频率响应函数为

$$H(\mathrm{e}^{\mathrm{j}\omega}) = \frac{Y(\mathrm{e}^{\mathrm{j}\omega})}{X(\mathrm{e}^{\mathrm{j}\omega})} = \frac{\displaystyle\sum_{k=0}^{M} b_k \, \mathrm{e}^{-\mathrm{j}k\omega}}{\displaystyle\sum_{k=0}^{N} a_k \, \mathrm{e}^{-\mathrm{j}k\omega}}$$

若将 $\mathrm{e}^{-\mathrm{j}\omega}$ 看作一个整体变量，则 $H(\mathrm{e}^{\mathrm{j}\omega})$ 是一个有理函数。注意，$H(\mathrm{e}^{\mathrm{j}\omega})$ 是以 2π 为周期的周期函数。

频率响应函数 $H(\mathrm{e}^{\mathrm{j}\omega})$ 反映系统在频率域中的特性，其模 $|H(\mathrm{e}^{\mathrm{j}\omega})|$ 称为幅频特性，反映了系统如何影响输入信号中各频率分量幅度的特性；其相位 $\arg H(\mathrm{e}^{\mathrm{j}\omega})$ 称为相频特性，反映了系统如何影响输入信号中各频率分量相位的特性。

只有稳定系统才具有频率响应函数 $H(\mathrm{e}^{\mathrm{j}\omega})$，它与单位脉冲响应是一对傅里叶变换，即

$$h[n] \overset{\mathrm{FT}}{\longleftrightarrow} H(\mathrm{e}^{\mathrm{j}\omega})$$

2. 离散 LTI 系统的频域分析

利用频域分析法求解系统对输入信号（可以是周期的，也可以是非周期的）激励下的响应的计算过程为：

(1) 求输入信号 $x[n]$ 的傅里叶变换 $X(\mathrm{e}^{\mathrm{j}\omega})$；

(2) 求系统的频率响应函数 $H(\mathrm{e}^{\mathrm{j}\omega})$；

(3) 计算输出信号 $y[n]$ 的傅里叶变换：$Y(\mathrm{e}^{\mathrm{j}\omega}) = X(\mathrm{e}^{\mathrm{j}\omega})H(\mathrm{e}^{\mathrm{j}\omega})$；

(4) 对 $Y(\mathrm{e}^{\mathrm{j}\omega})$ 求傅里叶逆变换得到 $y[n]$。

3. 理想离散时间频率选择滤波器

图 5-1(a) ～ (d) 分别给出了理想低通、高通、带通和带阻滤波器的频率响应特性函数 $H_1(\mathrm{e}^{\mathrm{j}\omega})$、$H_\mathrm{h}(\mathrm{e}^{\mathrm{j}\omega})$、$H_\mathrm{bp}(\mathrm{e}^{\mathrm{j}\omega})$ 和 $H_\mathrm{bs}(\mathrm{e}^{\mathrm{j}\omega})$ 在两个周期 $[-2\pi, 2\pi]$ 内的示意图。

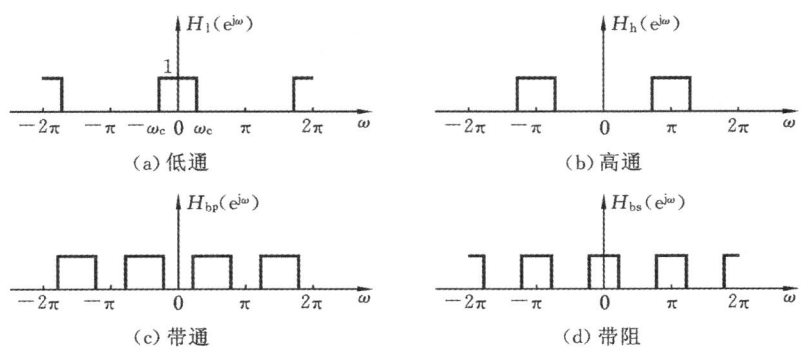

图 5-1　理想离散频选滤波器的频率响应特性

5.2　典型习题详解

5-1　求下列信号的傅里叶变换。

(a) $x[n] = u[n-2] - u[n-6]$;　　　　　　(b) $x[n] = \left(\dfrac{1}{3}\right)^{|n|} u[-n-2]$;

(c) $x[n] = \sin\left(\dfrac{\pi}{2}n\right) + \cos n$;　　　　　　(d) $x[n] = \sin\left(\dfrac{5\pi}{3}n\right) + \cos\left(\dfrac{7\pi}{3}n\right)$;

(e) $x[n] = x[n-6]$,且当 $0 \leqslant n \leqslant 5$ 时,$x[n] = u[n] - u[n-5]$;

(f) $x[n] = \dfrac{\sin(\pi n/5)}{\pi n}\cos\left(\dfrac{7\pi}{2}n\right)$。

解　(a) $x[n] = u[n-2] - u[n-6] = \delta[n-2] + \delta[n-3] + \delta[n-4] + \delta[n-5]$

由 $\delta[n] \overset{\text{FT}}{\longleftrightarrow} 1$ 及傅里叶变换的时移性得

$$X(\mathrm{e}^{\mathrm{j}\omega}) = \mathrm{e}^{-\mathrm{j}2\omega} + \mathrm{e}^{-\mathrm{j}3\omega} + \mathrm{e}^{-\mathrm{j}4\omega} + \mathrm{e}^{-\mathrm{j}5\omega} = \frac{\mathrm{e}^{-\mathrm{j}2\omega}(1 - \mathrm{e}^{-\mathrm{j}4\omega})}{1 - \mathrm{e}^{-\mathrm{j}\omega}}$$

(b) 由于 $u[-n-2] = \begin{cases} 1, & \text{当 } n \leqslant -2 \\ 0, & \text{当 } n > -2 \end{cases}$

故　　　　　$x[n] = \left(\dfrac{1}{3}\right)^{|n|} u[-n-2] = \left(\dfrac{1}{3}\right)^{-n} u[-n-2]$

令　　　　　$x_1[n] = \left(\dfrac{1}{3}\right)^{n} u[n-2] = \dfrac{1}{9}\left(\dfrac{1}{3}\right)^{n-2} u[n-2]$

则　　　　　$X_1(\mathrm{e}^{\mathrm{j}\omega}) = \dfrac{1}{9}\,\dfrac{\mathrm{e}^{-\mathrm{j}2\omega}}{1 - \dfrac{1}{3}\mathrm{e}^{-\mathrm{j}\omega}}$

而 $x[n] = x_1[-n]$,故 $X(\mathrm{e}^{\mathrm{j}\omega}) = X_1(\mathrm{e}^{-\mathrm{j}\omega}) = \dfrac{\dfrac{1}{9}\mathrm{e}^{\mathrm{j}2\omega}}{1 - \dfrac{1}{3}\mathrm{e}^{\mathrm{j}\omega}}$。

(c) 直接由正弦、余弦序列的傅里叶变换得

$$X(\mathrm{e}^{\mathrm{j}\omega}) = \mathrm{j}\pi \sum_{l=-\infty}^{\infty} \left[\delta\left(\omega + \dfrac{\pi}{2} - 2\pi l\right) - \delta\left(\omega - \dfrac{\pi}{2} - 2\pi l\right)\right]$$
$$+ \pi \sum_{l=-\infty}^{\infty} [\delta(\omega + 1 - 2\pi l) + \delta(\omega - 1 - 2\pi l)]$$

或　$X(\mathrm{e}^{\mathrm{j}\omega}) = \mathrm{j}\pi\left[\delta\left(\omega + \dfrac{\pi}{2}\right) - \delta\left(\omega - \dfrac{\pi}{2}\right)\right] + \pi[\delta(\omega + 1) + \delta(\omega - 1)], \quad -\pi < \omega \leqslant \pi$

(d) 直接由正弦、余弦序列的傅里叶变换得

$$X(\mathrm{e}^{\mathrm{j}\omega}) = \mathrm{j}\pi \sum_{l=-\infty}^{\infty} \left[\delta\left(\omega + \dfrac{5\pi}{3} - 2\pi l\right) - \delta\left(\omega - \dfrac{5\pi}{3} - 2\pi l\right)\right]$$
$$+ \pi \sum_{l=-\infty}^{\infty} \left[\delta\left(\omega + \dfrac{7\pi}{3} - 2\pi l\right) + \delta\left(\omega - \dfrac{7\pi}{3} - 2\pi l\right)\right]$$

若只考虑 $-\pi < \omega \leqslant \pi$ 内的 $X(\mathrm{e}^{\mathrm{j}\omega})$,则根据 $X(\mathrm{e}^{\mathrm{j}\omega})$ 的周期性有

$X(\mathrm{e}^{\mathrm{j}\omega}) = \mathrm{j}\pi\left[\delta\left(\omega - \dfrac{\pi}{3}\right) - \delta\left(\omega + \dfrac{\pi}{3}\right)\right] + \pi\left[\delta\left(\omega + \dfrac{\pi}{3}\right) + \delta\left(\omega - \dfrac{\pi}{3}\right)\right], \quad -\pi < \omega \leqslant \pi$

(e) 由题意,$x[n]$ 是一个周期为 6 的周期序列,且在周期 $0 \leqslant n \leqslant 5$ 内,有一个零样本值,位于

$n = 5$，另外 5 个都是单位样值。对于周期信号来说，其傅里叶变换为

$$X(\mathrm{e}^{\mathrm{j}\omega}) = \sum_{k=-\infty}^{\infty} 2\pi a_k \delta\left(\omega - \frac{2\pi}{N}k\right)$$

因此，需要先求出傅里叶级数系数 a_k。

根据离散周期信号傅里叶级数系数的计算公式，有

$$a_k = \frac{1}{6}\sum_{n=0}^{5} x[n]\mathrm{e}^{-\mathrm{j}k\cdot\frac{2\pi}{6}n} = \frac{1}{6}\sum_{n=0}^{4}\mathrm{e}^{-\mathrm{j}k\cdot\frac{\pi}{3}n} = \frac{1}{6}\cdot\frac{1-\mathrm{e}^{-\mathrm{j}\frac{5\pi}{3}k}}{1-\mathrm{e}^{-\mathrm{j}\frac{\pi}{3}k}}$$

于是得　$X(\mathrm{e}^{\mathrm{j}\omega}) = \sum_{k=-\infty}^{\infty} 2\pi\cdot\frac{1}{6}\cdot\frac{1-\mathrm{e}^{-\mathrm{j}\frac{5\pi}{3}k}}{1-\mathrm{e}^{-\mathrm{j}\frac{\pi}{3}k}}\delta\left(\omega - \frac{2\pi}{6}k\right) = \sum_{k=-\infty}^{\infty}\frac{\pi}{3}\cdot\frac{1-\mathrm{e}^{-\mathrm{j}\frac{5\pi}{3}k}}{1-\mathrm{e}^{-\mathrm{j}\frac{\pi}{3}k}}\delta\left(\omega-\frac{\pi}{3}k\right)$

(f) 令 $x_1[n] = \dfrac{\sin(\pi n/5)}{\pi n}$，则 $X_1(\mathrm{e}^{\mathrm{j}\omega}) = \begin{cases} 1, & |\omega| \leqslant \pi/5 \\ 0, & \pi/5 < |\omega| < \pi \end{cases}$

又令 $x_2[n] = \cos\left(\dfrac{7\pi}{2}n\right) = \cos\left(4\pi n - \dfrac{\pi n}{2}\right) = \cos\left(\dfrac{\pi}{2}n\right)$，于是

$$X_2(\mathrm{e}^{\mathrm{j}\omega}) = \pi\left[\delta\left(\omega + \frac{\pi}{2}\right) + \delta\left(\omega - \frac{\pi}{2}\right)\right], \quad 0 \leqslant |\omega| < \pi$$

而　　　　　　　　　　$X(\mathrm{e}^{\mathrm{j}\omega}) = \dfrac{1}{2\pi}\displaystyle\int_{-\pi}^{\pi} X_2(\mathrm{e}^{\mathrm{j}\theta})X_1(\mathrm{e}^{\mathrm{j}(\omega-\theta)})\,\mathrm{d}\theta$

于是得　　　　　　　$X(\mathrm{e}^{\mathrm{j}\omega}) = \begin{cases} \dfrac{1}{2}, & \dfrac{3\pi}{10} < |\omega| < \dfrac{7\pi}{10} \\ 0, & 0 \leqslant |\omega| \leqslant \dfrac{3\pi}{10},\ \dfrac{7\pi}{10} \leqslant |\omega| < \pi \end{cases}$

为了帮助理解，图 5-2(a)、(b)、(c) 分别显示出了 $X_1(\mathrm{e}^{\mathrm{j}\omega})$、$X_2(\mathrm{e}^{\mathrm{j}\omega})$ 以及 $X(\mathrm{e}^{\mathrm{j}\omega})$ 在周期 $(-\pi, \pi]$ 内的图形。

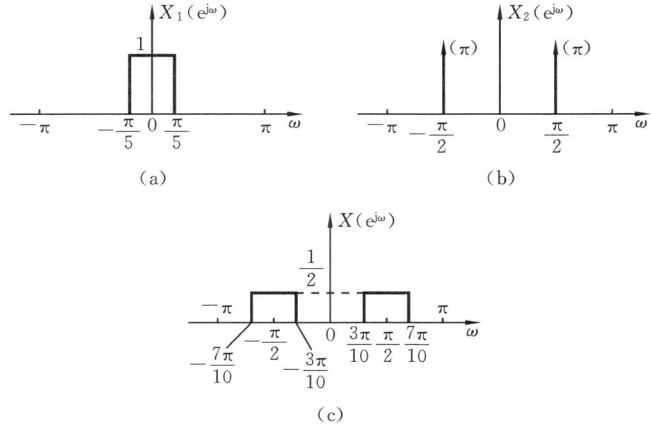

图 5-2

5-2　求下列函数的傅里叶逆变换。

(a) $X(\mathrm{e}^{\mathrm{j}\omega}) = \begin{cases} 1, & \dfrac{\pi}{4} \leqslant |\omega| \leqslant \dfrac{3\pi}{4} \\ 0, & \dfrac{3\pi}{4} < |\omega| \leqslant \pi,\ 0 \leqslant |\omega| < \dfrac{\pi}{4} \end{cases}$；

(b) $X(\mathrm{e}^{\mathrm{j}\omega}) = 1 + 3\mathrm{e}^{-\mathrm{j}\omega} + 2\mathrm{e}^{-\mathrm{j}2\omega} - 4\mathrm{e}^{-\mathrm{j}3\omega} + \mathrm{e}^{-\mathrm{j}10\omega}$;

(c) $X(\mathrm{e}^{\mathrm{j}\omega}) = \mathrm{e}^{-\mathrm{j}\omega/2},\ -\pi \leqslant \omega \leqslant \pi$;

(d) $X(\mathrm{e}^{\mathrm{j}\omega}) = \sum\limits_{k=-\infty}^{\infty} (-1)^k \delta\left(\omega - \dfrac{\pi}{2}k\right)$;

(e) $X(\mathrm{e}^{\mathrm{j}\omega}) = \dfrac{1 - \dfrac{1}{3}\mathrm{e}^{-\mathrm{j}\omega}}{1 - \dfrac{1}{4}\mathrm{e}^{-\mathrm{j}\omega} - \dfrac{1}{8}\mathrm{e}^{-\mathrm{j}2\omega}}$;

(f) $X(\mathrm{e}^{\mathrm{j}\omega}) = \dfrac{1 - \left(\dfrac{1}{3}\right)^6 \mathrm{e}^{-\mathrm{j}6\omega}}{1 - \dfrac{1}{3}\mathrm{e}^{-\mathrm{j}\omega}}$。

解　(a) 因为有变换对

$$\frac{\sin(Wn)}{\pi n},\quad 0 < W < \pi \xleftrightarrow{\text{FT}} X(\mathrm{e}^{\mathrm{j}\omega}) = \begin{cases} 1, & 0 \leqslant |\omega| \leqslant W \\ 0, & W < |\omega| \leqslant \pi \end{cases}$$

且所给傅里叶变换可写为

$$X(\mathrm{e}^{\mathrm{j}\omega}) = X_1(\mathrm{e}^{\mathrm{j}\omega}) - X_2(\mathrm{e}^{\mathrm{j}\omega})$$

其中

$$X_1(\mathrm{e}^{\mathrm{j}\omega}) = \begin{cases} 1, & 0 \leqslant |\omega| \leqslant \dfrac{3\pi}{4} \\ 0, & \dfrac{3\pi}{4} < |\omega| \leqslant \pi \end{cases},\quad X_2(\mathrm{e}^{\mathrm{j}\omega}) = \begin{cases} 1, & 0 \leqslant |\omega| \leqslant \dfrac{\pi}{4} \\ 0, & \dfrac{\pi}{4} < |\omega| \leqslant \pi \end{cases}$$

故

$$x[n] = \frac{\sin\left(\dfrac{3\pi}{4}n\right) - \sin\left(\dfrac{\pi}{4}n\right)}{\pi n} = \frac{2\sin\left(\dfrac{\pi}{4}n\right)\cos\left(\dfrac{\pi}{2}n\right)}{\pi n}$$

(b) 因为 $\delta[n] \xleftrightarrow{\text{FT}} 1$，且由傅里叶变换的时移性有

$$\delta[n - n_0] \xleftrightarrow{\text{FT}} \mathrm{e}^{-\mathrm{j}n_0\omega},\quad n_0\ \text{为整数}$$

故　　　$x[n] = \delta[n] + 3\delta[n-1] + 2\delta[n-2] - 4\delta[n-3] + \delta[n-10]$

(c) 注意此题不能像(b)那样用时移性质，因为时移性质中的 n_0 必须为整数，而此题中是 $\dfrac{1}{2}$，不是整数。可以利用傅里叶逆变换式，得

$$x[n] = \frac{1}{2\pi}\int_{-\pi}^{\pi} \mathrm{e}^{-\mathrm{j}\frac{1}{2}\omega}\mathrm{e}^{\mathrm{j}\omega n}\,\mathrm{d}\omega = \frac{1}{2\pi}\cdot\frac{1}{\mathrm{j}\left(n - \dfrac{1}{2}\right)}\mathrm{e}^{\mathrm{j}\left(n-\frac{1}{2}\right)\omega}\Big|_{-\pi}^{\pi}$$

$$= \frac{1}{\pi(n - 1/2)}\cdot\sin\left[\left(n - \frac{1}{2}\right)\pi\right] = \frac{(-1)^{n+1}}{\pi(n - 1/2)}$$

(d) 因为 $X(\mathrm{e}^{\mathrm{j}\omega})$ 可以表示成

$$X(\mathrm{e}^{\mathrm{j}\omega}) = \sum_{k=-\infty}^{\infty} (-1)^k \delta\left(\omega - \frac{\pi}{2}k\right) = 2\pi\sum_{k=-\infty}^{\infty} \frac{(-1)^k}{2\pi}\delta\left(\omega - \frac{2\pi}{4}k\right)$$

可见 $X(\mathrm{e}^{\mathrm{j}\omega})$ 是一个周期序列的傅里叶变换，该序列的周期等于 4，傅里叶级数系数为 $\dfrac{(-1)^k}{2\pi}$。于是可用傅里叶级数来表示该序列，从而有

$$x[n] = \sum_{k=0}^{3} \frac{(-1)^k}{2\pi} e^{jk\frac{2\pi}{4}n} = \frac{1}{2\pi} \sum_{k=0}^{3} (-1)^k e^{jk\frac{\pi}{2}n}$$

$$= \frac{1}{2\pi} (1 - e^{j\frac{\pi}{2}n} + e^{j\pi n} - e^{j\frac{3\pi}{2}n}) = \frac{1}{2\pi} \left[1 + (-1)^n - 2\cos\left(\frac{\pi}{2}n\right) \right]$$

$$= \frac{4}{2\pi} = \frac{2}{\pi}, \quad n = 4m+2, \quad m = 0, \pm 1, \pm 2, \cdots$$

（e）先对 $X(e^{j\omega})$ 进行部分分式展开,有

$$X(e^{j\omega}) = \frac{1 - \frac{1}{3} e^{-j\omega}}{\left(1 - \frac{1}{2} e^{-j\omega}\right)\left(1 + \frac{1}{4} e^{-j\omega}\right)} = \frac{2/9}{1 - \frac{1}{2} e^{-j\omega}} + \frac{7/9}{1 + \frac{1}{4} e^{-j\omega}}$$

从而得
$$x[n] = \frac{2}{9}\left(\frac{1}{2}\right)^n u[n] + \frac{7}{9}\left(-\frac{1}{4}\right)^n u[n]$$

（f）用 $X(e^{j\omega})$ 的分子多项式除以分母多项式,可得

$$X(e^{j\omega}) = 1 + \frac{1}{3} e^{-j\omega} + \frac{1}{3^2} e^{-j2\omega} + \frac{1}{3^3} e^{-j3\omega} + \frac{1}{3^4} e^{-j4\omega} + \frac{1}{3^5} e^{-j5\omega}$$

于是得

$$x[n] = \delta[n] + \frac{1}{3}\delta[n-1] + \frac{1}{3^2}\delta[n-2] + \frac{1}{3^3}\delta[n-3] + \frac{1}{3^4}\delta[n-4] + \frac{1}{3^5}\delta[n-5]$$

5-3　$x[n]$ 如图 5-3 所示,设 $X(e^{j\omega})$ 为其傅里叶变换。无需求 $X(e^{j\omega})$,试进行以下计算:

（a）求 $X(e^{j0})$ 的值;　　　　　　　　（b）求 $\arg X(e^{j\omega})$;

（c）求 $\int_{-\pi}^{\pi} X(e^{j\omega}) \mathrm{d}\omega$ 的值;　　　　（d）求 $X(e^{j\pi})$ 的值;

（e）求 $\mathrm{Re}\{X(\omega)\}$ 的逆变换并画其图形;

（f）求(i) $\int_{-\pi}^{\pi} |X(e^{j\omega})|^2 \mathrm{d}\omega$,(ii) $\int_{-\pi}^{\pi} \left|\frac{\mathrm{d}X(e^{j\omega})}{\mathrm{d}\omega}\right|^2 \mathrm{d}\omega$ 的值。

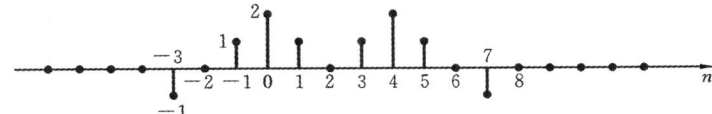

图 5-3

解　（a）由 $X(e^{j\omega}) = \sum_{n=-\infty}^{\infty} x[n] e^{-j\omega n}$ 得

$$X(e^{j0}) = \sum_{n=-\infty}^{\infty} x[n] e^{-j0n} = \sum_{n=-\infty}^{\infty} x[n]$$

由图 5-3 可知, $\sum_{n=-\infty}^{\infty} x[n] = 6$,故 $X(e^{j0}) = 6$。

（b）由图 5-3 可知,若将 $x[n]$ 左移两位,便可得到一个偶序列,即 $x[n+2]$ 是个实偶序列。若设其傅里叶变换为 $X_1(e^{j\omega})$,则 $X_1(e^{j\omega})$ 也是一个实函数,且 $\arg X_1(e^{j\omega}) = 0$。而由时移性知

$$X_1(e^{j\omega}) = X(e^{j\omega}) e^{j2\omega} = |X(e^{j\omega})| \ e^{j[\arg X(e^{j\omega})+2\omega]}$$

故
$$\arg X(e^{j\omega}) = -2\omega$$

（c）由 $x[n] = \frac{1}{2\pi} \int_{2\pi} X(e^{j\omega}) e^{j\omega n} \mathrm{d}\omega = \frac{1}{2\pi} \int_{-\pi}^{\pi} X(e^{j\omega}) e^{j\omega n} \mathrm{d}\omega$,得

$$x[0] = \frac{1}{2\pi}\int_{-\pi}^{\pi} X(e^{j\omega}) e^{j\omega \cdot 0} d\omega = \frac{1}{2\pi}\int_{-\pi}^{\pi} X(e^{j\omega}) d\omega$$

即可得

$$\int_{-\pi}^{\pi} X(e^{j\omega}) d\omega = 2\pi x[0] = 2\pi \times 2 = 4\pi$$

(d)
$$X(e^{j\pi}) = \sum_{n=-\infty}^{\infty} x[n] e^{-jn\cdot\pi} = \sum_{n=-\infty}^{\infty} x[n](-1)^n = 2$$

(e) 因为 $\mathrm{Ev}\{x[n]\} = \frac{1}{2}\{x[n] + x[-n]\}$，所以

$$\mathscr{F}\{\mathrm{Ev}\{x[n]\}\} = \frac{1}{2}\{X(e^{j\omega}) + X(e^{-j\omega})\}$$

由于 $x[n]$ 是实序列，所以

$$\mathrm{Re}\{X(e^{j\omega})\} = \mathrm{Re}\{X(e^{-j\omega})\}, \mathrm{Im}\{X(e^{j\omega})\} = -\mathrm{Im}\{X(e^{-j\omega})\}$$

从而得
$$\mathrm{Ev}\{x[n]\} \longleftrightarrow \mathrm{Re}\{X(e^{j\omega})\} = \mathrm{Re}\{X(\omega)\}$$

$\mathrm{Ev}\{x[n]\}$ 的图形如图 5-4 所示。

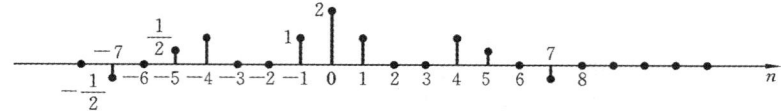

图 5-4

(f)(i) 由帕斯瓦尔定理，有

$$\sum_{n=-\infty}^{\infty} |x[n]|^2 = \frac{1}{2\pi}\int_{-\pi}^{\pi} |X(e^{j\omega})|^2 d\omega$$

从而得

$$\int_{-\pi}^{\pi} |X(e^{j\omega})|^2 d\omega = 2\pi \sum_{n=-\infty}^{\infty} |x[n]|^2 = 2\pi \times 14 = 28\pi$$

(ii) 由频域微分性质 $nx[n] \longleftrightarrow j\dfrac{dX(e^{j\omega})}{d\omega}$ 以及帕斯瓦尔定理，有

$$\sum_{n=-\infty}^{\infty} |nx[n]|^2 = \frac{1}{2\pi}\int_{-\pi}^{\pi} \left| j\frac{dX(e^{j\omega})}{d\omega} \right|^2 d\omega = \frac{1}{2\pi}\int_{-\pi}^{\pi} \left| \frac{dX(e^{j\omega})}{d\omega} \right|^2 d\omega$$

从而得

$$\int_{-\pi}^{\pi} \left| \frac{dX(e^{j\omega})}{d\omega} \right|^2 d\omega = 2\pi \sum_{n=-\infty}^{\infty} |nx[n]|^2 = 2\pi \times 158 = 316\pi$$

5-4 确定以下 (a) ～ (i) 中哪些信号的傅里叶变换满足下列条件：

(1) $\mathrm{Re}\{X(e^{j\omega})\} = 0$；　　　　　　　(2) $\mathrm{Im}\{X(e^{j\omega})\} = 0$；

(3) 存在实数 α，使 $e^{j\alpha\omega}X(e^{j\omega})$ 为实函数；　(4) $\displaystyle\int_{-\pi}^{\pi} X(e^{j\omega}) d\omega = 0$；

(5) $X(e^{j\omega})$ 是周期的；　　　　　　　(6) $X(e^{j0}) = 0$。

(a) $x[n]$ 如图 5-5(a) 所示；　　　　　(b) $x[n]$ 如图 5-5(b) 所示；

(c) $x[n] = \left(\dfrac{1}{2}\right)^n u[n]$；　　　　　(d) $x[n] = \left(\dfrac{1}{2}\right)^{|n|}$；

(e) $x[n] = \delta[n-1] + \delta[n+2]$；　　(f) $x[n] = \delta[n-1] + \delta[n+3]$；

(g) $x[n]$ 如图 5-5(c) 所示；　　　　　(h) $x[n]$ 如图 5-5(d) 所示；

(i) $x[n] = \delta[n-1] - \delta[n+1]$。

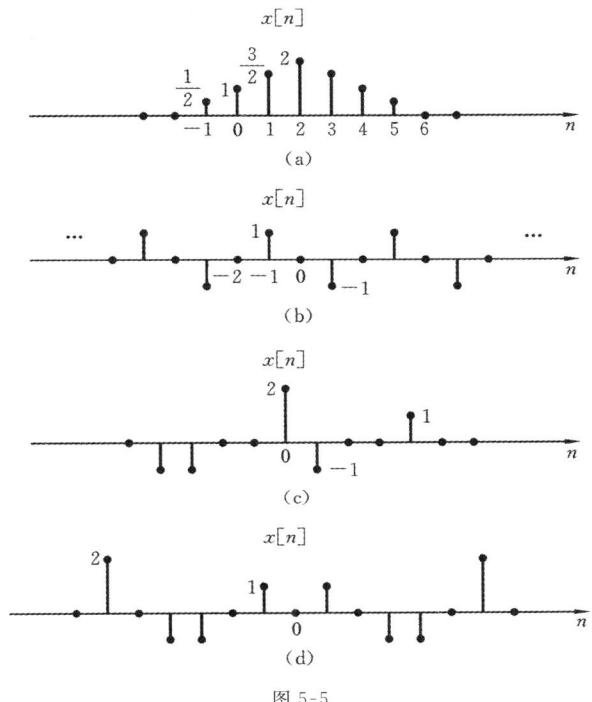

图 5-5

解　(1) 因为 $\mathrm{Ev}\{x[n]\} \xrightarrow{\mathrm{FT}} \mathrm{Re}\{X(\mathrm{e}^{\mathrm{j}\omega})\}$，所以 $\mathrm{Re}\{X(\mathrm{e}^{\mathrm{j}\omega})\} = 0$ 意味着 $\mathrm{Ev}\{x[n]\} = 0$。我们知道，若 $x[n]$ 是个奇信号，则其偶部为 0。纵观(a)~(i)中所有信号，只有(b) 和(i)是奇信号，满足此条件。

(2) 因为 $\mathrm{Od}\{x[n]\} \xrightarrow{\mathrm{FT}} \mathrm{jIm}\{X(\mathrm{e}^{\mathrm{j}\omega})\}$，所以 $\mathrm{Im}\{X(\mathrm{e}^{\mathrm{j}\omega})\} = 0$ 意味着 $\mathrm{Od}\{x[n]\} = 0$。与(1)相反，$x[n]$ 应为偶信号。纵观(a)~(i)中所有信号，只有(d) 和(h)是偶信号，满足此条件。

(3) 因为(a)~(i)中所有信号都是实的，且实偶信号的傅里叶变换是实偶的，所以 $\mathrm{e}^{\mathrm{j}\alpha\omega}X(\mathrm{e}^{\mathrm{j}\omega})$ 是实的，意味着 $x[n+\alpha]$ 是偶序列。那么在(a)~(i)中，只要有某个信号平移 α（α 应为整数）位后得到的是个偶信号，就可满足此条件。纵观(a)~(i)中所有信号，(a)、(b)、(d)、(f)、(h) 均可满足此条件。

(4) 由题 5-3 知，$\int_{-\pi}^{\pi} X(\mathrm{e}^{\mathrm{j}\omega})\mathrm{d}\omega = 2\pi x[0]$，$\int_{-\pi}^{\pi} X(\mathrm{e}^{\mathrm{j}\omega})\mathrm{d}\omega = 0$ 就意味着 $x[0] = 0$。纵观(a)~(i) 中所有信号，(b)、(e)、(f)、(h)、(i) 均可满足此条件。

(5) 我们知道，任何离散时间信号的傅里叶变换均是以 2π 为周期的周期函数，所以(a)~(i) 中所有信号均满足此条件。

(6) 由题 5-3 知，$X(\mathrm{e}^{\mathrm{j}0}) = \sum_{n=-\infty}^{\infty} x[n]$，所以 $X(\mathrm{e}^{\mathrm{j}0}) = 0$ 就意味着序列 $x[n]$ 所有样值的和等于 0。纵观(a)~(i)中所有信号，(b)、(g)、(i) 能够满足此条件。

5-5　考虑图 5-6 所示的信号 $x[n]$，若其傅里叶变换可以表示为如下的直角坐标形式：
$$X(\mathrm{e}^{\mathrm{j}\omega}) = A(\omega) + \mathrm{j}B(\omega)$$

请画出相应于傅里叶变换 $Y(e^{j\omega}) = [B(\omega) + A(\omega)e^{j\omega}]$ 的时域信号 $y[n]$ 的图形。

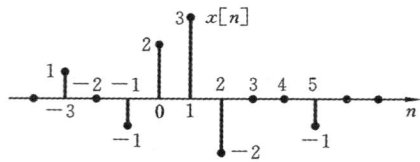

图 5-6

解 由图 5-6 可知，$x[n]$ 是个实序列。于是有

$$\text{Ev}\{x[n]\} \overset{\text{FT}}{\longleftrightarrow} A(\omega), \quad \text{Od}\{x[n]\} \overset{\text{FT}}{\longleftrightarrow} jB(\omega)$$

为方便起见，令 $x_e[n] = \text{Ev}\{x[n]\}, x_o[n] = \text{Od}\{x[n]\}$，则

$$x_e[n+1] \overset{\text{FT}}{\longleftrightarrow} A(\omega)e^{j\omega}, \quad -jx_o[n] \overset{\text{FT}}{\longleftrightarrow} B(\omega)$$

由线性性质得 $y[n] = x_e[n+1] - jx_o[n]$，显然 $y[n]$ 是个复序列，其实部 $\text{Re}\{y[n]\} = x_e[n+1]$ 和虚部 $\text{Im}\{y[n]\} = -x_o[n]$ 分别示于图 5-7(a)、(b) 中。

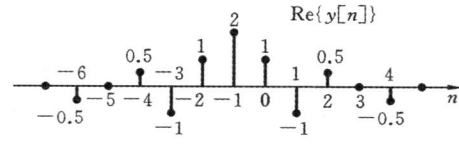

(a)

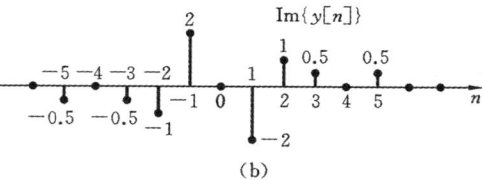

(b)

图 5-7

5-6 若信号 $x_1[n]$ 的傅里叶变换 $X_1(e^{j\omega})$ 如图 5-8(a) 所示。

(a) 考虑信号 $x_2[n]$，其傅里叶变换 $X_2(e^{j\omega})$ 如图 5-8(b) 所示。试用 $x_1[n]$ 表示 $x_2[n]$；

(b) 考虑信号 $x_3[n]$，其傅里叶变换 $X_3(e^{j\omega})$ 如图 5-8(c) 所示。试用 $x_1[n]$ 表示 $x_3[n]$；

(c) 若 $\alpha = \dfrac{\displaystyle\sum_{n=-\infty}^{\infty} nx_1[n]}{\displaystyle\sum_{n=-\infty}^{\infty} x_1[n]}$，求 α 的值（无需计算出 $x_1[n]$）；

(d) 考虑信号 $x_4[n] = x_1[n] * h[n]$，其中 $h[n] = \dfrac{\sin(\pi n/6)}{\pi n}$，画出 $X_4(e^{j\omega})$ 的图形。

解 (a) 比较图 5-8(b) 和 (a) 可以发现，

$$X_2(e^{j\omega}) = \text{Re}\{X_1(e^{j\omega})\} + \text{Re}\{X_1(e^{j(\omega+\frac{2\pi}{3})})\} + \text{Re}\{X_1(e^{j(\omega-\frac{2\pi}{3})})\}$$

从而得

$$x_2[n] = \text{Ev}\{x_1[n]\} \cdot (1 + e^{-j\frac{2\pi}{3}n} + e^{j\frac{2\pi}{3}n}) = \text{Ev}\{x_1[n]\} \cdot \left[1 + 2\cos\left(\frac{2\pi}{3}n\right)\right]$$

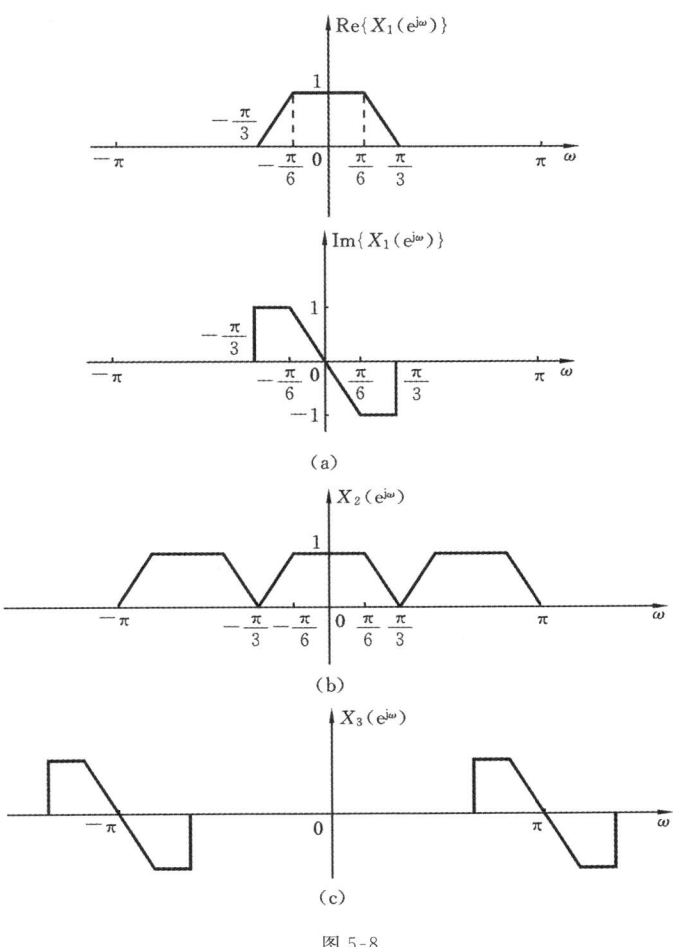

图 5-8

（b）比较图 5-8（a）和（c）可以发现

$$X_3(e^{j\omega}) = \text{Im}\{X_1(e^{j(\omega-\pi)})\}$$

（注意，$X_3(e^{j\omega})$ 也可以写成 $\text{Im}\{X_1(e^{j(\omega+\pi)})\}$，但不能写成 $X_3(e^{j\omega}) = \text{Im}\{X_1(e^{j(\omega-\pi)})\} + \text{Im}\{X_1(e^{j(\omega+\pi)})\}$，因为 $X_3(e^{j\omega})$ 是周期的）

又 $-j\text{Od}\{x_1[n]\} \xleftrightarrow{\text{FT}} \text{Im}\{X_1(e^{j\omega})\}$，从而得

$$x_3[n] = -je^{j\pi n}\text{Od}\{x_1[n]\} = -j(-1)^n\text{Od}\{x_1[n]\}$$

（c）因为 $\quad nx_1[n] \xleftrightarrow{\text{FT}} j\dfrac{dX_1(e^{j\omega})}{d\omega} = j\left\{\dfrac{d}{d\omega}\text{Re}\{X_1(e^{j\omega})\} + j\dfrac{d}{d\omega}\text{Im}\{X_1(e^{j\omega})\}\right\}$

$$= -\dfrac{d}{d\omega}\text{Im}\{X_1(e^{j\omega})\} + j\dfrac{d}{d\omega}\text{Re}\{X_1(e^{j\omega})\}$$

故 $\qquad \displaystyle\sum_{n=-\infty}^{\infty} nx_1[n] = -\dfrac{d}{d\omega}\text{Im}\{X_1(e^{j\omega})\} + j\dfrac{d}{d\omega}\text{Re}\{X_1(e^{j\omega})\}\,\Big|_{\omega=0}$

$\dfrac{\mathrm{d}}{\mathrm{d}\omega}\mathrm{Re}\{X_1(\mathrm{e}^{\mathrm{j}\omega})\}$ 和 $\dfrac{\mathrm{d}}{\mathrm{d}\omega}\mathrm{Im}\{X_1(\mathrm{e}^{\mathrm{j}\omega})\}$ 分别如图 5-9(a)、(b) 所示。可见,当 $\omega=0$ 时,

$$\frac{\mathrm{d}}{\mathrm{d}\omega}\mathrm{Re}\{X_1(\mathrm{e}^{\mathrm{j}0})\}=0, \quad \frac{\mathrm{d}}{\mathrm{d}\omega}\mathrm{Im}\{X_1(\mathrm{e}^{\mathrm{j}0})\}=-\frac{6}{\pi}$$

从而　　　　　$$\sum_{n=-\infty}^{\infty}nx_1[n]=-\frac{\mathrm{d}}{\mathrm{d}\omega}\mathrm{Im}\{X_1(\mathrm{e}^{\mathrm{j}0})\}+\mathrm{j}\frac{\mathrm{d}}{\mathrm{d}\omega}\mathrm{Re}\{X_1(\mathrm{e}^{\mathrm{j}0})\}=\frac{6}{\pi}$$

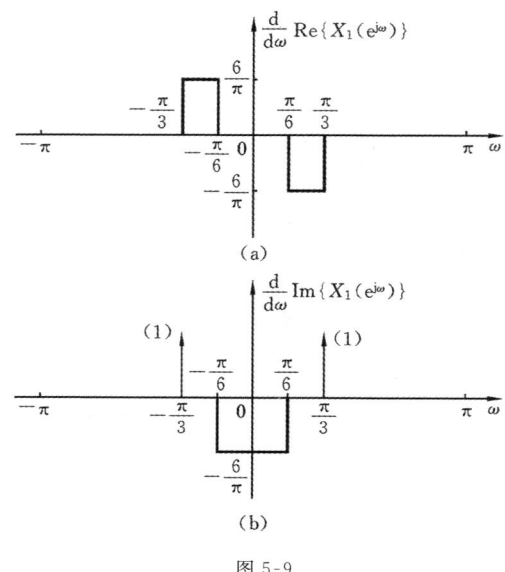

图 5-9

另一方面,

$$\sum_{n=-\infty}^{\infty}x_1[n]=X_1(\mathrm{e}^{\mathrm{j}0})=\mathrm{Re}\{X_1(\mathrm{e}^{\mathrm{j}0})\}+\mathrm{jIm}\{X_1(\mathrm{e}^{\mathrm{j}0})\}$$

由图 5-8(a) 可得,$\mathrm{Re}\{X_1(\mathrm{e}^{\mathrm{j}0})\}=1$,$\mathrm{Im}\{X_1(\mathrm{e}^{\mathrm{j}0})\}=0$,从而

$$\sum_{n=-\infty}^{\infty}x_1[n]=1+\mathrm{j}\cdot 0=1$$

最终得到 $\alpha=\dfrac{6/\pi}{1}=\dfrac{6}{\pi}$。

　　(d) 因为　$h[n]=\dfrac{\sin(\pi n/6)}{\pi n}\xleftrightarrow{\text{FT}}H(\mathrm{e}^{\mathrm{j}\omega})=\begin{cases}1, & 0\leqslant|\omega|\leqslant\dfrac{\pi}{6}\\[2mm] 0, & \dfrac{\pi}{6}<|\omega|\leqslant\pi\end{cases}$

又由 $x_4[n]=x_1[n]*h[n]$,得

$$X_4(\mathrm{e}^{\mathrm{j}\omega})=X_1(\mathrm{e}^{\mathrm{j}\omega})H(\mathrm{e}^{\mathrm{j}\omega})=\mathrm{Re}\{X_1(\mathrm{e}^{\mathrm{j}\omega})\}H(\mathrm{e}^{\mathrm{j}\omega})+\mathrm{jIm}\{X_1(\mathrm{e}^{\mathrm{j}\omega})\}H(\mathrm{e}^{\mathrm{j}\omega})$$

　　由于 $X_4(\mathrm{e}^{\mathrm{j}\omega})$ 是一个复函数,所以分别画出其实部和虚部如图 5-10(a)、(b) 所示。

　　5-7　(a) 信号 $x[n]$ 的傅里叶变换 $X(\mathrm{e}^{\mathrm{j}\omega})$ 如图 5-11 所示,试画出 $w[n]=x[n]p[n]$ 的傅里叶变换 $W(\mathrm{e}^{\mathrm{j}\omega})$,其中 $p[n]$ 分别如下:

　　(i) $p[n]=\cos(\pi n)$;　　　　　　　　(ii) $p[n]=\cos(\pi n/2)$;

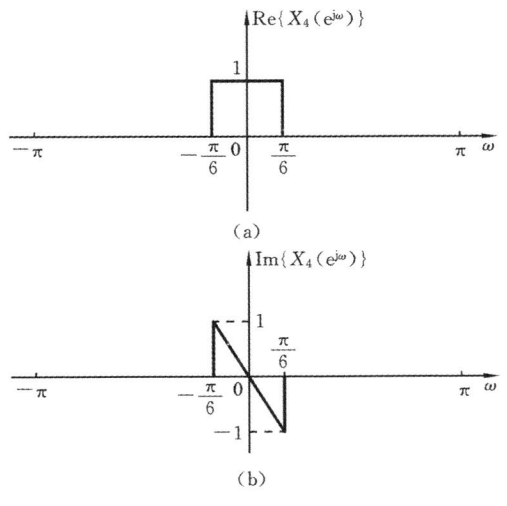

图 5-10

(iii) $p[n] = \displaystyle\sum_{k=-\infty}^{\infty} \delta[n-2k]$;　　　　　(iv) $p[n] = \displaystyle\sum_{k=-\infty}^{\infty} \delta[n-4k]$。

　　(b) 假设(a)中的信号 $w[n]$ 是某个离散 LTI 系统的输入,该系统的单位脉冲响应为 $h[n] = \dfrac{\sin(\pi n/2)}{\pi n}$,试对(a)中的每一种 $p[n]$ 分别求出响应信号 $y[n]$。

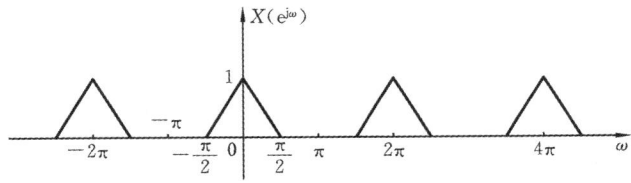

图 5-11

　　解　(a) 因 $w[n] = x[n]p(n)$,故

$$W(e^{j\omega}) = \frac{1}{2\pi}\int_{-\pi}^{\pi} X(e^{j\theta}) P(e^{j(\omega-\theta)})\, d\theta$$

　　(i) 当 $p[n] = \cos(\pi n)$ 时,因 $\cos(\pi n) = \dfrac{1}{2}e^{j\pi n} + \dfrac{1}{2}e^{-j\pi n} = e^{j\pi n}$,故

$$P(e^{j\omega}) = \sum_{k=-\infty}^{\infty} 2\pi\delta[\omega - (2k+1)\pi]$$

或写成　　　　　　　　　　$P(e^{j\omega}) = 2\pi\delta(\omega - \pi), \quad -\pi < \omega \leqslant \pi$

　　于是 $X(e^{j\omega})$ 与 $P(e^{j\omega})$ 的周期卷积积分 $W(e^{j\omega})$ 如图 5-12(a)所示,图中画出了两个周期内的图形。

　　(ii) 当 $p[n] = \cos(\pi n/2)$ 时,因 $\cos(\pi n/2) = \dfrac{1}{2}e^{j\frac{\pi}{2}n} + \dfrac{1}{2}e^{-j\frac{\pi}{2}n}$,故

$$P(e^{j\omega}) = \pi\delta\left(\omega - \frac{\pi}{2}\right) + \pi\delta\left(\omega + \frac{\pi}{2}\right), \quad -\pi < \omega \leqslant \pi$$

于是 $X(\mathrm{e}^{\mathrm{j}\omega})$ 与 $P(\mathrm{e}^{\mathrm{j}\omega})$ 的周期卷积积分 $W(\mathrm{e}^{\mathrm{j}\omega})$ 如图 5-12(b) 所示。

(iii) 当 $p[n] = \displaystyle\sum_{k=-\infty}^{\infty} \delta[n-2k]$ 时，其周期 $N = 2$，傅里叶级数系数为 $a_k = \dfrac{1}{N} = \dfrac{1}{2}$，故

$$P(\mathrm{e}^{\mathrm{j}\omega}) = \frac{2\pi}{2}\sum_{k=-\infty}^{\infty}\delta\left(\omega-\frac{2\pi k}{2}\right) = \pi\sum_{k=-\infty}^{\infty}\delta(\omega-k\pi)$$

或写成　　　　　　　$P(\mathrm{e}^{\mathrm{j}\omega}) = \pi\delta(\omega) + \pi\delta(\omega-\pi)，\quad -\pi < \omega \leqslant \pi$

于是 $X(\mathrm{e}^{\mathrm{j}\omega})$ 与 $P(\mathrm{e}^{\mathrm{j}\omega})$ 的周期卷积积分 $W(\mathrm{e}^{\mathrm{j}\omega})$ 如图 5-12(c) 所示，注意本小题与(b)的差别。

(iv) 当 $p[n] = \displaystyle\sum_{k=-\infty}^{\infty} \delta[n-4k]$ 时，其周期 $N = 4$，傅里叶级数系数 $a_k = \dfrac{1}{N} = \dfrac{1}{4}$，故

$$P(\mathrm{e}^{\mathrm{j}\omega}) = \frac{2\pi}{4}\sum_{k=-\infty}^{\infty}\delta\left(\omega-\frac{2\pi k}{4}\right) = \frac{\pi}{2}\sum_{k=-\infty}^{\infty}\delta\left(\omega-\frac{k\pi}{2}\right)$$

或写成　$P(\mathrm{e}^{\mathrm{j}\omega}) = \dfrac{\pi}{2}\delta\left(\omega+\dfrac{\pi}{2}\right) + \dfrac{\pi}{2}\delta(\omega) + \dfrac{\pi}{2}\delta\left(\omega-\dfrac{\pi}{2}\right) + \dfrac{\pi}{2}\delta(\omega-\pi)，\quad -\pi < \omega \leqslant \pi$

于是 $X(\mathrm{e}^{\mathrm{j}\omega})$ 与 $P(\mathrm{e}^{\mathrm{j}\omega})$ 的周期卷积积分 $W(\mathrm{e}^{\mathrm{j}\omega})$ 如图 5-12(d) 所示，它是常数 $\dfrac{1}{4}$。

(b) 因　　　　　$h[n] = \dfrac{\sin(\pi n/2)}{\pi n} \longleftrightarrow H(\mathrm{e}^{\mathrm{j}\omega}) = \begin{cases} 1, & 0 \leqslant |\omega| \leqslant \dfrac{\pi}{2} \\ 0, & \dfrac{\pi}{2} < |\omega| \leqslant \pi \end{cases}$

且　　　　　　　　　　　$Y(\mathrm{e}^{\mathrm{j}\omega}) = H(\mathrm{e}^{\mathrm{j}\omega})W(\mathrm{e}^{\mathrm{j}\omega})$

所以：(i) 当 $W(\mathrm{e}^{\mathrm{j}\omega})$ 为如图 5-12(a) 所示的函数时，显然 $Y(\mathrm{e}^{\mathrm{j}\omega}) = 0$，从而有

$$y[n] = 0$$

(ii) 当 $W(\mathrm{e}^{\mathrm{j}\omega})$ 为如图 5-12(b) 所示的函数时，对照图 5-11 有

$$Y(\mathrm{e}^{\mathrm{j}\omega}) = H(\mathrm{e}^{\mathrm{j}\omega})W(\mathrm{e}^{\mathrm{j}\omega}) = \frac{1}{2}H(\mathrm{e}^{\mathrm{j}\omega}) - \frac{1}{2}X(\mathrm{e}^{\mathrm{j}\omega})$$

故　　　　　　　　　　$y[n] = \dfrac{1}{2}h[n] - \dfrac{1}{2}x[n]$

$h[n]$ 已知，下面求 $x[n]$。

由图 5-11 可知，$\dfrac{\mathrm{d}X(\mathrm{e}^{\mathrm{j}\omega})}{\mathrm{d}\omega}$ 如图 5-13 所示。

由傅里叶变换的频域微分性质，有 $-\mathrm{j}nx[n] \xleftrightarrow{\text{FT}} \dfrac{\mathrm{d}X(\mathrm{e}^{\mathrm{j}\omega})}{\mathrm{d}\omega}$，又由 $\dfrac{\mathrm{d}X(\mathrm{e}^{\mathrm{j}\omega})}{\mathrm{d}\omega}$ 的图形，结合频移性质

可得　　　　$\mathscr{F}^{-1}\left[\dfrac{\mathrm{d}X(\mathrm{e}^{\mathrm{j}\omega})}{\mathrm{d}\omega}\right] = \dfrac{2}{\pi}\left[\dfrac{\sin\left(\dfrac{\pi}{4}n\right)}{\pi n}\mathrm{e}^{-\mathrm{j}\frac{\pi}{4}n} - \dfrac{\sin\left(\dfrac{\pi}{4}n\right)}{\pi n}\mathrm{e}^{\mathrm{j}\frac{\pi}{4}n}\right]$

从而有　　　　　　　　$x[n] = \dfrac{4\sin^2\left(\dfrac{\pi}{4}n\right)}{\pi^2 n^2}$

于是　　　　$y[n] = \dfrac{1}{2}h[n] - \dfrac{1}{2}x[n] = \dfrac{\sin(\pi n/2)}{2\pi n} - \dfrac{2\sin^2(\pi n/4)}{\pi^2 n^2}$

(iii) 当 $W(\mathrm{e}^{\mathrm{j}\omega})$ 为如图 5-12(c) 所示的函数时，易见

$$Y(\mathrm{e}^{\mathrm{j}\omega}) = H(\mathrm{e}^{\mathrm{j}\omega})W(\mathrm{e}^{\mathrm{j}\omega}) = \frac{1}{2}X(\mathrm{e}^{\mathrm{j}\omega})$$

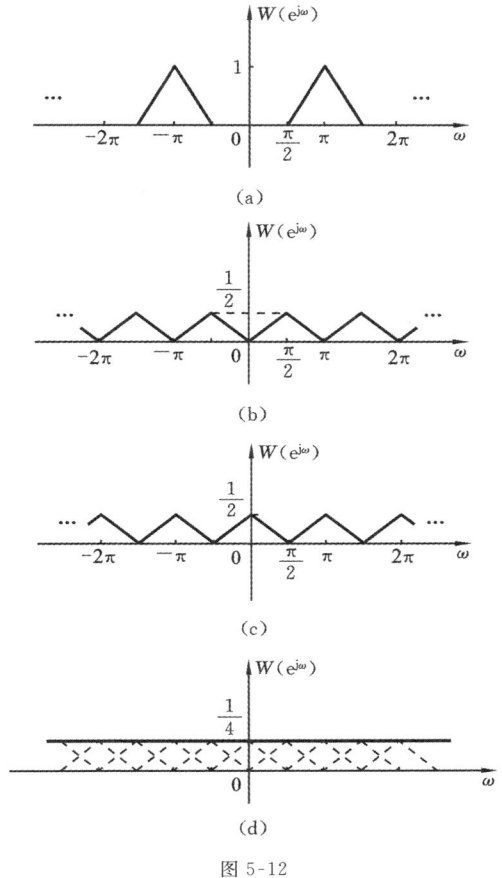

图 5-12

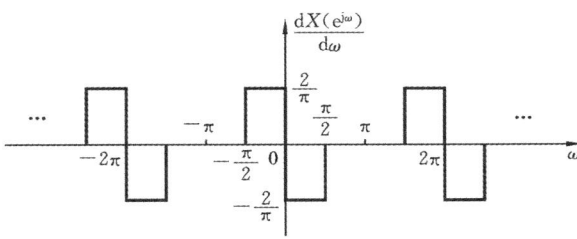

图 5-13

因(ii)中已求出 $x[n] = \dfrac{4\sin^2(\pi n/4)}{\pi^2 n^2}$，故 $y[n] = \dfrac{2\sin^2(\pi n/4)}{\pi^2 n^2}$。

(iv) 当 $W(e^{j\omega})$ 为如图 5-12(d) 所示的函数时，易见

$$Y(e^{j\omega}) = H(e^{j\omega})W(e^{j\omega}) = \frac{1}{4}H(e^{j\omega})$$

故 $y[n] = \dfrac{1}{4} h[n] = \dfrac{\sin(\pi n/2)}{4\pi n}$。

5-8 已知信号 $x[n]$ 和 $g[n]$ 的傅里叶变换分别是 $X(\mathrm{e}^{\mathrm{j}\omega})$ 和 $G(\mathrm{e}^{\mathrm{j}\omega})$，且两者存在如下关系：

$$\frac{1}{2\pi} \int_{-\pi}^{\pi} X(\mathrm{e}^{\mathrm{j}\theta}) G(\mathrm{e}^{\mathrm{j}(\omega-\theta)}) \mathrm{d}\theta = 1 + \mathrm{e}^{-\mathrm{j}\omega}$$

(a) 如果 $x[n] = (-1)^n$，确定一个 $g[n]$，使其傅里叶变换 $G(\mathrm{e}^{\mathrm{j}\omega})$ 满足上式。还有无其他可能的 $g[n]$？

(b) 若 $x[n] = \left(\dfrac{1}{2}\right)^n u[n]$，重复回答(a)中问题。

解　易知 $\dfrac{1}{2\pi} \displaystyle\int_{-\pi}^{\pi} X(\mathrm{e}^{\mathrm{j}\theta}) G(\mathrm{e}^{\mathrm{j}(\omega-\theta)}) \mathrm{d}\theta$ 是 $X(\mathrm{e}^{\mathrm{j}\omega})$ 与 $G(\mathrm{e}^{\mathrm{j}\omega})$ 的周期卷积，其傅里叶逆变换为 $x[n]g[n]$。

又 $\mathscr{F}^{-1}\{1 + \mathrm{e}^{-\mathrm{j}\omega}\} = \delta[n] + \delta[n-1]$，从而有

$$x[n]g[n] = \delta[n] + \delta[n-1]$$

(a) 当 $x[n] = (-1)^n$ 时，显然 $g[n] = \delta[n] - \delta[n-1]$，且不存在其他可能的 $g[n]$，使 $G(\mathrm{e}^{\mathrm{j}\omega})$ 与 $X(\mathrm{e}^{\mathrm{j}\omega})$ 的周期卷积等于 $1 + \mathrm{e}^{-\mathrm{j}\omega}$。

(b) 当 $x[n] = \left(\dfrac{1}{2}\right)^n u[n]$ 时，应有

$$\left(\frac{1}{2}\right)^n u[n] \cdot g[n] = \delta[n] + \delta[n-1]$$

显然，$g[n]$ 只要满足

$$g[n] = \begin{cases} 任意值, & n < 0 \\ 1, & n = 0 \\ 2, & n = 1 \\ 0, & n > 1 \end{cases}$$

就可以了。故这样的 $g[n]$ 有无穷多个。

5-9 (a) 已知一个离散 LTI 系统，其单位脉冲响应 $h[n] = \left(\dfrac{1}{2}\right)^n u[n]$。用傅里叶变换分别求出相应于以下各输入信号的响应：

(i) $x[n] = \left(\dfrac{3}{4}\right)^n u[n]$；　　(ii) $x[n] = (n+1)\left(\dfrac{1}{4}\right)^n u[n]$；　　(iii) $x[n] = (-1)^n$。

(b) 若单位脉冲响应 $h[n] = \left[\left(\dfrac{1}{2}\right)^n \cos\left(\dfrac{\pi n}{2}\right)\right] u[n]$，再用傅里叶变换分别求出相应于以下各输入信号的响应：

(i) $x[n] = \left(\dfrac{1}{2}\right)^n u[n]$；　　(ii) $x[n] = \cos(\pi n/2)$。

(c) 设 $x[n]$ 和 $h[n]$ 的傅里叶变换分别如下：

$$X(\mathrm{e}^{\mathrm{j}\omega}) = 3\mathrm{e}^{\mathrm{j}\omega} + 1 - \mathrm{e}^{-\mathrm{j}\omega} + 2\mathrm{e}^{-\mathrm{j}3\omega}, \quad H(\mathrm{e}^{\mathrm{j}\omega}) = -\mathrm{e}^{\mathrm{j}\omega} + 2\mathrm{e}^{-\mathrm{j}2\omega} + \mathrm{e}^{\mathrm{j}4\omega}$$

求 $y[n] = x[n] * h[n]$。

解　(a) 由题意知，该系统的频率响应函数为 $H(\mathrm{e}^{\mathrm{j}\omega}) = \dfrac{1}{1 - \dfrac{1}{2}\mathrm{e}^{-\mathrm{j}\omega}}$。

(i) 当 $x[n] = \left(\dfrac{3}{4}\right)^n u[n]$ 时，$X(\mathrm{e}^{\mathrm{j}\omega}) = \dfrac{1}{1 - \dfrac{3}{4}\mathrm{e}^{-\mathrm{j}\omega}}$，从而

$$Y(\mathrm{e}^{\mathrm{j}\omega}) = X(\mathrm{e}^{\mathrm{j}\omega})H(\mathrm{e}^{\mathrm{j}\omega}) = \frac{1}{\left(1 - \dfrac{3}{4}\mathrm{e}^{-\mathrm{j}\omega}\right)\left(1 - \dfrac{1}{2}\mathrm{e}^{-\mathrm{j}\omega}\right)} = \frac{3}{1 - \dfrac{3}{4}\mathrm{e}^{-\mathrm{j}\omega}} - \frac{2}{1 - \dfrac{1}{2}\mathrm{e}^{-\mathrm{j}\omega}}$$

取逆变换得
$$y[n] = \left[3\left(\frac{3}{4}\right)^n - 2\left(\frac{1}{2}\right)^n\right]u[n]$$

（ii）当 $x[n] = (n+1)\left(\dfrac{1}{4}\right)^n u[n]$ 时，有

$$X(\mathrm{e}^{\mathrm{j}\omega}) = \frac{\dfrac{1}{4}\mathrm{e}^{-\mathrm{j}\omega}}{\left(1 - \dfrac{1}{4}\mathrm{e}^{-\mathrm{j}\omega}\right)^2} + \frac{1}{1 - \dfrac{1}{4}\mathrm{e}^{-\mathrm{j}\omega}} = \frac{1}{\left(1 - \dfrac{1}{4}\mathrm{e}^{-\mathrm{j}\omega}\right)^2}$$

于是有　$Y(\mathrm{e}^{\mathrm{j}\omega}) = X(\mathrm{e}^{\mathrm{j}\omega})H(\mathrm{e}^{\mathrm{j}\omega}) = \dfrac{1}{\left(1 - \dfrac{1}{4}\mathrm{e}^{-\mathrm{j}\omega}\right)^2} \cdot \dfrac{1}{1 - \dfrac{1}{2}\mathrm{e}^{-\mathrm{j}\omega}}$

$$= \frac{-1}{\left(1 - \dfrac{1}{4}\mathrm{e}^{-\mathrm{j}\omega}\right)^2} + \frac{-2}{1 - \dfrac{1}{4}\mathrm{e}^{-\mathrm{j}\omega}} + \frac{4}{1 - \dfrac{1}{2}\mathrm{e}^{-\mathrm{j}\omega}}$$

取逆变换得　$y[n] = \left[4\left(\dfrac{1}{2}\right)^n - 2\left(\dfrac{1}{4}\right)^n - (n+1)\left(\dfrac{1}{4}\right)^n\right]u[n]$

（iii）当 $x[n] = (-1)^n$ 时，$x[n]$ 是周期为 2 的周期序列，易求出其傅里叶级数系数 $a_0 = 0$，$a_1 = 1$，故其傅里叶变换为

$$X(\mathrm{e}^{\mathrm{j}\omega}) = 2\pi \sum_{k=-\infty}^{\infty} \delta[\omega - (2k+1)\pi]$$

从而

$$Y(\mathrm{e}^{\mathrm{j}\omega}) = X(\mathrm{e}^{\mathrm{j}\omega})H(\mathrm{e}^{\mathrm{j}\omega}) = 2\pi \sum_{k=-\infty}^{\infty} \frac{1}{1 - \dfrac{1}{2}\mathrm{e}^{-\mathrm{j}\omega}}\delta[\omega - (2k+1)\pi]$$

$$= 2\pi \sum_{k=-\infty}^{\infty} \frac{1}{1 - \dfrac{1}{2}\mathrm{e}^{-\mathrm{j}(2k+1)\pi}}\delta[\omega - (2k+1)\pi] = \frac{4\pi}{3} \sum_{k=-\infty}^{\infty} \delta[\omega - (2k+1)\pi]$$

取逆变换（注意 $y[n]$ 也是周期的），得 $y[n] = \dfrac{2}{3}(-1)^n$。

注意　本小题如果直接利用 LTI 系统的特征函数性质求响应，则会更简单。以下是用此方法求解的过程。

由于 $H(\mathrm{e}^{\mathrm{j}\omega}) = \dfrac{1}{1 - \dfrac{1}{2}\mathrm{e}^{-\mathrm{j}\omega}}$，$x[n] = (-1)^n$，从而由特征函数性质有

$$y[n] = H(-1) \cdot x[n] = \frac{1}{1 - \dfrac{1}{2}(-1)^{-1}} \cdot (-1)^n = \frac{1}{\dfrac{3}{2}} \cdot (-1)^n = \frac{2}{3}(-1)^n$$

（b）由于 $h[n]$ 可表示为
$$h[n] = \left[\frac{1}{2}\left(\frac{1}{2}\right)^n \cdot \mathrm{e}^{\mathrm{j}\frac{\pi}{2}n} + \frac{1}{2}\left(\frac{1}{2}\right)^n \cdot \mathrm{e}^{-\mathrm{j}\frac{\pi}{2}n}\right]u[n]$$

所以利用频移性质可直接写出系统的频率响应函数，即
$$H(\mathrm{e}^{\mathrm{j}\omega}) = \frac{1/2}{1 - \dfrac{1}{2}\mathrm{e}^{-\mathrm{j}\left(\omega - \frac{\pi}{2}\right)}} + \frac{1/2}{1 - \dfrac{1}{2}\mathrm{e}^{-\mathrm{j}\left(\omega + \frac{\pi}{2}\right)}} = \frac{1/2}{1 - \dfrac{1}{2}\mathrm{e}^{\mathrm{j}\frac{\pi}{2}}\mathrm{e}^{-\mathrm{j}\omega}} + \frac{1/2}{1 - \dfrac{1}{2}\mathrm{e}^{-\mathrm{j}\frac{\pi}{2}}\mathrm{e}^{-\mathrm{j}\omega}}$$

(i) 当 $x[n] = \left(\dfrac{1}{2}\right)^n u[n]$ 时，$X(e^{j\omega}) = \dfrac{1}{1-\dfrac{1}{2}e^{-j\omega}}$，从而

$$Y(e^{j\omega}) = X(e^{j\omega})H(e^{j\omega}) \xlongequal{\text{令}} \dfrac{C_1}{1-\dfrac{1}{2}e^{j\frac{\pi}{2}}e^{-j\omega}} + \dfrac{C_2}{1-\dfrac{1}{2}e^{-j\frac{\pi}{2}}e^{-j\omega}} + \dfrac{C_3}{1-\dfrac{1}{2}e^{-j\omega}}$$

用待定系数法可求得

$$C_1 = \dfrac{1}{4}(1-j), \quad C_2 = \dfrac{1}{4}(1+j), \quad C_3 = \dfrac{1}{2}$$

于是响应为

$$y[n] = \dfrac{1}{4}(1-j)\left(\dfrac{1}{2}e^{j\frac{\pi}{2}}\right)^n u[n] + \dfrac{1}{4}(1+j)\left(\dfrac{1}{2}e^{-j\frac{\pi}{2}}\right)^n u[n] + \dfrac{1}{2}\left(\dfrac{1}{2}\right)^n u[n]$$

$$= \dfrac{\sqrt{2}}{2}\left(\dfrac{1}{2}\right)^n \cos\left(\dfrac{\pi n}{2} - \dfrac{\pi}{4}\right)u[n] + \left(\dfrac{1}{2}\right)^{n+1} u[n]$$

(ii) 当 $x[n] = \cos(\pi n/2)$ 时，有

$$X(e^{j\omega}) = \pi\left[\delta\left(\omega+\dfrac{\pi}{2}\right) + \delta\left(\omega-\dfrac{\pi}{2}\right)\right], \quad -\pi < \omega \leqslant \pi$$

从而有

$$Y(e^{j\omega}) = X(e^{j\omega})H(e^{j\omega}) = \dfrac{\dfrac{1}{2}\pi}{1-\dfrac{j}{2}e^{j\frac{\pi}{2}}}\delta\left(\omega+\dfrac{\pi}{2}\right) + \dfrac{\dfrac{1}{2}\pi}{1-\dfrac{j}{2}e^{-j\frac{\pi}{2}}}\delta\left(\omega-\dfrac{\pi}{2}\right)$$

$$+ \dfrac{\dfrac{1}{2}\pi}{1+\dfrac{j}{2}e^{j\frac{\pi}{2}}}\delta\left(\omega+\dfrac{\pi}{2}\right) + \dfrac{\dfrac{1}{2}\pi}{1+\dfrac{j}{2}e^{-j\frac{\pi}{2}}}\delta\left(\omega-\dfrac{\pi}{2}\right)$$

$$= \dfrac{1}{3}\left[\pi\delta\left(\omega+\dfrac{\pi}{2}\right) + \pi\delta\left(\omega-\dfrac{\pi}{2}\right)\right] + \left[\pi\delta\left(\omega+\dfrac{\pi}{2}\right) + \pi\delta\left(\omega-\dfrac{\pi}{2}\right)\right]$$

$$= \dfrac{4}{3}\left[\pi\delta\left(\omega+\dfrac{\pi}{2}\right) + \pi\delta\left(\omega-\dfrac{\pi}{2}\right)\right], \quad -\pi < \omega \leqslant \pi$$

取逆变换得

$$y[n] = \dfrac{4}{3}\cos(\pi n/2)$$

注意，本小题也可直接利用 LTI 系统的特征函数性质求响应，而且更简单。以下是采用此方法求解的过程。

由于 $H(e^{j\omega}) = \dfrac{1/2}{1-\dfrac{1}{2}e^{j\frac{\pi}{2}}e^{-j\omega}} + \dfrac{1/2}{1-\dfrac{1}{2}e^{-j\frac{\pi}{2}}e^{-j\omega}}$，且 $x[n] = \cos\left(\dfrac{\pi n}{2}\right) = \dfrac{1}{2}(e^{j\frac{\pi}{2}n} + e^{-j\frac{\pi}{2}n})$，

从而由特征函数性质有

$$y[n] = H(e^{j\frac{\pi}{2}}) \cdot \dfrac{1}{2}e^{j\frac{\pi}{2}n} + H(e^{-j\frac{\pi}{2}}) \cdot \dfrac{1}{2}e^{-j\frac{\pi}{2}n} = \dfrac{4}{3}\cdot\dfrac{1}{2}e^{j\frac{\pi}{2}n} + \dfrac{4}{3}\cdot\dfrac{1}{2}e^{-j\frac{\pi}{2}n} = \dfrac{4}{3}\cos(\pi n/2)$$

(c) 由卷积定理知

$$y[n] = x[n] * h[n] \xleftrightarrow{\text{FT}} Y(e^{j\omega}) = X(e^{j\omega})H(e^{j\omega})$$

现已知

$$X(e^{j\omega}) = 3e^{j\omega} + 1 - e^{-j\omega} + 2e^{-j3\omega}, \quad H(e^{j\omega}) = -e^{j\omega} + 2e^{-2j\omega} + e^{j4\omega}$$

从而有

$$Y(\mathrm{e}^{\mathrm{j}\omega}) = 3\mathrm{e}^{\mathrm{j}5\omega} + \mathrm{e}^{\mathrm{j}4\omega} - \mathrm{e}^{\mathrm{j}3\omega} - 3\mathrm{e}^{\mathrm{j}2\omega} + \mathrm{e}^{\mathrm{j}\omega} + 1 + 6\mathrm{e}^{-\mathrm{j}\omega} - 2\mathrm{e}^{-\mathrm{j}3\omega} + 4\mathrm{e}^{-\mathrm{j}5\omega}$$

取逆变换可得

$$y[n] = 3\delta[n+5] + \delta[n+4] - \delta[n+3] - 3\delta[n+2] + \delta[n+1]$$
$$+ \delta[n] + 6\delta[n-1] - 2\delta[n-3] + 4\delta[n-5]$$

5-10　已知一离散 LTI 系统的单位脉冲响应为

$$h[n] = \frac{W}{\pi}\mathrm{sinc}\left(\frac{Wn}{\pi}\right) = \frac{\sin(Wn)}{\pi n}$$

（a）求该系统频率响应 $H(\mathrm{e}^{\mathrm{j}\omega})$ 并画其图形。

（b）若将信号 $x[n] = \sin\left(\frac{\pi n}{8}\right) - 2\cos\left(\frac{\pi n}{4}\right)$ 分别输入到具有以下单位脉冲响应函数的 LTI 系统中,试分别求出相应的响应信号 $y[n]$：

（i）$h[n] = \dfrac{\sin(\pi n/6)}{\pi n}$；　　　　　　　　（ii）$h[n] = \dfrac{\sin(\pi n/6)}{\pi n} + \dfrac{\sin(\pi n/2)}{\pi n}$；

（iii）$h[n] = \dfrac{\sin(\pi n/6)\sin(\pi n/3)}{\pi^2 n^2}$；　　　　（iv）$h[n] = \dfrac{\sin(\pi n/6)\sin(\pi n/3)}{\pi n}$。

（c）考虑一单位脉冲响应 $h[n] = \dfrac{\sin(\pi n/3)}{\pi n}$ 的 LTI 系统,试分别求出在以下输入信号情况下相应的响应 $y[n]$：

（i）$x[n]$ 为如图 5-14 所示的方波；　　（ii）$x[n] = \displaystyle\sum_{k=-\infty}^{\infty}\delta[n-8k]$；

（iii）$x[n] = (-1)^n$ 乘以图 5-14 中的方波；　（iv）$x[n] = \delta[n+1] + \delta[n-1]$。

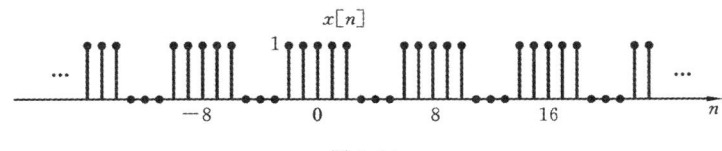

图 5-14

解　（a）要求 $h[n] = \dfrac{\sin(Wn)}{\pi n}$ 的傅里叶变换,需利用离散时间傅里叶变换的合成方程（逆变换式）和连续时间傅里叶级数的分析方程（求 a_k 的算式）之间的对偶性质。

先考虑一连续的周期信号 $g(t)$,其周期 $T = 2\pi$,傅里叶级数系数 $a_k = \dfrac{\sin(Wk)}{\pi k} = h[k]$。不难知 $g(t)$ 为周期方波,且

$$g(t) = \begin{cases} 1, & |t| \leqslant W \\ 0, & W < |t| \leqslant \pi \end{cases}$$

于是由分析方程可写出以下等式:

$$a_k = \frac{\sin(Wk)}{\pi k} = \frac{1}{2\pi}\int_{-\pi}^{\pi} g(t)\mathrm{e}^{-\mathrm{j}kt}\,\mathrm{d}t = \frac{1}{2\pi}\int_{-W}^{W}\mathrm{e}^{-\mathrm{j}kt}\,\mathrm{d}t$$

令上式中 $k = n, t = \omega$,可得

$$\frac{\sin(Wn)}{\pi n} = \frac{1}{2\pi}\int_{-W}^{W}\mathrm{e}^{-\mathrm{j}n\omega}\,\mathrm{d}\omega$$

再令上式两边 $n = -n$,可得

$$\frac{\sin(-Wn)}{-\pi n} = \frac{\sin(Wn)}{\pi n} = \frac{1}{2\pi}\int_{-W}^{W}\mathrm{e}^{\mathrm{j}n\omega}\,\mathrm{d}\omega$$

由于上式左边为 $h[n]$，右边符合离散时间傅里叶变换的综合公式（逆变换式），故得其频率响应为

$$H(\mathrm{e}^{\mathrm{j}\omega}) = \begin{cases} 1, & 0 \leqslant |\omega| \leqslant W \\ 0, & W < |\omega| \leqslant \pi \end{cases}$$

$H(\mathrm{e}^{\mathrm{j}\omega})$ 的图形如图 5-15 所示，注意它是周期的。

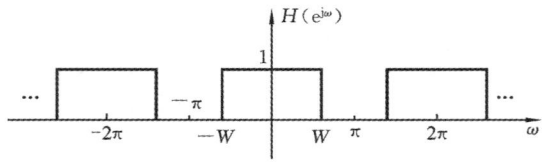

图 5-15

(b) 因 $x[n] = \sin(\pi n/8) - 2\cos(\pi n/4)$，故

$$X(\mathrm{e}^{\mathrm{j}\omega}) = \mathrm{j}\pi[\delta(\omega + \pi/8) - \delta(\omega - \pi/8)] - 2\pi[\delta(\omega + \pi/4) + \delta(\omega - \pi/4)], \quad -\pi < \omega \leqslant \pi$$

(i) 当 $h[n] = \dfrac{\sin(\pi n/6)}{\pi n}$ 时，由 (a) 知，$H(\mathrm{e}^{\mathrm{j}\omega}) = \begin{cases} 1, & 0 \leqslant |\omega| \leqslant \dfrac{\pi}{6} \\ 0, & \dfrac{\pi}{6} < |\omega| \leqslant \pi \end{cases}$，从而有

$$Y(\mathrm{e}^{\mathrm{j}\omega}) = X(\mathrm{e}^{\mathrm{j}\omega})H(\mathrm{e}^{\mathrm{j}\omega}) = \mathrm{j}\pi[\delta(\omega + \pi/8) - \delta(\omega - \pi/8)]$$

故
$$y[n] = \sin(\pi n/8)$$

(ii) 当 $h[n] = \dfrac{\sin(\pi n/6)}{\pi n} + \dfrac{\sin(\pi n/2)}{\pi n}$ 时，由 (a) 知

$$H(\mathrm{e}^{\mathrm{j}\omega}) = \begin{cases} 2, & 0 \leqslant |\omega| \leqslant \pi/6 \\ 1, & \pi/6 < |\omega| \leqslant \pi/2 \\ 0, & \pi/2 < |\omega| \leqslant \pi \end{cases}$$

从而有

$$Y(\mathrm{e}^{\mathrm{j}\omega}) = X(\mathrm{e}^{\mathrm{j}\omega})H(\mathrm{e}^{\mathrm{j}\omega}) = \mathrm{j}2\pi\left[\delta\left(\omega + \frac{\pi}{8}\right) - \delta\left(\omega - \frac{\pi}{8}\right)\right] - 2\pi\left[\delta\left(\omega + \frac{\pi}{4}\right) + \delta\left(\omega - \frac{\pi}{4}\right)\right]$$

故
$$y[n] = 2\sin(\pi n/8) - 2\cos(\pi n/4)$$

(iii) 当 $h[n] = \dfrac{\sin(\pi n/6)\sin(\pi n/3)}{\pi^2 n^2}$ 时，有

$$H(\mathrm{e}^{\mathrm{j}\omega}) = \frac{1}{2\pi}\int_{2\pi} H_1(\mathrm{e}^{\mathrm{j}\theta})H_2(\mathrm{e}^{\mathrm{j}(\omega-\theta)})\,\mathrm{d}\theta$$

其中

$$H_1(\mathrm{e}^{\mathrm{j}\omega}) = \begin{cases} 1, & 0 \leqslant |\omega| \leqslant \dfrac{\pi}{6} \\ 0, & \dfrac{\pi}{6} < |\omega| \leqslant \pi \end{cases}, \quad H_2(\mathrm{e}^{\mathrm{j}\omega}) = \begin{cases} 1, & 0 \leqslant |\omega| \leqslant \dfrac{\pi}{3} \\ 0, & \dfrac{\pi}{3} < |\omega| \leqslant \pi \end{cases}$$

可求得 $H(\mathrm{e}^{\mathrm{j}\omega})$ 如图 5-16 所示。

由于 $H\left(\pm\dfrac{\pi}{8}\right) = \dfrac{1}{6}$，$H\left(\pm\dfrac{\pi}{4}\right) = \dfrac{1}{8}$，从而得

$$Y(\mathrm{e}^{\mathrm{j}\omega}) = X(\mathrm{e}^{\mathrm{j}\omega})H(\mathrm{e}^{\mathrm{j}\omega})$$

$$= \mathrm{j}\frac{\pi}{6}\left[\delta\left(\omega + \frac{\pi}{8}\right) - \delta\left(\omega - \frac{\pi}{8}\right)\right] - \frac{\pi}{4}\left[\delta\left(\omega + \frac{\pi}{4}\right) + \delta\left(\omega - \frac{\pi}{4}\right)\right], \quad -\pi < \omega \leqslant \pi$$

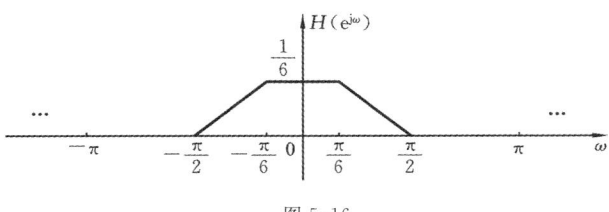

图 5-16

对上式取逆变换就可求得其响应为

$$y[n] = \frac{1}{6}\sin(\pi n/8) - \frac{1}{4}\cos(\pi n/4)$$

(iv) 当 $h[n] = \dfrac{\sin(\pi n/6)\sin(\pi n/3)}{\pi n}$ 时,可将 $h[n]$ 看作为

$$h[n] = \frac{\sin(\pi n/6)}{\pi n} \cdot \sin(\pi n/3) = h_1[n] \cdot h_2[n]$$

于是

$$H(e^{j\omega}) = \frac{1}{2\pi}\int_{2\pi} H_1(e^{j\theta}) H_2(e^{j(\omega-\theta)})\,d\theta$$

其中

$$H_1(e^{j\omega}) = \begin{cases} 1, & 0 \leqslant |\omega| \leqslant \pi/6 \\ 0, & \pi/6 < |\omega| \leqslant \pi \end{cases}$$

$$H_2(e^{j\omega}) = j\pi[\delta(\omega+\pi/3) - \delta(\omega-\pi/3)], \quad 0 \leqslant |\omega| < \pi$$

可求得 $H(e^{j\omega})$ 如图 5-17 所示。

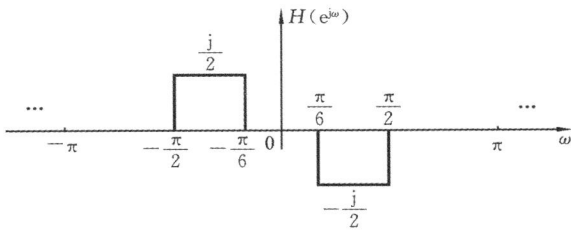

图 5-17

从而有

$$Y(e^{j\omega}) = X(e^{j\omega}) H(e^{j\omega}) = -j\pi\delta(\omega+\pi/4) + j\pi\delta(\omega-\pi/4), \quad 0 \leqslant |\omega| < \pi$$

故得

$$y[n] = -\sin(\pi n/4)$$

(c) 已知单位脉冲响应为 $h[n] = \dfrac{\sin(\pi n/3)}{\pi n}$,由(a)知,其频率响应为

$$H(e^{j\omega}) = \begin{cases} 1, & 0 \leqslant |\omega| \leqslant \pi/3 \\ 0, & \pi/3 < |\omega| \leqslant \pi \end{cases}$$

(i) 当 $x[n]$ 为图 5-14 所示的周期信号时,由周期 $N = 8$ 知

$$X(e^{j\omega}) = 2\pi \sum_{k=-\infty}^{\infty} a_k \delta\left(\omega - k \cdot \frac{\pi}{4}\right)$$

其中

$$a_k = \frac{1}{8}\frac{\sin\left[2k\pi\left(2+\frac{1}{2}\right)\Big/8\right]}{\sin(k\pi/8)} = \frac{1}{8}\frac{\sin\left(\frac{5k\pi}{8}\right)}{\sin\left(\frac{k\pi}{8}\right)}, \quad k \neq 0, \pm 8, \pm 16, \cdots$$

$$a_k = \frac{2 \times 2 + 1}{8} = \frac{5}{8}, \quad k = 0, \pm 8, \pm 16, \cdots$$

又由 $Y(\mathrm{e}^{\mathrm{j}\omega}) = X(\mathrm{e}^{\mathrm{j}\omega})H(\mathrm{e}^{\mathrm{j}\omega})$ 得

$$Y(\mathrm{e}^{\mathrm{j}\omega}) = 2\pi \cdot \frac{5}{8}\delta(\omega) + 2\pi a_1\delta\left(\omega - \frac{\pi}{4}\right) + 2\pi a_{-1}\delta\left(\omega + \frac{\pi}{4}\right), \quad -\pi < \omega \leqslant \pi$$

因 $$a_1 = a_{-1} = \frac{1}{8} \cdot \frac{\sin\left(\frac{5\pi}{8}\right)}{\sin\left(\frac{\pi}{8}\right)} = \frac{1}{8} \cdot \frac{\cos\frac{\pi}{8}}{\sin\frac{\pi}{8}} = \frac{1}{8}\sqrt{3+2\sqrt{2}} = \frac{1}{8}(1+\sqrt{2})$$

故

$$Y(\mathrm{e}^{\mathrm{j}\omega}) = \frac{5}{8} \cdot 2\pi\delta(\omega) + \frac{1}{4}(1+\sqrt{2})\left[\pi\delta\left(\omega+\frac{\pi}{4}\right) + \pi\delta\left(\omega-\frac{\pi}{4}\right)\right], \quad -\pi < \omega \leqslant \pi$$

取逆变换就得到 $$y[n] = \frac{5}{8} + \frac{1}{4}(1+\sqrt{2})\cos(\pi n/4)$$

(ii) 当 $x[n] = \sum\limits_{k=-\infty}^{\infty}\delta[n-8k]$ 时，可直接写出

$$X(\mathrm{e}^{\mathrm{j}\omega}) = \frac{2\pi}{8}\sum_{k=-\infty}^{\infty}\delta\left(\omega - k \cdot \frac{2\pi}{8}\right) = \frac{\pi}{4}\sum_{k=-\infty}^{\infty}\delta\left(\omega - \frac{\pi}{4}k\right)$$

从而有

$$Y(\mathrm{e}^{\mathrm{j}\omega}) = X(\mathrm{e}^{\mathrm{j}\omega})H(\mathrm{e}^{\mathrm{j}\omega})$$
$$= \frac{\pi}{4}\left[\delta(\omega) + \delta\left(\omega+\frac{\pi}{4}\right) + \delta\left(\omega-\frac{\pi}{4}\right)\right], \quad -\pi < \omega \leqslant \pi$$

取逆变换得 $$y[n] = \frac{1}{8} + \frac{1}{4}\cos(\pi n/4)$$

(iii) 当 $x[n] = (-1)^n$ 乘以图 5-14 所示的信号时，其周期 $N = 8$，且

$$X(\mathrm{e}^{\mathrm{j}\omega}) = 2\pi\sum_{k=-\infty}^{\infty}a_k\delta\left(\omega - k \cdot \frac{\pi}{4}\right)$$

式中：

$$a_k = \frac{1}{8}\sum_{n=-3}^{4}x[n]\mathrm{e}^{-\mathrm{j}k\cdot\frac{\pi}{4}\cdot n} = \frac{1}{8}\left[\mathrm{e}^{\mathrm{j}k\cdot\frac{\pi}{4}\cdot 2} - \mathrm{e}^{\mathrm{j}k\cdot\frac{\pi}{4}} + 1 - \mathrm{e}^{-\mathrm{j}k\cdot\frac{\pi}{4}} + \mathrm{e}^{-\mathrm{j}k\cdot\frac{\pi}{4}\cdot 2}\right]$$
$$= \frac{1}{8} + \frac{1}{4}\cos(k\pi/2) - \frac{1}{4}\cos(k\pi/4)$$

由 $Y(\mathrm{e}^{\mathrm{j}\omega}) = X(\mathrm{e}^{\mathrm{j}\omega})H(\mathrm{e}^{\mathrm{j}\omega})$ 得

$$Y(\mathrm{e}^{\mathrm{j}\omega}) = 2\pi a_0\delta(\omega) + 2\pi a_1\delta\left(\omega - \frac{\pi}{4}\right) + 2\pi a_{-1}\delta\left(\omega + \frac{\pi}{4}\right), -\pi < \omega \leqslant \pi$$

因 $a_0 = \frac{1}{8}$，$a_1 = a_{-1} = \frac{1}{8}(1-\sqrt{2})$，故

$$Y(\mathrm{e}^{\mathrm{j}\omega}) = \frac{1}{8} \cdot 2\pi\delta(\omega) + \frac{1}{4}(1-\sqrt{2})\left[\pi\delta\left(\omega-\frac{\pi}{4}\right) + \pi\delta\left(\omega+\frac{\pi}{4}\right)\right], \quad -\pi < \omega \leqslant \pi$$

取逆变换得到 $$y[n] = \frac{1}{8} + \frac{1}{4}(1-\sqrt{2})\cos(\pi n/4)$$

(iv) 当 $x[n] = \delta[n+1] + \delta[n-1]$ 时，由于 $X(e^{j\omega}) = e^{j\omega} + e^{-j\omega}$，故

$$Y(e^{j\omega}) = X(e^{j\omega})H(e^{j\omega}) = \begin{cases} e^{j\omega} + e^{-j\omega}, & 0 \leqslant |\omega| \leqslant \pi/3 \\ 0, & \pi/3 < |\omega| \leqslant \pi \end{cases}$$

因 $\dfrac{\sin(\pi n/3)}{\pi n} \longleftrightarrow \begin{cases} 1, & 0 \leqslant |\omega| \leqslant \pi/3 \\ 0, & \pi/3 < |\omega| \leqslant \pi \end{cases}$ 利用时移性质可得到

$$y[n] = \frac{\sin[\pi(n+1)/3]}{\pi(n+1)} + \frac{\sin[\pi(n-1)/3]}{\pi(n-1)}$$

其实，此小题可直接由 $y[n] = x[n] * h[n]$ 得到，即

$$y[n] = x[n] * h[n]$$
$$= \delta[n+1] * \frac{\sin(\pi n/3)}{\pi n} + \delta[n-1] * \frac{\sin(\pi n/3)}{\pi n} = \frac{\sin[\pi(n+1)/3]}{\pi(n+1)} + \frac{\sin[\pi(n-1)/3]}{\pi(n-1)}$$

5-11 设 $h_1[n]$ 和 $h_2[n]$ 为因果 LTI 系统的单位脉冲响应，$H_1(e^{j\omega})$ 和 $H_2(e^{j\omega})$ 为相应的频率响应。问以下方程是否成立？请给出论证过程。

$$\left[\frac{1}{2\pi}\int_{-\pi}^{\pi} H_1(e^{j\omega})d\omega\right]\left[\frac{1}{2\pi}\int_{-\pi}^{\pi} H_2(e^{j\omega})d\omega\right] = \frac{1}{2\pi}\int_{-\pi}^{\pi} H_1(e^{j\omega})H_2(e^{j\omega})d\omega$$

解　由傅里叶逆变换的定义可得

$$h[0] = \frac{1}{2\pi}\int_{-\pi}^{\pi} H(e^{j\omega})d\omega$$

从而知

$$\left[\frac{1}{2\pi}\int_{-\pi}^{\pi} H_1(e^{j\omega})d\omega\right]\left[\frac{1}{2\pi}\int_{-\pi}^{\pi} H_2(e^{j\omega})d\omega\right] = h_1[0]h_2[0]$$

又根据傅里叶变换的卷积性质有

$$h_1[n] * h_2[n] \overset{FT}{\longleftrightarrow} H_1(e^{j\omega})H_2(e^{j\omega})$$

从而知

$$\frac{1}{2\pi}\int_{-\pi}^{\pi} H_1(e^{j\omega})H_2(e^{j\omega})d\omega = (h_1[n] * h_2[n]) \Big|_{n=0}$$

另一方面，因 $h_1[n]$ 和 $h_2[n]$ 是因果系统的单位脉冲响应，所以有

$$h_1[n] = h_1[n]u[n], \quad h_2[n] = h_2[n]u[n]$$

于是

$$h_1[n] * h_2[n] = h_1[n]u[n] * h_2[n]u[n] = \sum_{m=0}^{n} h_1[m]h_2[n-m]$$

当 $n = 0$ 时，有

$$(h_1[n] * h_2[n]) \Big|_{n=0} = \sum_{m=0}^{0} h_1[m]h_2[-m] = h_1[0]h_2[0]$$

所以以上方程成立。

5-12 已知一因果 LTI 系统的差分方程为 $y[n] + \dfrac{1}{2}y[n-1] = x[n]$。

(a) 求该系统的频率响应 $H(e^{j\omega})$。

(b) 若输入分别为以下信号时，求相应的响应信号：

(i) $x[n] = \left(\dfrac{1}{2}\right)^n u[n]$；　　　　　　　　(ii) $x[n] = \delta[n] + \dfrac{1}{2}\delta[n-1]$。

(c) 若输入信号的傅里叶变换分别为以下函数时，求相应的响应：

(i) $X(e^{j\omega}) = \dfrac{1 - \dfrac{1}{4}e^{-j\omega}}{1 + \dfrac{1}{2}e^{-j\omega}}$；　　　　　　(ii) $X(e^{j\omega}) = 1 + 2e^{-j3\omega}$。

解　（a）对所给差分方程两边都进行傅里叶变换，得

$$Y(e^{j\omega})\left(1+\frac{1}{2}e^{-j\omega}\right)=X(e^{j\omega})$$

从而有频率响应

$$H(e^{j\omega})=\frac{Y(e^{j\omega})}{X(e^{j\omega})}=\frac{1}{1+\frac{1}{2}e^{-j\omega}}$$

（b）由（a）已求出该系统的频率响应为 $H(e^{j\omega})=\dfrac{1}{1+\dfrac{1}{2}e^{-j\omega}}$。

（i）当输入信号 $x[n]=\left(\dfrac{1}{2}\right)^{n}u[n]$ 时，易知 $X(e^{j\omega})=\dfrac{1}{1-\dfrac{1}{2}e^{-j\omega}}$。

由 $Y(e^{j\omega})=X(e^{j\omega})H(e^{j\omega})=\dfrac{1/2}{1-\dfrac{1}{2}e^{-j\omega}}+\dfrac{1/2}{1+\dfrac{1}{2}e^{-j\omega}}$，取逆变换得响应为

$$y[n]=\frac{1}{2}\left[\left(\frac{1}{2}\right)^{n}+\left(-\frac{1}{2}\right)^{n}\right]u[n]$$

（ii）当 $x[n]=\delta[n]+\dfrac{1}{2}\delta[n-1]$ 时，$X(e^{j\omega})=1+\dfrac{1}{2}e^{-j\omega}$。

由 $Y(e^{j\omega})=X(e^{j\omega})H(e^{j\omega})=\dfrac{1+\dfrac{1}{2}e^{-j\omega}}{1+\dfrac{1}{2}e^{-j\omega}}=1$，取逆变换得 $y[n]=\delta[n]$。

（c）（i）当 $X(e^{j\omega})=\dfrac{1-\dfrac{1}{4}e^{-j\omega}}{1+\dfrac{1}{2}e^{-j\omega}}$ 时，有

$$Y(e^{j\omega})=X(e^{j\omega})H(e^{j\omega})=\frac{1-\dfrac{1}{4}e^{-j\omega}}{\left(1+\dfrac{1}{2}e^{-j\omega}\right)^{2}}$$

由于有 $\left(-\dfrac{1}{2}\right)^{n}u[n]\overset{\text{FT}}{\longleftrightarrow}\dfrac{1}{1+\dfrac{1}{2}e^{-j\omega}}$，利用频域微分性质可得

$$-2n\left(-\frac{1}{2}\right)^{n}u[n]\overset{\text{FT}}{\longleftrightarrow}\frac{e^{-j\omega}}{\left(1+\dfrac{1}{2}e^{-j\omega}\right)^{2}}$$

再利用时移性质，得

$$-2(n+1)\left(-\frac{1}{2}\right)^{n+1}u[n+1]=(n+1)\left(-\frac{1}{2}\right)^{n}u[n]\overset{\text{FT}}{\longleftrightarrow}\frac{1}{\left(1+\dfrac{1}{2}e^{-j\omega}\right)^{2}}$$

故　　　　　$(n+1)\left(-\dfrac{1}{2}\right)^{n}u[n]-\dfrac{1}{4}n\left(-\dfrac{1}{2}\right)^{n-1}u[n-1]\overset{\text{FT}}{\longleftrightarrow}\dfrac{1-\dfrac{1}{4}e^{-j\omega}}{\left(1+\dfrac{1}{2}e^{-j\omega}\right)^{2}}$

即响应为

$$y[n]=(n+1)\left(-\frac{1}{2}\right)^{n}u[n]+\frac{1}{2}n\left(-\frac{1}{2}\right)^{n}u[n-1]$$

$$= \delta[n] + \left(\frac{3}{2}n + 1\right)\left(-\frac{1}{2}\right)^n u[n-1]$$

(ii) 当 $X(e^{j\omega}) = 1 + 2e^{-j3\omega}$ 时,有

$$Y(e^{j\omega}) = X(e^{j\omega})H(e^{j\omega})$$

$$= \frac{1 + 2e^{-j3\omega}}{1 + \frac{1}{2}e^{-j\omega}} = 1 - \frac{1}{2}e^{-j\omega} + \frac{1}{4}e^{-j2\omega} + \frac{15}{8}e^{-j3\omega}\frac{1}{1 + \frac{1}{2}e^{-j\omega}}$$

取逆变换,可得其响应为

$$y[n] = \delta[n] - \frac{1}{2}\delta[n-1] + \frac{1}{4}\delta[n-2] + \frac{15}{8}\left(-\frac{1}{2}\right)^{n-3}u[n-3]$$

注:此题也可直接由 $Y(e^{j\omega}) = \dfrac{1 + 2e^{-j3\omega}}{1 + \frac{1}{2}e^{-j\omega}} = \dfrac{1}{1 + \frac{1}{2}e^{-j\omega}} + \dfrac{2e^{-j3\omega}}{1 + \frac{1}{2}e^{-j\omega}}$ 得

$$y[n] = \left(-\frac{1}{2}\right)^n u[n] + 2\left(-\frac{1}{2}\right)^{n-3}u[n-3]$$

5-13 已知一系统是由两个频率响应分别为

$$H_1(e^{j\omega}) = \frac{2 - e^{-j\omega}}{1 + \frac{1}{2}e^{-j\omega}}, \quad H_2(e^{j\omega}) = \frac{1}{1 - \frac{1}{2}e^{-j\omega} + \frac{1}{4}e^{-j2\omega}}$$

的 LTI 系统串联而成。

(a) 求描述该系统的差分方程;

(b) 求该系统的单位脉冲响应 $h[n]$。

解 (a) 由于两个子系统是串联的,所以整个系统的频率响应为 $H(e^{j\omega}) = H_1(e^{j\omega})H_2(e^{j\omega})$,即

$$H(e^{j\omega}) = \frac{2 - e^{-j\omega}}{\left(1 + \frac{1}{2}e^{-j\omega}\right)\left(1 - \frac{1}{2}e^{-j\omega} + \frac{1}{4}e^{-j2\omega}\right)} = \frac{2 - e^{-j\omega}}{1 + \frac{1}{8}e^{-j3\omega}}$$

因 $H(e^{j\omega}) = \dfrac{Y(e^{j\omega})}{X(e^{j\omega})} = \dfrac{2 - e^{-j\omega}}{1 + \frac{1}{8}e^{-j3\omega}}$,交叉相乘,然后取傅里叶逆变换得差分方程

$$y[n] + \frac{1}{8}y[n-3] = 2x[n] - x[n-1]$$

(b) 对系统的频率响应函数进行部分分式展开得

$$H(e^{j\omega}) = \frac{2 - e^{-j\omega}}{\left(1 + \frac{1}{2}e^{-j\omega}\right)\left[1 - \left(\frac{1}{4} - \frac{\sqrt{3}}{4}j\right)e^{-j\omega}\right]\left[1 - \left(\frac{1}{4} + \frac{\sqrt{3}}{4}j\right)e^{-j\omega}\right]}$$

$$= \frac{2 - e^{-j\omega}}{\left(1 + \frac{1}{2}e^{-j\omega}\right)\left(1 - \frac{1}{2}e^{-j\frac{\pi}{3}}e^{-j\omega}\right)\left(1 - \frac{1}{2}e^{j\frac{\pi}{3}}e^{-j\omega}\right)}$$

$$= \frac{\frac{4}{3}}{1 + \frac{1}{2}e^{-j\omega}} + \frac{\frac{1}{3} - j\frac{\sqrt{3}}{3}}{1 - \frac{1}{2}e^{-j\frac{\pi}{3}}e^{-j\omega}} + \frac{\frac{1}{3} + j\frac{\sqrt{3}}{3}}{1 - \frac{1}{2}e^{j\frac{\pi}{3}}e^{-j\omega}}$$

取逆变换得系统单位脉冲响应为

$$h[n] = \frac{4}{3}\left(-\frac{1}{2}\right)^n u[n] + \left(\frac{1}{3} - j\frac{\sqrt{3}}{3}\right)\left(\frac{1}{2}e^{-j\frac{\pi}{3}}\right)^n u[n] + \left(\frac{1}{3} + j\frac{\sqrt{3}}{3}\right)\left(\frac{1}{2}e^{j\frac{\pi}{3}}\right)^n u[n]$$

$$= \frac{4}{3}\left(-\frac{1}{2}\right)^n u[n] + \frac{2}{3}\mathrm{e}^{-\mathrm{j}\frac{\pi}{3}(n+1)} \cdot \left(\frac{1}{2}\right)^n u[n] + \frac{2}{3}\mathrm{e}^{\mathrm{j}\frac{\pi}{3}(n+1)} \cdot \left(\frac{1}{2}\right)^n u[n]$$

$$= \frac{4}{3}\left(-\frac{1}{2}\right)^n u[n] + \frac{2}{3}\left(\frac{1}{2}\right)^n u[n]\left[\mathrm{e}^{\mathrm{j}\frac{\pi}{3}(n+1)} + \mathrm{e}^{-\mathrm{j}\frac{\pi}{3}(n+1)}\right]$$

$$= \frac{4}{3}\left(-\frac{1}{2}\right)^n u[n] + \frac{4}{3}\cos\left[\frac{\pi}{3}(n+1)\right]\left(\frac{1}{2}\right)^n u[n]$$

5-14 已知描述某因果 LTI 系统的差分方程为

$$y[n] - ay[n-1] = bx[n] + x[n-1]$$

其中，a 为一绝对值小于 1 的实数。

（a）试求 b 的值，使系统的频率响应满足：对于所有 ω，有 $|H(\mathrm{e}^{\mathrm{j}\omega})| = 1$。此类系统称为全通系统。在后面的三个问题中，$b$ 的值都采用这里确定的值。

（b）若 $a = \dfrac{1}{2}$，粗略画出当 $0 \leqslant \omega \leqslant \pi$ 时的 $\arg H(\mathrm{e}^{\mathrm{j}\omega})$。

（c）若 $a = -\dfrac{1}{2}$，粗略画出当 $0 \leqslant \omega \leqslant \pi$ 时的 $\arg H(\mathrm{e}^{\mathrm{j}\omega})$。

（d）当 $a = -\dfrac{1}{2}$，输入 $x[n] = \left(\dfrac{1}{2}\right)^n u[n]$ 时，求相应的输出 $y[n]$，并画其图形。

解 （a）由系统的差分方程可直接写出其频率响应，即 $H(\mathrm{e}^{\mathrm{j}\omega}) = \dfrac{b + \mathrm{e}^{-\mathrm{j}\omega}}{1 - a\mathrm{e}^{-\mathrm{j}\omega}}$。要使 $|H(\mathrm{e}^{\mathrm{j}\omega})| = \dfrac{|b + \mathrm{e}^{-\mathrm{j}\omega}|}{|1 - a\mathrm{e}^{-\mathrm{j}\omega}|} = 1$，应有 $|b + \mathrm{e}^{-\mathrm{j}\omega}| = |1 - a\mathrm{e}^{-\mathrm{j}\omega}|$，即 $1 + b^2 + 2b\cos\omega = 1 + a^2 - 2a\cos\omega$。

要使上式对所有 ω 均成立，必有 $b = -a$。

（b）若 $a = \dfrac{1}{2}$，则 $b = -\dfrac{1}{2}$，此时

$$H(\mathrm{e}^{\mathrm{j}\omega}) = \frac{\mathrm{e}^{-\mathrm{j}\omega} - \dfrac{1}{2}}{1 - \dfrac{1}{2}\mathrm{e}^{-\mathrm{j}\omega}} = \mathrm{e}^{-\mathrm{j}\omega}\frac{1 - \dfrac{1}{2}\mathrm{e}^{\mathrm{j}\omega}}{1 - \dfrac{1}{2}\mathrm{e}^{-\mathrm{j}\omega}} = \mathrm{e}^{-\mathrm{j}\omega}\frac{1 - \dfrac{1}{2}\cos\omega - \mathrm{j}\dfrac{1}{2}\sin\omega}{1 - \dfrac{1}{2}\cos\omega + \mathrm{j}\dfrac{1}{2}\sin\omega}$$

故

$$\arg H(\mathrm{e}^{\mathrm{j}\omega}) = -\omega - 2\arctan\left(\frac{\dfrac{1}{2}\sin\omega}{1 - \dfrac{1}{2}\cos\omega}\right)$$

在区间 $\omega \in [0, \pi]$ 内的 $\arg H(\mathrm{e}^{\mathrm{j}\omega})$ 图形如图 5-18(a) 所示。

（c）若 $a = -\dfrac{1}{2}$，则 $b = \dfrac{1}{2}$，此时

$$H(\mathrm{e}^{\mathrm{j}\omega}) = \frac{\dfrac{1}{2} + \mathrm{e}^{-\mathrm{j}\omega}}{1 + \dfrac{1}{2}\mathrm{e}^{-\mathrm{j}\omega}} = \mathrm{e}^{-\mathrm{j}\omega}\frac{1 + \dfrac{1}{2}\mathrm{e}^{\mathrm{j}\omega}}{1 + \dfrac{1}{2}\mathrm{e}^{-\mathrm{j}\omega}} = \mathrm{e}^{-\mathrm{j}\omega}\frac{1 + \dfrac{1}{2}\cos\omega + \mathrm{j}\dfrac{1}{2}\sin\omega}{1 + \dfrac{1}{2}\cos\omega - \mathrm{j}\dfrac{1}{2}\sin\omega}$$

故

$$\arg H(\mathrm{e}^{\mathrm{j}\omega}) = -\omega + 2\arctan\left(\frac{\dfrac{1}{2}\sin\omega}{1 + \dfrac{1}{2}\cos\omega}\right)$$

在区间 $\omega \in [0, \pi]$ 内的 $\arg H(\mathrm{e}^{\mathrm{j}\omega})$ 图形如图 5-18(b) 所示。

（d）当 $a = -\dfrac{1}{2}$ 时，$H(\mathrm{e}^{\mathrm{j}\omega}) = \dfrac{\dfrac{1}{2} + \mathrm{e}^{-\mathrm{j}\omega}}{1 + \dfrac{1}{2}\mathrm{e}^{-\mathrm{j}\omega}}$，由 $x[n] = \left(\dfrac{1}{2}\right)^n u[n]$ 得 $X(\mathrm{e}^{\mathrm{j}\omega}) = \dfrac{1}{1 - \dfrac{1}{2}\mathrm{e}^{-\mathrm{j}\omega}}$。从而

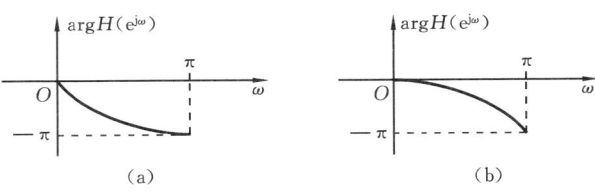

图 5-18

有
$$Y(e^{j\omega}) = X(e^{j\omega})H(e^{j\omega}) = \frac{\frac{1}{2} + e^{-j\omega}}{\left(1 - \frac{1}{2}e^{-j\omega}\right)\left(1 + \frac{1}{2}e^{-j\omega}\right)} = \frac{\frac{5}{4}}{1 - \frac{1}{2}e^{-j\omega}} - \frac{\frac{3}{4}}{1 + \frac{1}{2}e^{-j\omega}}$$

取逆变换得响应为

$$y[n] = \left[\frac{5}{4}\left(\frac{1}{2}\right)^n - \frac{3}{4}\left(-\frac{1}{2}\right)^n\right]u[n]$$

$y[n]$ 的图形如图 5-19 所示。

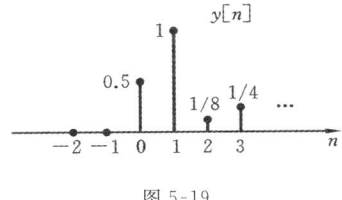

图 5-19

5-15　(a) 设 $h[n]$ 和 $g[n]$ 分别为两个稳定的离散 LTI 系统的单位脉冲响应,已知这两个系统是互逆的,问这两个系统的频率响应之间存在什么关系?

(b) 已知下列描述因果 LTI 系统的差分方程,试求出每个差分方程所代表的系统的逆系统的单位脉冲响应,以及描述逆系统的差分方程。

(i) $y[n] = x[n] - \frac{1}{4}x[n-1]$;

(ii) $y[n] + \frac{5}{4}y[n-1] - \frac{1}{8}y[n-2] = x[n]$;

(iii) $y[n] + \frac{5}{4}y[n-1] - \frac{1}{8}y[n-2] = x[n] - \frac{1}{4}x[n-1] - \frac{1}{8}x[n-2]$。

(c) 若已知描述某因果离散 LTI 系统的差分方程为

$$y[n] + y[n-1] + \frac{1}{4}y[n-2] = x[n-1] - \frac{1}{2}x[n-2] \qquad (*)$$

试求其逆系统的单位脉冲响应,并说明该系统是非因果的。试找出一因果 LTI 系统,使得图 5-20 所示系统的输出 $w[n]$ 等于"延迟的 $x[n]$",即 $x[n-1]$。

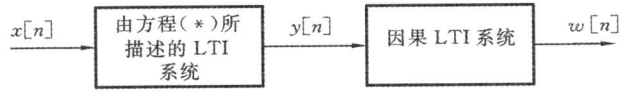

图 5-20

解　(a) 对于两个稳定的互逆系统来说,它们的单位脉冲响应满足 $h[n] * g[n] = \delta[n]$,从而频率响应满足 $H(e^{j\omega}) \cdot G(e^{j\omega}) = 1$。

(b) 利用(a) 中结论,有

(i) 由所给方程得其频率响应 $H(e^{j\omega}) = 1 - \frac{1}{4}e^{-j\omega}$,从而得其逆系统的频率响应为

$$G(e^{j\omega}) = \frac{Y(e^{j\omega})}{X(e^{j\omega})} = \frac{1}{1 - \frac{1}{4}e^{-j\omega}}$$

对其取逆变换,得系统单位脉冲响应为 $g[n] = \left(\dfrac{1}{4}\right)^n u[n]$。

由 $G(e^{j\omega})$ 可直接写出相应的差分方程为 $y[n] - \dfrac{1}{4}y[n-1] = x[n]$。

(ii) 由所给方程得其频率响应 $H(e^{j\omega}) = \dfrac{1}{1 + \dfrac{5}{4}e^{-j\omega} - \dfrac{1}{8}e^{-j2\omega}}$,从而得其逆系统的频率响应为

$$G(e^{j\omega}) = \frac{Y(e^{j\omega})}{X(e^{j\omega})} = 1 + \frac{5}{4}e^{-j\omega} - \frac{1}{8}e^{-j2\omega}$$

对其取逆变换,得系统的单位脉冲响应为

$$g[n] = \delta[n] + \frac{5}{4}\delta[n-1] - \frac{1}{8}\delta[n-2]$$

由 $G(e^{j\omega})$ 可直接写出相应的差分方程为

$$y[n] = x[n] + \frac{5}{4}x[n-1] - \frac{1}{8}x[n-2]$$

(iii) 由所给方程得其频率响应 $H(e^{j\omega}) = \dfrac{1 - \dfrac{1}{4}e^{-j\omega} - \dfrac{1}{8}e^{-j2\omega}}{1 + \dfrac{5}{4}e^{-j\omega} - \dfrac{1}{8}e^{-j2\omega}}$,从而得其逆系统的频率响应为

$$G(e^{j\omega}) = \frac{Y(e^{j\omega})}{X(e^{j\omega})} = \frac{1 + \dfrac{5}{4}e^{-j\omega} - \dfrac{1}{8}e^{-j2\omega}}{1 - \dfrac{1}{4}e^{-j\omega} - \dfrac{1}{8}e^{-j2\omega}}$$

由于 $G(e^{j\omega})$ 可展开为

$$G(e^{j\omega}) = 1 + \frac{2}{1 - \dfrac{1}{2}e^{-j\omega}} - \frac{2}{1 + \dfrac{1}{4}e^{-j\omega}}$$

对其取逆变换,得系统的单位脉冲响应为

$$g[n] = \delta[n] + 2\left(\frac{1}{2}\right)^n u[n] - 2\left(-\frac{1}{4}\right)^n u[n]$$

由 $G(e^{j\omega})$ 可直接写出相应的差分方程为

$$y[n] - \frac{1}{4}y[n-1] - \frac{1}{8}y[n-2] = x[n] + \frac{5}{4}x[n-1] - \frac{1}{8}x[n-2]$$

(c) 由所给差分方程得到该因果系统的频率响应为

$$H(e^{j\omega}) = \frac{e^{-j\omega} - \dfrac{1}{2}e^{-j2\omega}}{1 + e^{-j\omega} + \dfrac{1}{4}e^{-j2\omega}}$$

于是得其逆系统的频率响应为

$$G(e^{j\omega}) = \frac{1 + e^{-j\omega} + \dfrac{1}{4}e^{-j2\omega}}{e^{-j\omega} - \dfrac{1}{2}e^{-j2\omega}} = -\frac{1}{2} + e^{j\omega} + \frac{2}{1 - \dfrac{1}{2}e^{-j\omega}}$$

从而有
$$g[n] = -\frac{1}{2}\delta[n] + \delta[n+1] + 2\left(\frac{1}{2}\right)^n u[n]$$

可见,该系统是非因果的。

观察图 5-20,设方程(*)所描述的 LTI 系统频率响应为 $H(e^{j\omega})$,而待求的因果 LTI 系统的频率响应为 $G(e^{j\omega})$。因为整个系统的输出 $w[n] = x[n-1]$,而输入为 $x[n]$,故有 $H(e^{j\omega}) \cdot G(e^{j\omega}) = e^{-j\omega}$。

又因 $H(e^{j\omega}) = \dfrac{e^{-j\omega} - \dfrac{1}{2}e^{-j2\omega}}{1 + e^{-j\omega} + \dfrac{1}{4}e^{-j2\omega}}$,从而有

$$G(e^{j\omega}) = e^{-j\omega} \cdot \frac{1 + e^{-j\omega} + \dfrac{1}{4}e^{-j2\omega}}{e^{-j\omega} - \dfrac{1}{2}e^{-j2\omega}} = \frac{1 + e^{-j\omega} + \dfrac{1}{4}e^{-j2\omega}}{1 - \dfrac{1}{2}e^{-j\omega}}$$

取逆变换可得
$$g[n] = \left(\frac{1}{2}\right)^n u[n] + \left(\frac{1}{2}\right)^{n-1} u[n-1] + \frac{1}{4}\left(\frac{1}{2}\right)^{n-2} u[n-2]$$

可见,该系统是因果的。

5-16　设 $X(e^{j\omega})$ 是 $x[n]$ 的傅里叶变换。利用 $X(e^{j\omega})$ 推导出下列信号傅里叶变换表示式(没有假设 $x[n]$ 是实序列)。

(a) $\text{Re}\{x[n]\}$;　　(b) $x^*[-n]$;　　　(c) $\text{Ev}\{x[n]\}$。

解　已知 $x[n] \overset{\text{FT}}{\longleftrightarrow} X(e^{j\omega})$

(a) 由于
$$\text{Re}\{x[n]\} = \frac{1}{2}\{x[n] + x^*[n]\}$$

且由共轭性质有
$$x^*[n] \overset{\text{FT}}{\longleftrightarrow} X^*(e^{-j\omega})$$

故
$$\text{Re}\{x[n]\} \overset{\text{FT}}{\longleftrightarrow} \frac{1}{2}\{X(e^{j\omega}) + X^*(e^{-j\omega})\}$$

(b) 在已有的变换对
$$x^*[n] \overset{\text{FT}}{\longleftrightarrow} X^*(e^{-j\omega})$$

的基础上,运用时域反褶性质便可得知
$$x^*[-n] \overset{\text{FT}}{\longleftrightarrow} X^*(e^{j\omega})$$

(c) 由于 $\text{Ev}\{x[n]\} = \dfrac{1}{2}\{x[n] + x[-n]\}$

且由时域反褶性质有
$$x[-n] \overset{\text{FT}}{\longleftrightarrow} X(e^{-j\omega})$$

故
$$\text{Ev}\{x[n]\} \overset{\text{FT}}{\longleftrightarrow} \frac{1}{2}\{X(e^{j\omega}) + X(e^{-j\omega})\}$$

5-17　设 $X(e^{j\omega})$ 是一实信号 $x[n]$ 的傅里叶变换。证明:$x[n]$ 可以写成
$$x[n] = \int_0^\pi \{B(\omega)\cos(\omega n) + C(\omega)\sin(\omega n)\}d\omega$$

(找出利用 $X(e^{j\omega})$ 来表示 $B(\omega)$ 和 $C(\omega)$ 的表示式)

证　由题意有

$$x[n] = \frac{1}{2\pi} \int_{-\pi}^{\pi} X(\mathrm{e}^{\mathrm{j}\omega}) \mathrm{e}^{\mathrm{j}\omega n} \mathrm{d}\omega \qquad ①$$

且又 $\mathrm{e}^{\mathrm{j}\omega n} = \cos(\omega n) + \mathrm{j}\sin(\omega n)$，复函数 $X(\mathrm{e}^{\mathrm{j}\omega})$ 可表示为

$$X(\mathrm{e}^{\mathrm{j}\omega}) = \mathrm{Re}(\mathrm{e}^{\mathrm{j}\omega}) + \mathrm{j}\mathrm{Im}(\mathrm{e}^{\mathrm{j}\omega})$$

其中，$\mathrm{Re}(\mathrm{e}^{\mathrm{j}\omega})$ 为 $X(\mathrm{e}^{\mathrm{j}\omega})$ 的实部，$\mathrm{Im}(\mathrm{e}^{\mathrm{j}\omega})$ 为 $X(\mathrm{e}^{\mathrm{j}\omega})$ 的虚部，故式 ① 可写为

$$
\begin{aligned}
x[n] &= \frac{1}{2\pi} \int_{-\pi}^{\pi} \left[\mathrm{Re}(\mathrm{e}^{\mathrm{j}\omega}) + \mathrm{j}\mathrm{Im}(\mathrm{e}^{\mathrm{j}\omega}) \right] \cdot \left[\cos(\omega n) + \mathrm{j}\sin(\omega n) \right] \mathrm{d}\omega \\
&= \frac{1}{2\pi} \int_{-\pi}^{\pi} \mathrm{Re}(\mathrm{e}^{\mathrm{j}\omega})\cos(\omega n)\mathrm{d}\omega - \frac{1}{2\pi} \int_{-\pi}^{\pi} \mathrm{Im}(\mathrm{e}^{\mathrm{j}\omega})\sin(\omega n)\mathrm{d}\omega \\
&\quad + \frac{\mathrm{j}}{2\pi} \int_{-\pi}^{\pi} \mathrm{Re}(\mathrm{e}^{\mathrm{j}\omega})\sin(\omega n)\mathrm{d}\omega + \frac{\mathrm{j}}{2\pi} \int_{-\pi}^{\pi} \mathrm{Im}(\mathrm{e}^{\mathrm{j}\omega})\cos(\omega n)\mathrm{d}\omega \qquad ②
\end{aligned}
$$

因为 $x[n]$ 是实信号，所以 $\mathrm{Re}(\mathrm{e}^{\mathrm{j}\omega})$ 是偶函数，$\mathrm{Im}(\mathrm{e}^{\mathrm{j}\omega})$ 是奇函数，故式 ② 可写为

$$x[n] = \frac{1}{\pi} \int_{0}^{\pi} \mathrm{Re}(\mathrm{e}^{\mathrm{j}\omega})\cos(\omega n)\mathrm{d}\omega - \frac{1}{\pi} \int_{0}^{\pi} \mathrm{Im}(\mathrm{e}^{\mathrm{j}\omega})\sin(\omega n)\mathrm{d}\omega$$

亦即

$$x[n] = \int_{0}^{\pi} \left\{ \frac{1}{\pi} \mathrm{Re}(\mathrm{e}^{\mathrm{j}\omega})\cos(\omega n) + \left(-\frac{1}{\pi} \right) \mathrm{Im}(\mathrm{e}^{\mathrm{j}\omega})\sin(\omega n) \right\} \mathrm{d}\omega$$

由此证明了命题，并且其中

$$B(\omega) = \frac{1}{\pi} \mathrm{Re}(\mathrm{e}^{\mathrm{j}\omega}), \quad C(\omega) = -\frac{1}{\pi} \mathrm{Im}(\mathrm{e}^{\mathrm{j}\omega})$$

5-18 推导卷积性质

$$x[n] * h[n] \xrightarrow{\text{FT}} X(\mathrm{e}^{\mathrm{j}\omega}) H(\mathrm{e}^{\mathrm{j}\omega})$$

证 不妨设 $y[n] = x[n] * h[n]$

根据 DTFT 的定义有

$$Y(\mathrm{e}^{\mathrm{j}\omega}) = \sum_{n=-\infty}^{\infty} y[n] \mathrm{e}^{-\mathrm{j}\omega n} \qquad ①$$

而由卷积和的定义可知

$$y[n] = \sum_{k=-\infty}^{\infty} x[k] h[n-k] \qquad ②$$

将式 ② 代入式 ① 中，得

$$Y(\mathrm{e}^{\mathrm{j}\omega}) = \sum_{n=-\infty}^{\infty} \left\{ \sum_{k=-\infty}^{\infty} x[k] h[n-k] \right\} \mathrm{e}^{-\mathrm{j}\omega n}$$

交换上式右边两个求和的次序，得

$$Y(\mathrm{e}^{\mathrm{j}\omega}) = \sum_{k=-\infty}^{\infty} x[k] \left\{ \sum_{n=-\infty}^{\infty} h[n-k] \mathrm{e}^{-\mathrm{j}\omega n} \right\}$$

显然上式右边花括号内的求和为平移 k 位后的 $h[n]$ 的 FT，所以有

$$Y(\mathrm{e}^{\mathrm{j}\omega}) = \sum_{k=-\infty}^{\infty} x[k] \cdot H(\mathrm{e}^{\mathrm{j}\omega}) \mathrm{e}^{-\mathrm{j}\omega k}$$

继而可得

$$Y(\mathrm{e}^{\mathrm{j}\omega}) = H(\mathrm{e}^{\mathrm{j}\omega}) \cdot \sum_{k=-\infty}^{\infty} x[k] \mathrm{e}^{-\mathrm{j}\omega k} = H(\mathrm{e}^{\mathrm{j}\omega}) X(\mathrm{e}^{\mathrm{j}\omega})$$

从而证明了

$$x[n] * h[n] \xrightarrow{\text{FT}} X(\mathrm{e}^{\mathrm{j}\omega}) H(\mathrm{e}^{\mathrm{j}\omega})$$

5-19 $x[n]$ 和 $h[n]$ 是两个信号，并令 $y[n] = x[n] * h[n]$。试对 $y[0]$ 写出两个表示式：一个利

用 $x[n]$ 和 $h[n]$（直接用卷积和）；另一个用 $X(e^{j\omega})$ 和 $H(e^{j\omega})$（用傅里叶变换的卷积性质）。然后，选择一个恰当的 $h[n]$，利用这两个表示式推导出帕斯瓦尔定理，即

$$\sum_{n=-\infty}^{\infty} |x[n]|^2 = \frac{1}{2\pi}\int_{-\pi}^{\pi} |X(e^{j\omega})|^2 \, d\omega$$

用类似的方式，推导出下面帕斯瓦尔定理的一般形式：

$$\sum_{n=-\infty}^{\infty} x[n]z^*[n] = \frac{1}{2\pi}\int_{-\pi}^{\pi} X(e^{j\omega})Z^*(e^{j\omega}) \, d\omega$$

解　先求 $y[0]$ 的两个表达式。

首先由

$$y[n] = x[n] * h[n] = \sum_{k=-\infty}^{\infty} x[k]h[n-k]$$

令 $n = 0$，则有

$$y[0] = \sum_{k=-\infty}^{\infty} x[k]h[-k]$$

另外，由于

$$Y(e^{j\omega}) = X(e^{j\omega})H(e^{j\omega})$$

而

$$y[n] = \frac{1}{2\pi}\int_{-\pi}^{\pi} Y(e^{j\omega})e^{j\omega n} \, d\omega = \frac{1}{2\pi}\int_{-\pi}^{\pi} X(e^{j\omega})H(e^{j\omega})e^{j\omega n} \, d\omega$$

令 $n = 0$，则有

$$y[0] = \frac{1}{2\pi}\int_{-\pi}^{\pi} X(e^{j\omega})H(e^{j\omega}) \, d\omega$$

于是 $y[0]$ 的两个表达式分别为

$$y[0] = \sum_{k=-\infty}^{\infty} x[k]h[-k] \quad \text{（利用卷积和）}$$

和

$$y[0] = \frac{1}{2\pi}\int_{-\pi}^{\pi} X(e^{j\omega})H(e^{j\omega}) \, d\omega \quad \text{（利用傅里叶变换的卷积性质）}$$

当选择 $h[n] = x^*[-n]$，可知 $H(e^{j\omega}) = X^*(e^{j\omega})$ 且 $h[-k] = x^*[k]$，于是有

$$y[0] = \sum_{k=-\infty}^{\infty} x[k] \cdot x^*[k] = \frac{1}{2\pi}\int_{-\pi}^{\pi} X(e^{j\omega}) \cdot X^*(e^{j\omega}) \, d\omega$$

从而可推导出帕斯瓦尔定理，即

$$\sum_{n=-\infty}^{\infty} |x[n]|^2 = \frac{1}{2\pi}\int_{-\pi}^{\pi} |X(e^{j\omega})|^2 \, d\omega$$

更一般地，选择 $h[n] = z^*[-n]$，则 $H(e^{j\omega}) = Z^*(e^{j\omega})$，且 $h[-k] = z^*[k]$，于是有

$$y[0] = \sum_{k=-\infty}^{\infty} x[k] \cdot z^*[k] = \frac{1}{2\pi}\int_{-\pi}^{\pi} X(e^{j\omega})Z^*(e^{j\omega}) \, d\omega$$

从而推导出一般形式的帕斯瓦尔定理为

$$\sum_{n=-\infty}^{\infty} x[n]z^*[n] = \frac{1}{2\pi}\int_{-\pi}^{\pi} X(e^{j\omega})Z^*(e^{j\omega}) \, d\omega$$

5-20　令 $\tilde{x}[n]$ 是一个周期为 N 的周期信号，另一有限长信号 $x[n]$ 通过下式与 $\tilde{x}[n]$ 关联：

$$x[n] = \begin{cases} \tilde{x}[n], & n_0 \leqslant n \leqslant n_0 + N - 1 \\ 0, & \text{其余 } n \end{cases}$$

其中，n_0 为某整数。也就是说，$x[n]$ 等于一个周期上的 $\tilde{x}[n]$，而在其余地方均为零。

(a) 若 $\tilde{x}[n]$ 的傅里叶级数系数为 a_k，$x[n]$ 的傅里叶变换为 $X(e^{j\omega})$，证明：

$$a_k = \frac{1}{N}(e^{j2\pi k/N})$$

且与 n_0 的值无关。

（b）考虑下面两个信号

$$x[n] = u[n] - u[n-5], \quad \tilde{x}[n] = \sum_{k=-\infty}^{\infty} x[n-kN]$$

这里 N 是一个正整数。令 a_k 记为 $\tilde{x}[n]$ 的傅里叶级数系数，$X(e^{j\omega})$ 记为 $x[n]$ 的傅里叶变换，

（i）求 $X(e^{j\omega})$ 的闭式表示式。

（ii）利用（i）的结果，求傅里叶级数系数 a_k 的表示式。

（a）**证**　由于 $x[n]$ 的傅里叶变换为 $X(e^{j\omega})$，故 $X(e^{j\omega}) = \sum_{n=-\infty}^{\infty} x[n]e^{-j\omega n}$。考虑到 $x[n]$ 在区间 $[n_0, n_0+N-1]$ 之外的值均为 0，所以上式可写成

$$X(e^{j\omega}) = \sum_{n=n_0}^{n_0+N-1} x[n]e^{-j\omega n}$$

再令 $\omega = \frac{2\pi}{N}k$，得

$$X(e^{j2\pi k/N}) = \sum_{n=n_0}^{n_0+N-1} x[n]e^{-j\frac{2\pi}{N}kn} \qquad ①$$

又 a_k 为 $\tilde{x}[n]$ 的傅里叶级数系数，故 $a_k = \frac{1}{N}\sum_{n=\langle N\rangle} \tilde{x}[n]e^{-j\frac{2\pi}{N}kn}$。可选取在周期 $[n_0, n_0+N-1]$ 上进行以上求和，再由

$$x[n] = \begin{cases} \tilde{x}[n], & n_0 \leqslant n \leqslant n_0+N-1 \\ 0, & \text{其余 } n \end{cases}$$

于是有

$$a_k = \frac{1}{N}\sum_{n=n_0}^{n_0+N-1} x[n]e^{-j\frac{2\pi}{N}kn} \qquad ②$$

对比式 ① 和式 ② 便可发现有

$$a_k = \frac{1}{N}X(e^{j2\pi k/N})$$

且此关系与 n_0 的值无关。

（b）（i）由题意易得

$$X(e^{j\omega}) = 1 + e^{-j\omega} + e^{-j2\omega} + e^{-j3\omega} + e^{-j4\omega} = \frac{1-e^{-j5\omega}}{1-e^{-j\omega}}$$

$$= \frac{e^{-j\frac{5\omega}{2}} \cdot e^{j\frac{5\omega}{2}} - (e^{-j\frac{5\omega}{2}})^2}{e^{-j\frac{\omega}{2}} \cdot e^{j\frac{\omega}{2}} - (e^{-j\frac{\omega}{2}})^2} = e^{-j2\omega} \cdot \frac{\sin\frac{5\omega}{2}}{\sin\frac{\omega}{2}}$$

即 $X(e^{j\omega})$ 的闭式表达式为

$$X(e^{j\omega}) = e^{-j2\omega} \cdot \frac{\sin\frac{5\omega}{2}}{\sin\frac{\omega}{2}}$$

（ii）利用（i）的结果及（a）中结论，直接写出 a_k 的表达式为

$$a_k = \frac{1}{N}X(e^{j2\pi k/N}) = \frac{1}{N}e^{-j4\pi k/N} \cdot \frac{\sin\frac{5\pi k}{N}}{\sin\frac{\pi k}{N}}.$$

5-21　本题将导出作为相乘性质的一种特殊情况的离散时间傅里叶变换的频移性质。令 $x[n]$ 是任意离散时间信号,其傅里叶变换为 $X(e^{j\omega})$,并令

$$g[n] = e^{j\omega_0 n} x[n]$$

（a）求出并画出下面信号的傅里叶变换:

$$p[n] = e^{j\omega_0 n}$$

（b）傅里叶变换的相乘性质有

$$g[n] = p[n]x[n]$$

$$G(e^{j\omega}) = \frac{1}{2\pi} \int_{(2\pi)} X(e^{j\theta}) P(e^{j(\omega-\theta)}) d\theta$$

求出这个积分以证明

$$G(e^{j\omega}) = X(e^{j(\omega-\omega_0)})$$

解　（a）信号 $e^{j\omega_0 n}$ 的傅里叶变换的求取问题在原教材的 5.2 节已得到解决,这里直接引用,故 $P(e^{j\omega}) = 2\pi\delta(\omega-\omega_0)$,$|\omega| < \pi$。其图形如图 5-21 所示。

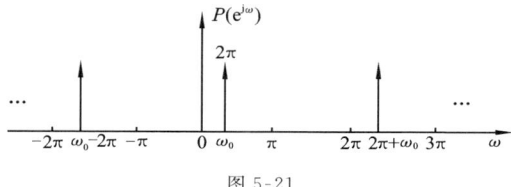

图 5-21

（b）由题意

$$G(e^{j\omega}) = \frac{1}{2\pi} \int_{(2\pi)} X(e^{j\theta}) P(e^{j(\omega-\theta)}) d\theta$$

将 $P(e^{j\omega}) = 2\pi\delta(\omega-\omega_0)$,$|\omega| < \pi$ 代入以上积分,并选取积分区间为 $(-\pi, \pi]$,可得

$$G(e^{j\omega}) = \frac{1}{2\pi} \int_{-\pi}^{\pi} X(e^{j\theta}) \cdot 2\pi\delta(\omega-\theta-\omega_0) d\theta$$

注意到 $P(e^{j\omega})$ 是个周期函数,在每个长度为 2π 的区间内都有一个冲激,所以无论 ω 取何值,即便 $\omega-\theta-\omega_0$（此处 $-\pi < \theta \leqslant \pi$）的值超出 $(-\pi, \pi]$ 的范围,但 $P(e^{j(\omega-\theta)})$ 中始终会有一个冲激位于积分区间 $(-\pi, \pi]$ 内,故以上积分可利用冲激函数抽样性而求得:

$$G(e^{j\omega}) = X(e^{j(\omega-\omega_0)})$$

5-22　令 $x[n]$ 的傅里叶变换为 $X(e^{j\omega})$,并令

$$g[n] = x[2n]$$

它的傅里叶变换是 $G(e^{j\omega})$。在本题中要导出 $G(e^{j\omega})$ 和 $X(e^{j\omega})$ 之间的关系。

（a）设

$$v[n] = \frac{(e^{-j\pi n} x[n]) + x[n]}{2}$$

试用 $X(e^{j\omega})$ 表示 $v[n]$ 的傅里叶变换 $V(e^{j\omega})$。

（b）注意到,当 n 为奇数时,$v[n] = 0$,证明:$v[2n]$ 的傅里叶变换等于 $V(e^{j\frac{\omega}{2}})$。

（c）证明:

$$x[2n] = v[2n]$$

于是就有

$$G(e^{j\omega}) = V(e^{j\omega/2})$$

现在利用(a)的结果,用 $X(e^{j\omega})$ 来表示 $G(e^{j\omega})$。

(a) **解**　由傅里叶变换的频移性质知

$$e^{-j\pi n}x[n] \xleftrightarrow{\text{FT}} X(e^{j(\omega+\pi)})$$

从而有

$$V(e^{j\omega}) = \frac{1}{2}\big[X(e^{j(\omega+\pi)}) + X(e^{j\omega})\big]$$

(b) **证**　由于 $e^{-j\pi n} = (-1)^n$,故

$$v[n] = \frac{1}{2}\big[(-1)^n x[n] + x[n]\big] = \begin{cases} x[n], & n \text{ 为偶数} \\ 0, & n \text{ 为奇数} \end{cases}$$

不妨令 $p[n] = v[2n]$,于是

$$P(e^{j\omega}) = \sum_{n=-\infty}^{\infty} v[2n]e^{-j\omega n} = \cdots + v[-4]e^{j2\omega} + v[-2]e^{j\omega} + v[0] + v[2]e^{-j\omega} + v[4]e^{-j2\omega} + \cdots \quad ①$$

而另一方面,

$$V(e^{j\omega}) = \sum_{n=-\infty}^{\infty} v[n]e^{-j\omega n} = \cdots + v[-4]e^{j4\omega} + v[-3]e^{j3\omega} + v[-2]e^{j2\omega} + v[-1]e^{j\omega} + v[0]$$
$$+ v[1]e^{-j\omega} + v[2]e^{-j2\omega} + v[3]e^{-j3\omega} + v[4]e^{-j4\omega} + \cdots$$

考虑到 $v[n] = 0, n$ 为奇数,故上式可写为

$$V(e^{j\omega}) = \cdots + v[-4]e^{j4\omega} + v[-2]e^{j2\omega} + v[0] + v[2]e^{-j2\omega} + v[4]e^{-j4\omega} + \cdots \quad ②$$

对比式 ① 与式 ② 不难发现

$$P(e^{j\omega}) = V(e^{j\omega/2})$$

(c) **证**　由(b)知,序列 $v[n]$ 是由 n 为奇数位置上的 0 和 n 为偶数位置上的 $x[n]$ 值构成的,所以经压缩之后产生的新序列 $v[2n]$ 就完全是由 $x[n]$ 处于 n 为偶数位置上的值构成。另一方面易知,$x[2n]$ 也是一个完全由 $x[n]$ 的位于 n 为偶数位置上的值构成的序列,故而

$$x[2n] = v[2n]$$

又因

$$g[n] = x[2n]$$

从而有

$$g[n] = v[2n]$$

由(b)已证结论,于是得

$$G(e^{j\omega}) = V(e^{j\frac{\omega}{2}})$$

最后再利用(a)的结果可得

$$G(e^{j\omega}) = \frac{1}{2}\big[X(e^{j(\omega/2+\pi)}) + X(e^{j\omega/2})\big]$$

5-23　(a) 令　　　　　　　　$x_1[n] = \cos\frac{\pi n}{3} + \sin\frac{\pi n}{2}$

是一个信号,$x_1[n]$ 的傅里叶变换记作 $X_1(e^{j\omega})$,画出 $x_1[n]$ 和具有下列傅里叶变换的信号:

(i) $X_2(e^{j\omega}) = X_1(e^{j\omega})e^{j\omega}$, $|\omega| < \pi$

(ii) $X_3(e^{j\omega}) = X_1(e^{j\omega})e^{-j3\omega/2}$, $|\omega| < \pi$

(b) 令

$$w(t) = \cos\frac{\pi t}{3T} + \sin\frac{\pi t}{2T}$$

是一个连续时间信号。可以注意到,$x_1[n]$ 可以看作是 $w(t)$ 的等间隔采样的序列,即

$$x_1[n] = w(nT)$$

证明：
$$x_2[n] = w(nT - \alpha) \quad \text{和} \quad x_3[n] = w(nT - \beta)$$
并给出 α 和 β 的值。由此可以得出，$x_2[n]$ 和 $x_3[n]$ 也都是 $w(t)$ 的等间隔样本序列。

（a）**解**　因为 $\cos\dfrac{\pi n}{3}$ 的周期为 6，$\sin\dfrac{\pi n}{2}$ 的周期为 4，故 $x_1[n]$ 的周期为 12。$x_1[n]$ 的图形如图 5-22(a) 所示，图中画出了 $x_1[n]$ 的一个完整的周期。

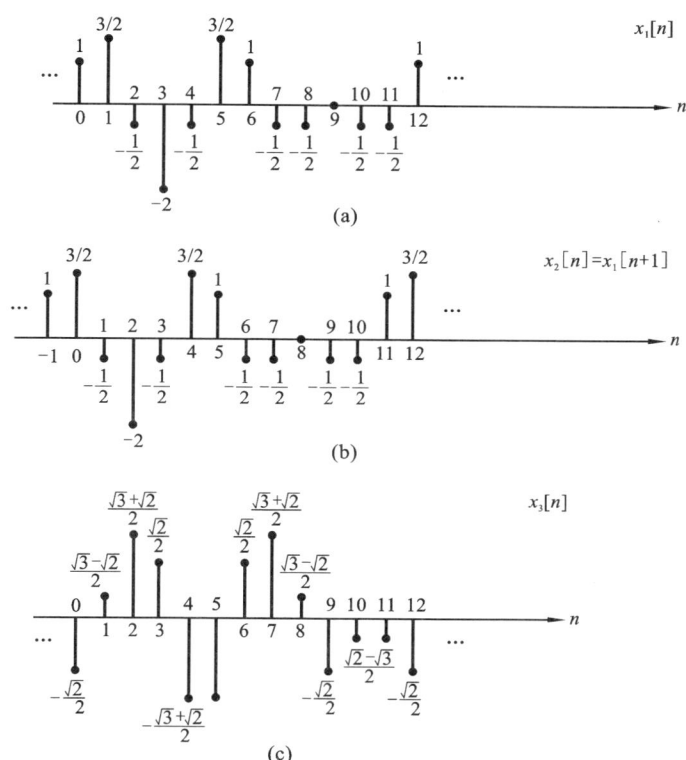

图 5-22

（i）对 $X_2(\mathrm{e}^{\mathrm{j}\omega})$ 与 $X_1(\mathrm{e}^{\mathrm{j}\omega})$ 的关系式直接取傅里叶逆变换，并利用时移性质可得知
$$x_2[n] = x_1[n+1]$$
显然 $x_2[n]$ 的周期也是 12，其图形如图 5-22(b) 所示。

（ii）由所给的 $x_1[n]$ 可求出
$$X_1(\mathrm{e}^{\mathrm{j}\omega}) = \pi\left[\delta\left(\omega+\frac{\pi}{3}\right)+\delta\left(\omega-\frac{\pi}{3}\right)\right]+\mathrm{j}\pi\left[\delta\left(\omega+\frac{\pi}{2}\right)-\delta\left(\omega-\frac{\pi}{2}\right)\right], \ |\omega|<\pi$$

由题意，
$$X_3(\mathrm{e}^{\mathrm{j}\omega}) = X_1(\mathrm{e}^{\mathrm{j}\omega})\mathrm{e}^{-\mathrm{j}3\omega/2}$$
$$= \pi\left[\mathrm{e}^{\mathrm{j}\pi/2}\delta\left(\omega+\frac{\pi}{3}\right)+\mathrm{e}^{-\mathrm{j}\pi/2}\delta\left(\omega-\frac{\pi}{3}\right)\right]+\mathrm{j}\pi\left[\mathrm{e}^{\mathrm{j}3\pi/4}\delta\left(\omega+\frac{\pi}{2}\right)-\mathrm{e}^{-\mathrm{j}3\pi/4}\delta\left(\omega-\frac{\pi}{2}\right)\right]$$
$$= \mathrm{j}\pi\left[\delta\left(\omega+\frac{\pi}{3}\right)-\delta\left(\omega-\frac{\pi}{3}\right)\right]+\mathrm{j}\pi\mathrm{e}^{\mathrm{j}\frac{3\pi}{4}}\delta\left(\omega+\frac{\pi}{2}\right)-\mathrm{j}\pi\mathrm{e}^{-\mathrm{j}\frac{3\pi}{4}}\delta\left(\omega-\frac{\pi}{2}\right), \ |\omega|<\pi$$

求逆变换得

$$x_3[n] = \sin\frac{\pi n}{3} + \frac{1}{2j}\left[e^{j\left(\frac{\pi n}{2} - \frac{3\pi}{4}\right)} - e^{-j\left(\frac{\pi n}{2} - \frac{3\pi}{4}\right)}\right] = \sin\frac{\pi n}{3} + \sin\left(\frac{\pi n}{2} - \frac{3\pi}{4}\right)$$

$$= \sin\frac{\pi n}{3} + \sin\frac{\pi n}{2}\cos\frac{3\pi}{4} - \cos\frac{\pi n}{2}\sin\frac{3\pi}{4} = \cos\frac{\pi(n - 3/2)}{3} + \sin\frac{\pi(n - 3/2)}{2} = x_1\left[n - \frac{3}{2}\right]$$

注意,这里看似可直接利用时移性质求出 $x_3[n] = x_1\left[n - \frac{3}{2}\right]$,但作图时一定不能将 $x_1[n]$ 平行移动 $\frac{3}{2}$!道理很简单,$\frac{3}{2}$ 不是整数。所以要画 $x_3[n]$ 的图形,需根据 $x_3[n]$ 的表达式。$x_3[n]$ 的图形如图 5-22(c) 所示。$x_3[n]$ 的周期也为 12。

(b) **证** 对于连续时间信号 $w(t) = \cos\frac{\pi t}{3T} + \sin\frac{\pi t}{2T}$,$x_1[n]$ 可看作为其等间隔采样的序列,即

$$x_1[n] = w(nT)$$

这里 T 为采样时间间隔。

再结合(a)的结果有

$$x_2[n] = x_1[n+1] = w[(n+1)T] = w(nT + T)$$

$$x_3[n] = x_1\left[n - \frac{3}{2}\right] = w\left[\left(n - \frac{3}{2}\right)T\right] = w\left(nT - \frac{3}{2}T\right)$$

由此可得 α 和 β 的值分别为

$$\alpha = -T, \quad \beta = \frac{3}{2}T$$

并且由

$$x_2[n] = w(nT + T), \quad x_3[n] = w\left(nT - \frac{3}{2}T\right)$$

可以看出,$x_2[n]$ 和 $x_3[n]$ 也均为 $w(t)$ 的以 T 为采样时间间隔的等间隔样本序列。

5-24 考虑一离散时间信号 $x[n]$,其傅里叶变换如图 5-23 所示。试画出下面连续时间信号,并予以标注:

(a) $x_1(t) = \displaystyle\sum_{n=-\infty}^{\infty} x[n]e^{j(2\pi/10)nt}$ 　　(b) $x_2(t) = \displaystyle\sum_{n=-\infty}^{\infty} x[-n]e^{j(2\pi/10)nt}$

(c) $x_3(t) = \displaystyle\sum_{n=-\infty}^{\infty} \text{Od}\{x[n]\}e^{j(2\pi/8)nt}$ 　　(d) $x_4(t) = \displaystyle\sum_{n=-\infty}^{\infty} \text{Re}\{x[n]\}e^{j(2\pi/6)nt}$

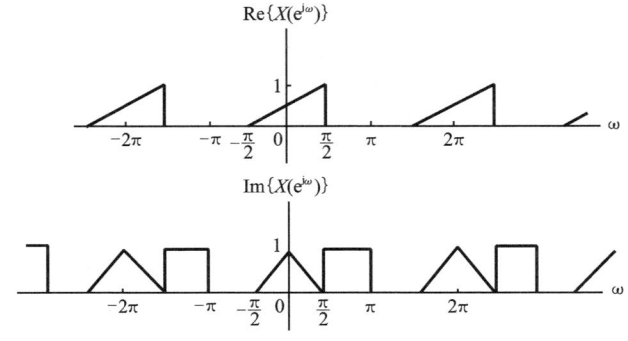

图 5-23

解 本题所给的四个连续时间信号都是以傅里叶级数的形式出现的,而级数系数与离散信号

$x[n]$ 有关。这里注意,我们无需先根据 $X(\mathrm{e}^{\mathrm{j}\omega})$ 的实部和虚部去求出 $x[n]$,再考虑如何去合成出 $x(t)$ 来,而是从 $x[n]$ 的傅里叶变换的定义式出发来考虑问题。下面逐一分析求解。

(a) 由
$$X(\mathrm{e}^{\mathrm{j}\omega}) = \sum_{n=-\infty}^{\infty} x[n]\mathrm{e}^{-\mathrm{j}\omega n}$$

对比所给的
$$x_1(t) = \sum_{n=-\infty}^{\infty} x[n]\mathrm{e}^{\mathrm{j}\frac{2\pi}{10}nt}$$

不难发现
$$x_1(t) = X(\mathrm{e}^{\mathrm{j}\left(-\frac{2\pi}{10}t\right)})$$

这意味着 $x_1(t)$ 是个复信号,所以可根据所给的 $X(\mathrm{e}^{\mathrm{j}\omega})$ 的实部和虚部分别画出 $x_1(t)$ 的实部和虚部的图形,如图 5-24(a) 所示。(注意此处变量代换为 $\omega = -\dfrac{2\pi}{10}t$)

(b) 由
$$X(\mathrm{e}^{\mathrm{j}\omega}) = \sum_{n=-\infty}^{\infty} x[n]\mathrm{e}^{-\mathrm{j}\omega n}$$

令 $m = -n$,有 $X(\mathrm{e}^{\mathrm{j}\omega}) = \sum_{m=\infty}^{-\infty} x[-m]\mathrm{e}^{\mathrm{j}\omega m} = \sum_{n=-\infty}^{\infty} x[-n]\mathrm{e}^{\mathrm{j}\omega n}$

对比所给的
$$x_2(t) = \sum_{n=-\infty}^{\infty} x[-n]\mathrm{e}^{\mathrm{j}(2\pi/10)nt}$$

不难发现
$$x_2(t) = X(\mathrm{e}^{\mathrm{j}(2\pi/10)t}) = x_1(-t)$$

故 $x_2(t)$ 的实部和虚部就是将 $x_1(t)$ 的实部和虚部分别进行反褶,其图形如图 5-24(b) 所示。

(c) 因为
$$\mathrm{Od}\{x[n]\} = \frac{1}{2}\{x[n] - x[-n]\}$$

由以上(a) 和(b) 可知
$$x_3(t) = \frac{1}{2}X(\mathrm{e}^{\mathrm{j}\left(-\frac{2\pi}{8}t\right)}) - \frac{1}{2}X(\mathrm{e}^{\mathrm{j}\frac{2\pi}{8}t})$$

$x_3(t)$ 的实部和虚部的图形如图 5-24(c) 所示。(注意此处变量代换为 $\omega = -\dfrac{2\pi}{8}t$ 及 $\omega = \dfrac{2\pi}{8}t$)

(d) 由 $X(\mathrm{e}^{\mathrm{j}\omega}) = \sum_{n=-\infty}^{\infty} x[n]\mathrm{e}^{-\mathrm{j}\omega n}$ 可知

$$X^*(\mathrm{e}^{\mathrm{j}\omega}) = \sum_{n=-\infty}^{\infty} x^*[n]\mathrm{e}^{\mathrm{j}\omega n}$$

于是有 $x_4(t) = \sum_{n=-\infty}^{\infty} \mathrm{Re}\{x[n]\}\mathrm{e}^{\mathrm{j}(2\pi/6)nt} = \dfrac{1}{2}\sum_{n=-\infty}^{\infty}(x[n] + x^*[n])\mathrm{e}^{\mathrm{j}(2\pi/6)t} = \dfrac{1}{2}X(\mathrm{e}^{\mathrm{j}\left(-\frac{2\pi}{6}t\right)})$
$\qquad + \dfrac{1}{2}X^*(\mathrm{e}^{\mathrm{j}\frac{2\pi}{6}t})$

$x_4(t)$ 的实部和虚部的图形如图 5-24(d) 所示。(注意此处变量代换为 $\omega = -\dfrac{2\pi}{6}t$ 及 $\omega = \dfrac{2\pi}{6}t$)

5-25 在例 5.1 中已证明了,对 $|\alpha| < 1$ 有
$$\alpha^n u[n] \xleftrightarrow{\mathrm{FT}} \frac{1}{1 - \alpha\mathrm{e}^{-\mathrm{j}\omega}}$$

(a) 利用傅里叶变换性质,证明:
$$(n+1)\alpha^n u[n] \xleftrightarrow{\mathrm{FT}} \frac{1}{(1 - \alpha\mathrm{e}^{-\mathrm{j}\omega})^2}$$

(b) 用归纳法证明:
$$X(\mathrm{e}^{\mathrm{j}\omega}) = \frac{1}{(1 - \alpha\mathrm{e}^{-\mathrm{j}\omega})^r}$$

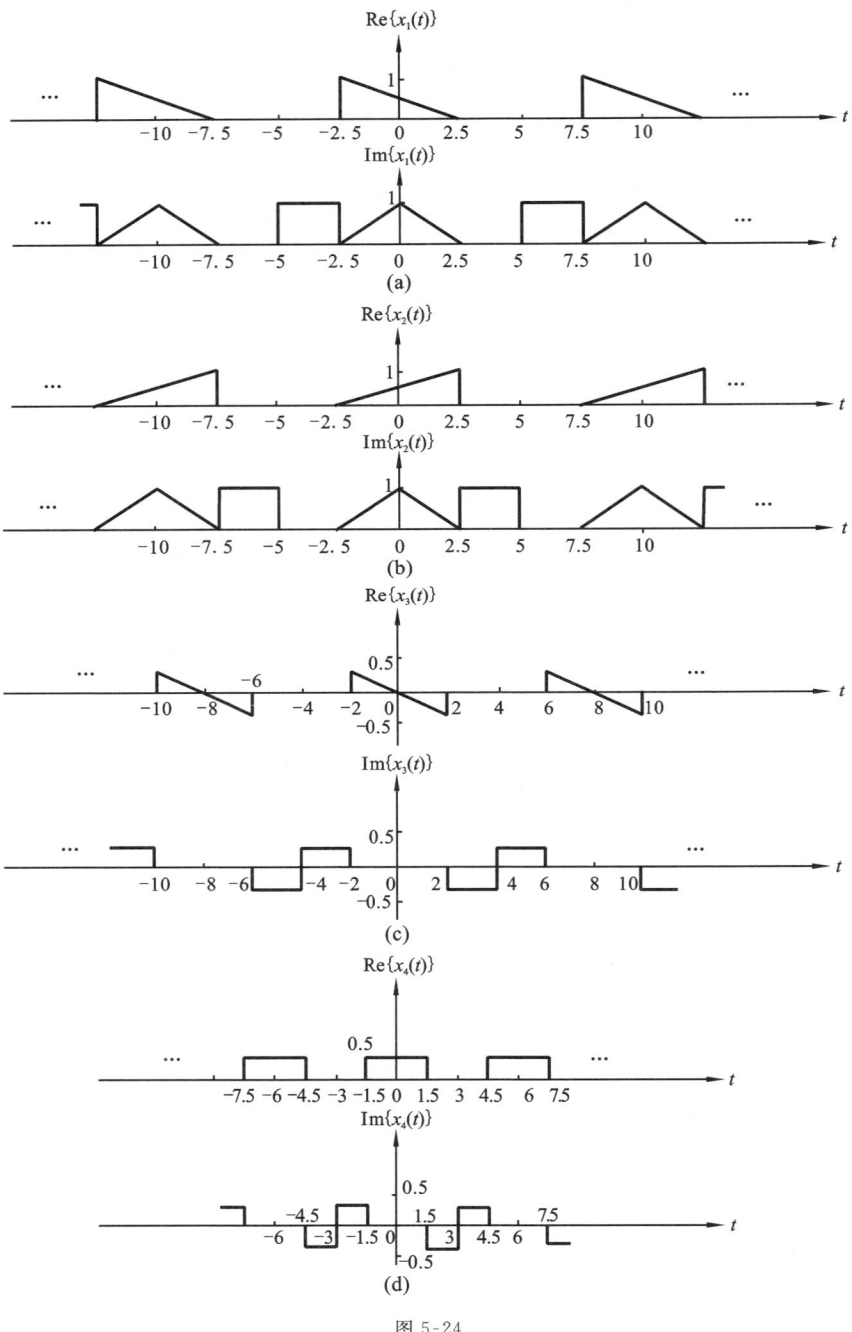

图 5-24

的傅里叶逆变换是

$$x[n] = \frac{(n+r-1)!}{n!(r-1)!}\alpha^n u[n]$$

证　（a）令 $x[n] = \alpha^n u[n]$，$|\alpha| < 1$，其傅里叶变换 $X(e^{j\omega}) = \dfrac{1}{1-\alpha e^{-j\omega}}$，由傅里叶变换的频域微分性质，有

$$nx[n] = n\alpha^n u[n] \xleftrightarrow{\text{FT}} j\frac{dX(e^{j\omega})}{d\omega} = \frac{\alpha e^{-j\omega}}{(1-\alpha e^{-j\omega})^2}$$

再由时域平移性质有

$$(n+1)x[n+1] = (n+1)\alpha^{n+1}u[n+1] \xleftrightarrow{\text{FT}} \frac{\alpha e^{-j\omega}}{(1-\alpha e^{-j\omega})^2} \cdot e^{j\omega} = \frac{\alpha}{(1-\alpha e^{-j\omega})^2}$$

最后两边均除以 α，得

$$(n+1)\alpha^n u[n+1] \xleftrightarrow{\text{FT}} \frac{1}{(1-\alpha e^{-j\omega})^2}$$

考虑到序列 $(n+1)\alpha^n u[n+1]$ 在 $n=-1$ 处的值等于 0，故可表示为 $(n+1)\alpha^n u[n]$，所以最终得变换对

$$(n+1)\alpha^n u[n] \xleftrightarrow{\text{FT}} \frac{1}{(1-\alpha e^{-j\omega})^2}$$

（b）在（a）的结论的基础上，继续运用频域微分性质有

$$n(n+1)\alpha^n u[n] \xleftrightarrow{\text{FT}} \frac{2\alpha e^{-j\omega}}{(1-\alpha e^{-j\omega})^3}$$

然后利用时移性质，可得

$$\frac{(n+2)!}{n!2!}\alpha^n u[n] = \frac{(n+1)(n+2)\alpha^n}{2}u[n] \xleftrightarrow{\text{FT}} \frac{1}{(1-\alpha e^{-j\omega})^3}$$

再运用频域微分性质有

$$\frac{n(n+1)(n+2)\alpha^n}{2}u[n] \xleftrightarrow{\text{FT}} \frac{3\alpha e^{-j\omega}}{(1-\alpha e^{-j\omega})^4}$$

然后利用时移性质，可得

$$\frac{(n+3)!}{n!3!}\alpha^n u[n] = \frac{(n+1)(n+2)(n+3)\alpha^n}{3\times 2}u[n] \xleftrightarrow{\text{FT}} \frac{1}{(1-\alpha e^{-j\omega})^4}$$

又一次运用频域微分性质有

$$\frac{n(n+1)(n+2)(n+3)\alpha^n}{3\times 2}u[n] \xleftrightarrow{\text{FT}} \frac{4\alpha e^{-j\omega}}{(1-\alpha e^{-j\omega})^5}$$

然后利用时移性质，可得

$$\frac{(n+4)!}{n!4!}\alpha^n u[n] = \frac{(n+1)(n+2)(n+3)(n+4)\alpha^n}{4\times 3\times 2}u[n] \xleftrightarrow{\text{FT}} \frac{1}{(1-\alpha e^{-j\omega})^5}$$

由以上过程可归纳得到变换对

$$\frac{(n+r-1)!}{n!(r-1)!}\alpha^n u[n] \xleftrightarrow{\text{FT}} \frac{1}{(1-\alpha e^{-j\omega})^r}$$

5-26　判断下列说法是对还是错，并陈述理由。下列每一条陈述中，$x[n]$ 与 $X(e^{j\omega})$ 为一对傅里叶变换。

（a）若 $X(e^{j\omega}) = X(e^{j(\omega-1)})$，则 $x[n] = 0$，$|n| > 0$；

（b）若 $X(e^{j\omega}) = X(e^{j(\omega-\pi)})$，则 $x[n] = 0$，$|n| > 0$；

(c) 若 $X(e^{j\omega}) = X(e^{j\omega/2})$，则 $x[n] = 0$，$\mid n \mid > 0$；

(d) 若 $X(e^{j\omega}) = X(e^{j2\omega})$，则 $x[n] = 0$，$\mid n \mid > 0$。

解 (a) 此说法正确。运用频移性质可得知 $x[n] = e^{jn}x[n]$，即 $(1 - e^{jn})x[n] = 0$。因为只有当 $n = 0$ 时，$e^{jn} = 1$，$n \neq 0$ 时，$e^{jn} \neq 1$，故 $x[n]$ 满足当 $\mid n \mid > 0$ 时，$x[n] = 0$。

(b) 此说法错误。运用频移性质可得知 $x[n] = e^{j\pi n}x[n] = (-1)^n x[n]$，只需当 n 为奇数时，$x[n] = 0$ 即可满足条件，而当 n 为偶数时，$x[n]$ 可为任意值。

(c) 此说法错误。由题 5-22 可知，$X(e^{j\omega/2})$ 的反变换为 $x[2n]$，故由已知条件可得 $x[n] = x[2n]$，而这样的序列是存在的，且不一定满足 $x[n] = 0$，$\mid n \mid > 0$。举个例子，$x[n] = \sum_{k=0}^{\infty} \delta[n - 2^k \cdot 3]$，可以满足 $x[n] = x[2n]$。

(d) 此说法正确。运用时域扩展性质可得知 $x[n] = x_{(2)}[n]$，满足此条件的序列就只可能是 $k\delta[n]$ 了。

5-27 已知一离散时间 LTI 的因果系统，其输入为 $x[n]$，输出为 $y[n]$。该系统由下面一对差分方程所表征：

$$y[n] + \frac{1}{4}y[n-1] + w[n] + \frac{1}{2}w[n-1] = \frac{2}{3}x[n]$$

$$y[n] - \frac{5}{4}y[n-1] + 2w[n] - 2w[n-1] = -\frac{5}{3}x[n]$$

其中，$w[n]$ 是一个中间信号。

(a) 求该系统的频率响应和单位脉冲响应。

(b) 对该系统找出单一的关联 $x[n]$ 和 $y[n]$ 的差分方程。

解 (a) 对两个差分方程分别进行傅里叶变换可得

$$Y(e^{j\omega})\left[1 + \frac{1}{4}e^{-j\omega}\right] + W(e^{j\omega})\left[1 + \frac{1}{2}e^{-j\omega}\right] = \frac{2}{3}X(e^{j\omega})$$

$$Y(e^{j\omega})\left[1 - \frac{5}{4}e^{-j\omega}\right] + W(e^{j\omega})[2 - 2e^{-j\omega}] = -\frac{5}{3}X(e^{j\omega})$$

由此二方程消去中间信号 $W(e^{j\omega})$，得

$$Y(e^{j\omega})\left[1 - \frac{5}{4}e^{-j\omega}\right] + \frac{4}{3} \cdot \frac{1 - e^{-j\omega}}{1 + \frac{1}{2}e^{-j\omega}}X(e^{j\omega}) - \frac{\left(1 + \frac{1}{4}e^{-j\omega}\right)(2 - 2e^{-j\omega})}{1 + \frac{1}{2}e^{-j\omega}}Y(e^{j\omega}) = -\frac{5}{3}X(e^{j\omega})$$

整理得系统的频率响应为

$$H(e^{j\omega}) = \frac{Y(e^{j\omega})}{X(e^{j\omega})} = \frac{3 - \frac{1}{2}e^{-j\omega}}{1 - \frac{3}{4}e^{-j\omega} + \frac{1}{8}e^{-j2\omega}} = \frac{3 - \frac{1}{2}e^{-j\omega}}{\left(1 - \frac{1}{2}e^{-j\omega}\right)\left(1 - \frac{1}{4}e^{-j\omega}\right)}$$

对 $H(e^{j\omega})$ 进行傅里叶逆变换可得单位脉冲响应为

$$h[n] = [4(1/2)^n - (1/4)^n]u[n]$$

(b) 由 $H(e^{j\omega})$ 的表示式易得关联 $x[n]$ 和 $y[n]$ 的差分方程为

$$y[n] - \frac{3}{4}y[n-1] + \frac{1}{8}y[n-2] = 3x[n] - \frac{1}{2}x[n-1]$$

5-28 (a) 有一离散时间系统，其输入为 $x[n]$，输出为 $y[n]$。它们的傅里叶变换由下式所关联：

$$Y(\mathrm{e}^{\mathrm{j}\omega}) = 2X(\mathrm{e}^{\mathrm{j}\omega}) + \mathrm{e}^{-\mathrm{j}\omega}X(\mathrm{e}^{\mathrm{j}\omega}) - \frac{\mathrm{d}X(\mathrm{e}^{\mathrm{j}\omega})}{\mathrm{d}\omega}$$

(i) 该系统是线性的吗?陈述理由。

(ii) 该系统是时不变的吗?陈述理由。

(iii) 若 $x[n]=\delta[n]$,问 $y[n]$ 是什么?

(b) 考虑一离散时间系统,其输出的傅里叶变换 $Y(\mathrm{e}^{\mathrm{j}\omega})$ 与输入的变换 $X(\mathrm{e}^{\mathrm{j}\omega})$ 关系如下:

$$Y(\mathrm{e}^{\mathrm{j}\omega}) = \int_{\omega-\pi/4}^{\omega+\pi/4} X(\mathrm{e}^{\mathrm{j}\omega})\mathrm{d}\omega$$

找出用 $x[n]$ 来表示 $y[n]$ 的表示式。

解　(a) 对所给式子进行傅里叶逆变换可得

$$y[n] = 2x[n] + x[n-1] + \mathrm{j}nx[n] \tag{①}$$

(i) 显然当输入 $x[n]=ax_1[n]+bx_2[n]$,a,b 为常数时的输出 $y[n]$,等于当输入分别为 $x_1[n]$ 和 $x_2[n]$ 时的输出的线性组合,即

$$y[n] = ay_1[n] + by_2[n]$$

所以该系统是线性的。

(ii) 由于差分方程式 ① 中有不是常数的系数($\mathrm{j}n$),所以该系统不是时不变的。或者也可用以下方法证明:

设输入为 $x_1[n]$ 时,输出 $y_1[n]=2x_1[n]+x_1[n-1]+\mathrm{j}nx_1[n]$

现有另一输入 $x_2[n]=x_1[n-m]$,相应输出

$$y_2[n] = 2x_2[n] + x_2[n-1] + \mathrm{j}nx_2[n] = 2x_1[n-m] + x_1[n-1-m] + \mathrm{j}nx_1[n-m]$$
$$\neq y_1[n-m] = 2x_1[n-m] + x_1[n-m-1] + \mathrm{j}(n-m)x_1[n-m]$$

故系统不是时不变的。

(iii) 当 $x[n]=\delta[n]$,代入差分方程式 ① 中得

$$y[n] = 2\delta[n] + \delta[n-1] + \mathrm{j}n\delta[n]$$

考虑到
$$\delta[n] = \begin{cases} 1, & n=0 \\ 0, & n\neq 0 \end{cases}$$

从而 $n\delta[n]=0$,所以最终有

$$y[n] = 2\delta[n] + \delta[n-1]$$

(b) 对所给的 $Y(\mathrm{e}^{\mathrm{j}\omega})$ 与 $X(\mathrm{e}^{\mathrm{j}\omega})$ 的关系式两边对 ω 求导,得

$$\frac{\mathrm{d}Y(\mathrm{e}^{\mathrm{j}\omega})}{\mathrm{d}\omega} = X(\mathrm{e}^{\mathrm{j}(\omega+\pi/4)}) - X(\mathrm{e}^{\mathrm{j}(\omega-\pi/4)})$$

再对两边同时求逆变换,有

$$-\mathrm{j}ny[n] = (\mathrm{e}^{-\mathrm{j}\pi n/4} - \mathrm{e}^{\mathrm{j}\pi n/4})x[n]$$

化简,最后得用 $x[n]$ 来表示 $y[n]$ 的表示式为

$$y[n] = 2x[n]\frac{\sin\frac{\pi n}{4}}{n}$$

5-29　(a) 假设想要设计一个离散时间 LTI 系统具有如下性质:

若输入是

$$x[n] = \left(\frac{1}{2}\right)^n u[n] - \frac{1}{4}\left(\frac{1}{2}\right)^{n-1} u[n-1]$$

那么,输出就是

$$y[n] = \left(\frac{1}{3}\right)^n u[n]$$

（i）求具有上述性质的离散时间 LTI 系统的单位脉冲响应和频率响应。

（ii）求表征该系统的差分方程。

（b）假定有一系统，它对输入 $(n+2)(1/2)^n u[n]$ 的响应是 $(1/4)^n u[n]$。问：若该系统的输出是 $\delta[n] - (-1/2)^n u[n]$，输入该是什么？

解　（a）（i）先分别求出 $x[n]$ 和 $y[n]$ 的傅里叶变换为

$$X(e^{j\omega}) = \frac{1 - \frac{1}{4}e^{-j\omega}}{1 - \frac{1}{2}e^{-j\omega}}, \quad Y(e^{j\omega}) = \frac{1}{1 - \frac{1}{3}e^{-j\omega}}$$

则系统的频率响应为

$$H(e^{j\omega}) = \frac{Y(e^{j\omega})}{X(e^{j\omega})} = \frac{1 - \frac{1}{2}e^{-j\omega}}{\left(1 - \frac{1}{3}e^{-j\omega}\right)\left(1 - \frac{1}{4}e^{-j\omega}\right)}$$

对其求傅里叶逆变换可得单位脉冲响应为

$$h[n] = \left[3\left(\frac{1}{4}\right)^n - 2\left(\frac{1}{3}\right)^n\right]u[n]$$

（ii）由频率响应 $H(e^{j\omega})$ 的表达式不难得到该系统的差分方程为

$$y[n] - \frac{7}{12}y[n-1] + \frac{1}{12}y[n-2] = x[n] - \frac{1}{2}x[n-1]$$

（b）由所给的一对输入和输出可求出该系统的频率响应为

$$H(e^{j\omega}) = \frac{\dfrac{1}{1 - \dfrac{1}{4}e^{-j\omega}}}{\dfrac{2 - \dfrac{1}{2}e^{-j\omega}}{\left(1 - \dfrac{1}{2}e^{-j\omega}\right)^2}} = \frac{\left(1 - \dfrac{1}{2}e^{-j\omega}\right)^2}{2\left(1 - \dfrac{1}{4}e^{-j\omega}\right)^2}$$

那么当输出为 $y[n] = \delta[n] - (-1/2)^n u[n]$ 时，即

$$Y(e^{j\omega}) = 1 - \frac{1}{1 + \frac{1}{2}e^{-j\omega}} = \frac{\frac{1}{2}e^{-j\omega}}{1 + \frac{1}{2}e^{-j\omega}}$$

$$X(e^{j\omega}) = \frac{Y(e^{j\omega})}{H(e^{j\omega})} = \frac{e^{-j\omega}\left(1 - \frac{1}{4}e^{-j\omega}\right)^2}{\left(1 + \frac{1}{2}e^{-j\omega}\right)\left(1 - \frac{1}{2}e^{-j\omega}\right)^2}$$

对 $X(e^{j\omega})$ 进行部分分式展开，得

$$X(e^{j\omega}) = \left\{\frac{\frac{9}{16}}{1 + \frac{1}{2}e^{-j\omega}} + \frac{\frac{1}{8}}{\left(1 - \frac{1}{2}e^{-j\omega}\right)^2} + \frac{\frac{5}{16}}{1 - \frac{1}{2}e^{-j\omega}}\right\}e^{-j\omega}$$

求逆变换得

$$x[n] = \left[\frac{9}{16}\left(-\frac{1}{2}\right)^{n-1} + \frac{1}{8}n\left(\frac{1}{2}\right)^{n-1} + \frac{5}{16}\left(\frac{1}{2}\right)^{n-1}\right]u[n-1]$$

5-30 （a）考虑一离散时间系统，其单位脉冲响应为

$$h[n] = \left(\frac{1}{2}\right)^n u[n] + \frac{1}{2}\left(\frac{1}{4}\right)^n u[n]$$

求关联该系统输入和输出的线性常系数差分方程。

（b）图 5-25 示出一个因果 LTI 系统的方框图实现。

（i）求关联该系统 $x[n]$ 和 $y[n]$ 的差分方程。

（ii）该系统的频率响应是什么？

（iii）求该系统的单位脉冲响应。

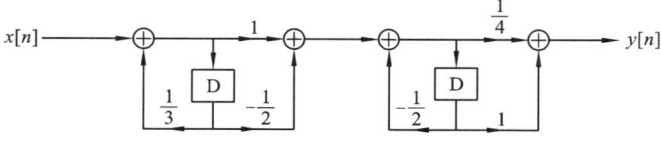

图 5-25

解　（a）对单位脉冲响应进行傅里叶变换得

$$H(\mathrm{e}^{\mathrm{j}\omega}) = \frac{1}{1 - \frac{1}{2}\mathrm{e}^{-\mathrm{j}\omega}} + \frac{\frac{1}{2}}{1 - \frac{1}{4}\mathrm{e}^{-\mathrm{j}\omega}} = \frac{\frac{3}{2} - \frac{1}{2}\mathrm{e}^{-\mathrm{j}\omega}}{1 - \frac{3}{4}\mathrm{e}^{-\mathrm{j}\omega} + \frac{1}{8}\mathrm{e}^{-\mathrm{j}2\omega}}$$

于是可得关联该系统输入和输出的线性常系数差分方程为

$$y[n] - \frac{3}{4}y[n-1] + \frac{1}{8}y[n-2] = \frac{3}{2}x[n] - \frac{1}{2}x[n-1]$$

（b）（i）对照图 5-25，图中有四个加法器，可取第二个加法器的输出为中间信号 $w[n]$。则由该图可写出如下两个时域差分方程

$$y[n] + \frac{1}{2}y[n-1] = \frac{1}{4}w[n] + w[n-1]$$

$$w[n] - \frac{1}{3}w[n-1] = x[n] - \frac{1}{2}x[n-1]$$

对以上两个差分方程进行傅里叶变换并消去 $W(\mathrm{e}^{\mathrm{j}\omega})$ 可得

$$H(\mathrm{e}^{\mathrm{j}\omega}) = Y(\mathrm{e}^{\mathrm{j}\omega})/X(\mathrm{e}^{\mathrm{j}\omega}) = \frac{\left(1 - \frac{1}{2}\mathrm{e}^{-\mathrm{j}\omega}\right)\left(\frac{1}{4} + \mathrm{e}^{-\mathrm{j}\omega}\right)}{\left(1 + \frac{1}{2}\mathrm{e}^{-\mathrm{j}\omega}\right)\left(1 - \frac{1}{3}\mathrm{e}^{-\mathrm{j}\omega}\right)} = \frac{\frac{1}{4} + \frac{7}{8}\mathrm{e}^{-\mathrm{j}\omega} - \frac{1}{2}\mathrm{e}^{-\mathrm{j}2\omega}}{1 + \frac{1}{6}\mathrm{e}^{-\mathrm{j}\omega} - \frac{1}{6}\mathrm{e}^{-\mathrm{j}2\omega}}$$

上式交叉相乘后再取傅里叶逆变换后可得该系统的差分方程为

$$y[n] + \frac{1}{6}y[n-1] - \frac{1}{6}y[n-2] = \frac{1}{4}x[n] + \frac{7}{8}x[n-1] - \frac{1}{2}x[n-2]$$

（ii）由（i），该系统的频率响应为

$$H(\mathrm{e}^{\mathrm{j}\omega}) = \frac{\frac{1}{4} + \frac{7}{8}\mathrm{e}^{-\mathrm{j}\omega} - \frac{1}{2}\mathrm{e}^{-\mathrm{j}2\omega}}{1 + \frac{1}{6}\mathrm{e}^{-\mathrm{j}\omega} - \frac{1}{6}\mathrm{e}^{-\mathrm{j}2\omega}}$$

（iii）对 $H(\mathrm{e}^{\mathrm{j}\omega})$ 求傅里叶逆变换得单位脉冲响应为

$$h[n] = \frac{1}{4}\delta[n] + \frac{21}{20}\left(-\frac{1}{2}\right)^{n-1}u[n-1] - \frac{13}{60}\left(\frac{1}{3}\right)^{n-1}u[n-1]$$

5-31　(a) 设 $h[n]$ 是一个实的因果离散时间 LTI 系统,证明:该系统可由它的频率响应的实部完全表征。(提示:证明 $h[n]$ 如何由 $Ev\{h[n]\}$ 恢复,$Ev\{h[n]\}$ 的傅里叶变换是什么?)

这就是与题 4-36 中讨论的连续时间因果 LTI 系统的实部自满性质在离散时间下相对应的关系。

(b) 设 $h[n]$ 为实且因果,若

$$Re\{H(e^{j\omega})\} = 1 + \alpha\cos(2\omega) \quad (\alpha \text{ 为实数})$$

求 $h[n]$ 和 $H(e^{j\omega})$。

(c) 证明:$h[n]$ 完全可由 $Im\{H(e^{j\omega})\}$ 和 $h[0]$ 恢复。

(d) 找出两个实的因果 LTI 系统,其频率响应的虚部都等于 $\sin\omega$。

(a) **证**　因为 $h[n]$ 是一个因果序列,所以 $h[n]$ 与 $h[-n]$ 只在 $n=0$ 处有重叠,而当 $n>0$ 或 $n<0$ 时,两者均没有重叠,故 $h[n]$ 的偶部为

$$Ev\{h[n]\} = \frac{1}{2}\{h[n]+h[-n]\} = \begin{cases} h[n]/2, & n>0 \\ h[0], & n=0 \\ h[-n]/2, & n<0 \end{cases}$$

换言之,若已知 $Ev\{h[n]\}$,则我们可从其中恢复出 $h[n]$。恢复方法如下:

$$h[n] = \begin{cases} 2Ev\{h[n]\}, & n>0 \\ Ev\{h[n]\}, & n=0 \\ 0, & n<0 \end{cases}$$

下面来考察 $Ev\{h[n]\}$ 的傅里叶变换:

若
$$h[n] \overset{FT}{\longleftrightarrow} H(e^{j\omega})$$

由于 $h[n]$ 是实序列,所以知

$$h[-n] \overset{FT}{\longleftrightarrow} H(e^{-j\omega}) = H^*(e^{j\omega})$$

从而有

$$Ev\{h[n]\} = \frac{1}{2}\{h[n]+h[-n]\} \overset{FT}{\longleftrightarrow} \frac{1}{2}[H(e^{j\omega})+H^*(e^{j\omega})] = Re\{H(e^{j\omega})\}$$

即 $Ev\{h[n]\}$ 的傅里叶变换为系统频率响应的实部,即 $Re\{H(e^{j\omega})\}$。由 $Re\{H(e^{j\omega})\}$ 可以求出 $Ev\{h[n]\}$,而由 $Ev\{h[n]\}$ 又可求出 $h[n]$,所以说这样一个具有实的因果 $h[n]$ 的系统,完全可以由它的频率响应的实部来表征。

(b) **解**　利用(a)中结论,因

$$Re\{H(e^{j\omega})\} = 1 + \alpha\cos(2\omega) = 1 + \frac{\alpha}{2}e^{j2\omega} + \frac{\alpha}{2}e^{-j2\omega}$$

对其求傅里叶逆变换得

$$Ev\{h[n]\} = \delta[n] + \frac{\alpha}{2}\delta[n+2] + \frac{\alpha}{2}\delta[n-2]$$

从而有

$$h[n] = \alpha\delta[n-2] + \delta[n]$$

不难知

$$H(e^{j\omega}) = \alpha e^{-j2\omega} + 1$$

(c) **证**　本题证明与(a)相似。首先考虑 $h[n]$ 的奇部:

$$Od\{h[n]\} = \frac{1}{2}\{h[n] - h[-n]\} = \begin{cases} h[n]/2, & n > 0 \\ 0, & n = 0 \\ -h[-n]/2, & n < 0 \end{cases}$$

注意 $h[0]$ 在相减的过程中丢失掉了,所以要想恢复 $h[n]$,光有 $Od\{h[n]\}$ 还不行,还需要 $h[0]$。

由 $Od\{h[n]\}$ 恢复 $h[n]$ 的方法为

$$h[n] = \begin{cases} 2Od\{h[n]\}, & n > 0 \\ h[0], & n = 0 \\ 0, & n < 0 \end{cases}$$

另一方面,

$$Od\{h[n]\} \overset{\text{FT}}{\longleftrightarrow} \frac{1}{2}[H(e^{j\omega}) - H(e^{-j\omega})] = \frac{1}{2}[H(e^{j\omega}) - H^*(e^{j\omega})] = j\text{Im}\{H(e^{j\omega})\}$$

即 $Od\{h[n]\}$ 的傅里叶变换为系统频率响应的虚部乘以 j,即 $j\text{Im}\{H(e^{j\omega})\}$。那么,若已知 $\text{Im}\{H(e^{j\omega})\}$ 和 $h[0]$,我们便可将 $h[n]$ 恢复出来。

(d) **解**　由题意 $\text{Im}\{H(e^{j\omega})\} = \sin\omega = \frac{1}{2j}e^{j\omega} - \frac{1}{2j}e^{-j\omega}$

于是
$$j\text{Im}\{H(e^{j\omega})\} = \frac{1}{2}e^{j\omega} - \frac{1}{2}e^{-j\omega}$$

从而得
$$Od\{h[n]\} = \frac{1}{2}\delta[n+1] - \frac{1}{2}\delta[n-1]$$

由(c)可知
$$h[n] = -\delta[n-1] + h[0]\delta[n]$$

任意取两个不同的 $h[0]$ 值,譬如 $h[0] = 1$ 和 2,便可得到两个不同的实的因果 LTI 系统,它们的单位脉冲响应分别为

$$h[n] = \delta[n] - \delta[n-1]$$

和
$$h[n] = 2\delta[n] - \delta[n-1]$$

5-32　在信号与系统的分析与综合中,离散时间方法应用的急剧增加,其原因之一就是由于对离散时间序列实现傅里叶分析的高效算法的出现。这种方法的核心是一种与离散时间傅里叶分析关系紧密,而又非常适合于应用数字计算机或以数字硬件实现的技术,称之为有限长序列的离散傅里叶变换(DFT)。

设 $x[n]$ 是一有限长信号,即存在某一整数 N_1,在 $0 \leqslant n \leqslant N_1 - 1$ 以外,有
$$x[n] = 0$$

另外,令 $x[n]$ 的傅里叶变换是 $X(e^{j\omega})$。现在可以构成一个周期信号 $\tilde{x}[n]$,$\tilde{x}[n]$ 在一个周期内等于 $x[n]$。也即,令 $N \geqslant N_1$ 是一个已知的整数,并令 $\tilde{x}[n]$ 的周期为 N,使之有
$$\tilde{x}[n] = x[n], \quad 0 \leqslant n \leqslant N-1$$

$\tilde{x}[n]$ 的傅里叶级数系数为
$$a_k = \frac{1}{N}\sum_{\langle N \rangle}\tilde{x}[n]e^{-jk(2\pi/N)n}$$

选取求和区间,以便在该区间内有 $\tilde{x}[n] = x[n]$,于是可得
$$a_k = \frac{1}{N}\sum_{n=0}^{N-1}x[n]e^{-jk(2\pi/N)n} \tag{1}$$

由式(1)所定义的系数就构成了 $x[n]$ 的 DFT。$x[n]$ 的 DFT 通常记作 $\tilde{X}[k]$,并定义为

$$\widetilde{X}[k] = a_k = \frac{1}{N}\sum_{n=0}^{N-1}x[n]e^{-jk(2\pi/N)n}, \quad k=0,1,\cdots,N-1 \qquad (2)$$

DFT 的重要性来自于几个原因。第一,原先的有限长信号可以从它的 DFT 恢复,这就是

$$x[n] = \sum_{k=0}^{N-1}\widetilde{X}[k]e^{jk(2\pi/N)n}, \quad n=0,1,\cdots,N-1 \qquad (3)$$

因此,有限长信号既可以看成是由所给的有限个非零值所表征,也能看成是由它的有限个 DFT 值 $\widetilde{X}[k]$ 来确定。DFT 的第二个重要特点是对于它的计算有一个称之为快速傅里叶变换 (FFT) 的极快的算法(见题 5-33 对这一极为重要方法的介绍)。同时,由于它与离散时间傅里叶级数和变换之间的密切关系,DFT 本身就有一些傅里叶分析的重要特性。

（a）假设 $N \geqslant N_1$,证明:

$$\widetilde{X}[k] = \frac{1}{N}X(e^{j(2\pi k/N)})$$

式中:$\widetilde{X}[k]$ 是 $x[n]$ 的 DFT。也就是说,DFT 就相应于 $X(e^{j\omega})$ 每隔 $2\pi/N$ 所取的样本值。式(3)可以导出结论:$x[n]$ 能唯一地由 $X(e^{j\omega})$ 的这些样本值来表示。

（b）现在考虑每隔 $2\pi/M, M < N_1$,所取的 $X(e^{j\omega})$ 的样本值。取得这些样本值所对应的序列就不仅是一个长度为 N_1 的序列。为了说明这一点,现考虑两个信号 $x_1[n]$ 和 $x_2[n]$,如图 5-26 所示,证明:若取 $M = 4$,则对所有的 k 值有

$$X_1(e^{j(2\pi k/4)}) = X_2(e^{j(2\pi k/4)})$$

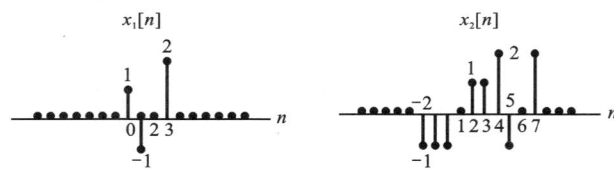

图 5-26

（a）证 $x[n]$ 是一长度有限的序列,且当 $n < 0$ 和 $n > N_1 - 1$ 时,$x[n] = 0$。$\widetilde{x}[n]$ 是一周期序列,其周期 $N \geqslant N_1$,且有 $\widetilde{x}[n] = x[n]$,$0 \leqslant n \leqslant N-1$。

$x[n]$ 的傅里叶变换

$$X(e^{j\omega}) = \sum_{n=0}^{N_1-1}x[n]e^{-j\omega n} = \sum_{n=0}^{N-1}x[n]e^{-j\omega n} \qquad ①$$

式 ① 定义的 $x[n]$ 的 DFT 为

$$\widetilde{X}[k] = a_k = \frac{1}{N}\sum_{n=0}^{N-1}x[n]e^{-jk(2\pi/N)n} \qquad ②$$

对比式 ① 和式 ② 易见有

$$\widetilde{X}[k] = \frac{1}{N}X(e^{j\omega})\Big|_{\omega=k(2\pi/N)} = \frac{1}{N}X(e^{j2\pi k/N})$$

也就是说,DFT 就相应于 $X(e^{j\omega})$ 每隔 $\frac{2\pi}{N}$ 所取的样本值。

（b）对于图 5-26 所示的 $x_1[n]$,其傅里叶变换为

$$X_1(e^{j\omega}) = x[0] + x[1]e^{-j\omega} + x[3]e^{-j3\omega} = 1 - e^{-j\omega} + 2e^{-j3\omega}$$

对于图 5-26 所示的 $x_2[n]$,其傅里叶变换为

$$X_2(e^{j\omega}) = x[-2]e^{j2\omega} + x[-1]e^{j\omega} + x[0] + x[2]e^{-j2\omega} + x[3]e^{-j3\omega} + x[4]e^{-j4\omega} + x[5]e^{-j5\omega}$$

$$+x[7]\mathrm{e}^{-\mathrm{j}7\omega}=-\mathrm{e}^{\mathrm{j}2\omega}-\mathrm{e}^{\mathrm{j}\omega}-1+\mathrm{e}^{-\mathrm{j}2\omega}+\mathrm{e}^{-\mathrm{j}3\omega}+2\mathrm{e}^{-\mathrm{j}4\omega}-\mathrm{e}^{-\mathrm{j}5\omega}+2\mathrm{e}^{-\mathrm{j}7\omega}$$

若对 $X_1(\mathrm{e}^{\mathrm{j}\omega})$ 和 $X_2(\mathrm{e}^{\mathrm{j}\omega})$ 均每隔 $2\pi/M$,其中 $M=4$ 进行采样,则有

$$X_1(\mathrm{e}^{\mathrm{j}\omega})\Big|_{\omega=\frac{2\pi k}{4}}=1-\mathrm{e}^{-\mathrm{j}\frac{\pi}{2}k}+2\mathrm{e}^{-\mathrm{j}\frac{3\pi k}{2}}$$

及

$$X_2(\mathrm{e}^{\mathrm{j}\omega})\Big|_{\omega=\frac{2\pi k}{4}}=-\mathrm{e}^{\mathrm{j}2\cdot\frac{2\pi k}{4}}-\mathrm{e}^{\mathrm{j}\frac{2\pi k}{4}}-1+\mathrm{e}^{-\mathrm{j}2\cdot\frac{2\pi k}{4}}+\mathrm{e}^{-\mathrm{j}3\cdot\frac{2\pi k}{4}}+2\mathrm{e}^{-\mathrm{j}4\cdot\frac{2\pi k}{4}}-\mathrm{e}^{-\mathrm{j}5\cdot\frac{2\pi k}{4}}+2\mathrm{e}^{-\mathrm{j}7\cdot\frac{2\pi k}{4}}$$

$$=-\mathrm{e}^{-\mathrm{j}\pi k}-\mathrm{e}^{\mathrm{j}\frac{\pi k}{2}}-1+\mathrm{e}^{\mathrm{j}\pi k}+\mathrm{e}^{-\mathrm{j}\frac{3\pi k}{2}}+2-\mathrm{e}^{-\mathrm{j}\frac{5\pi k}{2}}+2\mathrm{e}^{-\mathrm{j}\frac{7\pi k}{2}}$$

$$=1-\mathrm{e}^{-\mathrm{j}\frac{\pi}{2}k}+2\mathrm{e}^{-\mathrm{j}\frac{3\pi k}{2}}$$

可见,对所有的 k 值均有

$$X_1(\mathrm{e}^{\mathrm{j}(2\pi k/4)})=X_2(\mathrm{e}^{\mathrm{j}(2\pi k/4)})$$

这说明,若 $M<N_1$,则 $x[n]$ 就不能唯一地由对 $X(\mathrm{e}^{\mathrm{j}\omega})$ 每隔 $2\pi/M$ 采样所取得的样本值来表示。实际上,对于图 5-26 中的 $x_1[n]$ 和 $x_2[n]$,$x_1[n]$ 的长度为 4,而 $x_2[n]$ 的长度为 10,故 $\widetilde{X}_1[k]=\dfrac{1}{N}X_1(\mathrm{e}^{\mathrm{j}(2\pi k/4)})$,但 $x_2[n]$ 的 DFT 应考虑 10 个点的。

5-33　正如在题 5-32 所指出的,有许多现实中很重要的问题,都希望计算离散时间信号的 DFT。通常,这些信号的持续期很长,在这种情况下,使用高效的算法是非常重要的。使用计算机分析信号显著增长的原因之一就是出现了一种高效算法,这就是用来计算有限长序列 DFT 的所谓 FFT 算法。本题将讨论 FFT 的基本原理。

设 $x[n]$ 是一个在区间 $0\leqslant n\leqslant N_1-1$ 以外为零的信号,对于 $N\geqslant N_1$,$x[n]$ 的 N 点 DFT 为

$$\widetilde{X}[k]=\frac{1}{N}\sum_{n=0}^{N-1}x[n]\mathrm{e}^{-\mathrm{j}k(2\pi/N)n},\quad k=0,1,\cdots,N-1 \tag{1}$$

为了方便,将式(1)改写为

$$\widetilde{X}[k]=\frac{1}{N}\sum_{n=0}^{N-1}x[n]W_N^{nk} \tag{2}$$

式中:$W_N=\mathrm{e}^{-\mathrm{j}2\pi/N}$。

(a) 计算 $\widetilde{X}[k]$ 的一个方法是直接计算式(2)。对这种计算的复杂程度的一种常用度量是所需复数乘法的总数。证明:对 $k=0,1,\cdots,N-1$,直接计算式(2)所需要的复数乘法次数是 N^2。假定 $x[n]$ 是复数,且所需要的 W_N^{nk} 的值已经都预先计算出来,并存放在一张表格中。为简单起见,不计如下情况:对于某些 n 和 k 的值,W_N^{nk} 等于 ± 1 或 $\pm\mathrm{j}$,因而严格说来并不需要全部做复数乘法。

(b) 假设 N 是偶数。令 $f[n]=x[2n]$ 表示 $x[n]$ 的偶数下标样本,令 $g[n]=x[2n+1]$ 表示 $x[n]$ 的奇数下标样本。

(i) 证明:$f[n]$ 和 $g[n]$ 在区间 $0\leqslant n\leqslant (N/2)-1$ 以外是零。

(ii) 证明:$x[n]$ 的 N 点 DFT $\widetilde{X}[k]$ 可以表示为

$$\widetilde{X}[k]=\frac{1}{N}\sum_{n=0}^{(N/2)-1}f[n]W_{N/2}^{nk}+\frac{1}{N}W_N^k\sum_{n=0}^{(N/2)-1}g[n]W_{N/2}^{nk}$$

$$=\frac{1}{2}\widetilde{F}[k]+\frac{1}{2}W_N^k\widetilde{G}[k],\quad k=0,1,\cdots,N-1 \tag{3}$$

式中:$\widetilde{F}[k]=\dfrac{2}{N}\sum_{n=0}^{(N/2)-1}f[n]W_{N/2}^{nk}$;$\widetilde{G}[k]=\dfrac{2}{N}\sum_{n=0}^{(N/2)-1}g[n]W_{N/2}^{nk}$。

(iii) 证明:对所有 k,有

$$\widetilde{F}\left[k+\frac{N}{2}\right] = \widetilde{F}[k]$$

$$\widetilde{G}\left[k+\frac{N}{2}\right] = \widetilde{G}[k]$$

注意:$\widetilde{F}[k]$ $(k=0,1,\cdots,(N/2)-1)$ 和 $\widetilde{G}[k]$ $(k=0,1,\cdots,(N/2)-1)$ 分别是 $f[n]$ 和 $g[n]$ 的 $N/2$ 点 DFT。因此,式(3)表明,$x[n]$ 的长度为 N 点 DFT 可以用两个长度为 $N/2$ 的 DFT 来计算。

(iv) 当根据式(3),通过先计算 $\widetilde{F}[k]$ 和 $\widetilde{G}[k]$ 来计算 $\widetilde{X}[k]$ $(k=0,1,\cdots,N-1)$ 时,确定所需要的复数乘法次数(有关做乘法时的假定与(a)相同,且不计入式(3)中乘 1/2 量的运算)。

(c) 若像 N 一样,$N/2$ 还是偶数,则 $f[n]$ 和 $g[n]$ 都可以被分解为偶数下标和奇数下标的样本序列。因此,它们的 DFT 可以利用与式(3)中相同的步骤来计算。进而,若 N 是 2 的整数幂,就可以继续重复这一过程,从而有效地节省计算时间。当 $N=32,256,1024$ 和 2048 时,用这个过程来做,大约各需要多少次复数乘法?试将此方法与(a)中的直接计算法作一比较。

(a) 证 $x[n]$ 的 N 点 DFT $\widetilde{X}[k]$ 是一个包含 N 个值的数列。考虑式(2),将其写成矩阵形式有

$$\begin{bmatrix} \widetilde{X}[0] \\ \widetilde{X}[1] \\ \vdots \\ \widetilde{X}[N-1] \end{bmatrix} = \frac{1}{N} \begin{bmatrix} W_N^{0\cdot0} & W_N^{1\cdot0} & \cdots & W_N^{(N-1)\cdot0} \\ W_N^{0\cdot1} & W_N^{1\cdot1} & \cdots & W_N^{(N-1)\cdot1} \\ \vdots & \vdots & & \vdots \\ W_N^{0\cdot(N-1)} & W_N^{1\cdot(N-1)} & \cdots & W_N^{(N-1)\cdot(N-1)} \end{bmatrix} \begin{bmatrix} x[0] \\ x[1] \\ \vdots \\ x[N-1] \end{bmatrix}$$

可见,每计算得到一个 $\widetilde{X}[k]$,需要进行 N 次复数乘法运算(假定 $x[n]$ 是复数,且因子 W_N 也是复数),共有 N 个 $\widetilde{X}[k]$ $(k=0,1,\cdots,N-1)$,故所需复数乘法次数为 $N \times N = N^2$。

(b) (i) 已知 $x[n]$ 是一个在区间 $0 \leqslant n \leqslant N_1 - 1$ 以外为零的信号,取 $N \geqslant N_1$,则可写为

$$x[n] = 0, \quad \text{当 } n < 0 \text{ 和 } n \geqslant N \tag{①}$$

因 $f[n] = x[2n]$,$g[n] = x[2n+1]$,即 $f[n]$ 是由 $x[n]$ 中 n 取偶数值的样本构成的序列,$g[n]$ 是由 $x[n]$ 中 n 取奇数值的样本构成的序列,两者的长度均为 $\frac{N}{2}$(N 为偶数)。

由式 ① 有 $\qquad x[2n] = 0, \quad \text{当 } 2n < 0 \text{ 和 } 2n \geqslant N$

及 $\qquad x[2n+1] = 0, \quad \text{当 } 2n+1 < 0 \text{ 和 } 2n+1 \geqslant N$

亦即 $\qquad f[n] = x[2n] = 0, \quad \text{当 } n < 0 \text{ 和 } n \geqslant \frac{N}{2}$

及 $\qquad g[n] = x[2n+1] = 0, \quad \text{当 } n < -\frac{1}{2} \text{ 和 } n \geqslant \frac{N}{2} - \frac{1}{2}$

考虑到 n 只能取整数,从而可得 $f[n]$ 和 $g[n]$ 在区间 $0 \leqslant n \leqslant \frac{N}{2} - 1$ 以外都是零。

(ii) 对于 $W_N = \mathrm{e}^{-j\frac{2\pi}{N}}$,可知有 $W_N^n = \mathrm{e}^{-j\frac{2\pi n}{N}}$,$W_N^{2n} = \mathrm{e}^{-j\frac{2\pi\cdot2n}{N}} = \mathrm{e}^{-j\frac{2\pi n}{N/2}} = W_{N/2}^n$。

对于 $x[n]$ 的 N 点 DFT

$$\widetilde{X}[k] = \frac{1}{N} \sum_{n=0}^{N-1} x[n] W_N^{nk} = \frac{1}{N} \sum_{\substack{n=0 \\ n=\text{偶数}}}^{N-1} x[n] W_N^{nk} + \frac{1}{N} \sum_{\substack{n=0 \\ n=\text{奇数}}}^{N-1} x[n] W_N^{nk}$$

$$= \frac{1}{N} \sum_{r=0}^{\frac{N}{2}-1} x[2r] W_N^{2rk} + \frac{1}{N} \sum_{r=0}^{\frac{N}{2}-1} x[2r+1] W_N^{(2r+1)k}$$

$$= \frac{1}{N} \sum_{r=0}^{\frac{N}{2}-1} f[r] W_{N/2}^{rk} + \frac{1}{N} \sum_{r=0}^{\frac{N}{2}-1} g[r] W_N^{2rk} \cdot W_N^k$$

$$= \frac{1}{N} \sum_{n=0}^{\frac{N}{2}-1} f[n] W_{N/2}^{nk} + \frac{1}{N} W_N^k \sum_{n=0}^{\frac{N}{2}-1} g[n] W_{N/2}^{nk}$$

$$= \frac{1}{2} \widetilde{F}[k] + \frac{1}{2} W_N^k \widetilde{G}[k], \quad k = 0,1,\cdots,N-1$$

其中，$\widetilde{F}[k] = \dfrac{2}{N} \sum_{n=0}^{\frac{N}{2}-1} f[n] W_{N/2}^{nk}$，$\widetilde{G}[k] = \dfrac{2}{N} \sum_{n=0}^{\frac{N}{2}-1} g[n] W_{N/2}^{nk}$。

(iii) 对于 $W_N = \mathrm{e}^{-\mathrm{j}\frac{2\pi}{N}}$，可知有 $W_{N/2}^{n\left(k+\frac{N}{2}\right)} = W_{N/2}^{nk} \cdot W_{N/2}^{n \cdot \frac{N}{2}} = W_{N/2}^{nk} \cdot \mathrm{e}^{-\mathrm{j}\frac{2\pi}{\frac{N}{2}} \cdot \frac{N}{2}} = W_{N/2}^{nk}$

于是　　　　$\widetilde{F}\left[k + \dfrac{N}{2}\right] = \dfrac{2}{N} \sum_{n=0}^{\frac{N}{2}-1} f[n] W_{N/2}^{n\left(k+\frac{N}{2}\right)} = \dfrac{2}{N} \sum_{n=0}^{\frac{N}{2}-1} f[n] W_{N/2}^{nk} = \widetilde{F}[k]$

同理可证　　　　　　　　$\widetilde{G}\left[k + \dfrac{N}{2}\right] = \widetilde{G}[k]$

$\widetilde{F}[k]$ 和 $\widetilde{G}[k]$ 都是 $\dfrac{N}{2}$ 点的 DFT。

(iv) 计算 $\widetilde{F}[k]$ 和 $\widetilde{G}[k]$ 都需要 $\dfrac{N}{2} \times \dfrac{N}{2} = \dfrac{N^2}{4}$ 次复数乘法运算，由式(3)，$W_N^k \widetilde{G}[k]\left(k = 0,1,\right.$ $\cdots,\ \dfrac{N}{2} - 1\left.\right)$ 还需要 $\dfrac{N}{2}$ 次复数乘法运算，再考虑到算 $\widetilde{X}[k]\left(k = 0,1,\cdots,\dfrac{N}{2}-1\right)$ 和 $\widetilde{X}[k]\left(k = \dfrac{N}{2},\dfrac{N}{2}+1,\cdots,N-1\right)$ 中 $W_N^k \widetilde{G}[k]$ 不一样，又加 $\dfrac{N}{2}$ 次，共计 $2 \times \dfrac{N^2}{4} + 2 \times \dfrac{N}{2} = \dfrac{N^2}{2} + N$ 次复数乘法运算。

(c) 若再继续将 $f[n]$ 和 $g[n]$ 按 n 取偶数值和奇数值进行偶、奇分解，又可将复数乘法次数降低至 $\dfrac{N^2}{4} + \dfrac{N}{2}$。重复此过程直至只需计算 2 点 DFT，这样总共进行了 $\log_2 N$ 次（级）分解，每一级需 N 次复数乘法运算，所以共 $N\log_2 N$ 次。

当 N 分别等于 32，256，1024 和 2048 时，直接根据式(3)和用以上过程计算大约各需要复数乘法次数用表 5-1 显示出来进行对比。

表 5-1

N	直接根据式(3)计算	FFT 法
32	1024	160
256	65536	2048
1024	1048576	10240
2048	4194304	22528

5-34　本题将介绍"加窗"的概念，它无论在 LTI 系统的设计，还是在信号的频谱分析中都具有非常大的重要性。"加窗"就是把信号 $x[n]$ 乘上一个有限长的窗口信号 $w[n]$ 的一种运算，也就是

$$p[n] = x[n]w[n]$$

注意，$p[n]$ 也是有限长的。

在频谱分析中，加窗的重要性来自于：在大量应用场合，人们总是希望计算被测信号的傅里叶

变换。由于在实际中,我们只能在有限时间区间(即时窗)上测得信号 $x[n]$,因而对频谱分析来说,实际可利用的信号是

$$p[n] = \begin{cases} x[n], & -M \leqslant n \leqslant M \\ 0, & 其他 \end{cases}$$

其中,$-M \leqslant n \leqslant M$ 就是时窗。于是

$$p[n] = x[n]w[n]$$

这里 $w[n]$ 是矩形窗,即

$$w[n] = \begin{cases} 1, & -M \leqslant n \leqslant M \\ 0, & 其他 \end{cases} \quad (1)$$

"加窗"在 LTI 系统设计中也起着重要的作用。具体地说,由于种种原因(例如 FFT 算法的潜在应用;见题 5-33),需要设计一个具有有限长脉冲响应的系统,以便达到某种要求的信号处理目的;也就是说,往往从所需要的频率响应 $H(e^{j\omega})$ 开始,它的逆变换 $h[n]$ 是一个无限长(或至少是非常长)的单位脉冲响应,而要求构成一个有限长单位脉冲响应 $g[n]$,使它的傅里叶变换 $G(e^{j\omega})$ 充分地逼近 $H(e^{j\omega})$。选择 $g[n]$ 的一般方法是找一个窗函数 $w[n]$,使 $h[n]w[n]$ 的傅里叶变换满足所需要的 $G(e^{j\omega})$ 的指标要求。很明显,将一个信号加窗对所得到的频谱是会有影响的,本题将说明这种影响。

(a) 为了对加窗的效果加深理解,现用式(1)所给的矩形窗对信号

$$x[n] = \sum_{k=-\infty}^{\infty} \delta[n-k]$$

进行加窗。

(i) $X(e^{j\omega})$ 是什么?

(ii) 当 $M = 1$,概略画出 $p[n] = x[n]w[n]$ 的变换。

(iii) 当 $M = 10$,重做(ii)。

(b) 考虑一信号 $x[n]$,其傅里叶变换为

$$X(e^{j\omega}) = \begin{cases} 1, & |\omega| < \pi/4 \\ 0, & \pi/4 < |\omega| < \pi \end{cases}$$

设 $p[n] = x[n]w[n]$,这里 $w[n]$ 是式(1)的矩形窗。对 $M = 4,8$ 和 16,大致画出 $P(e^{j\omega})$。

(c) 应用矩形窗的一个问题是它在变换 $P(e^{j\omega})$ 中引入了起伏(这一点是与吉伯斯现象直接有关的)。由于这个原因,又研究了其他各种窗口信号,这些窗口信号不是陡峭变化的,也就是说,它们从 0 到 1 的变化要比矩形窗的陡峭变化平缓得多。这样做是为了利用进一步平滑 $X(e^{j\omega})$,从而增加一点失真作为代价来减小 $P(e^{j\omega})$ 中的起伏。

为了说明上面这一点,考虑(b)中所描述的信号 $x[n]$,并设 $p[n] = x[n]w[n]$,这里 $w[n]$ 是三角形窗或巴特利特(Bartlett)窗,即

$$w[n] = \begin{cases} 1 - \dfrac{|n|}{M+1}, & -M \leqslant n \leqslant M \\ 0, & 其他 \end{cases}$$

对于 $M = 4,8$ 和 16,大致画出 $p[n] = x[n]w[n]$ 的傅里叶变换。

提示:注意三角形信号可以作为矩形信号与它自身的卷积得到,这会导致 $W(e^{j\omega})$ 一个方便的表达式。

(d) 设 $p[n] = x[n]w[n]$,这里 $w[n]$ 是一个升余弦信号,称为海宁(Hanning)窗,即

$$w[n] = \begin{cases} \dfrac{1}{2}\left[1 + \cos(\pi n/M)\right], & -M \leqslant n \leqslant M \\ 0, & \text{其他} \end{cases}$$

对于 $M = 4,8$ 和 16，大致画出 $P(\mathrm{e}^{\mathrm{j}\omega})$。

解　(a)（i）由题意，$x[n] = \displaystyle\sum_{k=-\infty}^{\infty} \delta[n-k] = 1$，则

$$X(\mathrm{e}^{\mathrm{j}\omega}) = \sum_{k=-\infty}^{\infty} 2\pi\delta(\omega - 2\pi k)$$

（ii）当 $M = 1$ 时，矩形窗函数

$$w[n] = \begin{cases} 1, & -1 \leqslant n \leqslant 1 \\ 0, & \text{其他} \end{cases}$$

于是　　　　$p[n] = x[n]w[n] = w[n] = \delta[n+1] + \delta[n] + \delta[n-1]$

且　　　　　　　　$P(\mathrm{e}^{\mathrm{j}\omega}) = \mathrm{e}^{\mathrm{j}\omega} + 1 + \mathrm{e}^{-\mathrm{j}\omega} = 1 + 2\cos\omega$

$P(\mathrm{e}^{\mathrm{j}\omega})$ 在一个周期内的图形如图 5-27(a) 所示。

（iii）当 $M = 10$ 时，$p[n] = x[n]w[n] = w[n] = u[n+10] - u[n-11]$

则　　　　　　　　$P(\mathrm{e}^{\mathrm{j}\omega}) = \displaystyle\sum_{n=-10}^{10} \mathrm{e}^{-\mathrm{j}\omega n} = \dfrac{\sin\dfrac{21\omega}{2}}{\sin\dfrac{\omega}{2}}$

$P(\mathrm{e}^{\mathrm{j}\omega})$ 在一个周期内的图形如图 5-27(b) 所示。

（b）矩形窗 $w[n]$ 的傅里叶变换为

$$W(\mathrm{e}^{\mathrm{j}\omega}) = \dfrac{\sin\omega\left(M + \dfrac{1}{2}\right)}{\sin\dfrac{\omega}{2}}$$

现在 $x[n]$ 的傅里叶变换为

$$X(\mathrm{e}^{\mathrm{j}\omega}) = \begin{cases} 1, & |\omega| < \pi/4 \\ 0, & \pi/4 < |\omega| < \pi \end{cases}$$

又 $p[n] = x[n]w[n]$，故

$$P(\mathrm{e}^{\mathrm{j}\omega}) = \dfrac{1}{2\pi}\int_{2\pi} X(\mathrm{e}^{\mathrm{j}\theta})W(\mathrm{e}^{\mathrm{j}(\omega-\theta)})\,\mathrm{d}\theta$$

$P(\mathrm{e}^{\mathrm{j}\omega})$ 如图 5-28(a) 所示。

（c）当窗函数为三角形窗或巴特利窗时，$P(\mathrm{e}^{\mathrm{j}\omega})$ 如图 5-28(b) 所示。

（d）当窗函数为海宁窗时，$P(\mathrm{e}^{\mathrm{j}\omega})$ 如图 5-28(c) 所示。

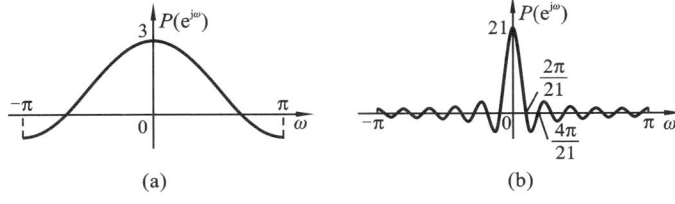

图 5-27

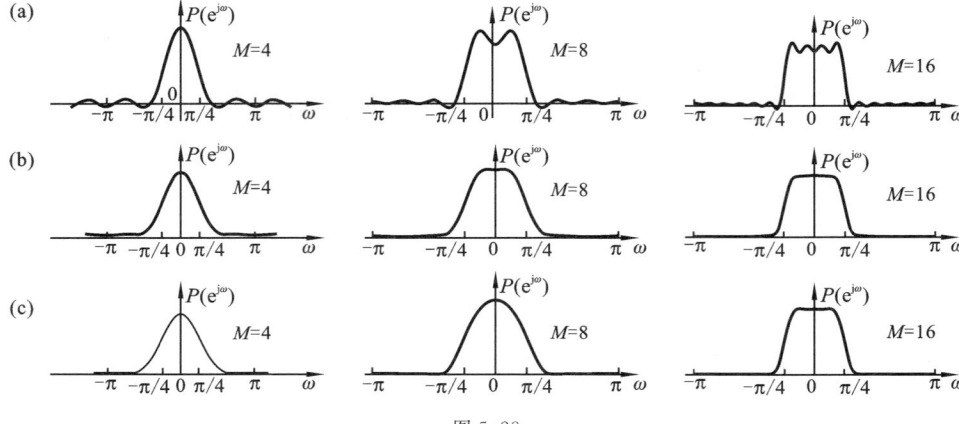

图 5-28

第6章 采　　样

6.1　知识点归纳

6.1.1　冲激串采样

对于连续时间信号 $x(t)$，若用冲激串 $p(t) = \sum\limits_{n=-\infty}^{\infty} \delta(t-nT)$ 对其进行采样，则在时域内，有

$$x_p(t) = x(t)p(t)$$

在频域内，有

$$X_p(j\omega) = \frac{1}{T} \sum_{k=-\infty}^{\infty} X(j(\omega - k\omega_s)) \qquad\qquad ①$$

其中，$X(j\omega)$ 为 $x(t)$ 的频谱函数，$\omega_s = \dfrac{2\pi}{T}$ 为采样角频率，T 为采样时间间隔，即 $p(t)$ 的周期。

由式 ① 可知，采样所得信号 $x_p(t)$ 的频谱函数 $X_p(j\omega)$ 是由无限多个被 $\dfrac{1}{T}$ 加权的，被平移 $k\omega_s$ 的 $X(j\omega)$ 叠加构成的，即将 $\dfrac{1}{T}X(j\omega)$ 以 ω_s 为周期进行延拓而获得的。

6.1.2　采样定理

对于带限信号 $x(t)$，若当 $|\omega| > \omega_m$ 时，$X(j\omega) = 0$，则 $x(t)$ 可由其采样点 $x(nT)$ $(n = 0, \pm 1,$ $\pm 2, \cdots)$ 唯一确定，只要采样角频率 $\omega_s > 2\omega_m$，这里 $\omega_s = \dfrac{2\pi}{T}$。一般称 $2\omega_m$ 为奈奎斯特频率。

由采样点 $x(nT)$ 重建 $x(t)$，首先需要产生一个冲激串 $x_p(t)$，使各冲激的强度等于各采样点的值，然后将该冲激串输入一个增益为 T、截止频率大于 ω_m 但小于 $\omega_s - \omega_m$ 的理想低通滤波器中，则在该滤波器的输出端便可得到 $x(t)$。

6.1.3　利用内插由采样点重建信号

若在采样过程中无频谱混叠，可让 $x_p(t)$ 通过一截止频率为 $\omega_c = \dfrac{\omega_s}{2}$ 的理想低通滤波器，就可从 $X_p(j\omega)$ 中取出 $X(j\omega)$，从而无失真地恢复原来的连续时间信号 $x(t)$。

从采样点 $x(nT)$ 重建原信号 $x(t)$ 的内插公式为

$$x_r(t) = \sum_{n=-\infty}^{\infty} x(nT) \frac{\omega_c T}{\pi} \frac{\sin[\omega_c(t-nT)]}{\omega_c(t-nT)}$$

其中，$\omega_c = \dfrac{\omega_s}{2}$。

6.1.4　连续信号的离散化处理

一个利用离散滤波器处理连续信号的典型系统如图 6-1 所示。

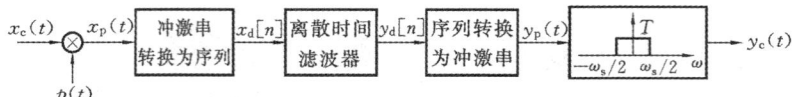

图 6-1

图 6-1 中各信号频谱之间的关系如下(这里 Ω 表示离散时间信号的频率,ω 表示连续时间信号的频率):

$$X_{\mathrm{p}}(\mathrm{j}\omega) = \frac{1}{T}\sum_{k=-\infty}^{\infty} X_{\mathrm{c}}(\mathrm{j}(\omega - k\omega_{\mathrm{s}}))$$

$$X_{\mathrm{d}}(\mathrm{e}^{\mathrm{j}\Omega}) = X_{\mathrm{p}}(\mathrm{j}\Omega/T) = \frac{1}{T}\sum_{k=-\infty}^{\infty} X_{\mathrm{c}}(\mathrm{j}(\Omega - 2\pi k)/T)$$

若设离散时间滤波器的频率响应为 $H_{\mathrm{d}}(\mathrm{e}^{\mathrm{j}\Omega})$,则有

$$Y_{\mathrm{d}}(\mathrm{e}^{\mathrm{j}\Omega}) = X_{\mathrm{d}}(\mathrm{e}^{\mathrm{j}\Omega}) \cdot H_{\mathrm{d}}(\mathrm{e}^{\mathrm{j}\Omega})$$

$$Y_{\mathrm{p}}(\mathrm{j}\omega) = Y_{\mathrm{d}}(\mathrm{e}^{\mathrm{j}\Omega})\Big|_{\Omega=\omega T}, \quad Y_{\mathrm{c}}(\mathrm{j}\omega) = TY_{\mathrm{p}}(\mathrm{j}\omega), \quad |\omega| < \frac{\omega_{\mathrm{s}}}{2}$$

6.2　典型习题详解

6-1　已知信号 $x(t)$ 的傅里叶变换为 $X(\mathrm{j}\omega)$,对 $x(t)$ 进行冲激串采样,产生信号 $x_{\mathrm{p}}(t) = \sum_{n=-\infty}^{\infty} x(nT)\delta(t-nT)$,这里 $T = 10^{-4}$ s。对于以下所给的关于 $x(t)$ 和(或)$X(\mathrm{j}\omega)$ 的约束条件,试判断采样定理能否保证由 $x_{\mathrm{p}}(t)$ 恢复 $x(t)$?

(a) 当 $|\omega| > 5000\pi$ 时,$X(\mathrm{j}\omega) = 0$;

(b) 当 $|\omega| > 15000\pi$ 时,$X(\mathrm{j}\omega) = 0$;

(c) 当 $|\omega| > 5000\pi$ 时,$\mathrm{Re}\{X(\mathrm{j}\omega)\} = 0$;

(d) $x(t)$ 是实的,且当 $\omega > 5000\pi$ 时,$X(\mathrm{j}\omega) = 0$;

(e) $x(t)$ 是实的,且当 $\omega < -15000\pi$ 时,$X(\mathrm{j}\omega) = 0$;

(f) 当 $|\omega| > 15000\pi$ 时,$X(\mathrm{j}\omega) * X(\mathrm{j}\omega) = 0$;

(g) 当 $\omega > 5000\pi$ 时,$|X(\mathrm{j}\omega)| = 0$。

解　采样时间间隔 $T = 10^{-4}$ s,则采样频率 $\omega_{\mathrm{s}} = 2\pi \times 10^4$。

(a) 由所给条件知,$x(t)$ 的奈奎斯特频率为 $\omega_{\mathrm{N}} = 2 \times 5000\pi = \pi \times 10^4$。因采样频率 $\omega_{\mathrm{s}} = 2\pi \times 10^4 > \omega_{\mathrm{N}}$,故由采样定理知,$x(t)$ 能够由 $x_{\mathrm{p}}(t)$ 恢复得到。

(b) 由所给条件知,$x(t)$ 的奈奎斯特频率 $\omega_{\mathrm{N}} = 2 \times 15000\pi = 3\pi \times 10^4$,而采样频率 $\omega_{\mathrm{s}} < \omega_{\mathrm{N}}$,故由采样定理知,$x(t)$ 无法由 $x_{\mathrm{p}}(t)$ 恢复得到。

(c) 虽然已知当 $|\omega| > 5000\pi$ 时,$\mathrm{Re}\{X(\mathrm{j}\omega)\} = 0$,但不知当 $|\omega| > 5000\pi$ 时,$\mathrm{Im}\{X(\mathrm{j}\omega)\}$ 是否也为 0,故无法确定信号 $x(t)$ 的奈奎斯特频率,所以无法保证能由 $x_{\mathrm{p}}(t)$ 恢复 $x(t)$。

(d) 因为 $x(t)$ 是实信号,所以 $|X(\mathrm{j}\omega)|$ 是偶函数,这意味着当 $\omega > 5000\pi$ 时,$X(\mathrm{j}\omega) = 0$,则可推当 $\omega < -5000\pi$ 时,$X(\mathrm{j}\omega)$ 也等于 0,从而可知 $x(t)$ 的奈奎斯特频率 $\omega_{\mathrm{N}} = 2 \times 5000\pi = \pi \times 10^4$。采样频率 $\omega_{\mathrm{s}} > \omega_{\mathrm{N}}$,故由采样定理知,$x(t)$ 可由 $x_{\mathrm{p}}(t)$ 恢复得到。

(e) 与(d)同理,由已知条件可知 $x(t)$ 的奈奎斯特频率 $\omega_{\mathrm{N}} = 2 \times 15000\pi = 3\pi \times 10^4$。由于采样频率 $\omega_{\mathrm{s}} = 2\pi \times 10^4 < \omega_{\mathrm{N}}$,故由采样定理知,$x(t)$ 无法由 $x_{\mathrm{p}}(t)$ 恢复得到。

(f) 因为若当 $|\omega| > \omega_m$ 时，$X(j\omega) = 0$，则当 $|\omega| > 2\omega_m$ 时，$X(j\omega) * X(j\omega) = 0$，所以由已知条件可推知，当 $|\omega| > 7500\pi$ 时，$X(j\omega) = 0$，即 $x(t)$ 的奈奎斯特频率 $\omega_N = 2 \times 7500\pi = 1.5\pi \times 10^4$。由于采样频率 $\omega_s = 2\pi \times 10^4 > \omega_N$，故由采样定理知，$x(t)$ 可由 $x_p(t)$ 恢复得到。

(g) 虽然已知当 $\omega > 5000\pi$ 时，$|X(j\omega)| = 0$，但不知当 $\omega < -5000\pi$ 时，$|X(j\omega)|$ 是否也等于 0，故无法确定 $x(t)$ 的奈奎斯特频率，所以无法保证能由 $x_p(t)$ 恢复 $x(t)$。

6-2 已知信号 $y(t)$ 是由两个带限信号 $x_1(t)$ 和 $x_2(t)$ 进行卷积而得到的，即 $y(t) = x_1(t) * x_2(t)$，而且当 $|\omega| > 1000\pi$ 时，$X_1(j\omega) = 0$，当 $|\omega| > 2000\pi$ 时，$X_2(j\omega) = 0$。若对 $y(t)$ 进行冲激串采样得到

$$y_p(t) = \sum_{n=-\infty}^{\infty} y(nT)\delta(t - nT)$$

试确定采样时间间隔 T 的取值范围，以保证 $y(t)$ 能够由 $y_p(t)$ 恢复。

解 因 $y(t) = x_1(t) * x_2(t)$，故 $Y(j\omega) = X_1(j\omega)X_2(j\omega)$。又当 $|\omega| > 1000\pi$ 时，$X_1(j\omega) = 0$；当 $|\omega| > 2000\pi$ 时，$X_2(j\omega) = 0$。于是当 $|\omega| > 1000\pi$ 时，$Y(j\omega) = 0$。

由采样定理知，若采样频率 $\omega_s > 2 \times 1000\pi$，即 $T < \dfrac{2\pi}{2\pi \times 10^3}$ s $= 10^{-3}$ s 时，$y(t)$ 能够由 $y_p(t)$ 恢复。

6-3 图 6-2 所示的系统中，采样信号 $p(t)$ 是一个正负符号交替出现的冲激串。输入信号 $x(t)$ 的傅里叶变换也如图 6-2 所示。

(a) 若 $\Delta < \dfrac{\pi}{2\omega_m}$，画出信号 $x_p(t)$ 和 $y(t)$ 的频谱函数；

(b) 若 $\Delta < \dfrac{\pi}{2\omega_m}$，试设计一个系统，能由 $x_p(t)$ 重建 $x(t)$；

(c) 若 $\Delta < \dfrac{\pi}{2\omega_m}$，试设计一个系统，能由 $y(t)$ 重建 $x(t)$；

(d) 若要能够由 $x_p(t)$ 或 $y(t)$ 重建 $x(t)$，试确定 Δ 的最大值（用 ω_m 表示）。

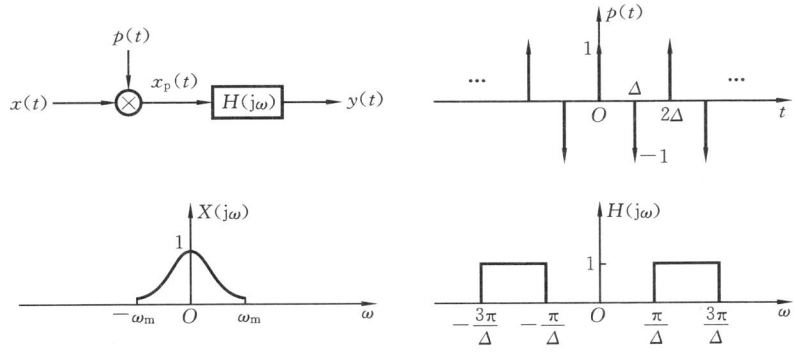

图 6-2

解 (a) 由图 6-2 所示的系统知，$x_p(t) = x(t)p(t)$，从而有

$$X_p(j\omega) = \frac{1}{2\pi} X(j\omega) * P(j\omega)$$

$p(t)$ 是个周期信号，周期为 2Δ，其傅里叶级数系数为

$$a_k = \frac{1}{T}\int_T p(t)\mathrm{e}^{-\mathrm{j}k\cdot\frac{2\pi}{2\Delta}t}\,\mathrm{d}t = \frac{1}{2\Delta}\int_{-\frac{\Delta}{2}}^{\frac{3\Delta}{2}} p(t)\mathrm{e}^{-\mathrm{j}k\cdot\frac{\pi}{\Delta}t}\,\mathrm{d}t = \frac{1}{2\Delta}\int_{-\frac{\Delta}{2}}^{\frac{3\Delta}{2}}\big[\delta(t)-\delta(t-\Delta)\big]\mathrm{e}^{-\mathrm{j}k\cdot\frac{\pi}{\Delta}t}\,\mathrm{d}t$$

$$= \frac{1}{2\Delta}(1-\mathrm{e}^{-\mathrm{j}k\pi}) = \begin{cases} \dfrac{1}{\Delta}, & k\ 取奇数 \\[2mm] 0, & k\ 取偶数 \end{cases}$$

故其傅里叶变换为

$$P(\mathrm{j}\omega) = \sum_{k=-\infty}^{\infty} 2\pi a_k \delta(\omega - k\omega_0) = \sum_{k=-\infty}^{\infty} 2\pi a_k \delta\Big(\omega - k\frac{\pi}{\Delta}\Big)$$

$$= \sum_{\substack{k=-\infty \\ k\,取奇数}}^{\infty} 2\pi\frac{1}{\Delta}\delta\Big(\omega - k\frac{\pi}{\Delta}\Big)$$

于是得　　　　$$X_\mathrm{p}(\mathrm{j}\omega) = \frac{1}{2\pi}X(\mathrm{j}\omega) * \sum_{\substack{k=-\infty \\ k\,取奇数}}^{\infty} 2\pi\frac{1}{\Delta}\delta\Big(\omega - k\frac{\pi}{\Delta}\Big) = \frac{1}{\Delta}\sum_{\substack{k=-\infty \\ k\,取奇数}}^{\infty} X\Big(\mathrm{j}\omega - \mathrm{j}k\frac{\pi}{\Delta}\Big)$$

注意到 $\Delta < \dfrac{\pi}{2\omega_\mathrm{m}}$，即 $\dfrac{\pi}{\Delta} > 2\omega_\mathrm{m}$，从而得 $X_\mathrm{p}(\mathrm{j}\omega)$ 的图形如图 6-3 所示。

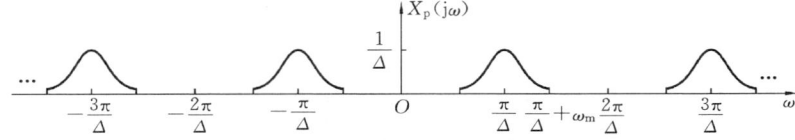

图 6-3

仍由图 6-2 知，$y(t) = x_\mathrm{p}(t) * h(t)$，$Y(\mathrm{j}\omega) = X_\mathrm{p}(\mathrm{j}\omega)H(\mathrm{j}\omega)$。

因 $H(\mathrm{j}\omega)$ 是一带通滤波器，上、下截止频率分别为 $\dfrac{3\pi}{\Delta}$ 和 $\dfrac{\pi}{\Delta}$，所以易得 $Y(\mathrm{j}\omega)$，如图 6-4 所示。

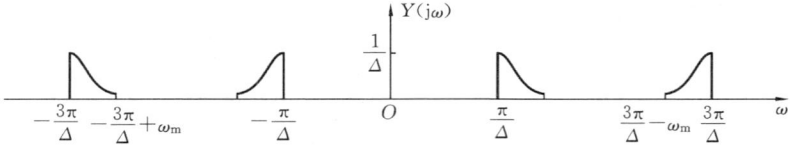

图 6-4

(b) 图 6-5 所示的系统可完成由 $x_\mathrm{p}(t)$ 重建 $x(t)$ 的任务。其中，

$$H_\mathrm{b}(\mathrm{j}\omega) = \begin{cases} \Delta, & |\omega| < \omega_\mathrm{m} \\ 0, & |\omega| > \omega_\mathrm{m} \end{cases}$$

说明：因 $x_\mathrm{p}(t)\cos\Big(\dfrac{\pi}{\Delta}t\Big) \overset{\mathrm{FT}}{\longleftrightarrow} \dfrac{1}{2}X_\mathrm{p}\Big(\mathrm{j}\omega + \mathrm{j}\dfrac{\pi}{\Delta}\Big) + \dfrac{1}{2}X_\mathrm{p}\Big(\mathrm{j}\omega - \mathrm{j}\dfrac{\pi}{\Delta}\Big)$

则 $$X_\mathrm{r}(\mathrm{j}\omega) = \Big[\frac{1}{2}X_\mathrm{p}\Big(\mathrm{j}\omega + \mathrm{j}\frac{\pi}{\Delta}\Big) + \frac{1}{2}X_\mathrm{p}\Big(\mathrm{j}\omega - \mathrm{j}\frac{\pi}{\Delta}\Big)\Big]H_\mathrm{b}(\mathrm{j}\omega) = X(\mathrm{j}\omega)$$

即　　　　　　　　　　　　　　$$x_\mathrm{r}(t) = x(t)$$

(c) 图 6-6 所示的系统可完成由 $y(t)$ 重建 $x(t)$ 的任务。其中，

$$H_\mathrm{c}(\mathrm{j}\omega) = \begin{cases} 2\Delta, & |\omega| < \omega_\mathrm{m} \\ 0, & |\omega| > \omega_\mathrm{m} \end{cases}$$

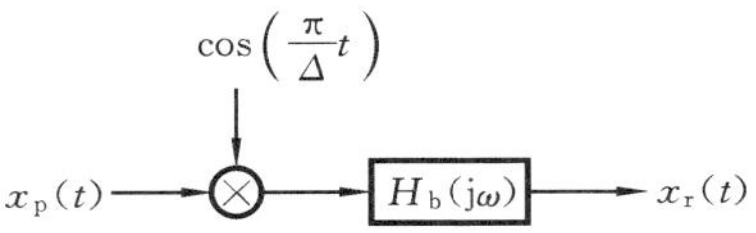

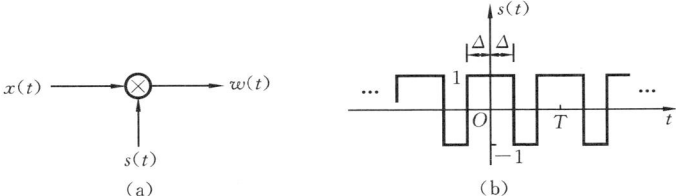

图 6-5 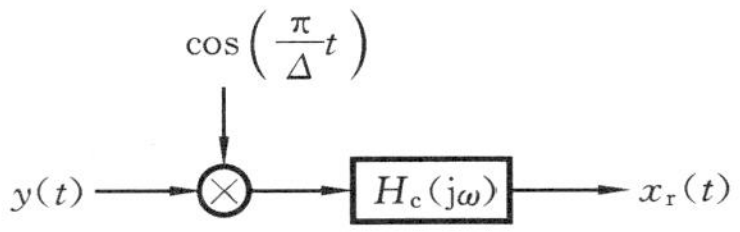 图 6-6

说明：因 $y(t)\cos\left(\dfrac{\pi}{\Delta}t\right) \longleftrightarrow \dfrac{1}{2}Y\left(\mathrm{j}\omega + \mathrm{j}\dfrac{\pi}{\Delta}\right) + \dfrac{1}{2}Y\left(\mathrm{j}\omega - \mathrm{j}\dfrac{\pi}{\Delta}\right)$

故 $X_{\mathrm{r}}(\mathrm{j}\omega) = \left[\dfrac{1}{2}Y\left(\mathrm{j}\omega + \mathrm{j}\dfrac{\pi}{\Delta}\right) + \dfrac{1}{2}Y\left(\mathrm{j}\omega - \mathrm{j}\dfrac{\pi}{\Delta}\right)\right]H_{\mathrm{c}}(\mathrm{j}\omega) = X(\mathrm{j}\omega)$

即 $x_{\mathrm{r}}(t) = x(t)$

（d）由图 6-3 和图 6-4 所示的 $X_{\mathrm{p}}(\mathrm{j}\omega)$ 和 $Y(\mathrm{j}\omega)$ 可见，要能由 $x_{\mathrm{p}}(t)$ 或 $y(t)$ 重建 $x(t)$，必须有 $\dfrac{\pi}{\Delta} + \omega_{\mathrm{m}} \leqslant \dfrac{3\pi}{\Delta} - \omega_{\mathrm{m}}$，即 $\omega_{\mathrm{m}} \leqslant \dfrac{\pi}{\Delta}$，亦即 $\Delta \leqslant \dfrac{\pi}{\omega_{\mathrm{m}}}$。

也就是说，Δ 的最大值 $\Delta_{\max} = \dfrac{\pi}{\omega_{\mathrm{m}}}$。

6-4 图 6-7 所示的系统中，输入信号与一周期方波相乘。$s(t)$ 的周期为 T，输入信号是带限的，且当 $|\omega| \geqslant \omega_{\mathrm{m}}$ 时，$|X(\mathrm{j}\omega)| = 0$。

图 6-7

（a）若 $\Delta = \dfrac{T}{3}$，试用 ω_{m} 表示 T 的最大值，以保证 $W(\mathrm{j}\omega)$ 中没有 $X(\mathrm{j}\omega)$ 的混叠；

（b）若 $\Delta = \dfrac{T}{4}$，试用 ω_{m} 表示 T 的最大值，以保证 $W(\mathrm{j}\omega)$ 中没有 $X(\mathrm{j}\omega)$ 的混叠。

解 图 6-7 所示的 $s(t)$ 可以表示为 $s(t) = g(t) - 1$，其中 $g(t)$ 如图 6-8 所示，易知

$$G(\mathrm{j}\omega) = \sum_{k=-\infty}^{\infty} 2\pi \frac{2\sin\left(k\dfrac{2\pi}{T}\Delta\right)}{k\pi}\delta\left(\omega - k\dfrac{2\pi}{T}\right)$$

$$= \sum_{k=-\infty}^{\infty} \frac{4\sin(2k\pi\Delta/T)}{k}\delta\left(\omega - \frac{2k\pi}{T}\right)$$

于是 $S(\mathrm{j}\omega) = G(\mathrm{j}\omega) - 2\pi\delta(\omega) = \sum_{k=-\infty}^{\infty} \frac{4\sin(2k\pi\Delta/T)}{k}\delta\left(\omega - \frac{2k\pi}{T}\right) - 2\pi\delta(\omega)$

（a）若 $\Delta = \dfrac{T}{3}$，则

$$S(\mathrm{j}\omega) = \sum_{k=-\infty}^{\infty} \frac{4\sin\left(\dfrac{2\pi}{3}k\right)}{k}\delta\left(\omega - \frac{2k\pi}{T}\right) - 2\pi\delta(\omega)$$

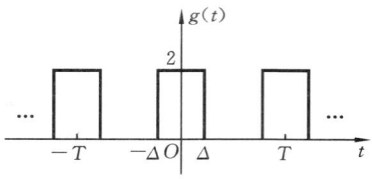

图 6-8

$$= \sum_{\substack{k=-\infty \\ k \ne 0}}^{\infty} \frac{4\sin\left(\dfrac{2\pi}{3}k\right)}{k}\delta\left(\omega - \frac{2k\pi}{T}\right) + \frac{2\pi}{3}\delta(\omega)$$

$S(\mathrm{j}\omega)$ 如图 6-9 所示。

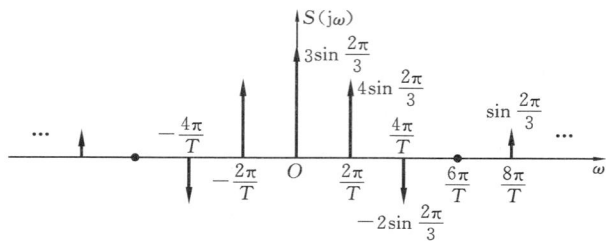

图 6-9

又因为 $w(t) = x(t)s(t)$，故

$$W(\mathrm{j}\omega) = \frac{1}{2\pi}X(\mathrm{j}\omega) * S(\mathrm{j}\omega) = \frac{1}{2\pi}\sum_{k=-\infty}^{\infty}\frac{4\sin\left(\dfrac{2\pi}{3}k\right)}{k}X\left(\mathrm{j}\omega - \mathrm{j}\frac{2k\pi}{T}\right) + \frac{2\pi}{3}X(\mathrm{j}\omega)$$

可见，$W(\mathrm{j}\omega)$ 是被抽样函数（Sa 函数）幅度加权且平移了的 $X(\mathrm{j}\omega)$ 叠加而成的，平移量为 $2k\pi/T$，若要想不发生混叠，则应有

$$\omega_\mathrm{m} \leqslant \frac{2\pi}{T} - \omega_\mathrm{m}, \quad 即 \quad \omega_\mathrm{m} \leqslant \frac{\pi}{T}$$

从而得到在这种情况下的 T 的最大值 $T_\mathrm{max} = \dfrac{\pi}{\omega_\mathrm{m}}$。

（b）若 $\Delta = \dfrac{T}{4}$，则

$$S(\mathrm{j}\omega) = \sum_{k=-\infty}^{\infty}\frac{4\sin\dfrac{k\pi}{2}}{k}\delta\left(\omega - \frac{2k\pi}{T}\right) - 2\pi\delta(\omega) = \sum_{\substack{k=-\infty \\ k\ne 0}}^{\infty}\frac{4\sin\dfrac{k\pi}{2}}{k}\delta\left(\omega - \frac{2k\pi}{T}\right)$$

$S(\mathrm{j}\omega)$ 如图 6-10 所示。

由图 6-10 可见，当 $k = 0, \pm 2, \pm 4, \cdots$ 时，$S(\mathrm{j}\omega) = 0$，这意味着 $W(\mathrm{j}\omega)$ 中，两个相邻的 $\dfrac{4\sin\left(\dfrac{k\pi}{2}\right)}{k}X\left(\mathrm{j}\omega - \mathrm{j}\dfrac{2k\pi}{T}\right)$ 相距 $\dfrac{4\pi}{T}$，因此若想不发生混叠，只有

$$\omega_\mathrm{m} - \frac{2\pi}{T} \leqslant \frac{2\pi}{T} - \omega_\mathrm{m}, \quad 即 \quad \omega_\mathrm{m} \leqslant \frac{2\pi}{T}$$

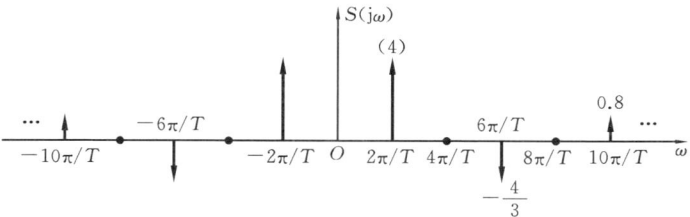

图 6-10

从而得到在这种情况下的 T 的最大值 $T_{\max} = \dfrac{2\pi}{\omega_{\mathrm{m}}}$。

6-5　图 6-11(a) 所示的系统能够将一个连续时间信号转变成为一个离散时间信号。若输入信号 $x(t)$ 是周期的,且周期为 0.1 s,其傅里叶级数系数为 $a_k = \left(\dfrac{1}{2}\right)^{|k|}$,$-\infty < k < +\infty$。低通滤波器的频率响应 $H(\mathrm{j}\omega)$ 如图 6-11(b) 所示。采样时间间隔 $T = 5 \times 10^{-3}$ s。

(a) 说明 $x[n]$ 是周期序列,并求其周期;

(b) 确定 $x[n]$ 的傅里叶级数系数 b_k。

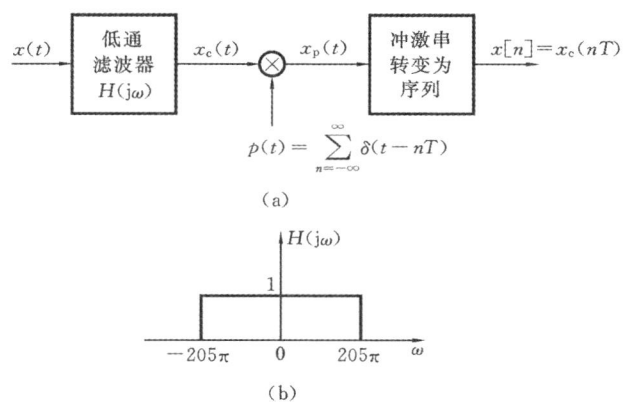

图 6-11

解　(a) 因为 $x(t)$ 的周期 $T_0 = 0.1$ s,故其基频 $\omega_0 = 20\pi$ rad/s,则其傅里叶变换为 $X(\mathrm{j}\omega) = \displaystyle\sum_{k=-\infty}^{\infty} 2\pi a_k \delta(\omega - 20\pi k)$,其中 $a_k = \left(\dfrac{1}{2}\right)^{|k|}$。

低通滤波器的截止频率 $\omega_{\mathrm{c}} = 205\pi$,因而 $x_{\mathrm{c}}(t)$ 的傅里叶变换为

$$X_{\mathrm{c}}(\mathrm{j}\omega) = \sum_{k=-10}^{10} 2\pi \left(\frac{1}{2}\right)^{|k|} \delta(\omega - 20\pi k)$$

注意到

$$P(\mathrm{j}\omega) = \frac{2\pi}{T} \sum_{k=-\infty}^{\infty} \delta\left(\omega - k\,\frac{2\pi}{T}\right), \quad T = 5 \times 10^{-3}\ \mathrm{s}$$

且　　$X_{\mathrm{p}}(\mathrm{j}\omega) = \dfrac{1}{2\pi} X_{\mathrm{c}}(\mathrm{j}\omega) * P(\mathrm{j}\omega)$

$$= \frac{1}{T} \sum_{k=-\infty}^{\infty} X_c \left(j\omega - jk\frac{2\pi}{T} \right), \quad T = 5 \times 10^{-3} \text{ s}$$

$X_c(j\omega)$ 和 $X_p(j\omega)$ 分别如图 6-12(a)、(b) 所示。

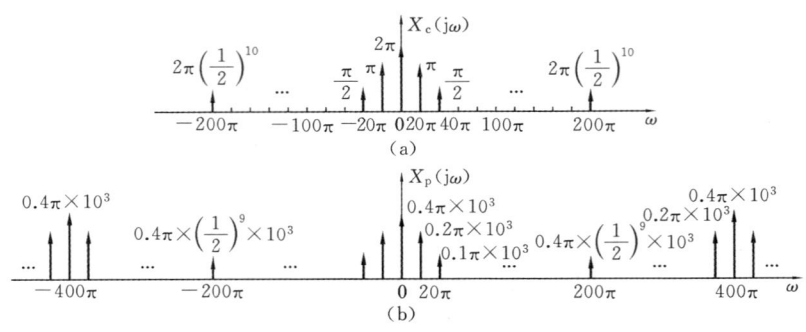

图 6-12

注意　由于采样时间间隔 $T = 5 \times 10^{-3}$ s,故采样频率 $\omega_s = 400\pi$ rad/s,因而在 $X_c(j\omega)$ 的平移叠加构成 $X_p(j\omega)$ 时,在 $\omega = \pm 200\pi$, $\pm 600\pi$,… 处出现了混叠。由图 6-12(b) 可以看出,$X_p(j\omega)$ 既具有周期性,又是由冲激串组成的。在图 6-11(a) 所示的系统中,将冲激串 $x_c(t)$ 变为离散序列 $x[n]$,只是一个频率变换过程,也就是说,$x[n]$ 的频谱与 $X_p(t)$ 的频谱一样,是周期性的冲激串,因而 $x[n]$ 是周期的,因为周期离散信号的傅里叶变换就是周期的冲激串。

下面求 $x[n]$ 的周期。

不难知 $x_c(t)$ 的傅里叶级数表示式为

$$x_c(t) = \sum_{k=-10}^{10} \left(\frac{1}{2} \right)^{|k|} e^{jk\omega_0 t}, \quad \omega_0 = 20\pi \text{ rad/s}$$

因 $x[n] = x_c(nT), T = 5 \times 10^{-3}$ s,即

$$x[n] = x_c(nT) = \sum_{k=-10}^{10} \left(\frac{1}{2} \right)^{|k|} e^{jk\omega_0 nT} = \sum_{k=-10}^{10} \left(\frac{1}{2} \right)^{|k|} e^{jk(\omega_0 T)n}$$

可将上式右端作为周期序列 $x[n]$ 的傅里叶级数表示式。

因有 $\omega_0 T = 20\pi \times 5 \times 10^{-3} = 0.1\pi$,而 $\frac{2\pi}{N} = 0.1\pi$,其中 N 为 $x[n]$ 的周期,故 $x[n]$ 的周期

$$N = \frac{2\pi}{0.1\pi} = 20。$$

(b) 在(a)中已得到 $x[n]$ 的傅里叶级数为 $x[n] = \sum_{k=-10}^{10} \left(\frac{1}{2} \right)^{|k|} e^{jk \cdot 0.1\pi n}$。

因为当 $k = -10$ 时,$e^{jk \cdot 0.1\pi n} = e^{-j\pi n} = (-1)^n$;当 $k = 10$ 时,$e^{jk \cdot 0.1\pi n} = e^{j\pi n} = (-1)^n$,所以此傅里叶级数也可写为

$$x[n] = \sum_{k=-9}^{9} \left(\frac{1}{2} \right)^{|k|} e^{jk \cdot 0.1\pi n} + 2\left(\frac{1}{2} \right)^{10} e^{j\pi n}$$

即 $x[n]$ 的傅里叶级数系数为

$$b_k = \begin{cases} \left(\dfrac{1}{2} \right)^{|k|}, & k = 0, \pm 1, \pm 2, \cdots, \pm 9 \\ \left(\dfrac{1}{2} \right)^{9}, & k = 10 \end{cases}$$

6-6　图 6-13(a) 给出了一个用离散时间系统滤波连续时间信号的完整系统。若 $X_c(j\omega)$ 和 $H(e^{j\omega})$ 如图 6-13(b) 所示,且 $\frac{1}{T} = 20$ kHz,试分别画出 $X_p(j\omega)$, $X(e^{j\omega})$, $Y(e^{j\omega})$, $Y_p(j\omega)$ 和 $Y_c(j\omega)$。

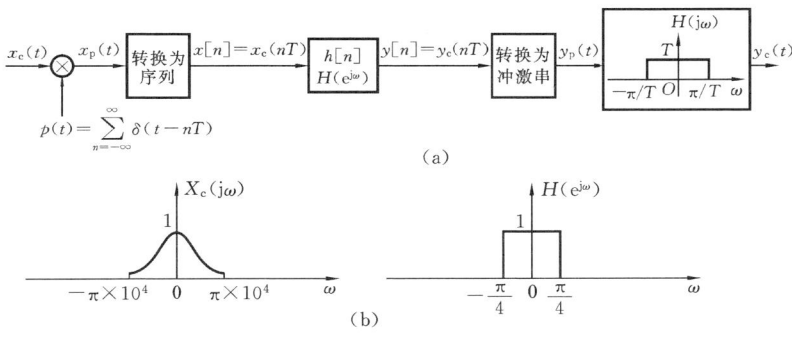

图 6-13

解　$X_c(t)$ 经过冲激串采样得到 $x_p(t)$,采样频率 $f_s = \frac{1}{T} = 20$ kHz $= 2\times10^4$ Hz,易知

$$X_p(j\omega) = \frac{1}{T}\sum_{k=-\infty}^{\infty} X_c\left(j\omega - jk\frac{2\pi}{T}\right)$$

$$= 2\times10^4 \sum_{k=-\infty}^{\infty} X_c(j\omega - jk4\pi\times10^4)$$

$X_p(j\omega)$ 如图 6-14(a) 所示。

由冲激串 $x_p(t)$ 转换为序列 $x[n]$,在频域中进行了频率归一化,即若将 $X_p(j\omega)$ 表示为 $X_p(j\Omega)$,而 $x[n]$ 的频谱函数用 $X(e^{j\omega})$ 表示,则

$$X(e^{j\omega}) = X_p(j\Omega)\Big|_{\Omega=\omega/T} = X_p(j\Omega)\Big|_{\Omega=2\times10^4\omega}$$

$$= 2\times10^4 \sum_{k=-\infty}^{\infty} X_c(j\omega\times2\times10^4 - jk\cdot4\pi\times10^4) = 2\times10^4 \sum_{k=-\infty}^{\infty} X_c[j2\times10^4\cdot(\omega-2k\pi)]$$

$X(e^{j\omega})$ 如图 6-14(b) 所示。

$x[n]$ 通过截止频率为 $\frac{\pi}{4}$ 的低通滤波器得到 $y[n]$,易知

$$Y(e^{j\omega}) = X(e^{j\omega})H(e^{j\omega}) = X(j\omega), \quad |\omega| < \frac{\pi}{4}$$

$Y(e^{j\omega})$ 如图 6-14(c) 所示。

由序列 $y[n]$ 转换为冲激串 $y_p(t)$,若 $y_p(t)$ 的频谱函数用 $Y_p(j\Omega)$ 表示,则

$$Y_p(j\Omega) = Y(e^{j\omega})\Big|_{\omega=\Omega T=0.5\times10^{-4}\Omega}$$

$Y_p(j\Omega)$ 如图 6-14(d) 所示(图中 Ω 换成为 ω)。

$y_p(t)$ 再通过截止频率为 $\frac{\pi}{T} = 2\pi\times10^4$,通带增益为 T 的低通滤波器,得到 $y_c(t)$,易知 $Y_c(j\omega) = Y_p(j\omega)H(j\omega)$,$Y_c(j\omega)$ 如图 6-14(e) 所示。

6-7　在图 6-15 所示的系统中,因果连续时间 LTI 系统满足输入-输出方程 $\frac{dy_c(t)}{dt} + y_c(t) = x_c(t)$,且输入 $x_c(t)$ 为单位冲激信号 $\delta(t)$。

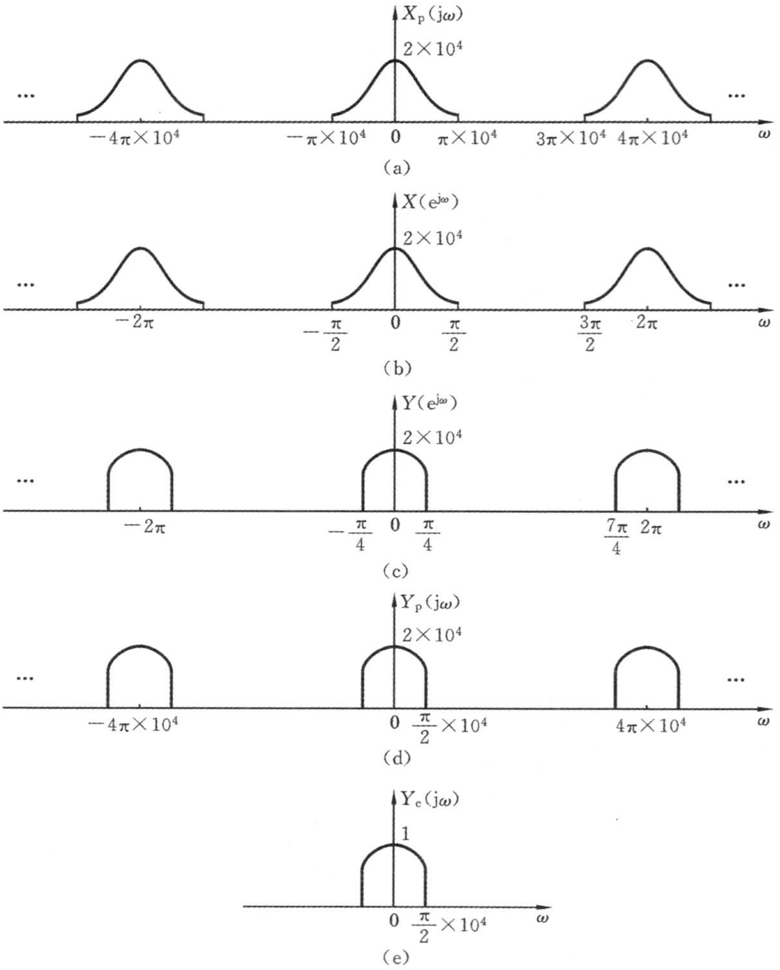

$X_p(j\omega)$

2×10^4

$-4\pi\times10^4$ $-\pi\times10^4$ 0 $\pi\times10^4$ $3\pi\times10^4$ $4\pi\times10^4$ ω

(a)

$X(e^{j\omega})$

2×10^4

-2π $-\dfrac{\pi}{2}$ 0 $\dfrac{\pi}{2}$ $\dfrac{3\pi}{2}$ 2π ω

(b)

$Y(e^{j\omega})$

2×10^4

-2π $-\dfrac{\pi}{4}$ 0 $\dfrac{\pi}{4}$ $\dfrac{7\pi}{4}$ 2π ω

(c)

$Y_p(j\omega)$

2×10^4

$-4\pi\times10^4$ 0 $\dfrac{\pi}{2}\times10^4$ $4\pi\times10^4$ ω

(d)

$Y_c(j\omega)$

1

0   $\dfrac{\pi}{2}\times10^4$ ω

(e)

图 6-14

（a）求 $y_c(t)$；

（b）若要使 $w[n]=\delta[n]$，试确定离散时间 LTI 系统的频率响应 $H(e^{j\omega})$ 及其冲激响应 $h[n]$。

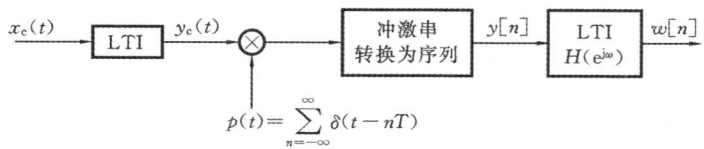

$$p(t)=\sum_{n=-\infty}^{\infty}\delta(t-nT)$$

图 6-15

解 （a）因为连续 LTI 系统的输入 - 输出方程为

$$\frac{\mathrm{d}y_\mathrm{c}(t)}{\mathrm{d}t} + y_\mathrm{c}(t) = x_\mathrm{c}(t)$$

可得其系统函数为

$$H(s) = \frac{1}{s+1}$$

又因该系统是因果的,不难得其冲激响应为 $h(t) = \mathrm{e}^{-t}u(t)$。

当输入 $x_\mathrm{c}(t) = \delta(t)$,不难得 $y_\mathrm{c}(t) = h(t) = \mathrm{e}^{-t}u(t)$。

(b) 由于 $y[n]$ 是对 $y_\mathrm{c}(t)$ 进行冲激串采样得到的序列,故

$$y[n] = y_\mathrm{c}(nT) = \mathrm{e}^{-nT}u[nT] = (\mathrm{e}^{-T})^n u[n]$$

于是有

$$Y(\mathrm{e}^{\mathrm{j}\omega}) = \frac{1}{1 - \mathrm{e}^{-T}\mathrm{e}^{-\mathrm{j}\omega}}$$

又由于 $W(\mathrm{e}^{\mathrm{j}\omega}) = Y(\mathrm{e}^{\mathrm{j}\omega})H(\mathrm{e}^{\mathrm{j}\omega})$,从而有 $H(\mathrm{e}^{\mathrm{j}\omega}) = \dfrac{W(\mathrm{e}^{\mathrm{j}\omega})}{Y(\mathrm{e}^{\mathrm{j}\omega})}$。

当 $w[n] = \delta[n]$ 时,$W(\mathrm{e}^{\mathrm{j}\omega}) = 1$,于是得

$$H(\mathrm{e}^{\mathrm{j}\omega}) = \frac{1}{Y(\mathrm{e}^{\mathrm{j}\omega})} = 1 - \mathrm{e}^{-T}\mathrm{e}^{-\mathrm{j}\omega}$$

且

$$h[n] = \delta[n] - \mathrm{e}^{-T}\delta[n-1]$$

6-8 在图 6-16 所示的系统中,数字滤波器 $h[n]$ 是因果的,且输入、输出满足 $y[n] = \dfrac{1}{2}y[n-1] + x[n]$。已知系统输入信号 $x_\mathrm{c}(t)$ 是带限的,且当 $|\omega| > \dfrac{\pi}{T}$ 时,$X_\mathrm{c}(\mathrm{j}\omega) = 0$。图 6-16 所示的系统可用一连续时间 LTI 系统等效,求此等效系统的频率响应 $H_\mathrm{c}(\mathrm{j}\omega)$。

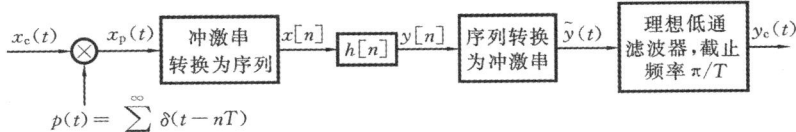

图 6-16

解 为了区分数字频率和模拟频率,以下过程中用 ω 表示模拟频率,用 Ω 表示数字频率。

由于采样时间间隔为 T,而当 $|\omega| > \dfrac{\pi}{T}$ 时,$X_\mathrm{c}(\mathrm{j}\omega) = 0$,所以 $x[n]$ 的频谱函数为

$$X(\mathrm{e}^{\mathrm{j}\Omega}) = \frac{1}{T}X_\mathrm{c}\left(\mathrm{j}\frac{\Omega}{T}\right), \quad |\Omega| < \pi$$

对于数字滤波器,由其输入-输出方程可知其频率响应为 $H(\mathrm{e}^{\mathrm{j}\Omega}) = \dfrac{1}{1 - \dfrac{1}{2}\mathrm{e}^{-\mathrm{j}\Omega}}$。于是得 $y[n]$ 的

频谱函数为

$$Y(\mathrm{e}^{\mathrm{j}\Omega}) = X(\mathrm{e}^{\mathrm{j}\Omega})H(\mathrm{e}^{\mathrm{j}\Omega}) = \frac{\dfrac{1}{T}X_\mathrm{c}\left(\mathrm{j}\dfrac{\Omega}{T}\right)}{1 - \dfrac{1}{2}\mathrm{e}^{-\mathrm{j}\Omega}}, \quad |\Omega| < \pi$$

且

$$\widetilde{Y}(\mathrm{j}\omega) = Y(\mathrm{e}^{\mathrm{j}\Omega})\Big|_{\Omega = \omega T} = \frac{\dfrac{1}{T}X_\mathrm{c}(\mathrm{j}\omega)}{1 - \dfrac{1}{2}\mathrm{e}^{-\mathrm{j}\omega T}}, \quad |\omega| < \frac{\pi}{T}$$

因为经过的低通滤波器截止频率为 $\dfrac{\pi}{T}$，所以有

$$Y_{c}(j\omega) = \widetilde{Y}(j\omega) = \frac{\dfrac{1}{T}X_{c}(j\omega)}{1 - \dfrac{1}{2}e^{-j\omega T}}, \quad |\omega| < \frac{\pi}{T}$$

从而得等价连续系统的频率响应为

$$H_{c}(j\omega) = \frac{Y_{c}(j\omega)}{X_{c}(j\omega)} = \frac{1}{T} \cdot \frac{1}{1 - \dfrac{1}{2}e^{-j\omega T}}$$

第7章　拉普拉斯变换

7.1　知识点归纳

7.1.1　拉普拉斯变换及其与 CTFT 的关系

对于连续时间信号 $x(t)$，其（双边）拉普拉斯变换定义为

$$X(s) = \int_{-\infty}^{\infty} x(t) e^{-st} \, dt$$

若将复变量 s 表示为 $s = \sigma + j\omega$，其中 σ 为 s 的实部，ω 为 s 的虚部，则有

$$X(s) = X(\sigma + j\omega) = \int_{-\infty}^{\infty} x(t) e^{-(\sigma + j\omega)t} \, dt = \int_{-\infty}^{\infty} \left[x(t) e^{-\sigma t} \right] e^{-j\omega t} \, dt$$

即 $x(t)$ 的拉普拉斯变换就是 $x(t)e^{-\sigma t}$ 的傅里叶变换。

若 $\sigma = 0$，则有

$$X(s) \big|_{s=j\omega} = X(j\omega) = \mathscr{F}\{x(t)\}$$

即在复平面的虚轴上进行的拉普拉斯变换就是连续时间傅里叶变换（CTFT）。

7.1.2　拉普拉斯变换的收敛域（ROC）

能够使积分 $\int_{-\infty}^{\infty} x(t) e^{-st} \, dt$ 收敛的所有 s 值构成的集合，称为拉普拉斯变换的收敛域。

不同类型的信号，它们的拉氏变换有着不同的收敛域，具体如下：

（1）若时限信号是绝对可积的，则其拉普拉斯变换的 ROC 为整个 s 平面。

（2）右边信号的拉普拉斯变换的 ROC 是 s 平面上的某个右半平面，即若 $\text{Re}\{s\} = \sigma_0$ 是 ROC 的左边界，则所有满足 $\text{Re}\{s\} > \sigma_0$ 的 s 值均在该 ROC 内。

（3）左边信号的拉普拉斯变换的 ROC 是 s 平面上的某个左半平面，即若 $\text{Re}\{s\} = \sigma_0$ 是 ROC 的右边界，则所有满足 $\text{Re}\{s\} < \sigma_0$ 的 s 值均在该 ROC 内。

（4）双边信号的拉普拉斯变换的 ROC 是 s 平面上一个平行于虚轴的带状区域，它既有左边界，又有右边界。

拉普拉斯变换还有如下一些性质：

（1）收敛域内不包含极点。

（2）若拉普拉斯变换 $X(s)$ 是有理函数，则其 ROC 的边界由其极点确定。具体地说，对于右边信号 $x(t)$，其拉普拉斯变换 $X(s)$ 的 ROC 为某条平行于虚轴的直线的右侧区域，该直线是由 $X(s)$ 的所有极点中实部最大（位于最右边）的极点所确定的；对于左边信号 $x(t)$，其拉普拉斯变换 $X(s)$ 的 ROC 为某条平行于虚轴的直线的左侧区域，该直线是由 $X(s)$ 的所有极点中实部最小（位于最左边）的极点所确定的；对于双边信号 $x(t)$，其拉普拉斯变换 $X(s)$ 的 ROC 既有左边界，又有右边界，左、右边界取决于 $X(s)$ 的极点，在左、右边界的两边可以有其他极点，但左、右边界之间不可能有极点。

7.1.3　拉普拉斯逆变换

在进行拉普拉斯逆变换时,应首先根据 $X(s)$ 的 ROC 判断出 $x(t)$ 的类型,然后再考虑选择以下的方法求 $x(t)$。

1. 部分分式展开法

若 $X(s)$ 是有理函数,通常采用这种方法求逆变换。具体地说,先将有理函数 $X(s)$ 展开为

$$X(s) = \sum_{i=1}^{m} \frac{A_i}{s + a_i}$$

然后利用变换对

$$A_i \mathrm{e}^{-a_i t} u(t) \xleftrightarrow{\text{LT}} \frac{A_i}{s + a_i} \left(\text{或} - A_i \mathrm{e}^{-a_i t} u(-t) \xleftrightarrow{\text{LT}} \frac{A_i}{s + a_i} \right)$$

对以上和式中的每一项分别求逆变换,再相加,便可得到 $x(t)$。

当 $X(s)$ 具有一个有理函数乘以一个复指数函数 e^{bs}(b 为常数)的形式时,也可采用部分分式展开法。先用此法对有理函数部分进行逆变换,再利用拉普拉斯变换的时移性质,便可求出 $x(t)$,注意在应用时移性质时,时域表达式中阶跃函数也要时移。

2. 围线积分法

因

$$x(t) = \frac{1}{2\pi \mathrm{j}} \int_{\sigma - \mathrm{j}\infty}^{\sigma + \mathrm{j}\infty} X(s) \mathrm{e}^{st} \mathrm{d}s = \frac{1}{2\pi \mathrm{j}} \oint_C X(s) \mathrm{e}^{st} \mathrm{d}s$$

其中,C 为包围了 $X(s)$ 所有有限极点的一条简单正向封闭曲线。

用留数定理计算以上复积分有

$$x(t) = \sum_i \mathrm{Res}[X(s)\mathrm{e}^{st}, p_i]$$

其中,p_i 代表 $X(s)$ 的诸有限极点。

在用上式求 $x(t)$ 时需注意:当 $x(t)$ 中包含有冲激函数或其导数时,需先将 $X(s)$ 分解为多项式与真分式之和的形式,由多项式决定冲激函数及其导数项,再对真分式求留数决定其余各项。

7.1.4　拉普拉斯变换的性质

设 $x(t) \xleftrightarrow{\text{LT}} X(s)$,$\mathrm{ROC} = R$;$x_1(t) \xleftrightarrow{\text{LT}} X_1(s)$,$\mathrm{ROC} = R_1$;$x_2(t) \xleftrightarrow{\text{LT}} X_2(s)$,$\mathrm{ROC} = R_2$,则有如下性质。

1. 线性

$$ax_1(t) + bx_2(t) \xleftrightarrow{\text{LT}} aX_1(s) + bX_2(s), \quad \mathrm{ROC} \text{ 包含 } R_1 \bigcap R_2$$

2. 时移性

$$x(t - t_0) \xleftrightarrow{\text{LT}} \mathrm{e}^{-st_0} X(s), \quad \mathrm{ROC} = R$$

3. s 域平移

$$\mathrm{e}^{s_0 t} x(t) \xleftrightarrow{\text{LT}} X(s - s_0), \quad \mathrm{ROC} = R + \mathrm{Re}\{s_0\}$$

4. 时间尺度变换

$$x(at) \xleftrightarrow{\text{LT}} \frac{1}{|a|} X\left(\frac{s}{a}\right), \quad \mathrm{ROC} = aR$$

5. 时域反褶

$$x(-t) \xleftrightarrow{\text{LT}} X(-s), \quad \mathrm{ROC} = -R$$

注意：若 $x(t)$ 是一个右边信号，则反褶之后得到的 $x(-t)$ 就是一个左边信号，且 $x(t)$ 的 ROC 是一个右半平面，而 $x(-t)$ 的 ROC 变成一个左半平面。

6. 共轭性质

$$x^*(t) \xleftrightarrow{\text{LT}} X^*(s^*), \quad \text{ROC} = R$$

注意：(1) 若 $x(t)$ 是实信号，则 $X(s)$ 的零、极点要么是实数，如果有复数零、极点，必定是成对、共轭地出现。

(2) 若 $x(t)$ 是偶函数，则 $X(s)$ 一定有偶数个零点和极点，且各自关于原点对称。

(3) 若 $x(t)$ 是奇函数，则 $X(s)$ 的零点和极点的数量一定一个是奇数个，另一个是偶数个，且数量为奇数个的零点或极点中，一定有一个位于原点，其余的零点或极点各自关于原点对称。

7. 时域卷积性质

$$x_1(t) * x_2(t) \xleftrightarrow{\text{LT}} X_1(s) \cdot X_2(s), \quad \text{ROC 包含 } R_1 \bigcap R_2$$

8. 时域微分

$$\frac{\mathrm{d}x(t)}{\mathrm{d}t} \xleftrightarrow{\text{LT}} sX(s), \quad \text{ROC 包含 } R$$

9. s 域微分

$$-tx(t) \xleftrightarrow{\text{LT}} \frac{\mathrm{d}X(s)}{\mathrm{d}s}, \quad \text{ROC} = R$$

10. 时域积分

$$\int_{-\infty}^{t} x(\tau)\mathrm{d}\tau \xleftrightarrow{\text{LT}} \frac{X(s)}{s}, \quad \text{ROC 包含 } R \bigcap \{\text{Re}\{s\} > 0\}$$

11. 初值定理

设 $x(t)$ 是因果信号，即当 $t < 0$ 时 $x(t) = 0$，则 $x(0^+) = \lim\limits_{s \to \infty} sX(s)$。

注意：若 $X(s)$ 是个假有理分式函数，即分母多项式的次数不高于分子多项式的次数，则需将 $X(s)$ 先表示成为一个关于 s 的多项式与一个真有理函数 $X_1(s)$ 之和，然后将 $X_1(s)$ 代入初值定理的极限中求初值。

12. 终值定理

已知 $x(t)$ 为因果信号，且 $X(s)$ 的所有极点要么位于 s 左半平面，要么是位于原点的一阶极点，则 $\lim\limits_{t \to \infty} x(t) = \lim\limits_{s \to 0} sX(s)$。

7.1.5　用几何作图法由极 - 零点分布图求傅里叶变换

设因果信号 $x(t)$ 的拉普拉斯变换为

$$X(s) = M \frac{\prod\limits_i (s - \beta_i)}{\prod\limits_j (s - \alpha_j)}$$

且 $x(t)$ 的傅里叶变换 $X(\mathrm{j}\omega) = \int_{-\infty}^{\infty} x(t)\mathrm{e}^{-\mathrm{j}\omega t}\,\mathrm{d}t$ 绝对收敛，则

$$X(\mathrm{j}\omega) = X(s)\Big|_{s=\mathrm{j}\omega} = M \frac{\prod\limits_i (\mathrm{j}\omega - \beta_i)}{\prod\limits_j (\mathrm{j}\omega - \alpha_j)}$$

其中，复数 $\mathrm{j}\omega$ 是虚轴上一点，M 一般为正数。

分别由所有的零点 β_i 和极点 α_j 向虚轴上的某点 $j\omega_1$ 作矢量,若令零点矢量为 $\boldsymbol{A}_i$,极点矢量为 $\boldsymbol{B}_j$,于是有

$$|X(j\omega_1)| = M\frac{\prod\limits_i A_i}{\prod\limits_j B_j}, \quad \arg X(j\omega_1) = \sum_i \theta_i - \sum_j \varphi_j$$

其中,A_i 代表零点矢量 $\boldsymbol{A}_i$ 的长度,B_j 代表极点矢量 $\boldsymbol{B}_j$ 的长度,θ_i 和 φ_j 分别是 $\boldsymbol{A}_i$ 和 $\boldsymbol{B}_j$ 的夹角。

当 ω 从 $-\infty$ 逐渐向 ∞ 增大时,点 $j\omega$ 沿虚轴由下至上运动,同时各零点矢量 $\boldsymbol{A}_i$ 和极点矢量 $\boldsymbol{B}_j$ 也都在不断地变化。根据矢量 $\boldsymbol{A}_i$、$\boldsymbol{B}_j$ 各自长度及夹角随 ω 变化的情形,可粗略绘制出信号 $x(t)$ 的幅度频谱 $|X(j\omega)|$ 图和相位频谱 $\arg X(j\omega)$ 图。

7.1.6　用拉普拉斯变换表征和分析 LTI 系统

1. 系统函数

设系统激励信号的拉普拉斯变换为 $X(s)$,响应信号(零状态响应)的拉普拉斯变换为 $Y(s)$,则系统函数(也称传输函数)为

$$H(s) = \frac{Y(s)}{X(s)}$$

系统函数 $H(s)$ 是单位冲激响应 $h(t)$ 的拉普拉斯变换,即

$$H(s) = \mathscr{L}\{h(t)\} = \int_{-\infty}^{\infty} h(t)\mathrm{e}^{-st}\,\mathrm{d}t$$

用线性常系数微分方程描述的连续 LTI 系统,其系统函数是有理函数,即 $H(s)$ 的分子和分母都是 s 的多项式。

2. 系统函数与系统的因果性

对于一个因果的 LTI 系统来说,其系统函数的收敛域一定是 s 平面上某个右半平面;反之则不然。不过对于一个具有有理系统函数的 LTI 系统来说,其因果性与"ROC 在 $H(s)$ 最右边极点所决定的垂直线的右侧"是等价的。

3. 系统函数与系统的稳定性

一个连续 LTI 系统是稳定的,当且仅当其系统函数 $H(s)$ 的 ROC 包含 $j\omega$ 轴(即 $\mathrm{Re}\{s\} = 0$)。

对于一个因果稳定的连续 LTI 系统来说,若其系统函数 $H(s)$ 是有理函数,则 $H(s)$ 的所有极点必分布于 $j\omega$ 轴的左侧。换言之,$H(s)$ 的所有极点都具有负的实部。

反过来,对于一个反因果稳定的连续 LTI 系统来说,若其系统函数 $H(s)$ 是有理函数,则 $H(s)$ 的所有极点都分布于 $j\omega$ 轴的右侧。换言之,$H(s)$ 的所有极点都具有正的实部。

4. 系统函数 $H(s)$ 与频率响应 $H(j\omega)$

对于稳定的连续 LTI 系统,其频率响应

$$H(j\omega) = H(s)\Big|_{s=j\omega}$$

其中,$|H(j\omega)|$ 为系统的幅频特性,$\arg H(j\omega)$ 为系统的相频特性。在 $h(t)$ 是实函数的情况下,$|H(j\omega)|$ 为 ω 的偶函数,$\arg H(j\omega)$ 为 ω 的奇函数。

7.1.7　连续时间系统的方框图表示

1. 三种基本元件

对于一个由常系数微分方程所描述的连续 LTI 系统来说,其方框图中包括三种基本元件:加

法器、数乘器、积分器。它们各自的方框图表示及其功能分别如图 7-1(a)、(b)、(c) 所示。

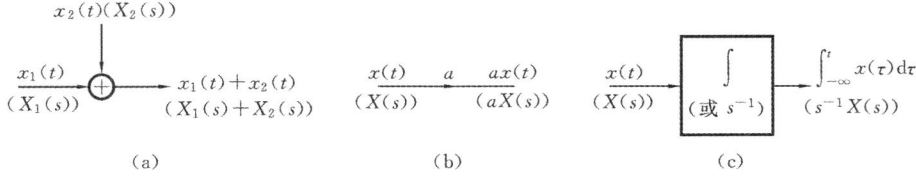

图 7-1 三种基本元件的时域及 s 域框图表示

2. 画因果 LTI 系统的模拟框图

系统方框图可分为直接型、级联(串联)型和并联型等形式。对于级联和并联两种模拟形式而言,每个子系统都采用直接形式模拟。

画直接型模拟框图的方法:设系统函数 $H(s) = \dfrac{N(s)}{D(s)}$,先将 $H(s)$ 看作是 $H(s) = H_1(s) \cdot$

$H_2(s)$,其中 $H_1(s) = \dfrac{1}{D(s)}$,$H_2(s) = N(s)$,然后用三种基本元件模拟 $H_1(s)$,画出子系统 $H_1(s)$ 的框图,最后再在此框图的基础上模拟 $H_2(s)$,画出子系统 $H_2(s)$ 的框图,与之前的框图合起来构成 $H(s)$ 的直接型模拟框图。

7.1.8 单边拉普拉斯变换

对于信号 $x(t)$,其单边拉普拉斯变换定义为

$$\mathscr{X}(s) = \int_{0^-}^{\infty} x(t) \mathrm{e}^{-st} \, \mathrm{d}t$$

一个因果信号的单边拉普拉斯变换 $\mathscr{X}(s)$ 与双边拉普拉斯变换 $X(s)$ 相同。

信号 $x(t)$ 的单边拉普拉斯变换等于信号 $x(t)u(t)$ 的双边拉普拉斯变换。

由于单边拉普拉斯变换往往用于因果连续 LTI 系统的分析,且系统单位冲激响应 $h(t)$ 往往是无时限的因果信号,而我们知道,这种 $h(t)$ 的单边拉普拉斯变换的 ROC 一定是 s 平面上的某个右半平面,所以一般来说"单边拉普拉斯变换的 ROC 总是某个右半平面"。在求单边拉普拉斯逆变换时,有时不给出 $X(s)$ 的 ROC,读者应该能根据 $X(s)$ 的极点情况判断出其 ROC。

1. 单边拉普拉斯变换的性质

下面仅列出与双边拉普拉斯变换不同的性质。

设 $x(t) \overset{\text{LT}}{\longleftrightarrow} \mathscr{X}(s), x_1(t) \overset{\text{LT}}{\longleftrightarrow} \mathscr{X}_1(s), x_2(t) \overset{\text{LT}}{\longleftrightarrow} \mathscr{X}_2(s)$,则有以下性质。

(1)时域卷积

$$x_1(t) * x_2(t) \overset{\text{LT}}{\longleftrightarrow} \mathscr{X}_1(s)\mathscr{X}_2(s)$$

注意:$x_1(t)$ 和 $x_2(t)$ 必须均为因果信号。

(2)时域积分

$$\int_{0^-}^{t} x(\tau)\mathrm{d}\tau \overset{\text{LT}}{\longleftrightarrow} \frac{1}{s}\mathscr{X}(s), \quad \text{此处 } x(t) \text{ 必须是因果信号}$$

(3)时域微分

$$\frac{\mathrm{d}^n x(t)}{\mathrm{d}t^n} \overset{\text{LT}}{\longleftrightarrow} s^n \mathscr{X}(s) - \sum_{k=0}^{n-1} s^{n-k-1} x^{(k)}(0^-)$$

(4)时域尺度变换

$$x(at) \overset{\text{LT}}{\longleftrightarrow} \frac{1}{a} \mathscr{X}\left(\frac{s}{a}\right), \quad a > 0$$

2. 用拉普拉斯变换求连续时间系统的响应

由于系统响应可分为零输入响应 $y_{zi}(t)$ 和零状态响应 $y_{zs}(t)$ 两部分,即

$$y(t) = y_{zi}(t) + y_{zs}(t)$$

所以,用拉普拉斯变换求系统的响应有以下两种办法。

(1) 采用时域法 + 双边拉普拉斯变换法分别计算出 $y_{zi}(t)$ 和 $y_{zs}(t)$。

求 $y_{zi}(t)$ 采用时域方法,具体步骤为:根据已知的微分方程或系统函数确定系统的自然频率(或系统极点),从而可确定 $y_{zi}(t)$ 的模式,再代入所给的初始条件(0^- 值)求出其中的系数。

求 $y_{zs}(t)$ 采用双边拉普拉斯变换,具体步骤为:若已知描述系统的微分方程,直接对微分方程取双边拉普拉斯变换,同时代入输入信号的拉普拉斯变换 $X(s)$,便可求出零状态响应的拉普拉斯变换 $Y_{zs}(s)$,再进行逆变换便可求出 $y_{zs}(t)$。若已知系统函数 $H(s)$ 或单位冲激响应 $h(t)$,便可通过将输入信号的拉普拉斯变换 $X(s)$ 与 $H(s)$ 相乘得 $Y_{zs}(s)$,再对其进行逆变换便可得到 $y_{zs}(t)$。

(2) 利用单边拉普拉斯变换求解微分方程求出全响应或分别求出 $y_{zi}(t)$ 和 $y_{zs}(t)$。

利用单边拉普拉斯变换的时域微分特性,对微分方程两边取单边拉普拉斯变换,这样不仅考虑到了输入信号,也考虑到了系统的初始状态,从而可一次性地将全响应 $y(t)$ 求出来。

若想分别求 $y_{zi}(t)$ 和 $y_{zs}(t)$,则对微分方程求单边拉普拉斯变换之后,整理方程,将 $Y(s)$ 表示成两部分之和,一部分只包含输入信号的拉普拉斯变换,另一部分只包含系统的初始状态(0^- 值),即前者为 $Y_{zs}(s)$,后者为 $Y_{zi}(s)$,分别对 $Y_{zs}(s)$ 和 $Y_{zi}(s)$ 求逆变换便分别得到 $y_{zs}(t)$ 和 $y_{zi}(t)$。

7.2　典型习题详解

7-1　求以下时间函数的拉普拉斯变换,并画出极零图和收敛域。

(a) $x(t) = e^{-4t}u(t) + e^{-5t}\sin(5t)u(t)$;　　　　(b) $x(t) = |t| e^{-2|t|}$;

(c) $x(t) = \begin{cases} 1, & 0 \leqslant t \leqslant 1 \\ 0, & 其他 \end{cases}$;　　　　(d) $x(t) = \begin{cases} t, & 0 \leqslant t \leqslant 1 \\ 2-t, & 1 < t \leqslant 2 \end{cases}$;

(e) $x(t) = \delta(3t) + u(3t)$。

解　本题多处利用变换对

$$e^{-\alpha t}u(t) \longleftrightarrow \frac{1}{s+\alpha}, \quad \text{Re}\{s\} > \text{Re}\{-\alpha\}, \quad \alpha \text{ 可为复数}$$

(a) 可将 $x(t)$ 表示为

$$x(t) = e^{-4t}u(t) + \frac{1}{2j}e^{-(5-j5)t}u(t) - \frac{1}{2j}e^{-(5+j5)t}u(t)$$

于是由所给出的变换对得到

$$X(s) = \frac{1}{s+4} + \frac{1}{2j}\frac{1}{s+5-j5} - \frac{1}{2j}\frac{1}{s+5+j5}$$

$$= \frac{1}{s+4} + \frac{5}{(s+5)^2+25} = \frac{s^2+15s+70}{s^3+14s^2+90s+200}, \quad \text{Re}\{s\} > -4$$

极零图和收敛域如图 7-2(a) 所示。

(b) $x(t)$ 可表示为　　　　$x(t) = te^{-2t}u(t) - te^{2t}u(-t)$

由变换对 $-e^{-\alpha t}u(-t) \overset{\text{LT}}{\longleftrightarrow} \frac{1}{s+\alpha}$, $\text{Re}\{s\} < -\alpha$ 以及最开始所给变换对知

$$e^{-2t}u(t) \xleftrightarrow{\text{LT}} \frac{1}{s+2}, \quad \text{Re}\{s\} > -2; \qquad -e^{2t}u(-t) \xleftrightarrow{\text{LT}} \frac{1}{s-2}, \quad \text{Re}\{s\} < 2$$

再利用拉普拉斯变换的 s 域微分性质，可得

$$te^{-2t}u(t) \xleftrightarrow{\text{LT}} -\frac{\text{d}}{\text{d}s}\left(\frac{1}{s+2}\right) = \frac{1}{(s+2)^2}, \quad \text{Re}\{s\} > -2$$

$$-te^{2t}u(-t) \xleftrightarrow{\text{LT}} -\frac{\text{d}}{\text{d}s}\left[\left(\frac{1}{s-2}\right)\right] = \frac{1}{(s-2)^2}, \quad \text{Re}\{s\} < 2$$

故

$$X(s) = \frac{1}{(s+2)^2} + \frac{1}{(s-2)^2} = \frac{2(s^2+4)}{(s^2-4)^2}, \quad -2 < \text{Re}\{s\} < 2$$

极零图和收敛域如图 7-2(b) 所示。

(c) $x(t)$ 可表示为
$$x(t) = u(t) - u(t-1)$$

因为 $u(t) \xleftrightarrow{\text{LT}} \frac{1}{s}$，$\text{Re}\{s\} > 0$，利用时移性又可写出

$$u(t-1) \xleftrightarrow{\text{LT}} \frac{1}{s}e^{-s}, \quad \text{Re}\{s\} > 0$$

从而

$$X(s) = \frac{1}{s}(1 - e^{-s}), \quad \text{对任意 } s$$

$X(s)$ 的 ROC 为整个 s 平面（对任意 s），而不是 $\text{Re}\{s\} > 0$，因为 $x(t)$ 是时限信号。从表面上看 $X(s)$ 有一个极点在 $s = 0$，实际上 $X(s)$ 在 $s = 0$ 处也有一个零点，零、极点抵消掉了，$X(s)$ 就没有极点了。不过 $X(s)$ 有无穷多个零点，位于 $s = \text{j}2k\pi, k = \pm 1, \pm 2, \cdots$。

极零图和收敛域如图 7-2(c) 所示。

(d) $x(t)$ 可表示为 $x(t) = t[u(t) - u(t-1)] + (2-t)[u(t-1) - u(t-2)]$，又可将 $x(t)$ 的表达式整理为 $x(t) = tu(t) - 2(t-1)u(t-1) + (t-2)u(t-2)$。

因 $tu(t) \xleftrightarrow{\text{LT}} \frac{1}{s^2}$，$\text{Re}\{s\} > 0$，利用拉普拉斯变换的时移性，可得

$$(t-1)u(t-1) \xleftrightarrow{\text{LT}} \frac{1}{s^2}e^{-s}, \quad \text{Re}\{s\} > 0; \qquad (t-2)u(t-2) \xleftrightarrow{\text{LT}} \frac{1}{s^2}e^{-2s}, \quad \text{Re}\{s\} > 0$$

从而有

$$X(s) = \frac{1}{s^2}(1 - 2e^{-s} + e^{-2s}) = \frac{(1-e^{-s})^2}{s^2}, \quad \text{对任意 } s$$

此题的零、极点情况与(c)相似，但零点都是二阶的。

极零图和收敛域如图 7-2(d) 所示。

(e) 因 $\delta(3t) = \frac{1}{3}\delta(t)$，而 $u(3t) = u(t)$，故

$$X(s) = \frac{1}{3} + \frac{1}{s} = \frac{s+3}{3s}, \quad \text{Re}\{s\} > 0$$

极零图和收敛域如图 7-2(e) 所示。

7-2   求拉普拉斯逆变换 $x(t)$。

(a) $\dfrac{1}{s^2+9}$，$\text{Re}\{s\} > 0$；   (b) $\dfrac{s}{s^2+9}$，$\text{Re}\{s\} < 0$；   (c) $\dfrac{s+1}{(s+1)^2+9}$，$\text{Re}\{s\} < -1$；

(d) $\dfrac{s+2}{s^2+7s+12}$，$-4 < \text{Re}\{s\} < -3$；   (e) $\dfrac{s^2-s+1}{(s+1)^2}$，$\text{Re}\{s\} > -1$。

解   本题采用部分分式展开法求逆变换，利用拉普拉斯变换的性质及一些常用变换对。

(a) 因 $\sin(\omega_0 t)u(t) \xleftrightarrow{\text{LT}} \dfrac{\omega_0}{s^2+\omega_0^2}$，$\text{Re}\{s\} > 0$，又 $\dfrac{1}{s^2+9} = \dfrac{1}{3}\dfrac{3}{s^2+3^2}$，故

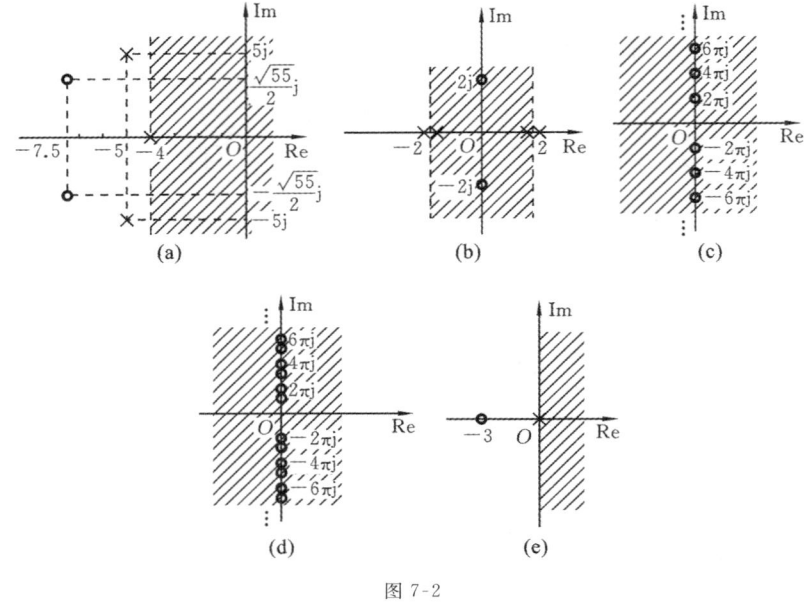

图 7-2

$$x(t) = \frac{1}{3}\sin(3t)u(t)$$

(b) 因 $\cos(\omega_0 t)u(t) \overset{\text{LT}}{\longleftrightarrow} \dfrac{s}{s^2 + \omega_0^2}$，$\text{Re}\{s\} > 0$，由拉普拉斯变换的时域反褶性质

$$x(-t) \overset{\text{LT}}{\longleftrightarrow} X(-s), \quad \text{ROC} = -R$$

可得

$$\cos(-\omega_0 t)u(-t) \overset{\text{LT}}{\longleftrightarrow} \frac{-s}{(-s)^2 + \omega_0^2}, \quad \text{Re}\{s\} < 0$$

即

$$-\cos(\omega_0 t)u(-t) \overset{\text{LT}}{\longleftrightarrow} \frac{s}{s^2 + \omega_0^2}, \quad \text{Re}\{s\} < 0$$

从而有

$$x(t) = -\cos(3t)u(-t)$$

(c) 先由 $-\cos(\omega_0 t)u(-t) \overset{\text{LT}}{\longleftrightarrow} \dfrac{s}{s^2 + \omega_0^2}$，$\text{Re}\{s\} < 0$ 得

$$-\cos(3t)u(-t) \overset{\text{LT}}{\longleftrightarrow} \frac{s}{s^2 + 9}, \quad \text{Re}\{s\} < 0$$

再利用拉普拉斯变换的 s 域平移性质，得

$$-\mathrm{e}^{-t}\cos(3t)u(-t) \overset{\text{LT}}{\longleftrightarrow} \frac{s+1}{(s+1)^2 + 9}, \quad \text{Re}\{s\} < -1$$

即

$$x(t) = -\mathrm{e}^{-t}\cos(3t)u(-t)$$

(d) 首先将所给的拉普拉斯变换展开为

$$X(s) = \frac{s+2}{s^2 + 7s + 12} = \frac{-1}{s+3} + \frac{2}{s+4}, \quad -4 < \text{Re}\{s\} < -3$$

由 $X(s)$ 的 ROC 知，上式右端第一项对应一个左边信号，而第二项对应一个右边信号。利用变换对

$$\mathrm{e}^{-\alpha t}u(t) \overset{\text{LT}}{\longleftrightarrow} \frac{1}{s+\alpha}, \quad \text{Re}\{s\} > \text{Re}\{-\alpha\}; \qquad -\mathrm{e}^{-\alpha t}u(-t) \overset{\text{LT}}{\longleftrightarrow} \frac{1}{s+\alpha}, \quad \text{Re}\{s\} < \text{Re}\{-\alpha\}$$

可直接写出
$$x(t) = e^{-3t}u(-t) + 2e^{-4t}u(t)$$

（e）首先将 $X(s)$ 表示为

$$X(s) = \frac{s^2 - s + 1}{(s+1)^2} = 1 - \frac{3s}{(s+1)^2}, \quad \text{Re}\{s\} > -1$$

由 $X(s)$ 的 ROC 可推知 $x(t)$ 是右边信号。

由变换对 $e^{-t}u(t) \overset{\text{LT}}{\longleftrightarrow} \frac{1}{s+1}$，$\text{Re}\{s\} > -1$，接着利用 s 域微分性质有

$$te^{-t}u(t) \overset{\text{LT}}{\longleftrightarrow} \frac{1}{(s+1)^2}, \quad \text{Re}\{s\} > -1$$

最后再利用时域微分性质，得

$$\frac{\mathrm{d}[te^{-t}u(t)]}{\mathrm{d}t} = (1-t)e^{-t}u(t) \overset{\text{LT}}{\longleftrightarrow} \frac{s}{(s+1)^2}, \quad \text{Re}\{s\} > -1$$

于是得到
$$x(t) = \delta(t) - 3(1-t)e^{-t}u(t)$$

7-3　假设图 7-3 给出了 $X(s)$ 的四种极零图，那么当 $x(t)$ 分别具有以下性质时，试确定相应的 ROC。

（1）$x(t)e^{-3t}$ 绝对可积；　　　　（2）$x(t) * [e^{-t}u(t)]$ 绝对可积；

（3）$x(t) = 0, t > 1$；　　　　　　（4）$x(t) = 0, t < -1$。

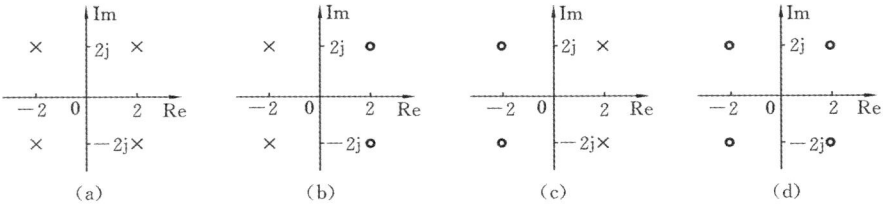

图 7-3

解　（1）若 $x(t) \overset{\text{LT}}{\longleftrightarrow} X(s)$，$\text{ROC} = R$，则

$$x(t)e^{-3t} \overset{\text{LT}}{\longleftrightarrow} X(s+3), \quad \text{ROC} = R - 3$$

$x(t)e^{-3t}$ 绝对可积意味着 $x(t)e^{-3t}$ 存在傅里叶变换，同时也意味着 $X(s+3)$ 的 ROC 包括 $j\omega$ 轴。

由于 $X(s+3)$ 的 ROC 是将 $X(s)$ 的 ROC 向左平行移动 3 个单位，故要使 $X(s+3)$ 的 ROC 包括虚轴，则对于图 7-3 中的四种极零图，$X(s)$ 的 ROC 分别为：对于图 7-3(a)，$\text{Re}\{s\} > 2$；对于图 7-3(b)，$\text{Re}\{s\} > -2$；对于图 7-3(c)，$\text{Re}\{s\} > 2$；对于图 7-3(d)，整个 s 平面（因为无极点）。

（2）由拉普拉斯变换的时域卷积性质，有

$$x(t) * [e^{-t}u(t)] \overset{\text{LT}}{\longleftrightarrow} \frac{X(s)}{s+1}, \quad \text{ROC} = R \cap \{\text{Re}\{s\} > -1\}$$

由条件"$x(t) * [e^{-t}u(t)]$ 绝对可积"可知，集合 $R \cap \{\text{Re}\{s\} > -1\}$ 应该包括 $j\omega$ 轴在内，因此对于图 7-3 中的四种极零图，$X(s)$ 的 ROC 分别为：对于图 7-3(a)，$-2 < \text{Re}\{s\} < 2$；对于图 7-3(b)，$\text{Re}\{s\} > -2$；对于图 7-3(c)，$\text{Re}\{s\} < 2$；对于图 7-3(d)，整个 s 平面。

（3）条件"$t > 1$ 时，$x(t) = 0$"说明 $x(t)$ 是一左边信号或时限信号，左边信号的 ROC 必为某左半平面，时限信号的 ROC 必为整个 s 平面，因此对于图 7-3 中的四种极零图，$X(s)$ 的 ROC 分别为：对于图 7-3(a)，$\text{Re}\{s\} < -2$；对于图 7-3(b)，$\text{Re}\{s\} < -2$；对于图 7-3(c)，$\text{Re}\{s\} < 2$；对于图 7-3(d)，整个 s 平面。

（4）条件"$t < -1$时，$x(t) = 0$"说明$x(t)$是一右边信号或一时限信号，右边信号的 ROC 必为某右半平面，时限信号的 ROC 为整个 s 平面，因此对于图 7-3 中的四种极零图，$X(s)$ 的 ROC 分别为：对于图 7-3(a)，$\mathrm{Re}\{s\} > 2$；对于图 7-3(b)，$\mathrm{Re}\{s\} > -2$；对于图 7-3(c)，$\mathrm{Re}\{s\} > 2$；对于图 7-3(d)，整个 s 平面。

7-4　在本题中，我们所考虑的拉普拉斯变换，其 ROC 总是包括 $j\omega$ 轴。

（a）考虑信号 $x(t)$，其傅里叶变换为 $X(j\omega)$，拉普拉斯变换 $X(s) = s + \dfrac{1}{2}$。画出 $X(s)$ 的极零图，并对某个给定的 ω 画一矢量，使该矢量的长度代表 $|X(j\omega)|$，该矢量与实轴的夹角代表 $\arg X(j\omega)$。

（b）利用（a）中的极零图和矢量图，求一不同的拉普拉斯变换 $X_1(s)$，使 $|X_1(j\omega)| = |X(j\omega)|$，但 $x_1(t) \neq x(t)$，这里 $x_1(t)$ 是 $X_1(s)$ 的原函数，并画出 $X_1(s)$ 的极零图和代表 $X_1(j\omega)$ 的矢量。

（c）对于（b）中的回答，问 $\arg X(j\omega)$ 与 $\arg X_1(j\omega)$ 之间有何关系？

（d）求另一拉普拉斯变换 $X_2(s)$，使 $\arg X_2(j\omega) = \arg X(j\omega)$，但 $x_2(t)$ 与 $x(t)$ 不成比例，这里 $x_2(t)$ 是 $X_2(s)$ 的原函数，并画出 $X_2(s)$ 的极零图和代表 $X_2(j\omega)$ 的矢量。

（e）对于（d）中的回答，$|X_2(j\omega)|$ 与 $|X(j\omega)|$ 之间有何关系？

（f）考虑信号 $x(t)$，其拉普拉斯变换 $X(s)$ 的极零图如图 7-4 所示。

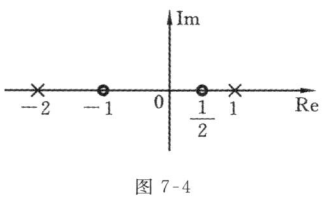

图 7-4

试确定 $X_1(s)$，使 $|X(j\omega)| = |X_1(j\omega)|$，且 $X_1(s)$ 的所有极点和零点都在 s 平面的左半平面（即所有极、零点的实部都小于 0）。再确定 $X_2(s)$，使 $\arg X(j\omega) = \arg X_2(j\omega)$，且 $X_2(s)$ 的所有极点和零点都在 s 平面的左半平面。

解　（a）由于 $X(s) = s + \dfrac{1}{2}$，所以 $X(s)$ 没有有限极点，只有一个零点 $s = -\dfrac{1}{2}$。$X(s)$ 的极零图及代表 $X(j\omega)$ 的矢量如图 7-5(a) 所示。

（b）因为要使 $|X_1(j\omega)| = |X(j\omega)|$，而 $\arg X_1(j\omega) \neq \arg X(j\omega)$（这样才能保证 $x_1(t) \neq x(t)$），所以可考虑将图 7-5(a) 中的零点对称于 $j\omega$ 轴翻转到正实轴上来，从而得 $X_1(s) = s - 1/2$，$X_1(s)$ 的极零图及代表 $X_1(j\omega)$ 的矢量如图 7-5(b) 所示。

（c）对照图 7-5(a)、(b) 中两个矢量图，不难发现 $\arg X_1(j\omega) = \pi - \arg X(j\omega)$。

（d）要求 $x_2(t)$ 与 $x(t)$ 不能成比例，这意味着 $X_2(s)$ 与 $X(s)$ 不能有相同的零、极点。而且又要求 $\arg X_2(j\omega) = \arg X(j\omega)$，受（c）的启发，可构造 $X_2(s)$，使 $\arg X_2(j\omega) = \pi - [\pi - \arg X(j\omega)]$，其中括号中的部分是某个极点矢量的夹角，这样就可保证 $\arg X_2(j\omega) = \arg X(j\omega)$。于是得

$$X_2(s) = \frac{s^2}{s - 1/2}$$

$X_2(s)$ 的极零图和代表 $X_2(j\omega)$ 的矢量如图 7-5(c) 所示。由图 7-5(c) 可见

$$\arg X_2(j\omega) = 2 \times \frac{\pi}{2} - (\pi - \arg X(j\omega)) = \arg X(j\omega)$$

注意：此题在构造 $X_2(s)$ 时，也可以使其分子等于一个负数，如 -1，即 $X_2(s) = \dfrac{-1}{s - 1/2}$，这样也可以使 $\arg X_2(j\omega) = \pi - [\pi - \arg X(j\omega)]$。

（e）因 $|X(j\omega)| = \left| j\omega + \dfrac{1}{2} \right|$，而由 $X_2(s) = \dfrac{s^2}{s - 1/2}$ 得

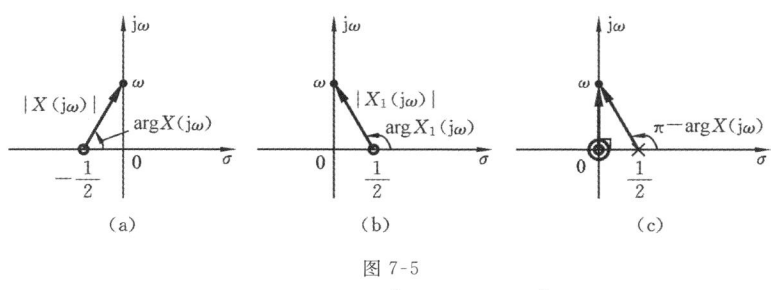

图 7-5

$$| X_2(j\omega) | = \frac{\omega^2}{| j\omega - 1/2 |} = \frac{\omega^2}{| X(j\omega) |}$$

故 $| X_2(j\omega) |$ 与 $| X(j\omega) |$ 的关系为 $| X_2(j\omega) | \cdot | X(j\omega) | = \omega^2$。

注意：若 $X_2(s) = \dfrac{-1}{s - 1/2}$，则 $| X_2(j\omega) |$ 与 $| X(j\omega) |$ 的关系为 $| X_2(j\omega) | \cdot | X(j\omega) | = 1$。

(f) 要构造 $X_1(s)$，使 $| X_1(j\omega) | = | X(j\omega) |$，只需考虑 $X_1(s)$ 应具有哪些极、零点。

若保持 $X(s)$ 的极点仍为极点，零点仍为零点，但将位于 $j\omega$ 轴右侧的所有极、零点镜像对称地翻转到 $j\omega$ 轴左侧来，这样就保持了所有零、极点矢量的长度不发生改变，从而使 $| X_1(j\omega) | = | X(j\omega) |$，同时又保证了 $X_1(s)$ 所有的零、极点都位于 s 平面的左半平面。根据以上分析以及图 7-4 所示的极零图，可写出 $X_1(s)$ 的表达式为

$$X_1(s) = \frac{(s+1)(s+1/2)}{(s+2)(s+1)} = \frac{s+1/2}{s+2}$$

要构造 $X_2(s)$，使 $\arg X_2(j\omega) = \arg X(j\omega)$，同样是考虑 $X_2(s)$ 应具有哪些极、零点。

不难得知，若将一个原来位于 s 平面右（左）半平面上的极点或零点镜像对称地移至 s 平面左（右）半平面上，则移之前和移之后相应的两矢量的夹角之和为 π。现在 $X(s)$ 在右半平面有一个零点 $s = \dfrac{1}{2}$ 和一个极点 $s = 1$，假设零点矢量的夹角为 θ，极点矢量的夹角为 φ，则将这一个零点矢量和一个极点矢量分别对称翻转到 $j\omega$ 轴左侧后得到的零点矢量 $\overrightarrow{j\omega + 1/2}$ 和极点矢量 $\overrightarrow{j\omega + 1}$ 的夹角就分别为 $\pi - \theta$ 和 $\pi - \varphi$。若 $X(s)$ 位于左半平面的极、零点不变的话，则翻转前与翻转后相角相差 $(\theta - \varphi) - [\pi - \theta - (\pi - \varphi)] = 2(\theta - \varphi)$，这样就不能保证构造出的 $X_2(s)$ 具有 $\arg X_2(j\omega) = \arg X(j\omega)$。不过，若在翻转的同时，将零点改为极点，极点改为零点，即 $\overrightarrow{j\omega + 1/2}$ 变为极点矢量，$\overrightarrow{j\omega + 1}$ 变为零点矢量，则翻转前后的相角差值就为 $(\theta - \varphi) - [\pi - \varphi - (\pi - \theta)] = 0$，从而就有 $\arg X_2(j\omega) = \arg X(j\omega)$。

总结以上分析，$X_2(s)$ 的零点应为 $s = -1$（二阶），两个极点分别是 $s = -2$ 和 $s = -1/2$。故 $X_2(s)$ 的表达式为

$$X_2(s) = \frac{(s+1)^2}{(s+2)(s+1/2)}$$

7-5　对图 7-6 中的每个极零图，用几何确定法粗略绘制傅里叶变换的幅度特性 $| X(j\omega) |$。

解　(a) 由图 7-6(a) 可见，$X(s)$ 只有两个互为共轭的极点紧挨着 $j\omega$ 轴。当 ω 由 0 逐渐增大至 ω_0 附近时，$| X(j\omega) |$ 也由某值单调增长至其峰值。当 ω 继续增大，由于两极点矢量的长度都不断增大，从而 $| X(j\omega) |$ 逐渐减小。当 $\omega \rightarrow \infty$ 时，$| X(j\omega) | \rightarrow 0$。$| X(j\omega) |$ 粗略地绘制于图 7-7(a) 中。

(b) 由图 7-6(b) 可见，$X(s)$ 有一个实零点和一个实极点，且都在负实轴上，其中零点较极点离原点更近些，这意味着极点矢量始终比零点矢量长些。当 ω 由 0 逐渐增大时，极点矢量长度比零点

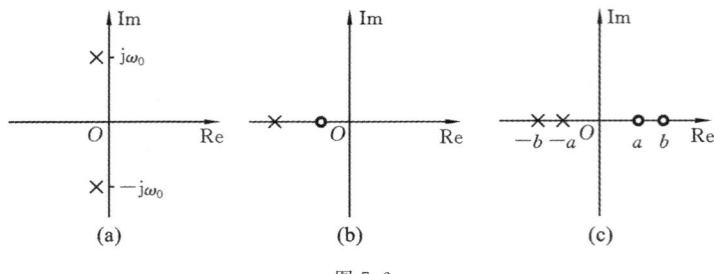

图 7-6

矢量长度增长得更快一些,因此 $|X(\mathrm{j}\omega)|$ 单调增长,当 $\omega \to \infty$ 时,两矢量的长度均趋于 ∞,因此 $|X(\mathrm{j}\omega)| \to 1$。$|X(\mathrm{j}\omega)|$ 粗略地绘制于图 7-7(b)中。

(c) 由图 7-6(c)可见,$X(s)$ 有两个实极点和两个实零点,且分别关于 $\mathrm{j}\omega$ 轴镜像对称。由于不论 ω 的值为多少,极点矢量的长度始终与相应的零点矢量的长度相同,所以 $|X(\mathrm{j}\omega)|$ 就是一条水平线,这就是所谓的"全通"。$|X(\mathrm{j}\omega)|$ 绘制于图 7-7(c)中。

7-6 已知 $y(t) = x_1(t-2) * x_2(-t+3)$,其中 $x_1(t) = \mathrm{e}^{-2t}u(t)$,$x_2(t) = \mathrm{e}^{-3t}u(t)$,试用拉普拉斯变换的性质求 $y(t)$ 的拉普拉斯变换 $Y(s)$。

解 由 $x_1(t) = \mathrm{e}^{-2t}u(t) \longleftrightarrow \dfrac{1}{s+2}$,$\mathrm{Re}\{s\} > -2$,利用拉普拉斯变换的时移性质,有

$$x_1(t-2) \longleftrightarrow \frac{1}{s+2}\mathrm{e}^{-2s}, \quad \mathrm{Re}\{s\} > -2$$

又由 $x_2(t) = \mathrm{e}^{-3t}u(t) \longleftrightarrow \dfrac{1}{s+3}$,$\mathrm{Re}\{s\} > -3$,利用拉普拉斯变换的时移性质,有

$$x_2(t+3) \longleftrightarrow \frac{1}{s+3}\mathrm{e}^{3s}, \quad \mathrm{Re}\{s\} > -3$$

再利用时域反褶性质,有

$$x_2(-t+3) \longleftrightarrow \frac{1}{-s+3}\mathrm{e}^{-3s}, \quad \mathrm{Re}\{s\} < 3$$

因 $y(t) = x_1(t-2) * x_2(-t+3)$,故最后由时域卷积性质得

$$Y(s) = \frac{1}{s+2}\mathrm{e}^{-2s}\frac{1}{-s+3}\mathrm{e}^{-3s} = -\frac{\mathrm{e}^{-5s}}{(s+2)(s-3)}, \quad -2 < \mathrm{Re}\{s\} < 3$$

7-7 已知实信号 $x(t)$ 及其拉普拉斯变换 $X(s)$ 的以下五条信息:

(1) $X(s)$ 只有两个极点;　　　　　　(2) $X(s)$ 没有有限零点;

(3) $X(s)$ 有一个极点 $s = -1+\mathrm{j}$;　　(4) $\mathrm{e}^{2t}x(t)$ 不绝对可积;　　(5) $X(0) = 8$。

试确定 $X(s)$ 及其 ROC。

解 由于 $x(t)$ 是实信号,所以已知 $X(s)$ 有一个极点 $s = -1+\mathrm{j}$,那么 $s = -1-\mathrm{j}$ 必然也是 $X(s)$

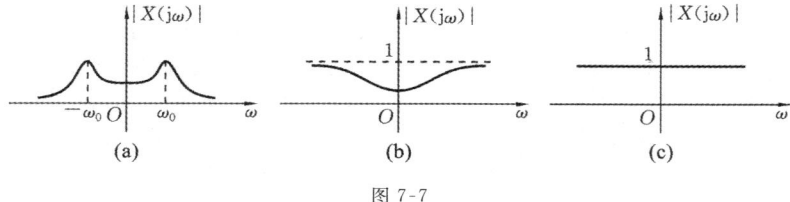

图 7-7

的一个极点。于是根据前三条信息,可将 $X(s)$ 表示为

$$X(s) = \frac{A}{(s+1-\mathrm{j})(s+1+\mathrm{j})} = \frac{A}{s^2+2s+2}$$

再利用第五条信息,有 $X(0) = \dfrac{A}{2} = 8$,即 $A = 16$。

对于 $X(s)$ 的 ROC,由于 $X(s)$ 的两个极点的实部为 -1,所以 ROC 要么是 $\mathrm{Re}\{s\} > -1$,要么是 $\mathrm{Re}\{s\} < -1$。根据第四条信息可知,$X(s-2)$ 的 ROC 不包括 $\mathrm{j}\omega$ 轴,故 $X(s)$ 的 ROC 只可能是 $\mathrm{Re}\{s\} > -1$。

综上所述　　　　　　$X(s) = \dfrac{16}{s^2+2s+2}$,　$\mathrm{Re}\{s\} > -1$

7-8　已知一 LTI 系统的系统函数 $H(s)$ 具有如图 7-8 所示的极零图。

(a) 指出所有可能的 ROC;

(b) 在每一种可能的 ROC 情况下,说明系统的稳定性和因果性。

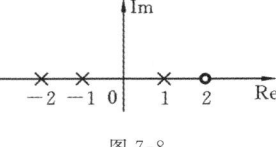

图 7-8

解　(a) 由图 7-8 可知,$H(s)$ 有三个极点 $s = 1$,$s = -1$ 和 $s = -2$。根据"ROC 中不可能包含极点"的性质,可以断定可能的 ROC 有以下四种情况: ① $\mathrm{Re}\{s\} > 1$;② $-1 < \mathrm{Re}\{s\} < 1$;③ $-2 < \mathrm{Re}\{s\} < -1$;④ $\mathrm{Re}\{s\} < -2$。

(b) 先分析稳定性。显然此系统函数 $H(s)$ 是有理函数,从而"系统稳定"与"$H(s)$ 的 ROC 包含 $\mathrm{j}\omega$ 轴"是等价的,即若要判断系统的稳定性,只需考察 $H(s)$ 的 ROC 是否包含 $\mathrm{j}\omega$ 轴。

用这条原则判断,由于①、③、④三种 ROC 均不包含 $\mathrm{j}\omega$ 轴,所以这三种情况下,系统都不稳定,而只有在情况②下系统才稳定。

再分析因果性。因果信号是一种右边信号,而右边信号的 ROC 一定是 s 平面上的某个右半平面,即若 $h(t)$ 是因果的,则 $H(s)$ 的 ROC 一定是某个右半平面。用这条原则来判断,情况②、③下的 ROC 是带状区域(有左、右两条边界),情况④下的 ROC 是个左半平面,所以在这三种情况下,系统都不可能是因果的。至于情况①下的 ROC:$\mathrm{Re}\{s\} > 1$,由于 $H(s)$ 是有理的,其 ROC 又是在最右边极点的右侧,所以可断定这种情况下的系统是因果的。实际上求出逆变换也可发现 $h(t)$ 是因果的。

7-9　已知一 LTI 系统的冲激响应 $h(t) = \mathrm{e}^{-2t}u(t)$,输入 $x(t) = \mathrm{e}^{-t}u(t)$。

(a) 求 $x(t)$ 和 $h(t)$ 的拉普拉斯变换;

(b) 用拉普拉斯变换法求响应 $y(t)$;

(c) 用卷积的方法求 $y(t)$,以验证(b)中结果的正确性。

解　(a) 由于 $x(t)$ 和 $h(t)$ 都是实指数函数,可直接写出二者的拉普拉斯变换:

$$X(s) = \frac{1}{s+1},\quad \mathrm{Re}\{s\} > -1;\quad H(s) = \frac{1}{s+2},\quad \mathrm{Re}\{s\} > -2$$

(b) 由拉普拉斯变换的时域卷积性质得

$$Y(s) = H(s)X(s) = \frac{1}{(s+1)(s+2)} = \frac{1}{s+1} - \frac{1}{s+2},\quad \mathrm{Re}\{s\} > -1$$

求逆变换便得其响应为

$$y(t) = \mathrm{e}^{-t}u(t) - \mathrm{e}^{-2t}u(t)$$

(c) 将 $x(t)$ 与 $h(t)$ 直接进行卷积,由卷积定义得

$$y(t) = x(t) * h(t) = \int_{-\infty}^{\infty} \mathrm{e}^{-\tau}u(\tau)\mathrm{e}^{-2(t-\tau)}u(t-\tau)\,\mathrm{d}\tau = \mathrm{e}^{-2t}\int_0^t \mathrm{e}^{\tau}\,\mathrm{d}\tau$$

$$= e^{-2t}(e^t - 1)u(t) = (e^{-t} - e^{-2t})u(t)$$

可见,直接进行时域卷积与用拉普拉斯变换法求出的响应完全一致。

7-10 已知一 LTI 系统的单位阶跃响应 $s(t) = (1 - e^{-t} - te^{-t})u(t)$,且当输入某信号 $x(t)$ 时,相应的输出信号 $y(t) = (2 - 3e^{-t} + e^{-3t})u(t)$,求该输入信号 $x(t)$。

解   由冲激响应与阶跃响应的关系 $h(t) = \dfrac{ds(t)}{dt}$,可先求出该系统的冲激响应为

$$h(t) = \frac{d[u(t) - e^{-t}u(t) - te^{-t}u(t)]}{dt}$$

$$= \delta(t) + e^{-t}u(t) - e^{-t}\delta(t) - e^{-t}u(t) + te^{-t}u(t) - te^{-t}\delta(t)$$

$$= \delta(t) - \delta(t) + te^{-t}u(t) = te^{-t}u(t)$$

从而有

$$H(s) = \mathscr{L}\{te^{-t}u(t)\} = \frac{1}{(s+1)^2}, \quad \mathrm{Re}\{s\} > -1$$

又 $Y(s) = X(s)H(s)$,且

$$Y(s) = \frac{2}{s} - \frac{3}{s+1} + \frac{1}{s+3} = \frac{6}{s(s+1)(s+3)}, \quad \mathrm{Re}\{s\} > 0$$

于是

$$X(s) = \frac{Y(s)}{H(s)} = \frac{6(s+1)}{s(s+3)} = \frac{2}{s} + \frac{4}{s+3}, \quad \mathrm{Re}\{s\} > 0$$

求逆变换便得到

$$x(t) = (2 + 4e^{-3t})u(t)$$

7-11 已知一连续 LTI 系统的输入 - 输出方程为

$$\frac{d^2 y(t)}{dt^2} - \frac{dy(t)}{dt} - 2y(t) = x(t)$$

(a) 求系统函数 $H(s)$ 的表达式,并画其极零图;

(b) 在以下三种情况下分别求出冲激响应 $h(t)$:

(1) 系统是稳定的;   (2) 系统是因果的;   (3) 系统既非稳定又非因果。

解   (a) 对微分方程取拉普拉斯变换,有

$$(s^2 - s - 2)Y(s) = X(s)$$

于是得系统函数 $H(s)$ 的表达式为

$$H(s) = \frac{Y(s)}{X(s)} = \frac{1}{s^2 - s - 2}$$

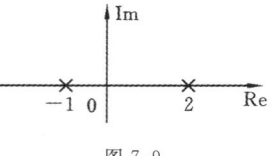

图 7-9

由 $H(s)$ 的另一种表示 $H(s) = \dfrac{1}{(s-2)(s+1)}$ 可知,它没有有限零点,但有两个实数极点 $s = 2$ 和 $s = -1$。其极零图如图 7-9 所示。

(b) 要求 $h(t)$,需对 $H(s)$ 进行逆变换,因此需要知道 $H(s)$ 的 ROC。

$$H(s) = \frac{1}{(s-2)(s+1)} = \frac{1}{3}\frac{1}{s-2} - \frac{1}{3}\frac{1}{s+1}$$

(1) 若系统是稳定的,则 $H(s)$ 的 ROC 必然为 $-1 < \mathrm{Re}\{s\} < 2$,这时

$$h(t) = -\frac{1}{3}e^{2t}u(-t) - \frac{1}{3}e^{-t}u(t)$$

(2) 若系统是因果的,则 $H(s)$ 的 ROC 必然为 $\mathrm{Re}\{s\} > 2$,这时

$$h(t) = \frac{1}{3}(e^{2t} - e^{-t})u(t)$$

(3) 若系统既非稳定又非因果,则 $H(s)$ 的 ROC 必然为 $\mathrm{Re}\{s\} < -1$,这时

$$h(t) = -\frac{1}{3}(\mathrm{e}^{2t} - \mathrm{e}^{-t})u(-t)$$

7-12　一因果 LTI 系统的冲激响应 $h(t)$ 具有以下性质：

(1) 若输入为 $x(t) = \mathrm{e}^{2t}$，则相应输出 $y(t) = \dfrac{1}{6}\mathrm{e}^{2t}$。

(2) $h(t)$ 满足微分方程 $\dfrac{\mathrm{d}h(t)}{\mathrm{d}t} + 2h(t) = (\mathrm{e}^{-4t})u(t) + bu(t)$，其中 b 为未知常数。

试确定系统函数 $H(s)$，要求在其表达式中没有未知常数 b 出现。

解　首先利用性质(2)。对微分方程取拉普拉斯变换，有

$$(s+2)H(s) = \frac{1}{s+4} + \frac{b}{s}$$

整理得
$$H(s) = \frac{(b+1)s + 4b}{s(s+4)(s+2)} \qquad ①$$

由于系统是因果的，故可断定 $H(s)$ 的 ROC 为 $\mathrm{Re}\{s\} > 0$。

再利用性质(1)。注意此时的 $x(t)$ 和 $y(t)$ 都是无始无终的具有无限宽度的信号，因此应考虑 LTI 系统的特征函数性质，应用该性质可知 $H(2) = \dfrac{1}{6}$。

注　特征函数性质为 $\mathrm{e}^{s_0 t} \rightarrow H(s_0)\mathrm{e}^{s_0 t}$。

令式 ① 中 $s = 2$，应有 $\dfrac{2 + 6b}{2 \times 6 \times 4} = \dfrac{1}{6}$，由此求出 b 的值为 1。

综上所述，系统函数为

$$H(s) = \frac{2s+4}{s(s+4)(s+2)} = \frac{2}{s^2 + 4s}, \quad \mathrm{Re}\{s\} > 0$$

7-13　已知一因果 LTI 系统的系统函数为 $H(s) = \dfrac{s+1}{s^2 + 2s + 2}$，若输入信号为 $x(t) = \mathrm{e}^{-|t|}$，$-\infty < t < \infty$，求响应 $y(t)$，并粗略地画出 $y(t)$ 的波形。

解　输入信号可以表示为 $x(t) = \mathrm{e}^{-t}u(t) + \mathrm{e}^{t}u(-t)$。利用常用变换对可直接写出其拉普拉斯变换为

$$X(s) = \frac{1}{s+1} - \frac{1}{s-1} = \frac{-2}{s^2 - 1}, \quad -1 < \mathrm{Re}\{s\} < 1$$

由于系统是因果的，且 $H(s)$ 的两个复数极点的实部都为 -1，故可断定 $H(s)$ 的 ROC 为 $\mathrm{Re}\{s\} > -1$。

由 LTI 系统的性质知，响应的拉普拉斯变换为

$$Y(s) = H(s)X(s) = \frac{s+1}{s^2 + 2s + 2} \cdot \frac{-2}{s^2 - 1} = \frac{-2}{(s^2 + 2s + 2)(s-1)}, \quad -1 < \mathrm{Re}\{s\} < 1 \quad ①$$

用待定系数法对 $Y(s)$ 进行分解。设 $Y(s) = \dfrac{as+b}{s^2 + 2s + 2} + \dfrac{c}{s-1}$，合并右端两项得

$$Y(s) = \frac{(a+c)s^2 + (b-a+2c)s + 2c - b}{(s^2 + 2s + 2)(s-1)} \qquad ②$$

对比式 ① 和式 ②，有
$$\begin{cases} a + c = 0 \\ b - a + 2c = 0 \\ 2c - b = -2 \end{cases}$$

求解以上方程组，得 $a = 0.4, b = 1.2, c = -0.4$。从而有

$$Y(s) = \frac{0.4s + 1.2}{s^2 + 2s + 2} - \frac{0.4}{s-1}, \quad -1 < \mathrm{Re}\{s\} < 1$$

可继续将 $Y(s)$ 表示为

$$Y(s) = 0.4\,\frac{s+1}{(s+1)^2+1} + \frac{0.8}{(s+1)^2+1} - \frac{0.4}{s-1}, \quad -1 < \mathrm{Re}\{s\} < 1$$

直接利用常用变换对及拉普拉斯变换的 s 域平移性质,得到其响应为

$$y(t) = 0.4\mathrm{e}^{-t}\cos t\, u(t) + 0.8\mathrm{e}^{-t}\sin t\, u(t) + 0.4\mathrm{e}^t u(-t)$$

$y(t)$ 的波形如图 7-10 所示。

7-14 一因果稳定的 LTI 系统 S,其冲激响应为 $h(t)$,系统函数 $H(s)$ 是有理函数。现在已知 S 的如下信息:

(1) $H(1) = 0.2$;

(2) 如果输入信号为 $u(t)$,则输出信号是绝对可积的;

(3) 如果输入信号为 $tu(t)$,则输出信号不绝对可积;

(4) 信号 $\dfrac{\mathrm{d}^2 h(t)}{\mathrm{d}t^2} + 2\dfrac{\mathrm{d}h(t)}{\mathrm{d}t} + 2h(t)$ 是有限宽度的;

(5) $H(s)$ 在无穷大处仅有一个零点。

试确定 $H(s)$ 及其 ROC。

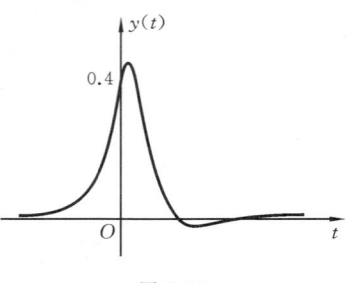

图 7-10

解 由信息(2)知,当输入为 $u(t)$ 时,输出信号的拉普拉斯变换为 $\dfrac{1}{s}H(s)$,此输出绝对可积,说明 $\dfrac{1}{s}H(s)$ 的 ROC 包含 $\mathrm{j}\omega$ 轴,换言之,$H(s)$ 有零点位于 $s = 0$。

由信息(3)知,当输入为 $tu(t)$ 时,输出不绝对可积,说明 $\dfrac{1}{s^2}H(s)$ 的 ROC 不包含 $\mathrm{j}\omega$ 轴,于是可断定 $s = 0$ 只是 $H(s)$ 的一阶零点。

有限宽度信号的拉普拉斯变换具有全 s 平面的 ROC,由信息(4)知,信号 $\dfrac{\mathrm{d}^2 h(t)}{\mathrm{d}t^2} + 2\dfrac{\mathrm{d}h(t)}{\mathrm{d}t} + 2h(t)$ 的拉普拉斯变换 $(s^2+2s+2)H(s)$ 的 ROC 为全 s 平面,换言之,它没有有限极点,故可推知 $H(s)$ 的分母多项式就是 s^2+2s+2。

由信息(5)知,$H(s)$ 在 $s = \infty$ 仅有一个零点,这意味着 $H(s)$ 的分母多项式仅比分子多项式高一阶。前面已分析得知 $H(s)$ 的分子包含 s 这一因式,于是可基本上写出 $H(s)$ 的表示式为

$$H(s) = \frac{As}{s^2+2s+2}$$

最后由信息(1)知,当 $s = 1$ 时,$H(s) = 0.2$,可求得 $A = 1$。

因为 $H(s)$ 的两个互为共轭的复数极点都是实部为 -1,而系统又是因果的,故可推断 $H(s)$ 的 ROC 为 $\mathrm{Re}\{s\} > -1$。

综上所述

$$H(s) = \frac{s}{s^2+2s+2}, \quad \mathrm{Re}\{s\} > -1$$

7-15 一因果 LTI 系统的输入 $x(t)$ 和输出 $y(t)$ 之间的关系由图 7-11 所示的方框图给出。

(a) 写出 $x(t)$ 和 $y(t)$ 满足的微分方程;

(b) 该系统是稳定的吗?

解 (a) 如图 7-11 所示,设输入端加法器的输出为 $p(t)$。分析此框图,可列出如下 s 域代数方程组:

$$\begin{cases} -2\,\dfrac{1}{s}P(s)-\dfrac{1}{s^2}P(s)+X(s)=P(s) \\[2mm] -\dfrac{1}{s}P(s)-6\,\dfrac{1}{s^2}P(s)+P(s)=Y(s) \end{cases}$$

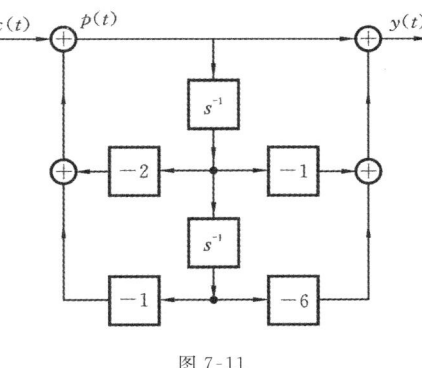

求解方程组,消去 $P(s)$,整理得

$$\left(1+\dfrac{2}{s}+\dfrac{1}{s^2}\right)Y(s)=\left(1-\dfrac{1}{s}-\dfrac{6}{s^2}\right)X(s)$$

即　　$(s^2+2s+1)Y(s)=(s^2-s-6)X(s)$

对上式取拉普拉斯逆变换,就得到描述 $x(t)$ 和 $y(t)$ 之间关系的微分方程:

$$\dfrac{\mathrm{d}^2 y(t)}{\mathrm{d}t^2}+2\,\dfrac{\mathrm{d}y(t)}{\mathrm{d}t}+y(t)$$

$$=\dfrac{\mathrm{d}^2 x(t)}{\mathrm{d}t^2}-\dfrac{\mathrm{d}x(t)}{\mathrm{d}t}-6x(t)$$

图 7-11

(b) 由(a)中结论不难得知系统函数为 $H(s)=\dfrac{s^2-s-6}{s^2+2s+1}$。可见 $H(s)$ 的极点为 $s=-1$,是二阶的。因为系统是因果的,所以 $H(s)$ 的 ROC 必定是 $\mathrm{Re}\{s\}>-1$,此 ROC 包含 $\mathrm{j}\omega$ 轴,从而可断定系统是稳定的。

7-16　根据所给的因果 LTI 系统的系统函数,画出直接形式的方框图。

(a) $H_1(s)=\dfrac{s+1}{s^2+5s+6}$;　　(b) $H_2(s)=\dfrac{s^2-5s+6}{s^2+7s+10}$;　　(c) $H_3(s)=\dfrac{s}{(s+2)^2}$。

解　(a) 首先将 $H_1(s)$ 看作是 $H_a(s)$ 与 $H_b(s)$ 的乘积,即

$$H_1(s)=H_a(s)H_b(s),\text{其中 } H_a(s)=\dfrac{1}{s^2+5s+6},\quad H_b(s)=s+1$$

设系统 a 的输入为 $x(t)$,输出为 $z(t)$,则系统 a 的输入 - 输出方程为

$$\dfrac{\mathrm{d}^2 z(t)}{\mathrm{d}t^2}+5\,\dfrac{\mathrm{d}z(t)}{\mathrm{d}t}+6z(t)=x(t)$$

将该方程变形为　　　　$\dfrac{\mathrm{d}^2 z(t)}{\mathrm{d}t^2}=x(t)-5\,\dfrac{\mathrm{d}z(t)}{\mathrm{d}t}-6z(t)$

不难根据此方程画出系统 a 的方框图,如图 7-12(a) 所示。对于系统 b 来说,因其与系统 a 串联,故其输入就是 $z(t)$,输出是 $y(t)$。由于 $H_b(s)=s+1$,从而可写出其输入 - 输出方程为

$$y(t)=\dfrac{\mathrm{d}z(t)}{\mathrm{d}t}+z(t)$$

观察图 7-12(a),不难找到 $z(t)$ 及 $\dfrac{\mathrm{d}z(t)}{\mathrm{d}t}$,将二者合成就构成系统 $H_1(s)$ 的输出 $y(t)$。这样就得到了系统 $H_1(s)$ 的直接形式的方框图,如图 7-12(b) 所示。

(b) 用与(a)中相同的方法可画出系统 $H_2(s)$ 的直接形式框图,如图 7-12(c) 所示。

(c) 用与(a)中相同的方法可画出系统 $H_3(s)$ 的直接形式框图,如图 7-12(d) 所示。

7-17　考虑一个四阶的因果 LTI 系统 S,其系统函数为

$$H(s)=\dfrac{1}{(s^2-s+1)(s^2+2s+1)}$$

(a) 用四个一阶子系统串联的方式画出 S 的方框图;

(b) 用两个二阶子系统串联的方式画出 S 的方框图;

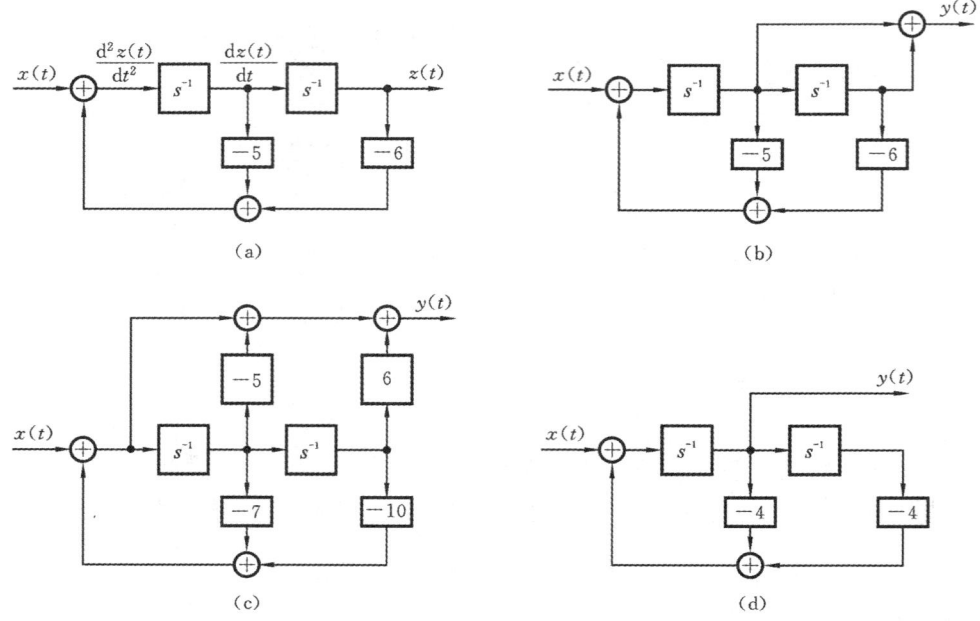

图 7-12

(c) 用两个二阶子系统并联的方式画出 S 的方框图,其中每个二阶子系统都要用直接型。

解　(a) 因 $H(s) = \dfrac{1}{(s^2 - s + 1)(s^2 + 2s + 1)} = \dfrac{1}{s - \frac{1}{2} - \frac{\sqrt{3}}{2}\mathrm{j}} \dfrac{1}{s - \frac{1}{2} + \frac{\sqrt{3}}{2}\mathrm{j}} \dfrac{1}{s + 1} \dfrac{1}{s + 1}$,故将

这四个一阶子系统串联而成的 S 的方框图如图 7-13(a) 所示。

(b) 因 $H(s) = \dfrac{1}{s^2 - s + 1} \dfrac{1}{s^2 + 2s + 1}$,故将两个二阶子系统串联而成的 S 的方框图如图

7-13(b) 所示。

(c) 因 $H(s) = \dfrac{1}{3} \dfrac{-s + 1}{s^2 - s + 1} + \dfrac{1}{3} \dfrac{s + 2}{s^2 + 2s + 1}$,故将两个二阶子系统并联而成的 S 的方框图如

图 7-13(c) 所示。

7-18　已知 $x_1(t) = \mathrm{e}^{-2t} u(t), x_2(t) = \mathrm{e}^{-3(t+1)} u(t + 1)$。

(a) 求 $x_1(t)$ 的单边拉普拉斯变换 $\mathscr{X}_1(s)$ 和双边拉普拉斯变换 $X_1(s)$;

(b) 求 $x_2(t)$ 的单边拉普拉斯变换 $\mathscr{X}_2(s)$ 和双边拉普拉斯变换 $X_2(s)$;

(c) 对乘积 $X_1(s)X_2(s)$ 进行双边拉普拉斯逆变换,从而确定 $g(t) = x_1(t) * x_2(t)$;

(d) 对乘积 $\mathscr{X}_1(s)\mathscr{X}_2(s)$ 进行单边拉普拉斯逆变换,说明其结果与 $g(t)$ 相比,为何当 $t > 0^-$ 时,二者不同?

解　(a) 因为 $x_1(t)$ 是因果信号,其单、双边拉普拉斯变换相同,从而有

$$\mathscr{X}_1(s) = X_1(s) = \frac{1}{s + 2}, \quad \mathrm{Re}\{s\} > -2$$

(b) 求 $X_2(s)$ 可以利用拉普拉斯变换的时移性质,从而有

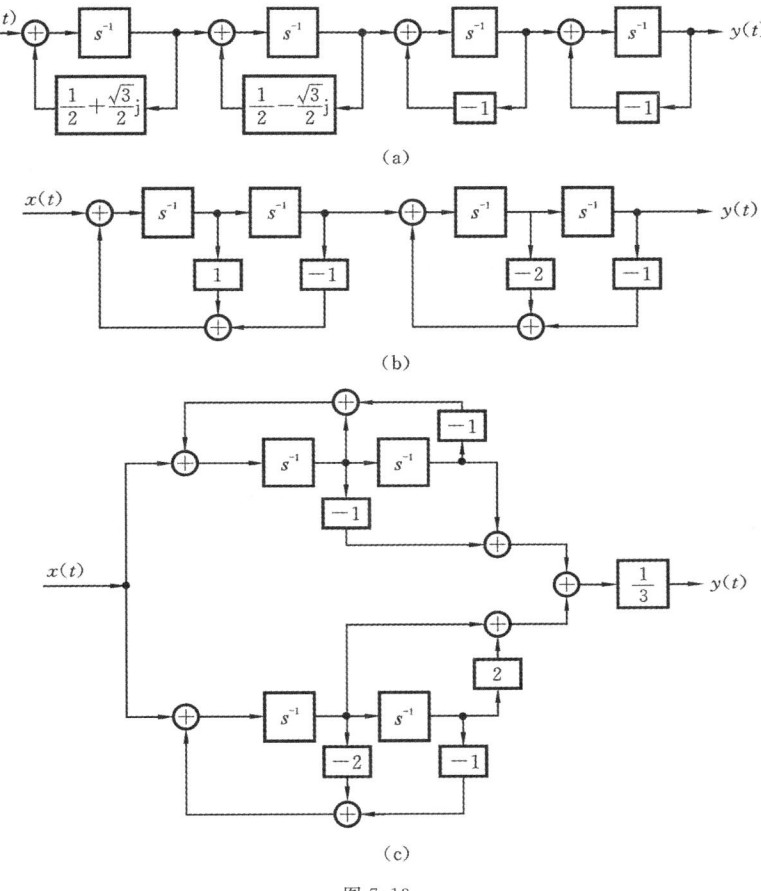

图 7-13

$$X_2(s) = \frac{e^s}{s+3}, \quad \text{Re}\{s\} > -3$$

求 $\mathscr{X}_2(s)$ 可以先将 $x_2(t)$ 与 $u(t)$ 相乘，再求 $x_2(t)u(t)$ 的双边拉普拉斯变换。

因 $x_2(t)u(t) = e^{-3(t+1)}u(t) = e^{-3}e^{-3t}u(t)$，故

$$\mathscr{X}_2(s) = \frac{e^{-3}}{s+3}, \quad \text{Re}\{s\} > -3$$

(c) 由 $G(s) = X_1(s)X_2(s) = \dfrac{1}{s+2}\dfrac{e^s}{s+3} = \left(\dfrac{1}{s+2} - \dfrac{1}{s+3}\right)e^s$，$\text{Re}\{s\} > -2$ 得

$$g(t) = e^{-2(t+1)}u(t+1) - e^{-3(t+1)}u(t+1)$$

可见，$g(t)$ 是个右边信号，但不是因果信号。

(d) 设 $Q(s) = \mathscr{X}_1(s)\mathscr{X}_2(s)$，于是

$$Q(s) = \frac{1}{s+2}\frac{e^{-3}}{s+3} = \frac{e^{-3}}{s+2} - \frac{e^{-3}}{s+3}, \quad \text{Re}\{s\} > -2$$

从而

$$q(t) = e^{-3}(e^{-2t} - e^{-3t})u(t)$$

可见，$q(t)$ 是一个因果信号。

对比 $g(t)$ 与 $q(t)$ 可见，当 $t > 0^-$ 时，二者不同，其原因在于 $x_2(t)$ 不是一个因果信号。当 $x_1(t)$ 与 $x_2(t)$ 进行卷积时，$x_2(t)$ 的 $t < 0$ 部分的非零值将会对 $x_1(t) * x_2(t)$（即 $g(t)$）在 $t > 0^-$ 时的值产生影响。

也可以从另一个角度说明这个问题。$g(t) = x_1(t) * x_2(t)$，而 $q(t) = x_1(t)u(t) * x_2(t)u(t)$。要得到 $g(t)$，需利用 $x_2(t)$ 的所有值，而获得 $g(t)$ 只利用了 $x_2(t)$ 当 $t > 0^-$ 时的值。根据卷积的定义，卷积的过程分为翻转、平移、相乘、积分四个步骤，$x_2(t)$ 与 $x_2(t)u(t)$ 翻转后与 $x_1(t)$ 重叠的部分都不相同，必然导致当 $t > 0^-$ 时，$g(t)$ 和 $q(t)$ 也不相同。

7-19　已知描述某因果系统 S 的微分方程为

$$\frac{\mathrm{d}^3 y(t)}{\mathrm{d}t^3} + 6\frac{\mathrm{d}^2 y(t)}{\mathrm{d}t^2} + 11\frac{\mathrm{d}y(t)}{\mathrm{d}t} + 6y(t) = x(t)$$

（a）当输入 $x(t) = \mathrm{e}^{-4t}u(t)$ 时，求零状态响应 $y_{zs}(t)$；

（b）若初始条件 $y(0^-) = 1$，$\left.\dfrac{\mathrm{d}y(t)}{\mathrm{d}t}\right|_{t=0^-} = -1$，$\left.\dfrac{\mathrm{d}^2 y(t)}{\mathrm{d}t^2}\right|_{t=0^-} = 1$，求当 $t > 0^-$ 时，系统的零输入响应 $y_{zi}(t)$；

（c）若输入 $x(t) = \mathrm{e}^{-4t}u(t)$，初始条件与（b）中相同，求系统 S 的全响应 $y(t)$。

解　对微分方程取单边拉普拉斯变换，得

$$s^3 \mathscr{Y}(s) - s^2 y(0^-) - sy'(0^-) - y''(0^-) + 6s^2 \mathscr{Y}(s) - 6sy(0^-)$$
$$- 6y'(0^-) + 11s\mathscr{Y}(s) - 11y(0^-) + 6\mathscr{Y}(s) = \mathscr{X}(s)$$

整理得

$$(s^3 + 6s^2 + 11s + 6)\mathscr{Y}(s) = s^2 y(0^-) + sy'(0^-) + y''(0^-) + 6sy(0^-) + 6y'(0^-) + 11y(0^-) + \mathscr{X}(s)$$

$$\mathscr{Y}(s) = \frac{(s^2 + 6s + 11)y(0^-) + (s+6)y'(0^-) + y''(0^-)}{s^3 + 6s^2 + 11s + 6} + \frac{\mathscr{X}(s)}{s^3 + 6s^2 + 11s + 6}$$

上式右端的第二项是零状态响应的拉普拉斯变换 $\mathscr{Y}_{zs}(s)$，第一项是零输入响应的拉普拉斯变换 $\mathscr{Y}_{zi}(s)$。

（a）当输入 $x(t) = \mathrm{e}^{-4t}u(t)$ 时，$\mathscr{X}(s) = \dfrac{1}{s+4}$，$\mathrm{Re}\{s\} > -4$，于是

$$\mathscr{Y}_{zs}(s) = \frac{1}{s^3 + 6s^2 + 11s + 6}\frac{1}{s+4} = \frac{1}{(s+1)(s+2)(s+3)(s+4)}$$
$$= \frac{1/6}{s+1} + \frac{-1/2}{s+2} + \frac{1/2}{s+3} + \frac{-1/6}{s+4}, \quad \mathrm{Re}\{s\} > -1$$

从而得到零状态响应为

$$y_{zs}(t) = \left(\frac{1}{6}\mathrm{e}^{-t} - \frac{1}{2}\mathrm{e}^{-2t} + \frac{1}{2}\mathrm{e}^{-3t} - \frac{1}{6}\mathrm{e}^{-4t}\right)u(t)$$

（b）若初始条件分别为 $y(0^-) = 1$，$y'(0^-) = -1$，$y''(0^-) = 1$，则有

$$\mathscr{Y}_{zi}(s) = \frac{s^2 + 6s + 11 - s - 6 + 1}{s^3 + 6s^2 + 11s + 6} = \frac{s^2 + 5s + 6}{(s+1)(s+2)(s+3)} = \frac{1}{s+1}$$

从而得到零输入响应为 $y_{zi}(t) = \mathrm{e}^{-t}u(t)$。

（c）由（a）、（b）的结果可知，当输入 $x(t) = \mathrm{e}^{-4t}u(t)$，初始条件与（b）中相同时，系统的全响应为

$$y(t) = y_{zs}(t) + y_{zi}(t) = \left(\frac{1}{6}\mathrm{e}^{-t} - \frac{1}{2}\mathrm{e}^{-2t} + \frac{1}{2}\mathrm{e}^{-3t} - \frac{1}{6}\mathrm{e}^{-4t}\right)u(t) + \mathrm{e}^{-t}u(t)$$
$$= \left(\frac{7}{6}\mathrm{e}^{-t} - \frac{1}{2}\mathrm{e}^{-2t} + \frac{1}{2}\mathrm{e}^{-3t} - \frac{1}{6}\mathrm{e}^{-4t}\right)u(t)$$

7-20　(a) 证明：若 $x(t)$ 是偶函数，即 $x(t) = x(-t)$，则 $X(s) = X(-s)$。

(b) 证明：若 $x(t)$ 是奇函数，即 $x(t) = -x(-t)$，则 $X(s) = -X(-s)$。

(c) 对于图 7-14 所示的极零点图，判断有无与一个偶时间函数相对应的极零点图？若有，对这些图指出所需要的 ROC。

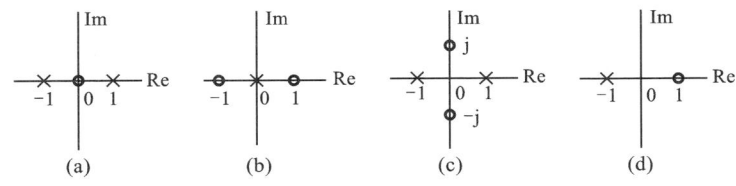

图 7-14

证　(a) 根据拉普拉斯变换的定义有

$$\mathscr{L}\{x(-t)\} = \int_{-\infty}^{\infty} x(-t)\mathrm{e}^{-st}\,\mathrm{d}t \xrightarrow{\;\;\diamondsuit \tau = -t\;\;} \int_{\infty}^{-\infty} x(\tau)\mathrm{e}^{s\tau}\,\mathrm{d}(-\tau) = \int_{-\infty}^{\infty} x(\tau)\mathrm{e}^{-(-s)\tau}\,\mathrm{d}\tau = X(-s)$$

于是有若 $x(t)$ 是偶函数，即 $x(t) = x(-t)$，对此式两边求拉普拉斯变换，则得

$$X(s) = X(-s)$$

(b) 由以上 (a) 已知 $\mathscr{L}\{x(-t)\} = X(-s)$，则若 $x(t)$ 是奇函数，即 $x(t) = -x(-t)$，对此式两边求拉普拉斯变换，可得

$$X(s) = -X(-s)$$

解　(c) 由 (a) 知，若 $x(t)$ 是偶函数，则有 $X(s) = X(-s)$，这意味着 $X(s)$ 的零、极点的数量一定是偶数，并且偶数个零点和极点分别关于原点对称。根据这一特征来考察图 7-14 中几个极零图，图 (a) 中极点有两个，且关于原点对称，但零点只有一个，所以不可能是一个偶时间函数的极零点图；图 (b) 也如此，虽然零点数量为 2，但极点只有一个，所以也不可能是一个偶时间函数的极零点图；图 (d) 中极、零点各一个，不可能是；只有图 (c)，极点有两个，零点也有两个，且各自关于原点对称，所以图 (c) 是一个与偶时间函数相对应的极零点图。

要判断图 (c) 的 ROC 可先从分析时间函数 $x(t)$ 开始。$x(t)$ 是偶函数，即 $x(t) = x(-t)$，那么 $x(t)$ 就不可能是单边信号，它要么是时限信号，要么是双边信号；现在 $X(s)$ 的极零点图如图 7-14(c) 所示，意味 $x(t)$ 不可能为时限的，那就一定是双边信号了。所以根据双边信号的 ROC 的特点，再结合图 7-14(c) 中只有两个极点的事实，我们可以断定 ROC 必为

$$-1 < \mathrm{Re}\{s\} < 1$$

7-21　判断下列每种说法是真还是假。若是真，为它构造一个有力的证据；若为假，给出一个反例。

(a) $t^2 u(t)$ 的拉普拉斯变换在 s 平面的任何地方都不收敛。

(b) $\mathrm{e}^{t^2} u(t)$ 的拉普拉斯变换在 s 平面的任何地方都不收敛。

(c) $\mathrm{e}^{\mathrm{j}\omega_0 t}$ 的拉普拉斯变换在 s 平面的任何地方都不收敛。

(d) $\mathrm{e}^{\mathrm{j}\omega_0 t} u(t)$ 的拉普拉斯变换在 s 平面的任何地方都不收敛。

(e) $|t|$ 的拉普拉斯变换在 s 平面的任何地方都不收敛。

解　(a) 此说法是假的。$t^2 u(t)$ 的拉普拉斯变换为积分 $\int_0^{\infty} t^2 \mathrm{e}^{-st}\,\mathrm{d}t$，若令 $s = 1$，则有 $\int_0^{\infty} t^2 \mathrm{e}^{-st}\,\mathrm{d}t = \int_0^{\infty} t^2 \mathrm{e}^{-t}\,\mathrm{d}t$，对此积分用分部积分法可求得其值为 2，说明 $s = 1$ 可使积分 $\int_0^{\infty} t^2 \mathrm{e}^{-st}\,\mathrm{d}t$ 收敛，实际上任何

实部大于 0 的复数 s 均可使该积分收敛。

（b）此说法是真的。由于 $\mathscr{L}\{e^{t^2}u(t)\} = \mathscr{L}\{e^{t^2} \cdot e^{-\sigma t}u(t)\}$，对于函数 $e^{t^2-\sigma t}u(t)$ 而言，无论 σ 取何有限值，当 $t \to +\infty$ 时，该函数都不收敛，即该函数不绝对可积，所以 $\mathscr{L}\{e^{t^2} \cdot e^{-\sigma t}u(t)\}$ 不收敛，从而有 $\mathscr{L}\{e^{t^2}u(t)\}$ 也不收敛的结论。

（c）此说法是真的。$e^{j\omega_0 t}$ 是个周期函数，不妨将它表示成一个右边信号与一个左边信号之和，即 $e^{j\omega_0 t}u(t) + e^{j\omega_0 t}u(-t)$，对于右边部分 $e^{j\omega_0 t}u(t)$，其拉普拉斯变换的收敛域为 $\sigma > 0$，而左边部分 $e^{j\omega_0 t}u(-t)$，其拉普拉斯变换的收敛域为 $\sigma < 0$，而二者无交集，所以说 $e^{j\omega_0 t}$ 的拉普拉斯变换不存在，或换言之，其拉普拉斯变换在 s 平面的任何地方都不收敛。

（d）此说法是假的。举个反例，令 $s = 1$，$\displaystyle\int_0^\infty e^{j\omega_0 t} \cdot e^{-t}dt = \frac{1}{1-j\omega_0}$，说明 $\mathscr{L}\{e^{j\omega_0 t}u(t)\}$ 在 $s = 1$ 是收敛的。实际上，$\mathscr{L}\{e^{j\omega_0 t}u(t)\} = \displaystyle\int_0^\infty e^{j\omega_0 t}e^{-st}dt = \int_0^\infty e^{-\sigma t} \cdot e^{(j\omega_0-j\omega)t}dt$。显然以上积分当 $\sigma > 0$ 时是收敛的，即任何实部大于 0 的 s 都可使 $e^{j\omega_0 t}u(t)$ 的拉普拉斯变换收敛。

（e）此说法是真的。$\mathscr{L}\{|t|\} = \displaystyle\int_0^{+\infty} te^{-st}dt + \int_{-\infty}^0 (-t)e^{-st}dt$，此式右边第一个积分收敛的条件是 $\sigma > 0$，而第二个积分收敛的条件是 $\sigma < 0$，二者无公共区域，所以说 $|t|$ 的拉普拉斯变换在 s 平面的任何地方都不收敛。

7-22 设 $h(t)$ 是一个具有有理系统函数的因果而稳定的 LTI 系统的单位冲激响应。

（a）单位冲激响应为 $dh(t)/dt$ 的系统能保证是因果和稳定的吗？

（b）单位冲激响应为 $\displaystyle\int_{-\infty}^t h(\tau)d\tau$ 的系统能保证是因果和不稳定的吗？

解　根据所给条件知 $h(t) = h(t)u(t)$，那么无论是 $\dfrac{dh(t)}{dt}$，还是 $\displaystyle\int_{-\infty}^t h(\tau)d\tau$ 都还是因果信号，所以单位冲激响应分别为 $\dfrac{dh(t)}{dt}$ 和 $\displaystyle\int_{-\infty}^t h(\tau)d\tau$ 的系统仍为因果系统。

分析稳定性可从 s 域入手。

对于 $\dfrac{dh(t)}{dt}$，其拉普拉斯变换 $\mathscr{L}\left\{\dfrac{dh(t)}{dt}\right\} = sH(s)$，这里 $H(s)$ 是 $h(t)$ 的拉普拉斯变换，且由于 $h(t)$ 是一因果稳定系统的冲激响应函数，$H(s)$ 的 ROC 必为一包含 $j\omega$ 轴在内的右半平面，也就是说 $H(s)$ 的所有极点均在 $j\omega$ 轴的左侧；那么 $sH(s)$ 引入的一个新零点 $s = 0$ 就不可能与 $H(s)$ 的任何一个极点相抵消，换言之，$sH(s)$ 的 ROC 与 $H(s)$ 的 ROC 一样，所以可以断定 $\dfrac{dh(t)}{dt}$ 仍是一个稳定系统的冲激响应。对于 $\displaystyle\int_{-\infty}^t h(\tau)d\tau$，其拉普拉斯变换 $\mathscr{L}\left\{\displaystyle\int_{-\infty}^t h(\tau)d\tau\right\} = \dfrac{H(s)}{s}$，可见在 s 域引入了一个新极点 $s = 0$，而且此极点比 $H(s)$ 的所有极点更"右"，从而使得 $\dfrac{H(s)}{s}$ 的 ROC 的左边界移至 $j\omega$ 轴处，即 $\dfrac{H(s)}{s}$ 的 ROC 不再包含 $j\omega$ 轴，这意味着系统不再稳定了。但有一点需要注意，若 $H(s)$ 本身有零点在 $s = 0$，则此零点就可与新引入的极点相互抵消掉，从而使 $\dfrac{H(s)}{s}$ 的 ROC 与 $H(s)$ 的 ROC 保持一致。综上分析，可得到如下结论：

（a）单位冲激响应为 $dh(t)/dt$ 的系统一定能保证仍是因果和稳定的。

（b）单位冲激响应为 $\displaystyle\int_{-\infty}^t h(\tau)d\tau$ 的系统一定是因果的，却不能保证一定是不稳定的。

7-23　设 $x(t)$ 是如下的已采样信号：$x(t) = \sum\limits_{n=0}^{\infty} e^{-nT}\delta(t-nT)$ 式中，$T > 0$。

（a）求 $X(s)$，包括它的收敛域。

（b）画出 $X(s)$ 的极零点图。

（c）利用极零点图的几何解释，证明 $X(j\omega)$ 是周期的。

解　（a）由于 $\delta(t-nT) \xleftrightarrow{LT} e^{-snT}$，　ROC = 全 s 平面，故

$$X(s) = \sum_{n=0}^{\infty} e^{-nT} \cdot e^{-snT} = \sum_{n=0}^{\infty} e^{-(s+1)nT}$$

以上级数求和有

$$\sum_{n=0}^{\infty} e^{-(s+1)nT} = \frac{1 - \lim\limits_{N\to\infty}\left[e^{-(s+1)T}\right]^N}{1 - e^{-(s+1)T}}, \quad T > 0$$

显然，要使得级数收敛，需要 $\mathrm{Re}\{s\} + 1 > 0$，即 $\mathrm{Re}\{s\} > -1$，于是得

$$X(s) = \frac{1}{1 - e^{-(s+1)T}}, \quad \mathrm{ROC}:\mathrm{Re}\{s\} > -1$$

（b）由 $X(s)$ 的表达式可知其无有限零点，为确定极点，可令 $1 - e^{-(s+1)T} = 0$，从而可求得极点

$$s_k = -1 + j\frac{2k\pi}{T}, \quad k = 0, \pm 1, \pm 2, \cdots$$

于是可画出 $X(s)$ 的极零点图如图 7-15 所示。

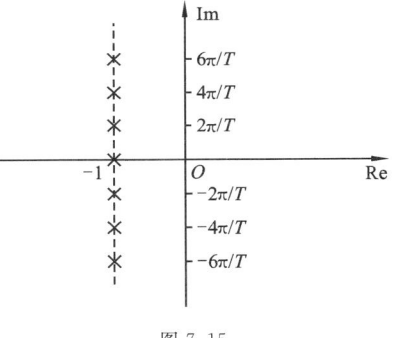

证　（c）由（b）中 $X(s)$ 没有有限零点的结论可知，$|X(j\omega)|$ 是由所有极点矢量的长度所决定的，$\arg X(j\omega)$ 是由所有极点矢量的夹角所决定的。具体地说，$|X(j\omega)|$ 等于所有极点矢量长度乘积的倒数，$\arg X(j\omega)$ 等于这些矢量的夹角之和的相反数。

由图 7-15 可见，$X(s)$ 的所有极点等间隔地均匀分布在直线 $\mathrm{Re}\{s\} = -1$ 上，且有无穷多个。当 $j\omega$ 由原点开始沿虚轴正向移动，每隔 $2\pi/T$ 就会与某个极点处于同一水平位置，这时该极点矢量的长度达到最小，且夹角为 0，而分布于该水平线上、下方的极点均有无限多个，

图 7-15

且这些极点矢量是对称的，即对应的极点矢量具有相同的长度和相反的夹角。容易理解，无论 k 取何值，当 $\omega = \dfrac{2k\pi}{T}$ 时，由极点指向 $j\omega\left(\omega = \dfrac{2k\pi}{T}\right)$ 所形成的矢量，其情况都是以上所描述的情形，即每隔 $2\pi/T$，$|X(j\omega)|$ 和 $\arg X(j\omega)$ 的值都会重复一遍，因此 $X(j\omega)$ 是周期的函数，且周期为 $2\pi/T$。

7-24　对于图 7-16(a) 所示的 LTI 系统，已知下列情况：

$$X(s) = \frac{s+2}{s-2}, \quad x(t) = 0, \quad t > 0$$

和

$$y(t) = -\frac{2}{3}e^{2t}u(-t) + \frac{1}{3}e^{-t}u(t) \text{（见图 7-16(b)）}$$

（a）求 $H(s)$ 和它的收敛域。

（b）求 $h(t)$。

（c）若输入为 $x(t) = e^{3t}$，$-\infty < t < \infty$，利用（a）中求得的系统函数 $H(s)$，求输出 $y(t)$。

解　（a）首先可根据所给条件判断出 $x(t)$ 是一左边信号，从而知 $X(s)$ 的 ROC 为 $\mathrm{Re}\{s\} < 2$。

再对 $y(t)$ 求拉普拉斯变换有

$$Y(s) = \frac{2}{3}\frac{1}{s-2} + \frac{1}{3}\frac{1}{s+1}$$

$$= \frac{s}{(s-2)(s+1)}, \quad -1 < \mathrm{Re}\{s\} < 2$$

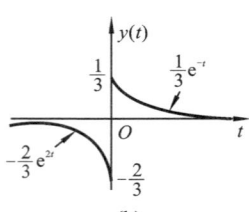

(a)

那么　　　　　　　　$H(s) = \frac{Y(s)}{X(s)} = \frac{s}{(s+1)(s+2)}$

下面来判断 $H(s)$ 的 ROC。

根据 $H(s)$ 的极点情况可知,其 ROC 有三种可能性:$\mathrm{Re}\{s\}$ > -1,$\mathrm{Re}\{s\} < -2$,$-2 < \mathrm{Re}\{s\} < -1$。由于 $Y(s) = X(s)H(s)$ $= \frac{s+2}{s-2}\frac{s}{(s+1)(s+2)}$,可见 $H(s)$ 的极点 $s = -2$ 被抵消掉了。若 $H(s)$ 的 ROC 为 $\mathrm{Re}\{s\} < -2$,则极点 $s = -2$ 消掉后,其 ROC 的边

(b)

图 7-16

界就会右移至 $\mathrm{Re}\{s\} = -1$,换言之,取 $X(s)$ 的 ROC 与 $H(s)$ 的 ROC 的交集,所得 ROC 应为 $\mathrm{Re}\{s\}$ < -1,但现在 $Y(s)$ 的 ROC 为 $-1 < \mathrm{Re}\{s\} < 2$,显然不符合题意。同理也可分析出 $H(s)$ 的 ROC 不可能为 $-2 < \mathrm{Re}\{s\} < -1$,那么最后可断定其 ROC 为 $\mathrm{Re}\{s\} > -1$,只有这种 ROC 才可保证消掉极点 $s = -2$ 后,取 $X(s)$ 和 $H(s)$ 的 ROC 的交集得到 $-1 < \mathrm{Re}\{s\} < 2$ 这样一个 ROC。

(b) 由(a)知　　　　　　$H(s) = \frac{s}{(s+1)(s+2)}, \quad \mathrm{Re}\{s\} > -1$

对 $H(s)$ 进行部分分式展开,有

$$H(s) = \frac{2}{s+2} - \frac{1}{s+1}$$

易求得　　　　　　　　$h(t) = (2\mathrm{e}^{-2t} - \mathrm{e}^{-t})u(t)$

(c) 输入信号具有 LTI 系统特征函数的形式,所以可利用 LTI 系统的特征函数性质,即 $\mathrm{e}^{s_0 t} \rightarrow H(s_0)\mathrm{e}^{s_0 t}$。

此题中 $s_0 = 3$,将 s_0 代入 $H(s)$ 表达式求得 $H(3) = \frac{3}{20}$,故

$$y(t) = \frac{3}{20}\mathrm{e}^{3t}, \quad -\infty < t < \infty$$

7-25 设 $H(s)$ 代表一因果稳定系统的系统函数,该系统的输入是由三项之和组成的,其中之一是一个冲激,而其余的则是 $\mathrm{e}^{s_0 t}$ 的复指数形式,这里 s_0 是一个复常数。系统的输出是

$$y(t) = -6\mathrm{e}^{-t}u(t) + \frac{8}{34}\mathrm{e}^{4t}\cos 3t - \frac{36}{34}\mathrm{e}^{4t}\sin 3t + \delta(t)$$

求与这些条件相符的 $H(s)$。

解　题目所给输出 $y(t)$ 可表示为

$$y(t) = \delta(t) - 6\mathrm{e}^{-t}u(t) + \frac{4+\mathrm{j}18}{34}\mathrm{e}^{(4+\mathrm{j}3)t} + \frac{4-\mathrm{j}18}{34}\mathrm{e}^{(4-\mathrm{j}3)t}$$

上式右边后两项具有 $\mathrm{e}^{s_0 t}$ 的形式,显然是系统的特征函数,且由 LTI 系统的特征函数特性可知

$$H(4 \pm \mathrm{j}3) = \frac{4}{34} \pm \mathrm{j}\frac{18}{34}$$

由于输入 $x(t)$ 中包含了一个冲激函数项,由 $\delta(t) * h(t) = h(t)$ 可知 $y(t)$ 中包含了 $h(t)$ 中的所有函数模式;又由系统是因果稳定系统这一信息及 $y(t)$ 的表达式,不妨设

$$H(s) = A + \frac{B}{s+1} \text{(其中常数项对应 } y(t) \text{ 中的冲激函数项,} \frac{B}{s+1} \text{ 对应 } \mathrm{e}^{-t}u(t)\text{)}$$

由前分析可得

$$\begin{cases} H(4+j3) = \dfrac{4}{34} + j\,\dfrac{18}{34} = A + \dfrac{B}{4+j3+1} \\[3mm] H(4-j3) = \dfrac{4}{34} - j\,\dfrac{18}{34} = A + \dfrac{B}{4-j3+1} \end{cases}$$

可计算得知 $A=1, B=-6$,从而有

$$H(s) = 1 - \frac{6}{s+1} = \frac{s-5}{s+1}, \quad \text{Re}\{s\} > -1$$

其逆变换 $h(t) = \delta(t) - 6e^{-t}u(t)$ 正好是 $y(t)$ 中的一部分。

综上,$H(s) = \dfrac{s-5}{s+1}$ 符合题目所给条件。

7-26 设信号 $y(t) = e^{-2t}u(t)$ 是系统函数为 $H(s) = \dfrac{s-1}{s+1}$ 的因果全通系统的输出。

(a) 求出并画出至少有两种可能的输入 $x(t)$ 都能产生 $y(t)$。

(b) 若已知 $\displaystyle\int_{-\infty}^{\infty} |x(t)|\,\mathrm{d}t < \infty$,问输入 $x(t)$ 是什么?

(c) 如果已知存在某个稳定(但不一定因果)的系统,它若以 $y(t)$ 作输入,则输出为 $x(t)$,问这个输入 $x(t)$ 是什么?求这个滤波器的单位冲激响应,并用直接卷积证明它有所声称的性质(即 $y(t) * h(t) = x(t)$)。

解 (a) $x(t)$ 的拉普拉斯变换表达式易确定,由 $X(s) = \dfrac{Y(s)}{H(s)} = \dfrac{\dfrac{1}{s+2}}{\dfrac{s-1}{s+1}}$ 可得

$$X(s) = \frac{s+1}{(s+2)(s-1)}$$

由 $X(s)$ 的表达式知其有两个极点 $s=-2$ 和 $s=1$,并且易知当 $X(s)$ 的 ROC 为 $\text{Re}\{s\} > 1$ 和 $1 > \text{Re}\{s\} > -2$ 时,都可在此因果全通系统的输出端得到 $y(t) = e^{-2t}u(t)$,所以两个可能的输入 $x(t)$ 分别是

$$X_1(s) = \frac{s+1}{(s+2)(s-1)}, \quad \text{Re}\{s\} > 1$$

和

$$X_2(s) = \frac{s+1}{(s+2)(s-1)}, \quad 1 > \text{Re}\{s\} > -2$$

对它们求逆变换得

$$x_1(t) = \frac{1}{3}(e^{-2t} + 2e^{t})u(t)$$

$$x_2(t) = \frac{1}{3}e^{-2t}u(t) - \frac{2}{3}e^{t}u(-t)$$

$x_1(t)$ 和 $x_2(t)$ 的波形如图 7-17 所示。

(b) 所给积分式表明 $x(t)$ 绝对可积,在(a)中求出的 $x_1(t)$ 和 $x_2(t)$,只有 $x_2(t)$ 是绝对可积的,因此输入

$$x(t) = \frac{1}{3}e^{-2t}u(t) - \frac{2}{3}e^{t}u(-t)$$

(c) 首先不妨设这个稳定(但不一定因果)系统的系统函数为 $H_1(s)$,让我们先来确定其表达式。

通过 $\dfrac{1}{s+2} \cdot H_1(s) = \dfrac{s+1}{(s+2)(s-1)}$ 求出 $H_1(s) = \dfrac{s+1}{s-1}$。

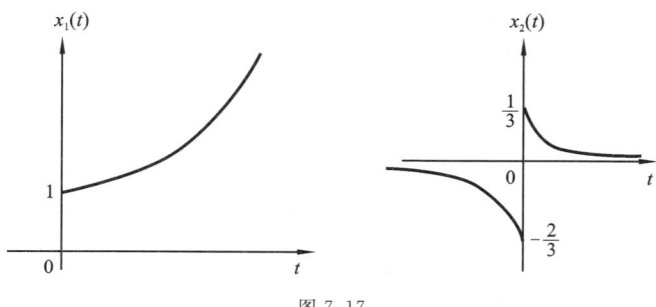

图 7-17

由于该系统稳定,所以 $H_1(s)$ 的 ROC 为 $\mathrm{Re}\{s\} < 1$;另一方面,$\dfrac{1}{s+2}$ 的 ROC 为 $\mathrm{Re}\{s\} > -2$,由此可断定等式右边 $\dfrac{s+1}{(s+2)(s-1)}$ 的 ROC 为 $1 > \mathrm{Re}\{s\} > -2$,从而可判断出此时输入 $x(t)$ 是(a)中求出的 $x_2(t)$,即 $x(t) = \dfrac{1}{3}\mathrm{e}^{-2t}u(t) - \dfrac{2}{3}\mathrm{e}^t u(-t)$。

对 $H_1(s) = \dfrac{s+1}{s-1} = 1 + \dfrac{2}{s-1}$,$\mathrm{Re}\{s\} < 1$ 求逆变换可得 $h_1(t) = \delta(t) - 2\mathrm{e}^t u(-t)$。

下面直接卷积来证明。

$$h_1(t) * y(t) = \left[\delta(t) - 2\mathrm{e}^t u(-t)\right] * \mathrm{e}^{-2t}u(t) = \mathrm{e}^{-2t}u(t) - 2\int_{-\infty}^{\infty} \mathrm{e}^\tau u(-\tau) \cdot \mathrm{e}^{-2(t-\tau)}u(t-\tau)\,\mathrm{d}\tau$$

$$= \mathrm{e}^{-2t}u(t) - 2\mathrm{e}^{-2t}\int_{-\infty}^{\infty} \mathrm{e}^{3\tau} u(-\tau)u(t-\tau)\,\mathrm{d}\tau \tag{①}$$

对于积分 $I = \int_{-\infty}^{\infty} \mathrm{e}^{3\tau} u(-\tau)u(t-\tau)\,\mathrm{d}\tau$,当 $t > 0$ 时,$I = \int_{-\infty}^{0} \mathrm{e}^{3\tau}\,\mathrm{d}\tau = \dfrac{1}{3}$;当 $t < 0$ 时,$I = \int_{-\infty}^{t} \mathrm{e}^{3\tau}\,\mathrm{d}\tau = \dfrac{1}{3}\mathrm{e}^{3t}$,即 $I = \dfrac{1}{3}u(t) + \dfrac{1}{3}\mathrm{e}^{3t}u(-t)$,代入式 ① 有

$$h_1(t) * y(t) = \mathrm{e}^{-2t}u(t) - \dfrac{2}{3}\mathrm{e}^{-2t}u(t) - \dfrac{2}{3}\mathrm{e}^t u(-t) = \dfrac{1}{3}\mathrm{e}^{-2t}u(t) - \dfrac{2}{3}\mathrm{e}^t u(-t) = x(t)$$

即证明了当输入为 $y(t)$ 时,输出是 $x(t)$。

7-27 一个 LTI 系统 $H(s)$ 的逆系统被定义成这样一个系统,当它与 $H(s)$ 级联后所得到的总系统函数为 1,或者说,总的系统单位冲激响应是一个单位冲激函数。

(a)若用 $H_1(s)$ 记为 $H(s)$ 逆系统的系统函数,确定 $H(s)$ 和 $H_1(s)$ 之间一般的代数关系。

(b)图 7-18 显示的是一个稳定因果系统 $H(s)$ 的极零点图,试确定它的逆系统的极零点图。

解 (a)设 LTI 系统 $H(s)$ 的逆系统为 $H_1(s)$,二者若级联,得到的总系统的系统函数易知为 $H(s)$ 与 $H_1(s)$ 的乘积,由题意知有 $H(s)H_1(s) = 1$,此为二者之间的一般代数关系,或表示为 $H_1(s) = 1/H(s)$。

(b)由(a)中得到的 $H(s)$ 与 $H_1(s)$ 之间的代数关系可知,$H(s)$ 的零点是 $H_1(s)$ 的极点,而 $H(s)$ 的极点则是 $H_1(s)$ 的零点,故可得系统 $H(s)$ 的逆系统的极零点图如图 7-19 所示。

7-28 一种称之为最小延时或最小相位系统有时是通过这一说法来定义的:这些系统是因果的且是稳定的,而它们的逆系统也是因果和稳定的。

基于上面的定义,试建立一个论据来说明:一个最小相位系统的系统函数,其全部极点和零点都必须位于 s 平面的左半平面(即 $\mathrm{Re}\{s\} < 0$)。

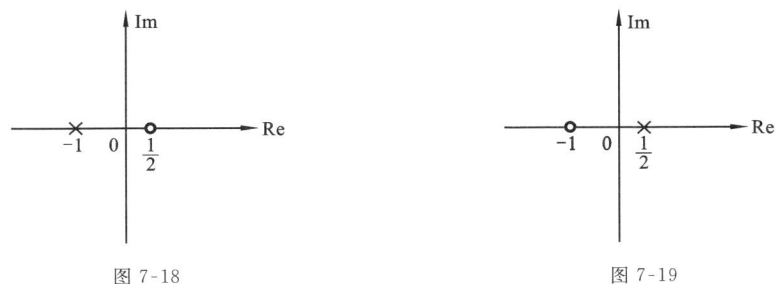

图 7-18　　　　　　　　　　　　　　　　　图 7-19

解　不妨用 $H(s)$ 表示某最小相位系统的系统函数，$H_1(s)$ 表示它的逆系统的系统函数。该系统是因果、稳定的，意味着 $H(s)$ 所有极点均位于 s 平面的左半平面，而 $H_1(s)$ 的极点就是 $H(s)$ 的零点，根据题中定义，$H_1(s)$ 也是因果和稳定的，这意味着 $H_1(s)$ 的所有极点，也就是 $H(s)$ 的所有零点都在 s 平面的左半平面，从而有 $H(s)$ 的所有极点和零点都位于 s 平面的左半平面，即 $\mathrm{Re}\{s\}<0$。

7-29　判断关于 LTI 系统下列每一种说法是否正确。若说法是对的，给出一个有力的证据；若不对，给出一个反例。

（a）一个稳定的连续时间系统其全部极点必须位于 s 平面的左半平面（即 $\mathrm{Re}\{s\}<0$）。

（b）若一个系统函数的极点数多于零点数，而这个系统是因果的，那么阶跃响应在 $t=0$ 一定连续。

（c）若一个系统函数的极点数多于零点数，而这个系统不限定是因果的，那么阶跃响应在 $t=0$ 可能不连续。

（d）一个稳定和因果的系统，其系统函数的全部极点和零点都必须在 s 平面的左半平面。

解　（a）这一说法不对。考虑一非因果系统，其系统函数 $H(s)=\dfrac{1}{s-1}$，ROC 为 $\mathrm{Re}\{s\}<1$，显然此系统是稳定的，但极点位于 s 平面的右半平面。

（b）这一说法是对的。因为若系统函数的极点数多于零点数，那么系统函数是个真分式，进行部分分式展开之后，每一项都是真分式，不包含常数项及 s 的多项式，从而也意味着冲激响应 $h(t)$ 在 $t=0$ 不包含冲激函数及其导数。而我们知道阶跃响应 $s(t)$ 是 $h(t)$ 的累加积分，或反过来 $h(t)$ 是 $s(t)$ 的一阶导数，$h(t)$ 在 $t=0$ 不含冲激，反过来意味着 $s(t)$ 在 $t=0$ 没有跳变，即在 $t=0$ 一定是连续的。

（c）这一说法不对。在（b）的分析中，并没有涉及系统的因果性，即系统的因果性对此问题无影响。例如，考虑 $H(s)=\dfrac{s}{(s+2)(s-1)}$，则阶跃响应的拉普拉斯变换 $S(s)=\dfrac{1}{(s+2)(s-1)}=\dfrac{1}{3}\left(\dfrac{1}{s-1}-\dfrac{1}{s+2}\right)$，若系统是因果的，则 ROC 为 $\mathrm{Re}\{s\}>1$，这种情况下阶跃响应 $s(t)=\dfrac{1}{3}(\mathrm{e}^{t}-\mathrm{e}^{-2t})u(t)$；若系统是反因果的，则 ROC 为 $\mathrm{Re}\{s\}<-2$，这种情况下 $s(t)=\dfrac{1}{3}(\mathrm{e}^{-2t}-\mathrm{e}^{t})u(-t)$，两种情况下 $s(t)$ 在 $t=0$ 都是连续的。

（d）这一说法不对。对于一个因果且稳定的系统来说，其系统函数的全部极点必须位于 s 平面的左半平面，但零点却不必。举个反例：

$$H(s)=\frac{s-2}{(s+1)(s+2)},\quad \mathrm{Re}\{s\}>-1$$

可求得

$$h(t)=(4\mathrm{e}^{-2t}-3\mathrm{e}^{-t})u(t)$$

易见此系统是因果、稳定的,但 $H(s)$ 的零点在 s 平面的右半平面。

7-30 有一稳定和因果的系统 S,其单位冲激响应 $h(t)$ 是实值函数,系统函数为 $H(s)$。已知 $H(s)$ 是有理的,它的极点之一在 $(-1+j)$,零点之一在 $(3+j)$,并且在无限远点只有两个零点。对于下面每一种说法,判断是对还是错,或者条件不充分而难以置评。

(a) $h(t)e^{-3t}$ 是绝对可积的。

(b) $H(s)$ 的 ROC 是 $\text{Re}\{s\} > -1$。

(c) 关联系统 S 的输入 $x(t)$ 和输出 $y(t)$ 的微分方程可以仅用实系数的形式写出。

(d) $\lim\limits_{s \to \infty} H(s) = 1$。

(e) $H(s)$ 不少于 4 个极点。

(f) 至少存在一个有限的 ω,有 $H(j\omega) = 0$。

(g) 若系统 S 的输入是 $e^{3t}\sin t$,输出就是 $e^{3t}\cos t$。

解 可先对所给条件进行分析。由 $h(t)$ 是实的,$H(s)$ 是有理的,及所给的极点和零点可知,$H(s)$ 还有一个极点位于 $s = -1-j$,一个零点位于 $s = 3-j$。"$H(s)$ 在无限远点只有两个零点"意味着 $H(s)$ 的有限极点数量比有限零点数量多两个,且由系统是稳定和因果的这个条件又知,$H(s)$ 的所有极点均位于 s 平面的左半平面,其 ROC 包含 $j\omega$ 轴。

(a) 这个说法是对的。因为 $h(t)e^{-3t} \overset{LT}{\longleftrightarrow} H(s+3)$,而 $H(s+3)$ 是将 $H(s)$ 向左平移 3 个单位的结果,显然 $H(s+3)$ 的极点所处的位置就是将 $H(s)$ 的极点向左平移 3 个单位之后所在的位置,即 $H(s+3)$ 的所有极点仍位于 s 平面的左半平面,其 ROC 仍包含 $j\omega$ 轴,所以 $h(t)e^{-3t}$ 的傅里叶变换收敛,换言之,此信号绝对可积。

(b) 条件不充分,难以置评。由一开始的分析可知,$H(s)$ 的极点不止 $-1 \pm j$ 两个,而我们不知其他极点,所以无从判断。

(c) 这个说法是对的。因为 $h(t)$ 是实值函数,那么 $H(s)$ 的零、极点要么是实数,如果是复数,一定成对共轭地出现,这样就保证了 $H(s)$ 的分子、分母多项式中所有系数都是实数,从而也就保证了相应的微分方程的系数均为实数。

(d) 这个说法是错的。因为无限远点(或 ∞)是 $H(s)$ 的零点,这说明 $\lim\limits_{s \to \infty} H(s) = 0$,而不是 1。

(e) 这个说法是对的。根据一开始的分析,$H(s)$ 至少有两个零点 $3 \pm j$,且极点比零点多两个,所以极点的数量至少是 4。

(f) 条件不充分,难以置评。若 $H(s)$ 有位于虚轴($j\omega$ 轴)上的有限零点,则此说法正确,但现在无法得知 $H(s)$ 是否有零点在虚轴上,所以也就无从判断其对错了。

(g) 这个说法是错的。注意到 $x(t) = e^{3t}\sin t = \dfrac{1}{2j}e^{(3+j)t} - \dfrac{1}{2j}e^{(3-j)t}$,相应的输出 $y(t)$ 可利用 LTI 系统的特征函数性质去求,即

$$y(t) = H(3+j) \cdot \frac{1}{2j}e^{(3+j)t} - H(3-j) \cdot \frac{1}{2j}e^{(3-j)t}$$

但由于 $s = 3 \pm j$ 是 $H(s)$ 的零点,从而有 $H(3+j) = H(3-j) = 0$,所以相应的输出 $y(t)$ 应该等于 0,而不是 $e^{3t}\cos t$。

7-31 正如在 9.5 节(见教材)所指出的,拉普拉斯变换的许多性质和推导都与对应的傅里叶变换性质和推导相类似。本题将要求导出几个拉普拉斯变换的性质。

细心注意一下在第 4 章对傅里叶变换有关性质的推导过程,导出下列每个拉普拉斯变换的性质,导出时必须包括有关收敛域的考虑。

(a) 时移(9.5.2 节(见教材))。

(b) s 域平移(9.5.3 节(见教材))。

(c) 时域尺度变换(9.5.4 节(见教材))。

(d) 卷积性质(9.5.6 节(见教材))。

证 (a) 已知 $x(t) \overset{\text{LT}}{\longleftrightarrow} X(s)$，ROC $= R$，设 $y(t) = x(t - t_0)$，则根据定义有

$$Y(s) = \int_{-\infty}^{\infty} x(t - t_0) e^{-st} dt \xrightarrow{\text{令} \tau = t - t_0} \int_{-\infty}^{\infty} x(\tau) e^{-s(\tau + t_0)} d(\tau + t_0)$$

$$= e^{-st_0} \int_{-\infty}^{\infty} x(\tau) e^{-s\tau} d\tau = e^{-st_0} X(s)$$

由于函数 e^{-st_0} 的值不等于 0，即它不会引入新的极点，所以 $Y(s)$ 的极点与 $X(s)$ 的极点相同；且由于 $y(t)$ 与 $x(t)$ 是同类型的信号(即若 $x(t)$ 是右边信号，则 $y(t)$ 也一定是右边信号)，所以 $Y(s)$ 的 ROC 与 $X(s)$ 的 ROC 相同，也为 R。

(b) 设 $y(t) = e^{s_0 t} x(t)$，则有

$$Y(s) = \int_{-\infty}^{\infty} e^{s_0 t} x(t) e^{-st} dt = \int_{-\infty}^{\infty} x(t) e^{-(s - s_0)t} dt = X(s - s_0)$$

由推导出的这个关系知，$Y(s)$ 的极点所在的位置就是将 $X(s)$ 的极点向右平行移动 $\text{Re}\{s_0\}$，再向上平行移动 $\text{Im}\{s_0\}$ 后所在的位置。我们知道，极点的位置决定着收敛域的边界，准确地说，极点的实部决定着收敛域的边界，现在极点移动了，ROC 的边界自然也随之变化。不过 $y(t) = e^{s_0 t} x(t)$ 与 $x(t)$ 仍是同类型的信号，所以 $Y(s)$ 与 $X(s)$ 的 ROC 也是同类型的(或者同为右半平面，或者同为左半平面，或者同为带状的)，只是边界不同而已。从前面的分析可知，$Y(s)$ 的 ROC 可表示为 $R + \text{Re}\{s_0\}$。举一个例子说明此表示：设 $X(s)$ 的 ROC 为 $\text{Re}\{s\} > a$，则 $Y(s)$ 的 ROC 可通过 $\text{Re}\{s\} - \text{Re}\{s_0\} > a$ 求得 $\text{Re}\{s\} > a + \text{Re}\{s_0\}$。

(c) 设 $y(t) = x(at)$，则有

$$Y(s) = \int_{-\infty}^{\infty} x(at) e^{-st} dt \xrightarrow{\text{令} \tau = at} \begin{cases} \int_{-\infty}^{\infty} x(\tau) e^{-s \cdot \frac{\tau}{a}} d\left(\frac{\tau}{a}\right), & \text{当 } a > 0 \\ \int_{\infty}^{-\infty} x(\tau) e^{-s \cdot \frac{\tau}{a}} d\left(\frac{\tau}{a}\right), & \text{当 } a < 0 \end{cases}$$

分别考虑两个积分：

当 $a > 0$ 时，$Y(s) = \dfrac{1}{a} \int_{-\infty}^{\infty} x(\tau) e^{-\frac{s}{a} \cdot \tau} d\tau = \dfrac{1}{a} X\left(\dfrac{s}{a}\right)$

当 $a < 0$ 时，$Y(s) = -\dfrac{1}{a} \int_{-\infty}^{\infty} x(\tau) e^{-\frac{s}{a} \cdot \tau} d\tau = -\dfrac{1}{a} X\left(\dfrac{s}{a}\right)$

综合以上两种情况有 $$Y(s) = \dfrac{1}{|a|} X\left(\dfrac{s}{a}\right)$$

至于 $Y(s)$ 的 ROC，可以这样考虑：若 $X(s)$ 有一个极点在 $s = p_0$，则 $Y(s)$ 就有一个相应的极点在 $s = a p_0$，现在 $X(s)$ 的 ROC 为 R，故 $Y(s)$ 的 ROC 不妨表示为 aR。举个例子来说明，设 $X(s)$ 的 ROC 为 $\text{Re}\{s\} > \alpha$，那么若 $a > 0$，则 $Y(s)$ 的 ROC 为 $\text{Re}\{s\} > a \cdot \alpha$；若 $a < 0$，则 $Y(s)$ 的 ROC 为 $\text{Re}\{s\} < a \cdot \alpha$。也就是说，若 $x(t)$ 原本是个右边信号，若 $a < 0$，则 $x(at)$ 就是个左边信号，二者的 ROC 会有本质上的不同。

(d) 设 $y(t) = x(t) * h(t)$，则

$$Y(s) = \int_{-\infty}^{\infty} [x(t) * h(t)] e^{-st} dt = \int_{-\infty}^{\infty} \left[\int_{-\infty}^{\infty} x(\tau) h(t - \tau) d\tau\right] e^{-st} dt$$

交换上式右边两个积分的次序可得

$$Y(s) = \int_{-\infty}^{\infty} x(\tau) \left[\int_{-\infty}^{\infty} h(t-\tau) e^{-st} dt \right] d\tau$$

根据拉普拉斯变换的时移性质,不难知里面的积分结果为 $H(s) e^{-s\tau}$,其中 $H(s)$ 为 $h(t)$ 的拉普拉斯变换,将其代入上式有

$$Y(s) = \int_{-\infty}^{\infty} x(\tau) H(s) e^{-s\tau} d\tau = H(s) \int_{-\infty}^{\infty} x(\tau) e^{-s\tau} d\tau = H(s) X(s)$$

即

$$Y(s) = H(s) X(s)$$

由三者之间的关系可知,$Y(s)$ 的 ROC 等于 $H(s)$ 的 ROC 与 $X(s)$ 的 ROC 的公共部分。不过,当 $H(s)$ 与 $X(s)$ 相乘的过程中出现了零、极点相消的情况,且被抵消掉的极点正好是决定 ROC 边界的那个(些)极点时,$Y(s)$ 的 ROC 就包含(或大于)$H(s)$ 的 ROC 与 $X(s)$ 的 ROC 的交集了。

7-32 正如在 9.5.10 节(见教材)所提到的,初值定理说的是,对一个拉普拉斯变换为 $X(s)$ 的信号 $x(t)$,若 $x(t) = 0, t < 0$,那么 $x(t)$ 的初值(即 $x(0^+)$)可以由 $X(s)$ 通过关系

$$x(0^+) = \lim_{s \to \infty} s X(s) \tag{①}$$

求得。首先注意到,因为 $x(t) = 0, t < 0, x(t) = x(t)u(t)$。接下来将 $x(t)$ 在 $t = 0^+$ 展开成泰勒级数,得到

$$x(t) = \left[x(0^+) + x^{(1)}(0^+)t + \cdots + x^{(n)}(0^+) \frac{t^n}{n!} + \cdots \right] u(t) \tag{②}$$

式中:$x^{(n)}(0^+)$ 代表 $x(t)$ 的 n 阶导数在 $t = 0^+$ 的值。

(a) 求式 ① 右边任意项 $x^{(n)}(0^+)(t^n/n!)u(t)$ 的拉普拉斯变换(参考教材例9.14有助于求解)。

(b) 由(a)的结果和式 ② 中的展开式,证明:$X(s)$ 可以表示成

$$X(s) = \sum_{n=0}^{\infty} x^{(n)}(0^+) \frac{1}{s^{n+1}}$$

(c) 证明:由(b)的结果就可得出式 ①。

(d) 对以下各例,通过先求出 $x(t)$ 的方式验证初值定理:

(1) $X(s) = \dfrac{1}{s+2}$;   (2) $X(s) = \dfrac{s+1}{(s+2)(s+3)}$。

(e) 初值定理的更一般的形式是:若 $x^{(n)}(0^+) = 0, n < N$,那么 $x^{(N)}(0^+) = \lim_{s \to \infty} s^{N+1} X(s)$。证明:此一般形式也可由(b)的结果得到。

解 (a) 可以利用教材例9.14求得的变换对

$$\frac{t^{n-1}}{(n-1)!} e^{-\alpha t} u(t) \overset{\text{LT}}{\longleftrightarrow} \frac{1}{(s+\alpha)^n}, \quad \text{Re}\{s\} > -\alpha$$

令 $\alpha = 0$,然后两边同时乘以 $x^{(n)}(0^+)$ 可得

$$x^{(n)}(0^+) \frac{t^n}{n!} u(t) \overset{\text{LT}}{\longleftrightarrow} \frac{x^{(n)}(0^+)}{s^{n+1}}, \quad \text{Re}\{s\} > 0$$

(b) 由式 ②,有

$$x(t) = x(0^+)u(t) + x^{(1)}(0^+)tu(t) + x^{(2)}(0^+) \frac{t^2}{2!} u(t) + \cdots + x^{(n)}(0^+) \frac{t^n}{n!} u(t) + \cdots$$

即

$$x(t) = \sum_{n=0}^{\infty} x^{(n)}(0^+) \frac{t^n}{n!} u(t)$$

对上式两边取拉普拉斯变换,并利用(a)的结果,易得

$$X(s) = \sum_{n=0}^{\infty} x^{(n)}(0^+) \frac{1}{s^{n+1}}$$

（c）将（b）中已证明的结论右端的级数展开可得

$$X(s) = \frac{x(0^+)}{s} + \frac{x^{(1)}(0^+)}{s^2} + \frac{x^{(2)}(0^+)}{s^3} + \cdots$$

于是有

$$sX(s) = x(0^+) + \frac{x^{(1)}(0^+)}{s} + \frac{x^{(2)}(0^+)}{s^2} + \cdots$$

故有

$$\lim_{s \to \infty} sX(s) = x(0^+) + 0 + 0 + \cdots$$

从而证明了式 ①，即

$$x(0^+) = \lim_{s \to \infty} sX(s)$$

（d）（1）由 $X(s) = \dfrac{1}{s+2}$ 易得 $x(t) = e^{-2t}u(t)$，从而有 $x(0^+) = 1$。

另一方面，由初值定理，$x(0^+) = \lim\limits_{s \to \infty} sX(s) = \lim\limits_{s \to \infty} \dfrac{s}{s+2} = 1$。

两种方法求出的初值 $x(0^+)$ 相等，从而验证了初值定理。

（2）由 $X(s) = \dfrac{s+1}{(s+2)(s+3)} = \dfrac{2}{s+3} - \dfrac{1}{s+2}$，易得 $x(t) = (2e^{-3t} - e^{-2t})u(t)$，从而有

$$x(0^+) = 2 - 1 = 1$$

另一方面，由初值定理，$x(0^+) = \lim\limits_{s \to \infty} sX(s) = \lim\limits_{s \to \infty} \dfrac{s(s+1)}{(s+2)(s+3)} = 1$。

两种方法求出的初值 $x(0^+)$ 相等，从而验证了初值定理。

（e）在（b）中已证明 $X(s)$ 可表示为

$$X(s) = \sum_{n=0}^{\infty} x^{(n)}(0^+) \frac{1}{s^{n+1}}$$

现在若 $x^{(n)}(0^+) = 0, n < N$，上式就可写为

$$X(s) = \sum_{n=N}^{\infty} x^{(n)}(0^+) \frac{1}{s^{n+1}}$$

将其展开来就是

$$X(s) = x^{(N)}(0^+) \frac{1}{s^{N+1}} + x^{(N+1)}(0^+) \frac{1}{s^{N+2}} + x^{(N+2)}(0^+) \frac{1}{s^{N+3}} + \cdots$$

若两边同时乘以 s^{N+1} 便可得

$$s^{N+1}X(s) = x^{(N)}(0^+) + x^{(N+1)}(0^+) \frac{1}{s} + x^{(N+2)}(0^+) \frac{1}{s^2} + \cdots$$

再两边取极限 $s \to \infty$，显然有

$$x^{(N)}(0^+) = \lim_{s \to \infty} s^{N+1} X(s)$$

从而证明了初值定理的更一般的形式。

7-33   有一拉普拉斯变换为 $X(s)$ 的实值信号 $x(t)$。

（a）在式（9.56）（见教材）两边应用复数共轭，证明：$X(s) = X^*(s^*)$。

（b）根据（a）的结果，证明：若 $X(s)$ 在 $s = s_0$ 有一个极点（零点），那么在 $s = s_0^*$ 也必须有一个极点（零点）；也就是说，对于实值的 $x(t)$，$X(s)$ 的极点和零点必须共轭成对地出现，除非它们是在实轴上。

证　(a) 式(9.56)为　　　　　$x(t) = \dfrac{1}{2\pi j} \displaystyle\int_{\sigma-j\infty}^{\sigma+j\infty} X(s) e^{st} ds$

对上式两边取共轭有　　　　$x^*(t) = \left(-\dfrac{1}{2\pi j}\right) \displaystyle\int_{\sigma-j\infty}^{\sigma+j\infty} X^*(s) e^{s^* t} ds^*$

不妨令 $s_1 = s^*$，有　　$x^*(t) = -\dfrac{1}{2\pi j} \displaystyle\int_{\sigma+j\infty}^{\sigma-j\infty} X^*(s_1) e^{s_1 t} ds_1 = \dfrac{1}{2\pi j} \displaystyle\int_{\sigma-j\infty}^{\sigma+j\infty} X^*(s_1^*) e^{s_1 t} ds_1$

这说明　　　　　　　　　　　$x^*(t) \overset{LT}{\longleftrightarrow} X^*(s^*)$

而 $x(t)$ 是实值信号，即有 $x(t) = x^*(t)$，从而二者的拉普拉斯变换函数也相等，即

$$X(s) = X^*(s^*)$$

（b）不妨设 $X(s)$ 在 $s = s_0$ 有一个零点，则有 $X(s_0) = 0$，那么由 $X(s) = X^*(s^*)$ 知，$X^*(s_0^*) = X(s_0) = 0$，从而有 $X(s_0^*) = 0$，即 s_0^* 也是 $X(s)$ 的一个零点。

类似的，若 $X(s)$ 在 $s = s_1$ 有一极点，则有 $X(s_1) = \infty$，那么 $X^*(s_1^*) = X(s_1) = \infty$，从而也有 $X(s_1^*) = \infty$，即 s_1^* 也是 $X(s)$ 的一个极点。

由此证明了对于实值信号 $x(t)$，$X(s)$ 的极点和零点必须共轭成对地出现，除非它们是在实轴上这一重要性质。

7-34　对于某一具体的复数 s，若变换的模是有限的，即若 $|X(s)| < \infty$，就说这个拉普拉斯变换存在。证明：变换 $X(s)$ 在 $s = s_0 = \sigma_0 + j\omega_0$ 存在的一个充分条件是

$$\int_{-\infty}^{\infty} |x(t)| e^{-\sigma_0 t} dt < \infty$$

换句话说，证明 $x(t)$ 被 $e^{-\sigma_0 t}$ 指数加权后是绝对可积的。求证时，需要利用复函数 $f(t)$ 的下面结论：

$$\left| \int_a^b f(t) dt \right| \leqslant \int_a^b |f(t)| \, dt \qquad\qquad ①$$

证　要考察 $X(s)$ 在 s_0 是否存在，就需要考察 $|X(s_0)|$ 是否小于 ∞。据定义有

$$|X(s_0)| = \left| \int_{-\infty}^{\infty} x(t) e^{-s_0 t} dt \right| = \left| \int_{-\infty}^{\infty} x(t) e^{-\sigma_0 t} e^{-j\omega_0 t} dt \right|$$

由式 ① 可得

$$|X(s_0)| \leqslant \int_{-\infty}^{\infty} |x(t) e^{-\sigma_0 t} e^{-j\omega_0 t}| \, dt = \int_{-\infty}^{\infty} |x(t)| e^{-\sigma_0 t} dt$$

而题目所给条件就是 $\displaystyle\int_{-\infty}^{\infty} |x(t)| e^{-\sigma_0 t} dt < \infty$，即 $x(t)$ 被 $e^{-\sigma_0 t}$ 加权后绝对可积，故而有 $|X(s_0)| < \infty$。这说明只要满足条件 $\displaystyle\int_{-\infty}^{\infty} |x(t)| e^{-\sigma_0 t} dt < \infty$，$X(s)$ 在 $s_0 = \sigma_0 + j\omega_0$ 就存在，这是个充分条件。

7-35　设 $h(t)$ 是一个具有有理系统函数 $H(s)$ 的因果而稳定的 LTI 系统的单位冲激响应，证明：$g(t) = \text{Re}\{h(t)\}$ 也是一个因果稳定系统的单位冲激响应。

证　首先由 $h(t)$ 是一因果系统的单位冲激响应可知 $h(t) = h(t)u(t)$，而 $g(t) = \text{Re}\{h(t)\}$，易知 $g(t) = g(t)u(t) = \text{Re}\{h(t)\} \cdot u(t)$，即 $g(t)$ 也是一因果系统的单位冲激响应。

下面再考虑稳定性。

由 $g(t) = \text{Re}\{h(t)\}$ 可得 $g(t) = \dfrac{1}{2}[h(t) + h^*(t)]$，其中 $h^*(t)$ 是 $h(t)$ 的共轭。

对上式两边求拉普拉斯变换，且利用共轭性质有

$$G(s) = \dfrac{1}{2}[H(s) + H^*(s^*)]$$

不难得知 $H^*(s^*)$ 与 $H(s)$ 的极点的关系为:若极点是实数,则二者的实数极点相同;若极点是复数,则二者的复数极点互为共轭,这就意味着 $H^*(s^*)$ 的 ROC 与 $H(s)$ 的 ROC 相同,即 $H^*(s^*)$ 的 ROC 是一个包含 $j\omega$ 轴在内的右半平面。即使 $H(s)+H^*(s^*)$ 可能出现零、极点抵消的情况,那也只可能使 ROC 扩大,其边界左移,ROC 仍然是一个包含 $j\omega$ 轴的右半平面。综合以上分析可知, $G(s)$ 的 ROC 可能与 $H(s)$ 的 ROC 相同,或者比其更大,但无论如何一定是一个包含虚轴的右半平面,从而说明 $g(t)$ 是稳定系统的单位冲激响应。

总之, $g(t)=\mathrm{Re}\{h(t)\}$ 是一个因果稳定系统的单位冲激响应。

7-36　若 $\mathscr{X}(s)$ 是 $x(t)$ 的单边拉普拉斯变换,利用 $\mathscr{X}(s)$ 求下列信号的单边拉普拉斯变换。

(a) $x(t-1)$;　(b) $x(t+1)$;　(c) $\displaystyle\int_{-\infty}^{t}x(\tau)\mathrm{d}\tau$;　(d) $\dfrac{\mathrm{d}^3x(t)}{\mathrm{d}t^3}$。

解　(a) 不妨令 $y(t)=x(t-1)$,则由单边拉普拉斯变换的定义有

$$\mathscr{Y}(s)=\int_{0^-}^{\infty}x(t-1)\mathrm{e}^{-st}\mathrm{d}t \xrightarrow{\diamondsuit\ \tau=t-1}\int_{-1}^{\infty}x(\tau)\mathrm{e}^{-s(\tau+1)}\mathrm{d}\tau=\mathrm{e}^{-s}\int_{-1}^{\infty}x(\tau)\mathrm{e}^{-s\tau}\mathrm{d}\tau$$

$$=\mathrm{e}^{-s}\left[\int_{0^-}^{\infty}x(\tau)\mathrm{e}^{-s\tau}\mathrm{d}\tau+\int_{-1}^{0^-}x(\tau)\mathrm{e}^{-s\tau}\mathrm{d}\tau\right]=\mathrm{e}^{-s}\mathscr{X}(s)+\mathrm{e}^{-s}\int_{-1}^{0}x(t)\mathrm{e}^{-st}\mathrm{d}t$$

(b) 不妨令 $y(t)=x(t+1)$,则由单边拉普拉斯变换的定义有

$$\mathscr{Y}(s)=\int_{0^-}^{\infty}x(t+1)\mathrm{e}^{-st}\mathrm{d}t\xrightarrow{\diamondsuit\ \tau=t+1}\int_{1}^{\infty}x(\tau)\mathrm{e}^{-s(\tau-1)}\mathrm{d}\tau=\mathrm{e}^{s}\left[\int_{0^-}^{\infty}x(\tau)\mathrm{e}^{-s\tau}\mathrm{d}\tau-\int_{0}^{1}x(\tau)\mathrm{e}^{-s\tau}\mathrm{d}\tau\right]$$

$$=\mathrm{e}^{s}\mathscr{X}(s)-\mathrm{e}^{s}\int_{0}^{1}x(t)\mathrm{e}^{-st}\mathrm{d}t$$

(c) 不妨令 $y(t)=\displaystyle\int_{-\infty}^{t}x(\tau)\mathrm{d}\tau$,则由单边拉普拉斯变换的定义有

$$\mathscr{Y}(s)=\int_{0^-}^{\infty}\left[\int_{-\infty}^{t}x(\tau)\mathrm{d}\tau\right]\mathrm{e}^{st}\mathrm{d}t=\int_{0^-}^{\infty}\left[\int_{-\infty}^{\infty}x(\tau)u(t-\tau)\mathrm{d}\tau\right]\mathrm{e}^{-st}\mathrm{d}t$$

交换上式右边两个积分的次序有

$$\mathscr{Y}(s)=\int_{-\infty}^{\infty}x(\tau)\left[\int_{0^-}^{\infty}u(t-\tau)\mathrm{e}^{-st}\mathrm{d}t\right]\mathrm{d}\tau=\int_{-\infty}^{\infty}x(\tau)\cdot\frac{\mathrm{e}^{-s\tau}}{s}\cdot\mathrm{d}\tau=\frac{1}{s}\int_{-\infty}^{\infty}x(\tau)\mathrm{e}^{-s\tau}\mathrm{d}\tau$$

$$=\frac{1}{s}\left[\int_{-\infty}^{0^-}x(\tau)\mathrm{e}^{-s\tau}\mathrm{d}\tau+\int_{0^-}^{\infty}x(\tau)\mathrm{e}^{-s\tau}\mathrm{d}\tau\right]$$

$$\mathscr{Y}(s)=\frac{1}{s}\mathscr{X}(s)+\frac{1}{s}\int_{-\infty}^{0}x(t)\mathrm{e}^{-st}\mathrm{d}t$$

(d) 不妨令 $y(t)=\dfrac{\mathrm{d}^3x(t)}{\mathrm{d}t^3}=x^{(3)}(t)$,则由单边拉普拉斯变换的定义有

$$\mathscr{Y}(s)=\int_{0^-}^{\infty}x^{(3)}(t)\mathrm{e}^{-st}\mathrm{d}t=\int_{0^-}^{\infty}\mathrm{e}^{-st}\mathrm{d}(x^{(2)}(t))=x^{(2)}(t)\cdot\mathrm{e}^{-st}\Big|_{0^-}^{\infty}+s\int_{0^-}^{\infty}x^{(2)}(t)\mathrm{e}^{-st}\mathrm{d}t$$

$$=-x^{(2)}(0^-)+s\int_{0^-}^{\infty}\mathrm{e}^{-st}\mathrm{d}(x^{(1)}(t))=-x^{(2)}(0^-)+sx^{(1)}(t)\mathrm{e}^{-st}\Big|_{0^-}^{\infty}+s^2\int_{0^-}^{\infty}x^{(1)}(t)\mathrm{e}^{-st}\mathrm{d}t$$

$$=-x^{(2)}(0^-)-sx^{(1)}(0^-)+s^2\int_{0^-}^{\infty}\mathrm{e}^{-st}\mathrm{d}(x(t))$$

$$=-x^{(2)}(0^-)-sx^{(1)}(0^-)+s^2x(t)\mathrm{e}^{-st}\Big|_{0^-}^{\infty}+s^3\int_{0^-}^{\infty}x(t)\mathrm{e}^{-st}\mathrm{d}t$$

$$=-x^{(2)}(0^-)-sx^{(1)}(0^-)-s^2x(0^-)+s^3X(s)$$

或可写作

$$\mathscr{Y}(s)=s^3x(s)-s^2x(0^-)-sx'(0^-)-x''(0^-)$$

7-37　在长途电话通信中,由于被传输的信号在接收端被反射,有时候会遇到回波,回波又经

线路被送回来,再次在发射端被反射,又返回到接收端。这样的过程可以用图 7-20 所示的单位冲激响应系统来仿真,图中已假定只接收到一个回波。参数 T 相当于沿通信信道的单向传播时间。参数 α 代表在发射端与接收端之间在幅度上的衰减。

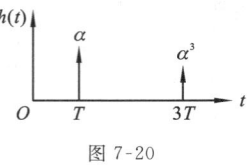

图 7-20

(a) 求该系统的系统函数 $H(s)$ 及其 ROC。

(b) 从(a)的结果应该看到,$H(s)$ 已不是由两个多项式之比组成的。不过,用极点和零点来表示仍是有用的。这里和一般情况相同,零点就是使 $H(s)=0$ 的那些 s 值,而极点是使 $1/H(s)=0$ 的那些 s 值。试对(a)中所确定的系统函数,确定它的零点,并说明它没有任何极点。

(c) 根据(b)的结果,画出 $H(s)$ 的极零点图。

(d) 通过考察在 s 平面内合适的相量,大致画出该系统频率响应的模特性。

解 (a) 由图 7-20 可见,

$$h(t) = \alpha\delta(t-T) + \alpha^3\delta(t-3T)$$

于是系统函数 $H(s) = \alpha e^{-sT} + \alpha^3 e^{-3sT}$,ROC:所有 s。

(b) 为了确定 $H(s)$ 的零点,令 $H(s)=0$,有

$$\alpha e^{-sT} + \alpha^3 e^{-3sT} = 0 \Rightarrow \alpha e^{-sT}(1 + \alpha^2 e^{-2sT}) = 0$$

因为 e^{-sT} 不可能等于 0,只有 $1+\alpha^2 e^{-2sT} = 0$,从而有 $\alpha e^{-sT} = \pm j = e^{j\left(k\pi+\frac{\pi}{2}\right)}$,进而有

$$e^{-sT} = \frac{1}{\alpha}e^{j\left(k\pi+\frac{\pi}{2}\right)}, \quad k = 0, \pm 1, \pm 2, \cdots$$

两边取自然对数得

$$sT = \ln\alpha - j\left(k\pi + \frac{\pi}{2}\right)$$

最终得零点为

$$s = \frac{1}{T}\ln\alpha - j\frac{1}{T}\left(k\pi + \frac{\pi}{2}\right), \quad k = 0, \pm 1, \pm 2, \cdots$$

至于 $H(s)$ 的极点,我们不妨先考虑一下 $H(s)$ 的构成。$H(s)$ 的两项都含 e^{-sT} 这个因子,其中 T 为正数。$e^{-sT} = e^{-\sigma T}\cdot e^{-j\omega T}$,决定 e^{-sT} 值(模)的大小关键在于 σ 的取值。但显然无论 σ 取什么有限值,$e^{-\sigma T}$ 一定是有限大小,不可能为无穷大,也就是说 $e^{-sT} \neq \infty$,从而可知 $H(s) \neq \infty$,无论 $|s|$ 取什么有限值。所以 $H(s)$ 无任何极点。

(c) $H(s)$ 的极零点图如图 7-21 所示。显然 $\alpha < 1$,故 $\ln\alpha < 0$,所有零点均位于虚轴的左侧。

(d) 系统频率响应的模特性大致如图 7-22 所示。

7-38 一个信号 $x(t)$ 的自相关函数定义为

$$\phi_{xx}(\tau) = \int_{-\infty}^{\infty} x(t)x(t+\tau)dt$$

(a) 求当输入为 $x(t)$,输出为 $\phi_{xx}(\tau)$ 的 LTI 系统(见图 7-23(a))的单位冲激响应 $h(t)$(利用 $x(t)$ 来表示)。

(b) 根据(a)的结果,求:利用 $X(s)$ 来表示的 $\phi_{xx}(\tau)$ 的拉普拉斯变换 $\Phi_{xx}(s)$;另外将 $\phi_{xx}(\tau)$ 的傅里叶变换 $\Phi_{xx}(j\omega)$ 用 $X(j\omega)$ 来表示。

(c) 如果 $x(t)$ 的拉普拉斯变换 $X(s)$ 有如图 7-23(b)所示的极零点图和 ROC,画出 $\Phi_{xx}(s)$ 的极零点图并指出 ROC。

解 (a) 如果我们想使输入为 $x(t)$ 时,输出为 $\phi_{xx}(t)$,那么应有

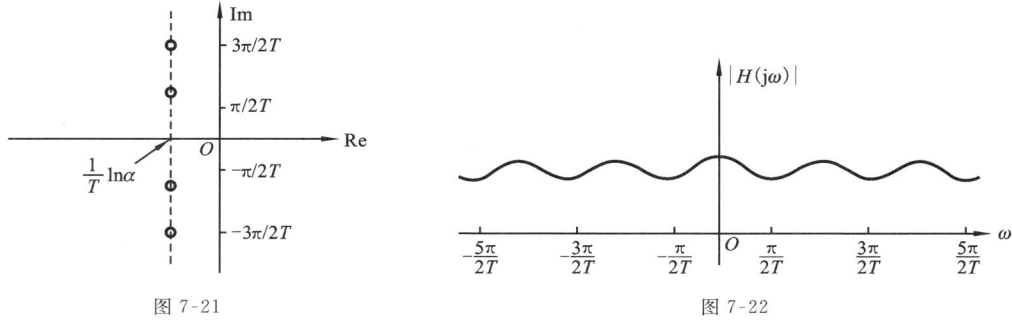

图 7-21　　　　　　　　　　　　　　　　　　　　图 7-22

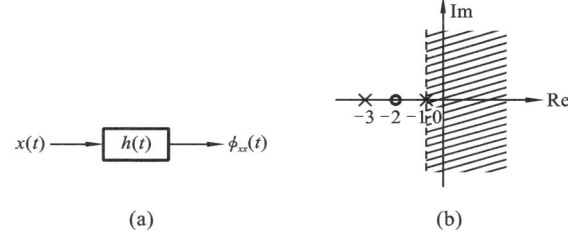

(a)　　　　　　　　　　　　　　(b)

图 7-23

$$\phi_{xx}(t) = \int_{-\infty}^{\infty} x(\tau)h(t-\tau)\mathrm{d}\tau \qquad ①$$

对于 $x(t)$ 的自相关函数有

$$\phi_{xx}(\tau) = \int_{-\infty}^{\infty} x(t)x(t+\tau)\mathrm{d}t$$

令 $t = -t_1$,有

$$\phi_{xx}(\tau) = \int_{-\infty}^{\infty} x(-t_1)x(\tau-t_1)\mathrm{d}(-t_1)$$

再令 $\tau - t_1 = t_2$,有

$$\phi_{xx}(\tau) = \int_{-\infty}^{\infty} x(t_2-\tau)x(t_2)\mathrm{d}(t_2-\tau) = \int_{-\infty}^{\infty} x(t_2)x[-(\tau-t_2)]\mathrm{d}t_2$$

最后以 τ 取代 t_2,t 取代 τ,得

$$\phi_{xx}(t) = \int_{-\infty}^{\infty} x(\tau)x[-(t-\tau)]\mathrm{d}\tau \qquad ②$$

　　对比式 ① 和式 ②,不难发现图 7-23(a) 所示系统的单位冲激响应为

$$h(t) = x(-t)$$

　　(b) 由(a) 知　　　　　　　　$\phi_{xx}(t) = x(t) * x(-t)$

故　　　　　　　$\Phi_{xx}(s) = X(s)X(-s)$,且 $\Phi_{xx}(\mathrm{j}\omega) = X(\mathrm{j}\omega)X(-\mathrm{j}\omega)$

若 $x(t)$ 为实值信号,则有 $X(-\mathrm{j}\omega) = X^*(\mathrm{j}\omega)$,于是有

$$\Phi_{xx}(\mathrm{j}\omega) = |X(\mathrm{j}\omega)|^2$$

　　(c) 如果 $X(s)$ 具有图 7-23(b) 所示的极零点图及 ROC,那么可知 $X(-s)$ 的零点为 $s=2$,两个极点分别为 $s=1$ 和 $s=3$,且 ROC 为 $\mathrm{Re}\{s\} < 1$(因为 $x(-t)$ 与 $x(t)$ 正相反,是左边信号)。由于 $\Phi_{xx}(s) = X(s)X(-s)$,所以其零点就是 $X(s)$ 的零点加上 $X(-s)$ 的零点,其极点就是 $X(s)$ 的极

点加上 $X(-s)$ 的极点,其 ROC 是 $X(s)$ 的 ROC 与 $X(-s)$ 的 ROC 的交集,具体如图 7-24 所示。

7-39 在信号设计和分析的一些应用中,会遇到这样一类信号

$$\phi_n(t) = \mathrm{e}^{-t/2} L_n(t) u(t), \quad n = 0, 1, 2, \cdots \quad ①$$

式中:
$$L_n(t) = \frac{\mathrm{e}^t}{n!} \frac{\mathrm{d}^n}{\mathrm{d}t^n}(t^n \mathrm{e}^{-t}) \quad ②$$

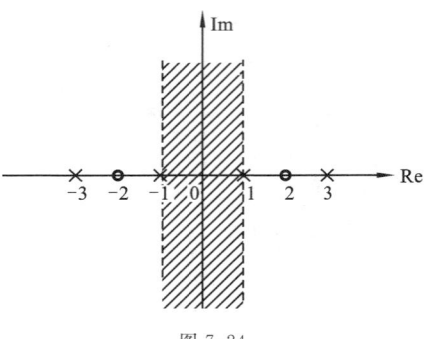

图 7-24

(a) 函数 $L_n(t)$ 称为 Laguerre 多项式。为了证明它们事实上具有多项式的形式,试用显式确定出 $L_0(t), L_1(t)$ 和 $L_2(t)$。

(b) 利用表 9.1(见教材)的拉普拉斯变换性质和表 9.2(见教材)的拉普拉斯变换对,求 $\phi_n(t)$ 的拉普拉斯变换 $\Phi_n(s)$。

(c) 用一个单位冲激函数去激励图 7-25 中的网络可以产生信号集 $\phi_n(t)$。求 $H_1(s)$ 和 $H_2(s)$,使得沿此级联链路的单位冲激响应正是所指出的信号 $\phi_n(t)$。

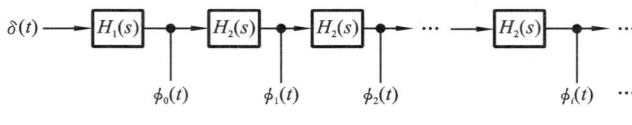

图 7-25

解 (a) 根据式 ② 中所给 Laguerre 多项式的一般表达式可得

$$L_0(t) = \frac{\mathrm{e}^t}{0!} \cdot t^0 \cdot \mathrm{e}^{-t} = \mathrm{e}^t \cdot \mathrm{e}^{-t} = 1$$

$$L_1(t) = \frac{\mathrm{e}^t}{1!} \cdot \frac{\mathrm{d}}{\mathrm{d}t}(t\mathrm{e}^{-t}) = \mathrm{e}^t[\mathrm{e}^{-t} - t\mathrm{e}^{-t}] = 1 - t$$

$$L_2(t) = \frac{\mathrm{e}^t}{2!} \cdot \frac{\mathrm{d}^2}{\mathrm{d}t^2}(t^2 \mathrm{e}^{-t}) = \frac{\mathrm{e}^t}{2}[(2-2t)\mathrm{e}^{-t} - (2t-t^2)\mathrm{e}^{-t}] = 1 - 2t + \frac{1}{2}t^2$$

(b) 由式 ① 和式 ② 有

$$\phi_n(t) = \mathrm{e}^{-t/2} L_n(t) u(t) = \frac{\mathrm{e}^{\frac{t}{2}}}{n!} \cdot \frac{\mathrm{d}^n(t^n \mathrm{e}^{-t})}{\mathrm{d}t^n} u(t) = \frac{\mathrm{e}^{\frac{t}{2}}}{n!} \cdot \frac{\mathrm{d}^n[t^n \mathrm{e}^{-t} u(t)]}{\mathrm{d}t^n}$$

下面一步步求 $\phi_n(t)$ 的拉普拉斯变换:首先有变换对

$$t^n u(t) \overset{\text{LT}}{\longleftrightarrow} \frac{n!}{s^{n+1}}, \quad \mathrm{Re}\{s\} > 0$$

然后由 s 域平移特性有

$$t^n \mathrm{e}^{-t} u(t) \overset{\text{LT}}{\longleftrightarrow} \frac{n!}{(s+1)^{n+1}}, \quad \mathrm{Re}\{s\} > -1$$

再由时域微分特性有

$$\frac{\mathrm{d}^n[t^n \mathrm{e}^{-t} u(t)]}{\mathrm{d}t^n} \overset{\text{LT}}{\longleftrightarrow} \frac{n! \cdot s^n}{(s+1)^{n+1}}, \quad \mathrm{Re}\{s\} > -1$$

最后由 s 域平移特性有

$$\frac{\mathrm{e}^{\frac{t}{2}}}{n!} \cdot \frac{\mathrm{d}^n[t^n \mathrm{e}^{-t} u(t)]}{\mathrm{d}t^n} \overset{\text{LT}}{\longleftrightarrow} \frac{\left(s - \frac{1}{2}\right)^n}{\left(s + \frac{1}{2}\right)^{n+1}}, \quad \mathrm{Re}\{s\} > -\frac{1}{2}$$

从而得到
$$\Phi_n(s) = \frac{\left(s - \frac{1}{2}\right)^n}{\left(s + \frac{1}{2}\right)^{n+1}}, \quad \text{Re}\{s\} > -\frac{1}{2}$$

（c）由图 7-25 可知，
$$\phi_0(t) = \delta(t) * h_1(t), \phi_1(t) = \phi_0(t) * h_2(t), \phi_2(t) = \phi_1(t) * h_2(t)$$
$$\vdots$$

在 s 域里关系为
$$\Phi_0(s) = H_1(s), \quad \Phi_1(s) = \Phi_0(s)H_2(s), \quad \cdots, \quad \Phi_i(s) = \Phi_{i-1}(s)H_2(s)$$

由（b）的结果知 $\Phi_0(s) = \dfrac{1}{s + 1/2}$，从而知
$$H_1(s) = \frac{1}{s + 1/2}, \quad \text{Re}\{s\} > -1/2$$

又由 $\Phi_1(s) = \Phi_0(s) \cdot H_2(s)$ 知
$$H_2(s) = \frac{\Phi_1(s)}{\Phi_0(s)} = \frac{\dfrac{s - 1/2}{(s + 1/2)^2}}{\dfrac{1}{s + 1/2}} = \frac{s - 1/2}{s + 1/2}, \quad \text{Re}\{s\} > -1/2$$

从求得的 $H_2(s)$ 可验证 $\Phi_i(s) = \Phi_{i-1}(s)H_2(s)$。

所以最终得
$$H_1(s) = \frac{1}{s + 1/2}, \quad \text{Re}\{s\} > -1/2$$
$$H_2(s) = \frac{s - 1/2}{s + 1/2}, \quad \text{Re}\{s\} > -1/2$$

7-40　考虑图 7-26 所示的 RLC 电路，设输入为 $x(t)$，输出为 $y(t)$。

（a）证明：若 R、L 和 C 全部是正的，则这个 LTI 系统是稳定的。

（b）R、L 和 C 互相之间应该有怎样的关系，才能使该系统代表二阶巴特沃斯滤波器？

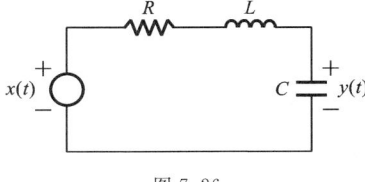

图 7-26

证　（a）由电路不难建立时域微分方程为
$$LC \frac{\mathrm{d}^2 y(t)}{\mathrm{d}t^2} + RC \frac{\mathrm{d}y(t)}{\mathrm{d}t} + y(t) = x(t)$$

于是得系统函数　$H(s) = \dfrac{\dfrac{1}{LC}}{s^2 + \left(\dfrac{R}{L}\right)s + \left(\dfrac{1}{LC}\right)}$

可求得 $H(s)$ 的两个极点为
$$s_{1,2} = \frac{-\dfrac{R}{L} \pm \sqrt{\left(\dfrac{R}{L}\right)^2 - \dfrac{4}{LC}}}{2}$$

显然，若 R、L 和 C 全部是正的，那么 $-\dfrac{R}{L} < 0$，由于 $\sqrt{\left(\dfrac{R}{L}\right)^2 - \dfrac{4}{LC}} < \dfrac{R}{L}$，故两个极点一定在左半平面，由此可断定此 LTI 系统一定是稳定的。

（b）由（a）中求得的 $H(s)$ 可知此系统是二阶的，一个二阶的巴特沃斯滤波器的系统函数具有

形式：$B(s) = \dfrac{\omega_c^2}{s^2 + \sqrt{2}\omega_c s + \omega_c^2}$，对比（a）中的 $H(s)$ 可得 $\sqrt{2} \cdot \sqrt{\dfrac{1}{LC}} = \dfrac{R}{L}$，由此可得 R、L 和 C 之间应

具有的关系可表示为

$$R^2 = 2 \cdot \frac{L}{C} \quad 或 \quad R = \sqrt{\frac{2L}{C}}$$

7-41　考虑图 7-27 所示的 RL 电路。假设电流 $i(t)$ 在开关位于 A 时已到达稳态。在 $t = 0$，开
关由 A 移至 B。

（a）求 $t > 0^-$ 时，$i(t)$ 和 v_2 之间的微分方程。利
用 v_1 为这个微分方程标出初始条件（即 $i(0^-)$ 的值）。

（b）利用表 9.3（见教材）单边拉普拉斯变换的
性质，求出并画出对于下列的 v_1 和 v_2 时的 $i(t)$。

（i）$v_1 = 0$ V，$v_2 = 2$ V；（ii）$v_1 = 4$ V，$v_2 = 0$ V；
（iii）$v_1 = 4$ V，$v_2 = 2$ V。

利用（i），（ii）和（iii）中的答案，证明：$i(t)$ 可以表
示成电流的零状态响应和零输入响应之和。

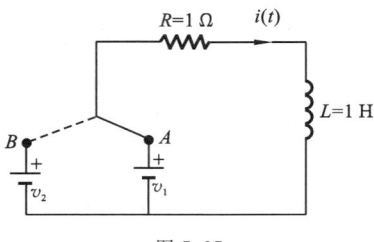

图 7-27

解　（a）由题意，$t < 0$ 时，开关位于 A，且电路已达到稳态，所以易知 $i(0^-) = \dfrac{v_1}{R} = v_1$。而在 $t = 0$ 时，开关由 A 移至 B，从而使 $t > 0$ 时，电路方程为

$$L\frac{\mathrm{d}i(t)}{\mathrm{d}t} + Ri(t) = v_2 u(t)$$

注意，以上方程右边的 $v_2 u(t)$ 表示 v_2 是 $t > 0^-$ 时才接入电路的，即 $t > 0^-$ 时，$i(t)$ 与 v_2 之间
的微分方程为

$$\frac{\mathrm{d}i(t)}{\mathrm{d}t} + \frac{R}{L}i(t) = \frac{v_2}{L}u(t)$$

代入参数值有　　　　　　　　　　　　$$\frac{\mathrm{d}i(t)}{\mathrm{d}t} + i(t) = v_2 u(t)$$

（b）对（a）中求出的方程进行单边拉普拉斯变换，有

$$sI(s) - i(0^-) + I(s) = v_2/s$$

即　　　　　　$$I(s) = \frac{i(0^-)s + v_2}{s(s+1)} = \frac{v_2}{s} + \frac{i(0^-) - v_2}{s+1}$$

从而有　　　　　　$$i(t) = \{v_2 + [i(0^-) - v_2]\mathrm{e}^{-t}\}u(t) \qquad ①$$

（i）当 $v_1 = 0$ V，$v_2 = 2$ V 时，$i(0^-) = 0$ V，代入式 ① 得 $i_1(t) = (2 - 2\mathrm{e}^{-t})u(t)$。

（ii）当 $v_1 = 4$ V，$v_2 = 0$ V 时，$i(0^-) = 4$ V，代入式 ① 得 $i_2(t) = 4\mathrm{e}^{-t}u(t)$。

（iii）当 $v_1 = 4$ V，$v_2 = 2$ V 时，$i(0^-) = 4$ V，代入式 ① 得 $i_3(t) = (2 + 2\mathrm{e}^{-t})u(t)$。

证　观察（i）、（ii）、（iii）中的条件及相应的结果，不难发现，条件（i）代表电路的初始状态为零，那
么相应的 $i_1(t)$ 就只包含 $t > 0$ 时外加激励 v_2 引起的响应，即零状态响应部分。条件（ii）正相反，代表
$t > 0$ 时外加激励为零，而电路的初始状态并不为零，因此相应的 $i_2(t)$ 就只包含由初始状态引起的响
应，即零输入响应部分。最后的条件（iii）代表初始状态以及外加激励都不为零，所以相应的 $i_3(t)$ 包括
两部分——零输入响应和零状态响应，而且由于取值相同，使得 $i_3(t) = i_1(t) + i_2(t)$，这一点从我们
已求得的 $i_1(t)$、$i_2(t)$ 和 $i_3(t)$ 可得到验证，即 $i(t)$ 可以表示为零输入响应和零状态响应之和。

第 8 章 z 变 换

8.1 知识点归纳

8.1.1 z 变换及其与 DTFT 的关系

对于序列 $x[n]$,其(双边)z 变换定义为

$$X(z) = \sum_{n=-\infty}^{\infty} x[n] z^{-n}$$

若将复变量 z 表示为 $z = re^{j\omega}$,其中 r 为 z 的模,ω 为 z 的辐角,则有

$$X(z) = X(re^{j\omega}) = \sum_{n=-\infty}^{\infty} x[n](re^{j\omega})^{-n} = \sum_{n=-\infty}^{\infty} \{x[n]r^{-n}\} e^{-j\omega n}$$

即 $x[n]$ 的 z 变换就是 $x[n]r^{-n}$ 的傅里叶变换。

若 $r = 1$,则有

$$X(z)\big|_{z=e^{j\omega}} = X(e^{j\omega}) = \mathscr{F}\{x[n]\}$$

即在复平面的单位圆上进行的 z 变换就是离散时间傅里叶变换(DTFT)。

8.1.2 z 变换的收敛域(ROC)

并非所有的复数都能使洛朗级数 $\sum_{n=-\infty}^{\infty} x[n] z^{-n}$ 收敛,能使该级数收敛的 z 值的集合,称为 z 变换的收敛域。

不同类型的序列,它们的 z 变换有着不同的收敛域,具体如下:

(1) 有限长序列的 z 变换的 ROC 为整个 z 平面。注意:这里"整个 z 平面"可能不包括 $z = 0$ 和(或)$z = \infty$。

(2) 右边序列的 z 变换的 ROC 是某个圆的外部区域。注意:该区域可能不包括 $z = \infty$。

(3) 左边序列的 z 变换的 ROC 是某个圆的内部区域。注意:该区域可能不包括 $z = 0$。

(4) 双边序列的 z 变换的 ROC 是夹在两个半径有限的圆之间的环形区域。

另外,z 变换的收敛域还有以下性质:

(1) 收敛域内不包含极点。

(2) 若 z 变换 $X(z)$ 是有理函数,则其 ROC 的边界由其极点确定。具体地说,对于右边序列 $x[n]$,其 z 变换 $X(z)$ 的 ROC 是某圆的外部区域,而该圆是由 $X(z)$ 的所有极点中模最大的极点确定的,实际上,该圆的半径就等于模最大的极点的模值;对于左边序列 $x[n]$,其 z 变换 $X(z)$ 的 ROC 是某圆的内部区域,而该圆是由 $X(z)$ 的所有非零极点中模最小的极点确定的,实际上,该圆的半径就等于模最小的非零极点的模值;对于双边序列 $x[n]$,其 z 变换 $X(z)$ 的 ROC 有内、外两个圆作为其边界,内圆由 $x[n]$ 的因果部分决定,外圆由 $x[n]$ 的反因果部分决定,在内圆的内部以及外圆的外部都可以有其他极点,但两圆所夹的中间区域不可能有极点。

（3）若 $x[n]$ 为因果序列（即当 $n < 0$ 时，$x[n] = 0$），由于其 z 变换为 $X(z) = \sum\limits_{n=0}^{\infty} x[n]z^{-n}$，故 $X(z)$ 的 ROC 包括 $z = \infty$。

（4）若 $x[n]$ 为反（逆）因果序列（即当 $n > 0$ 时，$x[n] = 0$），由于其 z 变换为 $X(z) = \sum\limits_{n=0}^{-\infty} x[n]z^{-n}$，故 $X(z)$ 的 ROC 包括 $z = 0$。

8.1.3　逆 z 变换

在进行逆 z 变换时，应首先根据 $X(z)$ 的 ROC 判断出 $x[n]$ 的类型，然后再考虑选择以下方法求 $x[n]$。

1. 幂级数展开法

由于 $x[n]$ 的 z 变换 $X(z) = \sum\limits_{n=-\infty}^{\infty} x[n]z^{-n}$ 是一个既包含 z 的正幂项，又包含 z 的负幂项的幂级数，且该级数的系数就是序列 $x[n]$ 中的值，所以若能将 $X(z)$ 表示成幂级数，取各项的系数就可以得到 $x[n]$。

若 $X(z)$ 是有理函数，往往采用长除法将其展开为幂级数。采用长除法时要注意，在做长除之前，$X(z)$ 的分子多项式和分母多项式需按照正确的顺序排列，具体如下：若 $x[n]$ 为右边序列且 $X(z)$ 表示为 z 的函数，则 $X(z)$ 的分子、分母多项式按照 z 的降幂顺序排列，反之若 $x[n]$ 为左边序列且 $X(z)$ 表示为 z 的函数，则 $X(z)$ 的分子、分母多项式应按照 z 的升幂顺序排列；若 $x[n]$ 为右边序列且 $X(z)$ 表示为 z^{-1} 的函数，则 $X(z)$ 的分子、分母多项式按照 z^{-1} 的升幂顺序排列，反之若 $x[n]$ 为左边序列且 $X(z)$ 表示为 z^{-1} 的函数，则 $X(z)$ 的分子、分母多项式按照 z^{-1} 的降幂顺序排列。只有 $X(z)$ 的分子、分母多项式按照正确的顺序排列之后进行长除，才能正确地获得所需的幂级数，从而得到正确的 $x[n]$。

2. 部分分式展开法

若 $X(z)$ 是有理函数，通常采用这种方法求逆 z 变换。具体地说，先将有理的 $X(z)$ 展开为

$$X(z) = \sum_{i=1}^{m} \frac{A_i}{1 - a_i z^{-1}} \quad 或 \quad X(z) = \sum_{i=1}^{m} \frac{A_i z}{z - a_i}$$

然后利用变换对

$$A_i a_i^n u[n] \overset{ZT}{\longleftrightarrow} \frac{A_i}{1 - a_i z^{-1}} \quad 或 \quad -A_i a_i^n u[-n-1] \overset{ZT}{\longleftrightarrow} \frac{A_i}{1 - a_i z^{-1}}$$

对以上和式中的每一项分别求逆变换，便可求得 $x[n]$。

3. 围线积分法

因 $x[n] = \dfrac{1}{2\pi j}\oint_C X(z)z^{n-1}dz$，其中，$C$ 为 $X(z)$ 的 ROC 中一条简单正向封闭曲线。

利用留数定理计算以上复积分有

$$x[n] = \sum_i \text{Res}[X(z)z^{n-1}, p_i]$$

其中，p_i 代表被围线 C 所包围的诸有限极点。

若利用上式求 $x[n]$，需注意 $z = 0$ 这个点，因为 $z = 0$ 是否是 $X(z)z^{n-1}$ 的极点以及是几阶极点，情况都会随 n 的取值的不同而变化，一般需要分析讨论。

8.1.4　z 变换的性质

设 $x[n] \overset{\text{ZT}}{\longleftrightarrow} X(z)$，ROC $= R$；$x_1[n] \overset{\text{ZT}}{\longleftrightarrow} X_1(z)$，ROC $= R_1$；$x_2[n] \overset{\text{ZT}}{\longleftrightarrow} X_2(z)$，ROC $= R_2$，则有以下性质。

（1）线性

$$ax_1[n] + bx_2[n] \overset{\text{ZT}}{\longleftrightarrow} aX_1(z) + bX_2(z)，\text{ROC 包含 } R_1 \bigcap R_2$$

（2）时移性

$$x[n - n_0] \overset{\text{ZT}}{\longleftrightarrow} z^{-n_0} X(z)，\quad \text{ROC} = R，\quad z = 0 \text{ 或 } z = \infty \text{ 可能加入到 } R \text{ 中，或从 } R \text{ 中除去。}$$

（3）z 域尺度变换

$$z_0^n x[n] \overset{\text{ZT}}{\longleftrightarrow} X\left(\frac{z}{z_0}\right)，\quad \text{ROC} = |z_0| R$$

（4）时域反褶

$$x[-n] \overset{\text{ZT}}{\longleftrightarrow} X\left(\frac{1}{z}\right)，\quad \text{ROC} = \frac{1}{R}$$

注意：若 $x[n]$ 是一个右边序列，则反褶之后得到的 $x[-n]$ 就是一个左边序列，且 $x[n]$ 的 ROC 是个圆的外部区域，而 $x[-n]$ 的 ROC 变成一个圆的内部区域。

（5）时域扩展

若定义 $x_{(k)}[n] = \begin{cases} x\left[\dfrac{n}{k}\right]，& n \text{ 为 } k \text{ 的倍数} \\ 0，& n \text{ 不为 } k \text{ 的倍数} \end{cases}$，则 $x_{(k)}[n] \overset{\text{ZT}}{\longleftrightarrow} X(z^k)$，$\quad \text{ROC} = \sqrt[k]{R}$。

（6）共轭性质

$$x^*[n] \overset{\text{ZT}}{\longleftrightarrow} X^*(z^*)，\quad \text{ROC} = R$$

注意：若 $x[n]$ 是实序列，则 $X(z)$ 的零、极点要么是实数，如果有复数零、极点，必定是成对共轭地出现。

（7）时域卷积性质

$$x_1[n] * x_2[n] \overset{\text{ZT}}{\longleftrightarrow} X_1(z) \cdot X_2(z)，\quad \text{ROC 包含 } R_1 \bigcap R_2$$

（8）z 域微分

$$nx[n] \overset{\text{ZT}}{\longleftrightarrow} -z \frac{\mathrm{d}X(z)}{\mathrm{d}z}，\quad \text{ROC} = R$$

（9）初值定理

设 $x[n]$ 是因果序列，即当 $n < 0$ 时，$x[n] = 0$，则 $x[0] = \lim\limits_{z \to \infty} X(z)$

（10）终值定理

若 $x[n]$ 是因果序列，且 $X(z)$ 的所有极点要么位于单位圆内，要么是位于 $z = 1$ 的一阶极点，则有

$$\lim_{n \to +\infty} x[n] = \lim_{z \to 1} (z - 1) X(z)$$

8.1.5　用几何作图法由极 - 零点分布图求傅里叶变换

设因果 $x[n]$ 的 z 变换为

$$X(z) = K \frac{\prod_i (z - z_i)}{\prod_j (z - p_j)}$$

且 $x[n]$ 的傅里叶变换 $X(\mathrm{e}^{\mathrm{j}\omega}) = \displaystyle\sum_{n=-\infty}^{\infty} x[n]\mathrm{e}^{-\mathrm{j}\omega n}$ 绝对收敛,则

$$X(\mathrm{e}^{\mathrm{j}\omega}) = X(z)\big|_{z=\mathrm{e}^{\mathrm{j}\omega}} = K \frac{\prod_i (\mathrm{e}^{\mathrm{j}\omega} - z_i)}{\prod_j (\mathrm{e}^{\mathrm{j}\omega} - p_j)}$$

其中,复数 $\mathrm{e}^{\mathrm{j}\omega}$ 是单位圆上的一点,K 一般为正数。

分别由所有的零点 z_i 和极点 p_j 向单位圆上的某点 $\mathrm{e}^{\mathrm{j}\omega_1}$ 作矢量,若令零点矢量为 $\boldsymbol{A}_i$,极点矢量为 $\boldsymbol{B}_j$,于是有

$$|X(\mathrm{e}^{\mathrm{j}\omega_1})| = K \frac{\prod_i A_i}{\prod_j B_j}, \quad \arg X(\mathrm{e}^{\mathrm{j}\omega_1}) = \sum_i \theta_i - \sum_j \varphi_j$$

其中,A_i 代表零点矢量 $\boldsymbol{A}_i$ 的长度,B_j 代表极点矢量 $\boldsymbol{B}_j$ 的长度,θ_i 和 φ_j 分别是 $\boldsymbol{A}_i$ 和 $\boldsymbol{B}_j$ 的夹角。

当 ω 从 0 逐渐增大至 2π 时,点 $\mathrm{e}^{\mathrm{j}\omega}$ 沿单位圆运动一周,从 $z=1$ 出发绕一圈,又回到 $z=1$ 处,同时各零点矢量 $\boldsymbol{A}_i$ 和极点矢量 $\boldsymbol{B}_j$ 也都在不断发生变化。根据矢量 $\boldsymbol{A}_i$,$\boldsymbol{B}_j$ 各自长度及夹角随 ω 变化的情形,可粗略地绘制出信号 $x[n]$ 的幅度频谱 $|X(\mathrm{e}^{\mathrm{j}\omega})|$ 图和相位频谱 $\arg X(\mathrm{e}^{\mathrm{j}\omega})$ 图。

8.1.6　用 z 变换表征和分析 LTI 系统

1. 系统函数

设系统激励信号的 z 变换为 $X(z)$,响应信号(零状态响应)的 z 变换为 $Y(z)$,则系统函数(也称传输函数)为

$$H(z) = \frac{Y(z)}{X(z)}$$

系统函数 $H(z)$ 是单位脉冲响应 $h[n]$ 的 z 变换,即

$$H(z) = \mathscr{Z}\{h[n]\} = \sum_{n=-\infty}^{\infty} h[n]z^{-n}$$

用线性常系数差分方程描述的离散 LTI 系统,其系统函数是有理函数,即 $H(z)$ 的分子和分母都是 z(或 z^{-1})的多项式。

2. 系统函数与系统的因果性

若离散 LTI 系统的系统函数 $H(z)$ 的 ROC 是某个圆的外部区域,并且包含 $z=\infty$,则系统是因果的;反之亦然。对于一个具有有理系统函数 $H(z)$ 的离散 LTI 系统而言,当且仅当以下两个条件同时满足时,系统具有因果性:(a)$H(z)$ 的 ROC 在 $H(z)$ 的最大模极点所确定的圆的外部;(b)当 $H(z)$ 表示为两个关于 z 的多项式的比时,分子多项式的次数不能高于分母多项式的次数。

3. 系统函数与系统的稳定性

一个离散 LTI 系统是稳定的,当且仅当其系统函数 $H(z)$ 的 ROC 包含单位圆 $|z|=1$。

对于一个因果稳定的离散 LTI 系统来说,若其系统函数 $H(z)$ 是有理的,则 $H(z)$ 的所有极点必分布于单位圆 $|z|=1$ 的内部。换言之,$H(z)$ 所有极点的模都小于 1。

反过来,对于一个反因果的稳定的离散 LTI 系统来说,若其系统函数 $H(z)$ 是有理的,则 $H(z)$

的所有极点都分布于单位圆 $|z| = 1$ 的外部。换言之，$H(z)$ 所有极点的模都大于 1。

4. 系统函数 $H(z)$ 与频率响应 $H(e^{j\omega})$

对于稳定的离散 LTI 系统，其频率响应为

$$H(e^{j\omega}) = H(z)\big|_{z=e^{j\omega}}$$

其中，$|H(e^{j\omega})|$ 为系统的幅频特性，$\arg H(e^{j\omega})$ 为系统的相频特性，它们都是以 2π 为周期的周期函数。在 $h[n]$ 为实函数的情况下，$|H(e^{j\omega})|$ 为 ω 的偶函数，$\arg H(e^{j\omega})$ 为 ω 的奇函数。

8.1.7　离散时间系统的方框图表示

1. 三种基本元件

对于一个由常系数差分方程所描述的离散 LTI 系统来说，其方框图中包括三种基本元件：加法器、数乘器、单位延时器。它们各自的方框图表示及其功能分别如图 8-1(a)、(b)、(c) 所示。

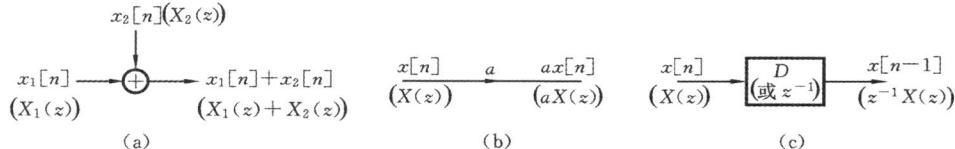

图 8-1　三种基本元件的时域及 z 域框图表示

2. 画因果 LTI 系统的模拟框图

系统方框图可分为直接型、级联（串联）型和并联型等形式。对于级联和并联两种模拟方式，每一个子系统都采用直接形式模拟。

画直接型模拟框图的方法：设系统函数 $H(z) = \dfrac{N(z)}{D(z)}$，其中 $N(z)$ 和 $D(z)$ 均为 z^{-1} 的多项式；先将 $H(z)$ 看作是 $H(z) = H_1(z)H_2(z)$，其中 $H_1(z) = \dfrac{1}{D(z)}$，$H_2(z) = N(z)$；然后用三种基本元件模拟 $H_1(z)$，画出子系统 $H_1(z)$ 的框图；最后再在此框图的基础上模拟 $H_2(z)$，画出子系统 $H_2(z)$ 的框图，与之前的框图合起来构成 $H(z)$ 的直接型模拟框图。

8.1.8　单边 z 变换

对于序列 $x[n]$，其单边 z 变换定义为 $\mathscr{X}(z) = \displaystyle\sum_{n=0}^{\infty} x[n]z^{-n}$。

一个因果序列的单边 z 变换与双边 z 变换相同。

序列 $x[n]$ 的单边 z 变换等于序列 $x[n]u[n]$ 的双边 z 变换。

由于单边 z 变换往往用于因果的离散 LTI 系统的分析，且系统的单位脉冲响应 $h[n]$ 往往是无限长的因果序列，而我们知道，这种 $h[n]$ 的单边 z 变换的 ROC 一定是某个圆的外部区域，所以一般说"单边 z 变换的 ROC 总是某个圆的外部区域"。在求单边逆 z 变换时，有时不给出 $X(z)$ 的 ROC，读者应该能根据 $X(z)$ 的极点情况判断出其 ROC。

1. 单边 z 变换的性质

下面仅列出与双边 z 变换不同的性质。

设 $x[n] \overset{\text{UZT}}{\longleftrightarrow} \mathscr{X}(z)$，$x_1[n] \overset{\text{UZT}}{\longleftrightarrow} \mathscr{X}_1(z)$，$x_2[n] \overset{\text{UZT}}{\longleftrightarrow} \mathscr{X}_2(z)$，则有以下性质。

（1）时域卷积

$$x_1[n] * x_2[n] \overset{\text{UZT}}{\longleftrightarrow} \mathscr{X}_1(z) \cdot \mathscr{X}_2(z)$$

注意：$x_1[n]$ 和 $x_2[n]$ 必须均为因果序列。

（2）累加和

$$\sum_{k=0}^{n} x[k] \overset{\text{UZT}}{\longleftrightarrow} \frac{1}{1-z^{-1}} \mathscr{X}(z)$$

此处 $x[n]$ 必须为因果序列。

（3）时域延迟

$$x[n-m] \overset{\text{UZT}}{\longleftrightarrow} z^{-m} \left[\mathscr{X}(z) + \sum_{n=-1}^{-m} x[n] z^{-n} \right], \quad m > 0$$

（4）时域超前

$$x[n+m] \overset{\text{UZT}}{\longleftrightarrow} z^{m} \left[\mathscr{X}(z) - \sum_{n=0}^{m-1} x[n] z^{-n} \right], \quad m > 0$$

2. 用 z 变换求离散时间系统的响应

由于系统的响应可分为零输入响应 $y_{zi}[n]$ 和零状态响应 $y_{zs}[n]$ 两部分，即

$$y[n] = y_{zi}[n] + y_{zs}[n]$$

所以用 z 变换求系统的响应有以下两种方法。

（1）采用时域法＋双边 z 变换法分别计算出 $y_{zi}[n]$ 和 $y_{zs}[n]$。

求 $y_{zi}[n]$ 采用时域方法，具体步骤为：根据已知的差分方程或系统函数确定系统的自然频率（或系统极点），从而可确定 $y_{zi}[n]$ 的模式，再代入所给的初始条件（若系统是 N 阶的，则这里所利用的初始条件应为 $y[-1], y[-2], \cdots, y[-N]$）求出其中的系数。

求 $y_{zs}[n]$ 采用双边 z 变换，具体步骤为：若已知描述系统的差分方程，直接对差分方程取双边 z 变换，同时代入输入序列的 z 变换 $X(z)$，便可求出零状态响应的 z 变换 $Y_{zs}(z)$，再进行逆变换便可求出 $y_{zs}[n]$。若已知系统函数 $H(z)$ 或单位脉冲响应 $h[n]$，便可通过将输入序列的 z 变换 $X(z)$ 与 $H(z)$ 相乘求得 $Y_{zs}(z)$，再对其求逆变换便可得到 $y_{zs}[n]$。

（2）利用单边 z 变换求解差分方程求出全响应或分别求出 $y_{zi}[n]$ 和 $y_{zs}[n]$。

利用单边 z 变换的时移特性，对差分方程两边取单边 z 变换，这样在考虑了输入信号的同时，也将系统的初始状态值代入方程中，故可一次性地将全响应 $y[n]$ 求出。

若想分别求 $y_{zi}[n]$ 和 $y_{zs}[n]$，则对差分方程求单边 z 变换之后，整理方程，将 $Y(z)$ 表示成两部分之和，一部分只包含输入序列的 z 变换，另一部分只包含初始条件，即前者为 $Y_{zs}(z)$，后者为 $Y_{zi}(z)$，分别对 $Y_{zs}(z)$ 和 $Y_{zi}(z)$ 求逆变换便分别得到 $y_{zs}[n]$ 和 $y_{zi}[n]$。

8.2　典型习题详解

8-1　求下列序列的 z 变换，画极零图和 ROC，并说明该序列的傅里叶变换是否存在。

（a）$x[n] = \delta[n-5]$；　　　　　　　（b）$x[n] = \left(\frac{1}{2} \right)^{n+1} u[n+3]$；

（c）$x[n] = \left(-\frac{1}{3} \right)^n u[-n-2]$；　　（d）$x[n] = 2^n u[-n] + \left(\frac{1}{4} \right)^n u[n-1]$。

解　（a）根据 z 变换的定义，有 $X(z) = \sum_{n=-\infty}^{\infty} \delta[n-5] \cdot z^{-n}$。

因为 $\delta[n-5]$ 只是在 $n=5$ 处有一个单位样本值，故 $X(z) = z^{-5}$。显然，$X(z)$ 无有限零点，只

有一个 5 阶的有限极点 $z=0$，$X(z)$ 的 ROC 为整个 z 平面，但不包括原点，即 $0<|z|\leqslant\infty$。由于该 ROC 包含单位圆在内，因而 $\delta[n-5]$ 的傅里叶变换存在。

极零图和 ROC 如图 8-2(a) 所示。

（b）根据 z 变换的定义，有

$$X(z)=\sum_{n=-\infty}^{\infty}\left(\frac{1}{2}\right)^{n+1}u[n+3]z^{-n}=\frac{1}{2}\sum_{n=-3}^{\infty}\left(\frac{1}{2}z^{-1}\right)^{n}$$

要使 $X(z)$ 收敛，需 $0<\left|\frac{1}{2}z^{-1}\right|<1$，即 $\frac{1}{2}<|z|<\infty$。于是得

$$X(z)=\frac{1}{2}\cdot\frac{\left(\frac{1}{2}z^{-1}\right)^{-3}}{1-\frac{1}{2}z^{-1}}=\frac{\left(\frac{1}{2}\right)^{-2}z^3}{1-\frac{1}{2}z^{-1}}=\frac{4z^3}{1-\frac{1}{2}z^{-1}}=\frac{4z^4}{z-\frac{1}{2}},\quad\frac{1}{2}<|z|<\infty$$

可见，$X(z)$ 有一个四阶有限零点 $z=0$，有一个一阶极点 $z=\frac{1}{2}$。由于 $X(z)$ 的 ROC 包含单位圆，故 $x[n]$ 的傅里叶变换存在。

极零图和 ROC 如图 8-2(b) 所示。

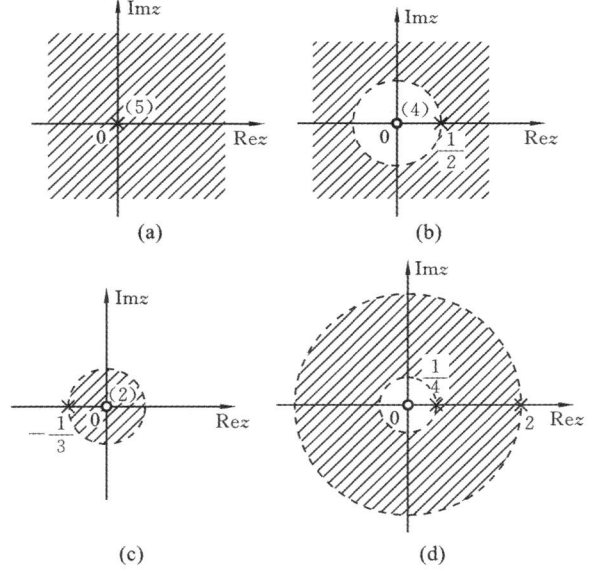

图 8-2

（c）根据 z 变换的定义，有

$$X(z)=\sum_{n=-\infty}^{\infty}\left(-\frac{1}{3}\right)^n u[-n-2]z^{-n}=\sum_{n=-\infty}^{-2}\left(-\frac{1}{3}\right)^n z^{-n}=\sum_{n=2}^{\infty}\left(-\frac{1}{3}\right)^{-n}z^n=\sum_{n=2}^{\infty}(-3z)^n$$

要使 $X(z)$ 收敛，需 $|-3z|<1$，即 $|z|<\frac{1}{3}$。于是得

$$X(z)=\frac{(-3z)^2}{1+3z}=\frac{9z^2}{1+3z},\quad|z|<\frac{1}{3}$$

可见，$X(z)$ 有一个二阶的有限零点 $z = 0$，一个一阶有限极点 $z = -\dfrac{1}{3}$。由于 $X(z)$ 的 ROC 为 $|z| < \dfrac{1}{3}$，不包含单位圆，故 $x[n]$ 的傅里叶变换不存在。

极零图和 ROC 如图 8-2(c) 所示。

(d) 根据 z 变换的定义，有

$$X(z) = \sum_{n=-\infty}^{\infty} 2^n u[-n] z^{-n} + \sum_{n=-\infty}^{\infty} \left(\frac{1}{4}\right)^n u[n-1] z^{-n}$$

$$= \sum_{n=-\infty}^{0} 2^n z^{-n} + \sum_{n=1}^{\infty} \left(\frac{1}{4}\right)^n z^{-n} = \sum_{n=0}^{\infty} \left(\frac{1}{2} z\right)^n + \sum_{n=1}^{\infty} \left(\frac{1}{4} z^{-1}\right)^n$$

要使 $X(z)$ 收敛，需 $\left| \dfrac{1}{2} z \right| < 1$ 且 $\left| \dfrac{1}{4} z^{-1} \right| < 1$，即 $\dfrac{1}{4} < |z| < 2$。于是得

$$X(z) = \frac{1}{1 - \frac{1}{2} z} + \frac{\frac{1}{4} z^{-1}}{1 - \frac{1}{4} z^{-1}} = \frac{-\frac{7}{4} z}{z^2 - \frac{9}{4} z + \frac{1}{2}} = -\frac{\frac{7}{4} z}{(z-2)\left(z - \frac{1}{4}\right)}, \quad \frac{1}{4} < |z| < 2$$

可见，$X(z)$ 有一个一阶有限零点 $z = 0$ 和两个一阶有限极点 $z = 2$ 和 $z = \dfrac{1}{4}$。由于 $X(z)$ 的 ROC 为 $\dfrac{1}{4} < |z| < 2$，包含单位圆，故 $x[n]$ 的傅里叶变换存在。

极零图和 ROC 如图 8-2(d) 所示。

8-2 求下列序列的 z 变换，并用闭式表达 $X(z)$。画极零图和收敛域，并说明该序列的傅里叶变换是否存在。

(a) $x[n] = \left(\dfrac{1}{2}\right)^n \{u[n+4] - u[n-5]\}$;   (b) $x[n] = |n| \left(\dfrac{1}{2}\right)^{|n|}$。

解 (a) 由 $x[n]$ 的表达式可知，$x[n]$ 是有限长序列，其 z 变换为

$$X(z) = \sum_{n=-4}^{4} \left(\frac{1}{2}\right)^n z^{-n} = \sum_{n=-4}^{4} \left(\frac{1}{2} z^{-1}\right)^n = \frac{\left(\frac{1}{2} z^{-1}\right)^{-4} \left[1 - \left(\frac{1}{2} z^{-1}\right)^9\right]}{1 - \frac{1}{2} z^{-1}} = \frac{16 z^9 - \frac{1}{32}}{z^4 \left(z - \frac{1}{2}\right)}$$

令 $16 z^9 - \dfrac{1}{32} = 0$ 可求出 $X(z)$ 的零点。由 $z^9 = \dfrac{1}{2^9}$ 可得 $X(z)$ 的 9 个一阶零点为 $z_k = \dfrac{1}{2} e^{j\frac{2k\pi}{9}}$ ($k = 0, 1, \cdots, 8$)。$X(z)$ 有一个一阶极点 $z = \dfrac{1}{2}$ 和一个四阶极点 $z = 0$，其中极点 $z = \dfrac{1}{2}$ 与零点 $z_0 = \dfrac{1}{2}$ 相互抵消了。$X(z)$ 的 ROC 为 $0 < |z| < \infty$。由于 $X(z)$ 的 ROC 包含单位圆，故 $x[n]$ 的傅里叶变换存在。

极零图和 ROC 如图 8-3(a) 所示。

(b) $x[n] = n \left(\dfrac{1}{2}\right)^n u[n] - n \left(\dfrac{1}{2}\right)^{-n} u[-n-1]$

这是一个双边序列。由于 $\left(\dfrac{1}{2}\right)^n u[n] \xleftrightarrow{\text{ZT}} \dfrac{1}{1 - \frac{1}{2} z^{-1}}$，$|z| > \dfrac{1}{2}$，由 z 变换的 z 域微分性质可得

$$n \left(\frac{1}{2}\right)^n u[n] \xleftrightarrow{\text{ZT}} -z \frac{\mathrm{d}}{\mathrm{d}z}\left[\frac{1}{1 - \frac{1}{2} z^{-1}}\right] = \frac{\frac{1}{2} z^{-1}}{\left(1 - \frac{1}{2} z^{-1}\right)^2} = \frac{\frac{1}{2} z}{\left(z - \frac{1}{2}\right)^2}, \quad |z| > \frac{1}{2}$$

对以上求出的变换对应用时域反褶性质有

$$-n\left(\frac{1}{2}\right)^{-n}u[-n] \xleftrightarrow{\text{ZT}} \frac{\frac{1}{2}z^{-1}}{\left(z^{-1}-\frac{1}{2}\right)^2} = \frac{\frac{1}{2}z}{\left(1-\frac{1}{2}z\right)^2}, \quad |z| < 2$$

再应用时移性质有

$$-(n+1)\left(\frac{1}{2}\right)^{-(n+1)}u[-n-1] \xleftrightarrow{\text{ZT}} \frac{\frac{1}{2}z^2}{\left(1-\frac{1}{2}z\right)^2}, \quad |z| < 2$$

即有

$$-n\left(\frac{1}{2}\right)^{-n}u[-n-1] - \left(\frac{1}{2}\right)^{-n}u[-n-1] \xleftrightarrow{\text{ZT}} \frac{\frac{1}{4}z^2}{\left(1-\frac{1}{2}z\right)^2}, \quad |z| < 2$$

对于左边序列 $-\left(\frac{1}{2}\right)^{-n}u[-n-1]$，或者说 $-2^n u[-n-1]$，其 z 变换为 $\frac{1}{1-2z^{-1}}$，$|z| < 2$ 或者说 $\frac{z}{z-2}$，$|z| < 2$，从而有

$$-n\left(\frac{1}{2}\right)^{-n}u[-n-1] \xleftrightarrow{\text{ZT}} \frac{\frac{1}{4}z^2}{\left(1-\frac{1}{2}z\right)^2} - \frac{z}{z-2} = \frac{z^2}{(z-2)^2} - \frac{z}{z-2} = \frac{2z}{(z-2)^2}, \quad |z| < 2$$

综上可得　$X(z) = \frac{\frac{1}{2}z}{\left(z-\frac{1}{2}\right)^2} + \frac{2z}{(z-2)^2} = \frac{\frac{5}{2}z\left(z^2-\frac{8}{5}z+1\right)}{\left(z-\frac{1}{2}\right)^2(z-2)^2}, \quad \frac{1}{2} < |z| < 2$

由此可见，$X(z)$ 有两个二阶极点 $z = \frac{1}{2}$ 和 $z = 2$，有一个一阶实零点 $z = 0$ 和两个互为共轭的一阶复零点 $z = \frac{4}{5}+\mathrm{j}\frac{3}{5}$ 和 $z = \frac{4}{5}-\mathrm{j}\frac{3}{5}$。由于 $X(z)$ 的收敛域为 $\frac{1}{2} < |z| < 2$，包含单位圆，故 $x[n]$ 存在傅里叶变换。

极零图和 ROC 如图 8-3(b) 所示。

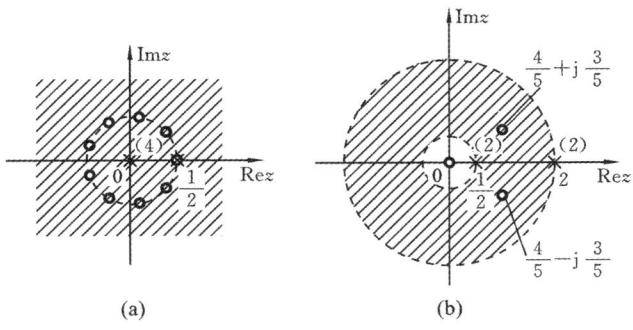

图 8-3

8-3　用部分分式展开法和幂级数展开法求下列函数的逆 z 变换。

(a) $X(z) = \dfrac{1 - z^{-1}}{1 - \dfrac{1}{4}z^{-2}}$,$\mid z \mid > \dfrac{1}{2}$;　　　(b) $X(z) = \dfrac{1 - z^{-1}}{1 - \dfrac{1}{4}z^{-2}}$,$\mid z \mid < \dfrac{1}{2}$。

解　(a) 对 $X(z)$ 进行部分分式展开,可得

$$X(z) = \frac{-1/2}{1 - \dfrac{1}{2}z^{-1}} + \frac{3/2}{1 + \dfrac{1}{2}z^{-1}}$$

由于 $X(z)$ 的 ROC 为 $\mid z \mid > \dfrac{1}{2}$,可推断 $x[n]$ 为右边序列,故

$$x[n] = \left[-\frac{1}{2}\left(\frac{1}{2}\right)^n + \frac{3}{2}\left(-\frac{1}{2}\right)^n \right] u[n]$$

若用幂级数展开法,可进行长除如下(注意分子和分母多项式是按 z^{-1} 的升幂顺序排列的):

$$
\begin{array}{r}
1 - z^{-1} + \dfrac{1}{4}z^{-2} - \dfrac{1}{4}z^{-3} + \dfrac{1}{16}z^{-4} + \cdots \\[2mm]
1 - \dfrac{1}{4}z^{-2} \overline{\smash{\big)}\ 1 - z^{-1}} \\
1 - \dfrac{1}{4}z^{-2} \\[2mm]
\hline
-z^{-1} + \dfrac{1}{4}z^{-2} \\
-z^{-1} + \dfrac{1}{4}z^{-3} \\[2mm]
\hline
\dfrac{1}{4}z^{-2} - \dfrac{1}{4}z^{-3} \\
\dfrac{1}{4}z^{-2} - \dfrac{1}{16}z^{-4} \\[2mm]
\hline
-\dfrac{1}{4}z^{-3} + \dfrac{1}{16}z^{-4} \\
-\dfrac{1}{4}z^{-3} + \dfrac{1}{16}z^{-5} \\[2mm]
\hline
\dfrac{1}{16}z^{-4} - \dfrac{1}{16}z^{-5} \\
\dfrac{1}{16}z^{-4} - \dfrac{1}{64}z^{-6} \\[2mm]
\hline
-\dfrac{1}{16}z^{-5} + \dfrac{1}{64}z^{-6} \\
\vdots
\end{array}
$$

即可得

$$X(z) = 1 - z^{-1} + \frac{1}{4}z^{-2} - \frac{1}{4}z^{-3} + \frac{1}{16}z^{-4} - \frac{1}{16}z^{-5} + \cdots$$

$$= \frac{3}{2}\left[1 - \frac{1}{2}z^{-1} + \frac{1}{4}z^{-2} - \frac{1}{8}z^{-3} + \cdots \right] - \frac{1}{2}\left[1 + \frac{1}{2}z^{-1} + \frac{1}{4}z^{-2} + \frac{1}{8}z^{-3} + \cdots \right]$$

从而有
$$x[n] = \left[\frac{3}{2}\left(-\frac{1}{2}\right)^n - \frac{1}{2}\left(\frac{1}{2}\right)^n \right] u[n]$$

(b) $X(z)$ 的表达式与(a)中相同,只是 ROC 变为 $\mid z \mid < \dfrac{1}{2}$,故可推断 $x[n]$ 为左边序列,且由

$$X(z) = \frac{-1/2}{1 - \dfrac{1}{2}z^{-1}} + \frac{3/2}{1 + \dfrac{1}{2}z^{-1}}$$

可得
$$x[n] = \left[\frac{1}{2}\left(\frac{1}{2}\right)^n - \frac{3}{2}\left(-\frac{1}{2}\right)^n\right]u[-n-1]$$

若用幂级数展开法，可进行如下长除（注意，此时分子和分母多项式需按 z^{-1} 的降幂顺序排列）：

$$
\begin{array}{r}
4z - 4z^2 + 16z^3 - 16z^4 + 64z^5 + \cdots \\
-\frac{1}{4}z^{-2}+1\overline{)-z^{-1}+1} \\
\underline{-z^{-1}+4z} \\
1-4z \\
\underline{1-4z^2} \\
-4z+4z^2 \\
\underline{-4z+16z^3} \\
4z^2-16z^3 \\
\underline{4z^2-16z^4} \\
-16z^3+16z^4 \\
\underline{-16z^3+64z^5} \\
16z^4-64z^5 \\
\vdots
\end{array}
$$

即可得
$$X(z) = 4z - 4z^2 + 16z^3 - 16z^4 + 64z^5 + \cdots$$
$$= \frac{1}{2}\left[2z + 4z^2 + 8z^3 + 16z^4 + \cdots\right] + \frac{3}{2}\left[2z - 4z^2 + 8z^3 - 16z^4 + \cdots\right]$$

从而有
$$x[n] = \left[\frac{1}{2}\left(\frac{1}{2}\right)^n - \frac{3}{2}\left(-\frac{1}{2}\right)^n\right]u[-n-1]$$

8-4　用各小题指定的方法求逆 z 变换。

（a）用部分分式展开法，已知 $X(z) = \dfrac{1 - 2z^{-1}}{1 - \dfrac{5}{2}z^{-1} + z^{-2}}$，并且 $x[n]$ 是绝对可和的。

（b）用长除法，已知 $X(z) = \dfrac{1 - \dfrac{1}{2}z^{-1}}{1 + \dfrac{1}{2}z^{-1}}$，并且 $x[n]$ 是右边序列。

（c）用部分分式展开法，已知 $X(z) = \dfrac{3}{z - \dfrac{1}{4} - \dfrac{1}{8}z^{-1}}$，并且 $x[n]$ 是绝对可和的。

解　（a）由于
$$X(z) = \frac{1 - 2z^{-1}}{1 - \frac{5}{2}z^{-1} + z^{-2}} = \frac{1 - 2z^{-1}}{\left(1 - \frac{1}{2}z^{-1}\right)(1 - 2z^{-1})} = \frac{1}{1 - \frac{1}{2}z^{-1}}$$

可见，$X(z)$ 的极点为 $z = \dfrac{1}{2}$，又 $x[n]$ 绝对可和，可知 $X(z)$ 的 ROC 必为 $|z| > \dfrac{1}{2}$，故有 $x[n] = \left(\dfrac{1}{2}\right)^n u[n]$。

（b）由于 $X(z) = \dfrac{1 - \dfrac{1}{2}z^{-1}}{1 + \dfrac{1}{2}z^{-1}}$，其极点为 $z = -\dfrac{1}{2}$，因 $x[n]$ 是右边序列，故可推断 $X(z)$ 的 ROC

必为 $|z| > \dfrac{1}{2}$。可运用长除法求解：

$$
1 + \frac{1}{2}z^{-1} \overline{\left)\, 1 - \frac{1}{2}z^{-1} \right.} \quad\underline{1 - z^{-1} + \frac{1}{2}z^{-2} - \frac{1}{4}z^{-3} + \frac{1}{8}z^{-4} - \cdots}
$$

$$
\begin{array}{r}
1 + \dfrac{1}{2}z^{-1} \\ \hline
- z^{-1} \\[4pt]
- z^{-1} - \dfrac{1}{2}z^{-2} \\ \hline
\dfrac{1}{2}z^{-2} \\[4pt]
\dfrac{1}{2}z^{-2} + \dfrac{1}{4}z^{-3} \\ \hline
- \dfrac{1}{4}z^{-3} \\[4pt]
- \dfrac{1}{4}z^{-3} - \dfrac{1}{8}z^{-4} \\ \hline
\dfrac{1}{8}z^{-4} \\[4pt]
\dfrac{1}{8}z^{-4} + \dfrac{1}{16}z^{-5} \\ \hline
- \dfrac{1}{16}z^{-5} \\
\vdots
\end{array}
$$

即 $X(z) = 1 - z^{-1} + \dfrac{1}{2}z^{-2} - \dfrac{1}{4}z^{-3} + \dfrac{1}{8}z^{-4} - \cdots$，从而有

$$
x[n] = \delta[n] + 2\left(-\frac{1}{2}\right)^{n} u[n-1]
$$

(c) 由于

$$
X(z) = \frac{3}{z - \dfrac{1}{4} - \dfrac{1}{8}z^{-1}} = \frac{3z^{-1}}{1 - \dfrac{1}{4}z^{-1} - \dfrac{1}{8}z^{-2}} = \frac{3z^{-1}}{\left(1 - \dfrac{1}{2}z^{-1}\right)\left(1 + \dfrac{1}{4}z^{-1}\right)}
$$

显然 $X(z)$ 有两个极点 $z_1 = \dfrac{1}{2}$，$z_2 = -\dfrac{1}{4}$，而 $x[n]$ 绝对可和，从而 $X(z)$ 的 ROC 必为 $|z| > \dfrac{1}{2}$。

$X(z)$ 可展开为 $X(z) = \dfrac{4}{1 - \dfrac{1}{2}z^{-1}} - \dfrac{4}{1 + \dfrac{1}{4}z^{-1}}$，对两项分别求逆可得

$$
x[n] = 4\left[\left(\frac{1}{2}\right)^{n} - \left(-\frac{1}{4}\right)^{n}\right] u[n]
$$

8-5 已知一个右边序列 $x[n]$ 的 z 变换为

$$
X(z) = \frac{3z^{-10} + z^{-7} - 5z^{-2} + 4z^{-1} + 1}{z^{-10} - 5z^{-7} + z^{-3}}
$$

求当 $n < 0$ 时的 $x[n]$。

　　解　因为 $x[n]$ 是一个右边序列，可推知当 $n < 0$ 时，$x[n]$ 的非零样本必然只有有限个。可用长除法求解，注意先将 $X(z)$ 的分子分母多项式按 z^{-1} 的升幂顺序排列，再相除。

$$
\begin{array}{r}
z^{3}+4z^{2}-5z+5z^{-1}+20z^{-2}+\cdots \\
\hline
z^{-3}-5z^{-7}+z^{-10}\,\big)\ 1+4z^{-1}-5z^{-2}\qquad\qquad +z^{-7}\qquad\qquad\qquad +3z^{-10}
\end{array}
$$

$$
\begin{aligned}
&1 \qquad\qquad\qquad -5z^{-4}\qquad\qquad +z^{-7}\\
&\overline{4z^{-1}-5z^{-2}+5z^{-4}\qquad\qquad\qquad\qquad +3z^{-10}}\\
&4z^{-1}\qquad\qquad\quad -20z^{-5}\qquad\quad +4z^{-8}\\
&\overline{-5z^{-2}+5z^{-4}+20z^{-5}\qquad -4z^{-8}\qquad +3z^{-10}}\\
&-5z^{-2}\qquad\qquad\quad +25z^{-6}\qquad\qquad\quad -5z^{-9}\\
&\overline{5z^{-4}+20z^{-5}-25z^{-6}\ -4z^{-8}\ +5z^{-9}+3z^{-10}}\\
&5z^{-4}\qquad\qquad\quad\ -25z^{-8}\qquad\qquad\quad +5z^{-11}\\
&\overline{20z^{-5}-25z^{-6}+21z^{-8}\quad +5z^{-9}+3z^{-10}-5z^{-11}}\\
&20z^{-5}\qquad\qquad\qquad -100z^{-9}\qquad\qquad\qquad +20z^{-12}\\
&\overline{-25z^{-6}+21z^{-8}+105z^{-9}+3z^{-10}-5z^{-11}-20z^{-12}}\\
&\qquad\qquad\qquad\qquad\qquad\qquad\qquad\vdots
\end{aligned}
$$

即
$$X(z)=z^{3}+4z^{2}-5z+5z^{-1}+20z^{-2}+\cdots$$

由所求出的 $X(z)$ 的幂级数表达式可见，$X(z)$ 中只有三项是正幂次项，说明当 $n<0$ 时，$x[n]$ 只有三个非零值，它们分别为 $x[-3]=1,x[-2]=4,x[-1]=-5$。

8-6　(a) 求序列 $x[n]=\delta[n]-0.95\delta[n-6]$ 的 z 变换 $X(z)$；

(b) 画出(a)中已求出的 $X(z)$ 的极零图；

(c) 通过考虑当沿单位圆运动时，零、极点矢量的行为，粗略地画出 $x[n]$ 的傅里叶变换的模特性。

解　(a) 因 $\delta[n]\overset{\text{ZT}}{\longleftrightarrow}1$，且由 ZT 的移序性有 $\delta[n-6]\overset{\text{ZT}}{\longleftrightarrow}z^{-6}$，故
$$X(z)=1-0.95z^{-6},\quad \text{ROC 为 }|z|>0$$

(b) 极零图如图 8-4 所示。

(c) (a)中已求出 $X(z)=1-0.95z^{-6}$，$|z|>0$，则
$$X(\mathrm{e}^{\mathrm{j}\omega})=1-0.95\mathrm{e}^{-\mathrm{j}6\omega}=\frac{\mathrm{e}^{\mathrm{j}6\omega}-0.95}{\mathrm{e}^{\mathrm{j}6\omega}}$$

$\mathrm{e}^{\mathrm{j}\omega}$ 为单位圆上一点，当 ω 由 0 逐渐增大至 π，$\mathrm{e}^{\mathrm{j}\omega}$ 就由点 $z=1$ 沿单位圆运动至点 $z=-1$；当 ω 由 π 再继续增大至 2π，$\mathrm{e}^{\mathrm{j}\omega}$ 就由点 $z=-1$ 沿下半单位圆运动至点 $z=1$。

由图 8-4 可知，极点位于原点，则极点矢量的长度不随 ω 变化，始终保持为 1，即极点矢量不会对 $|X(\mathrm{e}^{\mathrm{j}\omega})|$ 产生影响。但 6 个零点矢量的长度会随 ω 的变化而发生改变，即点 $\mathrm{e}^{\mathrm{j}\omega}$ 的运动会影响到零点矢量的长度，从而影响 $|X(\mathrm{e}^{\mathrm{j}\omega})|$。

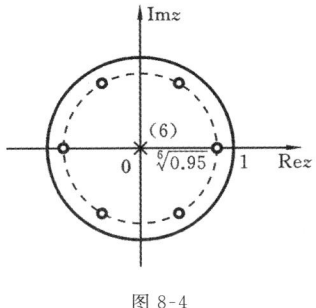

图 8-4

现在 6 个零点是等角距均匀分布在以原点为中心、$\sqrt[6]{0.95}$ 为半径的圆上，且关于实轴和虚轴均对称。当点 $\mathrm{e}^{\mathrm{j}\omega}$ 离某个零点最近时，模特性 $|X(\mathrm{e}^{\mathrm{j}\omega})|$ 曲线会达到一个"谷值"；当点 $\mathrm{e}^{\mathrm{j}\omega}$ 逐渐远离某个零点时，$|X(\mathrm{e}^{\mathrm{j}\omega})|$ 会逐渐增大。由图 8-4 可见，当 $\omega=0$ 时，点 $\mathrm{e}^{\mathrm{j}\omega}$ 离零点 $z=\sqrt[6]{0.95}$ 最近，此时 $|X(\mathrm{e}^{\mathrm{j}\omega})|$ 曲线处于一个"低谷"；随着 ω 增大，$|X(\mathrm{e}^{\mathrm{j}\omega})|$ 也逐渐增大。但当 ω 到达 $\frac{\pi}{6}$ 并继续增大时，点 $\mathrm{e}^{\mathrm{j}\omega}$ 会逐渐向另一零点 $z=\sqrt[6]{0.95}\mathrm{e}^{\mathrm{j}\frac{\pi}{3}}$ 靠近，直至 $\omega=\frac{\pi}{3}$ 时，$\mathrm{e}^{\mathrm{j}\omega}$ 离该零点最近，$|X(\mathrm{e}^{\mathrm{j}\omega})|$ 曲线又会处于一个"低谷"。

如此循环,直至 $e^{j\omega}$ 沿单位圆运动一周。综上所述,可粗略地画出模特性曲线,如图 8-5 所示。

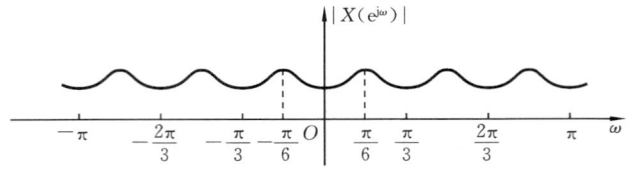

图 8-5

8-7 对图 8-6 中所给的极零图,用原教材 10.4 小节中介绍的频率响应的几何确定法,画出幅频响应 $|H(e^{j\omega})|$ 的图形。

解 (a) 由所给极零图可知,唯一的一个极点位于原点则极点矢量长度始终为 1,不会对 $|H(e^{j\omega})|$ 产生影响。一对共轭的复零点一个位于第一象限,另一个位于第四象限,且在第一象限内的零点位于与正实轴夹角为 $\frac{\pi}{4}$ 的射线上,在单位圆内,距离单位圆较近。当 ω 由 0 逐渐增大至 $\frac{\pi}{4}$ 的过程中,两个零点矢量长度的乘积逐渐减小,在 $\omega = \frac{\pi}{4}$ 时达到最小,从而 $|H(e^{j\omega})|$ 在区间 $\left[0, \frac{\pi}{4}\right]$ 内单调减小;当 ω 由 $\frac{\pi}{4}$ 继续增大至 π 时,两个零点矢量长度的乘积逐渐增大,在 $\omega = \pi$ 时达到最大,从而 $|H(e^{j\omega})|$ 在区间 $\left[\frac{\pi}{4}, \pi\right]$ 内单调增长。幅频响应 $|H(e^{j\omega})|$ 的图形如图 8-7(a) 所示。

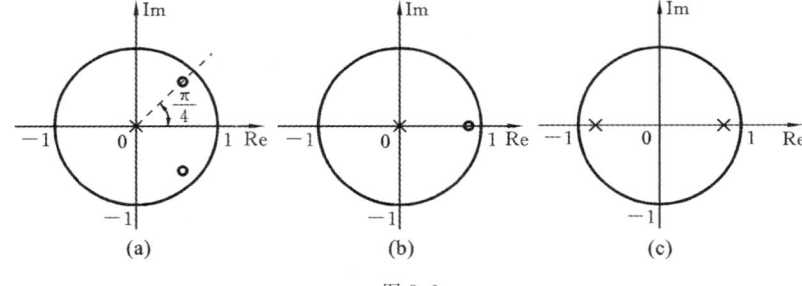

图 8-6

(b) 此题与(a)中的情形有些类似,唯一的一个极点位于原点,因此它对 $|H(e^{j\omega})|$ 没有影响。不过此题中唯一的零点是实数零点,位于单位圆内,靠近单位圆,且位于正实轴上,因而当 $\omega = 0$ 时,零点矢量的长度最短,从而 $|H(e^{j\omega})|$ 最小;当 ω 逐渐增大,一开始零点矢量长度快速增大,然后逐渐放慢增长的速度,从而 $|H(e^{j\omega})|$ 随 ω 的增大,先是急速增大,然后增速放缓,在整个区间 $[0, \pi]$ 内,$|H(e^{j\omega})|$ 都单调增大。幅频响应 $|H(e^{j\omega})|$ 的图形如图 8-7(b) 所示。

(c) 由所给极零图可知,没有有限零点,两个实数极点互为相反数,对称分布于虚轴的两侧,且位于单位圆内,靠近单位圆。当 $\omega = 0$ 时,由于点 $e^{j\omega}$ 离虚轴右侧极点最近,此时该极点矢量长度最短,从而使 $|H(e^{j\omega})|$ 达到其峰值;当 ω 逐渐增大,两个极点矢量长度的乘积先是快速增大,然后增速变缓,当 $\omega = \frac{\pi}{2}$ 时,两个极点矢量长度的乘积达到最大,因此 $|H(e^{j\omega})|$ 随 ω 由 0 逐渐增大,先是快速减小,然后减小的速度放缓,在 $\omega = \frac{\pi}{2}$ 时,$|H(e^{j\omega})|$ 达到其谷值。由于两个极点是对称于虚轴分布

的,因而当 ω 由 $\dfrac{\pi}{2}$ 逐渐增大至 π 的过程中,$|H(\mathrm{e}^{\mathrm{j}\omega})|$ 值的变化情况与 ω 由 0 逐渐增大至 $\dfrac{\pi}{2}$ 的情况是相反的,且 $\omega = \pi$ 时 $|H(\mathrm{e}^{\mathrm{j}\omega})|$ 所达到的峰值与 $\omega = 0$ 时 $|H(\mathrm{e}^{\mathrm{j}\omega})|$ 所达到的峰值相等。幅频响应 $|H(\mathrm{e}^{\mathrm{j}\omega})|$ 的图形如图 8-7(c) 所示。

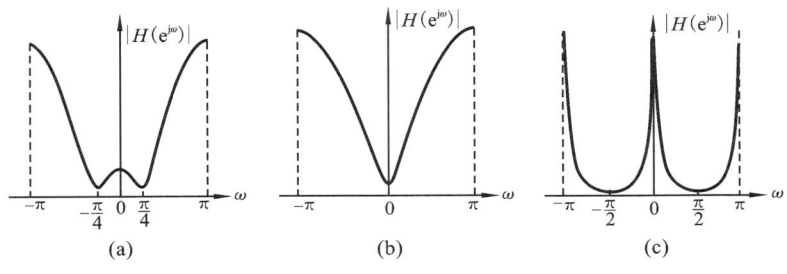

图 8-7

8-8 已知 $x_1[n] = \left(\dfrac{1}{2}\right)^n u[n]$,$x_2[n] = \left(\dfrac{1}{3}\right)^n u[n]$,且 $y[n] = x_1[n+3] * x_2[-n+1]$,试利用 z 变换的性质求 $y[n]$ 的 z 变换 $Y(z)$。

解 由 z 变换的时移性质可得

$$x_1[n+3] \overset{\mathrm{ZT}}{\longleftrightarrow} z^3 X_1(z), \quad x_2[n+1] \overset{\mathrm{ZT}}{\longleftrightarrow} z X_2(z)$$

再由 z 变换的时域反褶性质可得

$$x_2[-n+1] \overset{\mathrm{ZT}}{\longleftrightarrow} z^{-1} X_2(z^{-1})$$

最后由时域卷积性质,有

$$Y(z) = z^3 X_1(z) z^{-1} X_2(z^{-1}) = z^2 X_1(z) X_2(z^{-1})$$

因 $X_1(z) = \dfrac{1}{1 - \dfrac{1}{2} z^{-1}}$,$X_2(z) = \dfrac{1}{1 - \dfrac{1}{3} z^{-1}}$,故

$$Y(z) = z^2 \dfrac{1}{1 - \dfrac{1}{2} z^{-1}} \dfrac{1}{1 - \dfrac{1}{3} z} = \dfrac{z^2}{\left(1 - \dfrac{1}{2} z^{-1}\right)\left(1 - \dfrac{1}{3} z\right)}$$

至于 $Y(z)$ 的 ROC,由于 $X_1(z)$ 的 ROC 为 $|z| > \dfrac{1}{2}$,而 $X_2(z^{-1})$ 的 ROC 为 $|z| < 3$,所以 $Y(z)$ 的 ROC 为 $\dfrac{1}{2} < |z| < 3$。

8-9 现已知一离散时间信号 $x[n]$ 及其 z 变换 $X(z)$ 具有以下五条性质:

(1) $x[n]$ 是一个实右边序列; (2) $X(z)$ 只有两个极点; (3) $X(z)$ 有两个零点在原点;

(4) $X(z)$ 的一个极点为 $z = \dfrac{1}{2} \mathrm{e}^{\mathrm{j}\frac{\pi}{3}}$; (5) $X(1) = \dfrac{8}{3}$。

试确定 $X(z)$ 及其 ROC。

解 首先由性质(1)可推知 $X(z)$ 的零、极点要么是实数,要么就是共轭成对出现的复数。由性质(4)知,$X(z)$ 有一个极点在 $z = \dfrac{1}{2} \mathrm{e}^{\mathrm{j}\frac{\pi}{3}}$,则 $X(z)$ 必有另一极点在 $z = \dfrac{1}{2} \mathrm{e}^{-\mathrm{j}\frac{\pi}{3}}$,再结合性质(2)可知 $X(z)$ 在 $z = \infty$ 没有极点,换言之,$X(z)$ 的分母多项式的次数不低于其分子多项式的次数。最后结合性质(3),可写出 $X(z)$ 的表达式为

$$X(z) = \frac{Kz^2}{\left(z - \frac{1}{2}e^{j\frac{\pi}{3}}\right)\left(z - \frac{1}{2}e^{-j\frac{\pi}{3}}\right)}$$

其中，K 为待定常数。最后由性质(5)，可得

$$\frac{K}{\left(1 - \frac{1}{2}e^{j\frac{\pi}{3}}\right)\left(1 - \frac{1}{2}e^{-j\frac{\pi}{3}}\right)} = \frac{8}{3} \Rightarrow K = 2$$

至于 $X(z)$ 的 ROC，由于 $x[n]$ 是右边序列，且 $X(z)$ 的两个极点的模均为 $\frac{1}{2}$，所以可推知 $|z| > \frac{1}{2}$。

综上分析，$X(z)$ 的表达式及其 ROC 为

$$X(z) = \frac{2z^2}{\left(z - \frac{1}{2}e^{j\frac{\pi}{3}}\right)\left(z - \frac{1}{2}e^{-j\frac{\pi}{3}}\right)}, \quad |z| > \frac{1}{2}$$

8-10 已知一 LTI 系统的单位脉冲响应 $h[n] = \begin{cases} a^n, & n \geqslant 0 \\ 0, & n < 0 \end{cases}$，输入 $x[n] = \begin{cases} 1, & 0 \leqslant n \leqslant N-1 \\ 0, & \text{其他} \end{cases}$。

(a) 直接求卷积确定输出 $y[n]$；(b) 通过 z 变换方法确定 $y[n]$。

解 (a) 由 LTI 系统的卷积特性有

$$y[n] = h[n] * x[n] = a^n u[n] * (u[n] - u[n-N]) = a^n u[n] * u[n] - a^n u[n] * u[n-N]$$

由卷积定义得 $\quad a^n u[n] * u[n] = \sum_{m=-\infty}^{\infty} a^m u[m] \cdot u[n-m] = \sum_{m=0}^{n} a^m = \frac{1-a^{n+1}}{1-a} u[n]$

另一方面，由于 $\quad a^n u[n] * u[n-N] = a^n u[n] * u[n] * \delta[n-N]$

故 $\quad a^n u[n] * u[n-N] = \frac{1-a^{n-N+1}}{1-a} u[n-N]$

从而 $\quad y[n] = \frac{1-a^{n+1}}{1-a} u[n] - \frac{1-a^{n-N+1}}{1-a} u[n-N] = \begin{cases} 0, & n < 0 \\ \dfrac{1-a^{n+1}}{1-a}, & 0 \leqslant n \leqslant N-1 \\ \dfrac{a^{n+1}(a^{-N}-1)}{1-a}, & n \geqslant N \end{cases}$

(b) 因 $y[n] = h[n] * x[n]$，由 z 变换的时域卷积性质知

$$Y(z) = H(z)X(z)$$

因 $H(z) = \dfrac{1}{1-az^{-1}}$，$|z| > |a|$，且 $X(z) = \dfrac{1-z^{-N}}{1-z^{-1}}$，$|z| > 0$，故

$$Y(z) = \frac{1-z^{-N}}{(1-az^{-1})(1-z^{-1})} = \frac{1}{(1-az^{-1})(1-z^{-1})} - \frac{z^{-N}}{(1-az^{-1})(1-z^{-1})}, \quad |z| > |a|$$

先考虑 $Y(z)$ 中的第一项。令 $Y_1(z) = \dfrac{1}{(1-az^{-1})(1-z^{-1})}$，$|z| > |a|$，由于 $Y_1(z)$ 可展开为

$$Y_1(z) = \frac{\dfrac{a}{a-1}}{1-az^{-1}} + \frac{\dfrac{1}{1-a}}{1-z^{-1}}$$

从而得 $\quad y_1[n] = \dfrac{a}{a-1} \cdot a^n u[n] + \dfrac{1}{1-a} u[n] = \dfrac{1-a^{n+1}}{1-a} u[n]$

于是 $\quad y[n] = y_1[n] - y_1[n-N] = \dfrac{1-a^{n+1}}{1-a} u[n] - \dfrac{1-a^{n-N+1}}{1-a} u[n-N]$

可见，其结果与(a)完全一致。

8-11　(a) 试确定由如下差分方程所描述的因果 LTI 系统的系统函数 $H(z)$：$y[n] - \dfrac{1}{2}y[n-1]$ $+\dfrac{1}{4}y[n-2] = x[n]$。

(b) 如果输入 $x[n] = \left(\dfrac{1}{2}\right)^n u[n]$，试利用 z 变换法求输出 $y[n]$。

解　(a) 对所给差分方程两边进行 z 变换，利用时移性质可得

$$Y(z)\left(1 - \frac{1}{2}z^{-1} + \frac{1}{4}z^{-2}\right) = X(z)$$

从而得到系统函数为

$$H(z) = \frac{Y(z)}{X(z)} = \frac{1}{1 - \frac{1}{2}z^{-1} + \frac{1}{4}z^{-2}} = \frac{z^2}{\left(z - \frac{1}{2}e^{j\frac{\pi}{3}}\right)\left(z - \frac{1}{2}e^{-j\frac{\pi}{3}}\right)}$$

由于系统是因果的，故 $H(z)$ 的 ROC 为 $|z| > \dfrac{1}{2}$。

(b) $X(z) = \dfrac{1}{1 - \frac{1}{2}z^{-1}}$，$|z| > \dfrac{1}{2}$，且 $Y(z) = H(z)X(z)$，从而有

$$Y(z) = \frac{z^2}{\left(z - \frac{1}{2}e^{j\frac{\pi}{3}}\right)\left(z - \frac{1}{2}e^{-j\frac{\pi}{3}}\right)} \frac{z}{z - \frac{1}{2}} = \frac{\frac{1}{\sqrt{3}j}z}{z - \frac{1}{2}e^{j\frac{\pi}{3}}} + \frac{-\frac{1}{\sqrt{3}j}z}{z - \frac{1}{2}e^{-j\frac{\pi}{3}}} + \frac{z}{z - \frac{1}{2}}, \quad |z| > \frac{1}{2}$$

于是　$y[n] = \left[\dfrac{1}{\sqrt{3}j}\left(\dfrac{1}{2}e^{j\frac{\pi}{3}}\right)^n - \dfrac{1}{\sqrt{3}j}\left(\dfrac{1}{2}e^{-j\frac{\pi}{3}}\right)^n\right]u[n] + \left(\dfrac{1}{2}\right)^n u[n]$

$$= \left[\frac{1}{\sqrt{3}j} \cdot \left(\frac{1}{2}\right)^n \left(e^{j\frac{\pi}{3}n} - e^{-j\frac{\pi}{3}n}\right)\right]u[n] + \left(\frac{1}{2}\right)^n u[n]$$

$$= \frac{2}{\sqrt{3}} \cdot \left(\frac{1}{2}\right)^n \sin\left(\frac{\pi}{3}n\right)u[n] + \left(\frac{1}{2}\right)^n u[n]$$

8-12　已知描述一因果 LTI 系统的差分方程为

$$y[n] = y[n-1] + y[n-2] + x[n-1]$$

(a) 求系统函数 $H(z) = \dfrac{Y(z)}{X(z)}$，在 z 平面上标出其极点和零点以及 ROC；

(b) 求系统的单位脉冲响应 $h[n]$；

(c) 判断系统的稳定性；

(d) 试求一稳定系统的单位脉冲响应，该系统仍可用以上差分方程描述。

解　(a) 对所给差分方程两边进行 z 变换，可得

$$Y(z) = z^{-1}Y(z) + z^{-2}Y(z) + z^{-1}X(z)$$

整理得系统函数为

$$H(z) = \frac{z^{-1}}{1 - z^{-1} - z^{-2}} = \frac{z}{z^2 - z - 1}$$

$$= \frac{z}{\left(z - \frac{1 + \sqrt{5}}{2}\right)\left(z - \frac{1 - \sqrt{5}}{2}\right)}$$

由于系统是因果的，且 $\left|\dfrac{1 + \sqrt{5}}{2}\right| > \left|\dfrac{1 - \sqrt{5}}{2}\right|$，所以 $H(z)$ 的 ROC 为 $|z| > \dfrac{1 + \sqrt{5}}{2}$，极零图和 ROC

如图 8-8 所示。

（b）由（a）已求出

$$H(z) = \frac{z}{\left(z - \frac{1+\sqrt{5}}{2}\right)\left(z - \frac{1-\sqrt{5}}{2}\right)}, \quad |z| > \frac{1+\sqrt{5}}{2}$$

用部分分式展开法将 $H(z)$ 展开为

$$H(z) = \frac{\frac{1}{\sqrt{5}}z}{z - \frac{1+\sqrt{5}}{2}} - \frac{\frac{1}{\sqrt{5}}z}{z - \frac{1-\sqrt{5}}{2}}, \quad |z| > \frac{1+\sqrt{5}}{2}$$

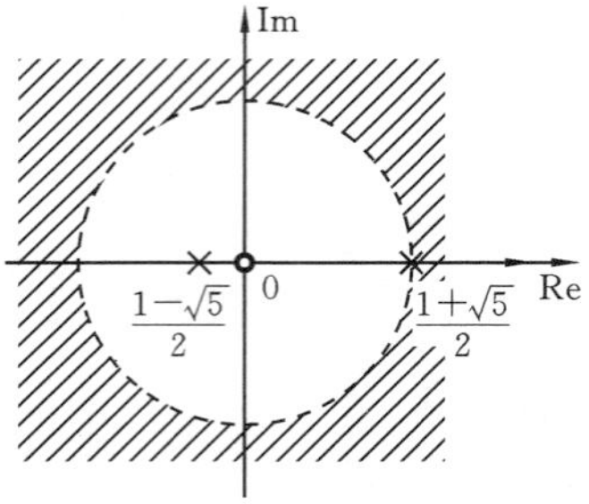

从而得单位脉冲响应为

图 8-8

$$h[n] = \frac{1}{\sqrt{5}}\left[\left(\frac{1+\sqrt{5}}{2}\right)^n - \left(\frac{1-\sqrt{5}}{2}\right)^n\right]u[n]$$

（c）由于 $H(z)$ 的 ROC 为 $|z| > \frac{1+\sqrt{5}}{2} > 1$，该 ROC 不包含单位圆，所以系统不稳定。

（d）要确定一个仍可用所给差分方程描述的但却是稳定的系统，那么系统函数的代数表达式应该不变，仍为

$$H_1(z) = \frac{z}{\left(z - \frac{1+\sqrt{5}}{2}\right)\left(z - \frac{1-\sqrt{5}}{2}\right)}$$

但 ROC 应改为 $\frac{\sqrt{5}-1}{2} < |z| < \frac{1+\sqrt{5}}{2}$，这样便可保证 ROC 包含单位圆，从而保证系统稳定。

对　$H_1(z) = \frac{\frac{1}{\sqrt{5}}z}{z - \frac{1+\sqrt{5}}{2}} - \frac{\frac{1}{\sqrt{5}}z}{z - \frac{1-\sqrt{5}}{2}}, \quad \frac{\sqrt{5}-1}{2} < |z| < \frac{1+\sqrt{5}}{2}$

进行逆变换，可得到该系统的单位脉冲响应为

$$h_1[n] = -\frac{1}{\sqrt{5}}\left(\frac{1+\sqrt{5}}{2}\right)^n u[-n-1] - \frac{1}{\sqrt{5}}\left(\frac{1-\sqrt{5}}{2}\right)^n u[n]$$

8-13　已知某 LTI 系统的输入 $x[n]$ 和输出 $y[n]$ 满足以下差分方程：

$$y[n-1] - \frac{5}{2}y[n] + y[n+1] = x[n]$$

试确定该系统所有可能的单位脉冲响应。

解　由所给差分方程可直接写出系统函数的表达式为

$$H(z) = \frac{1}{z^{-1} - \frac{5}{2} + z} = \frac{z}{z^2 - \frac{5}{2}z + 1} = \frac{z}{\left(z - \frac{1}{2}\right)(z - 2)} = \frac{\frac{2}{3}z}{z - 2} - \frac{\frac{2}{3}z}{z - \frac{1}{2}}$$

可见，$H(z)$ 有两个实数极点 $z_1 = \frac{1}{2}, z_2 = 2$。

由于题目并未给出系统因果性、稳定性的有关信息，所以 $H(z)$ 的 ROC 可能有三种情形：$|z| > 2；\frac{1}{2} < |z| < 2；|z| < \frac{1}{2}$。三种 ROC 对应三种不同的 $h[n]$，下面分别求出。

(1) 若 $H(z)$ 的 ROC 为 $|z| > 2$，则该系统是因果的但不稳定，且单位脉冲响应为

$$h[n] = \frac{2}{3}\left[2^n - \left(\frac{1}{2}\right)^n\right]u[n]$$

(2) 若 $H(z)$ 的 ROC 为 $\frac{1}{2} < |z| < 2$，则该系统是非因果的但稳定，且单位脉冲响应为

$$h[n] = -\frac{2}{3}2^n u[-n-1] - \frac{2}{3}\left(\frac{1}{2}\right)^n u[n]$$

(3) 若 $H(z)$ 的 ROC 为 $|z| < \frac{1}{2}$，则该系统既非因果又非稳定，此时单位脉冲响应为

$$h[n] = \frac{2}{3}\left[\left(\frac{1}{2}\right)^n - 2^n\right]u[-n-1]$$

8-14　已知一因果 LTI 系统的输入 $x[n]$ 与输出 $y[n]$ 的关系如图 8-9 所示。

(a) 求系统差分方程；　　(b) 判断系统的稳定性。

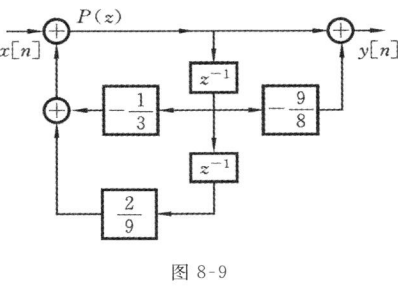

图 8-9

解　(a) 设 $x[n]$ 的 z 变换为 $X(z)$，$y[n]$ 的 z 变换为 $Y(z)$。如图 8-9 所示，设加法器的输出为 $P(z)$，可列出如下 z 域代数方程组：

$$\begin{cases} X(z) - \dfrac{1}{3}z^{-1}P(z) + \dfrac{2}{9}z^{-2}P(z) = P(z) \\[2mm] P(z) - \dfrac{9}{8}z^{-1}P(z) = Y(z) \end{cases}$$

求解方程组，消去 $P(z)$，可得

$$\frac{Y(z)}{X(z)} = \frac{1 - \dfrac{9}{8}z^{-1}}{1 + \dfrac{1}{3}z^{-1} - \dfrac{2}{9}z^{-2}}$$

即

$$\left(1 + \frac{1}{3}z^{-1} - \frac{2}{9}z^{-2}\right)Y(z) = \left(1 - \frac{9}{8}z^{-1}\right)X(z)$$

对此式取逆变换得系统的差分方程为

$$y[n] + \frac{1}{3}y[n-1] - \frac{2}{9}y[n-2] = x[n] - \frac{9}{8}x[n-1]$$

(b) 在 (a) 中已求出了系统函数为

$$H(z) = \frac{Y(z)}{X(z)} = \frac{1 - \dfrac{9}{8}z^{-1}}{1 + \dfrac{1}{3}z^{-1} - \dfrac{2}{9}z^{-2}} = \frac{1 - \dfrac{9}{8}z^{-1}}{\left(1 + \dfrac{2}{3}z^{-1}\right)\left(1 - \dfrac{1}{3}z^{-1}\right)}$$

可见，$H(z)$ 有两个实数极点 $z_1 = -\dfrac{2}{3}$，$z_2 = \dfrac{1}{3}$。由于该系统是因果的，故 $H(z)$ 的 ROC 必为 $|z| > \dfrac{2}{3}$，此 ROC 包含单位圆，所以该系统是稳定的。

8-15　已知三个因果 LTI 系统，它们的系统函数分别为

$$H_1(z) = \frac{1}{\left(1 - z^{-1} + \dfrac{1}{4}z^{-2}\right)\left(1 - \dfrac{2}{3}z^{-1} + \dfrac{1}{9}z^{-2}\right)}$$

$$H_2(z) = \frac{1}{\left(1 - z^{-1} + \frac{1}{2}z^{-2}\right)\left(1 - \frac{1}{2}z^{-1} + z^{-2}\right)}$$

$$H_3(z) = \frac{1}{\left(1 - z^{-1} + \frac{1}{2}z^{-2}\right)\left(1 - z^{-1} + \frac{1}{4}z^{-2}\right)}$$

(a) 对每个系统，分别画出直接形式的方框图；

(b) 对每个系统，分别画出串联形式的方框图，要求串接着的子系统都是二阶的；

(c) 对每个系统，判断是否存在着由四个一阶子系统串联而成的方框图表示形式，要求一阶子系统的方框图中所有乘法器的系数都是实数。

解　(a) 由于 $H_1(z) = \dfrac{1}{1 - \frac{5}{3}z^{-1} + \frac{37}{36}z^{-2} - \frac{5}{18}z^{-3} + \frac{1}{36}z^{-4}}$，故其直接形式的方框图如图

8-10(a) 所示。

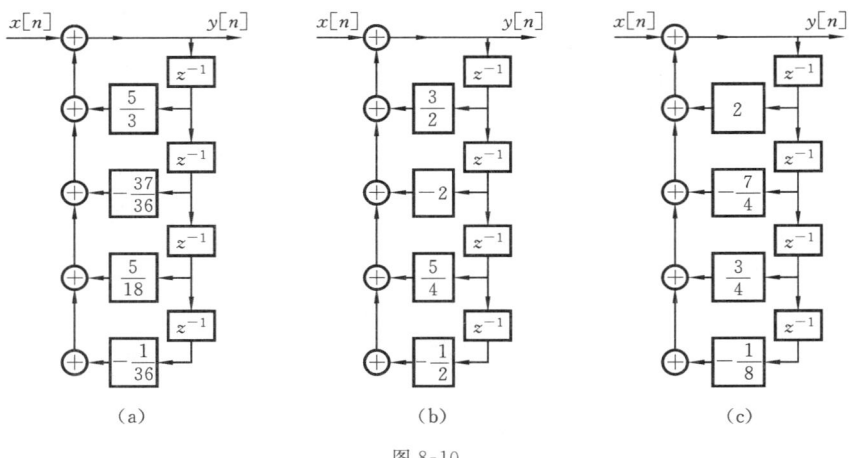

图 8-10

由于 $H_2(z) = \dfrac{1}{1 - \frac{3}{2}z^{-1} + 2z^{-2} - \frac{5}{4}z^{-3} + \frac{1}{2}z^{-4}}$，故其直接形式的方框图如图 8-10(b) 所示。

由于 $H_3(z) = \dfrac{1}{1 - 2z^{-1} + \frac{7}{4}z^{-2} - \frac{3}{4}z^{-3} + \frac{1}{8}z^{-4}}$，故其直接形式的方框图如图 8-10(c) 所示。

(b) 由题目所给的系统函数的表达式，可直接画出由两个二阶系统串联所构成的系统方框图。

$H_1(z)$ 的串联形式的方框图如图 8-11(a) 所示；$H_2(z)$ 的串联形式的方框图如图 8-11(b) 所示；$H_3(z)$ 的串联形式的方框图如图 8-11(c) 所示。

(c) 由于 $H_1(z)$ 可以表示为

$$H_1(z) = \frac{1}{1 - \frac{1}{2}z^{-1}} \frac{1}{1 - \frac{1}{2}z^{-1}} \frac{1}{1 - \frac{1}{3}z^{-1}} \frac{1}{1 - \frac{1}{3}z^{-1}}$$

$H_1(z)$ 中的每一个因式都是实系数的有理分式函数，且都是一阶的，所以 $H_1(z)$ 可以用四个一阶子系统串联的形式来表示，其中每个一阶子系统的方框图中的乘法器都具有实系数。

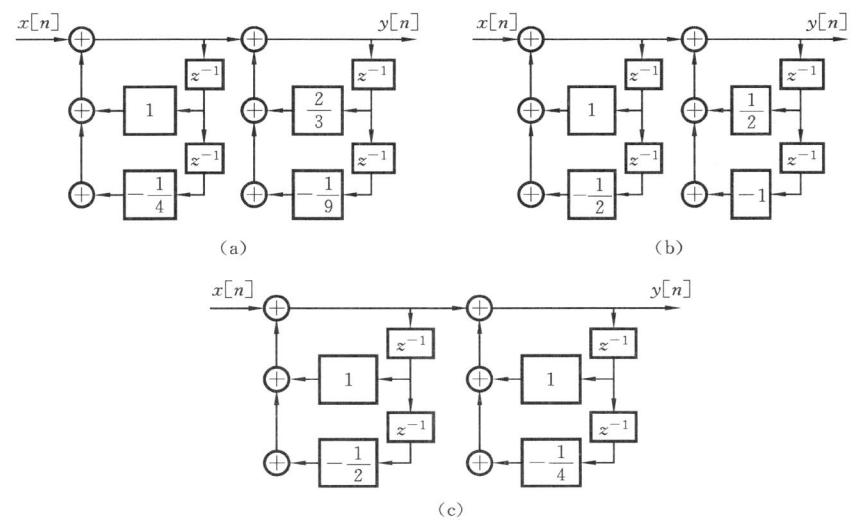

图 8-11

由于对 $H_2(z)$ 的分母进行因式分解后，得到

$$H_2(z) = \left(\frac{1}{1 - \frac{1+\mathrm{j}}{2}z^{-1}} \right) \left(\frac{1}{1 - \frac{1-\mathrm{j}}{2}z^{-1}} \right) \left(\frac{1}{1 - \frac{1+\mathrm{j}\sqrt{15}}{4}z^{-1}} \right) \left(\frac{1}{1 - \frac{1-\mathrm{j}\sqrt{15}}{4}z^{-1}} \right)$$

故 $H_2(z)$ 无法用四个都包含实系数乘法器的一阶子系统相串联的形式来表示。

由于对 $H_3(z)$ 的分母进行因式分解后，得到

$$H_3(z) = \frac{1}{1 - \frac{1+\mathrm{j}}{2}z^{-1}} \frac{1}{1 - \frac{1-\mathrm{j}}{2}z^{-1}} \frac{1}{1 - \frac{1}{2}z^{-1}} \frac{1}{1 - \frac{1}{2}z^{-1}}$$

故 $H_3(z)$ 也无法用四个都包含实系数乘法器的一阶子系统相串联的形式来表示。

8-16 考虑以下两个离散信号：$x_1[n] = \left(\frac{1}{2} \right)^{n+1} u[n+1]$，$x_2[n] = \left(\frac{1}{4} \right)^{n} u[n]$。用 $\mathscr{X}_1(z)$ 和 $X_1(z)$ 分别表示 $x_1[n]$ 的单边和双边 z 变换，$\mathscr{X}_2(z)$ 和 $X_2(z)$ 分别表示 $x_2[n]$ 的单边和双边 z 变换。

(a) 若 $g[n] = x_1[n]x_2[n]$，用求 $X_1(z)X_2(z)$ 逆变换的方法确定 $g[n]$；

(b) 用求 $\mathscr{X}_1(z)\mathscr{X}_2(z)$ 的单边逆变换的方法确定一个因果序列 $q[n]$；

(c) 对比 $n \geqslant 0$ 时的 $q[n]$ 和 $g[n]$，说明二者为何不相等。

解 利用常用信号的双边 z 变换及双边 z 变换的时移性，可得

$$X_1(z) = \frac{z}{1 - \frac{1}{2}z^{-1}}, \quad \frac{1}{2} < |z| < \infty; \quad X_2(z) = \frac{1}{1 - \frac{1}{4}z^{-1}}, \quad |z| > \frac{1}{4}$$

由于

$$x_1[n]u[n] = \left(\frac{1}{2} \right)^{n+1} u[n] = \frac{1}{2}\left(\frac{1}{2} \right)^{n} u[n]; \quad x_2[n]u[n] = x_2[n]$$

故

$$\mathscr{X}_1(z) = \frac{\frac{1}{2}}{1 - \frac{1}{2}z^{-1}}, \quad |z| > \frac{1}{2}; \quad \mathscr{X}_2(z) = \frac{1}{1 - \frac{1}{4}z^{-1}}, \quad |z| > \frac{1}{4}$$

(a) 由于 $X_1(z)X_2(z) = \dfrac{z}{\left(1-\frac{1}{2}z^{-1}\right)\left(1-\frac{1}{4}z^{-1}\right)} = \dfrac{2z}{1-\frac{1}{2}z^{-1}} - \dfrac{z}{1-\frac{1}{4}z^{-1}}$，$\quad \dfrac{1}{2} < |z| < \infty$

故 $g[n] = 2\left(\dfrac{1}{2}\right)^{n+1}u[n+1] - \left(\dfrac{1}{4}\right)^{n+1}u[n+1] = \left(\dfrac{1}{2}\right)^{n}u[n+1] - \dfrac{1}{4}\left(\dfrac{1}{4}\right)^{n}u[n+1]$

(b) 由于 $\mathscr{X}_1(z)\mathscr{X}_2(z) = \dfrac{1/2}{\left(1-\frac{1}{2}z^{-1}\right)\left(1-\frac{1}{4}z^{-1}\right)} = \dfrac{1}{1-\frac{1}{2}z^{-1}} - \dfrac{1/2}{1-\frac{1}{4}z^{-1}}$，$\quad |z| > \dfrac{1}{2}$

故 $$q[n] = \left(\dfrac{1}{2}\right)^{n}u[n] - \dfrac{1}{2}\left(\dfrac{1}{4}\right)^{n}u[n]$$

(c) 当 $n \geqslant 0$ 时，有 $$g[n] = \left(\dfrac{1}{2}\right)^{n}u[n] - \dfrac{1}{4}\left(\dfrac{1}{4}\right)^{n}u[n]$$

$$q[n] = \left(\dfrac{1}{2}\right)^{n}u[n] - \dfrac{1}{2}\left(\dfrac{1}{4}\right)^{n}u[n]$$

显然二者不相等。

无论是仅考虑 $n \geqslant 0$ 还是考虑 $-\infty \leqslant n \leqslant \infty$，$g[n]$ 与 $q[n]$ 都是两个不相同的序列。其原因在于 $g[n] = x_1[n] * x_2[n]$，而 $q[n] = x_1[n]u[n] * x_2[n]u[n]$，虽然 $x_2[n] = x_2[n]u[n]$，但 $x_1[n]u[n] \neq x_1[n]$。$x_1[n]$ 虽然是个右边序列，但不是因果序列，它在 $n = -1$ 处还有一个单位脉冲 $\delta[n+1]$。当进行 $x_1[n] * x_2[n]$ 时，$\delta[n+1]$ 会对 $n \geqslant 0$ 时的 $g[n]$ 产生影响，而 $q[n]$ 中则没有 $\delta[n+1]$ 的影响。

8-17 对于以下差分方程及输入信号和初始条件，用单边 z 变换求解零输入响应和零状态响应。

(a) $y[n] + 3y[n-1] = x[n]$，$x[n] = \left(\dfrac{1}{2}\right)^{n}u[n]$，$y[-1] = 1$；

(b) $y[n] - \dfrac{1}{2}y[n-1] = x[n] - \dfrac{1}{2}x[n-1]$，$x[n] = u[n]$，$y[-1] = 1$。

解 (a) 对差分方程取单边 z 变换，利用单边 z 变换的时移性质可得

$$\mathscr{Y}(z) + 3y[-1] + 3z^{-1}\mathscr{Y}(z) = \mathscr{X}(z)$$

整理得 $$\mathscr{Y}(z) = \dfrac{-3y[-1]}{1+3z^{-1}} + \dfrac{1}{1+3z^{-1}}\mathscr{X}(z)$$

将 $\mathscr{X}(z)$ 和 $y[-1]$ 分别代入，于是有

$$\mathscr{Y}_{zi}(z) = \dfrac{-3y[-1]}{1+3z^{-1}} = \dfrac{-3}{1+3z^{-1}}$$

$$\mathscr{Y}_{zs}(z) = \dfrac{1}{1+3z^{-1}}\mathscr{X}(z) = \dfrac{1}{\left(1+3z^{-1}\right)\left(1-\frac{1}{2}z^{-1}\right)}$$

取单边逆 z 变换，可求得零输入响应和零状态响应分别为

$$y_{zi}[n] = -3(-3)^{n}u[n] = (-3)^{n+1}u[n]$$

$$y_{zs}[n] = \left[\dfrac{6}{7}(-3)^{n} + \dfrac{1}{7}\left(\dfrac{1}{2}\right)^{n}\right]u[n]$$

(b) 对差分方程取单边 z 变换，利用单边 z 变换的时移性质可得

$$\mathscr{Y}(z) - \dfrac{1}{2}y[-1] - \dfrac{1}{2}z^{-1}\mathscr{Y}(z) = \mathscr{X}(z) - \dfrac{1}{2}x[-1] - \dfrac{1}{2}z^{-1}\mathscr{X}(z)$$

由于 $x[n] = u[n]$，故 $x[-1] = 0$。将上式整理可得

$$\mathscr{Y}(z) = \frac{\frac{1}{2}y[-1]}{1 - \frac{1}{2}z^{-1}} + \mathscr{X}(z)$$

将 $\mathscr{X}(z)$ 和 $y[-1]$ 分别代入可得

$$\mathscr{Y}_{zi}(z) = \frac{\frac{1}{2}}{1 - \frac{1}{2}z^{-1}}, \quad \mathscr{Y}_{zs}(z) = \mathscr{X}(z) = \frac{1}{1 - z^{-1}}$$

取单边逆 z 变换,可求得零输入响应和零状态响应分别为

$$y_{zi}[n] = \frac{1}{2}\left(\frac{1}{2}\right)^n u[n] = \left(\frac{1}{2}\right)^{n+1} u[n]$$

$$y_{zs}[n] = x[n] = u[n]$$

8-18 考虑一偶序列 $x[n]$(即 $x[n] = x[-n]$),它的有理 z 变换为 $X(z)$。

(a) 根据 z 变换的定义,证明:$X(z) = X\left(\frac{1}{z}\right)$。

(b) 根据(a)的结果,证明:若 $X(z)$ 的一个极点(零点)出现在 $z = z_0$,那么在 $z = 1/z_0$ 也一定有一个极点(零点)。

(c) 对下列序列验证(b)的结果:

(1) $\delta[n+1] + \delta[n-1]$; 　　 (2) $\delta[n+1] - \frac{5}{2}\delta[n] + \delta[n-1]$。

证　(a) 根据 z 变换的定义有

$$\mathscr{L}\{x[-n]\} = \sum_{n=-\infty}^{\infty} x[-n]z^{-n} \xlongequal{\diamondsuit m = -n} \sum_{m=-\infty}^{-\infty} x[m]z^m = \sum_{m=-\infty}^{\infty} x[m](z^{-1})^{-m} = X\left(\frac{1}{z}\right)$$

而

$$x[n] \underset{}{\overset{\text{ZT}}{\longleftrightarrow}} X(z)$$

由于 $x[n]$ 是偶序列,即 $x[n] = x[-n]$,故有 $X(z) = X\left(\frac{1}{z}\right)$。

(b) 假设 z_0 是 $X(z)$ 的一个零点,那么有 $X(z_0) = 0$;而由 $X(z) = X\left(\frac{1}{z}\right)$ 可知 $X\left(\frac{1}{z_0}\right) = X(z_0) = 0$,即 $\frac{1}{z_0}$ 也是 $X(z)$ 的零点。

同理,若 z_0 是 $X(z)$ 的一个极点,那么有 $X(z_0) = \infty$,由 $X\left(\frac{1}{z}\right) = X(z)$ 可知 $X\left(\frac{1}{z_0}\right) = X(z_0) = \infty$,即 $\frac{1}{z_0}$ 也是 $X(z)$ 的一个极点。

综上证明,若 $X(z)$ 的一个极点(零点)出现在 $z = z_0$,那么在 $z = 1/z_0$ 也一定有一个极点(零点)。

(c) (1) 令 $x[n] = \delta[n+1] + \delta[n-1]$,显然 $x[n]$ 是偶序列,且

$$X(z) = z + z^{-1} = X\left(\frac{1}{z}\right) = \frac{z^2 + 1}{z}$$

从 $X(z)$ 的表达式可知,$z_1 = j$ 和 $z_2 = -j = 1/z$ 都是 $X(z)$ 的零点。

至于 $X(z)$ 的极点,明显地 $z_3 = 0$ 是极点,而 $z_4 = \infty = 1/z_3$ 也是 $X(z)$ 的极点,从而验证了(b)的结论。

(2) $x[n] = \delta[n+1] - \frac{5}{2}\delta[n] + \delta[n-1]$,此 $x[n]$ 也是偶序列。

$$X(z) = z - \frac{5}{2} + z^{-1} = X\left(\frac{1}{z}\right) = \frac{z^2 - \frac{5}{2}z + 1}{z}$$

通过令 $z^2 - \frac{5}{2}z + 1 = 0$ 求得 $X(z)$ 的零点为 $z = 2$ 和 $z = \frac{1}{2}$，显然二者互为倒数。至于 $X(z)$ 的极点，明显地为 $z = 0$ 和 $z = \infty$，二者也互为倒数，故而也验证了 (b) 的结果。

8-19 设 $x[n]$ 是一离散时间信号，其 z 变换为 $X(z)$，对下列信号利用 $X(z)$ 求它们的 z 变换：

(a) $\Delta x[n]$，这里 Δ 记作一阶差分算子，定义为 $\Delta x[n] = x[n] - x[n-1]$。

(b) $x_1[n] = \begin{cases} x[n/2], & n \text{ 为偶数} \\ 0, & n \text{ 为奇数} \end{cases}$。

(c) $x_1[n] = x[2n]$。

解 (a) 对于一阶差分 $\Delta x[n] = x[n] - x[n-1]$，利用 z 变换的时移性质有

$$\mathscr{Z}\{\Delta x[n]\} = X(z) - z^{-1}X(z) = (1 - z^{-1})X(z)$$

(b) 根据 $x_1[n]$ 及 z 变换的定义有

$$X_1(z) = \sum_{n=-\infty}^{\infty} x_1[n]z^{-n} = \sum_{\substack{n=-\infty \\ n\text{为偶数}}}^{\infty} x\left[\frac{n}{2}\right]z^{-n}$$

令 $n = 2m, m = 0, \pm 1, \pm 2, \cdots$，则有

$$X_1(z) = \sum_{m=-\infty}^{\infty} x[m]z^{-2m} = \sum_{m=-\infty}^{\infty} x[m](z^2)^{-m} = X(z^2)$$

(c) 构造离散时间信号 $g(n) = \frac{1}{2}\{x[n] + (-1)^n x[n]\}$，不难知

$$g(n) = \begin{cases} x(n), & n \text{ 为偶数} \\ 0, & n \text{ 为奇数} \end{cases}, \text{且 } x_1[n] = x[2n] = g[2n]$$

由 z 变换的 z 域尺度变换性质可得

$$G(z) = \frac{1}{2}X(z) + \frac{1}{2}X(-z)$$

另一方面，$\quad X_1(z) = \sum_{n=-\infty}^{\infty} g[2n] \cdot z^{-n} \xrightarrow[\text{m为偶数}]{\text{令 } m = 2n} \sum_{\substack{m=-\infty \\ m\text{为偶数}}}^{\infty} g[m]z^{-\frac{m}{2}} = G(z^{\frac{1}{2}})$

故得 $\qquad\qquad\qquad X_1(z) = \frac{1}{2}X(z^{\frac{1}{2}}) + \frac{1}{2}X(-z^{\frac{1}{2}})$

8-20 确定下列 z 变换中的哪一个可能是一个离散时间线性系统的转移函数，这些系统不一定是稳定的，但是其单位脉冲响应是在 $n < 0$ 时为零。请清楚地陈述理由。

(a) $\dfrac{(1 - z^{-1})^2}{1 - \frac{1}{2}z^{-1}}$;   (b) $\dfrac{(z-1)^2}{z - \frac{1}{2}}$;   (c) $\dfrac{\left(z - \frac{1}{4}\right)^5}{\left(z - \frac{1}{2}\right)^6}$;   (d) $\dfrac{\left(z - \frac{1}{4}\right)^6}{\left(z - \frac{1}{2}\right)^5}$。

解 (a) 此转移函数可表示为 $\dfrac{z^2 - 2z + 1}{z^2 - \frac{1}{2}z}$，可见分子多项式的次数不高于分母多项式的次数，这意味着若将 $H(z)$ 表示为 z^{-1} 的幂级数，此级数将由一个常数项和无限多个 z 的负幂次项构成，若 $H(z)$ 的 ROC 是在某圆的外部，就有当 $n < 0$ 时，$h[n] = 0$。所以说此函数可以是一个因果系统的转移函数。

(b) 显然此有理函数的分子多项式的次数 (2) 高于分母多项式的次数 (1)，这样若将 $H(z)$ 表

示成为幂级数,就有一项是 z 的正一次幂项,这意味着 $h[n]$ 包含一项 $\delta[n+1]$,所以说此函数不可能是一个因果系统的转移函数。

(c) 此有理函数的分子多项式的次数为 5,分母多项式次数为 6,分子的次数低于分母的次数,若 $H(z)$ 的 ROC 是在某个圆的外部,那么相应的 $h[n]$ 一定是个因果信号,所以此函数可以是一个因果系统的转移函数。

(d) 此有理函数的分子多项式次数为 6,分母多项式次数为 5,分子的次数高于分母的次数,故其逆 z 变换的表达式中一定包含 $\delta[n+1]$ 这一项,所以说此函数不可能是一个因果系统的转移函数。

8-21　一个序列 $x[n]$ 是输入为 $s[n]$ 时一个 LTI 系统的输出,该系统由下列差分方程描述:
$$x[n] = s[n] - \mathrm{e}^{8\alpha}s[n-8]$$
式中:$0 < \alpha < 1$。

(a) 求系统函数 $H_1(z) = \dfrac{X(z)}{S(z)}$,并画出极零点图,指出收敛域。

(b) 想用一个 LTI 系统从 $x[n]$ 中恢复出 $s[n]$,求系统函数 $H_2(z) = \dfrac{Y(z)}{X(z)}$,以使得 $y[n] = s[n]$。求 $H_2(z)$ 的所有可能的 ROC,并对每一种 ROC 回答该系统是否是因果的,或稳定的。

(c) 求出所有可能的单位脉冲响应 $h_2[n]$,使得 $y[n] = h_2[n] * x[n] = s[n]$。

解　(a) 对所给差分方程进行 z 变换有
$$X(z) = (1 - z^{-8}\mathrm{e}^{8\alpha})S(z)$$
于是得系统函数　　　　$H_1(z) = \dfrac{X(z)}{S(z)} = 1 - z^{-8}\mathrm{e}^{8\alpha} = \dfrac{z^8 - \mathrm{e}^{8\alpha}}{z^8}$

由 $H_1(z)$ 的表达式可知其极点为 $z = 0$(8 阶),其零点通过令 $z^8 - \mathrm{e}^{8\alpha} = 0$ 可获得,为 $z = \mathrm{e}^{\alpha} \cdot \mathrm{e}^{\mathrm{j}\frac{2k\pi}{8}}$,$k = 0,1,\cdots,7$,共 8 个,它们等角距地分布在半径为 e^{α} 的圆周上。故极零点图如图 8-12 所示。

对于 $H_1(z)$,它只有一个 8 阶极点在 $z = 0$,故其 ROC 为除去 $z = 0$ 的整个 z 平面。

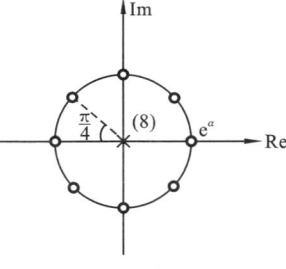

图 8-12

(b) 由题目要求易知
$$H_2(z) = \dfrac{S(z)}{X(z)} = \dfrac{1}{H_1(z)} = \dfrac{z^8}{z^8 - \mathrm{e}^{8\alpha}}$$
那么 $H_2(z)$ 的零、极点正好与 $H_1(z)$ 的零、极点反过来,即 $H_2(z)$ 的零点是 $H_1(z)$ 的极点,$H_2(z)$ 的极点则是 $H_1(z)$ 的零点,也就是说 $H_2(z)$ 的极点是 8 个等角距地均匀分布在半径为 e^{α} 的圆上的复数,故 $H_2(z)$ 的 ROC 有两种可能:$|z| > \mathrm{e}^{\alpha}$ 或 $|z| < \mathrm{e}^{\alpha}$。考虑到 $0 < \alpha < 1$,$\mathrm{e} > 1$,即 $\mathrm{e}^{\alpha} > 1$,则有当 ROC 为 $|z| > \mathrm{e}^{\alpha}$ 时,$H_2(z)$ 所表示的系统是因果的,但不稳定;当 ROC 为 $|z| < \mathrm{e}^{\alpha}$ 时,$H_2(z)$ 所表示的系统不是因果的,但是稳定的。

(c) 若 ROC 为 $|z| > \mathrm{e}^{\alpha}$,考虑到 $H_2(z) = \dfrac{z^8}{z^8 - \mathrm{e}^{8\alpha}}$,可设
$$P(z) = \dfrac{z}{z - \mathrm{e}^{8\alpha}},\ |z| > \mathrm{e}^{8\alpha}$$
易知　　　　　　　　　　　　$p[n] = \mathrm{e}^{8\alpha n}u[n]$

由 z 变换的时域扩展性质知,由于 $H_2(z) = P(z^8)$,故

$$h_2[n] = \begin{cases} p[n/8], & n = 0, \pm 8, \pm 16, \cdots \\ 0, & \text{其他} \end{cases}$$

即
$$h_2[n] = \begin{cases} e^{an}, & n = 0, 8, 16, \cdots \\ 0, & \text{其他} \end{cases}$$

若 ROC 为 $|z| < e^a$，则设 $P(z) = \dfrac{z}{z - e^{8a}}$，$|z| < e^{8a}$，首先求出 $p[n] = -e^{8an}u[-n-1]$，然后利用时域扩展性质可得

$$h_2[n] = \begin{cases} -e^{an}, & n = -8, -16, -24, \cdots \\ 0, & \text{其他} \end{cases}$$

8-22 关于一个输入为 $x[n]$，输出为 $y[n]$ 的离散时间 LTI 系统，已知下列情况：

(1) 若对全部 n，$x[n] = (-2)^n$，则对全部 n 有 $y[n] = 0$。

(2) 若对全部 n，$x[n] = \left(\dfrac{1}{2}\right)^n u[n]$，则对全部 n，$y[n]$ 为 $y[n] = \delta[n] + a\left(\dfrac{1}{4}\right)^n u[n]$，其中 a 为一常数。

(a) 求常数 a 的值。

(b) 若输入 $x[n]$ 是 $x[n] = 1$，全部 n，求响应 $y[n]$。

解 (a) 由第(1)条信息可知 $H(-2) = 0$。第(2)条信息告诉我们当 $X(z) = \dfrac{z}{z - 1/2}$，$|z| > 1/2$ 时

$$Y(z) = 1 + \frac{az}{z - 1/4}, \quad |z| > 1/4$$

于是有
$$H(z) = \frac{Y(z)}{X(z)} = \frac{(z - 1/2)[(a+1)z - 1/4]}{z(z - 1/4)}, \quad |z| > 1/4$$

最后可由 $H(-2) = 0$ 求出 $a = -\dfrac{9}{8}$，从而得 $H(z) = -\dfrac{(z-1/2)(z+2)}{8z(z-1/4)}$。

(b) 若输入 $x[n] = 1 = 1^n$，那么由 LTI 系统的特征函数性质可求出响应 $y[n] = H(1) \cdot 1^n = H(1)$。而 $H(1) = -\dfrac{1}{4}$，故 $y[n] = -\dfrac{1}{4}$。

8-23 假设一个二阶因果 LTI 系统已被设计成具有实值单位脉冲响应 $h_1[n]$ 和一个有理的系统函数 $H_1(z)$，$H_1(z)$ 的极零点图如图 8-13(a) 所示。现在考虑另一个因果二阶系统，其单位脉冲响应为 $h_2[n]$，有理系统函数为 $H_2(z)$，$H_2(z)$ 的极零点图如图 8-13(b) 所示。求一个序列 $g[n]$，使得以下三个条件都满足：

(1) $h_2[n] = g[n]h_1[n]$； (2) $g[n] = 0$，当 $n < 0$； (3) $\displaystyle\sum_{k=0}^{\infty} |g(k)| = 3$。

解 由图 8-13(a) 和 (b) 两个极零点图可写出 $H_1(z)$ 和 $H_2(z)$ 的表达式如下：

$$H_1(z) = k_1 \frac{\left(z - \dfrac{3}{4}e^{j\frac{\pi}{4}}\right)\left(z - \dfrac{3}{4}e^{-j\frac{\pi}{4}}\right)}{\left(z - \dfrac{3}{4}e^{j\frac{3\pi}{4}}\right)\left(z - \dfrac{3}{4}e^{-j\frac{3\pi}{4}}\right)}, \quad |z| > \frac{3}{4} \quad (\text{ROC 由系统的因果性确定})$$

$$H_2(z) = k_2 \frac{\left(z - \dfrac{1}{2}e^{j\frac{3\pi}{4}}\right)\left(z - \dfrac{1}{2}e^{-j\frac{3\pi}{4}}\right)}{\left(z - \dfrac{1}{2}e^{j\frac{\pi}{4}}\right)\left(z - \dfrac{1}{2}e^{-j\frac{\pi}{4}}\right)}, \quad |z| > \frac{1}{2} \quad (\text{ROC 由系统的因果性确定})$$

k_1 和 k_2 是比例因子，待定。可注意到，若将图 8-13(a) 逆时针（或顺时针）旋转半个圆周（即 π 弧度），

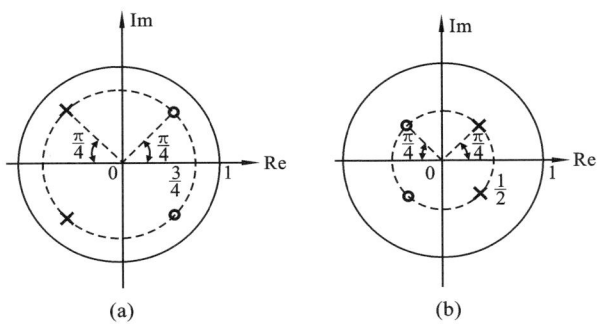

图 8-13

再将零、极点所在圆周变为 $R = \dfrac{1}{2}$ 的圆,就得到了图 8-13(b),即对 $\dfrac{H_1(z)}{k_1}$ 进行如下的尺度变换就可得到 $\dfrac{H_2(z)}{k_2}$:

$$H_2(z) = \frac{k_2}{k_1} H_1\left(\frac{3}{2} \mathrm{e}^{\mathrm{j}\pi} z\right) = \frac{k_2}{k_1} H_1\left(-\frac{3}{2} z\right)$$

利用 z 变换的 z 域尺度变换性质,有

$$h_2[n] = \frac{k_2}{k_1}\left(-\frac{2}{3}\right)^n h_1[n]$$

由于题目要求的条件(1)为 $h_2[n] = g[n]h_1[n]$,故有 $g[n] = \dfrac{k_2}{k_1}\left(-\dfrac{2}{3}\right)^n$。

又由于题目要求的条件(2)为 $g[n] = 0$,当 $n < 0$,即 $g[n]$ 必须是因果序列,所以可将 $g[n]$ 表示为 $g[n] = \dfrac{k_2}{k_1}\left(-\dfrac{2}{3}\right)^n u[n]$。

最后由题目所要求的条件(3)知

$$\sum_{k=0}^{\infty} |g[k]| = \sum_{k=0}^{\infty} \frac{k_2}{k_1}\left(\frac{2}{3}\right)^k = \frac{k_2}{k_1} \cdot \frac{1}{1 - \dfrac{2}{3}} = 3$$

可求得

$$\frac{k_2}{k_1} = 1$$

从而最终得

$$g[n] = \left(-\frac{2}{3}\right)^n u[n]$$

8-24 在 10.2 节(见教材)性质 4 说的是,若 $x[n]$ 是一个右边序列,而且若 $|z| = r_0$ 的圆是在 ROC 内,则全部 $|z| > r_0$ 的有限 z 值一定都在这个 ROC 内。一种直观性的解释在讨论中已经给出。更为正规一些的证明是与 9.2 节(见教材)性质 4 有关拉普拉斯变换的讨论紧密并行的。这就是,考虑一个右边序列

$$x[n] = 0, \quad n < N_1$$

对此有

$$\sum_{n=-\infty}^{\infty} |x[n]| r_0^{-n} = \sum_{n=N_1}^{\infty} |x[n]| r_0^{-n} < \infty$$

那么,若 $r_0 \leqslant r_1$,有

$$\sum_{n=N_1}^{\infty} |x[n]| r_1^{-n} \leqslant A \sum_{n=N_1}^{\infty} |x[n]| r_0^{-n} \qquad ①$$

式中：A 是某一个正值常数。

（a）证明式 ① 是正确的，并用 r_0，r_1 和 N_1 来确定常数 A。

（b）根据（a）的结果，证明可得 10.2 节的性质 4。

（c）利用类似的方法来证明 10.2 节性质 5 成立。

证 （a）为简单起见，不妨设 $N_1 \geqslant 0$。注意到式 ① 左边的级数可表示为

$$\sum_{n=N_1}^{\infty} |x[n]| r_1^{-n} = \sum_{n=N_1}^{\infty} |x[n]| r_0^{-n} \left(\frac{r_1}{r_0}\right)^{-n} \qquad ②$$

由于 $r_0 \leqslant r_1$，且变量 n 的取值为正，故 $\left(\frac{r_1}{r_0}\right)^{-n} \leqslant 1$，且当 $n \to \infty$ 时，$\left(\frac{r_1}{r_0}\right)^{-n} \to 0$，于是有当 $n \geqslant N_1$ 时，$\left(\frac{r_1}{r_0}\right)^{-n} \leqslant \left(\frac{r_1}{r_0}\right)^{-N_1}$，将此不等式代入式 ②，得

$$\sum_{n=N_1}^{\infty} |x[n]| r_1^{-n} = \sum_{n=N_1}^{\infty} |x[n]| r_0^{-n} \left(\frac{r_1}{r_0}\right)^{-n} \leqslant \left(\frac{r_1}{r_0}\right)^{-N_1} \sum_{n=N_1}^{\infty} |x[n]| r_0^{-n}$$

由此证明了式 ①，也得知其中的 $A = \left(\frac{r_1}{r_0}\right)^{-N_1} = \left(\frac{r_0}{r_1}\right)^{N_1}$。

（b）根据（a）的结果可知，对于一个右边序列 $x[n]$，若 $|z| = r_0$ 的圆在其 ROC 内，不妨令 $B = \sum_{n=N_1}^{\infty} |x[n]| r_0^{-n} < \infty$，则对任意有限的 $r_1 \geqslant r_0$，一定有 $\sum_{n=N}^{\infty} |x[n]| r_1^{-n} \leqslant \left(\frac{r_0}{r_1}\right)^{N_1} B < \infty$，即 $|z| = r_1$ 的圆一定也在 ROC 内。于是证明了 10.2 节的性质 4。

（c）若 $x[n]$ 是一左边序列，即 $x[n] = 0$，$n > N_2$，已知 $|z| = r_0$ 的圆在其 ROC 内，则级数

$$\sum_{n=-\infty}^{\infty} |x[n]| r_0^{-n} = \sum_{n=-\infty}^{N_2} |x[n]| r_0^{-n} < \infty$$

为简单起见，设 $N_2 \leqslant 0$，现有有限值 $r_1 \leqslant r_0$，可知对于任意的正数 $(-n)$，有 $\left(\frac{r_1}{r_0}\right)^{-n} \leqslant 1$，且当 $n \to -\infty$ 时，$\left(\frac{r_1}{r_0}\right)^{-n} \to 0$。于是当 $n \leqslant N_2$ 时，$\left(\frac{r_1}{r_0}\right)^{-n} \leqslant \left(\frac{r_1}{r_0}\right)^{-N_2}$，且

$$\sum_{n=-\infty}^{N_2} |x[n]| r_1^{-n} = \sum_{n=-\infty}^{N_2} |x[n]| r_0^{-n} \left(\frac{r_1}{r_0}\right)^{-n} \leqslant \left(\frac{r_1}{r_0}\right)^{-N_2} \sum_{n=-\infty}^{N_2} |x[n]| r_0^{-n}$$

以上不等式说明，对于一个左边序列，若 $|z| = r_0$ 的圆在其 ROC 内，且若令 $B = \sum_{n=-\infty}^{N_2} |x[n]| r_0^{-n}$，则对任意的 $r_1 \leqslant r_0$，一定有 $\sum_{n=-\infty}^{N_2} |x[n]| r_1^{-n} \leqslant \left(\frac{r_1}{r_0}\right)^{-N_2} B < \infty$，即 $|z| = r_1$ 的圆一定也在 ROC 内。于是证明了 10.2 节的性质 5。

8-25 一离散时间系统，其极零点图如图 8-14（a）所示，因为无论频率是什么，频率响应的模都是常数，所以该系统称为一阶全通系统。

（a）用代数的方法说明 $|H(e^{j\omega})|$ 是常数。

为了用几何的方法说明同一性质，考虑一下图 8-14（b）中的向量图。希望证明：向量 $\mathbf{v}_2$ 的长度是正比于向量 $\mathbf{v}_1$ 的长度，而与频率 ω 无关。

（b）利用余弦定理和下列事实来表示 $\mathbf{v}_1$ 的长度：$\mathbf{v}_1$ 是一个三角形的一条边，该三角形的另两条边是单位向量和长度为 a 的向量。

（c）用与（b）中相似的方法，确定 $\mathbf{v}_2$ 的长度，并证明：它正比于 $\mathbf{v}_1$ 的长度，而与频率 ω 无关。

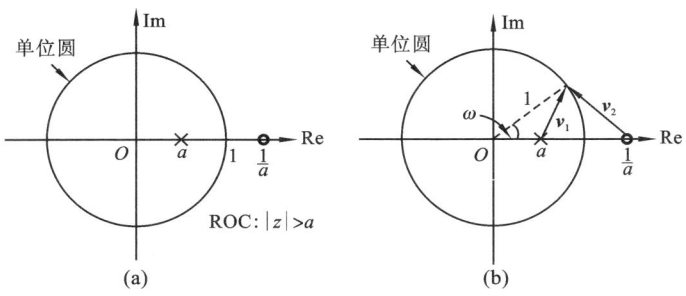

图 8-14

证　(a) 由图 8-14(a) 可写出 $H(z) = k \dfrac{z - \dfrac{1}{a}}{z - a}$，于是有

$$H(e^{j\omega}) = k \frac{e^{j\omega} - a^{-1}}{e^{j\omega} - a}$$

注意，由图 8-14(a) 所示极零图及所给 ROC 知，该系统是稳定的，则

$$|H(e^{j\omega})| = |k| \left| \frac{|\cos\omega - a^{-1} + j\sin\omega|}{|\cos\omega - a + j\sin\omega|} \right| = |k| \sqrt{\frac{1 - 2a^{-1}\cos\omega + a^{-2}}{1 - 2a\cos\omega + a^2}}$$

$$= |k| \sqrt{a^{-2} \frac{1 - 2a\cos\omega + a^2}{1 - 2a\cos\omega + a^2}} = \frac{|k|}{a}$$

可见 $|H(e^{j\omega})|$ 是一个与 ω 的取值无关的函数，是一个常数。

若用几何的方法，则考虑图 8-14(b) 中的向量图。由于以原点、极点 a 和单位圆上的点 $e^{j\omega}$ 这三点为顶点构成的三角形与以原点、$e^{j\omega}$ 和零点 $\dfrac{1}{a}$ 为顶点构成的三角形相似，所以可得向量 $\boldsymbol{v}_2$ 与向量 $\boldsymbol{v}_1$ 的长度之比 $|\boldsymbol{v}_2| : |\boldsymbol{v}_1| = 1 : a = \dfrac{1}{a}$，是个与 ω 无关的值，而 $|H(e^{j\omega})| = |k| \dfrac{|\boldsymbol{v}_2|}{|\boldsymbol{v}_1|}$，从而从几何的角度也证明了 $|H(e^{j\omega})| = |k| / a$，是个与 ω 无关的常数。

(b) 根据事实"$\boldsymbol{v}_1$ 是一个三角形的一条边，该三角形的另两条边是单位向量 $e^{j\omega}$ 和长度为 a 的向量"，再结合复量的加、减运算可利用向量来进行这一特点，我们即可得知向量 $\boldsymbol{v}_1 = e^{j\omega} - a$，从而其长度为

$$|\boldsymbol{v}_1| = \sqrt{(\cos\omega - a)^2 + \sin^2\omega} = \sqrt{1 + a^2 - 2a\cos\omega}$$

或可表示为　　　　　　　　$|\boldsymbol{v}_1|^2 = 1 + a^2 - 2a\cos\omega$

(c) 用与(b) 相似的方法可知 $\boldsymbol{v}_2 = e^{j\omega} - 1/a$，于是其长度

$$|\boldsymbol{v}_2| = \sqrt{\left(\cos\omega - \frac{1}{a}\right)^2 + \sin^2\omega} = \sqrt{1 + a^{-2} - 2a^{-1}\cos\omega}$$

或可表示为

$$|\boldsymbol{v}_2|^2 = 1 + a^{-2} - 2a^{-1}\cos\omega$$

于是可得

$$|\boldsymbol{v}_2|^2 = \frac{1}{a^2} |\boldsymbol{v}_1|^2$$

从而说明 $|\boldsymbol{v}_2|$ 正比于 $|\boldsymbol{v}_1|$，且与 ω 无关。

8-26　有一实值序列 $x[n]$，其有理 z 变换为 $X(z)$。

(a) 由 z 变换定义,证明:$X(z) = X^*(z^*)$。

(b) 根据(a)中的结果,证明:若 $X(z)$ 有一个极点(零点)出现在 $z = z_0$,那么在 $z = z_0^*$ 也一定有一个极点(零点)。

(c) 对下列每个序列验证(b)的结果:

(1) $x[n] = \left(\dfrac{1}{2}\right)^n u[n]$; (2) $x[n] = \delta[n] - \dfrac{1}{2}\delta[n-1] + \dfrac{1}{4}\delta[n-2]$。

(d) 将(b)结果与本书题 8-18(b)的结果结合在一起,证明:对于一个实值偶序列,若 $X(z)$ 有一个极点(零点)在 $z = \rho e^{j\theta}$,那么 $X(z)$ 在 $z = (1/\rho)e^{j\theta}$ 和 $z = (1/\rho)e^{-j\theta}$ 也都有一个极点(零点)。

证 (a) 由 z 变换的定义知 $x[n]$ 的共轭序列 $x^*[n]$ 的 z 变换为

$$\mathscr{Z}\{x^*[n]\} = \sum_{n=-\infty}^{\infty} x^*[n]z^{-n} = \sum_{n=-\infty}^{\infty}\{x[n](z^*)^{-n}\}^* = \left\{\sum_{n=-\infty}^{\infty} x[n](z^*)^{-n}\right\}^*$$
$$= [X(z^*)]^* = X^*(z^*)$$

由于 $x[n]$ 是实值序列,于是 $x[n] = x^*[n]$,从而得 $X(z) = X^*(z^*)$。

(b) 若 $X(z)$ 在 $z = z_0$ 有一个零点,则有 $X(z_0) = 0$,而由(a)中结果知 $X^*(z_0^*) = X(z_0) = 0$,对此式两边取共轭,可得 $X(z_0^*) = 0^* = 0$,由此说明 $z = z_0^*$ 一定也是 $X(z)$ 的一个零点。类似地,若 $X(z)$ 在 $z = z_0$ 有一个极点,则有 $\dfrac{1}{X(z_0)} = 0$,而由(a)结果知 $\dfrac{1}{X^*(z_0^*)} = \dfrac{1}{X(z_0)} = 0$,对此式两边取共轭可得 $\dfrac{1}{X(z_0^*)} = 0$,由此说明 $z = z_0^*$ 一定也是 $X(z)$ 的一个极点。

(c) (1) $x[n] = \left(\dfrac{1}{2}\right)^n u[n]$ 是实值序列,且 $X(z) = \dfrac{z}{z - \dfrac{1}{2}}$,$|z| > \dfrac{1}{2}$。

$X(z)$ 的零点 $z = 0$,极点 $z = \dfrac{1}{2}$,均为实数,实数的共轭还是它本身,所以验证了(b)的结果。

(2) $x[n] = \delta[n] - \dfrac{1}{2}\delta[n-1] + \dfrac{1}{4}\delta[n-2]$ 是实值序列,且

$$X(z) = 1 - \frac{1}{2}z^{-1} + \frac{1}{4}z^{-2}, \quad |z| > 0$$

由

$$X(z) = \frac{z^2 - \dfrac{1}{2}z + \dfrac{1}{4}}{z^2} = \frac{\left(z - \dfrac{1}{2}e^{j\frac{\pi}{3}}\right)\left(z - \dfrac{1}{2}e^{-j\frac{\pi}{3}}\right)}{z^2}$$

可知 $X(z)$ 的一个二阶极点为 $z = 0$,而零点为 $z = \dfrac{1}{2}e^{j\frac{\pi}{3}}$ 和 $z = \dfrac{1}{2}e^{-j\frac{\pi}{3}}$,它们是共轭的,所以验证了(b)的结果。

(d) 本书题 8-18(b)的结果是,若序列 $x[n]$ 是偶的,且假设其 z 变换 $X(z)$ 有一极点(或零点)在 $z_0 = \rho e^{j\theta}$,则 $X(z)$ 必有一极点(或零点)在 $z = \dfrac{1}{z_0} = \dfrac{1}{\rho}e^{-j\theta}$。结合本题(b)中结果,若 $x[n]$ 是实偶序列,且 $X(z)$ 有一极点(或零点)在 $z_0 = \rho e^{j\theta}$,那么 $X(z)$ 必有一极点(或零点)在 $z = z_0^* = \rho e^{-j\theta}$,同时必有一极点(或零点)在 $z = \dfrac{1}{z_0} = \dfrac{1}{\rho}e^{-j\theta}$,以及一极点(或零点)在 $z = \dfrac{1}{z_0^*} = \dfrac{1}{\rho}e^{j\theta}$;也就是说,对于实偶序列,一旦得知其有一个一般的复数极点(零点)z_0,那么 z_0^*、$\dfrac{1}{z_0}$、$\dfrac{1}{z_0^*}$ 一定都是其极点(或零点)。

8-27 有一序列 $x_1[n]$,其 z 变换为 $X_1(z)$,另一序列 $x_2[n]$ 的 z 变换为 $X_2(z)$,现在已知 $x_2[n]$

$= x_1[-n]$。

证明：$X_2(z) = X_1(1/z)$。并由此证明：若 $X_1(z)$ 在 $z = z_0$ 有一个极点（零点），那么 $X_2(z)$ 一定有一个极点（零点）在 $z = 1/z_0$。

证　由 z 变换的定义有

$$X_2(z) = \sum_{n=-\infty}^{\infty} x_2[n]z^{-n}$$

将 $x_2[n] = x_1[-n]$ 代入有

$$X_2(z) = \sum_{n=-\infty}^{\infty} x_1[-n]z^{-n} \xrightarrow{\text{令 } m=-n} \sum_{m=\infty}^{-\infty} x_1[m]z^m \xrightarrow{\text{再令 } n=m} \sum_{n=-\infty}^{\infty} x_1[n](z^{-1})^{-n}$$
$$= X_1(z^{-1}) = X_1(1/z)$$

由证得的关系 $X_2(z) = X_1(1/z)$ 知，若 $X_1(z)$ 在 $z = z_0$ 有一个零点，即有 $X_1(z_0) = 0$，则由 $X_2\left(\dfrac{1}{z_0}\right) = X_1(z_0) = 0$，说明 $z = 1/z_0$ 是 $X_2(z)$ 的零点。

类似地，若 $X_1(z)$ 在 $z = z_0$ 有一个极点，即有 $\dfrac{1}{X_1(z_0)} = 0$，从而有 $\dfrac{1}{X_2\left(\dfrac{1}{z_0}\right)} = \dfrac{1}{X_1(z_0)} = 0$，说明 $z = 1/z_0$ 是 $X_2(z)$ 的极点。综上可得，若 $X_1(z)$ 在 $z = z_0$ 有一个极点（零点），那么 $X_2(z)$ 一定有一个极点（零点）在 $z = 1/z_0$。

8-28（a）完成表 10.1（见教材）中下列性质的证明：

（i）10.5.2 节（见教材）的性质。（ii）10.5.3 节（见教材）的性质。（iii）10.5.4 节（见教材）的性质。

（b）若用 $X(z)$ 记为 $x[n]$ 的 z 变换，以 R_x 记为 $X(z)$ 的 ROC，试用 $X(z)$ 和 R_x 确定下列每个序列的 z 变换及其 ROC：

（i）$x^*[n]$。（ii）$z_0^n x[n]$，z_0 为某一复数。

证　（a）设 $x[n] \overset{\text{ZT}}{\longleftrightarrow} X(z)$，ROC：$R$。

（i）对于序列 $x[n-n_0]$，其 z 变换为

$$\mathscr{Z}\{x[n-n_0]\} = \sum_{n=-\infty}^{\infty} x[n-n_0]z^{-n} \xrightarrow{\text{令 } m=n-n_0} \sum_{m=-\infty}^{\infty} x[m]z^{-m-n_0} = z^{-n_0} \sum_{n=-\infty}^{\infty} x[n]z^{-n} = z^{-n_0} X(z)$$

关于 $z^{-n_0} X(z)$ 的 ROC：由于 z^{-n_0} 引入了在 $z = 0$ 处的 n_0 个极点（若 n_0 为正）或 n_0 个零点（若 n_0 为负），若 $X(z)$ 在 $z = 0$ 有零点或极点，就会发生零、极点抵消的情况；即使没有发生零、极点抵消，也改变了在 $z = 0$ 处的情况，故 ROC 虽仍可表示为 R，但可能除掉或增添点 $z = 0$。

（ii）对于序列 $z_0^n x[n]$，其 z 变换为

$$\mathscr{Z}\{z_0^n x[n]\} = \sum_{n=-\infty}^{\infty} z_0^n x[n]z^{-n} = \sum_{n=-\infty}^{\infty} x[n]\left(\frac{z}{z_0}\right)^{-n} = X\left(\frac{z}{z_0}\right)$$

$X\left(\dfrac{z}{z_0}\right)$ 的 ROC 为 $z_0 R$。因为 $X\left(\dfrac{z}{z_0}\right)$ 的极点与 $X(z)$ 的极点相比，已发生了变化，若 $X(z)$ 在 $z = z_1$ 有一极点，那么 $X\left(\dfrac{z}{z_0}\right)$ 在 $z = z_0 z_1$ 就有一极点，所以 $X\left(\dfrac{z}{z_0}\right)$ 的 ROC 的边界就是这样的圆周：其半径等于 $X(z)$ 的 ROC 的边界乘以 $|z_0|$。

（iii）对于序列 $x[-n]$，其 z 变换为

$$\mathscr{Z}\{x[-n]\} = \sum_{n=-\infty}^{\infty} x[-n]z^{-n} \xrightarrow{\text{令 } m=-n} \sum_{m=\infty}^{-\infty} x[m]z^m = \sum_{n=-\infty}^{\infty} x[n] \cdot (z^{-1})^{-n} = X(z^{-1})$$

$X(z^{-1})$ 的 ROC 可表示为 $-R$,意思就是若 R 是圆外区域,则 $-R$ 表示圆内区域;反之亦然。若 R 是个圆环,则 $-R$ 仍为圆环。因为若 $x[n]$ 是个右边序列,则 $x[-n]$ 是个左边序列,并且 $X(z)$ 与 $X(z^{-1})$ 的极点是倒数的关系。

(b)(i) 由定义,$x^*[n]$ 的 z 变换为

$$\mathscr{Z}\{x^*[n]\} = \sum_{n=-\infty}^{\infty} x^*[n]z^{-n} = \left[\sum_{n=-\infty}^{\infty} x[n](z^*)^{-n}\right]^* = X^*(z^*)$$

因为 $X^*(z^*)$ 的极点与 $X(z)$ 的极点是共轭的关系,在同样的圆周上,故 $X^*(z^*)$ 的 ROC 仍为 R_x,即与 $X(z)$ 的 ROC 相同。

(ii) 由(a)中已证明的性质 10.5.3 知

$$\mathscr{Z}\{z_0^n x[n]\} = X\left(\frac{z}{z_0}\right),\text{且 ROC 为 } |z_0|R_x$$

8-29 在 10.5.9 节(见教材)提到并证明了因果序列的初值定理。

(a) 若 $x[n]$ 是反因果序列(即若 $n > 0$,$x[n] = 0$),陈述并证明相应的定理。

(b) 证明:若 $n < 0$,$x[n] = 0$,那么 $x[1] = \lim_{z\to\infty}z(X(z) - x[0])$。

证 (a) 对于反因果序列,初值定理为 $x[0] = \lim_{z\to 0}X(z)$。

因为若 $n > 0$ 时,$x[n] = 0$,则其 z 变换为

$$X(z) = \sum_{n=-\infty}^{\infty} x[n]z^{-n} = \sum_{n=-\infty}^{0} x[n]z^{-n} = x[0] + x[-1]z + x[-2]z^2 + \cdots$$

显然有

$$\lim_{z\to 0}X(z) = x[0]$$

(b) 若 $n < 0$ 时,$x[n] = 0$,即 $x[n]$ 是因果序列,那么其 z 变换为

$$X(z) = \sum_{n=0}^{\infty} x[n]z^{-n} = x[0] + x[1]z^{-1} + x[2]z^{-2} + x[3]z^{-3} + \cdots$$

将 $x[0]$ 移至左边,再两边同乘以 z,可得

$$z(X(z) - x[0]) = x[1] + x[2]z^{-1} + x[3]z^{-2} + \cdots$$

显然有

$$x[1] = \lim_{z\to\infty}z(X(z) - x[0])$$

8-30 设 $x[n]$ 是一个 $x[0]$ 为非零且为有限的因果序列(即若 $n < 0$,$x[n] = 0$)。

(a) 利用初值定理证明:$X(z)$ 在 $z = \infty$ 不存在任何极点或零点。

(b) 作为(a)的结论的一个结果,证明:在有限 z 平面内 $X(z)$ 的极点个数等于零点个数(有限 z 平面不包括 $z = \infty$)。

证 (a) 对于因果序列 $x[n]$,根据初值定理知其初值

$$x[0] = \lim_{z\to\infty}X(z)$$

而 $x[0]$ 是个非零的有限值,即 $\lim_{z\to\infty}X(z)$ 是个非零的有限值,所以 $X(z)$ 在 $z = \infty$ 不存在极点,也不存在零点。

(b) 设 $X(z)$ 的有理函数表示式为 $X(z) = \dfrac{N(z)}{D(z)}$,$N(z)$、$D(z)$ 均为关于 z 的多项式。由(a)的结论,$X(z)$ 在 $z = \infty$ 不存在任何极点或零点,这就意味着 $N(z)$ 和 $D(z)$ 两个多项式的阶数是相同的,从而可推知 $X(z)$ 的有限零点和有限极点的数量应该相同,换言之,在有限 z 平面内 $X(z)$ 的极点个数等于零点个数。

8-31 在 10.5.7 节(见教材)曾提到 z 变换的卷积性质,为了证明这个性质成立,现从卷积和表示式入手,即

$$x_3[n] = x_1[n] * x_2[n] = \sum_{k=-\infty}^{\infty} x_1[k]x_2[n-k] \qquad ①$$

(a) 将式 ① 取 z 变换,并利用式(10.3)(见教材)证明:

$$X_3(z) = \sum_{k=-\infty}^{\infty} x_1[k] \cdot \hat{X}_2(z)$$

式中:$\hat{X}_2(z)$ 是 $x_2[n-k]$ 的 z 变换。

(b) 利用(a)的结果和表 10.1(见教材)中的性质 10.5.2(见教材),证明:

$$X_3(z) = X_2(z) \sum_{k=-\infty}^{\infty} x_1[k]z^{-k}$$

(c) 由(b),证明

$$X_3(z) = X_1(z)X_2(z)$$

这就是式(10.81)(见教材)所陈述的。

证　(a) 对式 ① 取 z 变换有

$$X_3(z) = \sum_{n=-\infty}^{\infty} \Big(\sum_{k=-\infty}^{\infty} x_1[k]x_2[n-k] \Big)z^{-n} \xrightarrow{\text{交换求和次序}} \sum_{k=-\infty}^{\infty} x_1[k] \Big(\sum_{n=-\infty}^{\infty} x_2[n-k]z^{-n} \Big)$$

$$= \sum_{k=-\infty}^{\infty} x_1[k]\hat{X}_2(z)$$

显然这里 $\hat{X}_2(z) = \sum_{n=-\infty}^{\infty} x_2[n-k]z^{-n}$,是 $x_2[n-k]$ 的 z 变换。

(b) 利用(a)的结果有 $X_3(z) = \sum_{k=-\infty}^{\infty} x_1[k]\hat{X}_2(z)$,而根据表 10.1 中的性质 10.5.2 知

$$\hat{X}_2(z) = \sum_{n=-\infty}^{\infty} x_2[n-k]z^{-n} = z^{-k}X_2(z)$$

故

$$X_3(z) = \sum_{k=-\infty}^{\infty} x_1[k] \cdot z^{-k}X_2(z) = X_2(z) \sum_{k=-\infty}^{\infty} x_1[k]z^{-k}$$

(c) 由(b)

$$X_3(z) = X_2(z) \cdot \sum_{k=-\infty}^{\infty} x_1[k]z^{-k}$$

由 z 变换定义,显然

$$\sum_{k=-\infty}^{\infty} x_1[k]z^{-k} = X_1(z)$$

故有

$$X_3(z) = X_1(z)X_2(z)$$

z 变换的卷积性质式(10.81)就这样得到证明。

8-32　设 $X_1(z)$ 和 $X_2(z)$ 为

$$X_1(z) = x_1[0] + x_1[1]z^{-1} + \cdots + x_1[N_1]z^{-N_1}$$

$$X_2(z) = x_2[0] + x_2[1]z^{-1} + \cdots + x_2[N_2]z^{-N_2}$$

定义

$$Y(z) = X_1(z)X_2(z)$$

并令

$$Y(z) = \sum_{k=0}^{M} y[k]z^{-k}$$

(a) 用 N_1 和 N_2 表示 M。

(b) 用多项式相乘确定 $y[0], y[1]$ 和 $y[2]$。

(c) 用多项式相乘证明:对于 $0 \leqslant k \leqslant M$ 有 $y[k] = \sum_{m=-\infty}^{\infty} x_1[m]x_2[k-m]$。

解　(a) 由题意,$X_1(z)$ 是 z^{-1} 的 N_1 阶多项式,$X_2(z)$ 是 z^{-1} 的 N_2 阶多项式,故 $Y(z) =$

$X_1(z)X_2(z)$ 是 z^{-1} 的 $(N_1 + N_2)$ 阶多项式,即 $M = N_1 + N_2$。

(b) 由题意,

$$
\begin{aligned}
Y(z) &= X_1(z)X_2(z) \\
&= (x_1[0]x_2[0] + x_1[0]x_2[1]z^{-1} + x_1[0]x_2[2]z^{-2} + \cdots + x_1[0]x_2[N_2]z^{-N_2}) \\
&\quad + (x_1[1]x_2[0]z^{-1} + x_1[1]x_2[1]z^{-2} + x_1[1]x_2[2]z^{-3} + \cdots + x_1[1]x_2[N_2]z^{-N_2-1}) \\
&\quad + (x_1[2]x_2[0]z^{-2} + x_1[2]x_2[1]z^{-3} + \cdots + x_1[2]x_2[N_2]z^{-N_2-2}) + \cdots \\
&\quad + (x_1[N_1]x_2[0]z^{-N_1} + x_1[N_1]x_2[1]z^{-N_1-1} + \cdots + x_1[N_1]x_2[N_2]z^{-N_1-N_2}) \\
&= x_1[0]x_2[0] + (x_1[0]x_2[1] + x_1[1]x_2[0])z^{-1} + (x_1[0]x_2[2] + x_1[1]x_2[1] \\
&\quad + x_1[2]x_2[0])z^{-2} + \cdots
\end{aligned}
$$

显然有

$$
\begin{aligned}
y[0] &= x_1[0]x_2[0] \\
y[1] &= x_1[0]x_2[1] + x_1[1]x_2[0] \\
y[2] &= x_1[0]x_2[2] + x_1[1]x_2[1] + x_1[2]x_2[0]
\end{aligned}
$$

(c) 由(b)中多项式相乘的过程可见,$Y(z) = \sum_{k=0}^{M} y[k]z^{-k}$ 中 k 次幂项 $y[k]z^{-k} = (x_1[0]x_2[k] + x_1[1]x_2[k-1] + \cdots + x_1[k]x_2[0])z^{-k}$,即

$$ y[k] = x_1[0]x_2[k] + x_1[1]x_2[k-1] + \cdots + x_1[k]x_2[0] \qquad ① $$

这里 $0 \leqslant k \leqslant N_1 + N_2 = M$。

式 ① 中,即使 $k > N_1$ 也不影响其所表达的含义和结果,因为当 $k > N_1$,可认为 $x_1[k] = 0$,故式 ① 可表示为

$$ y[k] = \sum_{m=0}^{k} x_1[m]x_2[k-m] $$

考虑到当 $m < 0$ 时,$x_1[m] = 0$,同样当 $m > k$ 时,$x_2[k-m] = 0$,以上求和可表示为

$$ y[k] = \sum_{m=-\infty}^{\infty} x_1[m]x_2[k-m] $$

即序列 $y[n]$ 等于序列 $x_1[n]$ 与 $x_2[n]$ 的卷积和。

8-33 一个最小相位系统是这样一个系统,它是因果和稳定的,而它的逆系统也是因果和稳定的。试确定一个最小相位系统的系统函数,其零极点在 z 平面内的位置应受到必要限制。

解 设 $H(z)$ 为一个最小相位系统的系统函数,由于该系统是因果且稳定的,因而 $H(z)$ 的所有极点必全部位于单位圆内。

由题意,该系统的逆系统也是因果且稳定的,而我们知道其逆系统的系统函数为 $\dfrac{1}{H(z)}$,即 $H(z)$ 的零点就是 $\dfrac{1}{H(z)}$ 的极点,这些极点(也就是 $H(z)$ 的全部零点)必然也都位于单位圆内。

综上分析,一个最小相位系统的系统函数的零、极点一定全部分布在 z 平面的单位圆内。

8-34 考虑图 8-15 所示的数字滤波器结构。

(a) 求该因果滤波器的 $H(z)$,画出极零点图,指出 ROC。

(b) k 为何值,该系统是稳定的?

(c) 若 $k = 1$ 和 $x[n] = (2/3)^n$(对全部 n),求 $y[n]$。

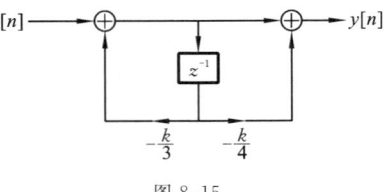

图 8-15

解　(a) 图 8-15 所示的框图中包含有两个加法器,设输入端的加法器其输出信号为 $w[n]$,则可列写出如下的 z 域方程:

$$W(z) = X(z) - \frac{k}{3}z^{-1}W(z), \quad Y(z) = W(z) - \frac{k}{4}z^{-1}W(z)$$

联立这两个方程,消去 $W(z)$,可求得

$$H(z) = \frac{Y(z)}{X(z)} = \frac{1 - \dfrac{k}{4}z^{-1}}{1 + \dfrac{k}{3}z^{-1}} = \frac{z - \dfrac{k}{4}}{z + \dfrac{k}{3}}$$

由系统的因果性可判断 $H(z)$ 的 ROC 为:$|z| > \left|\dfrac{k}{3}\right|$。极零点图如图 8-16 所示(设 $k = 1$)。

(b) 要使系统稳定,极点 $z = -\dfrac{k}{3}$ 应位于单位圆内,即 $\left|\dfrac{k}{3}\right| < 1$,从而有 $-3 < k < 3$。

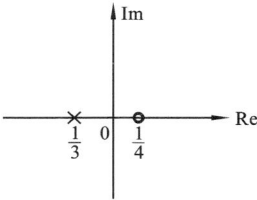

图 8-16

(c) 若 $k = 1$,则 $H(z) = \dfrac{z - \dfrac{1}{4}}{z + \dfrac{1}{3}}$,且 $H\left(\dfrac{2}{3}\right) = \dfrac{\dfrac{2}{3} - \dfrac{1}{4}}{\dfrac{2}{3} + \dfrac{1}{3}} = \dfrac{5}{12}$,于是该系统对 $x[n] = \left(\dfrac{2}{3}\right)^n$ $(-\infty < n < \infty)$ 的响应 $y[n] = \dfrac{5}{12} \cdot \left(\dfrac{2}{3}\right)^n$。

8-35　若 $\mathscr{X}(z)$ 记为 $x[n]$ 的单边 z 变换,利用 $\mathscr{X}(z)$,求下列序列的单边 z 变换:

(a) $x[n+3]$; (b) $x[n-3]$; (c) $\displaystyle\sum_{k=-\infty}^{n} x[k]$。

解　(a) 由单边 z 变换的定义有

$$\mathscr{UL}\{x[n+3]\} = \sum_{n=0}^{\infty} x[n+3]z^{-n} \xrightarrow{\text{令 } n+3=m} \sum_{m=3}^{\infty} x[m]z^{-m+3} = z^3 \sum_{m=3}^{\infty} x[m]z^{-m}$$

$$= z^3 \left(\sum_{m=0}^{\infty} x[m]z^{-m} - x[2]z^{-2} - x[1]z^{-1} - x[0]z^0 \right)$$

$$= z^3 \left(\mathscr{X}(z) - x[2]z^{-2} - x[1]z^{-1} - x[0] \right)$$

$$= z^3 \mathscr{X}(z) - x[0]z^3 - x[1]z^2 - x[2]z = z^3 \mathscr{X}(z) - \sum_{m=0}^{2} x[m]z^{3-m}$$

(b) 由单边 z 变换的定义有

$$\mathscr{UL}\{x[n-3]\} = \sum_{n=0}^{\infty} x[n-3]z^{-n} \xrightarrow{\text{令 } n-3=m} \sum_{m=-3}^{\infty} x[m]z^{-m-3} = z^{-3} \sum_{m=-3}^{\infty} x[m]z^{-m}$$

$$= z^{-3} \left(\sum_{m=0}^{\infty} x[m]z^{-m} + x[-3]z^3 + x[-2]z^2 + x[-1]z \right)$$

$$= z^{-3} \left(\mathscr{X}(z) + x[-3]z^3 + x[-2]z^2 + x[-1]z \right)$$

$$= z^{-3} \mathscr{X}(z) + x[-1]z^{-2} + x[-2]z^{-1} + x[-3]$$

$$= z^{-3} \mathscr{X}(z) + \sum_{m=1}^{3} x[-m]z^{m-3}$$

(c) 由于 $\displaystyle\sum_{k=-\infty}^{n} x[k] = \sum_{k=-\infty}^{\infty} x[k]u[n-k] = x[n] * u[n] = \sum_{k=-\infty}^{\infty} x[n-k]u[k] = \sum_{k=0}^{\infty} x[n-k]$

再由单边 z 变换的定义有

$$\mathscr{UZ}\Big\{\sum_{k=-\infty}^{n}x[k]\Big\} = \mathscr{UZ}\Big\{\sum_{k=0}^{\infty}x[n-k]\Big\} = \sum_{n=0}^{\infty}\Big(\sum_{k=0}^{\infty}x[n-k]\Big)z^{-n} = \sum_{k=0}^{\infty}\Big(\sum_{n=0}^{\infty}x[n-k]z^{-n}\Big)$$

$$\xlongequal{\text{由(b)的结果}} \sum_{k=0}^{\infty}\Big[z^{-k}\mathscr{X}(z) + \sum_{m=1}^{k}x[-m]z^{m-k}\Big]$$

$$= \sum_{k=0}^{\infty}z^{-k}\mathscr{X}(z) + \sum_{k=0}^{\infty}\sum_{m=1}^{k}x[-m]z^{m-k} = \mathscr{X}(z)\sum_{k=0}^{\infty}z^{-k} + \sum_{k=0}^{\infty}z^{-k}\sum_{m=1}^{k}x[-m]z^{m}$$

上式右边第一项中 $\sum\limits_{k=0}^{\infty}z^{-k} = \dfrac{1}{1-z^{-1}}$, 只要 $|z|>1$; 第二项中包含两个求和, 里面求和运算的上限为 k, 下限为 1, 隐含有 $k\geqslant 1$ 这个要求, 所以外面一重求和的下限可取为 1, 故最终得

$$\mathscr{UZ}\Big\{\sum_{k=-\infty}^{n}x[k]\Big\} = \frac{\mathscr{X}(z)}{1-z^{-1}} + \sum_{k=1}^{\infty}z^{-k}\sum_{m=1}^{k}x[-m]z^{m}$$

8-36　利用幂级数展开式

$$\log(1-\omega) = -\sum_{i=1}^{\infty}\frac{\omega^{i}}{i}, \qquad |\omega|<1$$

求下面两个 z 变换的逆变换:

(a) $X(z) = \log(1-2z)$, $|z|<\dfrac{1}{2}$; 　(b) $X(z) = \log\Big(1-\dfrac{1}{2}z^{-1}\Big)$, $|z|>\dfrac{1}{2}$。

解　(a) 由幂级数展开式可知

$$X(z) = \log(1-2z) = -\sum_{i=1}^{\infty}\frac{(2z)^{i}}{i} = -\sum_{i=1}^{\infty}\frac{2^{i}}{i}z^{i}, \; |2z|<1, \; |z|<\frac{1}{2}$$

若令 $n=-i$, 得 $X(z) = \sum\limits_{n=-1}^{-\infty}\Big(\dfrac{2^{-n}}{n}\Big)z^{-n}$, 故

$$x[n] = \frac{2^{-n}}{n}u[-n-1]$$

(b) 由幂级数展开式可知

$$X(z) = \log\Big(1-\frac{1}{2}z^{-1}\Big) = -\sum_{i=1}^{\infty}\frac{\Big(\dfrac{1}{2}\Big)^{i}z^{-i}}{i}, \qquad \Big|\frac{1}{2}z^{-1}\Big|<1$$

$$\xlongequal{\text{令}\,n=i} -\sum_{n=1}^{\infty}\frac{2^{-n}}{n}z^{-n}, \qquad |z|>\frac{1}{2}$$

故

$$x[n] = -\frac{2^{-n}}{n}u[n-1]$$

8-37　首先对 $X(z)$ 微分, 再利用 z 变换的适当性质, 求下列每个 z 变换所对应的序列:

(a) $X(z) = \log(1-2z)$, $|z|<\dfrac{1}{2}$; 　(b) $X(z) = \log\Big(1-\dfrac{1}{2}z^{-1}\Big)$, $|z|>\dfrac{1}{2}$。

将 (a) 和 (b) 所得结果与利用幂级数展开在习题 8-36 所得结果进行比较。

解　(a) 对 $X(z) = \log(1-2z)$ 两边进行微分, 有

$$\frac{\mathrm{d}X(z)}{\mathrm{d}z} = \frac{-2}{1-2z} = \frac{1}{z-\dfrac{1}{2}}, \qquad |z|<\frac{1}{2}$$

上式两边再都乘以 $(-z)$, 有

$$-z\frac{\mathrm{d}X(z)}{\mathrm{d}z} = -\frac{z}{z-\frac{1}{2}}, \quad |z| < \frac{1}{2}$$

由 z 变换的 z 域微分性质得

$$\mathscr{Z}^{-1}\left\{-z\frac{\mathrm{d}X(z)}{\mathrm{d}z}\right\} = nx[n]$$

而由表 10.2(见教材)的第 6 号变换对可得

$$\mathscr{Z}^{-1}\left\{-\frac{z}{z-\frac{1}{2}}, |z| < \frac{1}{2}\right\} = \left(\frac{1}{2}\right)^n u[-n-1]$$

从而有

$$nx[n] = \left(\frac{1}{2}\right)^n u[-n-1]$$

于是

$$x[n] = \frac{2^{-n}}{n}u[-n-1]$$

与习题 8-36(a) 所得结果一致。

(b) 对 $X(z) = \log\left(1-\frac{1}{2}z^{-1}\right)$ 两边进行微分,有

$$\frac{\mathrm{d}X(z)}{\mathrm{d}z} = \frac{\frac{1}{2}z^{-2}}{1-\frac{1}{2}z^{-1}} = \frac{\frac{1}{2}z^{-1}}{z-\frac{1}{2}}, \quad |z| > \frac{1}{2}$$

上式两边再都乘以 $(-z)$,有

$$-z\frac{\mathrm{d}X(z)}{\mathrm{d}z} = -\frac{\frac{1}{2}}{z-\frac{1}{2}}, \quad |z| > \frac{1}{2}$$

由于

$$\mathscr{Z}^{-1}\left\{\frac{z}{z-\frac{1}{2}}, |z| > \frac{1}{2}\right\} = \left(\frac{1}{2}\right)^n u[n]$$

利用移位性质得

$$\mathscr{Z}^{-1}\left\{-\frac{1}{2}\cdot\frac{1}{z-\frac{1}{2}}, |z| > \frac{1}{2}\right\} = -\frac{1}{2}\left(\frac{1}{2}\right)^{n-1}u[n-1] = -\left(\frac{1}{2}\right)^n u[n-1]$$

从而有

$$nx[n] = -\left(\frac{1}{2}\right)^n u[n-1]$$

于是

$$x[n] = -\frac{2^{-n}}{n}u[n-1]$$

与习题 8-36(b) 所得结果一致。

8-38 双线性变换是一个从有理拉普拉斯变换 $H_c(s)$ 求得一个有理 z 变换 $H_d(z)$ 的映射,这种映射有两个重要性质:

(1) 若 $H_c(s)$ 是一个因果稳定 LTI 系统的拉普拉斯变换,那么 $H_d(z)$ 就是一个因果稳定 LTI 系统的 z 变换。

(2) $|H_c(j\omega)|$ 的某些重要特性在 $|H_d(e^{j\omega})|$ 中得到保留。本题由全通滤波器来说明第二个性质。

（a）设 $H_c(s)$ 为 $H_c(s) = \dfrac{a-s}{s+a}$，式中，$a$ 为实数且为正值。证明：$|H_c(j\omega)| = 1$。

（b）现在对 $H_c(s)$ 作双线性变换，以求得 $H_d(z)$，即

$$H_d(z) = H_c(s)\Big|_{s=\frac{1-z^{-1}}{1+z^{-1}}}$$

证明：$H_d(z)$ 有一个极点（在单位圆内部）和一个零点（在单位圆外部）。

（c）对于由（b）中导得的系统函数 $H_d(z)$，证明：$|H_d(e^{j\omega})| = 1$。

证　（a）易知　　　　　　　　　　　$H_c(j\omega) = \dfrac{a-j\omega}{j\omega+a}$

于是 $|H_c(j\omega)| = \dfrac{\sqrt{a^2+(-\omega)^2}}{\sqrt{a^2+\omega^2}} = 1$ 是个与 ω 无关的常数。

（b）$H_d(z)$ 的表达式为

$$H_d(z) = H_c(s)\Big|_{s=\frac{1-z^{-1}}{1+z^{-1}}} = \dfrac{a-\dfrac{1-z^{-1}}{1+z^{-1}}}{\dfrac{1-z^{-1}}{1+z^{-1}}+a} = \dfrac{(a-1)z+(a+1)}{(a+1)z+(a-1)} = \dfrac{a-1}{a+1}\dfrac{z+\dfrac{a+1}{a-1}}{z+\dfrac{a-1}{a+1}}$$

显然，$H_d(z)$ 的零点为 $z = -\dfrac{a+1}{a-1}$，极点为 $z = -\dfrac{a-1}{a+1}$，并且零点与极点是倒数关系。由于 $a+1 > a-1$，所以 $H_d(z)$ 的极点在单位圆内部，零点在单位圆外部。

（c）由（b）中已求出的 $H_d(z)$ 的表达式可得

$$H_d(e^{j\omega}) = \dfrac{a-1}{a+1}\cdot\dfrac{e^{j\omega}+\dfrac{a+1}{a-1}}{e^{j\omega}+\dfrac{a-1}{a+1}} = \dfrac{a-1}{a+1}\dfrac{\left(\cos\omega+\dfrac{a+1}{a-1}\right)+j\sin\omega}{\left(\cos\omega+\dfrac{a-1}{a+1}\right)+j\sin\omega}$$

于是

$$|H_d(e^{j\omega})| = \left|\dfrac{a-1}{a+1}\right|\sqrt{\dfrac{\left(\cos\omega+\dfrac{a+1}{a-1}\right)^2+\sin^2\omega}{\left(\cos\omega+\dfrac{a-1}{a+1}\right)^2+\sin^2\omega}} = \left|\dfrac{a-1}{a+1}\right|\sqrt{\dfrac{1+2\cos\omega\cdot\dfrac{a+1}{a-1}+\left(\dfrac{a+1}{a-1}\right)^2}{1+2\cos\omega\cdot\dfrac{a-1}{a+1}+\left(\dfrac{a-1}{a+1}\right)^2}}$$

$$= \sqrt{\dfrac{(a-1)^2\left[1+2\cos\omega\cdot\dfrac{a+1}{a-1}+\left(\dfrac{a+1}{a-1}\right)^2\right]}{(a+1)^2\left[1+2\cos\omega\cdot\dfrac{a-1}{a+1}+\left(\dfrac{a-1}{a+1}\right)^2\right]}}$$

$$= \sqrt{\dfrac{(a-1)^2+2\cos\omega\cdot(a+1)(a-1)+(a+1)^2}{(a+1)^2+2\cos\omega\cdot(a-1)(a+1)+(a-1)^2}} = 1$$

命题得证。

8-39　上题中所引入的双线性变换也可以用来得到一个离散时间滤波器，该滤波器频率响应的模是与给定的连续时间低通滤波器的模特性相似的。本题将以一个连续时间二阶巴特沃兹滤波器（系统函数为 $H_c(s)$）为例来说明这一相似性。

（a）设　　　　　　　　　　　$H_d(z) = H_c(s)\Big|_{s=\frac{1-z^{-1}}{1+z^{-1}}}$

证明：　　　　　　　　　　　$H_d(e^{j\omega}) = H_c\left(j\tan\dfrac{\omega}{2}\right)$

（b）已知　　　　　　　　　　　$H_c(s) = \dfrac{1}{(s+e^{j\pi/4})(s+e^{-j\pi/4})}$

并设该滤波器是因果的。证明：$H_c(0) = 1$，$|H_c(j\omega)|$ 随 ω 向正值方向增大而单调下降，$|H_c(j)|^2 = 1/2$（也即 $\omega_c = 1$ 是半功率点频率）以及 $H_c(\infty) = 0$。

（c）若对于（b）中的 $H_c(s)$ 应用双线性变换而得到 $H_d(z)$，那么有关 $H_d(z)$ 和 $H_d(e^{j\omega})$ 可以作出以下结论：

（1）$H_d(z)$ 仅有两个极点，均在单位圆内；

（2）$H_d(e^{j0}) = 1$；

（3）$|H_d(e^{j\omega})|$ 随 ω 从 0 到 π 变化而单调下降；

（4）$H_d(e^{j\omega})$ 的半功率点频率是 π/2。

证　（a）由题意，　　　　$H_d(z) = H_c(s)\Big|_{s = \frac{1-z^{-1}}{1+z^{-1}}} = H_c\left(\dfrac{1-z^{-1}}{1+z^{-1}}\right)$

令 $z = e^{j\omega}$，则有　　　　　　　　$H_d(e^{j\omega}) = H_c\left(\dfrac{1-e^{-j\omega}}{1+e^{-j\omega}}\right)$

又因　　　　$\dfrac{1-e^{-j\omega}}{1+e^{-j\omega}} = \dfrac{e^{-j\frac{\omega}{2}} \cdot e^{j\frac{\omega}{2}} - (e^{-j\frac{\omega}{2}})^2}{e^{-j\frac{\omega}{2}} \cdot e^{j\frac{\omega}{2}} + (e^{-j\frac{\omega}{2}})^2} = \dfrac{2j\sin\left(\dfrac{\omega}{2}\right)}{2\cos\left(\dfrac{\omega}{2}\right)} = j\tan\dfrac{\omega}{2}$

故而有　　　　　　　　　　$H_d(e^{j\omega}) = H_c\left(j\tan\dfrac{\omega}{2}\right)$

（b）由所给的 $H_c(s)$ 表达式知

$$H_c(0) = \dfrac{1}{e^{j\pi/4} \cdot e^{-j\pi/4}} = 1，\text{及 } H_c(\infty) = \dfrac{1}{\lim\limits_{s\to\infty}(s+e^{j\pi/4})(s+e^{-j\pi/4})} = 0$$

且　　$|H_c(j)|^2 = H_c(j)H_c(-j) = \dfrac{1}{(j+e^{j\pi/4})(j+e^{-j\pi/4})}\dfrac{1}{(-j+e^{j\pi/4})(-j+e^{-j\pi/4})}$

$$= \dfrac{1}{(e^{j\pi/4}+j)(e^{j\pi/4}-j)(e^{-j\pi/4}+j)(e^{-j\pi/4}-j)} = \dfrac{1}{(e^{j\pi/2}+1)(e^{-j\pi/2}+1)} = \dfrac{1}{2}$$

又因　　　$|H_c(j\omega)| = \dfrac{1}{|j\omega+e^{j\pi/4}||j\omega+e^{-j\pi/4}|} = \dfrac{1}{|(1-\omega^2)+j2\cos\dfrac{\pi}{4}\omega|}$

$$= \dfrac{1}{\sqrt{(1-\omega^2)^2 + 4\omega^2\cos^2\dfrac{\pi}{4}}} = \dfrac{1}{\sqrt{1+\omega^4}}$$

显然随着 ω 的值增大，$|H_c(j\omega)|$ 是单调减小的。

（c）（1）对于（b）中的 $H_c(s)$ 应用双线性变换可得

$$H_d(z) = \dfrac{1}{\left(\dfrac{1-z^{-1}}{1+z^{-1}}+e^{j\pi/4}\right)\left(\dfrac{1-z^{-1}}{1+z^{-1}}+e^{-j\pi/4}\right)} = \dfrac{1}{\left(-\dfrac{1-z^{-1}}{1+z^{-1}}\right)^2 + 2\cos\dfrac{\pi}{4}\left(\dfrac{1-z^{-1}}{1+z^{-1}}\right)+1}$$

$$= \dfrac{(1+z^{-1})^2}{(1-z^{-1})^2 + \sqrt{2}(1-z^{-1})(1+z^{-1}) + (1+z^{-1})^2} = \dfrac{(z+1)^2}{(2+\sqrt{2})z^2 + (2-\sqrt{2})}$$

由此可得知 $H_d(z)$ 仅有两个极点：$z_1 = j\sqrt{\dfrac{2-\sqrt{2}}{2+\sqrt{2}}}$，$z_2 = -j\sqrt{\dfrac{2-\sqrt{2}}{2+\sqrt{2}}}$，且由于 $2-\sqrt{2} < 2+\sqrt{2}$，所以两个极点均位于单位圆内部。

（2）由前一小题求出的 $H_d(z)$ 的表达式知

$$H_d(e^{j\omega}) = \dfrac{(e^{j\omega}+1)^2}{(2+\sqrt{2})(e^{j\omega})^2 + (2-\sqrt{2})}$$

于是　　　　　　$H_d(e^{j0}) = \dfrac{(e^{j0}+1)^2}{(2+\sqrt{2})(e^{j0})^2 + (2-\sqrt{2})} = \dfrac{4}{2+\sqrt{2}+2-\sqrt{2}} = 1$

实际上,由(a)中结论也可直接得到

$$H_d(e^{j0}) = H_c(j\tan 0) = H_c(j0) \underset{\text{由(b)中已证得结果}}{=\!=\!=\!=\!=\!=\!=\!=\!=} 1$$

(3) 考虑 $H_d(e^{j\omega})$ 的模特性,采用如下表达式更为方便:

$$H_d(e^{j\omega}) = \dfrac{1}{\left(\dfrac{1-e^{-j\omega}}{1+e^{-j\omega}} + e^{j\pi/4}\right)\left(\dfrac{1-e^{-j\omega}}{1+e^{-j\omega}} + e^{-j\pi/4}\right)} = \dfrac{1}{\left(j\tan\dfrac{\omega}{2} + e^{j\pi/4}\right)\left(j\tan\dfrac{\omega}{2} + e^{-j\pi/4}\right)}$$

于是有

$$
\begin{aligned}
|H_d(e^{j\omega})| &= \dfrac{1}{\left|\cos\left(\dfrac{\pi}{4}\right)+j\left(\sin\dfrac{\pi}{4}+\tan\dfrac{\pi}{2}\right)\right|\left|\cos\left(\dfrac{\pi}{4}\right)-j\left(\sin\dfrac{\pi}{4}-\tan\dfrac{\pi}{2}\right)\right|} \\
&= \dfrac{1}{\sqrt{\left(1+\sqrt{2}\tan\dfrac{\omega}{2}+\tan^2\dfrac{\omega}{2}\right)\left(1-\sqrt{2}\tan\dfrac{\omega}{2}+\tan^2\dfrac{\omega}{2}\right)}} = \dfrac{1}{\sqrt{1+\tan^4\dfrac{\omega}{2}}}
\end{aligned}
$$

可见,当 ω 从 0 到 π 逐渐增大,由于 $\tan\dfrac{\pi}{2}$ 是由 0 至 ∞ 单调增大,从而使 $|H_d(e^{j\omega})|$ 由 1 至 0 单调减小。

实际上,此问题也可直接利用(a)中结论写出

$$
\begin{aligned}
|H_d(e^{j\omega})| &= \left|H_c\left(j\tan\dfrac{\omega}{2}\right)\right| = \dfrac{1}{\left|\left(j\tan\dfrac{\omega}{2} + e^{j\pi/4}\right)\left(j\tan\dfrac{\omega}{2} + e^{-j\pi/4}\right)\right|} \\
&= \dfrac{1}{\left|1-\tan^2\dfrac{\omega}{2}+j\sqrt{2}\tan\dfrac{\omega}{2}\right|} = \dfrac{1}{\sqrt{1+\tan^4\left(\dfrac{\omega}{2}\right)}}
\end{aligned}
$$

最后证明了 $|H_d(e^{j\omega})|$ 随 ω 由 0 到 π 变化而单调下降。

(4) 半功率点频率 ω_h 应满足 $|H_d(e^{j\omega_h})|^2 = \dfrac{1}{2}$。而由前面推导出的 $|H_d(e^{j\omega})|$ 的表达式易得知 $\omega_h = \dfrac{\pi}{2}$,因为 $|H_d(e^{j\frac{\pi}{2}})|^2 = \dfrac{1}{1+\tan^4\dfrac{\pi}{4}} = \dfrac{1}{2}$。